W0253687

METALLPHYSIK

Ein Lehrbuch

von Dr. Gustav E. R. Schulze

Ordentlicher Professor für Experimentalphysik
der Technischen Universität Dresden

Zweite, bearbeitete Auflage

Springer-Verlag
Wien New York

Gemeinschaftsausgabe
des Springer-Verlages Wien - New York und des Akademie-Verlages, Berlin

Vertriebsrechte für alle Staaten mit Ausnahme der sozialistischen Länder:
Springer-Verlag Wien - New York

Vertriebsrechte für die sozialistischen Länder:
Akademie-Verlag, Berlin

Mit 34 Tabellen und 277 Abbildungen
davon 31 auf 20 Kunstdrucktafeln

Das Bild auf dem Schutzumschlag zeigt nach einem Entwurf von J. Steps den Zusammenhang zwischen Dreiecks-, Kagonié- und Honigwabennetzen, drei wichtigen, ebenen Atomanordnungen in Metallen

Softcover reprint of the hardcover 2nd edition 1974

Library of Congress Catalog Card Number 72-93644
Satz und Druck: VEB Druckerei „Thomas Müntzer", DDR-582 Bad Langensalza

ISBN 978-3-7091-3276-0 ISBN 978-3-7091-3275-3 (eBook)
DOI 10.1007/978-3-7091-3275-3

AUS DEM VORWORT ZUR ERSTEN AUFLAGE

Denken wir uns in einem großen Saal ein paar hundert ausgezeichnete Violinspieler, die mit tadellos gestimmten Instrumenten alle dasselbe Stück spielen, aber gleichzeitig an lauter verschiedenen Stellen beginnen, auch etwa nach Vollendung immer wieder von vorn anfangen. Der Effekt wird (wenigstens für den Europäer) nicht eben erfreulich sein, ein gleichmäßig trübes Tongemisch, aus dem auch das feinste Ohr das wirklich gespielte Stück nicht herauszuerkennen vermag, einzig charakterisiert durch den Umfang der überhaupt erreichten und durch die relative Häufigkeit aller berührten Töne.

Eine solche Musik nun machen uns die Moleküle in den gasförmigen, den flüssigen und den gewöhnlichen festen Körpern vor. Es mögen sehr begabte Moleküle sein, von kunstvoll reichem Aufbau, aber bei ihrer Wirksamkeit stört immer eines das andere; von ihren Qualitäten kommt in den beobachteten Erscheinungen keine voll und rein, manche überhaupt gar nicht zur Geltung.

Ein Kristall hingegen entspricht dem oben geschilderten Orchester, wenn dasselbe von einem tüchtigen Dirigenten einheitlich geleitet wird, wenn alle Augen an seinen Winken hängen und alle Hände den gleichen Strich führen. Hier kommen Melodie und Rhythmus des vorgetragenen Stückes zu ganzer Wirkung, die durch die Vielheit der Ausführenden nicht gestört, sondern gestärkt wird.

Das Bild macht verständlich, wie Kristalle ganze Erscheinungsgebiete zeigen können, die bei anderen Körpern absolut fehlen, und daß andere Gebiete sich bei ihnen in wundervoller Mannigfaltigkeit und Eleganz entwickeln, die bei den übrigen Körpern nur in trübseligen monotonen Mittelwerten auftreten. Nach meinem Gefühl tönt die Musik der physikalischen Gesetzmäßigkeiten in keinem anderen Gebiete in so vollen und reichen Akkorden wie in der Kristallphysik.

W. Voigt

Das vorliegende Buch ist aus Vorlesungen entstanden, die ich seit einem Jahrzehnt an der Technischen Universität Dresden für Physikstudenten gehalten habe. Da mir die Art der Darstellung für ein Lehrbuch nicht ungeeignet erscheint, habe ich sie grundsätzlich beibehalten, aber mich um eine gewisse Ausführlichkeit bemüht, auch wenn sie bei dem gegebenen Gesamtumfang zur Beschränkung im einzelnen zwang. Ich hoffe, damit nicht nur den Nichtphysikern unter den Lesern entgegenzukommen, die sich über metallphysikalische Fragen orientieren wollen, sondern auch, daß es den Physikern angenehm ist, ihnen nicht geläufige Tatsachen aus der Metallkunde oder Kristallkunde vorzufinden.

Die Grundeinstellung des Buches ist experimentell. Es soll die Kenntnis der Tatsachen vermitteln und sie im gegenseitigen Zusammenhang verstehen lehren, um die Wege zu ihrer Anwendung zu bahnen. Diesem Zweck dienen auch die theoretischen Ausführungen, die nicht als exakte Darstellungen im Sinne der theoretischen Physik gedacht sind. Ich habe es für richtig gehalten, den Leser auch auf Lücken in unseren Kenntnissen aufmerksam zu machen.

Aus Raumgründen war es leider nicht möglich, die Untersuchungsmethoden näher zu besprechen. Ebenso mußte die Erörterung des für die Metallphysik so kennzeichnenden Problems der Beziehungen zwischen physikalischen Eigenschaften und chemischer Zusammensetzung auf ein Mindestmaß beschränkt werden, obwohl gerade durch solche Betrachtungen das bei Physikern durch die jahrzehntelange Vorherrschaft der Atomphysik häufig fehlende „Stoffgefühl" entwickelt und gefördert werden kann.

Immerhin habe ich mich bemüht, in dieser Hinsicht die meist völlig vernachlässigten intermetallischen Verbindungen wenigstens kurz zu berücksichtigen. Leider ist die Zahl einschlägiger Untersuchungen noch immer klein, wenn sie in letzter Zeit auch stärker anzuwachsen beginnt. Um eine Diskussion des Zusammenhanges zwischen Gitterstruktur und physikalischen Eigenschaften der intermetallischen Verbindungen für den Leser zu erleichtern, habe ich dem Buch verhältnismäßig umfangreiche Substanztabellen für eine ganze Reihe Strukturtypen intermetallischer Verbindungen beigefügt.

Dem Charakter eines Lehrbuches entsprechend, ist keine Originalliteratur zitiert worden, und die am Ende gegebene Zusammenstellung von Werken, die dem Leser beim weiteren Studium behilflich sein soll, will keinen Anspruch auf Vollständigkeit erheben. Das gilt gleicherweise für die gelegentlichen geschichtlichen Angaben.

Das Sachverzeichnis enthält die wichtigsten Schlagworte auch in russischer und englischer Sprache. Die dabei benutzten Termini wurden vorzugsweise der modernen Fachliteratur entnommen und sind möglichst der an der zitierten Textstelle verwendeten Bedeutung angepaßt.

Dieses Sachverzeichnis, viele Abbildungen und die meisten Tabellen, von denen einige wohl erstmals in dem vorgelegten Umfang veröffentlicht werden, hat Herr Dipl.-Phys. P. Paufler zusammengestellt, der mir auch sonst in jeder Weise bei der Abfassung des Manuskriptes unschätzbare Dienste geleistet hat. Ihm gilt daher mein aufrichtiger Dank an erster Stelle. Die Strukturtabellen der intermetallischen Verbindungen, zu denen Frau R. Krätzschmar die Zeichnungen anfertigte, bearbeitete Herr Dipl.-Phys. G. Leitner; ihnen und allen anderen am Beraten und Korrekturlesen beteiligten Mitarbeitern meines Institutes danke ich gleichfalls herzlich, ebenso den Damen R. Törker und Ch. Myrczik, welche die Maschinenschrift neben aller anderen Belastung mit großer Sorgfalt hergestellt haben.

Besonderen Dank möchte ich auch dem Akademie-Verlag für die verständnisvolle Betreuung der Drucklegung aussprechen und allen anderen Verlagen und Autoren, die Abbildungen zur Verfügung gestellt haben.

Dank gebührt aber nicht nur denen, die aktiv am Zustandekommen dieses Buches mitgewirkt haben, sondern in hohem Maße auch denen, die es passiv durch verständnisvolle, entsagende Geduld taten: meiner Familie.

Gustav E. R. Schulze

VORWORT ZUR ZWEITEN AUFLAGE

Der schnelle Absatz der ersten Auflage und deren durchweg zustimmende Besprechung durch Fachkollegen rechtfertigen wohl die unveränderte Anlage des Buches. Außer der Bereinigung von bekannt gewordenen Irrtümern, kleineren und größeren Ergänzungen sowie einigen Umstellungen zur Erhöhung der Geschlossenheit der Darstellung sei die Hinzufügung von Aufgaben nebst Hinweisen zu ihrer Lösung erwähnt, welche meine Mitarbeiter Dozent Dr. sc. nat. P. PAUFLER und Dipl.-Phys. TH. MÜLLER aus ihrer Lehrerfahrung liebenswürdigerweise zur Verfügung stellten. Ersterer steuerte außerdem den fast unverändert übernommenen Entwurf zur vollständigen Neufassung des Teiles K bei.

Beiden Herren gebührt mein aufrichtiger Dank an erster Stelle. Herr TH. MÜLLER hat nicht nur die ganze technische Überarbeitung des Manuskriptes geleitet, sondern mir auch durch besonders viele kritische Hinweise große Hilfe geleistet. Aber auch vielen anderen Mitarbeitern und von auswärtigen Kollegen besonders Herrn Prof. Dr. P. HAASEN, Göttingen, möchte ich für manchen wertvollen Ratschlag herzlich danken. Ebenso gilt mein Dank wiederum dem Akademie-Verlag und der zuständigen verantwortlichen Lektorin Frau U. HEILMANN für die verständnisvolle Zusammenarbeit.

Um die insgesamt doch beträchtlichen Zusätze ohne allzu große Umfangsvermehrung zu ermöglichen, mußte neben manchen Einzelheiten die Kristallstruktur-Tabelle intermetallischer Verbindungen geopfert werden. Da die in ihr enthaltenen Daten ohnehin nicht vollständig sein konnten und zudem ohne große Schwierigkeiten aufgefunden werden können, dürfte diese Streichung nicht als schwerwiegender Nachteil empfunden werden.

Die neue Fassung der IUPAP-Empfehlungen ,,Symbols, Units and Nomenclature in Physics" von 1965 (Document U.I.P. 11 (S.U.N. 65-3)) wurde möglichst konsequent angewandt, wenn dadurch nicht allzu große Umständlichkeiten entstanden. Vor allem mußte die Schreibweise der Vektoren geändert werden. Entsprechend dem durchweg benutzten MKSA-Maßsystem wird jetzt der Faktor μ_0 nicht mehr zum magnetischen Moment mit hinzugenommen; z.B. wird als BOHRsches Magneton die Größe $e\,h/2\,m_e$ bezeichnet, im Gegensatz zu $\mu_0\,e\,h/2\,m_e$ in der 1. Auflage.

GUSTAV E. R. SCHULZE

INHALTSVERZEICHNIS

EINLEITUNG

1. HAUPTTEIL

Aufbau und Zustand der Metalle

3. HAUPTTEIL

Eigenschaften des realen Gitters. Platzwechselvorgänge

4. HAUPTTEIL

Elektrische und magnetische Eigenschaften

VERZEICHNIS DER TABELLEN

IM TEXT

IM ANHANG

FORM DER ZITATE

(A 1)	Verweis auf Gleichung (A 1)
A 1	Verweis auf Kapitel A 1
Abb. A 1	Verweis auf Abbildung A 1
Tab. A 1	Verweis auf Tabelle A 1
[1]	Verweis auf Literaturverzeichnis, Zitat Nr. 1

Einleitung

A VORLÄUFIGES ÜBER DEN METALLISCHEN ZUSTAND

Der systematischen Behandlung der physikalischen Grundlagen des metallischen Zustandes und seiner Eigenschaften stellen wir in den drei Kapiteln des Teiles A einen kurzen Überblick über das Gesamtgebiet voran, weil es dadurch in den speziellen Kapiteln möglich sein wird, Zusammenhänge zu berücksichtigen, die sonst unverständlich blieben. Naturgemäß muß es sich bei dieser ersten Übersicht mehr um eine Mitteilung von Tatsachen und Vorstellungen handeln als um ihre Begründung.

A 1 Kennzeichen eines Metalles

Stoffe, die wir im täglichen Leben Metalle nennen, sind durch eine Reihe von Eigenschaften gekennzeichnet, von denen der „metallische" Glanz, die große elektrische Leitfähigkeit gepaart mit einer guten Wärmeleitfähigkeit und die leichte plastische Verformbarkeit als besonders auffällig und wichtig genannt seien.

Bevor wir über die metallischen Eigenschaften näher sprechen, sei gleich hier verabredet, daß wir unter einem *Metall* einen *Stoff mit metallischen Eigenschaften* verstehen, gleichgültig, ob es sich um ein chemisches Element oder eine Mischung mehrerer handelt. Wir gebrauchen das Wort „Metall" also als Oberbegriff für Reinmetall (chemisches Element) und Legierung (aus mehreren Elementen), während häufig unter Metall nur das verstanden wird, was wir Reinmetall nennen.

Für die Anwendung der Definition ist es notwendig zu wissen, in welchem Ausmaß ein bestimmter Stoff die angegebenen Eigenschaften besitzen muß, um als Metall zu gelten. Außerdem ist damit zu rechnen, daß ein Stoff hinsichtlich einer Eigenschaft die Metallbedingung erfüllt, im Hinblick auf eine andere aber nicht: Man wird also von vornherein nicht erwarten, daß die Grenze Metall/Nichtmetall scharf zu ziehen ist, zumal bei Elementen mit mehreren Modifikationen bisweilen eine metallisch ist und die andere nicht (Beispiel: weißes und graues Zinn). Neuerdings bürgert sich für Metalle wie Arsen, Antimon, Wismut, die an der Grenze zwischen Metallen und Nichtmetallen stehen, die Bezeichnung *Halbmetalle* ein, die nicht mit „Halbleiter" (vgl. unten) verwechselt werden darf.

Von den besprochenen Eigenschaften eignet sich die *elektrische Leitfähigkeit* zur zahlenmäßigen Charakterisierung der Metalle am besten. Die typischen Metalle weisen im reinsten Zustand bei Zimmertemperatur elektrische Leitfähigkeiten von über $10^6\ \Omega^{-1}\ m^{-1}$ auf (vgl. Tabellen A 1 und VI (hinterer Einsatzbogen)); für einen typischen Nichtleiter wie Quarz beträgt sie nur $10^{-17}\,\Omega^{-1}\,m^{-1}$. Die Abgrenzung der Metalle gegen die *Halbleiter* erfolgt nicht nur auf Grund des Betrages der Leitfähigkeit, sondern auch auf Grund ihrer Temperaturabhängigkeit: Bei Metallen sinkt die Leitfähigkeit mit der Temperatur, bei Halbleitern steigt sie.

Tabelle A 1
Elektrische Leitfähigkeit einiger Stoffe bei Raumtemperatur

	$\sigma/\Omega^{-1}\,m^{-1}$
Bernstein	$1 \cdot 10^{-18}$
Quarzglas	$2 \cdot 10^{-17}$
Paraffin	$3 \cdot 10^{-17}$
Hartgummi	$1 \cdot 10^{-16}$
Glimmer	$2 \cdot 10^{-15}$
Polyvinylbenzol (Polystyrol)	10^{-14}
Polyvinylchlorid (Vinidur)	$10^{-14}-10^{-13}$
Polymethacrylatharz (Plexiglas)	10^{-13}
Glas	$2 \cdot 10^{-12}$
Phenolharz (Pertinax)	$10^{-10}-10^{-8}$
Schiefer	$1 \cdot 10^{-6}$
Kupfer	$6{,}45 \cdot 10^{7}$
Blei ($T < 7{,}22$ K; supraleitend)	$>10^{26}$

Die Ursache für die hohe elektrische Leitfähigkeit der Metalle und mittelbar auch für die anderen charakteristischen Eigenschaften liegt in ihrem elektronischen Aufbau. Im Metall sind nicht alle Elektronen an „ihr" Atom gebunden, sondern größenordnungsmäßig ist eines pro Atom frei, d. h., es kann sich mehr oder weniger leicht von einem Atom zum anderen bewegen und bleibt nur an das Metall als Ganzes gebunden. Experimentell wird das dadurch bestätigt, daß nach Ausweis röntgenographischer Untersuchung die Elektronendichte in dem von Atomrümpfen freien Gitterraum überall den gleichen Wert besitzt, der auch zahlenmäßig mit der Vorstellung *freier Metallelektronen* übereinstimmt.

Dieses recht grobe Bild wird allerdings später wesentlich verfeinert werden müssen. Es leuchtet aber bereits hier ein, daß das Auftreten des metallischen Zustandes auf kondensierte Phasen, also auf den festen und flüssigen Zustand mit Atomabständen von der Größenordnung der Atomdurchmesser beschränkt ist. Da der flüssige Zustand der quantitativen Behandlung derzeit viel weniger zugänglich ist, beschränken wir uns auf die Betrachtung des festen metallischen Zustandes.

Es zeigt sich, daß die Metalle im festen Zustand normalerweise kristallin aufgebaut sind, d. h., daß sie in Bereichen von mindestens etwa 10^3 Atomen ein regelmäßiges Kristallgitter besitzen. Somit entsteht die Aufgabe, die Eigenschaften eines Metalls aus dem Gitterbau seiner positiven Atomrümpfe einerseits und dem Kollektiv seiner „Metallelektronen" andererseits zu erklären.

A 2 Übersicht über die Metalle

A 21 Einige typische Metalle und ihr kristalliner Aufbau

Besonders einfache Verhältnisse liegen bei den *Alkalimetallen* Lithium, Natrium, Kalium usw. vor. Ihre isolierten Atome haben außerhalb der abgeschlossenen Elektronenschalen nur ein einziges Elektron, das Valenzelektron. Es liegt nahe anzunehmen, daß beim Zusammentritt solcher Atome zum Kristallgitter die Atomrümpfe ihre abgeschlossene Elektronenkonfiguration beibehalten und daß hier die Gesamtheit der *Valenzelektronen* das *„Gas" der Metallelektronen* bildet.

Das *Kristallgitter* der Alkalimetalle ist das kubisch-raumzentrierte Gitter (Abb. A 1). In ihm kristallisieren auch viele andere Metalle (vgl. Tabelle IVa im Anhang). Ein bei Metallen noch häufigeres Gitter ist das kubisch-flächenzentrierte Gitter (Abb. A2), in welchem z.B. Kupfer und Aluminium kristallisieren. Als letztes Beispiel sei Magnesium genannt. Es kristallisiert in einem hexagonalen Gitter (Abb. A 3a), der sogenannten hexagonal-dichtesten Kugelpackung. Die Kristallgitter der genannten drei Beispiele sind die häufigsten Strukturtypen metallischer Elemente; in ihnen kristallisieren mehr als drei Viertel aller Reinmetalle.

Bestände ein Metallstück, so wie wir es gewöhnlich vorfinden, aus einem einheitlichen Kristall (Einkristall), so wirkte sich seine Kristallstruktur viel stärker auf sein Verhalten aus, als es tatsächlich der Fall ist. Die Verschiedenheit der Atomabstände in den einzelnen Richtungen — im kubisch-flächenzentrierten Gitter (Abb. A 2) ist er in der Richtung der Würfelkante rund 50% größer als in derjenigen der Flächendiagonale — bedingt ein unterschiedliches Verhalten, z.B. bei elastischer Dehnung. Die Elastizitätsmoduln sind also richtungsabhängig oder anisotrop (Abb. F 8; Tafel 4). Gewöhnlich besteht ein Stück Metall jedoch aus einem Haufwerk regellos orientierter Kriställchen (Kristallite), so daß sich die *Richtungsabhängigkeit der Eigenschaften* wegmittelt.

Das *Kristallgefüge* eines Metallstückes ist oft schon mit bloßem Auge zu erkennen. Es läßt sich auch bei feinem Korn durch mikroskopische Beobachtung deutlich sichtbar machen, indem man die Metallfläche anschleift, poliert und mit einem Ätzmittel behandelt, das die verschiedenen Kristallflächen verschieden stark angreift (Kornflächenätzung; Abb. A 4a, Tafel 1) oder die Korngrenzensubstanz in anderer Weise ätzt als die Kornsubstanz (Korngrenzenätzung; Abb. A 4b, Tafel 1). Das gründliche Studium solcher *Anschliffe* im *Metallmikroskop* ist eine der ergiebigsten Untersuchungsmethoden der Metallographie, die neben Korngröße und -gestalt weitgehende Aufschlüsse über die Zusammensetzung und den Kristallisationsablauf liefert. Eine wichtige Aufgabe ist z.B., festzustellen, ob die Probe homogen oder heterogen ist, d. h., ob sie aus Kristalliten gleicher oder verschiedener Art besteht.

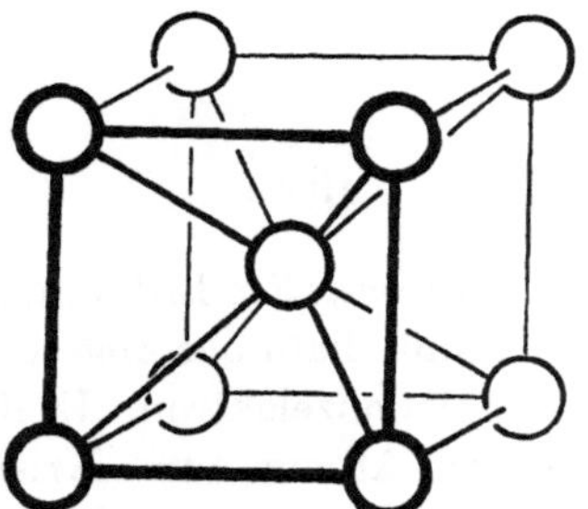

Abb. A 1

Wolfram-Typ (*A 2*)*) oder kubisch-raumzentriertes Gitter. Die Atomlagen sind durch Kugeln gekennzeichnet, deren Größe aus Gründen der besseren Übersicht auch in den folgenden Abbildungen gegenüber der Elementarzelle reduziert wurde

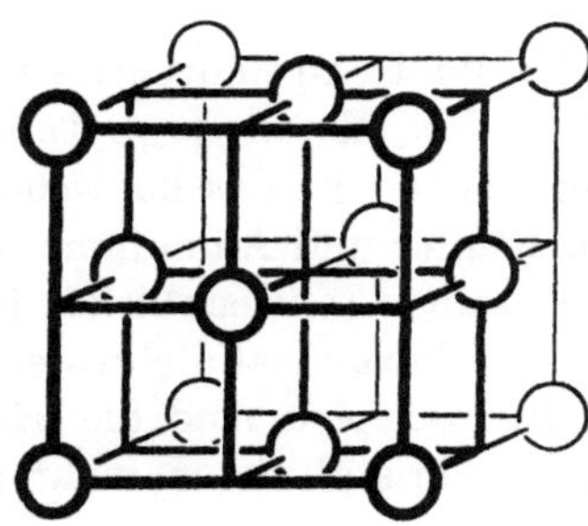

Abb. A 2

Kupfer-Typ (*A 1*) oder kubisch-flächenzentriertes Gitter

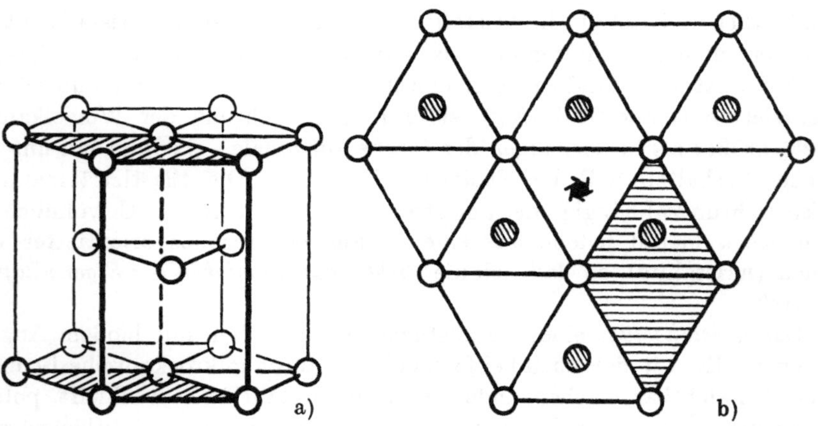

Abb. A 3

(a) Magnesium-Typ (*A 3*). Grund- und Deckfläche der Elementarzelle sind schraffiert. Um die Symmetrie deutlicher zum Ausdruck zu bringen, sind $2\frac{2}{2}$ Elementarzellen gezeichnet.

(b) Projektion auf die Basisebene. Die schraffierten Atomlagen befinden sich in einer um $c/2$ gegenüber den unschraffierten verschobenen Ebene. Damit die Lage der hexagonalen Schraubenachse (vgl. S. 48) verständlich wird, ist die Grundfläche gegenüber (a) erweitert

*) Zur Kennzeichnung eines Strukturtyps wird häufig das Symbol nach dem Strukturbericht benutzt, das aus Buchstaben und Ziffern besteht.

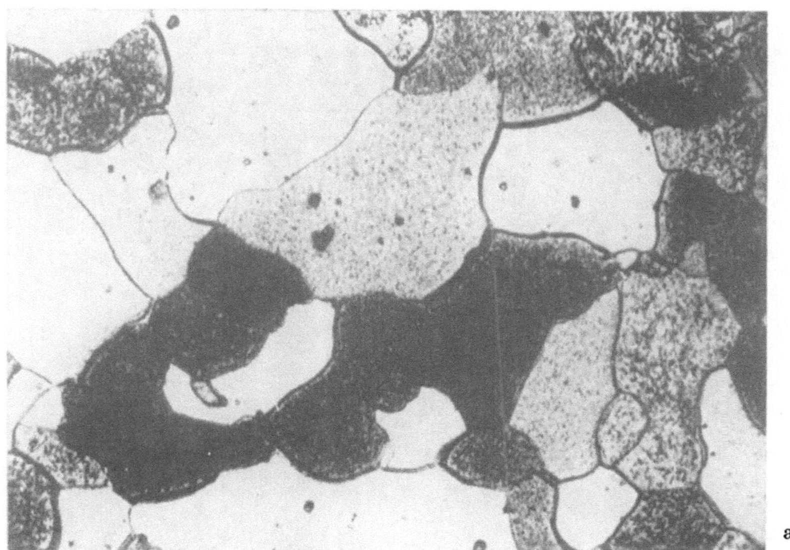

a)

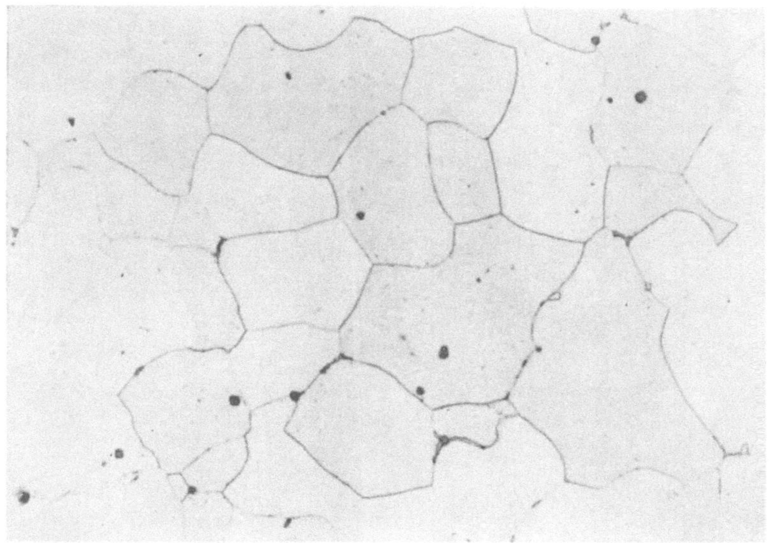

b)

Abb. A 4

(a) Kornflächenätzung an Armco-Eisen (0,05% Kohlenstoff) mit 5%iger alkoholischer HNO_3 bei 30 °C. Auf den einzelnen Kristallflächen bilden sich unterschiedlich dicke Oxidschichten, die den Kontrast hervorrufen
(V = 200:1).

(b) Korngrenzenätzung an Armco-Eisen mit alkoholischer Pikrinsäure (V = 250:1)

A 22 Verteilung der metallischen Elemente im Periodensystem

Die Nennung einiger typischer Metalle legt die Frage nahe, wovon es abhängt, ob ein Stoff ein Metall ist oder nicht. Zunächst liefert die Vereinigung von metallischen Elementen wohl stets ein metallisches Produkt. Die Umkehrung dieses Satzes gilt nicht ohne Einschränkung. Die Verbindungen mancher Reinmetalle mit Wasserstoff, Kohlenstoff, Stickstoff haben auch noch metallischen Charakter, so daß man sie zu den Metallen zählen kann. Es bleibt die Frage, welche chemischen Elemente Metalle sind, oder genauer: „Welche Stoffe können unter Normalbedingungen im metallischen Zustand existieren?".

Ein Blick auf das *Periodensystem* der Elemente (Tab. I im Anhang) zeigt, daß die *Neigung zur Metallbildung* von links nach rechts abnimmt und von oben nach unten wächst, so daß sich die Metalle — es sind mehr als drei Viertel aller Elemente — bevorzugt im linken und unteren Teil des Systems befinden. Dieser Befund ist einerseits nach BORELIUS darauf zurückzuführen, daß die *Ionisierungsspannung* der Atome innerhalb einer Zeile von links nach rechts — im ganzen gesehen — wächst und damit die Abspaltung der Metallelektronen mehr Energie erfordert. Andererseits wird nach DEHLINGER innerhalb einer Spalte die Ausbildung der metallischen Bindung mit *wachsender Hauptquantenzahl* begünstigt.

Tab. I im Anhang zeigt verschiedene Untergliederungen der Metalle. Sie sollen hier nicht erläutert werden, sondern je nach dem behandelten Problem wird sich später die eine oder die andere als zweckmäßig erweisen. Um Mißverständnissen vorzubeugen, sei nur erwähnt, daß die Abgrenzung der einzelnen Gruppen in der Literatur nicht ganz einheitlich erfolgt. Das hier gegebene Schema stammt von DEHLINGER.

A 23 Legierungen

Für die technische Verwendung der Metalle ist eine hervorragende Fähigkeit zur Legierungsbildung von ausschlaggebender Bedeutung, weil dadurch ein sonst kaum erreichbares Spektrum von Eigenschaftswerten ermöglicht wird. Im festen Zustand — auf den wir uns beschränken wollen — sprechen wir von einer Legierung, wenn die Mischung mehrerer Metalle zu einem zusammenhängenden Körper führt (eine Pulvermischung ist also keine Legierung). Bezüglich der Mischbarkeit der Komponenten sind zwei Grenzfälle möglich:

1. Die Komponenten sind in allen Mischungsverhältnissen unmischbar. Die Legierung besteht dann stets aus verschiedenen Kristallarten (*heterogenes Gemenge*), eben denjenigen der Komponenten.
   Beispiel: Kupfer–Blei.
2. Die Komponenten sind in allen Mischungsverhältnissen mischbar. Es entsteht stets eine homogene Legierung, die nur eine einzige Kristallart (*Mischkristall*) enthält.
   Beispiel: Kupfer–Nickel.

Außerdem besteht die Möglichkeit, daß

3. die Komponenten bei bestimmten Zusammensetzungen zu Verbindungen zusammentreten, die durch ein Kristallgitter gekennzeichnet sind, das von denjenigen der Komponenten wesentlich verschieden ist. Es bilden sich *intermetallische Verbindungen* oder intermediäre Phasen.

Beispiel: $PbMg_2$.

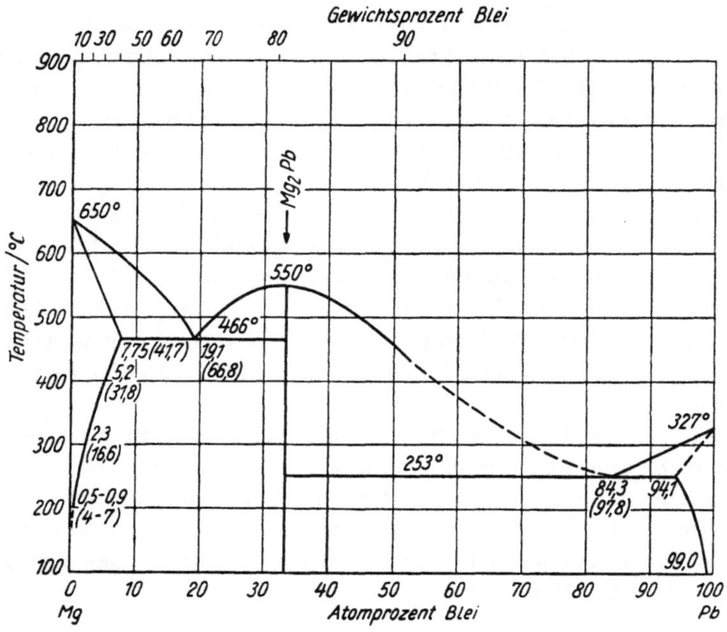

Abb. A 5

Zustandsdiagramm Magnesium-Blei (nach Hansen-Anderko)

Meistens liegen nicht diese Grenzfälle vor, sondern Zwischenstufen, wie es das folgende Beispiel zeigt (Abb. A 5): Blei und Magnesium sind weder völlig mischbar noch völlig unmischbar, sondern bei 250 °C löst Magnesium etwa 1% Blei, Blei sogar ungefähr 5% Magnesium (alle Konzentrationsangaben erfolgen in Atomprozenten). Bei tieferen Temperaturen sind die Löslichkeiten merklich niedriger. Außerdem existiert die Verbindung $PbMg_2$, die im gleichen Gitter wie Flußspat (CaF_2), nämlich im *C1*-Typ, kristallisiert, also von Magnesium (*A3*-Typ) und Blei (*A1*-Typ) durchaus verschieden.

Bei Bleigehalten $< 1\%$ liegt also ein homogener bleihaltiger Magnesiummischkristall vor, bei Bleigehalten $> 95\%$ ein homogener magnesiumhaltiger Bleimischkristall. Außerdem bestehen noch bei 33,3% Blei homogene Verhältnisse; es tritt die Verbindung $PbMg_2$ auf. Bei allen anderen Zusammensetzungen erhält man ein heterogenes Gemenge, das aus der Verbindung und einer der Mischkristallarten besteht.

A 3 Die Metallelektronen

A 31 Nachweis freier Elektronen im Metall

Nachdem die Eigenschaften freier Elektronen in den letzten Jahrzehnten des vorigen Jahrhunderts erforscht worden waren und man gelernt hatte, Metalle durch Bestrahlung (Photoeffekt) oder Glühen (RICHARDSON-Effekt) zu Elektronenemission anzuregen, entstand um die Jahrhundertwende die Vorstellung, daß in Metallen frei bewegliche Elektronen enthalten seien und die große elektrische Leitfähigkeit hervorriefen (RIECKE 1898, DRUDE 1900, LORENTZ 1905). Ein experimenteller Nachweis der Richtigkeit dieser Grundvorstellung der Metallelektronentheorie gelang allerdings erst später (R. C. TOLMAN und T. D. STEWART 1916) auf folgende Weise:

Beschleunigt man einen Draht parallel zu seiner Längsrichtung, so werden sich in ihm frei bewegliche Ladungsträger an dem der Bewegungsrichtung entgegengesetzten Ende aufstauen und dieses aufladen. Das so entstehende elektrische Feld wirkt dem Aufstauvorgang entgegen. Gleichgewicht tritt ein, wenn der Betrag der Trägheitskraft $m \cdot \ddot{x}$ gleich dem Betrag der Kraft des Gegenfeldes $q \cdot E_x$ ist. Es gilt dann also

$$m\ddot{x} = qE_x = q\,U/L\,, \tag{A 1}$$

falls der Draht die Länge L besitzt und mithin die Spannung an seinen Enden $U = E_x L$ beträgt. Praktisch wird der Versuch ausgeführt, indem man eine rotierende Spule von einer bestimmten Geschwindigkeit $\dot{x}$ auf Null abbremst. Integriert man die vorstehende Gleichung über die gesamte Bremszeit, so erhält man für den dabei auftretenden Spannungsstoß

$$\int U\,\mathrm{d}t = L\,\dot{x}\,\frac{m}{q}\,. \tag{A 2}$$

Dessen Messung liefert also die spezifische Ladung q/m der Ladungsträger. TOLMAN und STEWART fanden $-\,2 \cdot 10^{11}$ As/kg, d. h. einen Wert, der mit dem aus Kathodenstrahluntersuchungen bekannten Wert für Elektronen von $\frac{q}{m} = \frac{-e}{m_e} = -\,1{,}76 \cdot 10^{11}$ As/kg befriedigend übereinstimmt.

A 32 Das klassische Elektronengas

Im Metall ist nach DRUDE größenordnungsmäßig ein Metallelektron pro Atom frei beweglich. Die *Metallelektronen* sind also nicht an ein bestimmtes Atom gebunden, sondern nur an das Metall als Ganzes. Wie die Atome eines Gases führen sie *ungeordnete Translationsbewegungen* aus mit einer mittleren kinetischen Energie, die man auf Grund des Gleichverteilungssatzes der Gastheorie zu

$$E \equiv \frac{m_e}{2}\,\overline{v^2} = \frac{3}{2}\,kT \tag{A 3}$$

ansetzt. Diese Annahme trifft, wie wir später sehen werden, nicht zu und verursacht einen großen Teil der Schwierigkeiten, die sich für die klassische Metallelektronentheorie ergeben.

Der Wärmebewegung der Elektronen, die keine Vorzugsrichtung kennt, überlagert sich beim Anlegen eines elektrischen Feldes eine geordnete Bewegung parallel zur Feldrichtung, die sogenannte *Driftbewegung*. Damit bei vorgegebener Feldstärke $\boldsymbol{E}$ eine konstante Driftgeschwindigkeit der Elektronen $\boldsymbol{u}$ resultiert, wie es die Gültigkeit des OHMschen Gesetzes verlangt, muß eine Verlustquelle für die kinetische Energie der Bewegung vorhanden sein. Sie besteht in der *Energieübertragung* der Elektronen *an das Atomgitter* (JOULEsche Stromwärme!). Nimmt man an, daß die im Feld von einem Elektron aufgenommene Energie bei einem Zusammenstoß mit einem Atom vollständig auf dieses übertragen wird, so gilt für den Betrag der mittleren Driftgeschwindigkeit[1])

$$u = \frac{0 + \ddot{x}\, t_0}{2} = -\frac{e\, E_x\, t_0}{2\, m_e}, \tag{A 4}$$

sofern $\ddot{x}$ die vom Feld E_x erteilte Beschleunigung und t_0 die Zeit bedeuten, die im Mittel zwischen zwei Stößen verstreicht (Stoßzeit)[2]).

Liegt in einem Metall, das n_e Leitungselektronen pro Volumeneinheit enthält, die Driftgeschwindigkeit u vor, so treten pro Sekunde durch einen Querschnitt A senkrecht zur Feldrichtung $n_e A u$ Elektronen; die *Stromdichte* beträgt also

$$j = -\, n_e\, u\, e\,. \tag{A 5}$$

Mit dem Wert (A 4) für u liefert der Vergleich mit dem *OHMschen Gesetz*

$$j = \sigma\, E_x \tag{A 6}$$

für die *elektrische Leitfähigkeit*

$$\sigma = \frac{n_e\, e^2\, t_0}{2\, m_e} \tag{A 7}$$

oder auch, wenn man die *Elektronenbeweglichkeit*

$$b^* = \frac{u}{E_x} \tag{A 8}$$

einführt,

$$\sigma = -\, n_e\, e\, b^*\,. \tag{A 9}$$

Danach wird die elektrische Leitfähigkeit eines Metalls durch zwei Größen bestimmt, nämlich durch die Anzahldichte n_e der Leitungselektronen und durch ihre Beweglichkeit b^* bzw. ihre Stoßzeit t_0. Die Messung von σ liefert nur das

[1]) Da die hier betrachteten Leitungsphänomene eindimensional behandelt werden, ist unter E_x die interessierende (skalare) Komponente von $\boldsymbol{E}$ zu verstehen. Es sei jedoch darauf hingewiesen, daß im allgemeinen Fall Strom und Feld unterschiedliche Richtungen haben können (vgl. B 4).

[2]) Es sei schon hier darauf hingewiesen, daß bei den genaueren Betrachtungen, die wir später (M 12, S. 328) an die Stelle dieser anschaulichen DRUDEschen Überlegungen setzen werden, anstatt $t_0/2$ eine etwas anders definierte mittlere freie Flugzeit auftritt.

Produkt beider Größen. Da wir vorläufig keine Möglichkeit zu ihrer Einzelbestimmung haben, setzen wir n_e zunächst gleich der Anzahl n der Atome pro Volumeneinheit. Diese Werte enthält Tabelle A 2. Die Kehrwerte der elektrischen Leitfähigkeiten, d. h. die spezifischen Widerstände findet man in Tabelle VI (hinterer Einsatzbogen).

Tabelle A 2

Anzahl der Atome/Volumen für einwertige Metalle

Metall	$n/10^{28}\,\mathrm{m}^{-3}$
Li	4,6
Na	2,5
K	1,3
Rb	1,1
Cs	0,85
Cu	8,5
Ag	5,8
Au	5,9

Für die Beweglichkeit in z. B. Kupfer findet man mit den angegebenen Zahlen $b^*_{\mathrm{Cu}} = -4{,}7 \cdot 10^{-3} \frac{\mathrm{m/s}}{\mathrm{V/m}}$. Die für Kupfer technisch höchstzulässige Stromdichte von 6 A/mm² liefert nach (A 6) eine maximal zulässige Feldstärke von rund 0,1 V/m. Es treten also in technischen Kupferleitern niemals höhere Driftgeschwindigkeiten als $5 \cdot 10^{-4}$ m/s auf! Für die mittlere Stoßzeit von Kupfer findet man daraus $t_0 = 5 \cdot 10^{-14}$ s.

Nach den vorstehenden Ausführungen hat der elektrische Widerstand seine Ursache in der Übertragung der Driftenergie an das Gitter. Das Bild gestattet auch, die Größe der übertragenen Energie, d. h. die Joulesche *Stromwärme*, zu berechnen. Sie ist durch die Anzahl der Zusammenstöße und durch die im Mittel bei einem Zusammenstoß übertragene Energie gegeben. Letztere beträgt nach den obigen Ausführungen $\frac{m_e}{2}(2u)^2$, da sich nach (A 4) die Geschwindigkeit unmittelbar vor einem Zusammenstoß auf $2u$ beläuft. Die Anzahl der Zusammenstöße, die sich pro Zeit- und Volumeneinheit ereignen, beträgt n_e/t_0. Daher ist die Stromwärme pro Zeit- und Volumeneinheit

$$q_J = \frac{n_e m_e}{2 t_0}(2u)^2 \tag{A 10}$$

oder unter Benutzung von (A 4), (A 6) und (A 7)

$$q_J = j^2/\sigma \tag{A 11}$$

in Übereinstimmung mit dem *Jouleschen Gesetz.*

Es gelingt also, mit diesem einfachen Modell die Grundtatsachen der metallischen Elektrizitätsleitung zu beschreiben. Im wesentlichen ist hiermit allerdings auch die Grenze seiner Leistungsfähigkeit erreicht. Versucht man etwa,

Aussagen über die Temperaturabhängigkeit der Leitfähigkeit zu erhalten, so kommt damit Gleichung (A 3) ins Spiel, die bisher nicht benutzt wurde. Es war schon darauf hingewiesen worden, daß diese Beziehung Anlaß zu Schwierigkeiten ist, die im Rahmen der klassischen Theorie nicht überwunden werden konnten. So liefern die Metallelektronen nach (A 3) wegen

$$C_V = \frac{\mathrm{d}(L\,E)}{\mathrm{d}T} \qquad L \text{ Avogadrosche Konstante} \tag{A 12}$$

einen zusätzlichen Beitrag (3/2) R zur *Molwärme* C_V der Metalle. Für $n_e = n$ müßte diese also 50% größer sein als nach dem im großen und ganzen bewährten Dulong-Petitschen Gesetz zu erwarten ist.

In einer Hinsicht erzielte die Drudesche Theorie aber auch bezüglich der Temperaturabhängigkeit einen auffälligen Erfolg. Überträgt man die Formel der kinetischen Gastheorie für die Wärmeleitfähigkeit eines Gases

$$\lambda = \frac{3\,n}{2\,m}\,k^2\,T\,t_0 \tag{A 13}$$

auf das Elektronengas, wobei wiederum (A 3) vorausgesetzt wird, so erhält man für das Verhältnis von elektronenbedingter[1]) Wärme- und elektrischer Leitfähigkeit wegen (A 7)

$$\frac{\lambda}{\sigma} = \frac{3\,k^2}{e^2}\,T \tag{A 14}$$

in überraschend guter Übereinstimmung mit der Wiedemann-Franz*schen Regel.* Der Wert des Faktors von T in der Gleichung beträgt $2{,}2 \cdot 10^{-8}$ W Ω/K², während z.B. für Blei in einem Temperaturbereich von über 300 K konstant $2{,}6 \cdot 10^{-8}$ gemessen wurde: Ein instruktives Beispiel dafür, daß auch aus falschen Voraussetzungen richtige Ergebnisse folgen können.

A 33 Das Fermische Elektronengas

A 331 Energieverteilung

Sommerfeld (1928) übertrug auf die Drudesche Elektronengastheorie systematisch die Fermi-*Statistik*, nachdem Pauli (1928) damit in einem Spezialfall (Paramagnetismus der Leitungselektronen; s. N 13) Erfolg gehabt hatte und konnte dadurch die Ursache der Unstimmigkeiten hinsichtlich der spezifischen Wärme aufzeigen: Die mittlere kinetische Energie des Elektronengases ist keineswegs, wie in (A 3) angesetzt, der Temperatur proportional, sondern in erster Näherung temperaturunabhängig, jedenfalls bei allen praktisch erreichbaren Temperaturen. Man nennt Systeme, bei denen verschiedene Zustände, hier durch unterschiedliche Temperatur gekennzeichnet, die gleiche Energie besitzen, *entartet.*

[1]) Außer den Leitungselektronen tragen die Gitterschwingungen zur Wärmeleitung bei, allerdings bei Zimmertemperatur nur in vernachlässigbarem Maße (vgl. auch G 5).

Der Grund für die Entartung liegt in der Erfahrungstatsache, daß die Leitungselektronen das PAULI-*Prinzip* befolgen, d. h., in einem Metall ist jeder mögliche Elektronenzustand höchstens mit einem Elektron besetzt.

Der „Zustand" wird dabei durch vier Quantenzahlen eindeutig gekennzeichnet, so daß man auch sagen kann, daß in einem Metall niemals zwei Leitungselektronen in allen vier Quantenzahlen übereinstimmen. Oft ist es indessen zweckmäßig, von der Spinquantenzahl s, die bei Elektronen bekanntlich nur der beiden Werte $+1/2$ und $-1/2$ fähig ist, zunächst abzusehen. Dann besagt das PAULI-Prinzip, daß jeder durch die drei anderen Quantenzahlen beschriebene Zustand doppelt besetzt sein kann, wobei sich die beiden möglicherweise in ihm befindlichen Elektronen natürlich hinsichtlich des Spins unterscheiden müssen. Diese beiden Ausdrucksweisen für das PAULI-Prinzip sind gut auseinanderzuhalten.

Für Teilchen, die dem PAULI-Prinzip gehorchen — das sind nicht nur Elektronen, sondern auch andere Teilchen mit halbzahligem Spin wie Protonen und Neutronen — kann die klassische Statistik nicht gelten, weil die Verteilungsmöglichkeiten auf ein gegebenes System von Zuständen völlig verändert sind. An ihre Stelle tritt vielmehr die FERMI-Statistik, die außer dem PAULI-Prinzip noch die Ununterscheidbarkeit der Elementarteilchen berücksichtigt.

Verhältnisse bei $T = 0$

Am drastischsten wirkt sich das PAULI-Prinzip bei tiefsten Temperaturen aus. Wir betrachten daher zunächst die Verhältnisse bei $T = 0$. Besitzt das Metallstück insgesamt N_e Leitungselektronen, so sind — wenn wir vom Spin absehen — die $N_e/2$ tiefsten Energiezustände der Elektronen besetzt, und zwar jeder mit zwei Elektronen. Der höchste besetzte Energiewert heißt die FERMIsche Grenzenergie E_F^0. Die Energie des Elektronengases ist also auch bei $T = 0$ — im Gegensatz zu (A 3) — von Null verschieden. Wie groß ist sie?

Da die Metallelektronen nach wie vor frei gedacht werden, also keinerlei Krafteinwirkung unterliegen, besitzen sie nur kinetische Energie. Wir drücken sie durch den Impuls p der Elektronen aus. Bei einem Gase wird er keine Vorzugsrichtung besitzen, so daß die Gesamtheit aller Impulsvektoren innerhalb einer Kugel mit dem Radius p_F und dem Volumen $(4\pi/3)\, p_F^3$ liegt, wenn p_F den maximalen Impuls entsprechend der Grenzenergie

$$E_F^0 = \frac{p_F^2}{2\, m_e} \tag{A 15}$$

bezeichnet. Diese Größen lassen sich auf Grund eines allgemeinen Quantentheorems von PLANCK angeben, nach welchem jedem Zustand eines z-dimensionalen Systems ein Phasenvolumen (Impuls- mal Koordinatenvolumen) von h^z zukommt. Da unser dreidimensionales System $N_e/2$ Zustände besitzt, gilt also für das *Phasenvolumen*

$$\frac{4\pi}{3}\, p_F^3\, V = \frac{N_e}{2}\, h^3\,, \tag{A 16}$$

wenn V sein gewöhnliches (Koordinaten-)Volumen ist; oder, mit $n_e = N_e/V$,

$$p_F = h\left(\frac{3\,n_e}{8\,\pi}\right)^{1/3}. \qquad \text{(A 17)}$$

Hinsichtlich der *Energie liefert* (A 15) als *Maximalwert*

$$E_F^0 = \frac{h^2}{2\,m_e}\left(\frac{3\,n_e}{8\,\pi}\right)^{2/3} \qquad \text{(A 18)}$$

und eine Mittelung über die Impulskugel als *Mittelwert*

$$\bar{E}\,(T = 0) \equiv \bar{E}(0) = \frac{3}{5}\,E_F^0 \qquad \text{(A 19)}$$

Speziell für Kupfer erhält man mit $n_e = n$ (Tab. A 2) $E_F^0 = 7$ eV und $\bar{E}(0) = 4$ eV. Diese Werte gelten größenordnungsmäßig für alle Metalle, da die einzige individuelle Größe n_e stets die gleiche Größenordnung besitzt. (Für Halbleiter trifft dies allerdings nicht mehr zu; vgl. L 24). Der mittleren Energie entspricht eine mittlere Geschwindigkeit von der Größenordnung 10^6 m/s, der gegenüber die Driftgeschwindigkeit also verschwindend klein ist.

Die berechnete *Nullpunktenergie* der Leitungselektronen ist ferner bis zu sehr hohen Temperaturen *groß gegenüber* der *thermischen Energie* $kT \approx 10^{-4} \cdot T$ eV/K und wird selbst bei den Schmelztemperaturen der höchstschmelzenden Metalle nicht erreicht. Für Kupfer mit $T_s = 1356$ K gilt z. B. ungefähr $kT_s = 0{,}14$ eV gegenüber $E_F^0 = 7$ eV. Die Entartung des Elektronengases ist also sehr hochgradig. Daher können die für $T = 0$ erhaltenen Ergebnisse auch noch als charakteristisch für höhere Temperaturen (z. B. $T = 100$ K) betrachtet werden. In diesem Bereich beträgt die Energie U des gesamten Elektronengases wegen (A 19)

$$U = N_e\,\bar{E}(0) = \frac{3}{5}\,N_e\,E_F^0 \qquad \text{(A 20)}$$

und als *Zustandsgleichung* erhält man mit der Beziehung der klassischen Gastheorie $p\,V = (2/3)\,U$

$$p\,V = \frac{2}{5}\,N_e\,E_F^0 \qquad \text{(A 21)}$$

und somit für die *Enthalpie*

$$H \equiv U + p\,V = N_e\,E_F^0\,. \qquad \text{(A 22)}$$

Verhältnisse bei endlichen Temperaturen. FERMI-*Verteilung*

Will man die Verhältnisse bei endlichen Temperaturen genauer betrachten, so darf man nicht mehr voraussetzen, daß bei N_e Elektronen einfach die $N_e/2$ tiefsten Zustände besetzt und alle anderen leer sind, sondern man muß berücksichtigen, daß ein Teil der Elektronen dank ihrer thermischen Energie in höhere Zustände übergegangen ist und daher tiefere freigeblieben sind. Es reicht also nicht mehr aus, die Zustände eines Systems zu kennen, sondern man muß auch noch über deren Besetzungsgrad informiert sein. Während in der klassischen

MAXWELL-BOLTZMANN-Statistik die Wahrscheinlichkeit für die Realisierung eines Zustandes mit der Energie E bei der Temperatur T im wesentlichen durch einen Ausdruck der Form $\exp\{-E/kT\}$ bestimmt ist, liefert die FERMI-Statistik als *Verteilungsfunktion*

$$\mathrm{f} = \frac{1}{e^{\frac{E - E_F}{kT}} + 1}, \tag{A 23}$$

die sogenannte FERMI-*Funktion* (Abb. A 6), in der

$$E_F \equiv \frac{1}{N_e}(U + p\,V - T\,S) \tag{A 24}$$

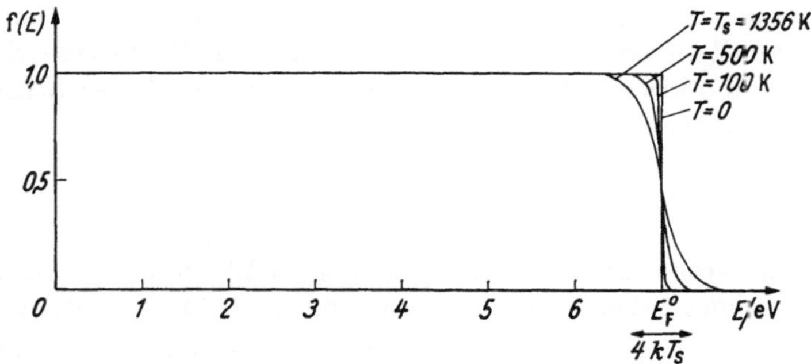

Abb. A 6

FERMI-Funktion f(E) für verschiedene Temperaturen. Als Beispiel wurde $E_F^0 = 7$ eV (entspricht Kupfer) gewählt. Nur die Zustände mit Energien bis zur Größenordnung kT unterhalb der FERMI-Grenze E_F^0 können thermisch angeregt werden. Selbst bei der Schmelztemperatur T_S von Kupfer entspricht dies einer Energieschicht von nur etwa 5% der FERMI-Grenze. In der Darstellung ist die geringe Temperaturabhängigkeit von E_F nicht berücksichtigt und $E_F(T) = E_F^0$ angenommen worden

eine (bei Metallen geringfügig temperaturabhängige) Energiefunktion, die FERMI-*Energie*, ist, die das betreffende System kennzeichnet. Bei $T = 0$ ist ihre genaue Bedeutung am einfachsten zu erkennen: Hier wird f offenbar Null für $E > E_F$ und eins für $E < E_F$, d. h., die FERMI-Funktion beschreibt ganz die oben für $T = 0$ dargelegten Verhältnisse, wobei wegen (A 22)

$$E_F(T = 0) = \frac{1}{N_e}(U + p\,V) = E_F^0 \tag{A 25}$$

ist. Bei $T \neq 0$ gilt stets $\mathrm{f}(E_F) = 1/2$; formal kann E_F also als Halbwertsenergie bezeichnet werden. Seine Berechnung kann hier nicht dargelegt werden. Für den Fall $kT \ll E_F^0$ führt eine Reihenentwicklung auf den Ausdruck

$$E_F \approx E_F^0\left[1 - \frac{\pi^2}{12}\left(\frac{k\,T}{E_F^0}\right)^2\right]. \tag{A 26}$$

Im Bereich dieser Näherung kann man also E_F durch E_F^0 ersetzen. Daher nehmen die in Abb. A 6 für verschiedene Temperaturen dargestellten f-Kurven sämtlich bei $E = E_F^0$ den Wert 1/2 an. Wir bemerken noch, daß für $kT \gg E_F^0$

die FERMI-Verteilung in die klassische MAXWELL-BOLTZMANN-Verteilung übergeht. Wenn diese Temperaturen auch für fast alle Metalle weit oberhalb ihres Schmelzpunktes liegen, spielt diese Tatsache doch für Halbleiter eine große Rolle; denn hier können wegen der geringen Leitungselektronenkonzentration E_F^0-Werte auftreten, die selbst bei Temperaturen von einigen Kelvin klein gegen kT sind.

Wir wenden uns wieder dem für uns wichtigeren Fall $kT \ll E_F^0$ zu. Nach Abb. A 6 tritt bei endlichen Temperaturen eine Abflachung der für $T = 0$ gültigen Rechteckkurve ein, weil ein Teil der Elektronen vermöge ihrer thermischen Anregung in Zustände mit $E > E_F^0$ übergeht. Allerdings sind dazu nur Elektronen befähigt, deren Energie sich nicht mehr als etwa kT von der FERMI-Grenze E_F^0 unterscheidet. Die Verschmierung erstreckt sich also nur auf ein im Vergleich zu E_F^0 kleines Energieintervall der Breite kT (BOLTZMANN-Schwanz). Im Gegensatz zum klassischen Fall kann mithin nur ein kleiner Bruchteil der Elektronen thermische Energie aufnehmen.

A 332 Spezifische Wärme des Elektronengases

Diese Tatsache verursacht den geringen Beitrag der Elektronen zur spezifischen Wärme. Bezeichnet a den fraglichen Bruchteil, so gilt für die mittlere Energie pro Elektron $\overline{E}(T)$ näherungsweise $\overline{E}(0) + a(3/2)\,kT$, was mit $a = 1$ dem klassischen Wert der spezifischen Wärme entsprechen würde. Hier ist a aber viel kleiner und läßt sich durch das Verhältnis des von dem Rechteck abgeschnittenen Flächenstückes zu dessen ursprünglicher Größe charakterisieren. Bis auf einen Faktor der Größenordnung 1 gilt also $a = kT/E_F^0$ ($\approx 0{,}01$ bei $T = 300$ K). Man wird daher einen Beitrag zur Molwärme

$$C_V^{\mathrm{El}} \approx 3\,k^2T\,L/E_F^0 \tag{A 27}$$

erwarten, womit die Schwierigkeit der klassischen Theorie überwunden wäre.

Tatsächlich liefert die Durchrechnung für die *mittlere Energie* eines Elektrons

$$\overline{E}(T) = \frac{3}{5}E_F^0\left[1 + \frac{5}{12}\pi^2\left(\frac{kT}{E_F^0}\right)^2\right] \tag{A 28}$$

und damit als *Elektronenanteil der Molwärme*

$$C_V^{\mathrm{El}} = \frac{\pi^2}{2}\,\frac{k^2\,T\,L}{E_F^0} \tag{A 29}$$

in Übereinstimmung mit unserer Abschätzung. Trotz seiner Kleinheit kann der Elektronenbeitrag bei tiefsten Temperaturen sicher nachgewiesen werden, weil der Hauptbeitrag der Gitterschwingungen viel schneller, nämlich nach dem DEBYEschen T^3-Gesetz (vgl. (G 18)), gegen Null geht. Man hat mithin für die Molwärme C_V bei tiefen Temperaturen ($T \ll \Theta$; Θ charakteristische Temperatur)

$$C_V = \alpha\,T^3 + \gamma\,T\,. \tag{A 30}$$

Trägt man C_V/T über T^2 auf (vgl. Abb. A 7), so ist also eine Gerade zu erwarten, deren Steigung α und deren Ordinatenabschnitt

$$\gamma = \frac{\pi^2 L k^2}{2 E_F^0} \tag{A 31}$$

ergibt. Auf diesem Weg findet man für Silber, für das Abb. A 7 gilt, einen E_F^0-Wert von 5,47 eV, während die Berechnung nach (A 18) 5,50 eV liefert. So gut ist die Übereinstimmung jedoch sehr selten.[1])

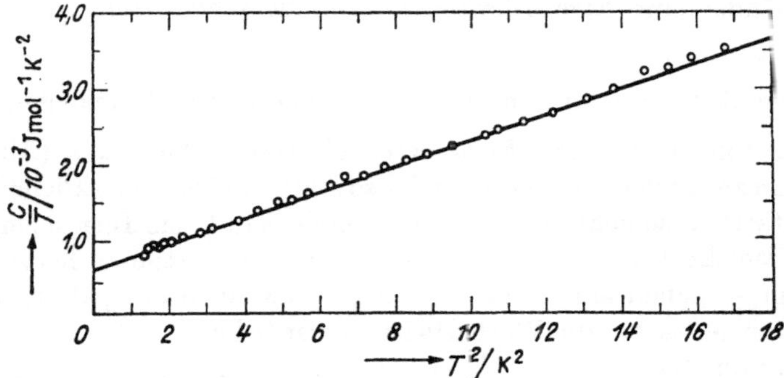

Abb. A 7

Molwärme C von Silber bei tiefen Temperaturen (nach CORAK, GARFUNKEL, SATTERTHWAITE und WEXLER)

Schon bei Kupfer tritt eine Diskrepanz von etwa einem Drittel auf, und oft ist die Übereinstimmung nur größenordnungsmäßig. Dies ist darauf zurückzuführen, daß das Bild der freien Leitungselektronen noch zu stark vereinfacht ist. Obwohl die SOMMERFELDsche Theorie also einen bedeutenden Schritt vorwärts darstellt, kann sie doch nicht als ausreichend angesehen werden. Vielmehr ist es notwendig, die *Einwirkung des Kristallgitters* auf die Leitungselektronen zu berücksichtigen.

A 34 Das Elektron im Gitterpotential

Eine weitere Verbesserung der Metallelektronentheorie wurde durch Korrektur der zu stark simplifizierenden Vorstellung freier Elektronen erreicht, und zwar auf quantenmechanischer Grundlage. Diese Stufe der Elektronentheorie wird später (Teil L) ausführlich darzustellen sein. Hier seien nur einige besonders wichtige Ergebnisse vorweggenommen.

A 341 Energiebänder

In dieser Theorie wird der Einfluß des Kristallgitters auf ein Leitungselektron durch eine Potentialfunktion beschrieben. Wie wenig man auch von ihr wissen mag, sicher ist, daß sie die räumliche Periodizität des Gitters widerspiegeln

[1]) Meßwerte für γ findet man in der Tabelle S. 290.

muß. Aus diesem Umstand folgt bereits eine ganz charakteristische Eigenschaft der Metallelektronen: Ihr Energiespektrum besteht grundsätzlich aus diskreten Zuständen, aber es zerfällt in Bereiche, in denen die Energie wegen der dichten Folge der diskreten Stufen praktisch kontinuierlich verläuft (*Energiezonen*), und in solche, die gar keine möglichen Energiestufen für die Elektronen enthalten („verbotene" Bereiche). Die Energiebereiche, die durch verbotene Bereiche getrennt sind, heißen *Energiebänder*; sie können aus einer oder mehreren — sich überlappenden — Energiezonen bestehen. Es sei ausdrücklich betont, daß die Energiebänder eine Eigenschaft der Kristalle schlechthin, nicht nur der Metalle, sind.

Dieses Ergebnis kann man sich in verschiedener Weise klarmachen.

1. Man geht von dem *Termschema eines einzelnen Atoms* aus (Abb. A 8c). Nähert man zwei solche Atome einander so stark, daß eine merkliche Wechselwirkung statthat, so geht nach der Quantenmechanik das Termschema dieses Systems (Molekül) aus dem seiner Komponenten (Atome) hervor, indem jeder Term — neben einer Verschiebung — zweifach aufspaltet, und zwar um so weiter, je stärker die Wechselwirkung ist (Abb. A 8b).

   Beim Zusammentritt von N Atomen zu einem Kristall tritt dementsprechend eine *N-fache Aufspaltung jedes Termes* auf (Abb. A 8a), d. h., er wird zu einem Band, das pro Atom eine Energiestufe enthält und um so breiter ist, je stärker die Wechselwirkung seiner Elektronen ist. Infolgedessen ist die Bandbreite für die innersten Elektronen, welche durch die äußeren Schalen von der Einwirkung der Elektronen der Nachbaratome

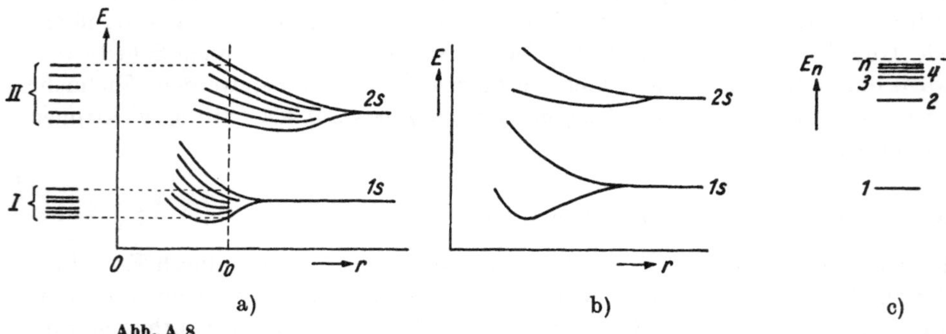

Abb. A 8

Zur Entstehung der Energiebänder. In (c) sind die Energiezustände des Elektrons im freien Wasserstoffatom dargestellt. Die Spinaufspaltung kommt wegen ihrer Kleinheit in dieser und den übrigen Darstellungen nicht zum Ausdruck. Werden zwei Wasserstoffatome (r: Kernabstand) einander genähert, dann spaltet jeder Term zweifach auf. In (b) ist die Gesamtenergie (d. h. einschließlich Kernabstoßungsbeitrag) für den 1 s- und 2 s-Zustand in Abhängigkeit von r schematisch dargestellt. Die übrigen Zustände verhalten sich ähnlich. Bei einer linearen Kette aus N Wasserstoffatomen im gleichen Abstand r findet eine N-fache Aufspaltung statt. (a) zeigt die Verhältnisse bei $N = 6$ für die Zustände 1 s und 2 s. Im Abstand r_0 entsprechen diesen beiden Zuständen die nach links herausgezeichneten Energieniveaus, die bereits eine Gliederung in zwei Bänder I und II erkennen lassen. Wächst die Zahl der Atome, dann treten die hinzukommenden Zustände im wesentlichen innerhalb von I und II auf. Im makroskopischen Festkörper hat man dann eine praktisch kontinuierliche Aufeinanderfolge von erlaubten Energiezuständen innerhalb der Bänder zu erwarten

weitgehend abgeschirmt werden, am geringsten und für die äußersten, welche dem Einfluß der Gitternachbarschaft unmittelbar ausgesetzt sind, am größten.

2. Man geht von dem *Kristall als Ganzem* aus und beschreibt den Einfluß seines Atomgitters auf ein bestimmtes Elektron durch eine Potentialfunktion, für die man dann die SCHRÖDINGER-*Gleichung* zu lösen hat. Nimmt man zunächst an, daß das betrachtete Elektron praktisch frei ist, wie dies in Metallen näherungsweise zutrifft, so wird das Elektron bekanntlich durch eine ebene Welle beschrieben, deren Wellenlänge durch die DE BROGLIE-*Beziehung*

$$\lambda = \frac{h}{p} = \frac{h}{\sqrt{2\,m_e E}} \qquad \text{(A 32)}$$

gegeben ist. Wellenlänge und Ausbreitungsrichtung kennzeichnet man durch den Wellenzahlvektor $\boldsymbol{k}$, für den gilt

$$\boldsymbol{k} = \frac{\boldsymbol{p}}{\hbar} \quad \text{und} \quad k = 2\,\pi/\lambda\,. \qquad \text{(A 33)}$$

Die Energie ist nur quasi-kontinuierlich und nicht wirklich kontinuierlich veränderlich, weil die Randbedingungen eine Quantisierung bewirken, allerdings eine mit sehr dichter Eigenwertfolge. Das genauere Studium des Energiespektrums, das in den nächsten Abschnitten vorgenommen wird, führt auf die Bandstruktur.

Effektive Elektronenmasse

Interessanterweise kann man die Verhältnisse bei kleinen Elektronenenergien — nämlich solange λ nach (A 32) groß gegen die Gitterkonstante a des Kristalls ist — auch dann noch auf die gleiche Weise beschreiben, wenn ein Potentialeinfluß berücksichtigt wird. Dies gelingt überraschend einfach durch formale Ersetzung der wirklichen Elektronenmasse m_e durch eine *effektive Elektronenmasse* m^*, die sowohl kleiner als auch größer als m_e sein kann und später berechnet werden wird. Unter Umständen kann m^* sogar negativ werden, d. h., das gleiche Feld, das ein freies Elektron beschleunigen würde, kann ein Elektron im Kristallgitter verzögern (vgl. L 22).

Die Ersetzung von m_e durch m^* beim Übergang von freien Elektronen zu Elektronen im Gitterpotential erstreckt sich nicht nur auf (A 32), sondern auch auf andere Beziehungen, z.B. auf die Formel für die Leitfähigkeit (A 7) oder für die spezifische Wärme (A 29), die m_e implizit in E_F^0 enthält. Die Tatsache, daß das Verhältnis λ/σ nach (A 14) m_e nicht enthält, erklärt, warum hier die Vorstellung freier Elektronen so weitgehend zum Ziel geführt hat.

Reflexion der Elektronenwellen

Etwas grundsätzlich Neues ist aber nach dem Bilde der Elektronenwellen zu erwarten, wenn deren Wellenlänge mit wachsender Elektronenenergie abnimmt und die Größe der Atomabstände erreicht, denn dann entstehen *Raumgitterinterferenzen*, sofern die BRAGGsche *Reflexionsbedingung*

$$n\lambda = 2\,d \sin\vartheta\,, \qquad \begin{array}{l} d = \text{Atomebenen-Abstand,} \\ n = \text{ganze Zahl,} \end{array} \tag{A 34}$$

erfüllt ist. Steht der Wellenvektor $\boldsymbol{k}$ senkrecht auf der reflektierenden Netzebene ($\vartheta = 90°$), so wird die auftreffende Welle in sich zurück reflektiert, und eine stehende Welle entsteht. Elektronen mit der entsprechenden Wellenzahl können also nicht durch das Gitter hindurchlaufen, daher tritt hier eine *Diskontinuität in der* $E(\boldsymbol{k})$*-Kurve* auf. Bei beliebiger Einfallsrichtung ϑ bildet sich beim Erfülltsein von (A 34) ein Zustand aus, der senkrecht zur reflektierenden Netzebene den Charakter einer stehenden Welle hat, so daß sich auch in diesem Fall eine Elektronenwelle $\boldsymbol{k}$ nicht im Gitter fortpflanzen kann. Mithin kann nicht mehr, wie bei freien Elektronen, der einfache, durch (A 32) gegebene parabelförmige Zusammenhang zwischen Wellenzahl und Energie bestehen (gestrichelt gezeichnet in Abb. L 3b, welche die Verhältnisse für eine bestimmte Richtung zeigt). An seine Stelle tritt die ausgezogene Kurve mit den E-Sprungstellen bei $\boldsymbol{k}$-Werten, für die (A 34) erfüllt ist.

Während also im allgemeinen ein eindeutiger und quasikontinuierlicher Zusammenhang zwischen $\boldsymbol{k}$ und E besteht, der sich von dem freier Elektronen kaum unterscheidet, sind an den durch (A 34) bestimmten $\boldsymbol{k}$-Stellen zwei Energiewerte vorhanden, die sich um ΔE unterscheiden. Dann setzt sich der stetige Verlauf fort, bis die zweite Sprungstelle erreicht ist und so weiter. Die Energiebereiche des quasikontinuierlichen Verlaufs sind die *Energiebänder*, welche durch Intervalle der Breite ΔE getrennt sind, deren Energien bei den Elektronen nicht realisiert werden.

Das Auftreten zweier Energiewerte an den durch (A 34) bestimmten $\boldsymbol{k}$-Stellen erklärt sich folgendermaßen: Solange keine Reflexion auftritt, gibt es für jedes Elektron nur eine ebene Welle $\boldsymbol{k}$. Tritt aber bei Befriedigung von (A 34) Reflexion an einer bestimmten Netzebene ein, so kommt eine zweite Welle $\boldsymbol{k}'$ hinzu mit $k = k'$. Bei freien Elektronen gehört gemäß (A 32) zu den beiden Wellen derselbe Energiewert. Er ist also zweifach entartet. Durch das Gitterpotential wird die Entartung aufgehoben, d. h., zu den beiden Zuständen $\boldsymbol{k}$ und $\boldsymbol{k}'$ gehören jetzt zwei verschiedene Energiewerte.

Wegen der Wichtigkeit der *Sprungstellen* soll ihre Lage noch genauer untersucht werden, und zwar der besseren Übersichtlichkeit wegen in einem zweidimensionalen Gitter, einem quadratischen Netz mit der Gitterkonstante a (Abb. A 9). Anstelle der reflektierenden Netzebenenscharen des Raumgitters treten hier die Scharen paralleler Gittergeraden, von denen einige in Abb. A 9 eingezeichnet sind. Der Abstand benachbarter Geraden einer Schar, der dem Netzebenenabstand d entspricht, läßt sich leicht durch a ausdrücken. Die Welle schreite zunächst in der x-Richtung fort. Wann wird sie reflektiert? Dies kann z. B. an der Schar I nach (A 34) wegen $\vartheta = 90°$ und $d = a$ für $\lambda = 2\,a$ erfolgen (wir beschränken uns auf $n = 1$). Schar II reflektiert wegen $\vartheta = 45°$ und

$d = a/\sqrt{2}$ für $\lambda = a \cdot \sqrt{2} \cdot 1/2 \cdot \sqrt{2} = a$ und die Schar *III* wegen $\sin\vartheta = 2/\sqrt{5}$ und $d = a/\sqrt{5}$ für $\lambda = 4\,a/5$. Die in der x-Richtung laufende Welle wird also bei $k_{x\,I} = \frac{\pi}{a}$, $k_{x\,II} = \frac{2\pi}{a}$ und $k_{x\,III} = \frac{5\pi}{2a}$ Diskontinuitäten im Energieverlauf aufweisen.

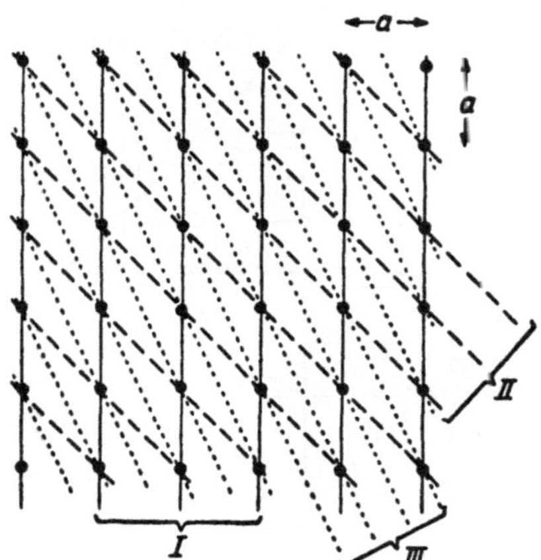

Abb. A 9
Reflexion an verschiedenen „Netzebenenscharen" (*I, II, III*) eines Flächengitters

Für eine andere Richtung werden diese Stellen im allgemeinen bei anderen $\boldsymbol{k}$-Werten liegen. Läuft die Welle z. B. unter 45° zur x-Richtung, so erhält man in unserem Fall $k_{45°\,I} = k_{45°\,II} = \frac{\pi\sqrt{2}}{a}$ für die Scharen *I* und *II* oder bei einem Winkel von arcsin $(1/\sqrt{5})$ gegen die x-Achse $k_{\arcsin(1/\sqrt{5})\,I} = \pi\sqrt{5}/2\,a$, $k_{\arcsin(1/\sqrt{5})\,III} = \pi\sqrt{5}/a$.

A 342 Brillouin-Zonen

Trägt man die gefundenen kritischen $\boldsymbol{k}$-Werte in ein Koordinatensystem ein (Abb. A 10) und ergänzt die Darstellung gemäß der Symmetrie des Flächengitters von Abb. A 9, so kann man leicht durch Verbinden zusammengehörender Punkte die Grenzlinien von Gebieten im $\boldsymbol{k}$-Raum finden, innerhalb deren ein stetiger $E(\boldsymbol{k})$-Verlauf vorliegt, während beim Überschreiten einer Grenzlinie ein Energiesprung auftritt. Diese Gebiete heißen Brillouin*sche Zonen*. Jede entspricht einem Energieband und enthält wie dieses einen Zustand pro Atom (vom Spin abgesehen). Daher muß jede das gleiche Volumen im Impulsraum besitzen und, da sich Wellenzahl und Impuls nur durch den Faktor $\hbar$ unterscheiden, auch im $\boldsymbol{k}$-Raum, was durch Abb. A 10 bestätigt wird.

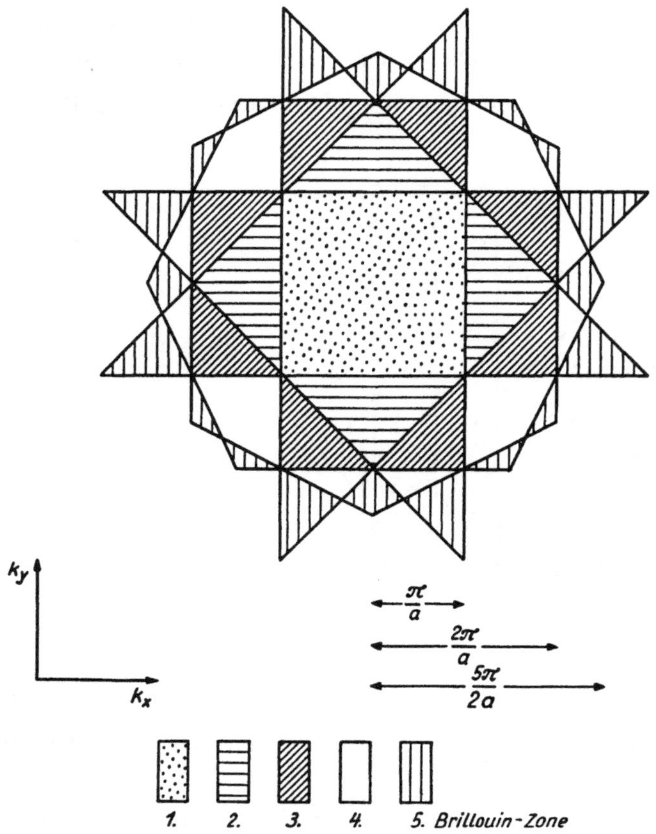

Abb. A 10

BRILLOUIN-Zonen 1–5 für das quadratische Flächengitter mit Gitterkonstante a

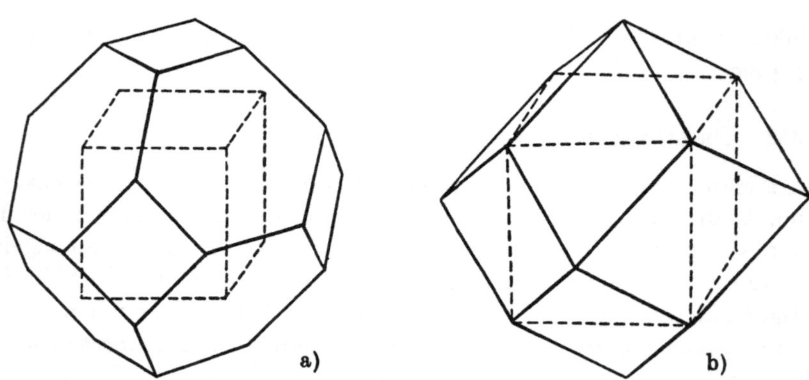

Abb. A 11

BRILLOUIN-Zonen der kubischen Gitter

1. Zone für das (a) kubisch-flächenzentrierte, (b) kubisch-raumzentrierte Gitter (in beiden Fällen ist die 1. Zone des einfach-kubischen Gitters gestrichelt angedeutet)

Diese Überlegungen lassen sich sinngemäß auf die wirklichen dreidimensionalen Kristallgitter übertragen, und man kann für jedes vorgegebene Gitter die zugehörigen BRILLOUIN-Zonen angeben (vgl. L 13), die sich für viele elektronentheoretische Untersuchungen als äußerst nützlich erweisen. Besonders wichtig ist dabei, daß *in einer Zone nur endlich viele Elektronen* untergebracht werden können, nämlich, unter Einbeziehung der zwei möglichen Spinorientierungen, doppelt so viele, wie der Kristall Elementarzellen enthält (hier sind natürlich die kleinstmöglichen Zellen zu betrachten). Abb. A 11 bringt Beispiele von BRILLOUIN-Zonen wichtiger Kristallgitter.

A 4 Übungsaufgaben

A 1. Nennen Sie einige typische Eigenschaften eines metallischen Festkörpers und erklären Sie diese grob mit Hilfe des Modells freier Elektronen! Verschaffen Sie sich dazu auch Zahlenwerte aus den entsprechenden Tabellen des Buches!

A 2. Man zeichne die drei bei metallischen Elementen am häufigsten realisierten Kristallgitter aus dem Gedächtnis auf und gebe dazu einige Vertreter an!
Man berechne die Zahl der Atome pro Volumeneinheit für jeden der drei Strukturtypen in Einheiten der Elementarzelle!
Wie groß ist die Kantenlänge eines Würfels aus Kalzium bei Raumtemperatur, wenn er 1 Mol Teilchen enthält?

A 3. Für das System Magnesium–Blei berechne man den Anteil der beiden bei 40 At. % Blei und 200 °C vorliegenden stabilen Phasen an der Gesamtmasse der Legierung (Zustandsdiagramm vgl. Abb. A 5)!

A 4. Die Gesamtmasse der Elektronen ist zu berechnen, die durch die Endfläche eines Kupferdrahtes von 1 mm² Querschnitt in einer Stunde fließt, wenn der Leiter mit $j = 6$ A/mm² belastet wird. „Verbraucht" sich der Draht im Laufe der Zeit ähnlich wie ein Elektrolyt? Unterschiede?

1. HAUPTTEIL

Aufbau und Zustand der Metalle

B DAS RAUMGITTER UND SEINE SYMMETRIEEIGENSCHAFTEN

B 1 Das Kristallgitter und seine Darstellung (Translationssymmetrie)

Die uns in Natur und Technik entgegentretenden Kristalle stellen im großen und ganzen gesehen sehr weitgehende Annäherungen an den *Grenzfall des Idealkristalls* dar, dessen atomistischer Aufbau durch die dreifach periodische Anordnung seiner Bausteine im Raum, das Kristallgitter, gekennzeichnet ist. Diese Feststellung schließt nicht aus, daß jeder reale Kristall Abweichungen vom Idealgitter aufweist und diese trotz ihrer meist sehr geringen Konzentration für viele physikalische Eigenschaften von großer und für einige sogar von ausschlaggebender Bedeutung sind. Daher werden die *Gitterfehler* und ihr Einfluß auf das Verhalten der Kristalle später ausführlich zu behandeln sein, während hier nur das Idealgitter betrachtet wird.
Ein charakteristisches Kennzeichen des Idealkristalls sind seine Symmetrieeigenschaften. Man kann sie durch Angabe bestimmter Bewegungen (sog. Symmetrieoperationen) beschreiben, nach deren Ausführung der Kristall mit sich selbst zur Deckung gebracht ist. Allein aus der Tatsache des gitterhaften Kristallaufbaus — unabhängig von dessen spezieller Form — folgt sofort, daß j e d e r Kristall gegenüber bestimmten Parallelverschiebungen (Translationen) invariant sein muß.

Da jede beliebige Bewegung durch Überlagerung von Translationen und Rotationen dargestellt werden kann, wird man fragen, ob Kristalle auch gegenüber bestimmten Rotationen invariant sind. In der Tat tritt als Folge speziellen Gitterbaus auch Rotationssymmetrie auf; diese betrachten wir aber erst in B 3.

Wir wenden uns zunächst der allen Kristallen gemeinsamen Translationssymmetrie zu. Sie besteht nach dem Gesagten darin, daß das Gitter bei einer Translation um eine bestimmte Strecke in einer bestimmten Richtung mit sich selbst zur Deckung kommt.

Die kleinste Strecke, bei der dies in einer bestimmten Richtung der Fall ist, heißt deren *Translationsperiode.* In Strenge ist die Translationssymmetrie nur in einem unendlich ausgedehnten Gitter möglich. Praktisch bedeutet „unendlich ausgedehnt" groß gegenüber den Translationsperioden. Da letztere von der Größenordnung der Atomabstände sind, ist diese Bedingung selbst bei kleinen Kristalliten erfüllt, so daß die Voraussetzung unendlicher Ausdehnung unbedenklich ist.

Invarianz gegen Translation hat zur Voraussetzung, daß in jeder Gitterrichtung gleichwertige Atome sich in gleichen Abständen wiederholen. Der Begriff der *Gleichwertigkeit* erfordert eine Erläuterung. Er verlangt genau genommen, daß die Atome in chemischer und physikalischer Hinsicht vollständig übereinstimmen und darüber hinaus sich auch hinsichtlich ihrer geometrischen Anordnungsweise nicht unterscheiden. Anders ausgedrückt, von gleichwertigen

Atomen aus betrachtet, bietet das Gitter vollständig den gleichen Anblick. Dabei werden auch Drehungen des Beobachtersystems gegenüber dem Kristallgitter verboten. Abb. B 1 zeigt drei lineare und ein räumliches Gitter, die jeweils aus chemisch und physikalisch einer Atomsorte bestehen. In a (α) und b sind die Gitterplätze auch geometrisch gleichwertig, in a (β) gibt es 2, in (γ) 3 unterschiedliche Gitterplätze.

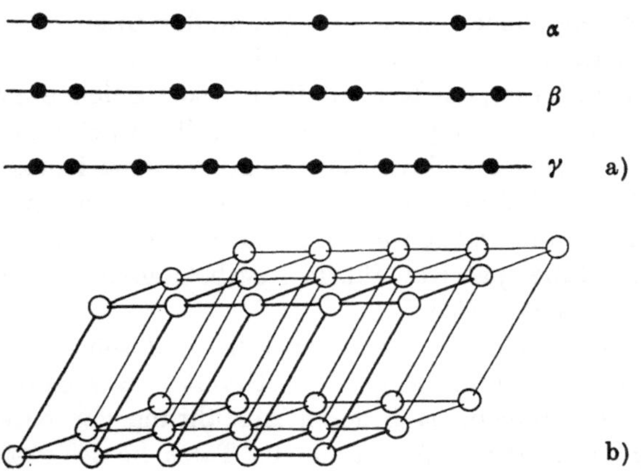

Abb. B 1

(a) Lineare Gitter aus einer Atomart. In (α) besitzen alle Atome die gleiche Umgebung, in (β) und (γ) ist dies nicht der Fall.
(b) räumliches Gitter mit gleichwertigen Gitterplätzen (= einfaches Translationsgitter)

Vektoren zur Gitterbeschreibung. Elementarzelle

Wählt man drei nicht komplanare Translationsperioden $\boldsymbol{a}_1$, $\boldsymbol{a}_2$, $\boldsymbol{a}_3$ des Gitters, so stellen die Vektoren

$$\boldsymbol{R}_m = m_1 \boldsymbol{a}_1 + m_2 \boldsymbol{a}_2 + m_3 \boldsymbol{a}_3 , \qquad m_i = 0, \pm 1, \pm 2, \ldots , \tag{B 1}$$

mit beliebigen positiven oder negativen ganzen Zahlen m_i (einschließlich 0) die Gesamtheit der Translationen dar, gegen die das Gitter invariant ist. Sie ist eine Gruppe im Sinne der Gruppentheorie. Die Vektoren (B 1) heißen *Gittervektoren*.

Werden alle $\boldsymbol{R}_m$ von ein und demselben Gitterpunkt (Ursprung) aus aufgetragen, so enden sie alle an Gitterpunkten, und man erhält auf diese Weise eine Beschreibung der Orte der Gitterpunkte. Jeder von ihnen wird dabei durch ein Zahlentripel, m_1, m_2, m_3, kurz mit m symbolisiert, gekennzeichnet.

Das der Beschreibung zugrundeliegende Vektortripel $\boldsymbol{a}_i$ ($i = 1, 2, 3$) spannt ein Parallelepiped auf, das die *Elementarzelle* des Gitters genannt wird. Aus ihr kann das unendliche Kristallgitter erhalten werden, indem man sie parallel mit sich selbst verschiebt durch Anwendung aller Translationen (B 1) auf einen ihrer Eckpunkte.

Besitzt die Elementarzelle nur an ihren Eckpunkten Gitterpunkte, so heißt sie — und das sie aufspannende Vektortripel — primitiv.[1]) Da jeder der Eckpunkte gleichzeitig zu den acht in ihm zusammenstoßenden Zellen gehört, kann er zu jeder Zelle nur mit einem Achtel gezählt werden, so daß die *primitive Zelle* einen einzigen Gitterpunkt enthält. In diesem Fall wird durch die Vektoren (B 1) also jeder Gitterpunkt erfaßt.

Enthält die Elementarzelle aber auch in ihrem Inneren Gitterpunkte, so reicht (B 1) zur Beschreibung der Orte der Gitterpunkte nicht aus, sondern es ist noch die Kenntnis der räumlichen Anordnung der Gitterpunkte innerhalb der Elementarzelle erforderlich, d. h. die Kenntnis der sogenannten *Basis des Gitters*. Sind p Punkte in der Elementarzelle vorhanden, so wird sie durch p Vektoren

$$\boldsymbol{R}_n = \xi_1^{(n)} \boldsymbol{a}_1 + \xi_2^{(n)} \boldsymbol{a}_2 + \xi_3^{(n)} \boldsymbol{a}_3 \,, \quad \begin{array}{l} n = 1, 2, \ldots, p \,, \\ 0 \leqq \xi_i^{(n)} < 1 \,; \qquad i = 1, 2, 3, \end{array} \tag{B 2}$$

gegeben. Hier sind die $\xi_i^{(n)}$ die relativen Koordinaten des n-ten Gitterpunktes in der Elementarzelle, auf einen ihrer Eckpunkte bezogen. Jeder Gitterpunkt kann also durch einen Vektor

$$\boldsymbol{R}_{mn} = \boldsymbol{R}_m + \boldsymbol{R}_n \tag{B 3}$$

erreicht werden, und man erhält die Gesamtheit aller Gitterpunkte als Endpunkte der Vektoren (B 3), wenn man diese von einem beliebigen Gitterpunkt aus anträgt und m und n die durch (B 1) und (B 2) festgelegten Bereiche unabhängig voneinander durchlaufen läßt. Anschaulich läßt sich der Inhalt von (B 3) auf zweierlei Art darstellen.

Das Gitter entsteht, indem man

> entweder aus p Atomen die Basis gemäß $\boldsymbol{R}_n$ aufbaut und diese parallel mit sich selbst verschiebt gemäß $\boldsymbol{R}_m$
> oder aus jeder der p Atomsorten das Translationsgitter gemäß $\boldsymbol{R}_m$ aufbaut und diese, gemäß $\boldsymbol{R}_n$ gegeneinander verschoben, ineinander setzt.

Um die im allgemeinen zueinander schiefwinkligen Basisvektoren $\boldsymbol{a}_i$ selbst zu beschreiben, zerlegt man sie bezüglich eines Orthogonalsystems mit den Einheitsvektoren $\boldsymbol{e}_1$, $\boldsymbol{e}_2$, $\boldsymbol{e}_3$ gemäß

$$\boldsymbol{a}_i = \sum_j a_{ij} \boldsymbol{e}_j \,. \tag{B 4}$$

Während nach (B 1) die Komponenten der Gittervektoren $\boldsymbol{R}_m$ auf ganzzahlige Vielfache der $\boldsymbol{a}_i$ beschränkt sind und nach (B 2) die Beträge derjenigen von $\boldsymbol{R}_n$ auf Werte $< a_i$, werden wir gelegentlich noch einen Ortsvektor $\boldsymbol{r}$ benötigen,

[1]) Wir verzichten auf die Unterscheidung von einfach- und mehrfach-primitiven Zellen. Als Beispiele für letztere seien die kubisch-raumzentrierte (zweifach-primitiv; Abb. A 1) und die kubisch-flächenzentrierte Elementarzelle (vierfach-primitiv; Abb. A 2) angeführt.

der vom Nullpunkt zu jedem beliebigen Punkt des räumlichen Kontinuums führen kann. Je nach Zweckmäßigkeit beziehen wir ihn auf die $\boldsymbol{a}_i$ oder $\boldsymbol{e}_i$:

$$\boldsymbol{r} = \xi_1 \boldsymbol{a}_1 + \xi_2 \boldsymbol{a}_2 + \xi_3 \boldsymbol{a}_3 \tag{B 5}$$

bzw.

$$\boldsymbol{r} = x_1 \boldsymbol{e}_1 + x_2 \boldsymbol{e}_2 + x_3 \boldsymbol{e}_3 \,. \tag{B 6}$$

Die Koeffizienten sind durch die Beziehung $x_i = \sum_j a_{ji} \xi_j$ verknüpft.

Nach den vorstehenden Darlegungen liefert ein Vektortripel $\boldsymbol{a}_i$ eindeutig ein bestimmtes Gitter. Dieser Satz ist aber keineswegs umkehrbar, sondern zu einem gegebenen Gitter lassen sich unendlich viele Vektortripel angeben — sogar mit gleichem Volumen der Elementarzelle —, die zu seiner Beschreibung

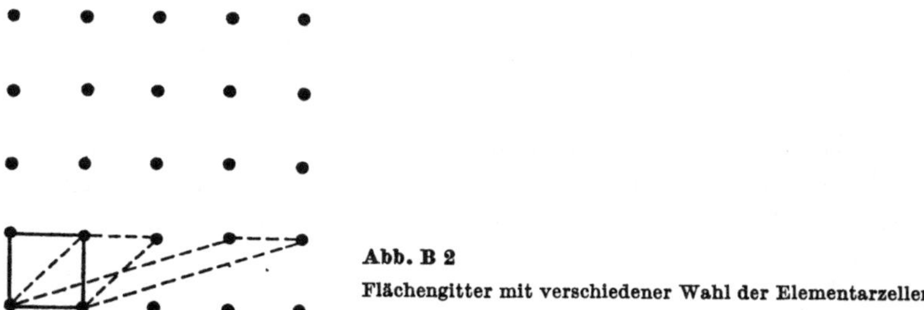

Abb. B 2
Flächengitter mit verschiedener Wahl der Elementarzellen

in gleicher Weise dienen können. Die *Elementarzelle* ist also ein *mathematischer Hilfsbegriff*, dem eine eigentlich physikalische Bedeutung abgeht. Welche Elementarzelle man zur Beschreibung eines Gitters wählt, wird nur im Interesse der Einheitlichkeit durch Konvention festgelegt. Man überzeugt sich von diesem Sachverhalt durch einen Blick auf das zweidimensionale Gitter in Abb. B 2 oder, indem man bedenkt, daß mit den $\boldsymbol{a}_i$ auch die

$$\boldsymbol{A}_i = \nu_{i1} \boldsymbol{a}_1 + \nu_{i2} \boldsymbol{a}_2 + \nu_{i3} \boldsymbol{a}_3 \,, \qquad i = 1, 2, 3 \;; \quad \nu_{ik} \text{ ganzzahlig,} \tag{B 7}$$

Gittervektoren sind. Fordert man noch, daß die Determinante der ν_{ik}-Matrix vom Betrage 1 ist, so ist damit die Volumengleichheit der von den $\boldsymbol{A}_i$ und den $\boldsymbol{a}_i$ aufgespannten Zellen gewährleistet. Wäre etwa die Zelle der $\boldsymbol{a}_i$ primitiv, so wäre es auch die der $\boldsymbol{A}_i$. Die nach (B 7) gebildeten $\boldsymbol{A}_i$ können also unter dieser Voraussetzung genauso wie die $\boldsymbol{a}_i$ zur Beschreibung des Gitters verwandt werden. Erfüllt andererseits ein Tripel $\boldsymbol{A}_i$ die Bedingungen (B 7) nicht, so stellt es ein anderes Gitter als die $\boldsymbol{a}_i$ dar.

Wahl der Elementarzelle. Matrizendarstellung

Bei einem Gitter mit K Sorten ungleichwertiger Atome muß die Elementarzelle mindestens K Atome enthalten. Primitive Zellen sind also bei Gittern chemischer Verbindungen trivialerweise nicht möglich. Aber auch bei einem Elementgitter ist nicht immer eine primitive Zelle angebbar, wie das Diamantgitter (vgl. Abb. B 3) oder die eindimensionalen Beispiele β und γ in Abb. B 1a zeigen.

Die Ursache liegt in dem ungleichen Abstand der Atome. Daher hat es Sinn, nicht nur von primitiven Zellen, sondern auch von primitiven Gittern zu sprechen, nämlich dann, wenn für das Gitter eine primitive Zelle angebbar ist.

Wenn man allerdings bereit ist, die Grundlage der bisherigen Betrachtung abzuändern, indem man nicht mehr die Gitterpunkte als Element des Gitters ansieht, sondern stattdessen Punktkomplexe wählt, so lassen sich auch diese Beispiele als primitiv beschreiben.

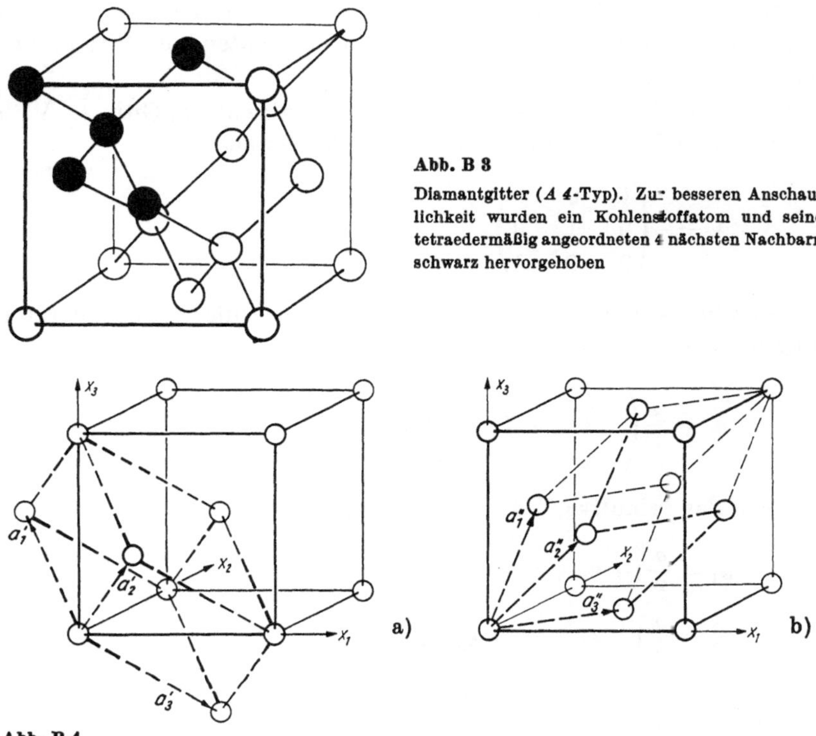

Abb. B 3

Diamantgitter (*A 4*-Typ). Zur besseren Anschaulichkeit wurden ein Kohlenstoffatom und seine tetraedermäßig angeordneten 4 nächsten Nachbarn schwarz hervorgehoben

Abb. B 4

Primitive Zellen für (a) das kubisch-raumzentrierte und (b) das kubisch-flächenzentrierte Gitter

Es ist durchaus nicht immer zweckmäßig und daher auch häufig nicht üblich, die Elementarzelle möglichst klein zu wählen. Die in Abb. A 1 und A 2 dargestellten Elementarzellen von Wolfram und Kupfer, die beide nur eine einzige Sorte gleichwertiger Atome enthalten, sind z.B. nicht primitiv, sondern so gewählt, daß die kubische Symmetrie dieser Metalle zum Ausdruck kommt. (Abweichungen von diesem Prinzip vgl. S. 23, 272 und 420.)

Hier ergibt sich zunächst die Frage, wie die primitiven Zellen dieser Gittertypen aussehen. Abb. B 4 zeigt für beide eine mögliche Wahl primitiver Achsen. Im ersten Fall sind es drei Raumdiagonalen, im zweiten drei Flächendiagonalen des Würfels. Zur einfachen analytischen Erfassung der Eigenschaften dieser nicht mehr rechtwinkligen Achsenkreuze benutzen wir die *Matrizendarstellung.*

Bedeutet **A** die Matrix der a_{ji}, wobei a_{ij} die Koeffizienten aus (B 4) sind, und faßt man das ganzzahlige Tripel m_1, m_2, m_3 als Komponenten einer Spaltenmatrix auf, so stellt das Symbol

$$\mathbf{A} \cdot \mathrm{m} \equiv \begin{pmatrix} a_{11} & a_{21} & a_{31} \\ a_{12} & a_{22} & a_{32} \\ a_{13} & a_{23} & a_{33} \end{pmatrix} \cdot \begin{pmatrix} m_1 \\ m_2 \\ m_3 \end{pmatrix} \tag{B 8}$$

den Gitterpunkt m in kartesischen Koordinaten dar, denn nach dem Matrizen-Multiplikationsgesetz liefert (B 8) die Koordinaten des Gittervektors (B 1) bezüglich der $\boldsymbol{e}_i$ aus (B 4) als Spaltenmatrix.

Die Matrix **A** kennzeichnet also das Achsenkreuz des Gitters. Während sie für das *einfach-kubische Gitter* offenbar die Gestalt

$$\mathbf{A} = a \begin{pmatrix} 1 & 0 & 0 \\ 0 & 1 & 0 \\ 0 & 0 & 1 \end{pmatrix} \tag{B 9}$$

besitzt, nimmt sie für das *kubisch-raumzentrierte Gitter* bei primitiver Beschreibung nach Abb. B 4a die Form

$$\mathbf{A}' = \frac{a}{2} \begin{pmatrix} -1 & 1 & 1 \\ 1 & -1 & 1 \\ 1 & 1 & -1 \end{pmatrix} \tag{B 10}$$

an, denn das primitive Vektortripel lautet

$$\left.\begin{aligned} \boldsymbol{a}_1' &= \frac{a}{2}(-\boldsymbol{e}_1 + \boldsymbol{e}_2 + \boldsymbol{e}_3)\,, \\ \boldsymbol{a}_2' &= \frac{a}{2}(+\boldsymbol{e}_1 - \boldsymbol{e}_2 + \boldsymbol{e}_3)\,, \\ \boldsymbol{a}_3' &= \frac{a}{2}(+\boldsymbol{e}_1 + \boldsymbol{e}_2 - \boldsymbol{e}_3)\,. \end{aligned}\right\} \tag{B 11}$$

Die Längen aller drei $\boldsymbol{a}_i'$ sind hier gleich groß, und zwar $|\boldsymbol{a}_i'| = \frac{a}{2}\sqrt{3}$, was in diesem Fall allerdings auch unmittelbar an der Figur abzulesen ist. Für die nicht so einfach zu übersehenden Winkel α_{ik}' zwischen den $\boldsymbol{a}_i'$ erhält man aus

$$\boldsymbol{a}_i' \cdot \boldsymbol{a}_k' = |\boldsymbol{a}_i'|\,|\boldsymbol{a}_k'| \cos \alpha_{ik}' \tag{B 12}$$

für alle α_{ik}'

$$\cos \alpha_{ik}' = \frac{-a^2/4}{\left(\frac{a}{2}\sqrt{3}\right)^2} = -\frac{1}{3}\,, \tag{B 13}$$

d. h., alle Achsen $\boldsymbol{a}_i'$ bilden untereinander den Tetraederwinkel von 109°30′ und sind gleich lang. Diese primitive Zelle hat also rhomboedrische Gestalt.

Ganz entsprechend erhält man für das *kubisch-flächenzentrierte* Gitter anhand von Abb. B 4b

$$A'' = \frac{a}{2}\begin{pmatrix} 0 & 1 & 1 \\ 1 & 0 & 1 \\ 1 & 1 & 0 \end{pmatrix} \tag{B 14}$$

mit $|\boldsymbol{a}_i''| = \frac{a}{2}\sqrt{2}$ und $\alpha_{ik}'' = 60°$. Auch diese Zelle ist also rhomboedrisch.

B 2 Das reziproke Gitter

Neben der bisher besprochenen Vorstellung des Aufbaues eines Kristallgitters aus Punkten ist es für manche Probleme (z.B. Röntgeninterferenzen) zweckmäßig, das Gitter aus Scharen paralleler, äquidistanter Ebenen aufgebaut zu denken. Im Hinblick auf die diskontinuierliche atomistische Struktur der Ebenen spricht man von Netzebenen. Eine *Netzebenenschar* wird durch die Richtung ihrer Normalen und den Abstand d zweier aufeinanderfolgender Ebenen gekennzeichnet. Beide Größen kann man durch einen Vektor $\boldsymbol{h}$ festlegen, wobei man dessen Länge aber nicht gleich d, sondern gleich $1/d$ aus später einleuchtenden Gründen setzt.

Ebenso wie man in einem Gitter die Elementarzelle auf unendlich viele verschiedene Weisen wählen kann, gibt es beliebig viele Möglichkeiten, das Gitter in Netzebenenscharen zu zerlegen (Abb. A 9). Eine übersichtliche Darstellung all dieser Netzebenenscharen erhält man, wenn man ihre $\boldsymbol{h}$-Vektoren von einem beliebigen Punkt aus aufträgt. Der Endpunkt jedes Vektors stellt dann eine Netzebenenschar des Raumgitters dar. Trägt man in jeder $\boldsymbol{h}$-Richtung nicht nur den Betrag $|\boldsymbol{h}|$, sondern $n \cdot |\boldsymbol{h}|$ auf, wobei n eine beliebige positive oder negative ganze Zahl sein kann, so bilden die Endpunkte aller n $\boldsymbol{h}$-Vektoren ein unendliches Punktgitter, das dem ursprünglichen Kristallgitter eindeutig zugeordnet ist und sein *reziprokes Gitter* genannt wird.

Das reziproke Gitter ist für die mathematische Behandlung vieler kristallphysikalischer Probleme von großem Nutzen. Dies beruht auf den mathematischen Beziehungen zwischen den Vektoren des Kristallgitters und des reziproken Gitters, die jetzt etwas näher betrachtet werden sollen.

B 21 Darstellungsweisen des reziproken Gitters

Das Kristallgitter werde durch das primitive Vektortripel $\boldsymbol{a}_i$ beschrieben (die Voraussetzung primitiver $\boldsymbol{a}_i$ behalten wir für diesen ganzen Abschnitt bei). Dann ordnen wir diesem nach J. W. Gibbs (1884) ein zweites Vektortripel $\boldsymbol{b}_k$ durch die Forderung

$$\boldsymbol{a}_i \cdot \boldsymbol{b}_k = \delta_{ik}\,, \qquad \delta_{ik} = \begin{matrix} 1 & i = k \\ 0 & i \neq k \end{matrix} \qquad i, k = 1, 2, 3\,, \tag{B 15}$$

zu und zeigen, daß man mit den $\boldsymbol{b}_k$ und beliebigen positiven oder negativen ganzen Zahlen H_k neue Vektoren

$$\boldsymbol{H} = H_1 \boldsymbol{b}_1 + H_2 \boldsymbol{b}_2 + H_3 \boldsymbol{b}_3 \quad \text{(B 16)}$$

bilden kann, welche *Vektoren des* oben beschriebenen *reziproken Gitters* sind.

Zunächst folgt aus (B 15), daß $\boldsymbol{b}_1$ senkrecht auf der Ebene von $\boldsymbol{a}_2$ und $\boldsymbol{a}_3$ steht. Es hat also die Richtung einer Netzebenennormale (vgl. Abb. B 5); das gleiche gilt für $\boldsymbol{b}_2$ und $\boldsymbol{b}_3$. Sodann ist $|\boldsymbol{b}_1| = 1/(|\boldsymbol{a}_1| \cos(\boldsymbol{a}_1, \boldsymbol{b}_1))$, d. h., $|\boldsymbol{b}_1|$ ist der Kehrwert

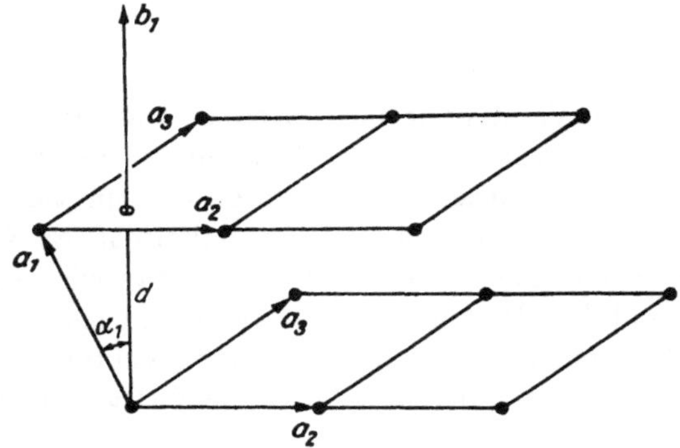

Abb. B 5

Zur Definition des reziproken Gitters. Nach (B 15) steht $\boldsymbol{b}_1$ senkrecht auf $\boldsymbol{a}_2$ und $\boldsymbol{a}_3$, d. h. also senkrecht auf der durch $\boldsymbol{a}_2$ und $\boldsymbol{a}_3$ aufgespannten Netzebene

des Abstandes zweier benachbarter Ebenen, die auf $\boldsymbol{b}_1$ senkrecht stehen, also des Netzebenenabstandes derjenigen Ebenen, die $\boldsymbol{a}_2$ und $\boldsymbol{a}_3$ enthalten. Die $\boldsymbol{b}_k$ besitzen also tatsächlich die gewünschten Eigenschaften. Hinsichtlich des Nachweises, daß dies auch für einen beliebigen Vektor $\boldsymbol{H}$ des reziproken Gitters gilt, begnügen wir uns mit der Bemerkung, daß wir bezüglich der Wahl der $\boldsymbol{a}_i$ freie Hand haben (sofern ihre Primitivität gewahrt bleibt) und daher diesen Fall auf den besprochenen zurückführen können. J e d e r Vektor (B 16) steht also senkrecht auf einer Netzebenenschar des Kristallgitters und besitzt die Länge

$$|\boldsymbol{H}| = \frac{n}{d}, \quad \text{(B 17)}$$

wobei n der größte gemeinsame Teiler der H_i ist.

Für die Berechnung der $\boldsymbol{b}_k$ gilt

$$\boldsymbol{b}_1 = \frac{\boldsymbol{a}_2 \times \boldsymbol{a}_3}{\boldsymbol{a}_1 \cdot (\boldsymbol{a}_2 \times \boldsymbol{a}_3)} \quad \text{und so fort durch zyklische Vertauschung.} \quad \text{(B 18)}$$

Man bestätigt durch skalare Multiplikation mit $\boldsymbol{a}_1$, $\boldsymbol{a}_2$ und $\boldsymbol{a}_3$ sofort, daß (B 15) erfüllt ist. Andererseits kann man die $\boldsymbol{b}_k$ auch durch Matrizendarstellung gewinnen. Analog zu (B 8) schreiben wir anstelle von (B 16) zur Festlegung eines Punktes im reziproken Gitter

$$\mathbf{H} \cdot \mathbf{B} = (H_1\, H_2\, H_3) \cdot \begin{pmatrix} b_{11} & b_{12} & b_{13} \\ b_{21} & b_{22} & b_{23} \\ b_{31} & b_{32} & b_{33} \end{pmatrix}, \tag{B 19}$$

und anstelle von (B 15) tritt

$$\mathbf{B} \cdot \mathbf{A} = \mathbf{1}\,, \tag{B 20}$$

wobei **1** die Einheitsmatrix bedeutet. **A** ist also die inverse Matrix zu **B** und umgekehrt (man beachte die unterschiedlichen Definitionen: in **A** bilden die a_{1i} die erste Spalte, die b_{1i} in **B** dagegen die erste Zeile!). Die Matrix für das reziproke Gitter des kubisch-raumzentrierten Gitters ist dann

$$\mathbf{B}' = \frac{1}{a} \begin{pmatrix} 0 & 1 & 1 \\ 1 & 0 & 1 \\ 1 & 1 & 0 \end{pmatrix}, \tag{B 21}$$

wie man leicht verifiziert. Dementsprechend gilt für die $\boldsymbol{b}_k$

$$\left.\begin{aligned} \boldsymbol{b}_1 &= \frac{1}{a}(\boldsymbol{e}_2 + \boldsymbol{e}_3)\,, \\ \boldsymbol{b}_2 &= \frac{1}{a}(\boldsymbol{e}_1 + \boldsymbol{e}_3)\,, \\ \boldsymbol{b}_3 &= \frac{1}{a}(\boldsymbol{e}_1 + \boldsymbol{e}_2)\,. \end{aligned}\right\} \tag{B 22}$$

Das reziproke Gitter des kubisch-raumzentrierten Gitters ist also flächenzentriert. Umgekehrt ergibt sich das reziproke Gitter des kubisch-flächenzentrierten Kristallgitters als raumzentriert:

$$\mathbf{B}'' = \frac{1}{a} \begin{pmatrix} -1 & 1 & 1 \\ 1 & -1 & 1 \\ 1 & 1 & -1 \end{pmatrix}, \qquad \left.\begin{aligned} \boldsymbol{b}_1'' &= \frac{1}{a}(-\boldsymbol{e}_1 + \boldsymbol{e}_2 + \boldsymbol{e}_3)\,, \\ \boldsymbol{b}_2'' &= \frac{1}{a}(\boldsymbol{e}_1 - \boldsymbol{e}_2 + \boldsymbol{e}_3)\,, \\ \boldsymbol{b}_3'' &= \frac{1}{a}(\boldsymbol{e}_1 + \boldsymbol{e}_2 - \boldsymbol{e}_3)\,. \end{aligned}\right\} \tag{B 23}$$

Kubisch-flächenzentriertes und kubisch-raumzentriertes Gitter sind also zueinander reziprok.

B 22 Zusammenhang der H_i mit den Millerschen Indizes

Um zu zeigen, daß die H_i bis auf einen ganzzahligen Faktor n die in der Kristallographie üblichen Millerschen Indizes h_1, h_2, h_3 der durch H_1, H_2, H_3 im reziproken Gitter dargestellten Netzebenenschar sind, sei zunächst dieser Begriff erläutert.

Die Lage einer Ebene im Raum kann man durch die Achsenabschnitte A_i ($i = 1, 2, 3$), die sie auf den drei Achsen eines beliebigen Koordinatensystems abschneidet, kennzeichnen. Wenn es sich um ein Kristallgitter handelt, wählt man als Koordinatenachsen zweckmäßig Gittergeraden und benutzt ihre Translationsperioden a_i als Längeneinheiten, so daß die Achsenabschnitte durch die reinen Zahlen $M_i \equiv A_i/a_i$ gegeben sind.

Da parallele Ebenen kristallographisch gleichwertig sind, kommt es nur auf das Verhältnis der drei Achsenabschnitte an. Dabei geht man nach MILLER von den Kehrwerten der M_i aus, um im Falle achsenparalleler Ebenen das bei numerischen Rechnungen störende Auftreten des Wertes ∞ zu vermeiden.

Man versteht daher unter den MILLERschen Indizes (h_1, h_2, h_3) einer Ebene die kleinsten ganzen Zahlen, die sich wie die Kehrwerte ihrer Achsenabschnitte M_1, M_2, M_3 verhalten (vgl. Aufgabe B 2). Diese gelten definitionsgemäß nicht nur für die betrachtete Ebene, sondern auch für jede ihr parallele, speziell für die ganze ihr parallele Schar translatorisch identischer Netzebenen.

Um die Achsenabschnitte A_i einer bestimmten Netzebene zu finden, gehen wir von der allgemeinen Gleichung einer Ebene im Raum

$$\boldsymbol{r} \cdot \boldsymbol{n}_0 = D \tag{B 24}$$

aus. Hier ist D ihr Abstand vom Nullpunkt, $\boldsymbol{n}_0$ ihr Normalen-Einheitsvektor und $\boldsymbol{r}$ ein beliebiger Vektor vom Nullpunkt zur Ebene. Zweckmäßigerweise wird jetzt $\boldsymbol{r}$ gemäß (B 5) bezüglich des in Richtung der Koordinatenachsen gewählten Vektortripels $\boldsymbol{a}_i$ des Gitters zerlegt. Dann gilt für die drei Durchstoßpunkte der Achsen durch die betrachtete Ebene

$$M_i \, \boldsymbol{a}_i \cdot \boldsymbol{n}_0 = D = n' d \qquad (i = 1, 2, 3)\,. \tag{B 25}$$

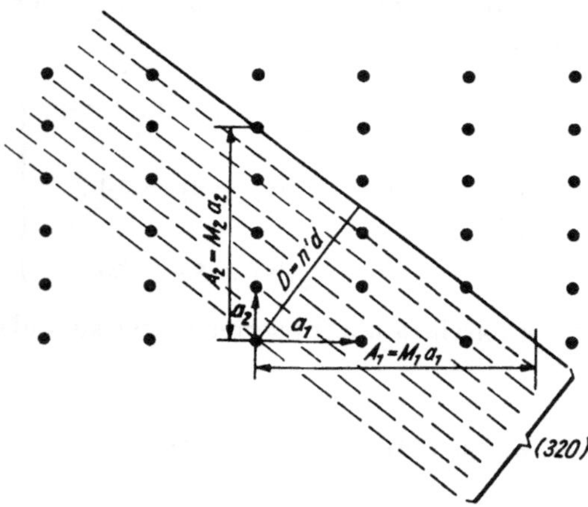

Abb. B 6

Spuren der (320)-Ebenen im (001)-Schnitt eines einfach-rhombischen Gitters. Für $n' = 8$ gilt: $M_1 = \frac{8}{3}$, $M_2 = 4$

Dabei sind die M_i die relativen Koordinaten der Durchstoßpunkte (in Einheiten a_i gemessen (vgl. Abb. B 6)). Sie sind nicht notwendig ganzzahlig, wohl aber auf Grund der Gitterstruktur rationale Zahlen, wie sich später herausstellen wird. D wurde durch ein ganzzahliges Vielfaches n' des Netzebenenabstandes d ausgedrückt. Dies ist wegen der Gitterperiodizität immer möglich, wenn ein Gitterpunkt als Nullpunkt gewählt wird.

Den Einheitsvektor $\boldsymbol{n}_0$ drücken wir durch den Vektor $\boldsymbol{H}$ des reziproken Gitters aus und berücksichtigen dabei (B 17):

$$\boldsymbol{n}_0 = \frac{\boldsymbol{H}}{H} = \boldsymbol{H} \frac{d}{n} . \qquad \text{(B 26)}$$

Dies liefert in (B 25) eingesetzt auf Grund von (B 16) und (B 15)

$$\frac{n'}{M_i} = \frac{H_i}{n} \equiv h_i . \qquad \text{(B 27)}$$

n, n' und H_i wurden als ganze Zahlen eingeführt. Speziell ist n der größte gemeinsame Teiler der H_i (vgl. (B 17)). Folglich sind die H_i/n die kleinsten ganzen Zahlen, die sich nach (B 27) zueinander verhalten wie die reziproken Achsenabschnitte der betrachteten Netzebene. Genauso wurden eingangs die MILLERschen Indizes definiert. Dadurch wird die schon benutzte Bezeichnung $\boldsymbol{h}$ für die Vektoren $\boldsymbol{H}/n$ des reziproken Gitters verständlich: Die Koordinaten h_i des Vektors $\boldsymbol{h}$ sind identisch mit den MILLERschen Indizes h_i für die Ebenenschar im Kristall, auf der $\boldsymbol{h}$ senkrecht steht. (B 27) beweist außerdem die Rationalität der M_i, die die Existenz ganzzahliger MILLERscher Indizes gewährleistet.

Aus (B 25) leiten wir noch eine häufig nützliche Beziehung zwischen dem Netzebenenabstand d und den Translationsperioden $\boldsymbol{a}_i$ für den wichtigen Spezialfall ab, daß diese orthogonal sind. Die Gleichung (B 25) kann auch geschrieben werden

$$M_i \, |\boldsymbol{a}_i| \cos \alpha_i = n' \, d , \qquad i = 1, 2, 3 . \qquad \text{(B 28)}$$

Daraus folgt wegen der Orthogonalität durch Quadrieren und Addieren der drei Gleichungen

$$1 = n'^2 \, d^2 \left(\frac{1}{M_1^2 \, a_1^2} + \frac{1}{M_2^2 \, a_2^2} + \frac{1}{M_3^2 \, a_3^2} \right) . \qquad \text{(B 29)}$$

und weiter auf Grund (B 27)

$$\frac{1}{d^2} = \frac{h_1^2}{a_1^2} + \frac{h_2^2}{a_2^2} + \frac{h_3^2}{a_3^2} . \qquad \text{(B30)}$$

B 23 Eigenschaften des reziproken Gitters

Ergänzend sollen noch einige Eigenschaften des reziproken Gitters für späteren Gebrauch zusammengestellt werden.

1. Das reziproke Gitter ist dem Kristallgitter eindeutig zugeordnet, unabhängig von der Wahl der $\boldsymbol{a}_i$, die man zur Berechnung der $\boldsymbol{b}_k$ benutzt. Dies leuchtet

unmittelbar ein, wenn man die Punkte des reziproken Gitters, wie eingangs beschrieben, durch die Netzebenennormalen festgelegt denkt.

2. Es besteht eine eindeutige Richtungszuordnung, aber keine Zuordnung der Nullpunkte. Bei einer Rotation des Kristallgitters rotiert auch das reziproke Gitter mit.

3. Kristallgitter und reziprokes Gitter sind zueinander reziprok, d. h., das Kristallgitter ist auch das reziproke Gitter des reziproken Gitters.

4. Die Volumina der von den $\boldsymbol{a}_i$ aufgespannten Elementarzelle des Kristallgitters V_a und der von den $\boldsymbol{b}_k$ aufgespannten Elementarzelle des reziproken Gitters $\tilde{V}_b$ sind zueinander reziprok, da aus $V_a = ||\mathbf{A}||$ und $\tilde{V}_b = ||\mathbf{B}||$ wegen (B 20) folgt

$$V_a \tilde{V}_b = 1 . \qquad \text{(B 31)}$$

5. Wegen (B 15) ist das skalare Produkt eines Gittervektors $\boldsymbol{R}_m$ mit einem Vektor des reziproken Gitters $\boldsymbol{H}$

$$\boldsymbol{R}_m \cdot \boldsymbol{H} = m_1 H_1 + m_2 H_2 + m_3 H_3 \qquad \text{(B 32)}$$

stets ganzzahlig.

6. Für jeden beliebigen Vektor $\boldsymbol{V}$ gilt die sehr nützliche Identität

$$\boldsymbol{V} \equiv (\boldsymbol{a}_1 \cdot \boldsymbol{V})\, \boldsymbol{b}_1 + (\boldsymbol{a}_2 \cdot \boldsymbol{V})\, \boldsymbol{b}_2 + (\boldsymbol{a}_3 \cdot \boldsymbol{V})\, \boldsymbol{b}_3 , \qquad \text{(B 33)}$$

wie man durch skalare Multiplikation mit den $\boldsymbol{a}_i$ unter Berücksichtigung von (B 15) bestätigen kann. Sie stellt seine (kovariante) Zerlegung nach den Basisvektoren $\boldsymbol{b}_i$ des reziproken Gitters dar. Zerlegt man umgekehrt $\boldsymbol{V}$ nach einem beliebigen System $\boldsymbol{a}_i$, so sind seine (kontravarianten) Koordinaten $\boldsymbol{b}_i \cdot \boldsymbol{V}$, so daß also gilt

$$\boldsymbol{V} \equiv (\boldsymbol{b}_1 \cdot \boldsymbol{V})\, \boldsymbol{a}_1 + (\boldsymbol{b}_2 \cdot \boldsymbol{V})\, \boldsymbol{a}_2 + (\boldsymbol{b}_3 \cdot \boldsymbol{V})\, \boldsymbol{a}_3 . \qquad \text{(B 34)}$$

Diese Zerlegungen bieten namentlich im Fall schiefwinkliger Achsensysteme rechnerische Vorteile.

Es möge ein Anwendungsbeispiel folgen. Die der BRAGGschen Gleichung (A 34) entsprechenden 3 LAUE*schen Bedingungen* für das Eintreten von Raumgitterinterferenzen lauten

$$\boldsymbol{S} \cdot \boldsymbol{a}_i = H_i \lambda , \qquad i = 1, 2, 3 . \qquad \text{(B 35)}$$

Hierbei bedeuten $\boldsymbol{S} = \boldsymbol{s} - \boldsymbol{s}_0$ den Ablenkungsvektor ($\boldsymbol{s}_0$ und $\boldsymbol{s}$ Einheitsvektoren für den einfallenden und abgelenkten Strahl), $\boldsymbol{a}_i$ die Translationsperioden des beugenden Gitters, H_i ganze Zahlen und λ die benutzte Wellenlänge. Multipliziert man diese drei Gleichungen mit $\boldsymbol{b}_1$, $\boldsymbol{b}_2$ bzw. $\boldsymbol{b}_3$ und addiert, so erhält man auf Grund (B 33) unter Berücksichtigung von (B 16)

$$\frac{\boldsymbol{S}}{\lambda} \equiv \frac{\boldsymbol{s} - \boldsymbol{s}_0}{\lambda} = \boldsymbol{H} \qquad \text{(B 36)}$$

als Interferenzbedingung: Raumgitterinterferenzen treten also auf, sobald der durch λ dividierte Ablenkungsvektor ein Vektor des reziproken Gitters ist. Diese Formulierung läßt eine sehr einfache Konstruktion der Interferenzrichtungen im reziproken Gitter zu:

Man lege die Spitze des Vektors $\boldsymbol{s}_0/\lambda$ an den Ursprung 0 des reziproken Gitters des beugenden Kristalls und schlage mit $|\boldsymbol{s}_0|/\lambda$ eine Kugel um seinen Endpunkt M (EWALD*sche Ausbreitungskugel*, Abb. B 7). Liegen auf ihrer Oberfläche Gitterpunkte P, so ist für die von ihnen dargestellten Netzebenen die Interferenzbedingung erfüllt, denn es gilt $\overrightarrow{OP} = \boldsymbol{H}$ und $\overrightarrow{MP} = \boldsymbol{s}/\lambda$.

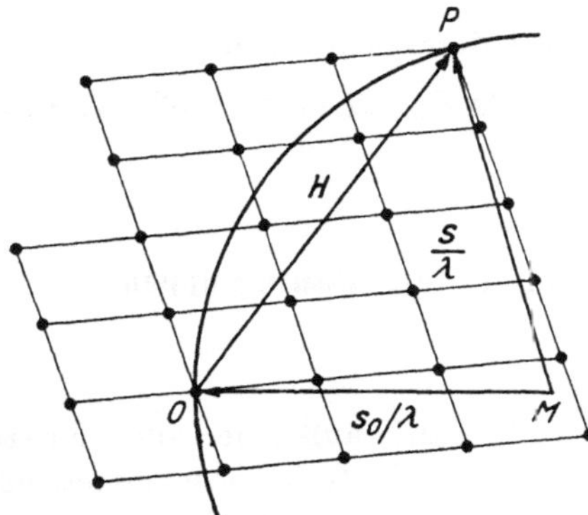

Abb. B 7
EWALDsche Konstruktion im reziproken Gitter

Hieraus folgt sofort die Möglichkeit, die für die Ermittlung der BRILLOUINschen Zonen (Seite 21) wichtige Frage zu beantworten, wann eine bestimmte Gitterebene überhaupt zu Reflexionen Anlaß gibt (vgl. L 13).

7. Jede physikalische Eigenschaft $f(\xi_1, \xi_2, \xi_3)$ des Kristallgitters muß dessen Translationsperiodizität

$$f(\xi_1 + m_1, \xi_2 + m_2, \xi_3 + m_3) = f(\xi_1, \xi_2, \xi_3); \quad m_i \text{ ganzzahlig,} \qquad \text{(B 37)}$$

besitzen und kann daher, z. B. mit $m_i = 1$, durch die FOURIER-Reihe

$$f = \sum_{H_1=-\infty}^{+\infty} \sum_{H_2=-\infty}^{+\infty} \sum_{H_3=-\infty}^{+\infty} F_{H_1H_2H_3} \exp\left\{2\pi i \left[\frac{H_1\xi_1}{1} + \frac{H_2\xi_2}{1} + \frac{H_3\xi_3}{1}\right]\right\} \qquad \text{(B 38)}$$

mit den FOURIER-Koeffizienten

$$F_{H_1H_2H_3} = \frac{1}{V_a} \int_0^1\int_0^1\int_0^1 f(\xi_1, \xi_2, \xi_3)\, e^{-2\pi i (H_1\xi_1 + H_2\xi_2 + H_3\xi_3)}\, d\xi_1 d\xi_2 d\xi_3 \qquad \text{(B 39)}$$

dargestellt werden. In den Klammerausdrücken der Exponentialfunktionen läßt sich mit Vorteil der Vektor $\boldsymbol{H}$ des reziproken Gitters nach (B 16) benutzen. Führt man nämlich den Ortsvektor (B 5) ein, so erhält man wegen (B 15)

$$\boldsymbol{r} \cdot \boldsymbol{H} = H_1\xi_1 + H_2\xi_2 + H_3\xi_3 . \qquad \text{(B 40)}$$

Die FOURIER-Reihe nimmt dann die Gestalt an

$$f(\boldsymbol{r}) = \sum\sum\sum F_{H_1H_2H_3}\, e^{2\pi i \boldsymbol{r}\cdot\boldsymbol{H}} \qquad \text{(B 41)}$$

mit

$$F_{H_1 H_2 H_3} = \frac{1}{V_a} \iiint\limits_{\text{Zelle}} f(\boldsymbol{r})\, e^{-2\pi i \boldsymbol{r}\cdot\boldsymbol{H}}\, d\boldsymbol{r}\,. \qquad \text{(B 42)}$$

Durch die Interpretation der Summationsbuchstaben in (B 38) als Koordinaten von Vektoren im reziproken Gitter wird jedem Punkt im reziproken Gitter ein FOURIER-Koeffizient zugeordnet. Dieser Sachverhalt wirft neues Licht auf die Bedeutung des reziproken Gitters für kristallphysikalische Probleme. Die Translationsinvarianz der Gitterfunktion

$$f(\boldsymbol{r}) = f(\boldsymbol{R}_m + \boldsymbol{r})\,, \qquad \boldsymbol{R}_m = \text{Gittervektor nach (B 1)}\,, \qquad \text{(B 43)}$$

ist aus (B 41) unmittelbar abzulesen, da $\boldsymbol{R}_m \cdot \boldsymbol{H}$ nach (B 32) stets ganzzahlig ist.

B 3 Punktgruppen (Rotationssymmetrie). Raumgruppen

B 31 Die Symmetrieelemente

Wie in B 1 besprochen, besitzen viele Kristalle außer der allen Kristallen gemeinsamen Translationssymmetrie auch noch Rotationssymmetrien infolge ihres speziellen Gitteraufbaus, d. h., sie sind gegenüber bestimmten Drehbewegungen invariant. Welches sind solche Drehbewegungen? Zunächst einfache Drehungen um eine ausgezeichnete Richtung im Kristall. Kommt der Kristall dabei während einer vollen Umdrehung n mal zur Deckung, so spricht man von einer n-zähligen Dreh- oder Rotationsachse. Der kleinste Drehwinkel, der zur Deckung führt, beträgt also $\varphi = 360\,°/n$. Die Zähligkeit n gilt zugleich als Symbol für eine n-zählige Drehachse. (Die einzählige Drehachse 1 ist natürlich eine Trivialität, die nur aus systematischen Gründen mit aufgeführt wird.)

Die zunächst überraschende Tatsache, daß in Kristallen n u r die Zähligkeiten 1, 2, 3, 4 und 6 beobachtet werden, ist eine Folge der Translationssymmetrie der Kristalle, wie man sich durch folgende Überlegung klarmachen kann. Die Strecke AB in Abb. B 8 sei eine Translationsperiode a, im Punkte A stehe eine Drehachse (Drehwinkel φ) senkrecht auf der Zeichenebene. Wegen der Translationssymmetrie muß dann auch in B eine Drehachse vorhanden sein und wegen der Rotationssymmetrie gleichfalls in C. Die Drehachse in B verlangt

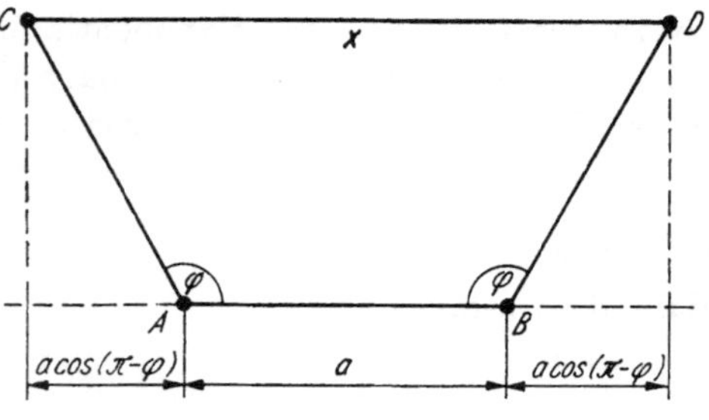

Abb. B 8
Zur Beschränkung der Zähligkeiten von Drehachsen

ihrerseits eine weitere in D. Da C und D translatorisch identisch sind und die Gerade CD parallel AB ist, muß der Abstand x der Punkte CD ein ganzzahliges Vielfaches g der Translationsperiode a sein. Es gilt daher

$$x = g \cdot a \tag{B 44}$$

und andererseits, wie man an der Figur abliest,

$$x = a + 2\,a \cos(\pi - \varphi) = a - 2\,a \cos\varphi\,, \tag{B 45}$$

also

$$2 \cos\varphi = 1 - g \equiv G\,. \tag{B 46}$$

Mithin kann die ganze Zahl G nur die Werte 0, $\pm$ 1 und $\pm$ 2 annehmen, und man erhält

G	$+2$	$+1$	0	-1	-2
φ	360°	60°	90°	120°	180°
x	$-a$	0	a	$2\,a$	$3\,a$

Diese Beschränkung der Zähligkeiten von Drehachsen in Translationsgittern auf die mitgeteilten Werte hat bemerkenswerte weitere Beschränkungen zur Folge. Von vornherein wird man erwarten, daß sich in einem Gitterpunkte zwei oder mehr Drehachsen schneiden können. Es zeigt sich jedoch, daß dies nur unter ganz wenigen Winkeln möglich ist. Denn führt man um zwei sich schneidende Drehachsen Drehungen um bestimmte Winkel nacheinander aus, so ist das Ergebnis durch eine einzige Drehung um einen Winkel darstellbar, der von den beiden ersten Drehwinkeln und dem Winkel zwischen den Drehachsen abhängt. Da der resultierende Winkel wieder nur einen der oben angegebenen Werte haben darf, wird damit dem möglichen Schnittwinkel eine sehr einschneidende Beschränkung auferlegt. Es sind in Kristallen nur die sechs folgenden Kombinationen von Drehachsen miteinander möglich, deren räumliche Anordnung aus Abb. B 9 zu ersehen ist: 222, 223, 224, 226, 233, 234.

Die Drehungen werden mathematisch bekanntlich durch lineare homogene Koordinatentransformationen

$$\begin{aligned} x_1' &= \gamma_{11}\,x_1 + \gamma_{12}\,x_2 + \gamma_{13}\,x_3\,,\\ x_2' &= \gamma_{21}\,x_1 + \gamma_{22}\,x_2 + \gamma_{23}\,x_3\,,\\ x_3' &= \gamma_{31}\,x_1 + \gamma_{32}\,x_2 + \gamma_{33}\,x_3\,, \end{aligned} \quad \mathbf{\Gamma} = \begin{pmatrix} \gamma_{11} & \gamma_{12} & \gamma_{13} \\ \gamma_{21} & \gamma_{22} & \gamma_{23} \\ \gamma_{31} & \gamma_{32} & \gamma_{33} \end{pmatrix} \tag{B 47}$$

dargestellt, deren Koeffizientenmatrizen $\mathbf{\Gamma}$ eine Determinante $\|\mathbf{\Gamma}\| = +1$ besitzen, so zum Beispiel

$$\underset{\text{Drehung um } x_1}{\begin{pmatrix} 1 & 0 & 0 \\ 0 & \cos\varphi & -\sin\varphi \\ 0 & \sin\varphi & \cos\varphi \end{pmatrix}} \quad \underset{\text{Drehung um } x_2}{\begin{pmatrix} \cos\varphi & 0 & \sin\varphi \\ 0 & 1 & 0 \\ -\sin\varphi & 0 & \cos\varphi \end{pmatrix}} \quad \underset{\text{Drehung um } x_3}{\begin{pmatrix} \cos\varphi & -\sin\varphi & 0 \\ \sin\varphi & \cos\varphi & 0 \\ 0 & 0 & 1 \end{pmatrix}}, \tag{B 48)—(B 50}$$

mit einem Drehwinkel φ, der bei Kristallen nur die oben genannten Werte annehmen kann.

Die Vermutung liegt nahe (und wird tatsächlich bestätigt), daß auch Transformationen mit einer Matrix $\bar{\mathbf{\Gamma}}$ und $||\bar{\mathbf{\Gamma}}|| = -1$ mögliche Symmetrieoperationen im Gitter beschreiben. Welcher Art sind sie? Wegen $||\mathbf{A}\cdot\mathbf{B}|| = ||\mathbf{A}||\cdot||\mathbf{B}||$ kann man stets mittels der Inversionsmatrix

$$\bar{1} \equiv \begin{pmatrix} -1 & 0 & 0 \\ 0 & -1 & 0 \\ 0 & 0 & -1 \end{pmatrix}, \quad \text{d. h.: } x_1' = -x_1\,, \quad x_2' = -x_2\,, \quad x_3' = -x_3\,, \tag{B 51}$$

(Spiegelung am Nullpunkt oder Inversion)

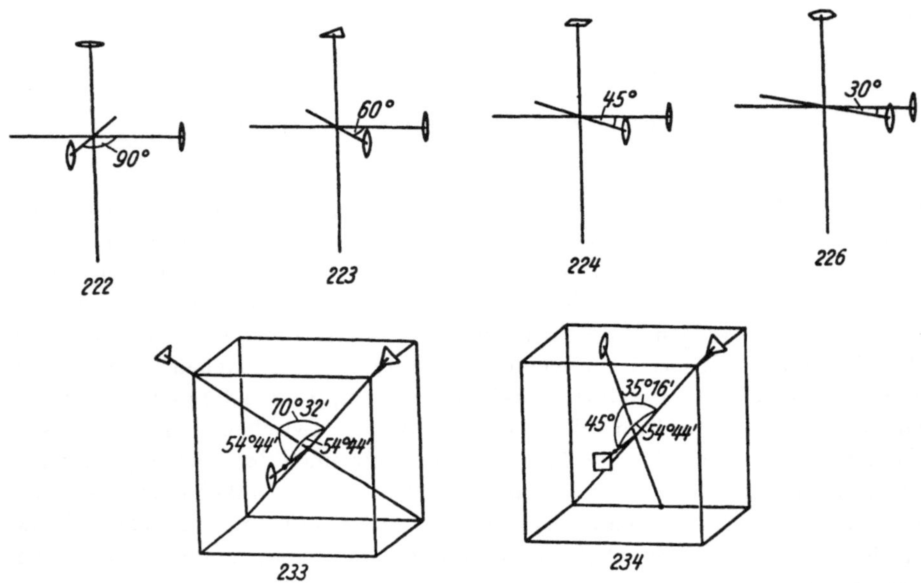

Abb. B 9

Die sechs möglichen Kombinationen von Drehachsen

() = 2, △ = 3, □ = 4, ⬡ = 6 (nach Buerger)

aus einer Matrix $\mathbf{\Gamma}$ mit $||\mathbf{\Gamma}|| = +1$ die gesuchte Matrix $\bar{\mathbf{\Gamma}}$ mit der Determinante -1 bilden: $\bar{\mathbf{\Gamma}} = \mathbf{\Gamma}\,\bar{1}$, z.B. aus $\mathbf{\Gamma}$ nach (B 48)

$$\begin{pmatrix} 1 & 0 & 0 \\ 0 & \cos\varphi & -\sin\varphi \\ 0 & \sin\varphi & \cos\varphi \end{pmatrix} \cdot \begin{pmatrix} -1 & 0 & 0 \\ 0 & -1 & 0 \\ 0 & 0 & -1 \end{pmatrix} = \begin{pmatrix} -1 & 0 & 0 \\ 0 & -\cos\varphi & \sin\varphi \\ 0 & -\sin\varphi & -\cos\varphi \end{pmatrix} \tag{B 52}$$

Sie stellt eine sogenannte Inversionsdrehung um die x_1-Richtung dar. Wenn diese eine Symmetrieoperation sein soll, muß also eine Drehung um den Winkel φ, *gekoppelt* mit einer Inversion, zur Deckung führen. Die zu den Inversionsdrehungen gehörigen Symmetrieelemente heißen *Drehinversionsachsen* und sind auf die gleichen Zähligkeiten wie die Drehachsen beschränkt (Symbole: $\bar{1}$, $\bar{2}$, $\bar{3}$, $\bar{4}$, $\bar{6}$; lies: eins quer! usw.).

Aber diese Produktdarstellung darf nicht zu der Vorstellung verleiten, daß die durch die beiden Faktormatrizen dargestellten Symmetrieelemente, die Drehachse und das Symmetriezentrum, in dem Kristall mit Drehinversionsachse nebeneinander vorhanden sein müßten. Sie würden z.B. bei Vierzähligkeit zu einem beliebigen Element (z.B. Punkt oder Fläche) sieben weitere erzeugen, während (B 52) nur drei liefert, weil nach 4 Schritten die Identität erreicht wird. Bei $n = 3$ liefert (B 52) allerdings die volle Zahl 5 neuer Elemente, weil hier erst der $2\,n$-te Schritt zur Identität führt. Bei $\bar{3}$ sind also wirklich 3 und $\bar{1}$ nebeneinander vorhanden.

Ebenso wie das Symbol $\bar{1}$ als Darstellung eines Inversionszentrums angesehen werden kann, kann auch die häufig bei Kristallen als Symmetrieelement auftretende *Spiegel-* oder *Symmetrieebene* m durch eine Drehinversionsachse beschrieben werden, nämlich durch $\bar{2}$. So liefert das Produkt der Matrix einer zweizähligen Drehachse, z.B. (B 49), mit der Inversionsmatrix (B 51) als Matrix von $\bar{2}$ parallel x_2

$$\begin{pmatrix} 1 & 0 & 0 \\ 0 & -1 & 0 \\ 0 & 0 & 1 \end{pmatrix}, \text{ d. h.: } x_1' = x_1\,, \quad x_2' = -\,x_2\,, \quad x_3' = x_3\,, \qquad \text{(B 53)}$$

also eine Spiegelebene senkrecht x_2. Formal kann man die Spiegelebene $m = \bar{2}$ auch als Kopplung einer einzähligen Drehachse mit einer Spiegelebene ansehen und als *Drehspiegelachse* $\tilde{1}$ bezeichnen. Ebenso lassen sich die anderen Drehinversionsachsen $\bar{1}$, $\bar{3}$, $\bar{4}$, $\bar{6}$ auch als Drehspiegelachsen $\tilde{2}$, $\tilde{6}$, $\tilde{4}$, $\tilde{3}$ auffassen, d. h. als Kopplung der jeweiligen Drehachse mit einer zu ihr senkrechten Spiegelebene. Mit den Drehachsen einerseits und den Drehinversionsachsen bzw. Drehspiegelachsen andererseits sind die in Kristallen *makroskopisch erkennbaren* Symmetrieelemente vollständig erfaßt. In modernen Darstellungen wird auf Grund internationaler Vereinbarungen von Drehachsen und Drehinversionsachsen Gebrauch gemacht. Die Zusammenhänge zwischen den verschiedenen Möglichkeiten seien noch durch die folgende Tabelle verdeutlicht:

Tabelle B 1
Unterschiedliche Auffassungen und Bezeichungen der gleichen Symmetrieelemente

als Drehinversionsachse	als Drehspiegelachse	weitere häufige Bezeichnung
$\bar{1}$	$\tilde{2}$	Symmetriezentrum i
$\bar{2}$	$\tilde{1}$	Spiegelebene m
$\bar{3}$	$\tilde{6}$	
$\bar{4}$	$\tilde{4}$	
$\bar{6}$	$\tilde{3}$	$3/m$

Den hier aufgeführten Symmetrieelementen, an denen stets Spiegelungen beteiligt sind und die man als *uneigentliche Symmetrieelemente* bezeichnet, stehen die früher behandelten, *eigentlichen*, nämlich Translationen und Drehungen, gegenüber, an denen keine Spiegelungen beteiligt sind.

B 32 Kombination von Symmetrieelementen: Punktgruppen

Im Gegensatz zu der soeben behandelten Kopplung von Symmetrieelementen sind bei der schon S. 41 erwähnten *Kombination* mehrerer Symmetrieelemente diese stets unabhängig voneinander im Kristall wirksam, wie es das Beispiel der Kombination einer vierzähligen Achse mit einer zu ihr senkrechten Spiegelebene zeigt: Die Drehachse erzeugt z.B. zu jedem Punkt (falls er nicht auf ihr liegt) drei weitere, unabhängig vom Vorhandensein der Spiegelebene. Umgekehrt verdoppelt diese (unter der gleichen Einschränkung) jeden Punkt unabhängig vom Vorhandensein der Drehachse, so daß die Kombination im allgemeinen aus einem Punkt sieben weitere erzeugt. Auch hier können außerdem neue Symmetrieelemente entstehen, z. B. tritt in unserem Fall ein Symmetriezentrum hinzu.

Bei systematischer Untersuchung der Kombinationsmöglichkeiten der genannten Symmetrieelemente in einem Punkt findet man 32 verschiedene Kombinationen, die man als *Punktgruppen* bezeichnet (weil sie Gruppen im Sinne der Gruppentheorie darstellen) oder auch als *Kristallklassen.* Diese Erkenntnis gewann HESSEL schon 1830.

Die Einordnung eines Kristalles erfolgt in die höchstsymmetrische Kristallklasse, deren Symmetrieelemente er besitzt.

Die 32 Kristallklassen faßt man wie in Tabelle B 2 ersichtlich zu *Kristallsystemen* zusammen. Bezüglich Einzelheiten muß auf Lehrbücher der Kristallographie verwiesen werden. Man mache sich aber anhand Tabelle III im Anhang am Beispiel der Elastizitätsmoduln klar, in welchem Ausmaße die physikalischen Eigenschaften bei Einkristallen von der Kristallsymmetrie abhängen.

Wegen der Wichtigkeit der Symmetrieeigenschaften eines Kristalls wählt man zu seiner Beschreibung ein Achsenkreuz — und damit übereinstimmend die Kanten der Elementarzellen — derart, daß dabei die Kristallsymmetrie zum Ausdruck kommt. Es ergibt sich so für jedes Kristallsystem ein besonderes Achsenkreuz, dessen Bestimmungsstücke (Längeneinheiten auf den drei Achsen und Achsenwinkel) zugleich die Elementarzelle kennzeichnen und *Gitterkonstanten* genannt werden.

Im Falle des *triklinen* Systems legt die Symmetrie der Achsenwahl keinerlei Bedingungen auf. Jedes schiefwinklige Achsenkreuz mit drei beliebigen Längeneinheiten auf den Achsen kann also gewählt werden.

Im *monoklinen* System ist eine ausgezeichnete Richtung oder eine ausgezeichnete Ebene oder beides vorhanden. Da mit der Richtung die auf ihr senkrechte Ebene ausgezeichnet ist und umgekehrt, wählt man diese als eine Achse, die man traditionell mit b, y oder x_2, neuerdings mit c, z oder x_3 bezeichnet und senk-

Tabelle B 2

Kristallsysteme, -klassen und Achsenkreuze

Kristallsystem		Kristallklassen *)	Achsenkreuz
Bezeichnung	kennzeichnende Symmetrie		
Triklin	keine oder $\bar{1}$	1, $\bar{1}$	$a \neq b \neq c \quad \alpha \neq \beta \neq \gamma$
Monoklin	eine 2 oder $\bar{2}$ ($\equiv m$)	2, m, $2/m$	$a \neq b \neq c \quad \alpha = \gamma = 90°$
Rhombisch	drei 2 oder $\bar{2}$ ($\equiv m$)	222, $mm2$, mmm	$a \neq b \neq c \quad \alpha = \beta = \gamma = 90°$
{ Trigonal **)	eine 3 oder $\bar{3}$	3, $\bar{3}$, 32, $3m$, $\bar{3}m$	$a = b = c \quad \alpha = \beta = \gamma \neq 90°$ (rhomboedrisches Achsenkreuz)
{ Hexagonal	eine 6 oder $\bar{6}$	6, $\bar{6}$, $6/m$, 622, $6mm$, $\bar{6}m2$,$6/mmm$	$a_1 = a_2 = a_3 \neq c \quad \alpha = \beta = 90° \; \gamma = 120°$
Tetragonal	eine 4 oder $\bar{4}$	4, $\bar{4}$, $4/m$, 422, $4mm$, $\bar{4}2m$, $4/mmm$	$a = b \neq c \quad \alpha = \beta = \gamma = 90°$
Kubisch	vier 3	23, $m3$, 342, $\bar{4}3m$, $m3m$	$a = b = c \quad \alpha = \beta = \gamma = 90°$

*) $2/m$ (lies: zwei über m) bedeutet, daß die zweizählige Achse 2 senkrecht auf der Spiegelebene m steht; 3 m, daß 3 in m liegt.

**) Zuweilen werden trigonales und hexagonales als ein Kristallsystem betrachtet.

recht aufstellt, während die beiden anderen beliebig in der horizontalen Ebene liegen können. Alle drei Längeneinheiten sind frei wählbar.

Bei *rhombischer* Symmetrie sind drei aufeinander senkrechte ausgezeichnete Richtungen vorhanden, die man als Achsenrichtungen bei beliebigen Achsenlängen wählt.

Das *trigonale* System kann beschrieben werden entweder mit einem *rhomboedrischen* Achsenkreuz, bei dem alle drei Achsen den gleichen Winkel miteinander einschließen und dieselbe Längeneinheit besitzen oder mit dem nachfolgend besprochenen hexagonalen Achsenkreuz.

Im *hexagonalen* System steht die (gewöhnlich c genannte) sechszählige Achse senkrecht auf drei anderen, die sich unter 120° schneiden und mit a_1, a_2, a_3 bezeichnet werden. Eine von ihnen ist natürlich nicht notwendig, aber bringt die Symmetrie zum Ausdruck. Die Einheiten auf den drei Achsen müssen gleich groß sein (a), die auf der hexagonalen Achse ist davon unabhängig (c). Das Achsenverhältnis c/a ist also frei wählbar.

Im *tetragonalen* System ist die vierzählige Achse ausgezeichnet, senkrecht zu ihr liegen die beiden anderen mit untereinander gleicher Längeneinheit und einem Schnittwinkel von 90°. Das Achsenverhältnis c/a ist wiederum frei wählbar.

Im *kubischen* System ist das Achsenkreuz gleichfalls rechtwinklig, aber mit gleichen Längeneinheiten auf allen drei Achsen.

Diesen sieben Achsenkreuzen entsprechen sieben primitive Elementarzellen, die in der linken Spalte von Abb. B 10 dargestellt sind. Bravais (1850) hat gezeigt, daß außer diesen sieben primitiven *Zellen* noch genau sieben weitere (nichtprimitive) Zellen (Abb. B 10) notwendig sind, um alle denkbaren Translationsgitter (primitive *Gitter*!) unter Ausdruck ihrer makroskopisch erkennbaren Symmetrie zu beschreiben. Die nichtprimitiven Gitter (z. B. Diamantgitter, hexagonal-dichteste Kugelpackung, Gitter chemischer Verbindungen) lassen sich durch paralleles Ineinanderstellen kongruenter Translationsgitter erzeugen.

Wir beleuchten die Situation durch ein Beispiel. Unter den rhombischen Bravais-Zellen kommt eine einseitig-flächenzentrierte (Abb. B 10f) vor, unter den tetragonalen nicht. Warum? Hätte man eine tetragonale Zelle mit zentrierter Grundfläche (Abb. B 11), so könnte man eine neue, primitive Zelle wählen, indem man die c-Achse beibehält und die halbe Diagonale der Grundfläche als neue a'-Achse wählt. Da die Diagonalen in einem Quadrat senkrecht aufeinander stehen und gleich lang sind, besitzt auch die neue Zelle tetragonale Symmetrie. Sie ist vom Typ der einfach-tetragonalen Zelle (Abb. B 10j). Die einseitig-flächenzentrierte tetragonale Zelle ist also überflüssig. Diese Schlußweise ist aber nicht auf die entsprechende rhombische Zelle (Abb. B 10f) anwendbar, weil die Grundfläche hier ein Rechteck ist, seine Diagonalen also nicht senkrecht aufeinander stehen, so daß die neue Zelle keine rhombische Symmetrie besäße.

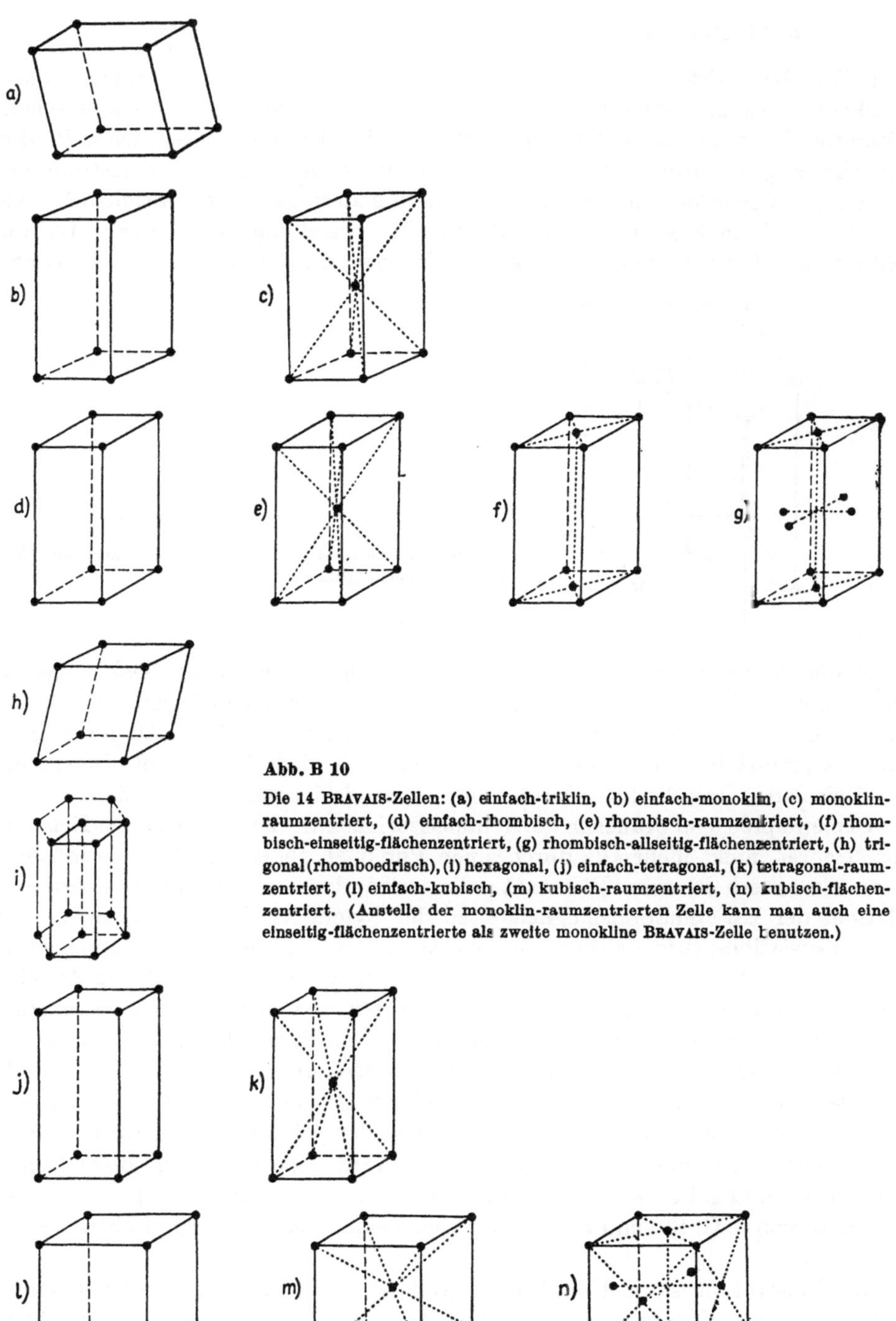

Abb. B 10

Die 14 BRAVAIS-Zellen: (a) einfach-triklin, (b) einfach-monoklin, (c) monoklin-raumzentriert, (d) einfach-rhombisch, (e) rhombisch-raumzentriert, (f) rhombisch-einseitig-flächenzentriert, (g) rhombisch-allseitig-flächenzentriert, (h) trigonal (rhomboedrisch), (i) hexagonal, (j) einfach-tetragonal, (k) tetragonal-raumzentriert, (l) einfach-kubisch, (m) kubisch-raumzentriert, (n) kubisch-flächenzentriert. (Anstelle der monoklin-raumzentrierten Zelle kann man auch eine einseitig-flächenzentrierte als zweite monokline BRAVAIS-Zelle benutzen.)

B 33 Raumgruppen

Zur Zeit der Aufstellung der Kristallklassen handelte es sich naturgemäß ausschließlich um die Untersuchung der Kristallsymmetrie vom makroskopischen Standpunkt; man betrachtete die Materie als Kontinuum, in dem jeder Punkt gleichwertig ist. Eine Drehachse war dementsprechend nur einer bestimmten Richtung zugeordnet, und es hatte keinen Sinn zu fragen, durch welchen Punkt sie ginge. Vom Standpunkt der Raumgittervorstellung der Kristalle ist die Situation völlig verändert: Hier sind die Elementarzellen des Gitters identisch,

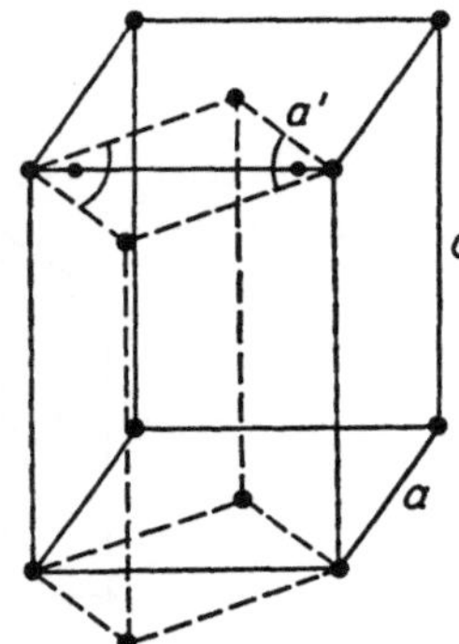

Abb. B 11
Zurückführung einer tetragonal-basiszentrierten Zelle auf eine einfach-tetragonale (gestrichelt)

aber die Punkte in ihrem Inneren sind es im allgemeinen nicht. Daher hat es jetzt sehr wohl einen Sinn, danach zu fragen, durch welchen Punkt eine Drehachse oder Spiegelebene geht, deren Lage sich dann natürlich gemäß der Translationssymmetrie durch das ganze Gitter hindurch wiederholen muß. Im Gitter sind also stets unendliche Scharen von Symmetrieelementen vorhanden.

Dementsprechend brauchen die Symmetrieelemente, die man in einem Kristall beobachtet, nicht mehr alle durch einen Punkt zu gehen, sondern sie müssen nur alle innerhalb einer Elementarzelle vorhanden sein. Dadurch steigt die Anzahl der Kombinationsmöglichkeiten der Symmetrieelemente in einer von der Translationsgruppe abhängigen Weise, der Begriff der Punktgruppe wird zu dem der Raumgruppe erweitert. Außerdem wächst auch noch die Anzahl der Symmetrieelemente, indem *Schraubenachsen* und *Gleitspiegelebenen* hinzukommen. Sie entstehen durch eine Kopplung von Symmetrieelementen, nämlich durch die gleichzeitige Einwirkung von Drehung (bzw. Spiegelung) und Translation auf einen Punkt, der also zugleich mit der Drehung (bzw. Spiegelung) um ein bestimmtes Stück τ in Richtung der Schraubenachse (bzw. in der Spiegelebene) verschoben wird. Beträgt die Translationsperiode in dieser Richtung a, so muß gelten $n\,\tau = m\,a$ (n Zähligkeit, m ($< n$) ganze Zahl). Daher ist τ von atomarer Größe und entgeht im allgemeinen der makroskopischen Beobachtung.

Zur Illustration ist in Abb. A 3 ein größerer Ausschnitt aus der hexagonaldichtesten Kugelpackung dargestellt. Man beachte, daß nur sechszählige Schraubenachsen und keine Drehachsen vorhanden sind, und zwar nur an den markierten Stellen. Insbesondere gehen durch die Atome keine sechszähligen Drehachsen hindurch, sondern nur Inversionsachsen $\bar{6}$.

Durch Aufsuchung aller möglicher Verteilungen von Symmetrieelementen auf die 14 BRAVAIS-Zellen erhält man die *230 Raumgruppen*, die praktisch gleichzeitig von FEDOROW und SCHOENFLIES (um 1890) abgeleitet wurden. Als Beispiel zeigt Abb. B 12 die räumliche Anordnung der Symmetrieelemente in der Elementarzelle für die Raumgruppe $P\,2$[1]). Läßt man die Elementarzelle

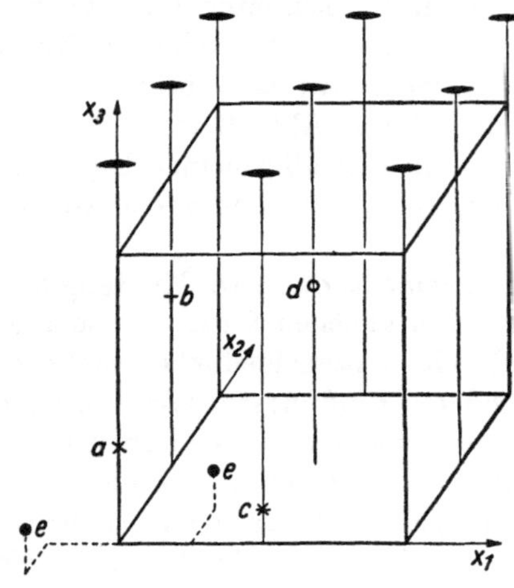

Abb. B 12

Raumgruppe $P\,2 - C_2^1$.
Diese Raumgruppe enthält nur zweizählige Drehachsen. Wählt man auf der mit x_3 bezeichneten den Koordinatenursprung, so erfordert die Translationssymmetrie Drehachsen an den drei weiteren Würfelkanten. Diese Anordnung erzeugt die übrigen eingezeichneten Drehachsen und nur diese. Zu Atomen auf den Drehachsen, also mit den Koordinaten (a) $[0\;0\;x_3]$, (b) $\left[0\;\frac{1}{2}\;x_3\right]$, (c) $\left[\frac{1}{2}\;0\;x_3\right]$ (d) $\left[\frac{1}{2}\;\frac{1}{2}\;x_3\right]$, werden durch die Symmetrieelemente keine weiteren Atome gefordert; die Punktlagen sind mithin einzählig. Atome in beliebiger Lage müssen dagegen zweifach vorhanden sein, die allgemeine Punktlage ist also zweizählig mit den Koordinaten (e) $[x_1\;x_2\;x_3]$; $[\bar{x}_1\;\bar{x}_2\;x_3]$

zu einem Punkt zusammenschrumpfen, so erhält man natürlich wieder eine der 32 Punktgruppen. Jede Raumgruppe gehört also zu einer bestimmten Kristallklasse, aber die Anzahl der Raumgruppen, die auf eine Klasse entfällt, ist sehr verschieden.

Die Symmetrieelemente der Elementarzelle verlangen, daß zu jedem Atom in *allgemeiner Lage*, d. h. mit frei wählbaren Koordinaten x_1, x_2, x_3, noch weitere gleichartige vorhanden sind. Ihre Gesamtheit nennt man nach P. NIGGLI einen *Gitterkomplex* und ihre Anzahl dessen *Zähligkeit*.

[1]) In der internationalen Bezeichnungsweise der Raumgruppen kennzeichnet der an erster Stelle stehende Buchstabe die BRAVAIS-Zelle (z. B. P = primitiv), die im übrigen der vorliegenden Symmetrie entspricht. Diese geht aus den dann folgenden, schon erwähnten Symbolen hervor (z. B. 2 = zweizählige Drehachse). Häufig wird diesem Symbol das ältere nach SCHOENFLIES angefügt: $P\,2 - C_2^1$.

Sind z.B. nur zweizählige Achsen vorhanden (Raumgruppe *P2*; Abb. B 12), so muß zu jedem Atom in allgemeiner Lage noch ein weiteres, gleichartiges vorhanden sein; gibt es senkrecht zu ihnen noch Spiegelebenen (Raumgruppe *P 2/m*), so fordert dies zu den vorhandenen zwei Atomen noch zwei weitere. Je größer die Anzahl der Symmetrieelemente wird, desto größer werden die Zähligkeiten der Gitterkomplexe. In hochsymmetrischen Raumgruppen erreichen sie den Wert 192.

Geringere Zähligkeiten erhält man in einer bestimmten Raumgruppe, wenn man zu *speziellen Punktlagen* übergeht, in denen ein Teil oder alle Koordinaten durch Symmetrieelemente festgelegt werden. An dem besonders einfachen Beispiel der Raumgruppe *P2* wird dies durch Abb. B 12 erläutert: Neben dem zweizähligen Gitterkomplex aus Atomen in allgemeiner Lage (e) gibt es vier einzählige in den speziellen Lagen (a)—(d) auf den verschiedenen Drehachsen.

Es sei schon hier darauf aufmerksam gemacht, daß zwei Kristallgitter, deren Atome in den gleichen Gitterkomplexen der gleichen Raumgruppe angeordnet sind, ganz verschieden aussehen und sehr unterschiedliche Nachbarschaftsverhältnisse ihrer Atome und damit anderen Bindungscharakter besitzen können. Dies ist eine Folge der vollständigen oder teilweisen Freiheit in der Wahl der Atomkoordinaten und der Parameter der Elementarzelle und wird später bei der Besprechung spezieller Strukturtypen durch Beispiele erläutert werden (vgl. C 12). Umgekehrt sind einfache Strukturtypen häufig nicht eindeutig einer bestimmten Raumgruppe zuzuordnen, sondern können in mehreren untergebracht werden, weil infolge der kleinen Atomzahl in der Elementarzelle die hochzähligen, allgemeinen Punktlagen nicht besetzt sind und daher die nur in ihnen bestehenden Unterschiede gar nicht zum Tragen kommen.

Man beachte ferner, daß durch das Unterbringen von Atomen in speziellen Punktlagen *Symmetrieforderungen* an jene gestellt werden. Solange man die Atome als streng kugelsymmetrisch ansieht, ist dies belanglos, da die Kugelsymmetrie natürlich jede der kristallographischen Symmetrieoperationen zuläßt. Die Elektronenhülle ist aber nicht immer kugelsymmetrisch. Besitzt sie z.B. ein magnetisches Moment, wie es bei den Übergangsmetallen der Fall ist, so muß dieses bei Unterbringung des Atoms auf einer Drehachse parallel zu ihr angeordnet sein.

Es sei hier nur angedeutet, daß bei den magnetischen Strukturen, also bei dem Problem der Richtungsanordnung der magnetischen Atommomente, eine zunächst formale Erweiterung der Strukturtheorie von praktischer Bedeutung geworden ist. Man kann nämlich den Symmetrieoperationen *Anti-Symmetrieoperationen* gegenüberstellen (z.B. Drehungen/Anti-Drehungen). Während die ersteren irgend ein Element (z.B. einen Punkt oder einen Vektor) in eine äquivalente Lage überführen, wird bei letzteren außerdem eine Eigenschaft verändert, die nur zweier Werte fähig ist: Ein „schwarzer" Punkt geht in einen „weißen" über, ein Vektor (magnetisches Moment bei antiferromagnetischer Kopplung) wechselt das Vorzeichen. Unter Einbeziehung dieser Anti-Symmetrieelemente erhält man 1651 HEESCH-SCHUBNIKOW-Gruppen, zu denen die 230 gewöhnlichen Raumgruppen, 230 „graue" und 1191 Schwarz-Weiß-Gruppen gehören.

B 4 Symmetrieeinwirkung auf physikalische Eigenschaften

Welchen Einfluß hat die Gittersymmetrie auf die physikalischen Eigenschaften der Kristalle? Um diese Frage zu beantworten, muß man sich zunächst klarmachen, daß bei einem Kristall — im Gegensatz zu etwa einem Gas — infolge der in verschiedenen Richtungen mit unterschiedlichen Translationsperioden angeordneten Atome eine Richtungsabhängigkeit der physikalischen Eigenschaften grundsätzlich zu erwarten ist. Man sollte jedoch nicht von einer Anisotropie eines Kristalles schlechthin sprechen, weil sich herausstellen wird, daß ein und derselbe Kristall sich hinsichtlich einer Eigenschaft isotrop, hinsichtlich einer anderen dagegen anisotrop verhalten kann. Beispielsweise sind kubische Kristalle elastisch anisotrop, optisch aber isotrop. In der Beschränkung der optischen Isotropie auf kubische Kristalle wird der Einfluß der Symmetrie sichtbar. Bevor er jedoch näher besprochen werden kann, benötigen wir eine quantitative Darstellungsweise für die Anisotropie einer Eigenschaft.

B 41 Tensordarstellung anisotroper Eigenschaften

Eine lineare Beziehung zwischen zwei Vektorgrößen mit einer skalaren Größe als Proportionalitätsfaktor, wie etwa das OHMsche Gesetz $\boldsymbol{j} = \sigma \boldsymbol{E}$ (vgl. (A 6)), bedeutet, das erstens $\boldsymbol{j}$ immer parallel $\boldsymbol{E}$ und zweitens $|\boldsymbol{j}|$ unabhängig von der Richtung von $\boldsymbol{E}$ ist, das heißt, diese Formulierung entspricht einer richtungs-

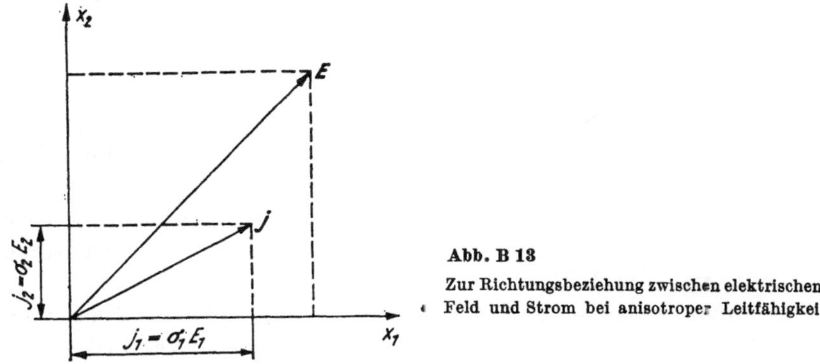

Abb. B 13
Zur Richtungsbeziehung zwischen elektrischem Feld und Strom bei anisotroper Leitfähigkeit

unabhängigen Leitfähigkeit σ. Ist dagegen σ richtungsabhängig, etwa in Richtung 1 doppelt so groß wie in Richtung 2 ($\sigma_1 = 2\,\sigma_2$), so sind $\boldsymbol{j}$ und $\boldsymbol{E}$ nicht mehr parallel (vgl. Abb. B 13), sondern unterscheiden sich sowohl durch Betrag als auch durch Richtung. Mit einer skalaren Leitfähigkeit ist das nicht mehr zu beschreiben, sondern es muß eine Größe eingeführt werden, die außer der

Betragsänderung auch eine Drehung zwischen den Vektoren vermittelt. In (B 47) hatten wir bereits eine Beziehung kennengelernt, die die Drehung eines Koordinatensystems beschreibt. Was für die Basisvektoren galt, muß natürlich auch für die Komponenten beliebiger Vektoren richtig sein, und wir setzen in Analogie zu (B 47) für die skalaren Komponenten von $\boldsymbol{j}$

$$j_i = \sigma_{i1} E_1 + \sigma_{i2} E_2 + \sigma_{i3} E_3 , \qquad i = 1, 2, 3 . \tag{B 54}$$

Hierbei sind die neun Koeffizienten σ_{ij} allerdings nicht mehr gleich den Richtungskosinussen wie die γ_{ij} in (B 47) und damit die Determinante ihrer Matrix nicht mehr vom Betrage 1 wegen der unterschiedlichen Länge von $\boldsymbol{j}$ und $\boldsymbol{E}$. Außerdem sind sie dimensionsbehaftet.

Bei einer Drehung des Koordinatensystems wird das Transformationsverhalten der σ_{ij} durch die Transformationseigenschaften der in (B 54) rechts und links stehenden Vektoren festgelegt. Da sich Vektoren wie die Koordinaten gemäß (B 47) transformieren, gilt also beim Übergang zu einem neuen Koordinatensystem (′)

$$E_i' = \gamma_{ij} E_j \quad \text{und} \quad j_i' = \gamma_{ij} j_j \qquad \text{(Summenkonvention!)}$$

sowie entsprechend

$$E_i = \gamma_{ji} E_j' \quad \text{und} \quad j_i = \gamma_{ji} j_j' .$$

Schreibt man im gestrichenen System $j_i' = \sigma_{il}' E_l'$, so findet man für σ_{il}' durch Vergleich mit

$$j_i' = \gamma_{ij} \cdot j_j = \gamma_{ij} \sigma_{jk} \cdot E_k = \gamma_{ij} \sigma_{jk} \gamma_{lk} \cdot E_l' = \gamma_{ij} \gamma_{kl} \sigma_{kj} \cdot E_l':$$

$$\sigma_{il}' = \gamma_{ij} \gamma_{kl} \sigma_{jk} . \tag{B 55}$$

Die Leitfähigkeitskomponenten σ_{ij} transformieren sich also wie das zweifache Produkt von Koordinaten, denn auf Grund von (B 48) gilt

$$x_i' x_l' = \gamma_{ij} x_j \gamma_{lk} x_k = \gamma_{ij} \gamma_{kl} x_j x_k .$$

Solche Größen heißen *Tensoren zweiter Stufe*; entsprechend spricht man von Tensoren n-ter Stufe bei Größen, die sich wie das n-fache Produkt von Koordinaten transformieren. Bei einem Tensor n-ter Stufe durchlaufen seine n Indizes $i, j, k, \ldots$ unabhängig die Werte 1, 2, 3: er besitzt daher n^3 Komponenten. Wir bezeichnen einen Tensor durch das allgemeine Symbol seiner Komponenten $[T_{ij}]$ oder kurz durch T.

Die vorstehenden — und auch die folgenden — Betrachtungen gelten allgemein, wenn eine Einwirkung, die durch einen polaren Vektor[1]) $\boldsymbol{A}$ gegeben ist, einen durch einen polaren Vektor $\boldsymbol{B}$ darstellbaren Effekt infolge der Stoffeigenschaft T_{ij} hervorruft:

$$B_i = T_{ij} A_j . \tag{B 56}$$

[1]) Auf die Verhältnisse beim Auftreten achsialer Vektoren können wir hier nicht eingehen. Vergleiche dazu etwa [74].

Dabei besitzt T_{ij} die gleichen Transformationseigenschaften wie σ_{ij} nach (B 55), ist also ein Tensor zweiter Stufe, und zwar wie bei den meisten in der Physik auftretenden Fällen ein symmetrischer, d. h., es gilt:

$$T_{ij} = T_{ji}\,. \tag{B 57}$$

Der mögliche Richtungsunterschied zwischen den mittels des Tensors verknüpften Vektoren führt zu der Frage: soll man unter dem Wert einer tensoriellen Eigenschaft, z.B. $\boldsymbol{\sigma}$, in einer bestimmten Richtung denjenigen in der $\boldsymbol{E}$-Richtung oder in der $\boldsymbol{j}$-Richtung verstehen. Man definiert als Wert von z.B. σ in der durch den Einheitsvektor $\boldsymbol{r}/r = \sum x_i\, e_i/\sqrt{\sum x_i^2}$ gekennzeichneten Richtung denjenigen Wert, den man erhält, wenn man in dieser Richtung $\boldsymbol{E}$ $(= E\,\boldsymbol{r}/r)$ anlegt und den Betrag der $\boldsymbol{j}$-Komponente $j_E = \boldsymbol{j}\cdot\boldsymbol{E}/E$ mißt:

$$\sigma\,\{\boldsymbol{r}/r\} = \boldsymbol{j}\cdot\boldsymbol{E}/E^2 = (\boldsymbol{\sigma}\cdot\boldsymbol{E})\cdot\boldsymbol{E}/E^2 = \frac{\boldsymbol{r}}{r}\cdot\boldsymbol{\sigma}\cdot\frac{\boldsymbol{r}}{r} \tag{B 58}$$

oder, ausführlich geschrieben unter Berücksichtigung des Symmetriecharakters von σ_{ij} nach (B 57):

$$r^2\,\sigma\{\boldsymbol{r}/r\} = \sigma_{11}\,x_1^2 + \sigma_{22}\,x_2^2 + \sigma_{33}\,x_3^2 + 2\,(\sigma_{12}\,x_1\,x_2 + \sigma_{23}\,x_2\,x_3 + \sigma_{13}\,x_1\,x_3)\,. \tag{B 59}$$

Um die Richtungsabhängigkeit von σ anschaulich darzustellen, betrachtet man zweckmäßig die Fläche

$$r^2\,\sigma\{\boldsymbol{r}/r\} = \text{const}\,,$$

deren Punkte also einen Abstand $r = \text{const}/\sqrt{\sigma\{\boldsymbol{r}/r\}}$ vom Ursprung haben. Nach (B 59) ist dies eine Fläche 2. Ordnung, und zwar ein Ellipsoid mit dem Koordinatenursprung als Zentrum (vgl. Abb. B 14).

Wählt man die drei aufeinander senkrecht stehenden Symmetrieachsen x, y, z dieses Ellipsoids als neue Koordinatenachsen (Hauptachsentransformation), so verschwinden die Terme mit gemischten Gliedern:

$$\sigma_x\,x^2 + \sigma_y\,y^2 + \sigma_z\,z^2 = \text{const}\,. \tag{B 60}$$

σ_x, σ_y, σ_z heißen Hauptleitfähigkeiten. Bei Benutzung der Hauptachsen vereinfacht sich (B 54) zu

$$j_x = \sigma_x\,E_x\,, \quad j_y = \sigma_y\,E_y\,, \quad j_z = \sigma_z\,E_z\,. \tag{B 61}$$

Liegt $\boldsymbol{E}$ parallel zu einer Hauptachse, gilt also z.B. $E_x = E$ und damit $E_y = E_z = 0$, so ist nach (B 61) $j_y = j_z = 0$, d. h. $\boldsymbol{j}$ parallel $\boldsymbol{E}$.

Es könnte scheinen, daß der symmetrische Tensor, auf Hauptachsen transformiert, durch drei Größen (σ_x, σ_y, σ_z) vollständig bestimmt sei. Dies ist aber ein Trugschluß, da zur Kennzeichnung der Hauptachsentransformation drei weitere Bestimmungsstücke (Winkel) erforderlich sind, insgesamt also wiederum sechs wie bei einem auf ein beliebiges Koordinatensystem bezogenen, symmetrischen Tensor zweiter Stufe.

Das *Tensorellipsoid* (B 60) liefert definitionsgemäß für jede Richtung von $\boldsymbol{E}$ den zugehörigen σ-Wert und damit den Betrag der $\boldsymbol{j}$-Komponente in dieser

Richtung: $j_E = \sigma\{E/E\}\, E$. Wie findet man nun die Richtung von $\boldsymbol{j}$ selbst? Besitzen die Komponenten von $\boldsymbol{E}$ in Richtung der Hauptachsen x, y, z die Beträge

$$E_x = (x/r) \cdot E\,, \quad E_y = (y/r) \cdot E\,, \quad E_z = (z/r) \cdot E\,,$$

so verhalten sich die Beträge der $\boldsymbol{j}$-Komponenten und damit auch die Richtungskosinusse von $\boldsymbol{j}$ nach (B 61) wie $x\,\sigma_x : y\,\sigma_y : z\,\sigma_z$. Das gleiche Verhältnis der Richtungskosinusse besitzt die Normale auf das Tensorellipsoid im Durchstoßpunkt von $\boldsymbol{r}$ bzw. $\boldsymbol{E}$, denn die Bildung des Gradienten an (B 60) liefert für das Verhältnis seiner Komponenten ebenfalls $x\,\sigma_x : y\,\sigma_y : z\,\sigma_z$. Daher hat $\boldsymbol{j}$ die Richtung der Normalen auf die Tangentialfläche im Durchstoßpunkt von $\boldsymbol{E}$ (Abb. B 14). Der Betrag von $\boldsymbol{j}$ folgt aus

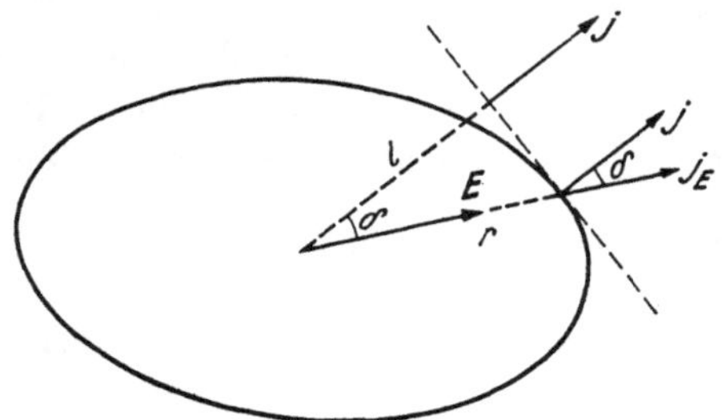

Abb. B 14

Tensorellipsoid am Beispiel des Leitfähigkeitstensors. Es gilt $\sigma \sim 1/r^2$, wobei r der Abstand vom Ursprung zum Ellipsoid für die betrachtete Richtung ist

$$j_E = |\boldsymbol{j}| \cos\delta = \sigma\,|\boldsymbol{E}|\,.$$

Hierin kann man noch $\cos\delta$ durch die Länge l des Lotes vom Mittelpunkt auf die Tangentialebene ausdrücken und erhält

$$|\boldsymbol{j}| = E\sqrt{\sigma}/l\,. \tag{B 62}$$

B 42 Anisotropieminderung durch Kristallsymmetrie

Wir können nun die am Anfang von B 4 aufgeworfene Frage beantworten, wie sich die Kristallsymmetrie auf die physikalischen Eigenschaften auswirkt. Wir beschränken uns auf nicht magnetische Kristalle, weil wir die zur Einbeziehung magnetischer Eigenschaften erforderliche Erweiterung des Symmetriebegriffes nicht behandelt haben, und betrachten zunächst wieder eine Eigenschaft wie die elektrische Leitfähigkeit, die sich durch einen symmetrischen Tensor zweiter Stufe beschreiben läßt.

Das diesen Tensor darstellende Ellipsoid besitzt, wie jedes Ellipsoid, drei aufeinander senkrechte, zweizählige Achsen und drei Symmetrieebenen senkrecht zu ihnen (Punktgruppe *mmm*; vgl. B. 32). Diese Symmetrieelemente werden sich also stets in der Richtungsabhängigkeit der Leitfähigkeit finden, wie niedrig symmetrisch der untersuchte Kristall auch sei. Erst wenn der Kristall weitere Symmetrieelemente besitzt, wird sich dies in der Richtungsabhängigkeit zusätzlich bemerkbar machen (und zwar im Sinne ihrer Verringerung). Dieser Sachverhalt wird als Prinzip von F. NEUMANN bezeichnet: die Symmetrieelemente jeder physikalischen Eigenschaft eines Kristalls müssen die Symmetrieelemente seiner Punktgruppe einschließen.

Da ein dreiachsiges Ellipsoid nur die Symmetrieelemente der Punktgruppe *mmm* besitzt, muß es demzufolge in allen Kristallen, die eine Drehachse mit einer Zähligkeit $n > 2$ enthalten (trigonales, hexagonales, tetragonales Kristallsystem[1]), zu einem Rotationsellipsoid entarten, dessen Rotationsachse (Zähligkeit ∞) mit jener kristallographischen Drehachse zusammenfällt (z-Achse) und deren Zähligkeit einschließt.

In jeder Richtung senkrecht zu ihr ist die Leitfähigkeit mithin gleichgroß $\sigma_\perp \equiv \sigma_x = \sigma_y$, während parallel zur Drehachse ein anderer Wert $\sigma_\parallel \equiv \sigma_z$ herrscht. In diesem Falle erhält man für eine Richtung ϑ gegen die z-Achse ($\cos\vartheta = z/r$, $\sin\vartheta = \sqrt{x^2 + y^2}/r$)

$$\begin{aligned} \sigma(\vartheta) &= \sigma_\perp (x^2/r^2 + y^2/r^2) + \sigma_\parallel z^2/r^2 \\ &= \sigma_\perp + (\sigma_\parallel - \sigma_\perp) \cos^2\vartheta \,. \end{aligned} \tag{B 63}$$

Da in jedem kubischen Kristall mehrere Drehachsen mit $n > 2$ vorhanden sind (vgl. Tab. B 2), entartet hier das Tensorellipsoid zu einer Kugel. Kubische Kristalle sind also hinsichtlich einer durch einen symmetrischen Tensor zweiter Stufe dargestellten Eigenschaft isotrop ($\sigma \equiv \sigma_x = \sigma_y = \sigma_z$).

In den übrigen Kristallsystemen (rhombisch, monoklin, triklin), in denen höchstens zweizählige Achsen auftreten, und zwar entweder eine oder drei aufeinander senkrecht stehende, kann das Tensorellipsoid der Kristallsymmetrie ohne Entartung Rechnung tragen, gegebenenfalls durch Festlegung seiner Orientierung gegenüber dem Kristallgitter. In Kristallen dieser Systeme existieren stets zwei Ebenen, innerhalb deren die Leitfähigkeit richtungsunabhängig ist, da jedes dreiachsige Ellipsoid zwei durch den Mittelpunkt verlaufende Kreisschnitte besitzt.

Es sei zum Schluß darauf hingewiesen, daß die Verhältnisse bei Tensoren höherer als zweiter Stufe komplizierter werden. In F 4 werden als Beispiel eines Tensors vierter Stufe die Elastizitätsmoduln besprochen.

B 5 Übungsaufgaben

B 1. Man bestimme die Indizes nebenstehender Gitterrichtung im kubisch-flächenzentrierten Gitter in bezug auf $\boldsymbol{a}_1$, $\boldsymbol{a}_2$ und $\boldsymbol{a}_3$ ($\boldsymbol{a}_3$ senkrecht zur Bildebene) sowie die Indizes bezüglich des primitiven Vektortripels $\boldsymbol{a}_1''$, $\boldsymbol{a}_2''$ und $\boldsymbol{a}_3''$ gemäß Abb. B 4b.

[1]) Die genannten Kristallsysteme lassen sich also durch eine mittels eines Tensors zweiter Stufe darstellbare Eigenschaft nicht unterscheiden.

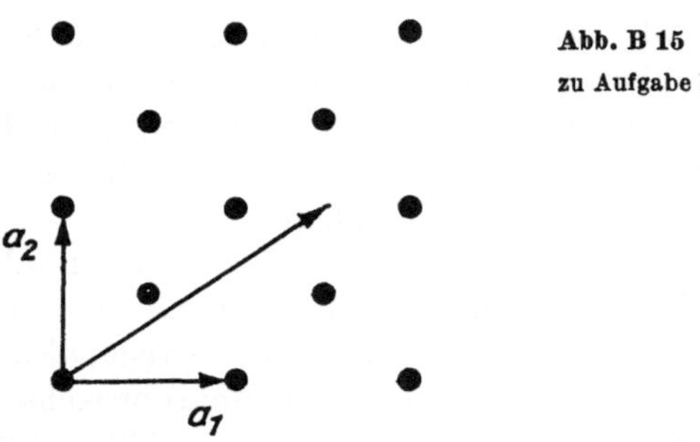

Abb. B 15
zu Aufgabe B 1

B 2. Die Lage der Ebenen (100), $(\bar{1}10)$, $(\bar{1}\bar{1}1)$, $(3\bar{1}0)$ und $(12\bar{1})$ ist im kubischen Achsenkreuz zu skizzieren.

B 3. Man berechne den Strukturfaktor (vgl. S. 319) für die Vektoren $\boldsymbol{H}_{100}$, $\boldsymbol{H}_{200}$, $\boldsymbol{H}_{111}$ und $\boldsymbol{H}_{211}$ des reziproken Gitters vom kubisch-flächenzentrierten Gitter. Welche Bedeutung hat diese Größe?

B 4. Man berechne das reziproke Gitter zu dem abgebildeten Kristallgitter (quadratische Grundfläche (Kantenlänge a) und Höhe $3a$; alle Winkel 90°) (welches Kristallsystem?) und stelle das Ergebnis graphisch dar.

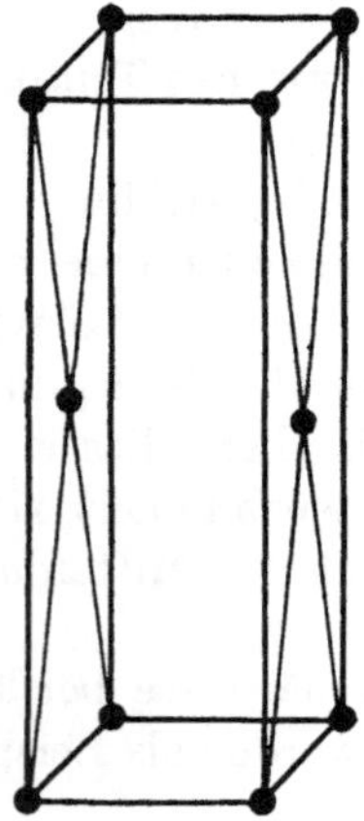

Abb. B 16
zu Aufgabe B 4

B 5. Der kürzeste Abstand zweier Netzebenen der Schar (123) im kubisch-flächenzentrierten Gitter ist unter Verwendung des reziproken Gitters zu berechnen.

B 6. Man gebe den Winkel zwischen [102]- und [113]-Richtung sowie zwischen den (102)- und (113)-Ebenen im tetragonalen System an!

B 7. $BaTiO_3$ ist wegen seiner ferroelektrischen Eigenschaften von Bedeutung. In dieser Struktur sitzen die Bariumatome an den Ecken eines Würfels, die Sauerstoffatome auf den Flächenmitten und die Titanatome in der Raummitte. Welche Bravais-Zelle gehört zu dieser Struktur?

B 8. Ätzgrubenformen (vgl. Abb. E 16, Tafel 3) enthalten die Projektion der Symmetrieelemente der Punktgruppe in die Kristalloberfläche. Welche Symmetrieelemente der hexagonalen Punktgruppe $6/mmm$ $\left(\text{ausführlich: } \frac{6}{m}\frac{2}{m}\frac{2}{m}\right)$ sind in den Ätzgrubenformen auf

a) (0001)-,
b) $\{10\bar{1}0\}$-,
c) $\{11\bar{2}0\}$-,
d) $\{hki0\}$-,
e) $\{h0\bar{h}l\}$-,
f) $\{hh\bar{2h}l\}$-
und g) $\{hkil\}$-Oberflächen enthalten?

C DER GITTERAUFBAU DER METALLE

C 1 Vorbemerkungen

Bevor wir uns der Besprechung des Gitteraufbaus der Metalle zuwenden, sind zwei Vorbemerkungen erforderlich. Die erste betrifft die Kardinalfrage: „Wodurch wird festgelegt, in welchem Kristallgitter ein bestimmter Stoff kristallisiert?“, die zweite behandelt die übersichtshalber notwendige Zusammenfassung der Gitter einzelner Substanzen zu größeren Einheiten (Strukturtypen).

C 11 Das Hauptproblem der Kristallchemie

Zunächst ist auf Grund allgemeiner thermodynamischer Überlegungen (vgl. D 1) klar, daß die Frage nach der Gitterstruktur eines Stoffes bei gegebenen Bedingungen (Druck und Temperatur) durch das Aufsuchen des *Minimums der freien Enthalpie* unter den konkurrierenden Möglichkeiten zu beantworten ist. Grundsätzlich müssen dabei in den Vergleich nicht nur die Variation der geometrischen Anordnung einbezogen werden, sondern auch die unterschiedlichen Bindungsarten, und zwar selbst bei chemischen Elementen (metallisches weißes Zinn und graues nichtmetallisches!). Besteht der Stoff aus mehreren Atomarten, so kommen die Möglichkeiten hinzu (vgl. A 23), daß Gemenge der Elemente, Mischkristalle oder Verbindungen bzw. Kombinationen davon entstehen können. Man beachte, daß hier die Zusammensetzung noch völlig offen ist, also auch variiert werden muß. Die Frage nach der Gitterstruktur einer Verbindung ist also im allgemeinen mit der nach ihrer Zusammensetzung verquickt.

Dieser Sachverhalt sei an folgendem Beispiel erläutert: Welche Gitter der Reaktionsprodukte sind zu erwarten, wenn man Natrium und Chlor im Mengenverhältnis 1:2 zusammenbringt? Jedermann weiß auf Grund der üblichen Valenzvorstellung, daß die Verbindung NaCl (neben überschüssigem Chlor) entsteht, und reduziert daher die Frage sofort auf die nach dem Gitteraufbau von NaCl. Wie steht es aber, wenn zu Natrium etwa Kalium in doppelter Menge hinzugefügt wird? Man erhält ein Gemenge von KNa_2- und K-Kristallen! Dieses Ergebnis, insbesondere das stöchiometrische Verhältnis der Verbindung, ist nicht vorauszusehen und kann nur als Folge der Energiebilanz verstanden werden. Offenbar ist der Wert der freien Enthalpie G für das tatsächlich auftretende Gemenge von KNa_2-Kristallen vom *C 14*-Typ und K-Kristallen vom *A 2*-Typ niedriger als etwa derjenige G' für das gleiche Substanzgemenge mit anderen hypothetischen Strukturen oder als ein weiterer G'' für eine einheitliche hypothetische Verbindung K_2Na.

Im Falle des NaCl erscheint die stöchiometrische Zusammensetzung offenbar deshalb von vornherein klar, weil hier durch die Bildung einwertiger Ionen

Na^+ und Cl^- ein derartiger Energiegewinn erzielt wird, daß alle Konfigurationen, in denen Natrium und Chlor als einwertige Ionen vorliegen, energetisch immer stark bevorzugt sind. Wenn man sich aber auf die Betrachtung dieser Ionisierungszustände beschränken kann, ist die Zusammensetzung aus Gründen der elektrischen Ladungsbilanz damit von vornherein festgelegt.

Natürlich ist man im allgemeinen nicht in der Lage, die hier geforderten Energiebilanzen tatsächlich aufzustellen, nicht nur, weil der Arbeitsaufwand angesichts der sehr großen Anzahl der zu vergleichenden Möglichkeiten riesig wäre, sondern vor allem, weil die notwendigen Zahlenwerte für die einzelnen Energiebeiträge gewöhnlich nicht bekannt sind.

Trotzdem ist es nützlich, diesen Gedanken im Auge zu behalten, weil sich aus ihm schon auf Grund allgemeiner Überlegungen wertvolle Schlüsse ziehen bzw. Trugschlüsse vermeiden lassen. Schreiben wir z.B. die freie Enthalpie für eine bestimmte Möglichkeit

$$G' = G'_1 + G'_2 + G'_3 + \cdots$$

und für eine zweite

$$G'' = G''_1 + G''_2 + G''_3 + \cdots, \qquad \text{(C 1)}$$

so sind offensichtlich aus $G' < G''$ keine Aussagen über den Größenunterschied $G'_i - G''_i$ der einzelnen Summanden zu gewinnen, z.B. kann für einzelne i durchaus $G'_i > G''_i$ gelten. Oder, beobachtet man bei $G'_1 < G''_1$ zugleich auch $G' < G''$, dann folgt daraus nicht notwendig, daß der Anteil G_1 die anderen G_i $(i > 1)$ überragt. Denn offenbar kann das beobachtete Resultat auch ohne diese Bedingung durch

$$\sum_{i>1} G'_i = \sum_{i>1} G''_i \qquad \text{(C 2)}$$

zustandekommen, d. h. der Energiebeitrag, der bei der Energiebilanz den Ausschlag gibt, kann ein kleiner Bruchteil der Gesamtenergie sein. Wenn also z.B. bei den Hume-Rothery-Phasen (vgl. C 44) die Valenzelektronenkonzentration das Auftreten eines bestimmten Strukturtyps bedingt, folgt daraus nicht, daß die Valenzelektronenenergie den Hauptanteil der Gesamtenergie darstellt.

Auf konkrete Einzelfälle angewandt, können die vorstehenden, in allgemeiner Formulierung selbstverständlich erscheinenden Aussagen also sehr wichtig sein, wie sich auch später noch zeigen wird. Dennoch werden sie bisweilen übersehen.

C 12 Bauzusammenhänge und Baupläne

Die Kristallstrukturbestimmungen an tausenden von chemischen Verbindungen haben ergeben, daß viele Stoffe gleicher stöchiometrischer Zusammensetzung Kristallgitter besitzen, die sich der gleichen Raumgruppe zuordnen lassen und aus den gleichen Gitterkomplexen bestehen. Man faßt sie zu einem *Strukturtyp* zusammen, obwohl solche Strukturen noch sehr verschieden aussehen können,

z. B. keineswegs geometrisch ähnlich zu sein brauchen. Dies sei jetzt an einem Beispiel, dem Strukturtyp des AlB_2 (*C 32*-Typ, vgl. Abb. C 1) erläutert.

Das Kristallgitter des AlB_2 gehört zu der hexagonalen Raumgruppe $P\,6/mmm$. Die Elementarzelle mit den Abmessungen $a = 3{,}00 \cdot 10^{-10}$ m, $c = 3{,}24 \cdot 10^{-10}$ m ($c/a = 1{,}08$) enthält ein Atom Aluminium und zwei Atome Bor. Wählt man ersteres als Koordinatenursprung, so haben die Bor-Atome die Koordinaten 1/3, 2/3, 1/2; 2/3, 1/3, 1/2. In diesen drei speziellen Punktlagen sind also sämtliche Koordinaten durch Symmetriebedingungen eindeutig festgelegt. Verschiedene Substanzen, die in diesem Strukturtyp kristallisieren, können sich nur noch durch die Abmessungen der Elementarzelle unterscheiden. Tatsächlich variiert das beobachtete Achsenverhältnis c/a von 1,27 (UB_2) bis 0,59 (TiU_2),

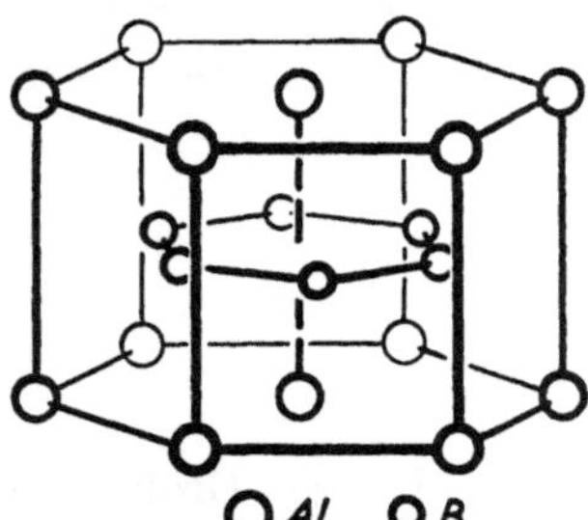

Abb. C 1
Struktur des AlB_2 (*C 32*-Typ)

und damit unterscheiden sich die Nachbarschaftsverhältnisse bei den verschiedenen Substanzen stark trotz deren Zugehörigkeit zum gleichen Strukturtyp. Da die Anzahl und Abstände der Nachbarn eines Atoms für die Bindungsverhältnisse in einem Gitter ausschlaggebend sind, wird man große Unterschiede im physikalischen Verhalten zu erwarten haben. Es ist also erwünscht, eine Beschreibung der Kristallgitter zu besitzen, welche die Nachbarschaftsverhältnisse zum Ausdruck bringt.

Eine solche ist von F. Laves (1930) angegeben worden. Hierbei werden die Strukturen durch *Bauzusammenhänge* beschrieben. Unter einem Bauzusammenhang versteht man die Gesamtheit der Atome, die durch kürzeste Abstände verbunden werden können. Er kann endlich oder in einer, zwei oder drei Dimensionen unendlich sein. Dementsprechend unterscheidet man Inseln (*I*), Ketten (*K*), Netze (*N*) und Gitter (*G*). Die großen Buchstaben bezeichnen dabei homogene Bauzusammenhänge, d. h. solche, die nur aus untereinander gleichwertigen Atomen bestehen, während kleine Buchstaben für heterogene Bauzusammenhänge benutzt werden. Neben das Buchstabensymbol wird die Anzahl der nächsten Nachbarn, die *Koordinationszahl*, gestellt.

Im Kupfergitter (Abb. A 2) sind beispielsweise die kürzesten Atomabstände die halben Flächendiagonalen. Über diese Verbindungslinien kann man von einem Atom zu jedem anderen des Gitters gelangen. Der Bauzusammenhang ist also dreidimensional unendlich, d. h. gitterhaft. Da von jedem Kupferatom 12 Flächendiagonalen ausgehen, ist die Koordinationszahl $\mathcal{K} = 12$. Mithin ist das Symbol für das kubisch-flächenzentrierte Gitter: 12 *G*. Während dem kubisch-raumzentrierten Gitter (Abb. A 1) das Symbol 8 *G* zukommt, ergibt sich für die hexagonale Kugelpackung (Abb. A 3) gleichfalls 12 *G*.

Zwischen den Gittern des Kupfers und des Magnesiums besteht danach eine Verwandtschaft, die sich später (Seite 63) als eng und wichtig erweisen wird, obwohl beide wegen ihrer unterschiedlichen Symmetrie verschiedenen Strukturtypen zugeordnet werden. Bei Verbindungen werden die Verhältnisse komplizierter.

Neben homogenen Bauzusammenhängen treten auch heterogene auf. Während diese bei salzartigen Verbindungen sogar die ausschlaggebenden sind, spielen bei intermetallischen Verbindungen die homogenen mindestens die gleiche Rolle. Der Einfachheit halber beschränken wir uns hier auf binäre Verbindungen $A_m B_n$. Dann treten drei Arten kürzester Abstände auf: d_A, d_B und d_{AB} und die Koordinationszahlen $\mathcal{K}_A$, $\mathcal{K}_B$ sowie $\mathcal{K}_{AB}$ (Anzahl der *B*-Atome um ein *A*-Atom) und $\mathcal{K}_{BA}$. Der *Bauplan* hat daher z. B. für $MgCu_2$ (vgl. Abb. C 15) das Aussehen

Mg	12 *g* 6	Cu
4 *G*		6 *G*
1,04		0,85 .

Er enthält außer den Koordinationszahlen und den Bauzusammenhängen noch die kürzesten Atomabstände, die auf $d_{AB} = 1$ bezogen werden, falls nicht anders angegeben.

Nunmehr können wir die Koordinationsverhältnisse für Verbindungen AB_2 im *C 32*-Strukturtyp in Abhängigkeit vom Achsenverhältnis c/a durch folgende Baupläne darstellen

$\frac{c}{a} = \left(\frac{4}{3}\right)^{1/4} = 1{,}07$			$\frac{c}{a} = 1{,}00$			$\frac{c}{a} = \frac{\sqrt{3}}{2} = 0{,}87$			$\frac{c}{a} = \frac{\sqrt{3}}{3} = 0{,}58$		
A	12 *g* 6	*B*	A	12 *g* 6	*B*	*A*	12 *g* 6	*B*	*A*	12 *g* 6	*B*
6 *N*		3 *N*	8 *G*		3 *N*	2 *K*		3 *N*	2 *K*		5 *G*
1,27		0,73	1,31		0,76	1,20		0,80	0,90		0,90
Beispiel:	AlB_2			$CeGa_2$			$ZrBe_2$			TiU_2	

Es treten also bei den *A*-Atomen als homogene Bauzusammenhänge je nach dem Achsenverhältnis c/a entweder Netze mit der Koordinationszahl 6 oder Gitter ($\mathcal{K} = 8$) oder Ketten ($\mathcal{K} = 2$) auf; bei den *B*-Atomen Netze mit Dreierkoordination oder ein Gitter ($\mathcal{K} = 5$).

Die Veränderung in der Koordination innerhalb eines Strukturtyps, die hier allein durch Variation des Achsenverhältnisses bewirkt wird, kann noch stärker werden, wenn weitere Parameter (Atomkoordinaten) frei verfügbar sind. Andererseits hatten wir am Beispiel des Kupfer- und des Magnesiumgitters eine strukturelle Verwandtschaft trotz verschiedener Gittertypen kennengelernt.

Es scheint daher zweckmäßig, bei der folgenden Besprechung spezieller Gitter die Ordnung nach Strukturtypen durch Angabe der Koordinationsverhältnisse mittels Bauplänen zu ergänzen. In Tabelle IVb des Anhangs sind die Baupläne für einige einfache Strukturtypen intermetallischer Verbindungen angegeben.

C 2 Elemente

C 21 Die drei wichtigsten Gittertypen metallischer Elemente

Rund drei Viertel aller Elemente sind Metalle. Wiederum drei Viertel der über 100 metallischen Elementmodifikationen kristallisieren in drei etwa gleich häufigen Gittern, nämlich in denen des Wolframs, Kupfers und Magnesiums. Die übrigen verteilen sich auf über ein Dutzend weiterer Gittertypen.

1. *Wolfram*-Typ (*A2*-Typ, Abb. A 1), kubisch-raumzentriertes Gitter. Die drei kürzesten Atomabstände sind: $d_1 = \frac{a}{2}\sqrt{3}$, $d_2 = a$, $d_3 = a\sqrt{2}$, also gilt $d_1:d_2:d_3 = 1:1{,}16:1{,}63$. Die Anzahl der nächsten Nachbarn beträgt 8. Bedenkt man aber, daß d_2 nur 16% größer ist als d_1, so tritt die Frage auf, ob es nicht sinnvoller ist, die zweitnächsten Nachbarn in die Koordinationszahl mit einzubeziehen, da erfahrungsgemäß (vgl. S. 69) in Atomabstandsfragen eine Toleranzgrenze von etwa 15% besteht. Man hätte dann mit einer Koordinationszahl von $8 + 6 = 14$ zu rechnen. Das Bauzusammenhangssymbol wäre dementsprechend 8 *G* bzw. 14 *G**, wobei der * andeutet, daß die berücksichtigten Atome nicht alle gleiche Abstände besitzen. Neuerdings wird die zweite Möglichkeit bevorzugt. (Weiteres zur Koordinationszahl s. S. 80).

   Stellt man sich den Kristall aus berührenden Kugeln aufgebaut vor, so beträgt der Kugelradius im kubisch-raumzentrierten Gitter $\frac{a}{4}\sqrt{3}$. Daraus errechnet sich eine *Raumerfüllung* (= Kugelvolumen/Gesamtvolumen) von

$$R = \frac{2\,\frac{\pi\cdot 4}{3}\cdot\left(\frac{a}{4}\sqrt{3}\right)^3}{a^3} = 0{,}68\,. \qquad \text{(C 3)}$$

2. *Kupfer-Typ* (*A1-Typ*, Abb. A 2), kubisch-flächenzentriertes Gitter. Hier ist $d_1 = \frac{a}{2}\sqrt{2}$ und $d_2 = a$, also $d_2:d_1 = 1{,}41$ und mithin die Koordinationszahl 12. Das Bauzusammenhangssymbol ist 12 *G*. Mit dem Kugelradius $\frac{a}{4}\sqrt{2}$ berechnet man eine Raumerfüllung von $R = 0{,}74$. Das Gitter heißt die kubisch-dichteste Kugelpackung, weil größere Raumerfüllungen bei Packungen aus gleich großen Kugeln nicht zu erreichen sind.

3. *Magnesium-Typ* (*A3-Typ*, Abb. A 3). Im Magnesium-Gitter hat nach Abb. A 3 ein Magnesium-Atom 6 nächste Nachbarn im gleichen Abstand $d_1' = a$ in der hexagonalen Ebene und je weitere 6 mit untereinander gleichem Ab-

stand d_1'', die sich zur Hälfte in der über und zur anderen Hälfte in der unter der Ebene des betrachteten Atoms liegenden hexagonalen Ebene befinden. Der Abstand dieser zweiten Gruppe von ihm wird durch die c-Einheit mitbestimmt. Gleichheit zwischen den Abständen d_1' und d_1'' kann also nur für einen ganz bestimmten Wert von $\frac{c}{a}$ eintreten. Dieses *ideale Achsenverhältnis* beträgt

$$\left(\frac{c}{a}\right)_{\text{ideal}} = \sqrt{\frac{8}{3}} = 1{,}633\,. \qquad \text{(C 4)}$$

Bei ihm hat jedes Magnesium-Atom 12 nächste Nachbarn im exakt gleichen Abstand: Koordinationszahl 12, Bauzusammenhangssymbol 12 G wie bei der kubisch-dichtesten Kugelpackung.

Die Raumerfüllung beträgt auch wie bei dieser $R = 0{,}74$. In der Natur treten Abweichungen vom idealen Achsenverhältnis auf. Bei kleineren und größeren Werten sinkt die Raumerfüllung. Die meisten Elemente besitzen jedoch nahezu das ideale Achsenverhältnis (Tab. IVa im Anhang). Einen besonders kleinen Wert besitzt Beryllium mit $\frac{c}{a} = 1{,}57$. Die stärksten Abweichungen liegen bei Zink (1,86) und Kadmium (1,89) vor. Bei Zink und Kadmium sollte man nicht mehr von einer dichtesten Kugelpackung sprechen, denn die Raumerfüllung beträgt nur noch 64%, also weniger als beim kubisch-raumzentrierten Gitter. Bei Kadmium sind die Abstandswerte $d_1' = 2{,}97 \cdot 10^{-10}$ m und $d_1'' = 3{,}29 \cdot 10^{-10}$ m, man könnte den Bauzusammenhang also schon als 6 N anstatt 12 G^* bezeichnen. Andererseits gibt es etwas anders aufgebaute hexagonale Kugelpackungen (Lanthan, Neodym, Promethium, Praseosdym) mit einem $\frac{c}{a}$-Wert von etwa dem Doppelten des Idealwertes (vgl. S. 65).

Strukturverhältnis der dichtesten Kugelpackungen zueinander

Die durch das Vorhandensein des gleichen Bauzusammenhanges ausgewiesene Verwandtschaft zwischen kubischer und hexagonal-dichtester Kugelpackung äußert sich auch darin, daß man beide Gitter aus den *gleichgebauten Netzebenen* durch *verschiedene Stapelweisen* aufbauen kann, wobei die Atomanordnung in den Netzebenen die einer dichtesten ebenen Packung gleichgroßer Kugeln ist (es gibt deren nur eine, Abb. C 2). Diese Kugelanordnung liegt in den Oktaederflächen der kubischen Kugelpackung (Abb. C 3) und in den Basisflächen des hexagonalen *A3*-Typs (Abb. A 3) vor.

Um aus solchen Kugelschichten (Abb. C 2) dichteste dreidimensionale Kugelpackungen zu erhalten, muß man sie „auf Lücke“ stapeln. Dies ist möglich, weil sich nach Abb. C 2 die Lücken, deren Anzahl pro Fläche doppelt so groß wie die der Atome ist, in zwei Gruppen einteilen lassen, deren jede eine Schwerpunktsanordnung besitzt, die derjenigen der Atome kongruent ist.

Abb. C 2

Dichtestgepackte Kugelschicht. Die beiden verschiedenen Möglichkeiten, eine zweite derartige Schicht in stabiler Lage auf die erste zu legen, sind durch ▽ bzw. ▲ angedeutet. Zur besseren Übersicht sind die Radien der Kugeln verkürzt worden, sie müssen sich in der Zeichenebene berührend gedacht werden. (Die angegebenen Richtungen beziehen sich auf das kubisch-flächenzentrierte Gitter)

Es gibt also zwei gleichwertige Möglichkeiten, die zweite Schicht auf die erste zu legen. Bei der dritten Schicht sind beide Möglichkeiten jedoch nicht mehr gleichwertig, denn entweder wird die dritte Schicht über den Kugeln der ersten angeordnet oder über deren bisher freigebliebenen Lücken. Wiederholt man das einmal eingeschlagene Verfahren immer wieder, so erhält man im ersten Fall die hexagonale Kugelpackung (Schichtfolge $ABAB\ldots$), im zweiten die kubische Kugelpackung ($ABCABC\ldots$). Bei Abweichungen von der Stapelfolge spricht man von einem *Stapelfehler*. Führt man die beiden *Stapeloperatoren*

$$\triangle = \frac{a}{6}[11\bar{2}] + \frac{a}{3}[111] \qquad \text{(C 5)}$$

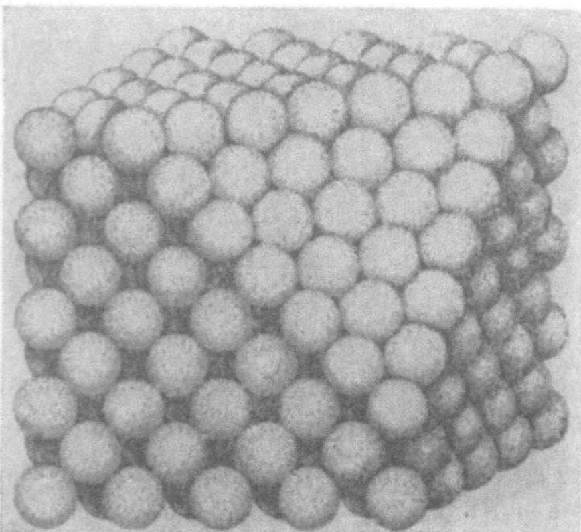

Abb. C 3

Kugelmodell des kubisch-flächenzentrierten Gitters. Die (111)-Ebene ist freigelegt, um deren Atomanordnung hervortreten zu lassen

und

$$\triangledown = -\frac{a}{6}[11\bar{2}] + \frac{a}{3}[111] \tag{C 6}$$

ein, welche die Verschiebung zweier aufeinander folgender dichtest-gepackter Ebenen für die beiden Stapelmöglichkeiten, auf kubische Koordinatenachsen bezogen, darstellen (vgl. Abb. C 2), so können die beiden dichtesten Kugelpackungen durch

$$\triangle\ \triangle\ \triangle\ \triangle \ldots \text{kubisch}$$

und

$$\triangle\ \triangledown\ \triangle\ \triangledown \ldots \text{hexagonal}$$

gekennzeichnet werden. ($[u\ v\ w]$ bedeutet dabei — in Abweichung vom kristallographischen Brauch — einen *Vektor* vom Nullpunkt zum Punkt mit den Koordinaten u, v, w.)

Man beachte, daß beide Kugelpackungen nur hinsichtlich der Anzahl der nächsten Nachbarn übereinstimmen, sich aber sehr wohl hinsichtlich deren Anordnung unterscheiden. Dies führt nicht nur zu verschiedener Symmetrie, sondern auch zu energetischer Ungleichwertigkeit. Jedoch sind offenbar beide energetisch günstiger als alle anderen, denkbaren Stapelfolgen, die natürlich gleichfalls dichteste Kugelpackungen ergeben, und werden deshalb stark bevorzugt. Immerhin sei erwähnt, daß in den hexagonalen Selten-Erd-Metallen mit dem doppelten Wert des idealen Achsenverhältnisses (z. B. Praseodym, Neodym) die Stapelfolgen *ABACABAC*... vorliegen und diesen damit erklären. Bei Samarium liegen noch kompliziertere Stapelfolgen vor.

Die außerordentliche Bevorzugung der drei besprochenen Strukturtypen durch die Metalle wird man als Zeichen dafür ansehen, daß ihre geometrischen Eigenschaften für die Realisierung der metallischen Bindung besonders geeignet sind. Wir fragen daher, welche Eigenschaften diesen Gittern gemeinsam sind. Nach unseren Ausführungen sind dies: hohe Symmetrie, große Koordinationszahl, gute Raumerfüllung.

C 22 Weitere Strukturtypen

Diese Eigenschaften sind bei den übrigen, selten auftretenden Gittern der Metalle, die hinsichtlich ihres Aufbaues nicht näher besprochen werden sollen, nur zum Teil erfüllt. So gibt es z. B. bei α-Polonium das einfach-kubische Gitter, dessen Raumerfüllung 52% beträgt. Dies ist ein geringerer Wert, als man ihn bei einer völlig regellosen Kugelschüttung experimentell gefunden hat. Oder bei dem rhomboedrischen Gitter des Arsen, Antimon, Wismut und bei dem tetragonalen weißen Zinn beträgt die Koordinationszahl, selbst wenn man die zweitnächsten Nachbarn mit berücksichtigt, nur 6. Im rhombischen Gallium tritt sogar strenggenommen Paarbildung auf; unter Mitberücksichtigung bis zu 15% größerer Atomabstände beträgt die Koordinationszahl 7.

Niedrig symmetrische Gitter gibt es auch bei den schwersten Elementen: α- und β-Plutonium sind monoklin, γ-Plutonium und α-Neptunium rhombisch.

Durch eine Elementarzelle mit 58 Atomen fällt die kubische Struktur des α-Mangan auf. Nach neutronographischen Befunden ist anzunehmen, daß hier mehrere Mangan-Atomsorten (3 oder 4) vorliegen, die sich durch ihre magnetischen Momente unterscheiden, so daß es sich gewissermaßen gar nicht um ein Elementgitter, sondern um das einer mehrkomponentigen Verbindung handelt.

C 23 Polymorphismus

Viele Metalle kristallisieren in mehreren Kristallgittern je nach den äußeren Bedingungen wie Temperatur und Druck. Der wegen seiner Bedeutung für die Stahlherstellung wichtigste Polymorphismus bei Metallen ist derjenige von Eisen. Das kubisch-raumzentrierte α-Gitter wandelt sich bei 909 °C in das kubisch-flächenzentrierte γ-Eisen um, das mehr Kohlenstoff zu lösen vermag als das α-Gitter. Bei $\approx$ 1400 °C erfolgt eine nochmalige Umwandlung, zurück ins kubisch-raumzentrierte Gitter (δ). Der ferromagnetische Zustand ist auf das α-Gitter beschränkt, erstreckt sich aber nicht auf dessen ganzes Existenzgebiet, sondern der Curie-Punkt (vgl. S. 373) liegt schon bei 770 °C.

Die größte Anzahl *Modifikationen* bei gewöhnlichem Druck besitzt Plutonium, nämlich 6 zwischen Zimmertemperatur und dem Schmelzpunkt (640 °C), von denen zwei negative Wärmeausdehnungskoeffizienten besitzen.

Die Zahl der bekannten Modifikationen wächst mit dem Vordringen zu extremen Bedingungen. So war bei den Alkalimetallen lange Zeit nur das kubisch-raumzentrierte Gitter bekannt. Bei sehr tiefen Temperaturen tritt aber bei Natrium (51 K) und Lithium (78 K) auch die hexagonal-dichteste Kugelpackung auf. Letzteres kann man durch Kaltverformung bei tiefen Temperaturen auch in die kubisch-dichteste Kugelpackung überführen.

Bei Erhöhung des Druckes sind gleichfalls viele Gitterumwandlungen beobachtet worden (vgl. Tab. C 1). So kristallisiert Zäsium bei $24 \cdot 10^8$ N/m^2 in der kubisch-dichtesten Kugelpackung. Trotzdem ist oberhalb $42{,}2 \cdot 10^8$ N/m^2 eine weitere Gitterumwandlung mit Dichtezunahme gefunden worden, die durch einen Übergang des Valenzelektrons auf eine freie innere Bahn gedeutet wird. Auch bei Zer gibt es eine auf Elektronenumlagerung zurückgeführte Gitterumwandlung, die entweder bei normaler Temperatur durch Druckerhöhung oder bei normalem Druck durch Abkühlung unter 90 K herbeigeführt werden kann. Die dabei unter Aufrechterhaltung der dichtesten Kugelpackung eintretende Volumenverminderung beträgt 16%. Bei Silizium und Germanium, die gewöhnlich Halbleiter sind, tritt bei hohen Drücken eine metallische Modifikation mit dem Gitter des weißen Zinn auf. Der Vorgang der Gitterumwandlung wird später besprochen (vgl. K 5).

C 24 Atomradien

Die Vorstellung der Kristallgitter als *Packungen berührender Kugeln* gestattet, aus den einfachen Elementgittern Atomradien herzuleiten. Diesen kommt

Tabelle C 1

Isotherme Phasenumwandlungen einiger Metalle bei hohen Drücken

Metall	Strukturänderung	Druck/10^8 Nm^{-2}; Temperatur*)
Ba	*A2* → *A3*	59; T_0
Bi	*A7* → einfach kubisch	25; T_0
Ce	*A1* → *A1* (kleinere Elementarzelle)	15; T_0
Cs	*A2* → *A1*	23,7; T_0
	A1 → *A1* (kleinere Elementarzelle)	42,2; T_0
Fe	*A2* → *A3*	130; T_0
Ho	*A3* → Sm-Typ	85;
Mg	*A3* → La-Typ	53; T_0
Sb	*A7* → einfach-kubisch	50;
	einf.-kub. → *A3*	85;
Sn	*A5* → *A2* (deformiert)	35; >300 °C
Sr	*A1* → *A2*	42; T_0
Te	*A8* → *A7*	15;
Yb	*A1* → *A2*	40; T_0

*) T_0: Zimmertemperatur

deshalb eine große Bedeutung zu, weil man erfahrungsgemäß aus verschiedenen Modifikationen desselben Elementes nahezu die gleichen Werte erhält und darüber hinaus diese Werte — mit kleinen Schwankungen — auch in Legierungen wiederfindet. Die diesem Befund zugrunde liegende Additivität der Atomabstände gilt allerdings im Gebiet der Metalle nicht so gut wie bei den salzartigen Verbindungen. (Hier sind anstelle der Atomradien die Ionenradien zu benutzen, die sich von jenen meist wesentlich unterscheiden; z.B. $r_{Na^+} = 0{,}98 \cdot 10^{-10}$ m, $r_{Na} = 1{,}92 \cdot 10^{-10}$ m).

Die ersten erfolgreichen Atomradienwerte verdankt man V. M. GOLDSCHMIDT (1926), der sie auf experimentellem Wege gewann. Wenig später leitete L. PAULING (1927) sehr ähnliche Werte theoretisch ab. Die tabellierten Atomradien (Tabelle C 2) beziehen sich gewöhnlich auf die Koordinationszahl 12. Mit sinkender Koordinationszahl nehmen die Radien nach GOLDSCHMIDT etwas ab, z.B. bei der Koordinationszahl 8 auf 97%. Der Verlauf der Atomradien als Funktion der Ordnungszahl zeigt im wesentlichen das gleiche Aussehen wie die bekannte Atomvolumenkurve von LOTHAR MEYER. Dies ist zu erwarten, weil das makroskopische *Atomvolumen* der Chemiker (Atommasse/Dichte) bis auf die nur in wenigen Fällen merklich veränderliche Raumerfüllung der dritten Potenz der Atomradien proportional sein muß. (Das bei Silizium, Germanium und β-Zinn auftretende Diamantgitter (vgl. Abb. B 3) hat eine Raumerfüllung von nur 34%!)

Genaue Untersuchungen der letzten Zeit haben allerdings gezeigt, daß bei den verschiedenen Modifikationen der metallischen Elemente das *Atomvolumen besser konstant* ist als die Atomradien.

Tabelle C 2
Atomradien der Metalle*)

Element	Atomradius/10^{-10} m	Element	Atomradius/10^{-10} m
Ac	1,88	Nd	1,83
Ag	1,44	Ni	1,25
Al	1,43	Np	1,55
As	1,25	Os	1,34
Au	1,44	Pa	1,61
Ba	2,17	Pb	1,75
Be	1,11	Pd	1,38
Bi	1,56	Po	1,68
Ca	1,97	Pr	1,83
Cd	1,49	Pt	1,39
Ce	1,82	Pu	1,59
Co	1,25	Rb	2,44
Cr	1,25	Re	1,37
Cs	2,63	Rh	1,37
Cu	1,28	Ru	1,32
Dy	1,79	Sb	1,46
Er	1,77	Sc	1,65
Eu	1,98	Si	1,18
Fe	1,24	Sm	1,82
Ga	1,22	Sn	1,51
Gd	1,81	Sr	2,15
Ge	1,22	Ta	1,43
Hf	1,57	Tb	1,79
Hg	1,50	Tc	1,35
Ho	1,78	Th	1,80
In	1,62	Ti	1,46
Ir	1,36	Tl	1,70
K	2,31	Tm	1,76
La	1,87	U	1,56
Li	1,52	V	1,32
Lu	1,76	W	1,37
Mg	1,60	Y	1,82
Mn	1,30	Yb	1,94
Mo	1,36	Zn	1,33
Na	1,86	Zr	1,58
Nb	1,43		

*) Darunter werden hier die halben kürzesten Abstände in den Elementen verstanden. Diese Größen sind für viele Betrachtungen nützlich, in einigen Fällen aber auch problematisch. So sind z. B. die Abstände für verschiedene allotrope Modifikationen eines Elementes im allgemeinen nicht exakt gleich. Darüber hinaus treten in einigen Elementen zweitkürzeste Abstände auf, die nur wenig von den kürzesten verschieden sind (vgl. auch S. 80/81)

C 3 Mischkristalle

Bei der Legierungsbildung haben wir drei Fälle unterschieden (vgl. A 23):

1. *Unmischbarkeit* der Komponenten. Jede Komponente kristallisiert in ihrem Gitter. Dieser Fall liefert strukturell also nichts Neues und interessiert daher hier nicht.

2. *Mischbarkeit.* Die zulegierte Komponente wird in das Gitter des Wirtskristalles (Matrix) eingebaut. Wir sprechen von Mischkristallbildung und haben die Art des Einbaues zu studieren.
3. *Intermediäre Phasen.* Sie sind durch ein Kristallgitter gekennzeichnet, das von denen der Komponenten wesentlich verschieden ist. Diese neuen Gittertypen sind zu besprechen.

Für den Einbau der Atome der zulegierten Komponente bestehen bei Mischkristallen zwei wichtige Grenzfälle:

1. Die Atome ersetzen in regelloser Weise Atome des Wirtskristalles, d. h., sie sitzen auf Gitterplätzen, die im reinen Wirtskristall von Atomen seiner Art besetzt sind. Man spricht von einem *Substitutionsmischkristall.*
2. Die Atome werden in Lücken des Wirtskristalles eingelagert. Es entsteht ein *Einlagerungsmischkristall.*

C 31 Substitutionsmischkristalle

Damit Substitutionsmischkristalle über größere Konzentrationsbereiche gebildet werden, sollen drei Bedingungen erfüllt sein (Hume-Rothery).

1. Beide Komponenten sollen im gleichen Gittertyp kristallisieren.
2. Ihre Atomradien sollen annähernd gleich groß sein (Toleranzgrenze 10 bis 15%).
3. Zwischen den Komponenten soll eine gewisse chemische Affinität bestehen. (Ist sie zu groß, so entstehen intermetallische Verbindungen.)

Keine dieser Bedingungen ist eine notwendige Bedingung im mathematischen Sinn, sondern wenn eine schlecht oder gar nicht erfüllt ist, kann dennoch Mischkristallbildung erfolgen, sofern die anderen Bedingungen um so besser befriedigt werden.

Die Tatsache, daß die mitgeteilten Regeln (und viele ähnliche, deren praktischer Wert unbestreitbar ist) *keine strengen Gesetze* sind, ruft leicht — namentlich bei Physikern — ein Gefühl des Unbehagens hervor, und es erscheint daher angebracht, sich die Ursache dieser Situation als Folge der grundsätzlichen Überlegungen in C 11 klarzumachen. Danach wird die Frage, ob eine Schmelze aus mehreren Komponenten als Gemenge, Mischkristall oder Verbindung kristallisiert, dadurch entschieden, welchem Zustand die kleinste freie Enthalpie zukommt. Da sich die Gesamtenergie für jede Möglichkeit aus vielen Summanden zusammensetzt, legt die Minimumforderung für die Summe die einzelnen Terme nicht fest, sondern man darf einen durchaus vergrößern, wenn man einen anderen zur Kompensation dafür zu verkleinern vermag. Beispielsweise kann eine Erhöhung des Energieinhaltes durch Gitterspannungen infolge starker Größenunterschiede der Atome durch die auf ihrer Affinität beruhende Bindungsenergie ausgeglichen werden. Da wir jedoch heute meist noch nicht in der Lage sind, solche Gedankengänge quantitativ durchzurechnen, müssen wir uns mit den qualitativen Forderungen, die Spannungen sollen klein sein (gleiche Gitter, ähnliche Atomgröße), begnügen. Aber auch die quantitative Rechnung würde eine gegenseitige Ersetzbarkeit der genannten Bedingungen — allerdings in zahlenmäßig faßbarer Form — ergeben.

Wir besprechen einige Beispiele. Vollständige Mischbarkeit liegt z.B. in dem System Silber/Gold vor. Beide Metalle kristallisieren kubisch-flächenzentriert, ihre Atomradien stimmen praktisch überein ($1{,}44 \cdot 10^{-10}$ m). Den gleichen Radius besitzt das ebenfalls kubisch-flächenzentrierte Aluminium. Dennoch treten in den Systemen Silber/Aluminium und Gold/Aluminium intermetallische Verbindungen auf. Im System Gold/Kupfer dagegen liegt wieder eine vollständige Mischkristallreihe vor, obwohl der Kupfer-Atom-Radius nur $1{,}28 \cdot 10^{-10}$ m beträgt.

Beschränkte Mischbarkeit besteht dagegen, trotz gleicher Radien und Strukturtypen von Gold und Silber, im System Silber/Kupfer. Bei Zimmertemperatur liegt die Löslichkeit beiderseits unter 1%, und selbst bei 775 °C ist noch eine große Mischungslücke vorhanden. Andererseits löst Eisen bis zu 50% Aluminium, obwohl beide Metalle verschiedene Kristallstrukturen besitzen und recht unterschiedliche Atomradien ($r_{Fe} = 1{,}24 \cdot 10^{-10}$ m; $r_{Al} = 1{,}43 \cdot 10^{-10}$ m); allerdings löst Aluminium praktisch kein Eisen.

Früher hat man angenommen, daß die Gitterkonstanten von Substitutionsmischkristallen additiv aus denen der Komponenten zu berechnen seien (VEGARDsche Regel; 1921). Die Häufung des experimentellen Materials und die Steigerung der Meßgenauigkeit haben gezeigt, daß dies nur eine Näherung ist. Tatsächlich treten sowohl positive als auch negative Abweichungen von der Linearität auf. Sie übersteigen selten 1%. Gelegentlich begegnet man unerwarteten Effekten: Obwohl Germanium einen kleineren Atomradius als Kupfer besitzt, findet man bei Kupfer mit rund 10% Germanium (das ist etwa die Sättigungsgrenze des Mischkristalls) eine Gitterkonstanten**zunahme** von 1%!

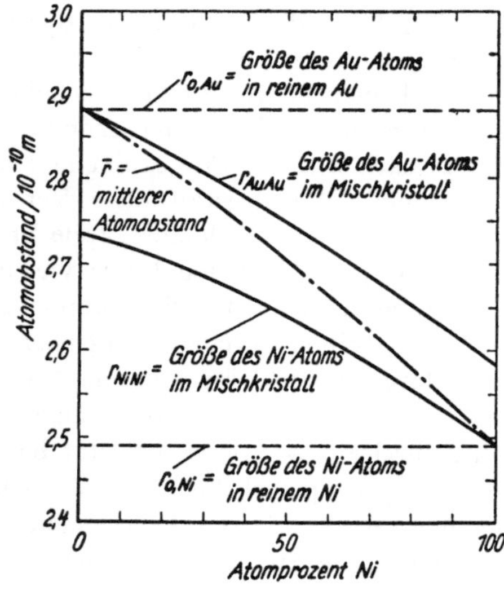

Abb. C 4
Atomabstände in Gold-Nickel-Mischkristallen aus Untersuchungen der diffusen Röntgenstreuung (nach AVERBACH)

Abb. C 4 zeigt nach Ergebnissen am System Gold/Nickel, wie sich die Gold/Gold- bzw. Nickel/Nickel-Abstände im Mischkristall mit der Konzentration ändern. Sie sind also von den Werten im reinen Kristall verschieden, darüber hinaus aber auch von den gemessenen Mittelwerten der Atomabstände.

Die genaue Untersuchung der Atomanordnung in Mischkristallen hat ergeben, daß das oben entworfene Bild der Substitutionsmischkristalle mit regelloser Verteilung der gelösten Atome auf Gitterplätze des Wirtskristalles ein Idealbild ist, das zwar eine gute Annäherung an die wirklichen Verhältnisse darstellt, von dem aber auch Abweichungen deutlich beobachtbar werden. Das Studium der Untergrundstreuung in Röntgendiagrammen hat neuerdings zu der Vorstellung geführt, daß die gelösten Atome nicht völlig regellos verteilt sind, sondern gewisse Gitterplätze bevorzugen, und daß sowohl sie, wie die Atome des Wirtsgitters, aus den Positionen des Idealgitters verschoben sind. Dies ist in Abb. C 5 schematisch dargestellt.

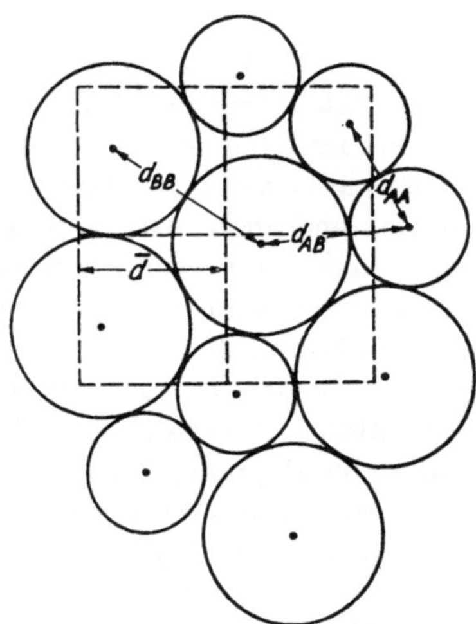

Abb. C 5

Atomanordnung im Mischkristall zweier verschieden großer Atomsorten. Es treten drei Abstände nächster Nachbarn, d_{AA}, d_{BB} und d_{AB}, auf, die vom makroskopisch meßbaren Mittelwert $\bar{d}$ verschieden sind (nach AVERBACH)

C 32 Überstrukturen

Bei speziellen stöchiometrischen Verhältnissen besteht darüber hinaus zunächst rein geometrisch die Möglichkeit, daß der Mischkristall in einen geordneten Zustand mit regelmäßiger Atomanordnung übergeht. Beim Mengenverhältnis 1:1 können im kubisch-raumzentrierten Gitter z. B. alle A-Atome an den Ecken der Elementarzelle und alle B-Atome in deren Mitte angeordnet werden (Abb. C 6), d. h., es entsteht das Gitter des Zäsiumchlorids ($B2$-Typ). Dies beobachtet man tatsächlich, z. B. bei Messing mit dem ungefähren *Kupfer–Zink*-Verhältnis 1:1. Bei Zimmertemperatur liegt die geordnete Atomverteilung vor (β'-Phase), oberhalb 465 °C die ungeordnete (β). Voraussetzung für das

Eintreten eines solchen *Ordnungsvorganges* bei tiefen Temperaturen ist, wie später ausführlich besprochen werden wird (vgl. J 22), daß die Bindungen zwischen ungleichen Atomen stärker sind als die zwischen gleichen.

Auf den ersten Blick überrascht es, daß die ungeordnete Phase die höhere Symmetrie besitzt. Es erklärt sich dies aus der Tatsache, daß sich alle Beobachtungen zur Symmetrieermittlung über Zeiten erstrecken, die groß gegen die Platzwechselzeiten im Gitter sind. Während der Beobachtungsdauer wird also bei statistischer Atomverteilung jeder Gitterplatz gleich oft von einem „weißen" und einem „schwarzen" Atom eingenommen werden (vgl. Abb. C 6) und erscheint daher „grau". Alle Gitterplätze sind mithin bei statistischer

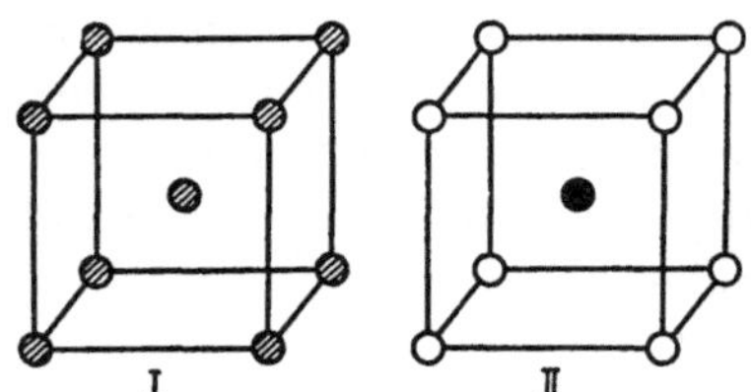

Abb. C 6
Kristall der Zusammensetzung 1:1 mit ungeordneter (*I*) und geordneter Atomverteilung (= *B 2*- oder CsCl-Typ) (*II*)

Verteilung im Mittel gleichwertig, während sie sich bei geordneter Atomverteilung unterscheiden. Die dadurch bedingte geringere Symmetrie kann eine Vergrößerung der Elementarzelle gegenüber dem ungeordneten Zustand bewirken, wie durch die nachfolgenden Beispiele belegt wird. Dadurch erklärt sich die Bezeichnung „Überstruktur" für eine geordnete Atomverteilung.

Ähnliche Verhältnisse wie beim β-Messing findet man, wenn man *Eisen* 50% *Aluminium* zusetzt: bei hohen Temperaturen eine ungeordnete Atomverteilung im kubisch-raumzentrierten Gitter, bei tiefen Zäsiumchlorid-Struktur. Ersetzt man in 8 zusammengefaßten raumzentrierten Elementarzellen nur die Hälfte der zentrierenden Eisenatome durch Aluminium, so erhält man eine Überstruktur für das Mengenverhältnis Fe_3Al unter Verdopplung der Gitterkonstanten. Eine ähnliche Atom-Schwerpunktsanordnung besitzt auch die ternäre Überstruktur Cu_2MnAl, die sogenannte HEUSLER*sche Legierung*, die durch ihren Ferromagnetismus auffällt. Bei ihr sind die Oktantenmitten abwechselnd mit Cu und Mn besetzt (Abb. C 7). Für das Mengenverhältnis 3:1 gibt es im kubisch-flächenzentrierten Gitter die in Abb. C 8 dargestellte Überstruktur, die in Cu_3Au zuerst gefunden wurde. Daß die gleiche geordnete Atomverteilung auch bei $CuAu_3$ auftritt, gelang erst viel später nachzuweisen.

Überstrukturen im Mengenverhältnis 1:1 sind im kubisch-flächenzentrierten Gitter mit Verlust der kubischen Symmetrie verbunden, während in den vorher erwähnten Fällen die kubische Symmetrie gewahrt blieb. Läßt man in einem Gitter mit jeweils nur einer Atomsorte besetzte Würfelebenen abwechseln, so erhält man die tetragonale Überstruktur des CuAu*I* (Abb. C 9a). Daneben tritt noch die Variante CuAu*II* auf, die man aus CuAu*I* dadurch entstanden denken kann, daß in einer der beiden $\{100\}$-Scharen jede 10. Ebene gegenüber der vorhergehenden um $\frac{1}{2}$ [101] verschoben wird (Abb. C 9b). Nach 20 Ebenen ist

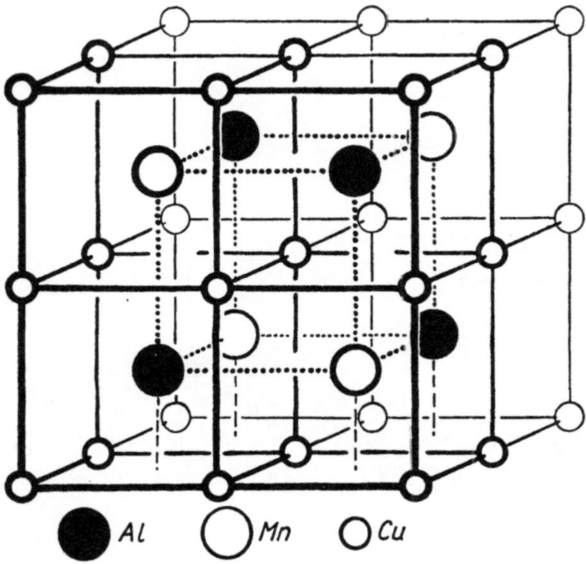

Abb. C 7

HEUSLER-Legierung, Cu_2AlMn-Typ ($L2_1$).
Wenn die Mangan- und Kupferplätze von der gleichen Atomsorte besetzt werden, erhält man die Überstruktur des kubisch-raumzentrierten Gitters beim Mengenverhältnis 3:1, den BiF_3-Typ (DO_3). In diesem Typ kristallisiert auch Fe_3Al

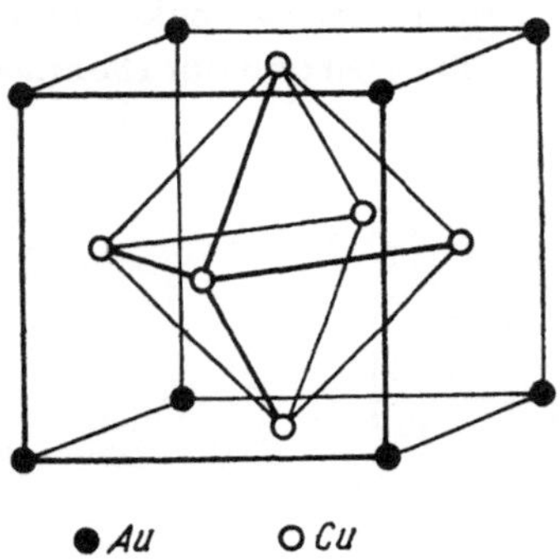

Abb. C 8

Überstruktur im kubisch-flächenzentrierten Gitter mit Mengenverhältnis 3:1, Cu_3Au-Typ ($L1_2$)

also die identische Lage erreicht, so daß die Translationsperiode in dieser Richtung auf 10 a anwächst, während sie senkrecht dazu den Wert a behält. Damit sind die [100]- und [010]-Richtung ungleichwertig geworden, die tetragonale Symmetrie hat sich auf rhombische verringert. Man kann auch von regelmäßig angeordneten Stapelfehlern in der betreffenden Ebenenschar sprechen. Für solche Strukturen hat K. SCHUBERT die Bezeichnung *Verwerfungsstrukturen* geprägt.

Eine andere Möglichkeit, 1:1-Überstrukturen im kubisch-flächenzentrierten Gitter durch abwechselndes Stapeln von Ebenen nur einer Atomsorte aufzu-

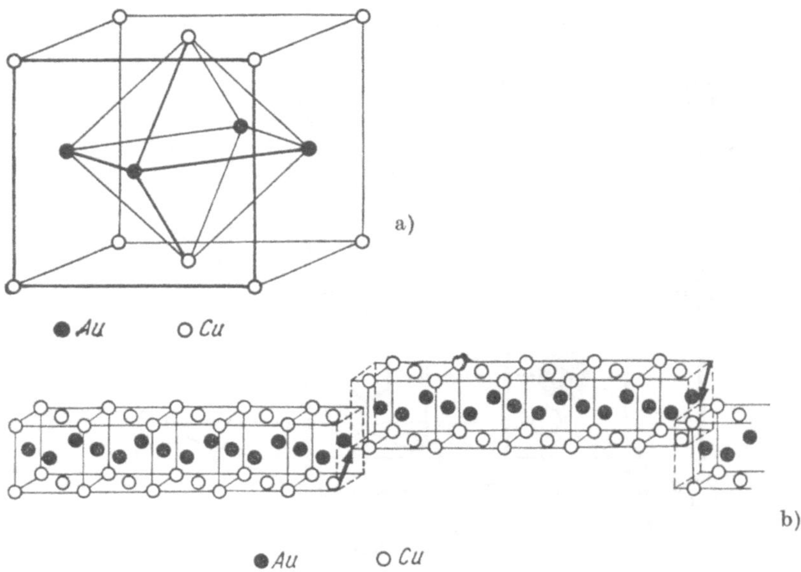

Abb. C 9

(a) Überstruktur im kubisch-flächenzentrierten Gitter mit tetragonaler Symmetrie; CuAu *I* (*L 1₀*).
(b) Langperiodische Überstruktur bei der gleichen Zusammensetzung; CuAu *II*. Das Gitter hat nur noch rhombische Symmetrie

bauen, ist in CuPt realisiert; hier bestehen Oktaederebenen abwechselnd aus Kupfer und Platin (Abb. C 10). Dadurch wird die Achse senkrecht zu dieser Ebene vor den anderen ⟨111⟩-Achsen ausgezeichnet, so daß nur rhomboedrische Symmetrie übrigbleibt.

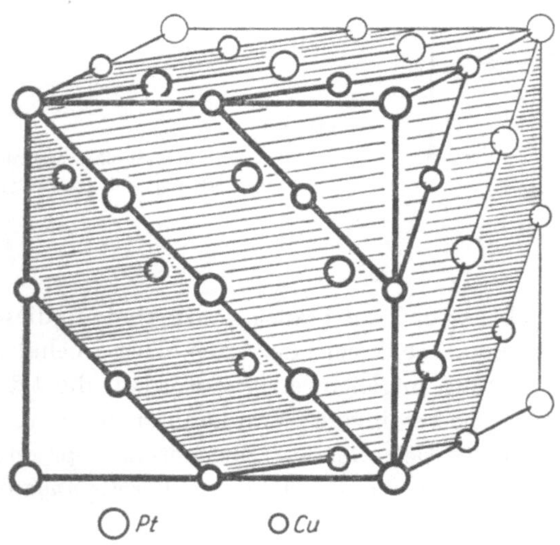

Abb. C 10

Überstruktur im kubisch-flächenzentrierten Gitter mit rhomboedrischer Symmetrie; CuPt-Typ ($L1_1$)

Als Beispiel von Überstrukturen in nichtkubischen Gittern seien die im System Magnesium–Kadmium auftretenden $MgCd_3$ (DO_{19}), MgCd (*B19*) und Mg_3Cd (DO_{19}) (Abb. C 11) genannt.

C 33 Einlagerungsmischkristalle

Bei den Elementen mit besonders kleinen Atomradien wie Wasserstoff, Stickstoff und Kohlenstoff, aber auch bei Bor und Silizium kann man erwarten, daß die Atome beim Eintritt in Gitter metallischer Elemente in *Gitterlücken* eingelagert werden, sofern deren Raum dies zuläßt. Dies ist tatsächlich bei den Übergangsmetallen der Fall und macht verständlich, daß diese Metalle trotz Aufnahme der genannten Elemente ihre metallischen Eigenschaften zum

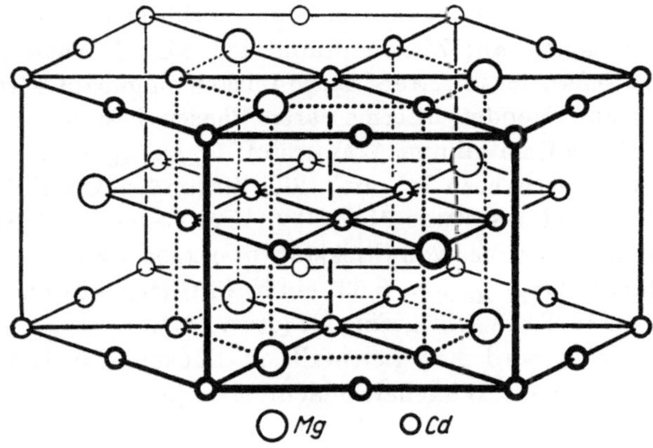

Abb. C 11

Überstruktur mit hexagonaler Symmetrie, Ni_3Sn-Typ (DO_{19}). In diesem Typ kristallisiert z. B. Mg_3Cd

großen Teil beibehalten. Wären allein die geometrischen Gesichtspunkte maßgebend, so müßte man das gleiche Verhalten für den besonders kleinen atomaren Sauerstoff ($r_O = 0{,}6 \cdot 10^{-10}$ m) erwarten. Dies wird jedoch selten beobachtet, z.B. bei Titan, das bis zu 30% Sauerstoff unter Beibehaltung metallischer Eigenschaften löst. Die Ursache liegt in der starken Elektronegativität des Sauerstoffes, die fast immer zur Ionenbildung mit $r_{O^{2-}} = 1{,}32 \cdot 10^{-10}$ m führt. Entsprechendes gilt im verstärkten Maße für Fluor.

Auf Grund solcher Überlegungen hat Hägg (1931) die Erwartung ausgesprochen, daß die Übergangsmetalle bei Zumischung von Wasserstoff, Stickstoff und Kohlenstoff Elementgitter aufweisen, in deren Lücken die Metalloide entsprechend ihrer Größe eingebaut sind. Die dichteste Kugelpackung besitzt als größte Lücken diejenigen mit oktaedrischer Umgebung (Koordinationszahl = 6) in der Mitte der Elementarzelle und ihrer Kanten. Es sind 4 pro Zelle mit einem $r/r_0 = \sqrt{2} - 1 = 0{,}41$, wenn r den Radius der Lücke und r_0 den der Atome bezeichnet. Die zweitgrößten Lücken, es sind 8 an der Zahl, befinden sich in den Oktantenmitten mit tetraedrischer Umgebung ($\mathcal{K} = 4$)

und besitzen ein Radienverhältnis $r/r_0 = \sqrt{3/2} - 1 = 0{,}23$ (vgl. Aufgabe C 2). Beim kubisch-raumzentrierten Gitter haben die größten Lücken $\mathcal{K} = 4$ und $r/r_0 = 0{,}29$, beim einfach-hexagonalen Gitter, das bei reinen Metallen nicht auftritt, gibt es Lücken mit $\mathcal{K} = 6$ und $r/r_0 = 0{,}58$. Nach HÄGG ist der Einbau nach diesen Gesichtspunkten an die Bedingung gebunden, daß $r_X/r_{Metall} \leqq 0{,}59$ gilt (r_X = Radius des Metalloides). Dabei ist zu beachten, daß die eingebauten Atome in ihren Lücken nicht „klappern" dürfen. Die für die einzelnen Lückensorten angegebenen r/r_0-Werte stellen also untere Grenzen für den Radienquotienten r_X/r_{Metall} dar. Bei Einbau eines bestimmten Elementes in ein gegebenes Übergangsmetall soll überdies jeweils nur eine Lückensorte besetzt werden, deren Besetzungsgrad aber variieren kann. Vollständige Auffüllung der oktaedrischen Lücken der kubisch-dichtesten Kugelpackung ergibt ein Mengenverhältnis 1:1 mit der Atomanordnung des Natriumchlorids (*B1*-Struktur-Typ).

Wir führen einige Beispiele an: Zirkon nimmt bei 850 °C Wasserstoff bis zu 50% auf ($r_X/r_{Metall} = 0{,}29$), der in tetraedrische Lücken eingebaut wird. Über die in diesem Bereich auftretenden intermediären Phasen besteht noch keine endgültige Klarheit. Palladium nimmt Wasserstoff ($r_X/r_{Metall} = 0{,}34$) bis zu einem Mengenverhältnis von nahezu 1:1 auf. Bei Zirkon/Stickstoff ($r_X/r_{Metall} = 0{,}44$) reicht die Löslichkeit bis etwas über 20%. ZrN besitzt NaCl-Struktur, wie es der Vorstellung des Einbaues von Stickstoff in oktaedrische Lücken entspricht. Ebenso besitzt TiC ($r_X/r_{Metall} = 0{,}53$) ein NaCl-Gitter, obwohl die Löslichkeit von Kohlenstoff in Titan sehr gering ist (etwa 1%).

In kleiner Konzentration wird Bor gleichfalls in Lücken eingelagert (z.B. in Tantal). Mit zunehmendem Borgehalt macht sich jedoch eine Neigung, Bor-Bor-Bindungen auszubilden, geltend, die zur Bildung neuer Strukturtypen führt. Dies gilt im verstärkten Maße für Silizium.

C 4 Intermetallische Verbindungen

C 41 Strukturtypen und ihre Bedeutung bei intermetallischen Verbindungen (Übersicht)

Die Frage der Gitterstruktur intermetallischer Verbindungen ist von ganz besonderem Reiz: Die Kristallchemie der intermetallischen Verbindung ist Kristallchemie im eigentlichsten Sinne des Wortes. Hier spielen die räumlichen Anordnungsmöglichkeiten der gegebenen Atome zu Kristallgittern eine Rolle, wie es bei anderen Verbindungsgruppen nicht der Fall ist. Es ist dies eine Folge der Eigentümlichkeiten der *metallischen Bindung*, die in erster Linie in ihrer *Unabsättigbarkeit* und in ihrer *Richtungsunabhängigkeit* bestehen und später genauer besprochen werden (vgl. L 4). Die COULOMBschen Kräfte der *Ionenbindung* sind zwar auch richtungsunabhängig, aber die Forderung nach elektrischer Neutralität der Verbindung führt zu einer strengen Absättigbarkeit, welche durch die Wertigkeiten der Ionen bestimmt wird.

Bei intermetallischen Verbindungen treten häufig Zusammensetzungs-Formeln auf wie KNa_2, Ce_2N_7, $CaZn_5$, $AmBe_{13}$, $ReBe_{22}$, die nach den klassischen Vorstellungen der anorganischen Chemie unverständlich sind und valenzmäßig nicht erklärt werden können. Andererseits besitzen die intermetallischen Verbindungen oftmals gar keine scharf definierten stöchiometrischen Zusammensetzungen, sondern sind in einem größeren Bereich variabler Zusammensetzung stabil, z. B. γ-Messing nach Ausweis des Zustandsdiagrammes Abb. D 13 zwischen 60 und 70% Zink. Man bezeichnet solche Verbindungen als *Berthollide* im Gegensatz zu streng stöchiometrisch zusammengesetzten *Daltoniden*, die auch unter den intermetallischen Verbindungen viele Vertreter besitzen, z. B. $AuAl_2$.

Kleine Homogenitätsbereiche sind häufig vorhanden, auch wenn sie in den vorliegenden Zustandsdiagrammen nicht vermerkt sind, und können für die physikalischen Eigenschaften von ausschlaggebender Bedeutung sein. So variiert z. B. die Curie-Temperatur der ferromagnetischen Laves-Phase $ZrFe_2$, deren Homogenitätsbereich sich von 66—72,5 At% Eisen erstreckt, von 337 °C bei 66,7% bis zu 525 °C bei 72,3% Eisen!

Entsprechend der Bedeutung der Kristallstruktur für intermetallische Verbindungen ist ihre Ordnung nach *Strukturtypen* zweckmäßig. Allerdings war in C 12 bereits darauf hingewiesen worden, daß die Betrachtung der nach Symmetriegesichtspunkten klassifizierten Strukturtypen durch Berücksichtigung der Baupläne ergänzt werden muß. Besonders zweckmäßig erweist sich in vielen Fällen die Zusammensetzung von Strukturtypen mit gleichem Bauplan zu einer *homöotekten Gruppe*. Das bekannteste Beispiel sind die Laves-*Phasen*, zu denen nach Vorschlag dieses Forschers die AB_2-Verbindungen des *C14*-, *C15*- und *C36*-Typs zusammengefaßt werden. Wir besprechen diese besonders starke Gruppe intermetallischer Verbindungen später genauer (C 43).

In anderen Fällen hat es sich als günstig herausgestellt, verschiedene Strukturtypen nicht nach geometrischen, sondern nach elektronischen Gesichtspunkten zusammenzufassen (*electron-compounds*). Dies gilt z. B. für die Hume-Rothery-*Phasen*, zu denen Phasen mit einigen Strukturtypen gehören, deren Auftreten durch die Größe der Valenzelektronen-Konzentration bestimmt wird. Auf diese Gruppe wird in C 44 näher eingegangen werden.

Beide genannten Gruppen — und noch weitere — zeigen ausgesprochen metallischen Charakter. Beispiele von Gruppen intermetallischer Verbindungen, in denen valenzchemische Einflüsse eine deutliche Rolle spielen und demgemäß der metallische Charakter weniger rein ausgeprägt ist, sind die Zintl-*Phasen* und Grimm-Sommerfeld*schen Phasen* im Zinkblende- und Wurtzit-Gitter. Letztere sind keine intermetallischen Verbindungen im eigentlichen Sinne mehr, sondern ausgesprochene Halbleiter. Immerhin besitzt aber das hierher gehörige InSb bei hohen Drücken bzw. tiefen Temperaturen auch eine metallische Modifikation.

Zintl-Phasen im engeren Sinne treten auf, wenn eine Komponente höchstens vier Gruppen im Periodensystem (langperiodische Form) vor einem Edelgas steht, d. h. rechts der in Tab. I des Anhangs eingezeichneten „ZINTL-Grenze". Es handelt sich also bei diesen Komponenten um ausgeprägte Anionenbildner, und die stöchiometrischen Zusammensetzungen entsprechen oft den üblichen Valenzvorstellungen, z. B. Mg_2Sn (*C1*-Typ); es treten auch keine Homogenitätsbereiche auf. Auf Grund des vermutlichen Bindungscharakters rechnet man bisweilen aber auch im CsCl-Typ (*B2*) kristallisierende Verbindungen wie LiAg zur Gruppe der ZINTL-Phasen.

Der *B2*-Typ, der oft auch bei Salzen auftritt, ist mit dem *C14*-, *C15*- und *C36*-Typ der LAVES-Phasen wohl der häufigste Strukturtyp intermetallischer binärer Phasen, seine Vertreter gehören aber den verschiedensten Bindungstypen an. Bei Schlüssen aus Strukturtypen auf Bindungsart ist also Vorsicht geboten.

C 42 Strukturargumente

Methode der Strukturargumente

Die Tatsache, daß schon heute mehrere Tausend intermetallische Verbindungen bekannt sind und ihre Zahl ständig wächst, veranlaßt zu der Frage, welche *Gesetzmäßigkeiten* das *Auftreten* einer *intermetallischen Verbindung* beherrschen. Offenbar ist dies eine Teilfrage des in C 11 besprochenen Problems, welche festen Phasen in einem gegebenen binären System auftreten und in welchen Strukturtypen sie kristallisieren. Es war dort nicht nur der grundsätzliche Weg zur Beantwortung dargelegt, sondern zugleich auch angemerkt worden, warum er in absehbarer Zukunft nicht zu nennenswerten Ergebnissen führen wird.

Dagegen ist bisher ein anderes, von vornherein viel primitiveres Verfahren — das der Strukturargumente — mit sehr guten Erfolgen angewandt worden. Unter einem *Strukturargument* versteht man einen Begriff, der erfahrungsgemäß für das Auftreten einer Anzahl von Strukturtypen von entscheidender Bedeutung ist: etwa den Radienquotienten, die Koordinationszahl, die Raumausnutzung, die Valenzelektronenkonzentration, die räumliche Elektronenkorrelation, um nur einige zu nennen, die für das metallische Gebiet kennzeichnend sind.

Man hat sich das erfolgreiche Arbeiten mit Strukturargumenten vom allgemeineren Standpunkt der Energiebilanz gemäß C 11 folgendermaßen vorzustellen. Als Strukturargumente eignen sich Größen, die für den Wert eines einzelnen Summanden in der freien Enthalpie $G = \sum_i (H_i - T S_i)$ (vgl. (C 1)) maßgebend sind. Wenn sich für eine Gruppe von Strukturen die Energiebilanz nur durch diesen Summanden wesentlich unterscheidet, so ist das betreffende Strukturargument zur Deutung dieser Strukturgruppen geeignet. Man erkennt sofort, daß diese Methode notwendig eine ganze Reihe von Strukturargumenten nebeneinander benötigt, deren jedes nur einen beschränkten Anwendungsbereich haben kann, und daß es immer viele Fälle geben wird, in denen sie nicht zum Erfolg führt.

Bei den intermetallischen Verbindungen werden gegenüber den metallischen Elementen neue Strukturargumente auftreten, die den Unterschieden z. B. in den Radien oder in den Elektronegativitäten der Komponenten Rechnung tragen. Andererseits werden aber auch die bei den Elementen beobachteten Strukturargumente, eventuell modifiziert, wirksam bleiben.

Bevor wir in diesem Sinne das Raumausnutzungsprinzip und die Koordinationszahl etwas näher besprechen, sei zunächst noch darauf hingewiesen, daß kein prinzipieller Unterschied zwischen geometrischen (z. B. Radienquotient) und physikalischen Strukturargumenten (Valenzelektronenkonfiguration) besteht, denn letzten Endes wird nach der Quantenmechanik sowohl die räumliche Ausdehnung eines Atoms wie auch jede „physikalische" Eigenschaft durch die SCHRÖDINGERsche ψ-Funktion bestimmt.

Sodann muß erwähnt werden, daß die Vorstellung starrer Atomkugeln für die Verbindungen viel weniger brauchbar ist als für die Elemente. Die Abweichungen bestehen in einer *Änderung des Kugelradius* beim Übergang eines Atoms aus einem Elementgitter in ein Verbindungsgitter (oder sogar in ein anderes Elementgitter). Außerdem ist sowohl bei Verbindungen wie bei Elementen mit einer *Deformation der Kugelgestalt* zu rechnen, die hier aber nicht berücksichtigt werden soll.

Prinzip der größten Dichte

Bei den als Packungen starrer, gleichgroßer Kugeln vorstellbaren Elementen kann das Prinzip bester Raumausnutzung in gleichwertiger Weise als Streben nach guter Raumerfüllung (im Seite 62 definierten Sinne), nach großer Dichte oder auch nach hoher Koordinationszahl ausgedrückt werden. Bei Zulassung von nichtstarren Kugeln unterschiedlichen Radius im Falle von Verbindungen ändern sich diese drei Größen nicht mehr notwendig gleichsinnig, so daß es sich fragt, welche von ihnen den Ausschlag gibt. Nach neueren Untersuchungen erscheint es erfolgversprechend, das *Prinzip guter Raumausnutzung* als *Streben nach kleinstem Atom-* bzw. Molekül*volumen*

$$V \equiv \frac{M}{\varrho} \quad (M \text{ Atom- bzw. Molekülmasse}) \tag{C 7}$$

bzw. nach größter Dichte ϱ zu formulieren. Diese wird keineswegs immer mit bester Raumerfüllung (vgl. S. 62) erreicht, eben weil sich bei der Verbindungsbildung auch die Atomradien ändern. Das zunächst empirisch gefundene Prinzip größter Dichte scheint auch vom theoretischen Standpunkt plausibel, da nach dem quantenmechanischen Bindungsmechanismus eine möglichst *große Überlappung der Elektronenwolken* der Atome Voraussetzung für die Bindung ist und da sich die bindenden Gebiete bei der metallischen Bindung wegen ihrer Isotropie nicht auf bestimmte Richtungen beschränken können, mithin eine hohe Elektronenkonzentration im ganzen Raum bewirken.

Bei Besprechung der LAVES-Phasen wird das Strukturargument der größten Dichte noch näher beleuchtet werden können (vgl. C 43).

Bedeutung der Koordinationszahl

Auf die selbst bei Elementen bestehende Schwierigkeit der eindeutigen Festlegung der Koordinationszahl war schon am Beispiel des *A2*-Strukturtyps (S. 62) hingewiesen worden. Diese liegt in der Natur der Sache: Die physikalische Bedeutung der Koordinationszahl besteht bei metallischer Bindung darin, daß sie wegen deren Unabsättigbarkeit ein Maß für ihre Energie ist.

Wenn auch die Wechselwirkung zwischen nächsten Nachbarn meist stark überwiegen dürfte, so wird doch häufig auch diejenige zwischen zweiten und drittnächsten Nachbarn nicht vernachlässigbar sein, und es ist eine Frage der erstrebten Genauigkeit, wo man die Berücksichtigung abbricht. Auf jeden Fall müssen aber die *Nachbarn höherer Sphären kleinere Gewichte* erhalten, zu deren Festlegung man die Größe ihres Beitrages zur Gesamtenergie benutzen könnte, sofern er bekannt wäre. Immerhin ist es bemerkenswert, welchen Fortschritt schon eine verhältnismäßig rohe Berücksichtigung von Gewichten

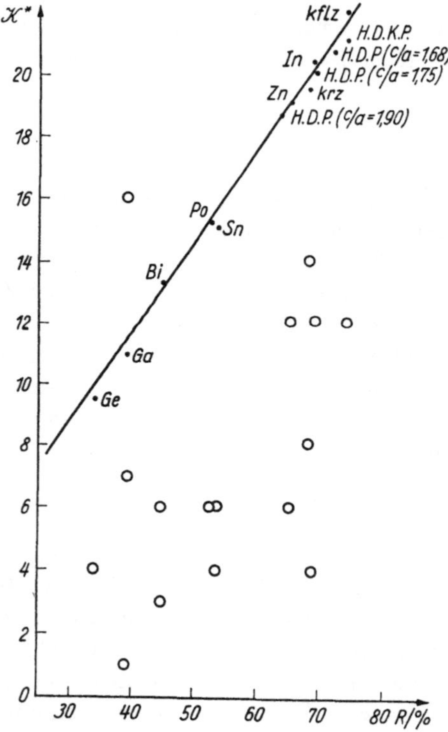

Abb. C 12

Zusammenhang zwischen Raumerfüllung R und gewogener Koordinationszahl $\mathcal{K}^*$ für Gitter aus einer Atomsorte. Die üblichen Koordinationszahlen, gegebenenfalls unter Berücksichtigung höherer Koordinationssphären, sind zum Vergleich ebenfalls angegeben (durch Kreise gekennzeichnet; z. B. $\mathcal{K}_1^{Ga} = 1$, $\mathcal{K}_2^{Ga} = 6$; $\mathcal{K}_1^{Bi} = 3$, $\mathcal{K}_2^{Bi} = 3$ usw.) (kflz, krz, H. D. P. = *A 1*-, *A 2*-, *A 3*-Typ H. D. K. P. = *A 3*-Typ mit $c/a = 1{,}633$; vgl. S. 63) (nach WIETING)

bewirkt. Aus Berechnungen für die kubischen Elementgitter mittels schematisierter Potentialansätze geht hervor, daß Atome, deren Abstand mehr als das Doppelte des kürzesten Abstandes d_1 beträgt, keinen wesentlichen Einfluß auf die Gitterkonstante mehr haben. Benutzt man dementsprechend zur Berechnung der Koordinationszahl

$$\mathcal{K}^* \equiv \sum g_i \mathcal{K}_i \quad (\mathcal{K}_i = \text{Koordinationszahl der } i\text{-ten Sphäre}) \tag{C 8}$$

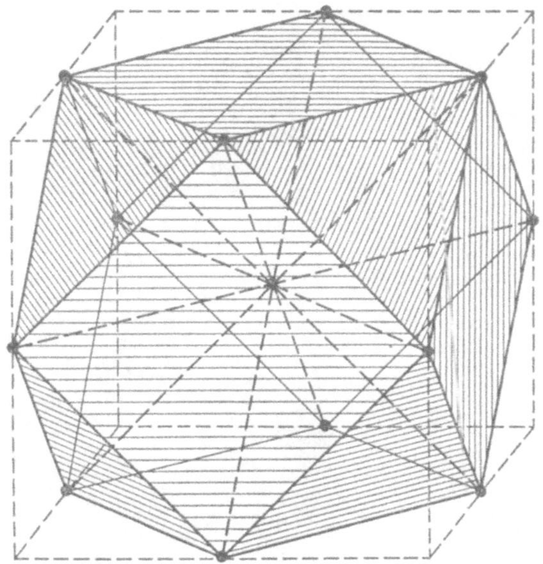

Abb. C 13

Koordination 1. Sphäre im kubisch-flächenzentrierten Gitter. Die nächsten Nachbarn des Zentralatoms bilden die Eckpunkte eines Kubooktaeders. Die Kanten der Elementarzelle (gestrichelter Würfel) sind gegenüber der konventionellen Darstellungsweise (vgl. Abb. A 2) um $a/2$ in Richtung einer Würfelkante verschoben

für die Gewichte g_i den linearen Ansatz

$$g_i = \frac{2\,d_1 - d_i}{d_1} \geqq 0\,, \tag{C 9}$$

so erhält man den in Abb. C 12 dargestellten Zusammenhang zwischen Raumerfüllung (vgl. S. 62) und der gewogenen Koordinationszahl, der viel vertrauenerweckender erscheint als derjenige mit den gleichfalls eingezeichneten üblichen Koordinationszahlen ohne Gewichte.

Bei der kubischen Kugelpackung der Elemente bilden die 12 Atome, die ein Zentralatom in erster Sphäre umgeben, die Eckpunkte eines Kubooktaeders (Abb. C 13). Dabei ist der Abstand eines Eckatoms vom Zentralatom genau gleich demjenigen zu den benachbarten Eckatomen ($a/\sqrt{2}$). Die dichtesten Kugelpackungen stellen also eine lückenlose Ausfüllung des Raumes durch reguläre Tetraeder und Oktaeder dar. Solche Konfigurationen sind mithin

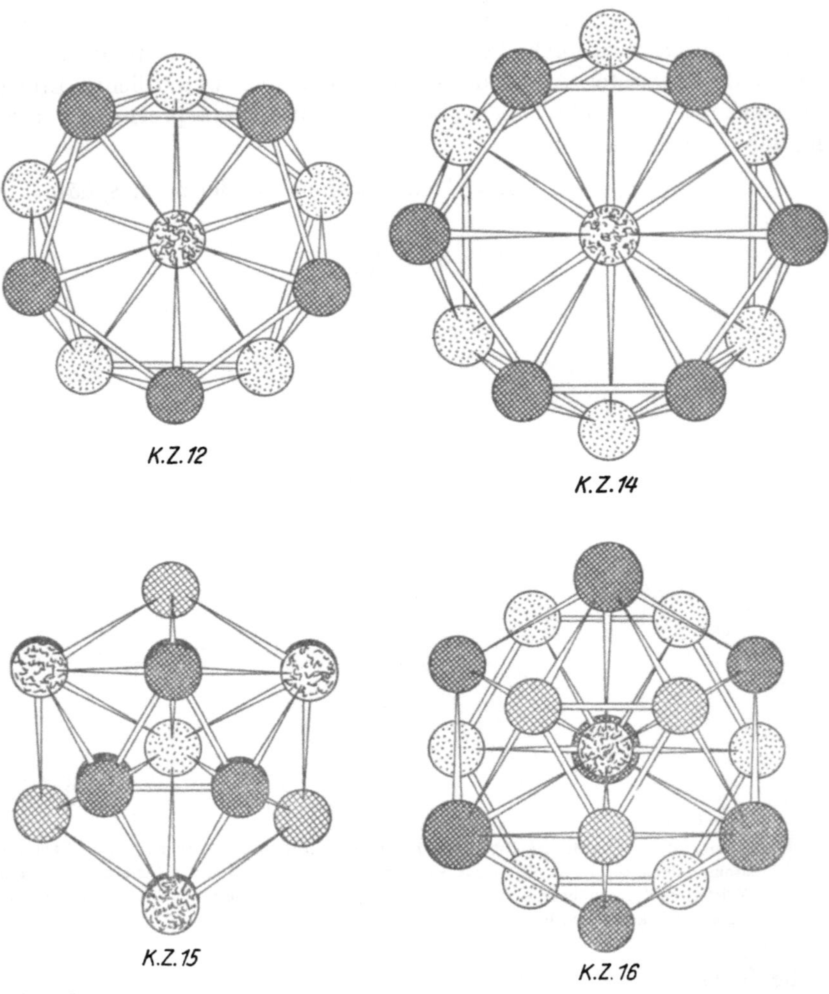

Abb. C 14

Koordinationspolyeder für die Koordinationszahlen (K. Z.) 12, 14, 15 und 16 nach KASPER. Beim ersten und zweiten (obere Reihe) sind je 2 Atome — eines über und eines unter dem Zentralatom — übersichtshalber fortgelassen

nicht zum Aufbau von Stoffen aus mehreren Komponenten verschiedenen Atomradius geeignet. Nach J. S. KASPER ist es daher sinnvoll, auch weniger regelmäßige Koordinationspolyeder zu betrachten, deren Ecken inkongruent sein können und bei denen Unterschiede zwischen den Abständen Zentrum/Ecke einerseits und Ecke/Ecke andererseits zugelassen werden, um einer unterschiedlichen Größe der Atome in Verbindungen Rechnung zu tragen. Er konnte zeigen, daß derartige Koordinationspolyeder mit dreieckigen Begrenzungsflächen, die den Koordinationszahlen 12, 14, 15 und 16 (Abb. C 14) entsprechen, bei intermetallischen Verbindungen nicht nur häufig auftreten, sondern geradezu das Bauprinzip einer Reihe von Gittertypen darstellen, deren Aufbau bisher unverständlich kompliziert erschien (z. B. σ-Phasen, μ-Phasen; andererseits werden diese Phasen auch zu den electron-compounds gezählt).

Die aus KASPER-Polyedern aufgebauten Strukturen stellen eine lückenlose Aufteilung des Raumes in irreguläre Tetraeder dar. Eine solche Aufteilung in *reguläre* Tetraeder ist geometrisch nicht möglich. Andererseits sind in tetraedrischer Anordnung gleichgroße Kugeln dichter gepackt als in Oktaedern ($R_{\text{Tetraeder}} = 0{,}78$; $R_{\text{Oktaeder}} = 0{,}72$; die dichteste Kugelpackung liegt mit ihrer Raumerfüllung $R = 0{,}74$ zwischen beiden). In Strukturen, die aus KASPER-Polyedern aufgebaut sind, beschreitet die Natur den Weg, eine *hohe* gleichmäßige *Dichte* durch eine reine Tetraederpackung zu verwirklichen, indem *unter Verzicht auf Symmetrie* nichtreguläre Tetraeder benutzt werden. Dies zeigt wiederum die Bedeutung des Prinzipes der größten Dichte.

C 43 LAVES-Phasen

Unter LAVES-Phasen verstehen wir intermetallische Verbindungen der Zusammensetzung AB_2 (wir beschränken uns wiederum auf binäre Phasen), die in den drei eng verwandten Strukturtypen des $MgCu_2$, $MgZn_2$ und $MgNi_2$ kristallisieren. Sie stellen mit über 300 binären Vertretern bisher die ***stärkste Gruppe intermetallischer Verbindungen*** dar, und nahezu alle Metalle treten in ihnen als Komponenten auf. Ihr elektronisches Verhalten (Leitfähigkeit, HALL-Effekt) — soweit bisher untersucht — entspricht der Vorstellung, daß bei ihnen reine metallische Bindung vorliegt.

Als Prototyp des Gitters betrachten wir das kubische des $MgCu_2$ (vgl. Abb. C 15). Wie aus dem Bauplan (S. 61) hervorgeht, hat man angesichts einer Abstandstoleranz von etwa 15% mit einer Gesamtkoordinationszahl 16 für die A-Atome zu rechnen. Entsprechend findet man für die B-Atome eine Gesamtkoordinationszahl 12. Die mittlere Gesamtkoordinationszahl beträgt also $(16 + 2 \cdot 12)/3 = 13\ 1/3$.

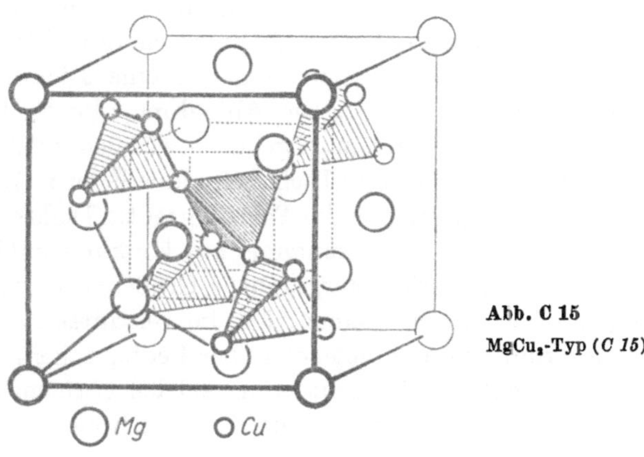

Abb. C 15
$MgCu_2$-Typ (*C 15*)

Auf Grund der Abstandsabstufung beim *C15*-Typ gilt

$$d_{AB} = 1{,}05\,\frac{d_A + d_B}{2}, \quad \text{d. h.,} \quad d_{AB} > \frac{d_A + d_B}{2}. \tag{C 10}$$

Im Kugelpackungsmodell der LAVES-Phasen berühren sich also die *A*-Kugeln untereinander und die *B*-Kugeln untereinander, aber es treten keine *AB*-Kontakte auf (Abb. C 16). Das bedeutet, daß aus den gemessenen Atomabständen d_A und d_B eindeutig die Atomradien als Hälfte dieser Werte folgen.

Das Verhältnis $d_{AB} : (d_A + d_B)/2 > 1$ kann als charakteristisch für die metallische Bindung gelten. Bei merklichem COULOMBschen Anteil ist dagegen zu erwarten $d_{AB} : (d_A + d_B)/2 < 1$, womit natürlich die Möglichkeit zu einer willkürfreien Radienbestimmung entfällt.

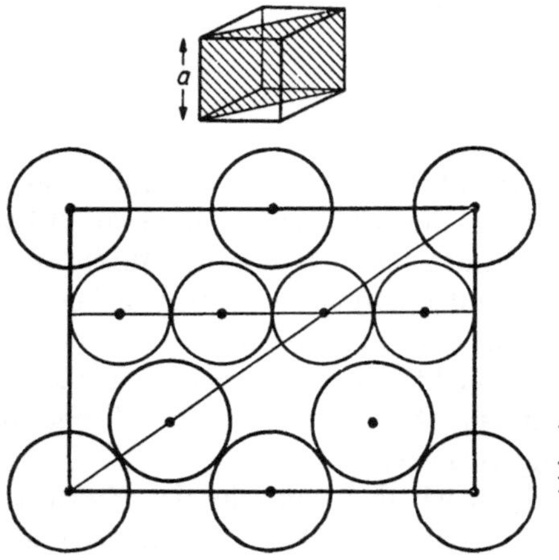

Abb. C 16
Abstandsbeziehung in der {110}-Ebene des $MgCu_2$-Typs

Andererseits kann man das LAVES-Phasen-Gitter als Packung aus starren Kugeln nur aufbauen, wenn sie einen Radienquotienten $q_0 = d_A/d_B = \sqrt{3/2} = 1{,}225$ (vgl. Abb. C 16) besitzen. Da die wirklichen Atome nicht starr sind, streut der beobachtete Radienquotient beträchtlich, d. h., die Atome verformen sich erheblich, um sich den geometrischen Gegebenheiten des Gitters anzupassen. Die beobachteten Atomverformungen ergeben eine Dichtezunahme gegenüber den Komponenten (Abb. C 17). Die Abbildung, die auch andere AB_2-Phasen enthält, zeigt, daß bei einem gegebenen Größenverhältnis der Komponenten die LAVES-Phasen die größte Dichtezunahme liefern. Ihr bevorzugtes Auftreten bestätigt also unmittelbar das Prinzip größter Dichte. Andere Phasen werden bei ihrer geringeren Dichtezunahme nur konkurrenzfähig, falls die Komponenten das vom LAVES-Gitter vorgegebene Größenverhältnis durch Elektronenumlagerung nicht erreichen können: Ein interessantes Beispiel für das Ineinandergreifen elektronischer und geometrischer Bedingungen! Elektronische Bedingungen (Valenzelektronenkonzentration) spielen übrigens auch bei der Frage, welches von den drei LAVES-Gittern auftritt, eine Rolle.

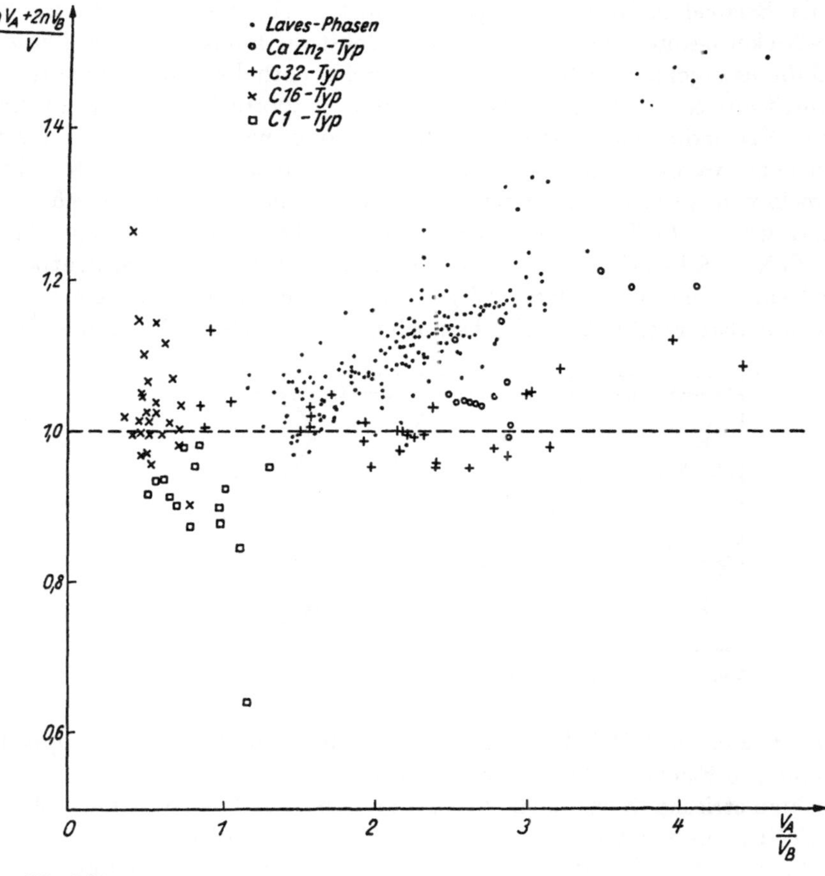

Abb. C 17

Relative Volumenänderung $(n\,V_A + 2\,n\,V_B)/V = 1 + \Delta\varrho/\varrho$ bei der Bildung intermetallischer AB_2-Verbindungen in Abhängigkeit vom Verhältnis der Atomvolumina der Komponenten V_A/V_B (n: Anzahl der Formeleinheiten in der Elementarzelle (Volumen V) der Verbindung, $\Delta\varrho/\varrho$ relativer Dichteunterschied der Verbindung gegenüber dem Elementgemisch)

Die Gitter der LAVES-Phasen sind also ausgezeichnet durch hohe Symmetrie, große Koordinationszahl und große Dichte und entsprechen damit den Tendenzen der metallischen Bindung sehr gut. Sie sind daher zur Realisierung einer intermetallischen Verbindung besonders geeignet. Zugleich legen sie der Verbindung zwei Bedingungen auf: Sie bieten Raum für zwei Atomsorten verschiedener Größe; deren Radienverhältnis muß etwa 1,23 betragen; und, da das Gitter doppelt so viel kleine Plätze wie große besitzt, muß das stöchiometrische Verhältnis $A{:}B = 1{:}2$ sein. Hier wird deutlich, *wie* das *Gitter* mit seinen geometrischen Eigenschaften die *Möglichkeiten der Verbindungsbildung bestimmt*. Dies wurde zwar an LAVES-Phasen zuerst erkannt, gilt aber auch für andere intermetallische Verbindungen.

Als Beispiel dafür seien einige intermetallische Verbindungen im System Zer–Nickel besprochen. Hier gibt es zunächst die kubische LAVES-Phase $CeNi_2$ und die hexagonale Verbindung $CeNi_5$. Beide enthalten ein gemeinsames Bauelement aus Nickel-Atomen, das sogenannte KAGOMÉ-Netz, ein in intermetallischen Verbindungen überhaupt häufiges Bauelement (Abb. C 18), das mit K bezeichnet werde. $CeNi_2$ kann aufgebaut gedacht werden durch abwechselndes Stapeln von KAGOMÉ-Netzen und einem Netzebenenpaket, das durch A symbolisiert werde. $CeNi_2$ hat also den Aufbau $KAKAKA$ ... Entsprechend gilt für $CeNi_5$: $KBKBKB$ ..., wobei der innere Aufbau des Schichtpaketes B wiederum nicht interessiert. Wegen des gemeinsamen Bauelementes K sind nun offenbar regelmäßige Mischstapelungen möglich, z.B. $KAKBKAKB$ ...

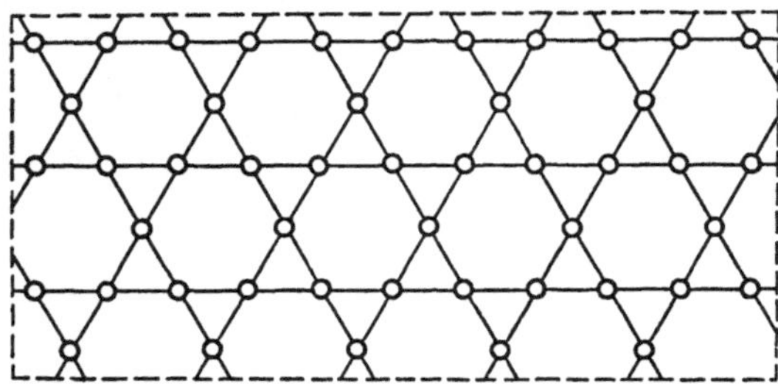

Abb. C 18

KAGOMÉ-Netz, eine häufig auftretende ebene Atomanordnung

oder etwa $KAKBKBKAKBKB$ ... Da in der Kombination KA doppelt soviel Atome pro Flächeneinheit der Stapelebenen vorhanden sind wie bei KB, ist die stöchiometrische Zusammensetzung im ersten Fall $CeNi_3$ (nämlich 2 $CeNi_2$ + $CeNi_5$), im zweiten Ce_2Ni_7 (2 $CeNi_2$ + 2 $CeNi_5$). Tatsächlich werden beide Verbindungen beobachtet und besitzen die erwartete „Mischstruktur". Hier ist also wiederum das stöchiometrische Verhältnis durch den Gitteraufbau bestimmt.

C 44 HUME-ROTHERY-Phasen

HUME-ROTHERY bemerkte 1926, daß die Folge intermediärer Phasen, die im Kupfer–Zink-System auftritt (vgl. Abb. D 13), nämlich kubisch-flächenzentrierter kupferreicher Mischkristall (α-Phase), kubisch-raumzentrierte β-Phase, γ-Phase mit „kubischer Riesenzelle" (52 Atome), ε-Phase = hexagonal-dichteste Kugelpackung, zinkreicher Mischkristall (η-Phase), auch in vielen anderen Systemen zwischen einem Metall erster und zweiter Art (vgl. Tab. I im Anhang) vorkommt, z.B. bei Ag–Cd, Ag–Zn, Au–Zn, Mn–Zn, Cu–Sn. Während die Zusammensetzungen, bei denen die Phasen in den einzelnen Systemen auftreten, sehr verschieden sind, konnte er zeigen, daß die sogenannten *Valenzelektronenkonzentrationen*, d. h. die mittlere Anzahl der Valenzelektronen pro Atom, für eine bestimmte Phase in allen Systemen die gleiche ist. Rechnet man z.B. bei

Kupfer mit einem Valenzelektron, bei Zink mit zwei, so ist bei der Zusammensetzung 1:1 die Valenzelektronenkonzentration 3/2. Bei etwa dieser Zusammensetzung liegt im Messing-System nach Abb. D 13 die β-Phase vor. Sie tritt aber auch in anderen Systemen mit HUME-ROTHERY-Phasen bei der Valenzelektronenkonzentration 3/2 auf. Im System Kupfer–Zinn bedeutet dies wegen der Vierwertigkeit von Zinn, daß die Zusammensetzung, wie es tatsächlich der Fall ist, Cu_5Sn sein muß, wegen $(5 \cdot 1 + 1 \cdot 4)/6 = 3/2$.

Die γ-Phase ist bei einer Valenzelektronenkonzentration von 21/13 stabil, entsprechend Zusammensetzungen wie Cu_5Zn_8 $\big((5 \cdot 1 + 8 \cdot 2)/13\big)$, Cu_9Ga_4 $\big((9 \cdot 1 + 4 \cdot 3)/13\big)$ oder $Cu_{31}Sn_8$ $\big((31 \cdot 1 + 8 \cdot 4)/39\big)$. Die Valenzelektronenkonzentration für die ε-Phase beträgt 7/4, z.B. bei $CuZn_3$ $\big((1 \cdot 1 + 3 \cdot 2)/4\big)$ oder Ag_5Al_3 $\big((5 \cdot 1 + 3 \cdot 3)/8\big)$.

Es war der erste große Erfolg der *Elektronentheorie* in bezug auf strukturelle Probleme, daß es JONES in den 30er Jahren gelang, diese ausgezeichneten Valenzelektronenkonzentrationen n_e/n auf Grund der BRILLOUIN-Zonen-Vorstellung zu deuten: Beim Zusammenlegieren zweier Elemente unterschiedlicher Wertigkeit (z. B. Kupfer und Zink) steigt n_e und damit auch die FERMI-Energie E_F (vgl. A 331) mit der Konzentration der höherwertigen Komponente. Bei einer bestimmten Konzentration stößt die Fläche konstanter Energie E_F im $\boldsymbol{k}$-Raum (FERMI-Fläche; vgl. L 14) an eine Wand der BRILLOUIN-Zone. Der Energiesprung an der Zonenfläche (vgl. S. 20) bewirkt bei weiterem Hinzulegieren der höherwertigen Komponente eine starke Erhöhung der Gesamtenergie des Elektronengases, so daß bei hinreichend großer Energielücke die Struktur zugunsten einer anderen, bei der ein Kontakt zwischen Zonenwand und FERMI-Fläche erst bei höheren Valenzelektronenkonzentrationen eintritt, instabil werden kann (vgl. Rechnungen S. 285).

Die unter vereinfachenden Annahmen berechneten Valenzelektronenkonzentrationswerte sind den HUME-ROTHERYschen nachfolgend gegenübergestellt:

	β	γ	ε
berechnet	1,48	1,54	1,65
empirisch	1,50	1,62	1,75

Die Tatsache, daß hier die Betrachtung der energetischen Verhältnisse allein der Valenzelektronen zu bestätigten Aussagen über die Stabilität von Gittertypen geführt hat, darf nicht zu dem vorschnellen Schluß verleiten, daß die Valenzelektronen die gesamte Bindungsenergie liefern (vgl. C 11).

In der Tat wird man bei den HUME-ROTHERY-Phasen einen heteropolaren Bindungsanteil annehmen, denn wenn z.B. die Kupferatome im Mittel ein Elektron abgeben, die Zinkatome zwei, um ein gemeinsames Elektronengas zu bilden, so heißt dies, daß die Kupferatome negativ gegenüber den Zinkatomen aufgeladen sind und daher anziehende COULOMBsche Kräfte zwischen beiden Atomarten wirksam werden und zur Bindung beitragen.

C 5 Gesetzmäßigkeiten über Mischbarkeit und Verbindungsbildung

(KUBASCHEWSKI-Diagramm)

Zum Abschluß des Teiles C kommen wir auf die zu Beginn in C 11 dargelegte Problematik zurück: Entsteht beim Zusammenbringen mehrerer Atomarten ein Gemenge, ein Mischkristall oder eine intermediäre Phase und gegebenenfalls mit welcher Struktur? Wir haben den prinzipiellen Weg zur Beantwortung aufgezeigt und ebenso, warum er bisher nur in ganz wenigen Fällen (vgl. etwa die Beispiele in L 43) erfolgreich beschritten werden konnte.

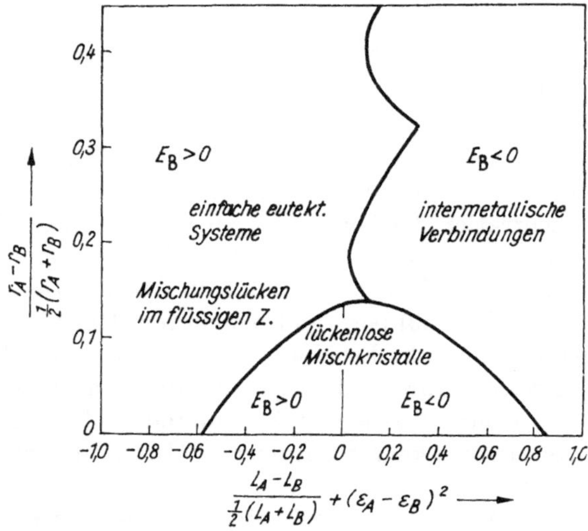

Abb. C 19

Einfluß der relativen Atomradiendifferenz auf Art und Bildungswärme der Legierungen (nach KUBASCHEWSKI)

Deshalb erscheint ein von KUBASCHEWSKI angegebenes Diagramm (Abb. C 19) sehr wertvoll, das eine einfache und überraschend gute Auskunft über wenigstens den ersten Teil des Problems gibt. Es beruht auf einem empirischen Material von 350 binären Legierungssystemen, von denen sich nur 20 nicht einfügen. Das Diagramm zeigt die Felder des Vorzeichens der Bildungswärme E_B (d. i. der Enthalpieunterschied der Legierung gegenüber den reinen Komponenten, auf ein Mol bezogen; Verbindungen haben also negatives E_B) in Abhängigkeit vom relativen Unterschied der Atomradien einerseits und der Verdampfungswärmen $\frac{L_A - L_B}{\frac{1}{2}(L_A + L_B)}$, die die Bindungsenergie der Komponenten messen, andererseits. Das Glied $(\varepsilon_A - \varepsilon_B)^2$ ($\varepsilon_A - \varepsilon_B$ = Elektronegativitätsdifferenz, die den Unterschied der Komponenten hinsichtlich der Elektronenanziehung kennzeichnet) stellt eine meist nur kleine Korrektur dar.

Hier zeigt sich wieder, daß Mischkristallbildung nur bis zu Radienunterschieden von ≈ 15% möglich ist und zwar um so eher, je kleiner $|E_B|$ ist. Daß bei positiven E_B überhaupt Mischkristalle entstehen können, liegt daran, daß eigentlich nicht die Enthalpie H, sondern die freie Enthalpie $G = H - T\,S$ (vgl. D 1) maßgebend ist und im ungeordneten Mischkristall die zusätzliche Entropie S den G-Wert stark erniedrigen kann, namentlich bei höheren Temperaturen T. Man beachte weiterhin, daß nach dem Diagramm die zur Verbindungsbildung notwendige *negative* Bildungswärme nur auftritt, wenn die größere Komponente (A) auch die größere Bindungsenergie besitzt. Das läßt sich folgendermaßen qualitativ deuten. Wir hatten am Beispiel der LAVES-Phasen (vgl. C 43) gezeigt, daß bei verschieden großen Atomsorten dichtere Packungen als bei den Elementen möglich sind und daß sie eine höhere mittlere Koordinationszahl für die größeren Komponenten besitzen als für die kleineren. Daraus ergibt sich infolge der in Metallen praktisch konstanten Bindungsenergie pro Bindung (vgl. L 41) hinsichtlich der $A - A$-Bindungen ein Energiegewinn gegenüber der reinen Komponente. Er wird sich auf die gesamte Energiebilanz um so stärker im Sinne einer Verbindungsbildung auswirken, je größer $L_A - L_B$ ist. Solche Packungen sind aber nach dem Prinzip der größten Dichte (vgl. S. 79) nicht auf die LAVES-Phasen beschränkt, sondern im Bereich der intermetallischen Verbindungen weit verbreitet.

C 6 Übungsaufgaben

C 1. Man berechne die Massendichten von Kupfer, Eisen und Germanium aus den Atommassen und den Abmessungen der Elementarzelle und vergleiche die Ergebnisse mit den pyknometrisch ermittelten Dichtewerten der Tab. VI.

C 2. Man verifiziere die Angaben für die Radienquotienten tetraedrischer und oktaedrischer Lücken im *A 1*-Typ.

C 3. Kann man erwarten, daß Silber und Palladium im festen Zustand lückenlos mischbar sind?

D DER THERMODYNAMISCHE GLEICHGEWICHTSZUSTAND

D 1 Die allgemeine Gleichgewichtsbedingung

Wir sind bei den vorhergehenden Ausführungen auf die Tatsache gestoßen, daß bei manchen Metallen, z.B. Eisen, je nach den äußeren Bedingungen verschiedene Kristallstrukturen auftreten. Es liegt die Frage nahe, welche Struktur unter gegebenen Bedingungen die stabile ist. Dieses Problem soll im vorliegenden Kapitel erörtert werden, wobei die Frage aber von vornherein allgemeiner gestellt werden soll, nämlich so: Wie sieht bei gegebenen Bedingungen der *thermodynamische Gleichgewichtszustand* für ein System von beliebig vielen Kristallarten aus?

Dabei verstehen wir unter einem *System* eine in physikalisch-chemischer Wechselwirkung stehende Gesamtheit von Stoffen, hier Metallen. Wir unterteilen es in beliebige kleine Raumgebiete, die allerdings nur so klein gewählt werden dürfen, daß die Anzahl der Atome in ihnen noch Begriffe wie Druck, Temperatur, Aggregatzustand sinnvoll anzuwenden gestattet. Stellen wir dann fest, daß in den einzelnen Raumgebieten keine Unterschiede hinsichtlich Zusammensetzung und Eigenschaften auftreten, so heißt das System *homogen*, anderenfalls *heterogen*. Die einzelnen für sich genommenen homogenen Teile heißen *Phasen*.[1]) Ein homogenes System ist also stets einphasig (ein Block Kupfer; ein Mischkristall aus Kupfer und Gold), ein heterogenes mehrphasig (ein Gemisch von geschmolzenem und festem Kupfer; ein Gemenge von zwei Kristallarten gleicher oder verschiedener Zusammensetzung). Für unsere Betrachtungen sind die festen Phasen im allgemeinen durch ein bestimmtes Kristallgitter gekennzeichnet. In den angeführten Beispielen ist zunächst keine Beziehung zwischen der Anzahl der Phasen eines Systems und derjenigen seiner Komponenten (chemische Bestandteile) zu erkennen.

Den *Zustand des Systems* betrachten wir als festgelegt, wenn die chemische Zusammensetzung sowie Druck p und Temperatur T gegeben sind. Wir sehen also von der Einwirkung äußerer Kräfte wie magnetische Felder und dergleichen ab. Bekanntlich kann man auch andere unabhängige Variablen wählen, z.B. neben der Zusammensetzung und der Temperatur das Volumen V. Der Vorteil der hier benutzten unabhängigen Variablen wird später klar werden.

Die chemische Zusammensetzung sowohl des gesamten Systems als auch der einzelnen Phasen wird durch Angabe der Menge $N_k^{(\varphi)}$ jeder *Komponente* k in

[1]) Eine für beliebige Fälle zutreffende Definition der Grundbegriffe „System", „Phase" usw. zu geben, ist sehr schwer. Die mitgeteilten Definitionen dürften für unsere Zwecke ausreichen. Immerhin sei darauf hingewiesen, daß ein Stück Materie auch dann noch wöhnlich als einphasig bezeichnet wird, wenn in ihm von Punkt zu Punkt stetige Eigenschaftsänderungen vorliegen, wie z. B. in einem Mischkristall mit Konzentrationsgefälle.

jeder Phase φ gekennzeichnet, also durch $K \cdot \Phi$ Größen, wenn K die Anzahl der Komponenten und Φ die der Phasen bedeutet. Die Gesamtmenge des Systems ist dann $N = \sum_k \sum_\varphi N_k^{(\varphi)}$. Die Mengen werden dabei in Molen bzw. Grammatomen angegeben, die $N_k^{(\varphi)}$ sind also *Molzahlen*. Anschaulichkeitshalber kann man sich ebenso die Anzahl der Moleküle bzw. Atome eingesetzt denken, wenn auch diese konsequenterweise bei thermodynamischen Betrachtungen nicht auftreten sollten.

Die chemische Zusammensetzung des Systems wird durch $K - 1$ der K *Molenbrüche*

$$X_k \equiv \frac{\sum_\varphi N_k^{(\varphi)}}{N} \equiv \frac{N_k}{N}, \quad k = 1 \cdots K, \tag{D 1}$$

eindeutig beschrieben. Entsprechend bezeichnen die

$$x_k^{(\varphi)} \equiv \frac{N_k^{(\varphi)}}{\sum_k N_k^{(\varphi)}} \equiv \frac{N_k^{(\varphi)}}{N^{(\varphi)}}, \quad \begin{array}{l} k = 1 \cdots K, \\ \varphi = 1 \cdots \Phi, \end{array} \tag{D 2}$$

die Molenbrüche für die einzelnen Phasen. In homogenen Systemen ($\Phi = 1$) sind natürlich wegen $N_k^{(\varphi)} = N_k$ und $N^{(\varphi)} = N$ die $x_k^{(\varphi)}$ mit den X_k identisch. In heterogenen Systemen ergeben sich dagegen die Molenbrüche für das System aus denen der beteiligten Phasen auf Grund ihrer Mengen $N^{(\varphi)}$ nach (D 1) und (D 2) zu

$$X_k = \frac{\sum_\varphi x_k^{(\varphi)} N^{(\varphi)}}{N}. \tag{D 3}$$

Größen wie das Volumen V, die Masse m, die Energie U, die Enthalpie H, die Entropie S, die der Stoffmenge proportional sind, nennt man *extensive* oder *Quantitätsgrößen*, diejenigen, für die das nicht zutrifft, wie z.B. die Dichte ϱ oder die Temperatur T, *intensive* oder *Qualitätsgrößen*. Der Quotient zweier extensiver Größen (Dichte = Masse/Volumen) ist offenbar immer intensiv. Die extensive Größe Ψ eines heterogenen Gemenges ergibt sich additiv aus den Werten Ψ_i der Bestandteile i

$$\Psi = \sum \Psi_i. \tag{D 4}$$

Außerdem gilt für extensive Größen definitionsgemäß

$$\Psi(\alpha N_1, \alpha N_2 \cdots \alpha N_K) = \alpha \Psi(N_1, N_2, \ldots, N_K). \tag{D 5}$$

Sie werden also mathematisch durch homogene Funktionen ersten Grades dargestellt, und demgemäß gilt für sie nach dem Eulerschen Satz über homogene Funktionen

$$\Psi = \sum_i \frac{\partial \Psi}{\partial N_i} N_i, \tag{D 6}$$

während für beliebige Funktionen Ξ nur die entsprechende differentielle Beziehung

$$\mathrm{d}\Xi = \sum_i \frac{\partial \Xi}{\partial N_i} \mathrm{d}N_i \tag{D 7}$$

besteht.

Nach der Thermodynamik ist es unmöglich, die Frage, welcher von allen denkbaren Zuständen eines Systems dem thermodynamischen Gleichgewicht entspricht, d. h., welcher ohne Eingriffe von außen beliebig lange bestandfähig ist, derart zu beantworten, daß für ihn irgendeine Zustandsgröße, etwa die Energie U oder die Entropie S, einen Extremwert annimmt. Solche *Extremalprinzipien* sind aber durchaus möglich, wenn man die zu vergleichenden Zustände in geeigneter Weise einschränkt, z.B. indem man nur diejenigen in Betracht zieht, die den gleichen Druck p und die gleiche Temperatur T besitzen. Eine solche Einschränkung ist vom praktischen Standpunkt durchaus akzeptabel, denn das Zusammenlegieren zweier Metalle wird gewöhnlich bei vorgegebenem Druck (Atmosphärendruck) p und einer bestimmten Versuchstemperatur T durchgeführt. Sie gestattet, den Gleichgewichtszustand des Systems für diese speziellen Umstände dadurch herauszufinden, daß für ihn das GIBBS*sche thermodynamische Potential* (auch *freie Enthalpie* genannt)

$$G \equiv U + p\,V - T\,S \equiv H - T\,S \tag{D 8}$$

ein Minimum wird.

Dies sieht man auf Grund des ersten und zweiten Hauptsatzes der Thermodynamik folgendermaßen ein: Es gilt unter den angegebenen Voraussetzungen

$$\underbrace{\mathrm{d}U + p\,\mathrm{d}V = \Delta Q}_{\text{I.}} \underbrace{\leqq T\,\mathrm{d}S}_{\text{II.}} \quad \text{Hauptsatz} \tag{D 9}$$

Daraus folgt nach (D 8) für $\mathrm{d}G$

$$\mathrm{d}G \leqq V\,\mathrm{d}p - S\,\mathrm{d}T \tag{D 10}$$

und, da voraussetzungsgemäß gilt

$$\mathrm{d}p = \mathrm{d}T = 0\,, \tag{D 11}$$

auch

$$\mathrm{d}G \leqq 0\,. \tag{D 12}$$

Es können sich mithin in dem betrachteten System vorgegebener Gesamtmenge nur Vorgänge abspielen, bei denen das thermodynamische Potential nicht wächst. Sie kommen also zum Stillstand, sobald G ein Minimum erreicht hat, d. h., dann ist das thermodynamische Gleichgewicht erreicht. Man erkennt hier deutlich, daß gerade die Kombination der Zustandsgrößen, wie sie im thermodynamischen Potential gemäß (D 8) benutzt wird, für Zustände bei vorgegebenen Werten von p und T besonders zweckmäßig ist, weil sie durch das

Verschwinden von $\mathrm{d}p$ und $\mathrm{d}T$ zu der einfachen Gestalt der *Gleichgewichtsbedingung*

$$G \to \text{Minimum} \tag{D 13}$$

führt. In dieser Zweckmäßigkeit liegt die Begründung zur Einführung von G. Dies sollte sich jeder vor Augen halten, der sich an der „Unanschaulichkeit" des GIBBSschen Potentials stößt.

Werden andere Variablen vorgegeben, so erweisen sich andere Funktionen als ähnlich zweckmäßig, z.B. für V und T die HELMHOLTZ*sche freie Energie*

$$F = U - T\,S\,.$$[1]

Durch ganz entsprechende Überlegungen erhält man unter Benutzung von (D 9)

$$\mathrm{d}F = \mathrm{d}U - T\,\mathrm{d}S - S\,\mathrm{d}T \leqq -p\,\mathrm{d}V - S\,\mathrm{d}T \tag{D 14}$$

und daraus wegen $\mathrm{d}V = \mathrm{d}T = 0$ anstelle von (D 13)

$$F \to \text{Minimum}\,. \tag{D 15}$$

Das heißt, von allen Zuständen bei vorgegebenen Werten von V und T entspricht derjenige mit minimaler freier Energie dem thermodynamischen Gleichgewicht.

Da man es in der Metallphysik meist mit Vorgängen mit vernachlässigbarem $\mathrm{d}V$ zu tun hat, kann man im Interesse der Vereinfachung das Gleichgewicht häufig durch das Minimum von F als gegeben ansehen anstatt korrekter durch das von G.

Für späteren Gebrauch bemerken wir noch, daß bei reversiblen Änderungen und damit auch beim Vergleich benachbarter Gleichgewichtszustände in (D 10) und (D 14) das Gleichheitszeichen gilt, woraus sofort folgt:

$$\left.\begin{aligned} &\left(\frac{\partial G}{\partial p}\right)_T = V \quad \text{und} \quad \left(\frac{\partial G}{\partial T}\right)_p = -S \\ \text{sowie}\quad & \\ &\left(\frac{\partial F}{\partial V}\right)_T = -p \quad \text{und} \quad \left(\frac{\partial F}{\partial T}\right)_V = -S\,. \end{aligned}\right\} \tag{D 16}$$

Das dargestellte Verfahren zur Ermittlung des Gleichgewichtes kann nicht nur unter den speziellen Voraussetzungen von S. 90 angewandt werden, sondern auch in allgemeineren Fällen, z.B. bei Vorhandensein eines Magnetfeldes $\boldsymbol{H}$. Befindet sich in ihm ein magnetisierbarer Körper, so erfordert die bei Feldänderung eintretende Änderung des magnetischen Gesamtmomentes $\mathrm{d}\boldsymbol{m}$ ($\boldsymbol{m} \equiv \int \boldsymbol{M}\,\mathrm{d}V$; vgl. S. 367) eine zusätzliche Arbeit $\mu\,\boldsymbol{H}\cdot\mathrm{d}\boldsymbol{m}$. Daher tritt zur linken Gleichung in (D 9), die ja in allgemeiner Formulierung des I. Hauptsatzes $\mathrm{d}U - \Delta W = \Delta Q$ lautet, jetzt zu der unter den früher genannten Voraus-

[1]) Man beachte, daß in der amerikanischen Literatur in zunehmendem Maße mit F die freie *Enthalpie* bezeichnet wird.

setzungen allein vorhandenen Druckarbeit $-\,p\cdot \mathrm{d}V$ noch zusätzlich die Magnetisierungsarbeit, man hat also

$$\mathrm{d}U + p\,\mathrm{d}V - \mu\boldsymbol{H}\cdot\mathrm{d}\boldsymbol{m} \leqq T\,\mathrm{d}S\,. \qquad \text{(D 9')}$$

Aber auch jetzt ist das thermodynamische Gleichgewicht durch das Minimum des Gibbsschen Potentials festgelegt, wenn man dieses in durch (D 9′) nahegelegter Erweiterung von (D 8) mittels

$$G \equiv U + p\,V - T\,S - \mu\boldsymbol{H}\cdot\boldsymbol{m} \qquad \text{(D 8')}$$

definiert. Denn dann folgt wegen (D 9′) sofort

$$\mathrm{d}G \leqq V\,\mathrm{d}p - S\,\mathrm{d}T - \mu\,\boldsymbol{m}\cdot\mathrm{d}\boldsymbol{H}\,, \qquad \text{(D 10')}$$

und bei festgehaltenem p, T und $\boldsymbol{H}$ gilt weiterhin (D 12) mit allen Folgerungen.

D 2 Phasengleichgewicht (inneres Gleichgewicht)

Die für das thermodynamische Gleichgewicht eines Systems hergeleiteten Bedingungen zeichnen zwar den Gleichgewichtszustand vor anderen aus und gestatten daher, ihn aufzufinden, machen aber keine Aussage über etwaige *innere Bedingungen*, die das Gleichgewicht den Bestandteilen des Systems auferlegt. Wir wissen z.B., feste und flüssige Phase eines reinen Stoffes stehen nur bei einer einzigen Temperatur, der Schmelztemperatur, miteinander im Gleichgewicht, und fragen, wie lautet allgemein die Bedingung, daß zwei beliebige Phasen, die auch verschiedene chemische Zusammensetzungen besitzen können, im Gleichgewicht miteinander stehen.

Dabei denken wir uns wiederum Druck und Temperatur vorgegeben. Dann muß für das Gesamtsystem der beiden Phasen, die wir jetzt der Einfachheit halber mit ′ und ″ bezeichnen, die Minimalforderung (D 13) erfüllt sein und daher für eine infinitesimale Variation des Gibbsschen Potentials die Gleichgewichtsbedingung

$$\mathrm{d}G = \mathrm{d}G' + \mathrm{d}G'' = 0 \qquad \text{(D 17)}$$

gelten. Da p, T und die Gesamtmengen vorgegeben sind, kann die Variation nur in einer Änderung der Zusammensetzung der Phasen bestehen. Für diesen Fall verschwinden in dem totalen Differential $\mathrm{d}G^{(\varphi)}$ für eine Phase

$$\mathrm{d}G^{(\varphi)} = \left(\frac{\partial G^{(\varphi)}}{\partial p}\right)_{T,N_k^{(\varphi)}} \mathrm{d}p + \left(\frac{\partial G^{(\varphi)}}{\partial T}\right)_{p,N_k^{(\varphi)}} \mathrm{d}T + \sum_k \left(\frac{\partial G^{(\varphi)}}{\partial N_k^{(\varphi)}}\right)_{p,T,N_i^{(\varphi)}} \mathrm{d}N_k \qquad \text{(D 18)}$$

die ersten beiden Glieder. Daher erhalten wir bei der Überführung kleiner Mengen $\mathrm{d}N_k'$ aus der Phase ′ in ″ wegen $\mathrm{d}N_k'' = -\,\mathrm{d}N_k'$ (konstante Gesamtmenge!) auf Grund der Gleichgewichtsbedingung

$$\mathrm{d}G = \sum_k \left[\left(\frac{\partial G'}{\partial N_k'}\right)_{p,T,N_i'} - \left(\frac{\partial G''}{\partial N_k''}\right)_{p,T,N_i''}\right] \mathrm{d}N_k' = 0\,. \qquad \text{(D 19)}$$

Im Gleichgewicht muß diese Bedingung für beliebige dN'_k erfüllt sein, d. h., der Ausdruck in der eckigen Klammer von (D 19) muß für alle k Null sein. Daher läßt sich die Gleichgewichtsbedingung für 2 Phasen mit Hilfe des sogenannten *chemischen Potentials* (auch partielles molares thermodynamisches Potential genannt)

$$\mu_k^{(\varphi)} \equiv \left(\frac{\partial G^{(\varphi)}}{\partial N_k^{(\varphi)}}\right)_{p,T,N_i^{(\varphi)}\ (i \neq k)} \tag{D 20}$$

kurz schreiben

$$\mu'_k = \mu''_k\,, \qquad k = 1 \cdots K\,. \tag{D 21}$$

Zwei *Phasen* stehen also im *Gleichgewicht,* wenn die *chemischen Potentiale* aller ihrer Komponenten einzeln *übereinstimmen.*

Zur Veranschaulichung des zunächst formal eingeführten chemischen Potentials sei eine der experimentellen Bestimmungsmöglichkeiten erwähnt: Dazu dient eine elektrolytische Zelle, deren eine Elektrode aus dem Mischkristall besteht, in dem die Komponente k das zu messende chemische Potential $\mu_k^{(\varphi)}$ besitzt. Als zweite Elektrode dient die reine Komponente k mit dem chemischen Potential $\mu^{(k)}$. Dann beträgt die bei der Überführung von einem Mol der Komponente k in die (unendlich groß gedachte) Mischphase geleistete Arbeit

$$Z_k\, F\, E = \mu_k^{(\varphi)} - \mu^{(k)}\,, \tag{D 22}$$

ist also bis auf die additive Konstante $\mu^{(k)}$ gleich dem gesuchten chemischen Potential $\mu_k^{(\varphi)}$. Dabei ist Z_k die Ionenwertigkeit, F die FARADAYsche Zahl und E die EMK, die gemessen wird.

Liegt eine ideale Mischung der Komponenten A und B vor (keine Mischungswärme!), so ist die Konzentrationsabhängigkeit von $\mu_k^{(\varphi)}$ durch

$$\mu_k^{(\varphi)} = \mu^{(k)} + R \cdot T \cdot \ln x_k^{(\varphi)} \quad \left(R = 8{,}314\,\frac{\mathrm{J}}{\mathrm{mol \cdot K}},\ \text{Gaskonstante}\right) \tag{D 23}$$

gegeben. Diese Gleichung gilt näherungsweise auch für reale Systeme, und zwar um so besser, je geringer die Konzentration der betrachteten Komponente ist (ideal verdünnte Lösung).

Das chemische Potential ist als intensive Größe (außer von p und T) nur von den Mengenverhältnissen, d. h. den Molenbrüchen, abhängig. Ferner gilt auf Grund von (D 4) und (D 6)

$$G = \sum_\varphi G^{(\varphi)} = \sum_\varphi \sum_k N_k^{(\varphi)}\, \mu_k^{(\varphi)}\,. \tag{D 24}$$

Eine weitere, viel benutzte intensive Größe ist das molare thermodynamische Potential einer einzelnen Phase, bezogen auf deren Mengeneinheit, für das mit (D 2) gilt

$$\zeta^{(\varphi)} \equiv \frac{G^{(\varphi)}}{\sum_k N_k^{(\varphi)}} = \sum_k x_k^{(\varphi)}\, \mu_k^{(\varphi)}\,. \tag{D 25}$$

Anhand dieser Schreibweise läßt sich die Gleichgewichtsbedingung (D 21) leicht graphisch darstellen und ist in dieser Form sehr bequem anwendbar. Wir beschränken uns auf ein System mit nur zwei Komponenten A und B. Wie stets bei der Behandlung solcher *binärer Systeme* wählen wir als unabhängigen Molenbruch $x_B^{(\varphi)}$. Wegen $x_A^{(\varphi)} = 1 - x_B^{(\varphi)}$ reicht er zur vollständigen Kennzeichnung der Zusammensetzung aus, und der Index B kann daher noch weggelassen werden. Wir haben dann für die beiden Phasen ′ und ″

$$\left.\begin{aligned} \zeta' &= (1 - x')\, \mu_A'(x') + x'\, \mu_B'(x') \\ &\text{und} \\ \zeta'' &= (1 - x'')\, \mu_A''(x'') + x''\, \mu_B''(x'') . \end{aligned}\right\} \qquad \text{(D 26)}$$

Wenn beide Phasen bei den vorgegebenen Werten von p und T im Gleichgewicht sein sollen, muß nach (D 21) gelten

$$\mu_A'(x_0') = \mu_A''(x_0'') \quad \text{und} \quad \mu_B'(x_0') = \mu_B''(x_0'') . \qquad \text{(D 27)}$$

Zur Auffindung solcher Konzentrationen x_0' und x_0'' bei gegebenen ζ-Funktionen tragen wir ζ' und ζ'' über den Molenbrüchen auf und behaupten, die gesuchten Werte x_0' und x_0'' sind die Abszissen derjenigen Punkte $\zeta'(x_0')$ und $\zeta''(x_0'')$, in denen beide Kurven eine *gemeinsame Tangente* haben. Zum Beweis gehen wir von der GIBBS-DUHEMschen Gleichung

$$\sum_k x_k^{(\varphi)}\, \mathrm{d}\mu_k^{(\varphi)} = 0 \qquad \text{(D 28)}$$

aus. Zu ihrer Begründung verweisen wir auf ihre Gleichwertigkeit mit der Aussage, daß in dem aus (D 24) folgenden Ausdruck für eine bestimmte Phase φ

$$\mathrm{d}G^{(\varphi)} = \sum_k N_k^{(\varphi)}\, \mathrm{d}\mu_k^{(\varphi)} + \sum_k \mu_k^{(\varphi)}\, \mathrm{d}N_k^{(\varphi)} \qquad \text{(D 29)}$$

die erste Summe verschwindet. Dies wiederum wird bestätigt durch Vergleich mit der aus (D 18) und (D 20) folgenden Beziehung

$$\mathrm{d}G^{(\varphi)} = \sum_k \mu_k^{(\varphi)}\, \mathrm{d}N_k^{(\varphi)} . \qquad \text{(D 30)}$$

Bei der verabredeten Beschränkung auf zwei Komponenten A und B liefert (D 28)

$$(1 - x)\frac{\partial \mu_A}{\partial x} + x\frac{\partial \mu_B}{\partial x} = 0 .\text{[1]} \qquad \text{(D 31)}$$

Damit folgt durch Differentiation von (D 25) nach x:

$$\frac{\partial \zeta}{\partial x} = \mu_B - \mu_A \qquad \text{(D 32)}$$

und im Hinblick auf (D 25) selbst auch

$$\mu_A = \zeta - x\frac{\partial \zeta}{\partial x}, \quad \mu_B = \zeta + (1 - x)\frac{\partial \zeta}{\partial x} . \qquad \text{(D 33)}$$

[1]) Soweit es sich um Überlegungen an ein- oder zweiphasigen Systemen handelt, sind die Phasenindizes im folgenden zur Vereinfachung fortgelassen bzw. durch Striche ersetzt.

Eine Tangente an $\zeta'(x')$ bei $x' = x_0'$ besitzt also den Anstieg $\frac{\zeta'(x_0') - \mu_A'(x_0')}{x_0'}$ bzw. $\frac{\mu_B'(x_0') - \zeta'(x_0')}{1 - x_0'}$ und demgemäß die Ordinatenabschnitte $\mu_A'(x_0')$ bei $x' = 0$ und $\mu_B'(x_0')$ bei $x' = 1$.

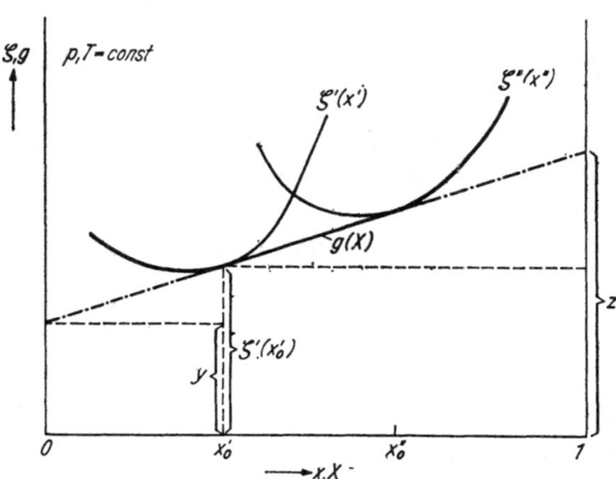

Abb. D 1

Zur Bedeutung der Tangentenkonstruktion.

Die Tangente an $\zeta'(x')$ in x_0' besitzt den Anstieg $\left(\frac{\partial\zeta'}{\partial x'}\right)_{x_0'} = \frac{\zeta'(x_0') - y}{x_0'}$, wegen (D 33) ist andererseits $\left(\frac{\partial\zeta'}{\partial x'}\right)_{x_0'} = \frac{\zeta'(x_0') - \mu_A'(x_0')}{x_0'}$, d. h. $y = \mu_A'(x_0')$. Analog gilt $\left(\frac{\partial\zeta'}{\partial x'}\right)_{x_0'} = \frac{z - \zeta'(x_0')}{1 - x_0'}$ $= \frac{\mu_B'(x_0') - \zeta'(x_0')}{1 - x_0'}$, also $z = \mu_B'(x_0')$

Analoges gilt für die Tangente an $\zeta''(x'')$ bei $x'' = x_0''$. Eine gemeinsame Tangente bedeutet also die Befriedigung von (D 27) durch die entsprechenden Molenbrüche (vgl. Abb. D 1).

Wie gewinnen wir nun den Verlauf der *molaren freien Enthalpie* $g = G/N$ *für das ganze System* als Funktion seiner Zusammensetzung X? Bei konstantem p und T konkurrieren die beiden Phasen ′ und ″. Ihre ζ-Funktionen seien vom Typ derer in Abb. D 1. Bei Konzentrationen $0 \leqq X \leqq x_0'$ hat die Phase ′ die geringere freie Enthalpie und ist daher stabil; es gilt hier $g = \zeta'$ und $X = x'$. Ebenfalls einphasig ist das System im Bereich $x_0'' \leqq X \leqq 1$. Hier liegt die Phase ″ vor ($g = \zeta''$, $X = x''$). Bei Konzentrationen $x_0' < X < x_0$ behaupten wir, daß ein *Gemisch beider Phasen* stabil ist, dessen *Mengenverhältnis* N'/N'' bei vorgegebener Systemzusammensetzung X durch

$$\frac{N'}{N''} = \frac{x_0'' - X}{X - x_0'} \tag{D 34}$$

festgelegt ist (sogenannte *Hebelbeziehung*, die für binäre Systeme mit zwei Phasen unmittelbar aus (D 3) folgt). Zum Beweis berechnen wir $g(X)$ für dieses

Gemisch und vergleichen es mit $\zeta'(x')$ und $\zeta''(x'')$. Wegen (D 24) und (D 25) gilt

$$g \equiv \frac{G}{N' + N''} = \frac{N'}{N' + N''} \zeta'(x_0') + \frac{N''}{N' + N''} \zeta''(x_0'') . \qquad \text{(D 35)}$$

Drückt man hierin die Gewichtsfaktoren durch die Hebelbeziehung (D 34) aus, so erhält man

$$g(X) = \frac{x_0'' - X}{x_0'' - x_0'} \zeta'(x_0') + \frac{X - x_0'}{x_0'' - x_0'} \zeta''(x_0''), \qquad x_0' < X < x_0'' . \qquad \text{(D 36)}$$

Diese Funktion stellt in Abb. D 1 gerade das Stück der gemeinsamen Tangente zwischen x_0' und x_0'' dar. $g(X)$ ist also stets kleiner als ζ' und ζ'' in diesem Intervall.

Die *g-Funktion des gesamten Systems* bei den gegebenen Werten von T und p lautet also:

$$g(X) = \begin{cases} \zeta'(X) \quad \text{mit} \quad (X = x') & \text{für} \quad 0 \leqq X \leqq x_0' \\ \dfrac{x_0'' - X}{x_0'' - x_0'} \zeta'(x_0') + \dfrac{X - x_0'}{x_0'' - x_0'} \zeta''(x_0'') & \text{für} \quad x_0' < X < x_0'' \\ \zeta''(X) \quad \text{mit} \quad (X = x'') & \text{für} \quad x_0'' \leqq X \leqq 1 \end{cases} \qquad \text{(D 37)}$$

(vgl. Abb. D 1).

D 3 Gibbssche Phasenregel und Zustandsdiagramm

Sind in einem System nicht nur 2, sondern Φ Phasen im Gleichgewicht, so gelten anstelle der einen Gleichgewichtsbedingung (D 21) für jede Komponente deren $\Phi - 1$, insgesamt also $K(\Phi - 1)$, wenn K die Anzahl der Komponenten bezeichnet. Dieser Anzahl von Gleichungen steht allgemein eine größere Anzahl von Variablen gegenüber, so daß einige von ihnen auch im Gleichgewichtsfall frei verfügbar bleiben. Ihre Anzahl Z wird durch die berühmte *Phasenregel von* Gibbs festgelegt. Bei Ausschluß von chemischen Reaktionen lautet sie

$$Z = K + 2 - \Phi . \qquad \text{(D 38)}$$

Bevor wir sie diskutieren, machen wir uns ihr Zustandekommen klar, indem wir der uns schon bekannten Anzahl der im Gleichgewicht zur Verfügung stehenden Bestimmungsgleichungen die Anzahl der Variablen gegenüberstellen, die zur Kennzeichnung des Zustandes eines Systems benutzt wurden. Dies sind neben p und T die Molenbrüche $x_k^{(\varphi)}$, welche die chemischen Zusammensetzungen festlegen. Bei letzteren handelt es sich in jeder der Φ Phasen um $K - 1$ unabhängige Größen, also um $\Phi(K - 1)$. Insgesamt beträgt die Anzahl der Parameter mithin $\Phi(K - 1) + 2$, denen im Gleichgewichtsfall $K(\Phi - 1)$ Bestimmungsgleichungen gegenüberstehen. Für Z ergibt sich daher in Übereinstimmung mit (D 38) $Z = [\Phi (K - 1) + 2] - [K (\Phi - 1)]$.

Bei der Diskussion der Phasenregel beschränken wir uns auf *kondensierte Systeme*, d. h. solche, die nur feste und flüssige Phasen enthalten. Dieses Verfahren ist berechtigt, da die Dampfdrücke der Metalle in den meisten Fällen vernachlässigbar klein sind, und bringt den Vorteil mit sich, daß sich Z auf

$$Z = K + 1 - \Phi \qquad (\mathrm{d}p = 0) \qquad \text{(D 39)}$$

reduziert. In dem wichtigen Fall binärer Systeme ($K = 2$) sind dann höchstens zwei Größen frei wählbar (nämlich bei $\Phi = 1$) und damit die Gleichgewichtsverhältnisse in einer Ebene übersichtlich darstellbar.

Man nennt diese Darstellung das *Zustandsdiagramm* des betreffenden Systems. Aus praktischen Gründen wählt man ein T, X-Koordinatensystem. Dabei ist zu beachten, daß X keine Variable im Sinne der Phasenregel ist, sondern nur die $x^{(\varphi)}$.

Im Falle der Einphasigkeit ($\Phi = 1$) gilt $X = x$ und wegen $Z = 2$ können T und x unabhängig voneinander variiert werden. Einem einphasigen Bereich entspricht also ein Flächenstück im *Zustandsdiagramm*. Sollen im kondensierten, binären System zwei Phasen im Gleichgewicht stehen ($\Phi = 2$), so verbleibt nach (D 39) nur noch ein Freiheitsgrad. Die drei Variablen T, x', und x'' sind durch Beziehungen $x' = x'(T)$ und $x'' = x''(T)$ verknüpft. Wird z.B. T vorgegeben, so werden dadurch bestimmte Werte x_0' und x_0'' festgelegt. Dadurch wird X auf den Bereich $x_0' < X < x_0''$ beschränkt. Dem zweiphasigen Gebiet (z.B. *Mischungslücke*) entspricht im T, X-Diagramm also ebenfalls ein Flächenstück. Im Gegensatz zu den einphasigen Bereichen haben hier jedoch längs einer T = const-Geraden die Zusammensetzungen der Phasen unveränderliche Werte. Ein solches zweiphasiges Gebiet zeigt z.B. Abb. D 2: in dem Flächenstück unterhalb der *eutektischen Geraden* befinden sich α- und β-Phase im Gleichgewicht. Das Mengenverhältnis beider Phasen zueinander berechnet sich bei bekanntem X nach dem *Hebelverhältnis* (D 34).

Gleichgewicht dreier Phasen ist schließlich wegen $Z = 0$ nur bei einer ganz speziellen Wertekombination T_0, x_0', x_0'', x_0''' möglich. Eine infinitesimale Temperaturänderung dT oder eine Konzentrationsänderung des Systems ΔX, die zu $X < x_0'$ oder $X > x_0'''$ führte, würde mindestens eine der drei Phasen zum Verschwinden bringen (ohne Beschränkung der Allgemeinheit sei $x_0' \leqq x_0'' \leqq x_0'''$). Einem solchen Tripelpunkt entspricht im T, X-Diagramm ein waagerechtes Geradenstück, z.B. die eutektische Gerade in Abb. D 2. Sie bedeutet dort Gleichgewicht von α-Phase ($x_0^{(\alpha)} = 0{,}14$), β-Phase ($x_0^{(\beta)} = 0{,}95$) und einer Schmelze der eutektischen Zusammensetzung $x_0^{\text{Schm.}} = 0{,}40$ bei einer Temperatur $T_0 = 780$ °C. Offenbar sind in diesem Zustand die Mengenverhältnisse der drei Phasen zueinander durch X allein nicht mehr eindeutig festgelegt.

Als Beispiel eines binären Zustandsdiagrammes ist in Abb. D 2 dasjenige des Systems Silber–Kupfer dargestellt. Legiert man dem reinen Silber mit dem Schmelzpunkt $T_s = 960{,}5$ °C steigende Mengen Kupfer zu, so erhält man zunächst einen Substitutionsmischkristall (α-Phase), dessen Existenzbereich temperaturabhängig ist und sich z.B. bei etwa 780 °C bis zu einem Kupfergehalt von 14 Atomprozent erstreckt. Ebenso löst das reine Kupfer etwas — aber weniger — Silber als Mischkristall (β-Phase). Bei allen Konzentrationen, welche die Sättigungsgrenzen beider Mischkristalle übersteigen, erhält man ein Gemenge von α- und β-Phase (die heterogenen Zustandsfelder werden in den Zustandsdiagrammen deutlichkeitshalber bisweilen schraffiert dargestellt).

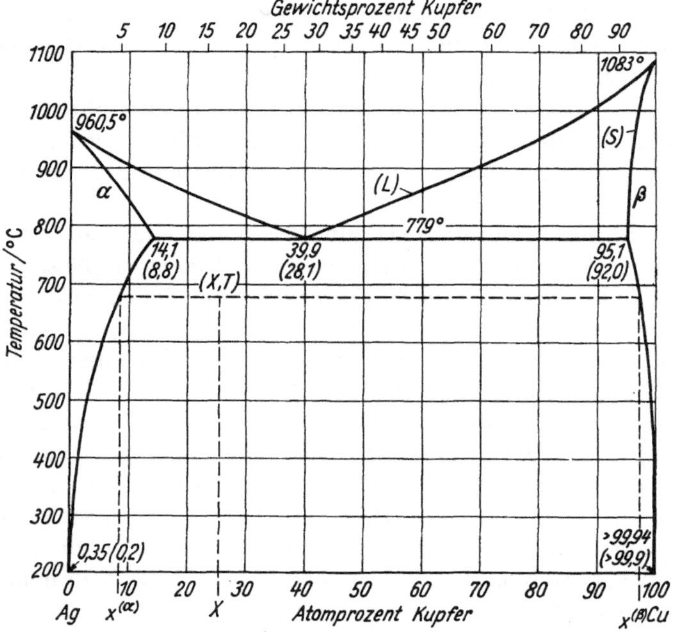

Abb. D 2

Zustandsdiagramm Ag—Cu (nach HANSEN-ANDERKO). Zur Berechnung des Mengenverhältnisses der beiden Phasen α und β im Punkt (X, T) des Zustandsdiagramms nach der Hebelbeziehung (D 34) hat man die Gleichgewichtskonzentrationen $x^{(\alpha)}$ und $x^{(\beta)}$ bei der Temperatur T an den Phasengrenzen aufzusuchen (gestrichelt)

Dieses Gemenge setzt sich aus Mischkristallen der Sättigungskonzentrationen ($x^{(\alpha)}$ bzw. $x^{(\beta)}$) bei der jeweiligen Temperatur zusammen.

Das Zustandsdiagramm zeigt weiterhin, daß Mischkristalle, wie z.B. die betrachteten Silber–Kupfer-Legierungen, im allgemeinen keinen scharfen Schmelzpunkt wie die reinen Komponenten besitzen, sondern daß sich der Übergang fest/flüssig in einem Temperaturintervall abspielt. Besitzen sie z.B. die Zusammensetzung 1:1, so zeigt Abb. D 2, daß oberhalb etwa 820 °C der flüssige Zustand bei dieser Zusammensetzung stets den stabilen darstellt. Bei dieser Temperatur wird die *Liquiduslinie* (L) erreicht, d. h. die obere Gleichgewichtskurve zwischen flüssigem und festem Zustand. Infolgedessen wird für die gegebene Zusammensetzung beim Abkühlen auf diese Temperatur zum ersten

Mal der Fall erreicht, daß mit der flüssigen Phase eine feste im Gleichgewicht steht, nämlich diejenige, die das erreichte heterogene Gebiet bei der gleichen Temperatur auf der anderen Seite (*Soliduslinie S*) begrenzt, d. h. der β-Mischkristall mit etwa 95% Kupfer. Bei 820 °C beginnt also die Erstarrung mit der Ausscheidung dieses sehr kupferreichen Mischkristalles, die Schmelze verarmt daher an Kupfer, und da die Liquiduslinie mit abnehmendem Kupfergehalt sinkt, kann die Kristallisation erst bei weiterer Abkühlung fortschreiten, so daß zur vollständigen Erstarrung ein Temperaturintervall notwendig ist.

Um die Ursachen dieses zunächst seltsam erscheinenden Verhaltens zu finden und um überhaupt die Gesetzmäßigkeiten zu erkennen, die den so ganz verschiedenartig aussehenden realen Zustandsdiagrammen (z.B. Abb. D 5 und D 6) zugrunde liegen, wollen wir versuchen, ihre Gestalt aus unseren thermodynamischen Überlegungen herzuleiten.

D 4 Herleitung der Zustandsdiagramm-Typen

Besäßen wir für alle denkbaren Phasen eines gegebenen Systems die explizite Kenntnis von $\zeta(x, T)$, so könnten wir auf Grund der vorausgegangenen Überlegungen ermitteln, welche Phasen jeweils dem Gleichgewichtszustand entsprechen, und damit das Zustandsdiagramm aufstellen. Dies ist leider bisher selten der Fall. Wir müssen uns daher mit sehr schematischen Überlegungen begnügen, die jedoch in einem überraschenden Ausmaß gestatten, die zunächst verwirrend erscheinende Fülle der Beobachtungstatsachen zu systematisieren und auch zu verstehen.

D 41 Lückenlose Mischbarkeit im flüssigen und festen Zustand

Wir gehen von der besonders einfachen Annahme aus, in dem betrachteten binären System läge vollständige Mischbarkeit beider Komponenten sowohl im flüssigen wie im festen Zustand vor; und zwar soll es sich um ideale Mischungen handeln, bei denen also keine Kräfte zwischen den Atomen beider Komponenten wirken. Dann gilt auf Grund von (D 23) unter Benutzung von (D 25)

$$\zeta = (1-x)\,\mu_A + x\,\mu_B = (1-x)\,[\mu^{(A)} + RT\ln(1-x)] + x\,[\mu^{(B)} + RT\ln x]\,. \tag{D 40}$$

Bildet man

$$\frac{\partial\zeta}{\partial x} = \mu^{(B)} - \mu^{(A)} + RT\ln\left(\frac{x}{1-x}\right) \tag{D 41}$$

und

$$\frac{\partial^2\zeta}{\partial x^2} = \frac{RT}{x(1-x)}\,, \tag{D 42}$$

so erhält man

$$\left(\frac{\partial\zeta}{\partial x}\right)_{x=0} = -\infty\,, \qquad \left(\frac{\partial\zeta}{\partial x}\right)_{x=1} = +\infty \tag{D 43}$$

bzw.

$$\frac{\partial^2 \zeta}{\partial x^2} > 0 \tag{D 44}$$

und erkennt hieraus, daß $\zeta(x)$ den in Abb. D 3 dargestellten Kettenlinienverlauf besitzt, der jeweils für eine bestimmte Temperatur T gilt.

Ein solcher $\zeta(x)$-Verlauf wird bei der hier vorausgesetzten vollständigen Mischbarkeit im flüssigen wie im festen Zustand also für beide Zustände vorliegen. Bei hinreichend hohen Temperaturen, z. B. T_1 in Abb. D 4a, wird jedoch stets $\zeta^{\text{Kristall}} > \zeta^{\text{Schmelze}}$ sein, weil für alle Zusammensetzungen der flüssige Zustand der stabile ist. Dies folgt auch unmittelbar aus den Definitionen von $\zeta \equiv G/\sum N_i$ und $G \equiv U + p\,V - T\,S$ (vgl. (D 8) und (D 25)), wenn man bedenkt, daß der Schmelze als der ungeordneten Phase die größere Entropie zukommt und daß bei genügend hohen Temperaturen der Term TS ausschlaggebend sein wird.

Wie ändern sich nun beide ζ-Funktionen mit sinkender Temperatur? Offenbar muß bei hinreichend tiefen Temperaturen $\zeta^{\text{Kr}} < \zeta^{\text{Schm}}$ sein, da dann bei jeder Zusammensetzung der feste Zustand der stabile ist. Mit sinkender Temperatur muß also der Unterschied $\zeta^{\text{Kr}} - \zeta^{\text{Schm}}$, auf den es hier ankommt, kleiner werden. Dies kann man auch aus (D 16) für alle endlichen Temperaturen folgern:

$$\left.\frac{\partial\,(G^{\text{Kr}} - G^{\text{Schm}})}{\partial T}\right|_p = S^{\text{Schm}} - S^{\text{Kr}} > 0\,. \tag{D 45}$$

Eine gegebene Abnahme von $\zeta^{\text{Kr}} - \zeta^{\text{Schm}}$ mit sinkender Temperatur stellt man üblicherweise dadurch dar, daß man ζ^{Schm} als temperaturunabhängig betrachtet und ζ^{Kr} allein die entsprechende Abnahme zuschreibt.

Demgemäß ist in Abb. D 4b für eine Temperatur $T_2 < T_1$ die Lage von ζ^{Schm} zwar beibehalten, ζ^{Kr} aber gesenkt worden und dabei angenommen, daß für T_2 gerade die Schmelztemperatur der höher schmelzenden Komponente A gewählt wurde. Infolgedessen berühren sich die beiden ζ-Kurven bei $x_0 = 0$, für alle anderen Zusammensetzungen gilt aber immer noch $\zeta^{\text{Kr}} > \zeta^{\text{Schm}}$, d. h., der flüssige Zustand bleibt der stabile.

Sinkt die Temperatur jetzt auf T_3 (Abb. D 4c), so verschiebt sich der Schnittpunkt x_0 beider ζ-Kurven zu einem größeren Wert und es gibt zwei Konzentrationen x_3' und x_3'', bei denen beide Kurven eine gemeinsame Tangente besitzen, d. h. also, daß sich Kristalle der Konzentration x_3' mit der Schmelze der Konzentration x_3'' bei der Temperatur T_3 im Gleichgewicht befinden. Damit entsteht für die Konzentrationen des Bereiches zwischen x_3' und x_3'' (in den wegen des vorausgesetzten ζ-Verlaufes x_0 fällt) die Möglichkeit, ein Gemenge aus den beiden Gleichgewichtsphasen zu bilden, dessen freie Enthalpie durch das gemeinsame Tangentenstück zwischen x_3' und x_3'' gegeben ist (vgl. (D 37)). Entsprechende Verhältnisse sind in Abb. D 4d für eine noch tiefere Temperatur T_4 dargestellt, und schließlich wird mit T_5 die Schmelztemperatur der reinen Komponente B erreicht (Abb. D 4e).

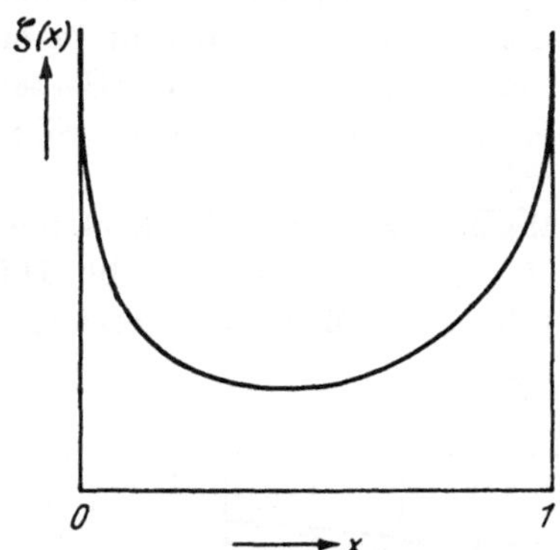

Abb. D 3
Molare freie Enthalpie für lückenlose Mischbarkeit

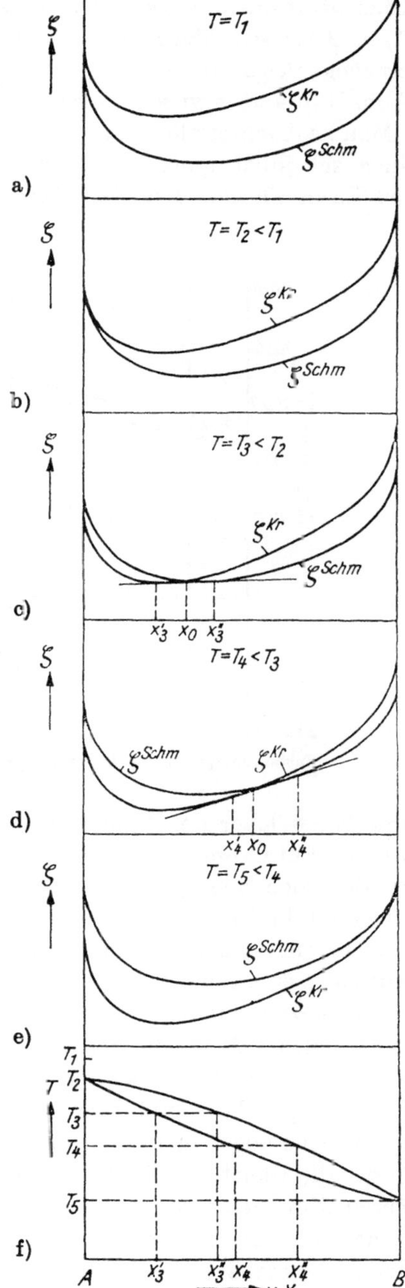

Abb. D 4
(a) – (e) Temperaturabhängigkeit von $\zeta(x)$ bei lückenloser Mischbarkeit im flüssigen und festen Zustand, (f) zugehöriges Zustandsdiagramm

Trägt man die für die Temperaturen T_1, T_2, T_3, T_4, T_5 bei den einzelnen Konzentrationen X gefundenen stabilen Phasen in ein X, T-Diagramm ein (Abb. D 4f), so erhält man ein Zustandsdiagramm, wie es für ein binäres System mit lückenloser Mischkristallreihe charakteristisch ist und z.B. bei Gold–Silber (Abb. D 5) und in vielen anderen Fällen vorliegt.

Man beobachtet allerdings bei vollständiger Mischbarkeit bisweilen auch noch einen scheinbar ganz andersartigen Typ, z.B. bei Gold–Kupfer (Abb. D 6) und Eisen–Chrom. Hier fällt besonders auf, daß es eine Zusammensetzung x_0

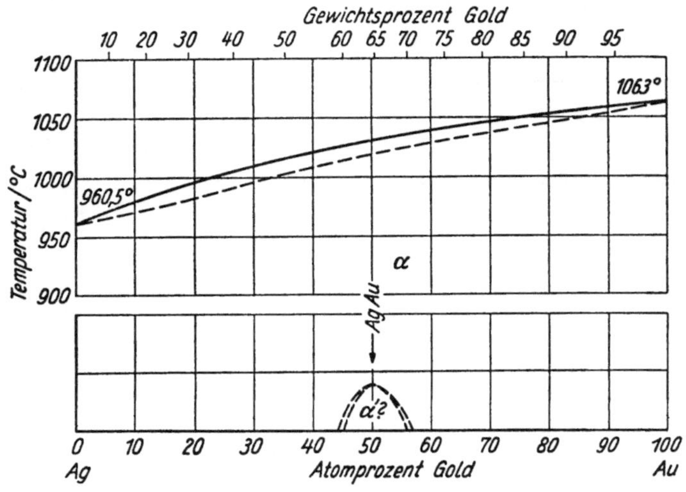

Abb. D 5

Zustandsdiagramm Ag–Au (nach Hansen-Anderko)

gibt, bei welcher der Mischkristall wie ein reiner Stoff einen Schmelzpunkt besitzt. Auf Grund unserer Überlegungen ist sofort klar, daß dieser Fall nichts grundsätzlich Neues, sondern nur eine spezielle Besonderheit darstellt: Offenbar fallen die Punkte x_0, x' und x'' für eine bestimmte Temperatur zusammen, d. h., bei ihr schneiden sich ζ^{Kr} und ζ^{Schm} nicht bei x_0, sondern berühren sich, haben also eine gemeinsame Tangente in diesem Punkt. Daraus folgt sofort, daß für alle $X \neq x_0$ entweder stets $\zeta^{\mathrm{Kr}} > \zeta^{\mathrm{Schm}}$ oder stets $\zeta^{\mathrm{Kr}} < \zeta^{\mathrm{Schm}}$ gelten muß. Im ersten Fall ist daher die Schmelztemperatur für x_0 die höchste im System, im zweiten die tiefste, wie es tatsächlich beobachtet wird.

Schmelzpunkte sind also keine Eigentümlichkeit reiner Stoffe, sondern treten in homogenen Phasen immer dann auf, wenn es eine Temperatur gibt, bei der die Gleichgewichtsbedingung zwischen fester und flüssiger Phase deren übereinstimmende Zusammensetzung fordert. Bei reinen Stoffen, d. h. bei solchen mit unveränderlicher chemischer Zusammensetzung wie Elementen oder unzersetzbaren Verbindungen, ist dies trivialerweise der Fall.

Die Abkühlungskurven der Legierungen mit der Zusammensetzung x_0 besitzen natürlich wie diejenigen reiner Stoffe bei der Schmelztemperatur einen

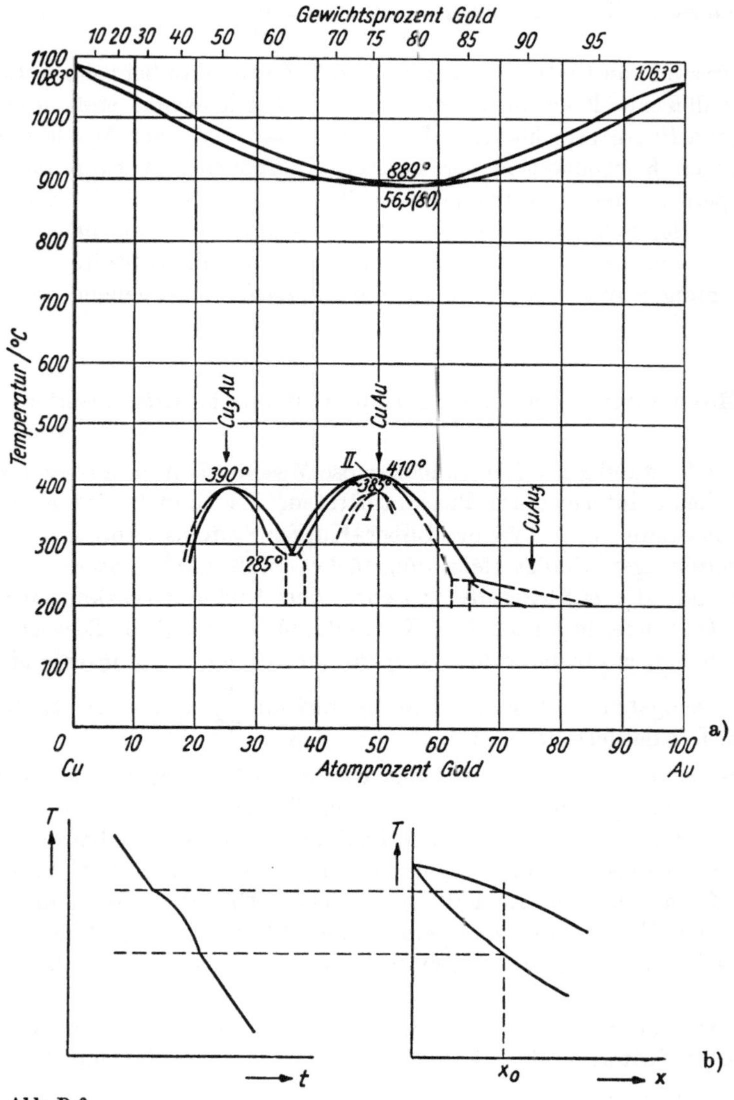

Abb. D 6

(a) Zustandsdiagramm Au–Cu (nach HANSEN-ANDERKO). In (b) sind rechts die Form von Liquidus- und Soliduslinie und links die der Abkühlungskurve einer Legierung der Zusammensetzung X_0 schematisch dargestellt

Haltepunkt, während bei der sich über ein Temperaturintervall erstreckenden Erstarrung eines Mischkristalles beliebiger Zusammensetzung am Anfang und Ende des Erstarrungsintervalls nur Knickpunkte auftreten (vgl. Abb. D 6). Die Untersuchung der Abkühlungskurven gestattet also Rückschlüsse auf den Kristallisationsablauf und damit auch auf das Zustandsdiagramm. Diese *ther-*

mische Analyse stellt eine der wichtigsten Methoden zur Konstitutionsforschung dar.

Das Auftreten von Erstarrungsintervallen bedeutet, daß bei jeder Temperatur des Intervalles die Konzentrationen der im Gleichgewicht stehenden festen und flüssigen Phase verschieden sind. Bringt man also einen Mischkristall mit einer geringen Konzentration der zweiten Komponente (Verunreinigung) auf eine Temperatur des Erstarrungsintervalles, so ist die gelöste Komponente entweder in der Schmelze oder im neuen Mischkristall — je nach Zustandsdiagramm — angereichert. Darauf beruht die Möglichkeit, Stoffe von gelösten Verunreinigungen durch sogenanntes *Zonenschmelzen* weitgehend zu reinigen.

D 42 Mischungslücke im festen Zustand (eutektische Kristallisation)

Im flüssigen Zustand sei weiterhin lückenlose Mischbarkeit vorausgesetzt, es soll außerdem keine intermediäre Phase auftreten. Es handelt sich also um ein Zustandsdiagramm vom Typ des Silber–Kupfer-Systems (Abb. D 2). In dem festen zweiphasigen Gebiet (Mischungslücke) muß nach unseren bisherigen Betrachtungen die $g(X)$-Gerade zwischen den beiden Grenzkonzentrationen (vgl. Abb. D 2) tiefer liegen als die ζ-Kurve des Mischkristalles. Dies ist offenbar nur möglich, sofern für die feste Mischphase abweichend von unserer bisherigen Annahme wenigstens stellenweise ein Verlauf mit $\frac{\partial^2\zeta}{\partial x^2} < 0$ vorliegt, etwa wie es in Abb. D 7 dargestellt ist.[1])

Erstreckt sich das zweiphasige Gebiet bis zum Schmelzbeginn, so liegt dieser ζ-Verlauf in dem gesamten entsprechenden Temperaturbereich vor. Besteht dagegen unmittelbar unterhalb der Soliduslinie lückenlose Mischbarkeit, und eine Mischungslücke existiert nur bei tieferen Temperaturen, d. h., tritt *Entmischung im festen Zustand* auf wie im Fall Gold–Nickel (Abb. D 8), so ist nur bei und unterhalb der Entmischungstemperatur der ζ-Verlauf nach Abb. D 7 anzunehmen, während bei höheren Temperaturen der glatte Kettenlinienverlauf vorliegt.

Wenn, wie im System Blei–Zinn, beide Komponenten Mischkristalle mit verschiedenen Gittern bilden, also zwei feste Phasen mit $\zeta^{(A)}$ und $\zeta^{(B)}$, können diese beiden ζ-Funktionen natürlich den glatten Verlauf mit überall $\frac{\partial^2\zeta}{\partial x^2} > 0$ haben, und die Mischungslücke wird durch zwei Konzentrationen mit gemeinsamer Tangente bestimmt. Dieser Fall bringt aber von unserem Standpunkt nichts prinzipiell Neues, da auch hier ein streckenweise linearer g-Verlauf auf-

[1]) Man beachte, daß es sich trotz der üblichen, unterschiedlichen Bezeichnung des A-reichen Mischkristalls als α-Phase und des B-reichen als β-Phase hier bei allen Zusammensetzungen um eine Mischphase mit dem gleichen Strukturtyp (im Falle Kupfer-Silber mit kubisch-flächenzentriertem Gitter) handelt, im Gegensatz zu dem unten besprochenen Beispiel Blei-Zinn.

tritt, der tiefer als die einphasigen Zustände liegt und damit das zweiphasige Gebiet stabilisiert.

Wir wollen jetzt das Zustandsdiagramm beschränkter Mischbarkeit im festen Zustand konstruieren, wie wir es im Fall der unbegrenzten Mischbarkeit getan haben, und gehen dabei von den in Abb. D 7a dargestellten ζ-Funktionen aus, die für eine Temperatur T_1 gelten, bei welcher der flüssige Zustand bei jeder Zusammensetzung der stabile ist.

Bei der niedrigeren Temperatur T_2 liegt nach der Tangentenkonstruktion zwischen x_1 und x_2 ein Gemenge fester und flüssiger Phasen vor, für $X < x_1$ ist der Mischkristall stabil, für $X > x_2$ die Schmelze. Bei T_3 ist auch der Schmelzpunkt der reinen Komponente B unterschritten, und es gibt sowohl auf der A- wie auf der B-Seite ein heterogenes Gebiet fest/flüssig zwischen x_3 und x_4 bzw. zwischen x_5 und x_6. In Abb. D 7d ist der Fall dargestellt, daß die beiden Tangenten, die in (c) vorlagen, zu einer entarten. Sie ist also Tangente an ζ^{Kr} in x_7 und x_9 und auch an ζ^{Schm} in x_8. Mithin besteht bei dieser Temperatur T_4 Gleichgewicht zwischen 3 Phasen, der Maximalzahl, die nach der Phasenregel (D 37) in binären Systemen möglich ist, und zwar zwischen der Schmelze der Zusammensetzung x_8 und den beiden Mischkristallen der Zusammensetzung x_7 und x_9. Eine Schmelze der Zusammensetzung x_8 (eutektische Zusammensetzung) besitzt also einen scharfen Erstarrungspunkt (T_4; eutektische Temperatur). Bei allen an-

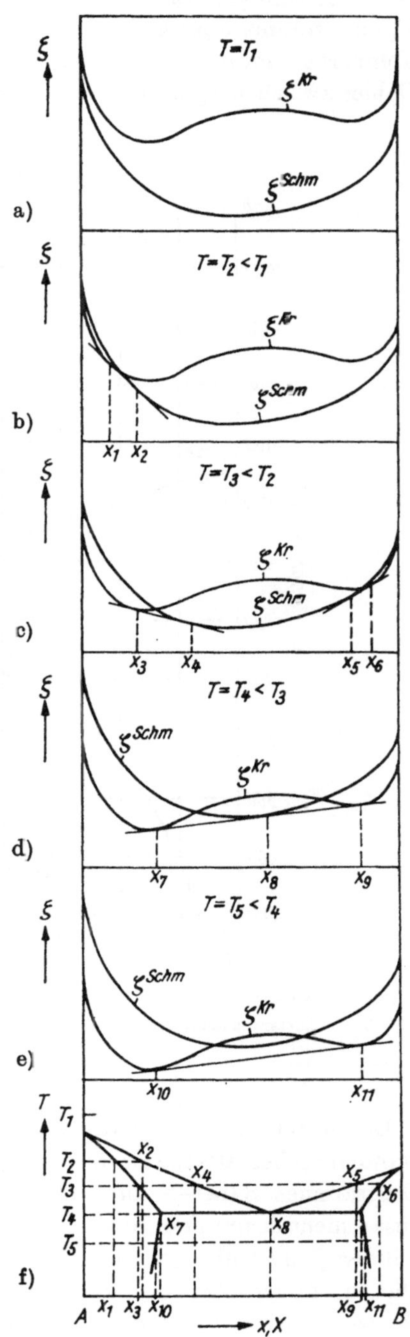

Abb. D 7

(a) – (e) Temperaturabhängigkeit von $\zeta(x)$ für feste und flüssige Phase im Falle einer Mischungslücke im festen Zustand, (f) zugehöriges Zustandsdiagramm

deren Zusammensetzungen setzt die Erstarrung bei Temperaturen oberhalb T_4 ein, kommt aber gleichfalls stets bei T_4 zum Abschluß. Bei noch tieferen Temperaturen, etwa T_5, gibt es nur noch feste Phasen mit einem heterogenen Gebiet zwischen x_{10} und x_{11}.

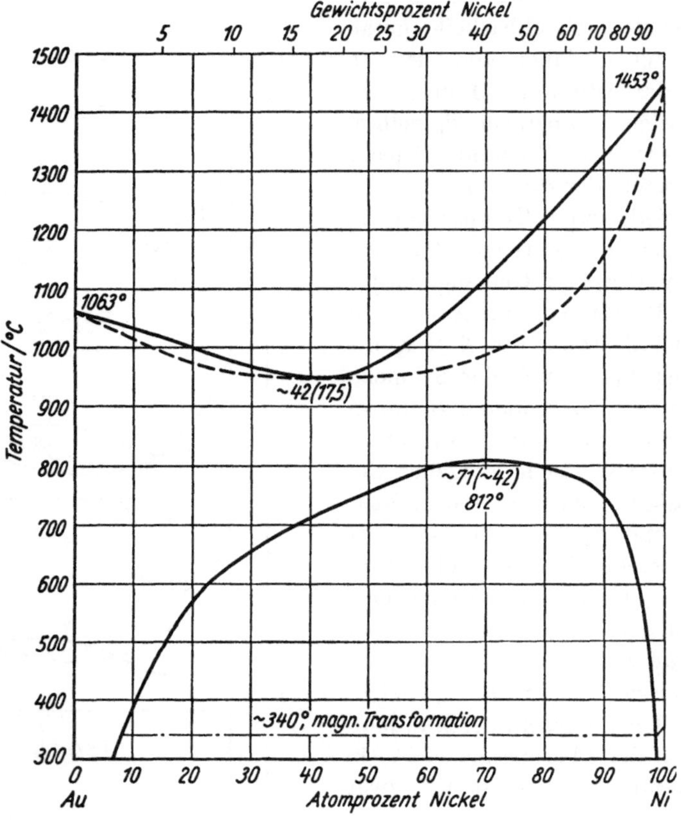

Abb. D 8

Zustandsdiagramm Au–Ni (nach Hansen-Anderko)

Das durch Zusammentragen der Ergebnisse von Abb. D 7a bis D 7e entstandene schematische Zustandsdiagramm Abb. D 7f zeigt alle Züge des realen Diagrammes Silber–Kupfer (Abb. D 2). Läßt man die Mischkristallgebiete zusammenschrumpfen, so erhält man schließlich das Diagramm für den Grenzfall der Unmischbarkeit im festen Zustand. Hier ist dann g^{Kr} eine Gerade für alle Zusammensetzungen von $X = 0$ bis $X = 1$. Bei den folgenden Betrachtungen wollen wir stets Unmischbarkeit im festen Zustand (und nach wie vor Mischbarkeit im flüssigen) voraussetzen.

D 43 Auftreten intermediärer Phasen

Unter einer intermediären Phase verstehen wir eine solche, deren Homogenitätsgebiet nicht bis zu den reinen Komponenten reicht. Wir denken uns die intermediäre Phase φ_0 — es soll nur eine im System vorhanden sein — zunächst auf eine bestimmte stöchiometrische Zusammensetzung x_0 beschränkt. Ihr $\zeta^{\mathrm{Kr}}(x_0)$-Wert bei der Temperatur T_1 sei durch den Punkt P dargestellt, der gerade auf der ζ^{Schm}-Kurve liegen möge (Abb. D 9). Der $g^{\mathrm{Kr}}(X)$-Verlauf im ganzen System ist dann wegen der vorausgesetzten Unmischbarkeit durch den einge-

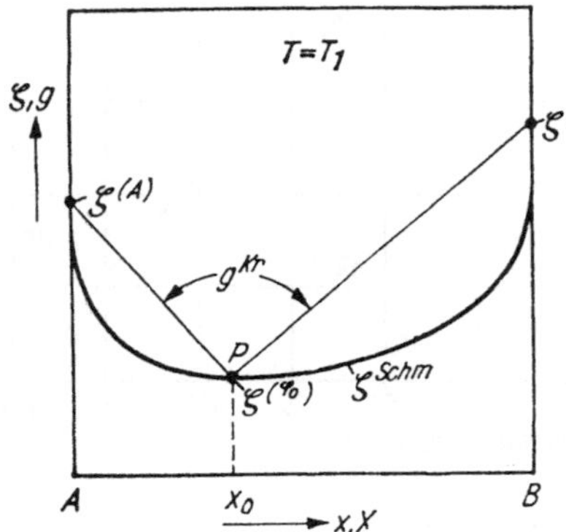

Abb. D 9

Auftreten einer intermediären Phase bei $x = x_0$ (die ζ-Funktionen der drei festen Phasen sollen so scharfe Minima haben, daß an ihnen jede Tangente möglich ist; sie sind durch Punkte dargestellt)

zeichneten Dreieckslinienzug gegeben. Wenn g^{Kr} überall innerhalb ζ^{Schm} liegt, ist oberhalb T_1 für alle Zusammensetzungen der flüssige Zustand stabil, bei T_1 erstarrt die Verbindung wie ein Element, denn hier sind feste und flüssige Phase der gleichen Zusammensetzung x_0 im Gleichgewicht. T_1 ist also der Schmelzpunkt der Verbindung, in diesem Fall der höchste des Systems. In den Bereichen $0 < X < x_0$ einerseits und $x_0 < X < 1$ andererseits liegen die gleichen Verhältnisse vor wie bei völliger Unmischbarkeit. Man erhält also zwei an der Stelle x_0 zusammengefügte Zustandsdiagramme vom Typ Abb. D 7f ohne Mischkristallgebiete. Ein Beispiel für ein solches Diagramm bildet das System Magnesium–Zinn (Abb. D 10), wenn man von der geringfügigen Mischkristallbildung von Magnesium bei höheren Temperaturen absieht.

Die Betrachtungen bleiben im wesentlichen unverändert, wenn die intermediäre Phase nicht streng auf stöchiometrische Zusammensetzung beschränkt bleibt, sondern im Zustandsdiagramm gewisse Homogenitätsbereiche auftreten. Es kann sogar vorkommen, daß diese die stöchiometrische Zusammensetzung gar nicht enthalten (z. B. bei $CuAl_2$). Diese zunächst überraschend erscheinende Tatsache findet ihre Erklärung wiederum in dem Umstand, daß ein an sich möglicher Zustand nicht auftritt, weil es einen energetisch günstigeren gibt (vgl. Abb. D 11): Die ζ-Funktion der fraglichen intermediären Phase (β) hat ihr Minimum bei der stöchiometrischen Zusammensetzung x_0. Die Lagen der benachbarten Phasen α und γ sind aber derart, daß in den Bereichen x_1, x_2

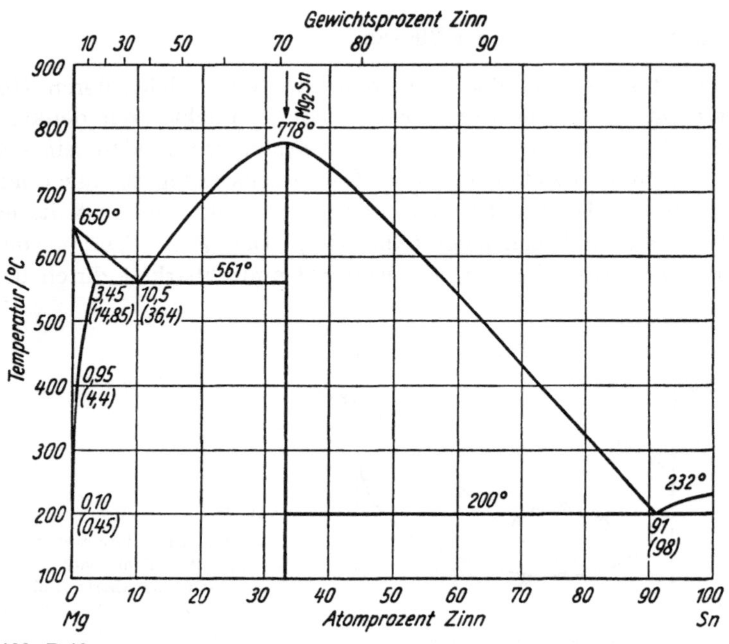

Abb. D 10

Zustandsdiagramm Mg–Sn (nach HANSEN-ANDERKO)

und x_3, x_4 Gemenge von α und β bzw. β und γ stabil sind. In das letztere Intervall fällt die Zusammensetzung x_0, während der Homogenitätsbereich von β auf x_2, x_3 beschränkt ist.

Die gleiche Ursache kann auch dazu führen, daß eine intermediäre Phase nicht direkt aus der Schmelze erstarrt, sondern erst durch Reaktion einer primär gebildeten Kristallart mit der Schmelze entsteht. Eine solche *peritektisch*

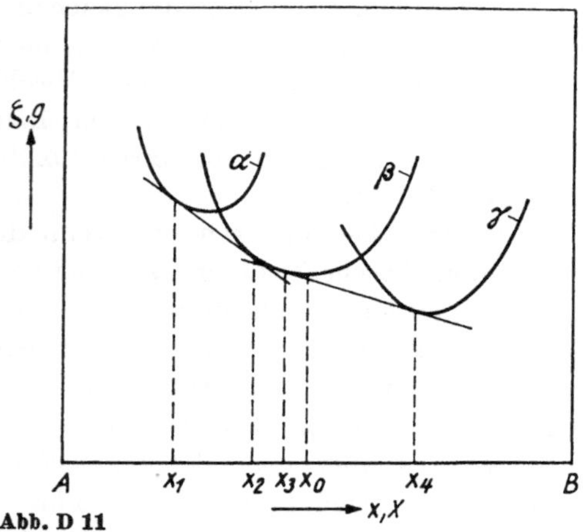

Abb. D 11

Homogenitätsbereich einer intermediären Phase β außerhalb der stöchiometrischen Zusammensetzung x_0

gebildete Phase schmilzt umgekehrt unter Zersetzung. Dieses Verhalten erscheint zunächst grundsätzlich verschieden von dem oben besprochenen einheitlichen Schmelzen einer Verbindung bei einem scharf definierten Schmelzpunkt, aber es ist wiederum nur die Folge von quantitativ anders gelagerten Verhältnissen derselben Grunderscheinungen. Diese führen dazu, daß die primäre Erstarrung dieser Verbindung aus der Schmelze wegen der Existenz energetisch günstigerer konkurrierender Vorgänge unterbleibt.

Der springende Punkt wird aus Abb. D 12 klar, die sich nur bezüglich der quantitativen Einzelheiten von Abb. D 9 unterscheidet. Auch hier ist die Temperatur T_1 so gewählt, daß ζ^{Kr} der stöchiometrischen Verbindung x_0 auf der ζ^{Schm}-Kurve liegt. Da jetzt aber g^{Kr} die Achse $x = 1$ unterhalb ζ^{Schm} schneidet, stellt die Tangente von diesem Schnittpunkt aus an ζ^{Schm} heterogene Zustände dar, die stabiler sind als die durch die ζ-Funktionen dargestellten, zu denen auch die stöchiometrische Verbindung gehört. Diese wird also bei der Temperatur T_1 noch nicht auftreten, sondern erst von einer tieferen Temperatur T_2 an, bei der die g^{Kr}-Gerade zwischen x_0 und $x = 1$ zugleich Tangente an ζ^{Schm} ist (Berührungspunkt x_1).

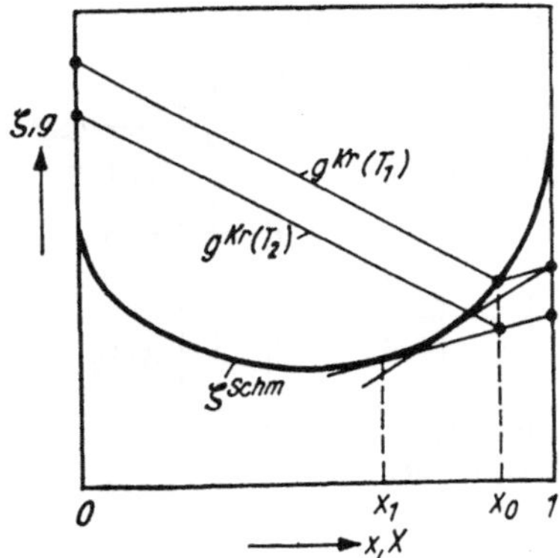

Abb. D 12
Peritektische Bildung einer intermediären Phase der Zusammensetzung x_0 bei T_2

Die peritektische Kristallisationsweise, bei der eine Kristallart nicht direkt aus der Schmelze erstarrt, sondern sich durch Reaktion eines primär ausgeschiedenen Kristalles mit der Schmelze bildet, ist nicht auf den hier besprochenen Fall der Verbindungsbildung beschränkt, sondern tritt auch in Systemen mit beschränkter Mischkristallbildung auf.

Durch Kombination der vorstehend beschriebenen Sonderfälle und das Auftreten von mehreren intermediären Phasen in einem System ergeben sich außerordentlich mannigfache Zustandsdiagramme, wofür Abb. D 13 das Kupfer-Zink-Diagramm als bekanntes Beispiel zeigt. Es enthält auch eine Reihe peritektischer Kristallisationen, etwa die Bildung der δ-Phase bei 700 °C (peritektische Temperatur) im Konzentrationsgebiet von ungefähr 75% Zink durch Umsetzung der primär ausgeschiedenen γ-Kristalle mit der Schmelze.

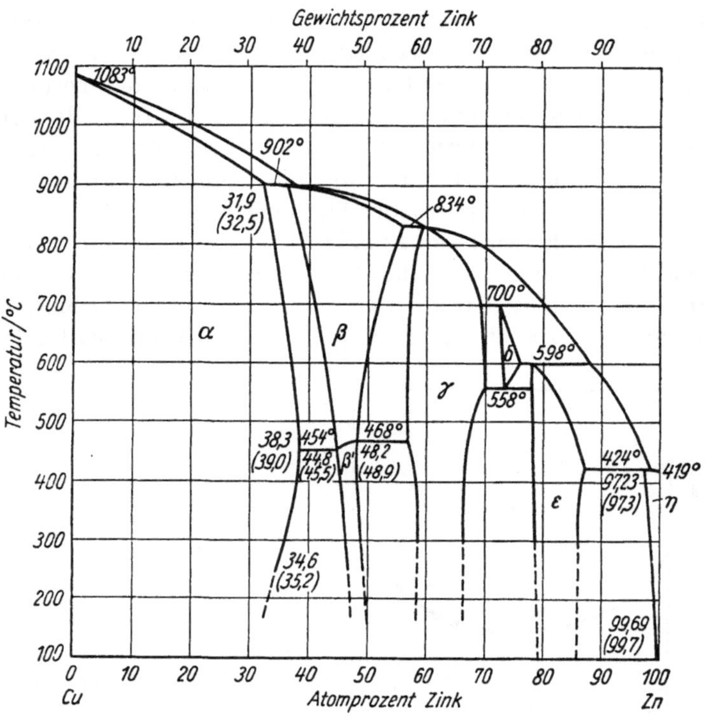

Abb. D 13
Zustandsdiagramm Cu–Zn (nach HANSEN-ANDERKO)

D 5 Atomistische Betrachtungen zur Konzentrationsabhängigkeit der ζ-Funktion

Der letzte Abschnitt hat gezeigt, wie — zumindest im Prinzip — die große Mannigfaltigkeit der Zustandsdiagramme aus der Konzentrations- und Temperaturabhängigkeit der ζ-Funktionen hergeleitet werden kann. Da aus thermodynamischen Überlegungen nur wenig Anhaltspunkte für den Verlauf der ζ-Funktion gewonnen werden konnten, liegt bisher die stärkste Rechtfertigung für die getroffenen Annahmen in ihrer im vorigen Abschnitt erwiesenen Brauchbarkeit. Es soll daher jetzt ergänzend gezeigt werden, daß sich unsere ζ-Funktionen auch bei atomistischer Betrachtungsweise rechtfertigen lassen.

Wir betrachten einen Mischkristall, der aus N_A A-Atomen und N_B B-Atomen ($N_A + N_B = N$) bestehen möge. Bei der Berechnung von ζ (vgl. auch D 2),

$$\zeta(x) = h(x) - T\, s(x)\,, \tag{D 46}$$

interessieren wir uns entsprechend unserer Aufgabenstellung nur für die Anteile, die von der Wechselwirkung zwischen A- und B-Atomen herrühren, vermindert um den Beitrag der gesprengten Bindungen zwischen gleichen Atomen, vernachlässigen also den verbleibenden Beitrag der reinen Komponenten. Unter h ist hier also die Mischungswärme zu verstehen ($h < 0$ bedeutet, daß bei der Mischung Wärme frei wird), unter s die Mischungsentropie.

Zur Berechnung der *Mischungswärme* setzen wir voraus, daß sie proportional der Anzahl der im Kristall vorhandenen $A - B$-Bindungen ist. Damit vernachlässigen wir u. a. die Temperaturabhängigkeit. Die Verteilung der Atome über die Gitterplätze sei völlig regellos. Dann ist die Wahrscheinlichkeit, daß auf einem bestimmten Gitterplatz ein A-Atom sitzt, $N_A/N = 1 - x$ und entsprechend die Wahrscheinlichkeit, ein B-Atom anzutreffen, $N_B/N = x$. Wenn das Gitter die Koordinationszahl $\mathcal{K}$ hat, so besitzt das A-Atom im Mittel $(\mathcal{K}\, x)$ B-Nachbarn. Die Gesamtzahl der AB-Bindungen im Kristall beträgt mithin $N\,(1 - x)\, \mathcal{K}\, x$. Es gilt also

$$h = C\, x\,(1 - x)\,, \qquad C = \text{Konstante}\,. \tag{D 47}$$

Zur Berechnung der *Mischungsentropie* gehen wir von der Boltzmannschen Beziehung

$$S = k \ln W \tag{D 48}$$

aus, in der für W bekanntlich die Anzahl der atomistischen Realisierungsmöglichkeiten des betrachteten Makrozustandes einzusetzen ist. In unserem Fall kommen nur die durch Vertauschung von A- und B-Atomen untereinander zusätzlich entstehenden Realisierungsmöglichkeiten in Frage. Deren Anzahl beträgt

$$W = \frac{N!}{N_A!\, N_B!}\,. \tag{D 49}$$

Man macht sich dies leicht an Beispielen klar:

1. $N_A = 999$, $N_B = 1$
   Durch Ersetzen des 1000. A-Atoms durch ein B-Atom ergeben sich für den betrachteten Zustand 1000 neue Realisierungsmöglichkeiten gegenüber dem reinen Kristall, indem nämlich das eine B-Atom auf irgendeinen der 1000 Gitterplätze gesetzt werden kann. Übereinstimmend liefert (D 49)
   $$W = 1000!/(999!\ 1!) = 1000\,.$$
2. $N_A = 998$, $N_B = 2$
   Hier entstehen $1000 \cdot 999/2$ neue Realisierungen, da man in jeder der 1000 Anordnungen von 1. das zweite B-Atom auf einen der 999 anderen Gitterplätze setzen kann. Dabei werden jedoch die beiden identischen Möglichkeiten, die durch Vertauschen der beiden B-Atome entstehen, getrennt gezählt, so daß noch durch 2 zu dividieren ist. Übereinstimmend liefert (D 49)
   $$W = 1000!/(998!\ 2!) = 1000 \cdot 999/2.$$

Aus (D 49) erhält man mittels der Stirlingschen Formel für große N

$$\ln N! \approx N \ln N\,, \tag{D 50}$$

die bei den in Frage kommenden N-Werten praktisch exakt gilt,

$$\ln W = N \ln N - N_A \ln N_A - N_B \ln N_B\,.$$

Wenn man hier die interessierende Größe $x = N_B/N = 1 - N_A/N$ einführt, liefert (D 48) als *Mischungsentropie*

$$S = -k\,N\,[(1-x)\ln(1-x) + x\ln x]$$

oder, auf ein Mol bezogen,

$$s = -R\,[(1-x)\ln(1-x) + x\ln x]\,,$$

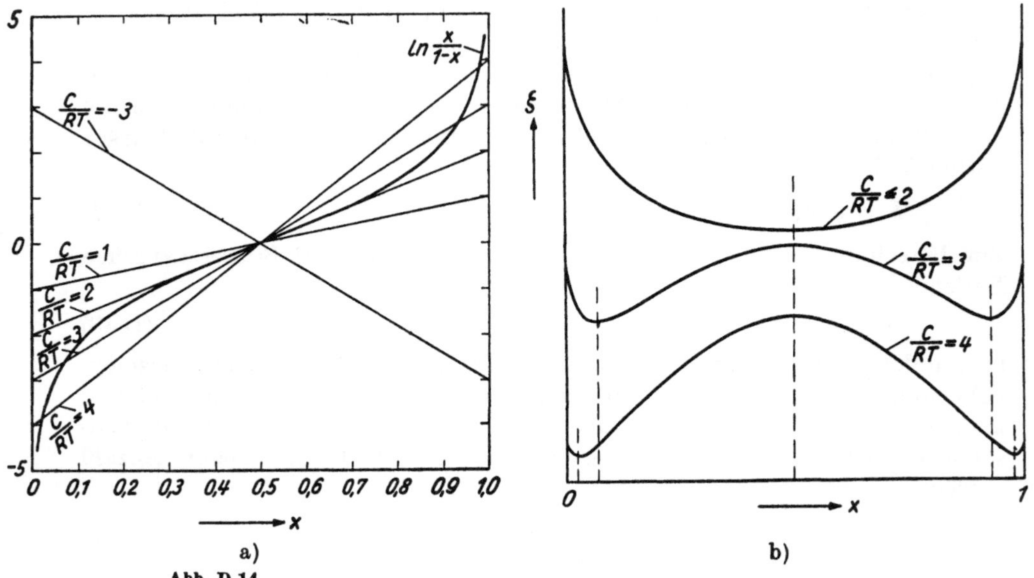

Abb. D 14

Lösungen der transzendenten Gleichung $(C/R\,T)\,(2\,x - 1) = \ln\{x/(1-x)\}$ für einige Werte von $C/R\,T$ (a) und schematische Darstellung der Funktion $\zeta(x)$ (b)

einen Ausdruck, der stets positiv ist. Damit erhält man nach (D 46) und (D 47)

$$\zeta(x) = C\,x\,(1-x) + R\,T\,[x\ln x + (1-x)\ln(1-x)]\,. \qquad \text{(D 51)}$$

Diese Funktion ist symmetrisch in x und $(1-x)$, hat also einen zur Geraden $x = 1/2$ spiegelbildlichen Verlauf. Ferner gilt $\zeta(0) = \zeta(1) = 0$ und außerdem bei $C \leqq 0$ stets, bei $C > 0$ wenigstens für hinreichend hohe Temperaturen $\zeta\,(x \neq 0) < 0$. Damit ist der früher angenommene kettenlinienhafte Verlauf von $\zeta(x)$ bestätigt.

Zur weiteren Diskussion bilden wir

$$\frac{\partial\zeta}{\partial x} = C\,(1-2\,x) + R\,T\ln\frac{x}{1-x} \qquad \text{(D 52)}$$

und

$$\frac{\partial^2\zeta}{\partial x^2} = -\,2\,C + \frac{R\,T}{x\,(1-x)}\,. \qquad \text{(D 53)}$$

Für den ersten Differentialquotienten gilt hiernach wie früher (vgl. (D 43)) $\frac{\partial\zeta}{\partial x}(x=0) = -\infty$ und $\frac{\partial\zeta}{\partial x}(x=1) = +\infty$. Ferner ist der zweite Differentialquotient für $C \leqq 0$, d. h. in Mischkristallen, zu deren Bildung keine Wärmezufuhr von außen erforderlich ist, stets positiv, wie nach (D 44). Bei positiver Mischungswärme ($C > 0$), wenn also mangels Affinität der Partner die Mischkristallbildung nur bei Wärmezufuhr von außen erfolgt, wird $\frac{\partial^2 \zeta}{\partial x^2}$ negativ, sobald die Temperatur unter

$$T = \frac{2\,C\,x\,(1-x)}{R}$$

sinkt. Ein negativer zweiter Differentialquotient war aber nach unseren obigen Betrachtungen (vgl. D 42) Voraussetzung für eine *Mischungslücke*, deren Entstehungsbedingungen wir also erkannt haben: *Mangelnde Affinität* (d. h. zu geringe Bindungsenergie zwischen den beiden Komponenten) und hinreichend *tiefe Temperatur*.

Die Lage der im Fall der Mischungslücke in der ζ-Funktion vorhandenen zwei Minima (vgl. Abb. D 7) findet man mittels der durch Nullsetzen von (D 52) entstehenden transzendenten Gleichung

$$\frac{C}{R\,T}(2\,x-1) = \ln\frac{x}{1-x},$$

deren Lösungen aus Abb. D 14 zu entnehmen sind. Man sieht nochmals, daß das Auftreten zweier Minima an positives C und kleine T-Werte gebunden ist (während sonst nur das triviale Minimum bei $x = 1/2$ vorliegt) und daß die beiden Minima um so weiter auseinanderliegen, d. h., daß die Mischungslücke wächst, je tiefer die Temperatur sinkt, wie dies in Abb. D 7 (in d und e) angenommen wurde.

D 6 Übungsaufgaben

D 1. Neben der teilweisen Unmischbarkeit im festen kann auch eine solche im flüssigen Zustand eintreten (etwa analog Öl/Wasser). Das Zustandsdiagramm enthält dann ein Zweiphasenfeld der beiden flüssigen Phasen β_1 und β_2. Bei einer festen Temperatur findet eine sogenannte *monotektische* Reaktion der Form α-Mischkristall $+ \beta_1 \rightarrow \beta_2$ statt. Man konstruiere den zugehörigen Teil des Zustandsdiagramms!

D 2. Eine Legierung erfährt eine *peritektische* Umwandlung, wenn sie von der Form α-Mischkristall + Schmelze $\rightarrow$ β-Mischkristall ist. Das zugehörige Zustandsdiagramm ist zu skizzieren.

D 3. Man beschreibe den Verlauf der Abkühlung einer Kupfer–Zink-Schmelze mit 75 At.% Zink anhand des Zustandsdiagramms (Abb. D 13) unter der Annahme, daß nur Gleichgewichtszustände durchlaufen werden.

D 4. Die thermische Analyse eines flüssigen Elementes zeigt bei der Erstarrungstemperatur einen Haltepunkt der Temperatur. Weshalb steigt die Temperatur im Augenblick des Erstarrens nicht geringfügig an, obwohl laufend Schmelzwärme von den erstarrenden Bestandteilen frei wird?

E BILDUNG UND AUFLÖSUNG VON KRISTALLEN. GITTERFEHLER

E 1 Kristall und Schmelze

Während wir im vorigen Kapitel die thermodynamischen Gleichgewichtsverhältnisse untersucht und dabei z.B. festgestellt haben, daß für einen reinen Stoff bei einer einzigen Temperatur, dem Schmelzpunkt, ein Gleichgewicht zwischen fester und flüssiger Phase besteht, wollen wir jetzt nach dem Verlauf der Umwandlung einer Phase in die andere fragen, also den Vorgang der Kristallisation bzw. des Schmelzens betrachten. Wie wir in D 41 gesehen haben, tritt dieser Vorgang bei einer scharf definierten Temperatur ein, und bei dieser beobachten wir eine *sprunghafte Änderung* vieler Eigenschaften des Stoffes, wie Dichte, elektrischer Widerstand, Verformungsverhalten beim Einwirken äußerer Kräfte und viele andere mehr. Tabelle E 1 bringt einige Beispiele.

Tabelle E 1
Volumen-, Entropie- und Widerstandsänderung beim Schmelzen

Element	$\Delta V/V_{\text{fest}}$ %	$\Delta s/R$	$\varrho_{\text{fl}}/\varrho_{\text{fest}}$
Ag	5,4	1,1	1,9
Al	6,9	1,4	1,64
Au	5,5	1,1	2,28
Bi	−3,4	2,3	0,47
Cu	4,4	1,15	2,07
Fe	3	1,02	1,09
Ga	−3	2,1	1,67
Hg	3,6	1,2	3,66
Na	2,6	0,85	1,44
Sb	−0,95	2,5	0,63

Es ist nützlich, sich klar zu machen, wie diese sprunghafte Änderung bei einer scharf definierten Temperatur mit dem sonst beobachteten Verhalten einer stetigen Temperaturabhängigkeit vereinbar ist. Zunächst haben wir früher gesehen, daß die Schmelztemperatur diejenige Temperatur ist, bei der feste und flüssige Phase im Gleichgewicht sind, wie es etwa aus Abb. E 1 noch einmal hervorgeht: T_s ist die Temperatur, bei der sich das thermodynamische Potential $G(T)$ für die kristalline und die flüssige Phase schneiden. Da der $G(T)$-Verlauf unabhängig von der Richtung der Temperaturänderung ist, müssen Schmelz- und Kristallisationstemperatur exakt zusammenfallen. Beide Kurven haben bei dieser Temperatur durchaus einen stetigen Verlauf, wobei ihre (metastabile) Fortsetzung über jene hinweg unter Umständen realisierbar ist (*Unterkühlung* bzw. *Überhitzung*).

Während sich die Eigenschaften beider Phasen also ganz stetig ändern, kommen die sprunghaften Eigenschaftsänderungen des Stoffes nur durch den Stabilitätsumschlag zwischen beiden Phasen zustande. Es wird auch deutlich, daß der *Schmelzpunkt* durch das *Verhalten beider Phasen* bestimmt wird und daher nicht durch Betrachtung einer allein verstanden werden kann, etwa als diejenige Temperatur, bei der das Kristallgitter infolge der zu stark gewordenen Temperaturbewegung seiner Bausteine „zusammenbricht", ähnlich wie ein Haus im Erdbeben. Das Kristallgitter ist auch oberhalb des Schmelzpunktes durchaus noch mechanisch stabil — bei Aluminium sind z.B. Überhitzungen bis zu 5 K beobachtet worden — aber unter normalen Umständen nicht mehr der Konkurrenz der flüssigen Phase gewachsen.

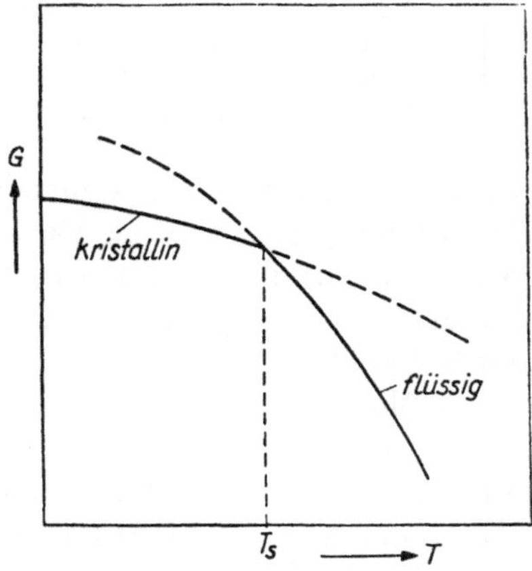

Abb. E 1
Schematische Darstellung des thermodynamischen Potentials $G(T)$ bei konstantem Druck für kristalline und flüssige Phase

Die Notwendigkeit, den flüssigen Zustand ebenso wie den des Kristalles zur Deutung des Schmelzpunktes heranziehen zu müssen, bedeutet, daß dazu auch eine *Theorie des flüssigen Zustandes* erforderlich ist. Eine solche mit Erfolg zu entwickeln, ist bisher daran gescheitert, daß man noch kein Modell gefunden hat, das einerseits der Wirklichkeit nahe genug ist, um alle wesentlichen Züge zu liefern, und andererseits so einfach, daß es mathematisch beherrschbar bleibt. Es leuchtet ein, daß der flüssige Zustand ungleich schwieriger zu behandeln ist als die Grenzfälle sowohl des verdünnten Gases, in dem infolge des großen mittleren Atomabstandes keine Wechselwirkung zwischen den Atomen vorliegt und daher rein statistische Verhältnisse herrschen, als auch des Kristalles, in dem die starken Wechselwirkungen zur vollständigen Ordnung des Raumgitters führen.

Der flüssige Zustand, in welchem die Atome gleichfalls auf etwa Atomdurchmesser genähert sind, nimmt eine komplizierte Mittelstellung ein, bei der nach Tab. E 2 die Koordinationszahlen erster Sphäre nur wenig von denen im Kristall verschieden sind. Die Translationsperiodizität, die zum Wesen des Kristallgitters gehört, ist im flüssigen Zustand aber nicht vorhanden. Dennoch gibt es in ihm eine *Nahordnung* (vgl. J 24), die sich auf Bereiche von einigen

Tabelle E 2

Koordinationszahlen in Schmelze und Kristall (nach VINEYARD)

Element	Temp./°C	Atomabstand u. Koordinationszahl in der Schmelze		Atomabstand u. Koordinationszahl im Kristall			
		1. Sphäre $d/10^{-10}$ m	$\mathcal{K}_1$	1. Sphäre $d/10^{-10}$ m	$\mathcal{K}_1$	2. Sphäre $d/10^{-10}$ m	$\mathcal{K}_2$
Al	700	2,96	10–11	2,86	12		
Au	1100	2,86	11	2,88	12		
Bi	340	3,32	7–8	3,09	3	3,46	3
Cd	350	3,06	8	2,97	6	3,30	6
Ga	20	2,77	11	2,43	1	2,71–79	6
Ge	1000	2,70	8	2,43	4	3,96	12
K	70	4,64	8	4,50	8	5,20	6
Zn	460	2,94	11	2,65	6	2,94	6

Atomdurchmessern beschränkt; im Gegensatz dazu bezeichnet man die sich über den ganzen Kristall erstreckende Translationsperiodizität als *Fernordnung*. Daß auch in einer Flüssigkeit — ebenso wie in einem willkürlich hingeschütteten Kugelhaufen — sich eine Abstandsstatistik mit ausgeprägten Maxima ausbildet, muß nicht als „Rest des Kristallgitters" gedeutet werden, sondern ist als reine Folge des Eigenvolumens der Moleküle verständlich, z.B. sind Mittelpunktsabstände $< 2\,r$ bei Kugeln überhaupt nicht möglich. Abb. E 2 zeigt eine aus röntgenographischen Messungen gewonnene Abstandsstatistik für flüssiges Gold, von der nur das erste Maximum mit einem Atomabstand im Kristallgitter, nämlich dem Abstand nächster Nachbarn, korrespondiert. Weitere Vergleiche ermöglicht Tabelle E 2.

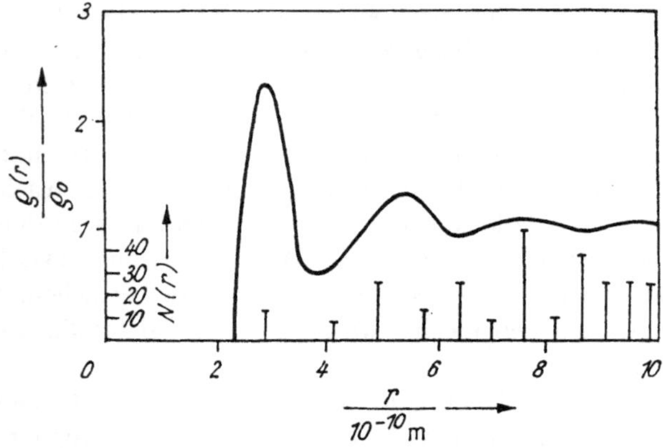

Abb. E 2

Aus röntgenographischen Messungen gewonnene zeitliche Mittelwerte für die Radialverteilung der relativen Massendichte (bezogen auf den räumlichen Mittelwert ϱ_0) in flüssigem Gold. Die senkrechten Striche markieren die Radien der Koordinationssphären im zugehörigen Kristallgitter, ihre Länge entspricht der Besetzungszahl $N(r)$ dieser Sphären (nach HENDUS)

Außer der strukturellen Verschiedenheit eines Kristalls und seiner Schmelze besteht ein entscheidender Unterschied hinsichtlich der Beweglichkeit der Bausteine in beiden Fällen: Während der Kristallbaustein — abgesehen von der geringfügigen Diffusion (vgl. H) — im Zeitmittel an seine Gleichgewichtslage gebunden ist, sind die Atome in der Schmelze frei beweglich. Daher hat die Schmelze im Gegensatz zum Kristall keine Festigkeit gegenüber Scherdeformationen, jedenfalls im Grenzfall verschwindender Geschwindigkeit. In Wirklichkeit ist natürlich ein bestimmter Widerstand vorhanden, der durch die Zähigkeit

$$\eta = \tau/\dot{a} \tag{E 1}$$

gemessen wird. Sie beträgt z.B. für Quecksilber bei Raumtemperatur 10^{-3} Ns/m², das ist etwa ebenso viel wie für H_2O. (Für kristalline Stoffe lassen sich keine Vergleichswerte angeben, weil kein eindeutiger Zusammenhang zwischen der Verformungsgeschwindigkeit $\dot{a}$ und der Schubspannung τ besteht, vielmehr sind hier mehrere Parameter von Einfluß (vgl. K 31)).

Es gibt aber auch „feste" Stoffe mit einer flüssigkeitsartigen Struktur, früher mißverständlich als amorphe Stoffe bezeichnet, wie etwa Gläser, Harze, Hochpolymere, Kunststoffe, die wegen ihrer besonderen Eigenschaften eine schnell zunehmende Bedeutung gewinnen. Während Gläser im allgemeinsten Sinne meist das Newtonsche Fließgesetz (E 1) befolgen (Gläser bei 500 °C mit größenordnungsmäßig $\eta = 10^{12}$ Ns/m²), treten bei Hochpolymeren Exponenten bei $\dot{a}$ auf, die den Wert 1 sowohl unter- wie überschreiten können. Bei diesen Stoffen verläuft das Festwerden durch Abkühlen der Schmelze, die *Erstarrung*, wesentlich anders als bei der Kristallisation der Metalle und bleibt im folgenden außer Betracht.

E 2 Kristallisation

E 21 Keimbildung

Wir gehen von der Erfahrungstatsache aus, daß die Kristallisation einer Schmelze gewöhnlich von regellos über ihr Volumen verteilten einzelnen Punkten ausgeht, an denen das Kristallwachstum einsetzt, und fragen zunächst nach der Natur dieser *Kristallkeime.*

Wie in E 1 auseinandergesetzt, stimmt die Koordinationszahl erster Sphäre in Kristall und Schmelze nahezu überein, z.B. findet man für die dichtest gepackten Metalle in der Schmelze etwa 11 anstatt 12 im Kristall (vgl. Tab. E 2). Der wesentliche Unterschied besteht jedoch in der viel größeren Atombeweglichkeit im flüssigen Zustand. Wenn also die Untersuchung einer Schmelze die Koordinationszahl 11 liefert, so ist diese Anzahl der nächsten Nachbarn eines Atoms als Mittelwert aufzufassen, und es gibt in der Schmelze auf Grund der lebhaften Atombewegung einzelne Bereiche mit kleinerer und auch mit größerer Koordinationszahl. Danach sind also auch in der Schmelze momentan Gebiete mit der Koordinationszahl 12, wie sie der Kristall besitzt, vorhanden, nur muß man damit rechnen, daß sie im nächsten Augenblick durch die Wärmebewegung der Atome wieder zerstört werden, und es ist zu untersuchen, unter welchen Umständen solche Bereiche mit der Atomanordnung des Kristalls zu wachstumsfähigen Kristallkeimen werden können.

Die thermodynamische Stabilität eines Keimes wird durch die Änderung der freien Enthalpie δG bestimmt, die bei der Bildung eines solchen Keimes in der Schmelze für eine vorgegebene Temperatur T eintritt. Angesichts der Kleinheit der Keime können wir den Oberflächenanteil nicht mehr gegenüber dem Volumenanteil vernachlässigen, im Gegenteil, die Oberflächenspannung erweist sich als die für die Keimbildung maßgebende Größe. Wir schreiben also

$$\delta G = \alpha(T)\, r^3 + \beta(T)\, r^2 , \tag{E 2}$$

wobei r die lineare Dimension des Keimes, $\alpha(T)$ die freie Enthalpie pro Volumeneinheit eines großen Stückes neuer Phase und $\beta(T)$ diejenige pro Oberflächeneinheit (Oberflächenspannung) bedeuten (die letzten beiden Aussagen gelten bis auf einen Faktor der Größenordnung 1, der den Unterschied des wirklichen Volumens bzw. der wirklichen Oberfläche gegenüber r^3 bzw. r^2 mißt). Während β stets positiv ist, ändert sich das Vorzeichen von α mit der Temperatur: Da feste und flüssige Phase am Schmelzpunkt T_s im Gleichgewicht sind, ist $\alpha(T_s) = 0$, während entsprechend der Stabilität der flüssigen Phase oberhalb T_s dort $\alpha\,(T > T_s) > 0$ gilt und umgekehrt $\alpha\,(T < T_s) < 0$. Auf diese Weise erhält man den in Abb. E 3 dargestellten Verlauf von δG für verschiedene Temperaturen. Für $T \geqq T_s$ wächst δG stets mit r, d. h., ein sich im Wechselspiel der thermischen Atombewegung bildendes Gebiet mit ,,Kristallstruktur" ist nicht stabil, sondern wird immer wieder zerfallen. Ist aber $T < T_s$, so durchläuft δG bei r_k ein (positives) Maximum; unterhalb des *kritischen Radius* r_k tritt also immer noch spontaner Zerfall des Keimes ein, aber oberhalb r_k nimmt δG mit wachsendem r ab, d. h., der Keim ist wachstumsfähig. Der kritische Radius r_k, für den man mit (E 2) aus $\frac{\mathrm{d}(\delta G)}{\mathrm{d}r} = 0$

$$r_k = -\frac{2\,\beta}{3\,\alpha} \tag{E 3}$$

erhält, wächst einerseits mit der Oberflächenenergie β und ist andererseits um so größer, je dichter unterhalb des Schmelzpunktes man sich befindet (dort ist er unendlich groß).

In diesem Modell erscheint der scharfe Kristallisationspunkt als diejenige Temperatur, deren beliebig kleine Unterschreitung Kristallisationskeime endlicher Größe zuläßt.

Aus (E 2) und (E 3) erhält man für die Keimbildungsarbeit

$$\mathscr{W} \equiv \delta G(r_k) = (4/27)\, \beta^3/\alpha^2, \tag{E 4}$$

die also stets positiv ist, weil dies für die Oberflächenspannung β gilt.

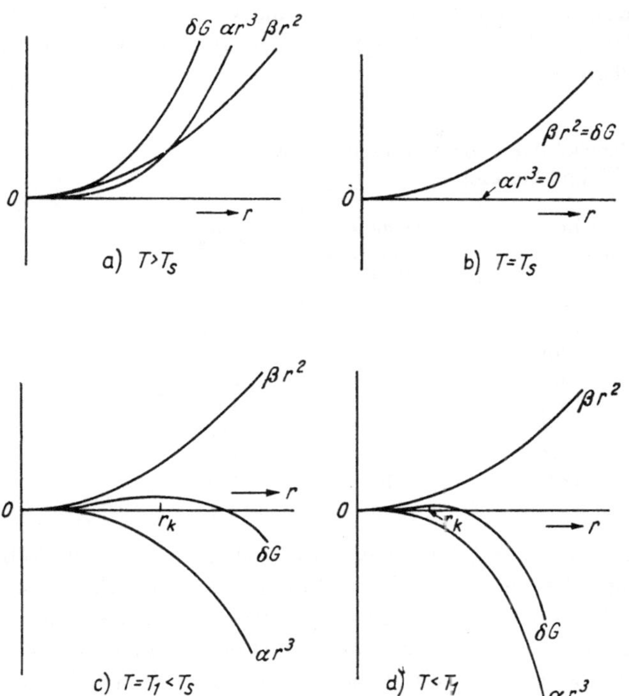

Abb. E 3

Die Änderung der freien Enthalpie $\delta G = \alpha r^3 + \beta r^2$ bei Keimbildung in der Schmelze in Abhängigkeit vom Keimradius r für verschiedene Temperaturen T: (a) oberhalb des Schmelzpunktes T_S, (b) am Schmelzpunkt, (c) unterhalb und (d) weit unterhalb T_S (nach DARKEN und GURRY)

Um die Keimbildungsgeschwindigkeit J zu finden, drücken wir die relative Anzahl der Fälle, in denen die für die Keimbildung erforderliche Keimbildungsarbeit zur Verfügung steht, durch einen BOLTZMANN-Faktor aus und erhalten

$$J = B\,N\,e^{-\mathfrak{W}/kT}\,, \tag{E 5}$$

wobei B die Häufigkeit des Auftreffens eines Atoms auf einen Keim bezeichnet und N die Anzahl von Stellen in der Schmelze, an denen Keimbildung gleich wahrscheinlich erfolgt. Sind alle Punkte der Schmelze gleichberechtigt, so sprechen wir von homogener Keimbildung, für die diese Betrachtungen gelten, größenordnungsmäßig kann man in hinreichend großen Volumen für N die Anzahl der Atome setzen. In Wirklichkeit sind jedoch stets ausgezeichnete Punkte vorhanden (Fremdeinschlüsse, Gefäßwände, Oberflächen), so daß die tatsächliche Keimbildung praktisch ausnahmslos heterogen erfolgen dürfte.

Da für $\alpha(T_S) = 0$ nach (E 4) und (E 5) die Keimbildungswahrscheinlichkeit noch Null ist, muß man bei homogener Keimbildung erwarten, daß erst bei einer gewissen Unterschreitung des Schmelzpunktes wachstumsfähige Kristallisationskeime mit einiger Wahrscheinlichkeit gebildet werden. Tatsächlich wurden bei sorgfältiger Reinigung und weiterer Herabsetzung der Keimzahl durch Unterteilung der Schmelze in sehr kleine Tröpfchen Unterkühlungen von mehreren 100 K beobachtet (Tab. E 3).

Tabelle E 3

Maximale Unterkühlung von Metallschmelzen (nach FEHLING und SCHEIL)

Metall	Schmelz-temperatur T_s/K	maximale Unterkühlung ΔT/K	$\Delta T/T_s$ %
Au	1336	190	14,2
Co	1768	310	17,5
Cu	1356	180	13,3
Fe	1807	280	15,5
Ge	1210	200	16,5
Ni	1726	290	16,8
Pd	1825	310	17,0

Die Größenordnung von r_k, bei der das Keimwachstum erfolgt, dürfte bei etwa 10 Atomdurchmessern liegen. Die Keimbildungsgeschwindigkeit durchläuft ein Maximum: Dicht unterhalb des Schmelzpunktes ist sie klein, weil r_k sehr groß ist; dann wächst sie zunächst mit abnehmender Temperatur wegen der Abnahme von r_k trotz der abnehmenden thermischen Beweglichkeit, aber schließlich verringert sie sich wieder, weil einerseits r_k nicht mehr sinkt, andererseits aber die Atombeweglichkeit stark abnimmt. Der Betrag der maximalen Keimbildungsgeschwindigkeit ist bei nicht allzu tiefen Temperaturen für Metalle so groß, daß sie reproduzierbare maximale Unterkühlungen besitzen, d. h., stets kristallisieren. Durch „abschreckende Kondensation“ bei extrem tiefen Temperaturen (flüssiges Helium) gelingt es, manche Metalle in einen glasartigen festen Zustand zu überführen, der sich aber schon bei wenig höheren Temperaturen (ca. 20 K) in den kristallisierten umwandelt.

E 22 Kristallwachstum. Einkristalle

Ist in einer Schmelze ein wachstumsfähiger Keim vorhanden, der sich auf Grund statistischer Schwankungen gebildet haben oder durch „Impfung“ von außen hereingebracht sein mag, so wird unterhalb der Erstarrungstemperatur im Wechselspiel der Atomanlagerungen und -ablösungen an seiner Oberfläche die erstere Art überwiegen: der Kristall wächst, und zwar, wenn das Wachstum unbehindert erfolgt, mit ebenen Begrenzungsflächen. Das Auftreten ebener Wachstumsflächen ist eine Folge der energetischen Verhältnisse im Kristallgitter: Bei Anlagerung eines Atoms auf einer abgeschlossenen Gitterebene (Platztyp (1) in Abb. E 4) hat es in einem einfach kubischen Gitter nur einen nächsten Nachbarn, bei Anlagerung an eine abgeschlossene Kante einer wachsenden Ebene deren 2 (Platztyp (2)) und bei Anlagerung an eine wachsende

Atomreihe (Platztyp (3)) sogar 3. In diesem Falle ist der Energiegewinn also am größten, im ersten am kleinsten. Es wird also stets eine begonnene Reihe zuerst zu Ende wachsen, dann die begonnene Ebene, und der Beginn einer neuen Ebene ist der am seltensten auftretende Vorgang auf Grund der energetisch begründeten „Keimbildungs-Schwierigkeiten" für eine neue Ebene.

Diese Schwierigkeit kann bemerkenswerterweise durch Auftreten eines Gitterfehlers, einer sogen. Schraubenversetzung (vgl. E 4), beseitigt werden. Wenn eine solche aus einer Kristallfläche austritt, ist diese nicht eben, sondern schraubenartig (Abb. E 5). Es leuchtet anschaulich ein, daß hier auch die Anlagerung be-

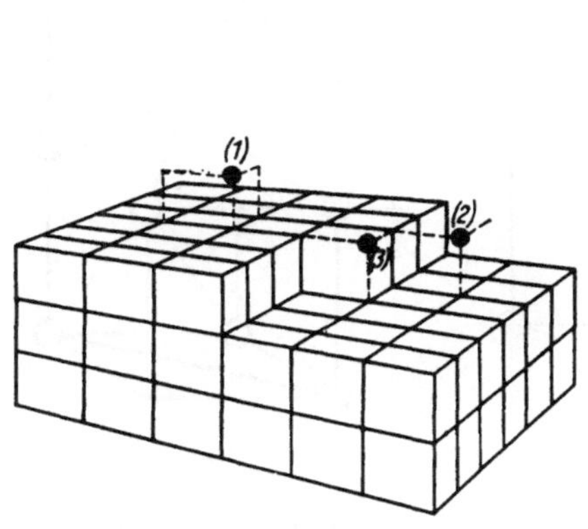

Abb. E 4

Anlagerungsplätze auf der (001)-Fläche eines einfach-kubischen Kristalls

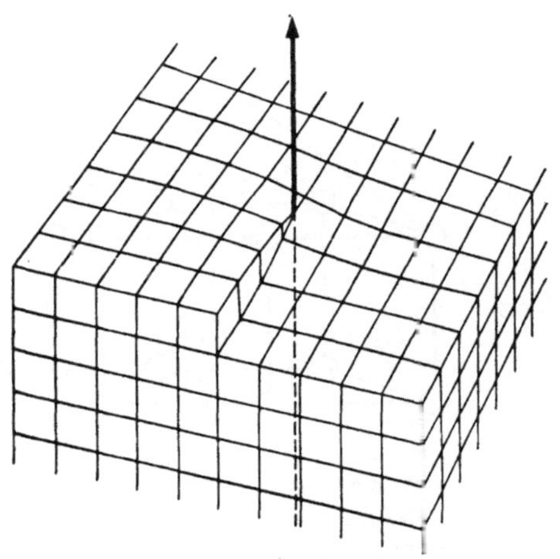

Abb. E 5

Wachstumsstufe, die durch den Austritt einer Schraubenversetzung aus dem Kristall entsteht

liebig vieler Atome nie zu einer abgeschlossenen Ebene führt, sondern stets eine günstige Anlagerungsmöglichkeit (Platztyp (2) oder (3)) erhalten bleibt, d. h., daß eine Kristallfläche mit einer Schraubenversetzung hinsichtlich des Wachstums stark begünstigt ist.

Die Ausbildung bestimmter Kristallflächen bei einer bestimmten Substanz hängt damit zusammen, daß der Energiegewinn bei Anlagerung eines Atomes an eine Kristallfläche für verschiedene Gitterebenen unterschiedlich ist. In einem einfach kubischen Gitter besitzt z.B. ein an einer Würfelfläche $\{001\}$ angelagertes Atom (Abb. E 6a) 1 nächsten Nachbarn im Abstand der Gitterkonstante a, 4 zweitnächste im Abstand $a\sqrt{2}$ und 4 drittnächste im Abstand $a\sqrt{3}$; bei Anlagerung auf der $\{110\}$ Fläche (Abb. E 6b) lauten die entsprechenden Zahlen 2, 5, 2.

Die Geschwindigkeit, mit der sich eine Kristallfläche senkrecht zu sich selbst verschiebt, nennt man *lineare Kristallisationsgeschwindigkeit.* Sie liegt häufig bei Werten von einigen Millimetern pro Minute, kann aber sehr beträchtlich variieren und hängt stark von der Unterkühlung ab. So ist bei einer um 175 K unterkühlten Nickelschmelze ein Wert von $2 \cdot 10^6$ mm/min beobachtet worden.

In der Praxis erfolgt die Kristallisation von Metallschmelzen sehr dicht unterhalb des Erstarrungspunktes, und die Kristallisationsgeschwindigkeit wird durch die Ableitung der freiwerdenden Kristallisationswärme bestimmt. Die Grenzfläche fest/flüssig verläuft gewöhnlich senkrecht zum Temperaturgefälle.

Die Kristallisationsgeschwindigkeit ist infolge der Kristallanisotropie richtungsabhängig. Die Endgestalt eines unbehindert wachsenden Kristalles wird durch die Flächen mit der kleinsten Wachstumsgeschwindigkeit bestimmt,

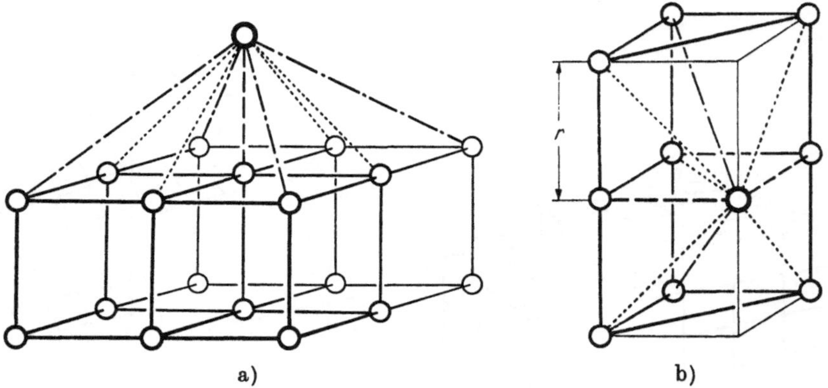

Abb. E 6

Anlagerung eines Gitterbausteins an eine {100}-Fläche (a) und eine {110}-Fläche (b) des einfachkubischen Gitters. Die Nachbarn erster Sphäre sind durch gestrichelte, die zweiter Sphäre durch punktierte und die dritter Sphäre durch strichpunktierte Geraden mit dem betrachteten Bauelement verbunden

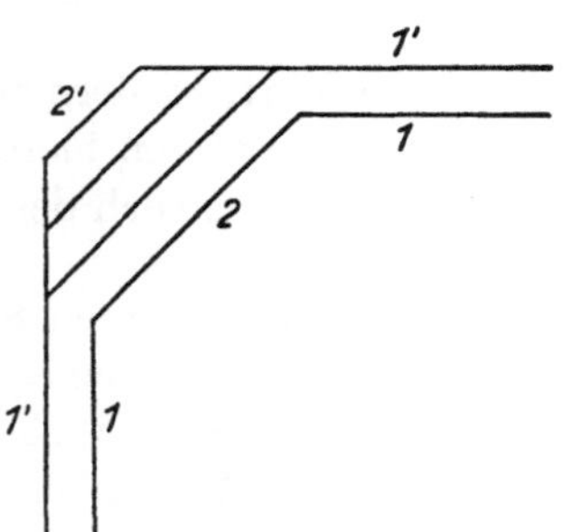

Abb. E 7

Einfluß der Wachstumsgeschwindigkeiten auf die Kristallgestalt

diejenigen mit großer Geschwindigkeit „wachsen aus dem Kristall heraus", wie man sich leicht anhand Abb. E 7 klarmacht. Sie zeigt den Schnitt durch einen Kristall. In der gleichen Zeit, in der auf die gleichwertigen Flächen 1 je eine Atomschicht aufgelagert wird, sollen auf die gleichgroßen Flächen 2 infolge ihrer dreimal größeren Wachstumsgeschwindigkeit 3 aufwachsen. Dann ist das Ergebnis ein Kristall mit den Begrenzungsflächen 1′ und 2′, wobei die letzteren schon fast herausgewachsen sind.

Es zeigt sich, daß die an einem Kristall ***am häufigsten auftretenden Flächen***, also diejenigen mit kleinster Kristallisationsgeschwindigkeit, meist durch eine ***hohe atomare Belegungsdichte*** ausgezeichnet sind und dementsprechend auch durch große Netzebenenabstände (Regel von BRAVAIS–DONNAY-HARKER).

Die Kristallisationsgeschwindigkeit durchläuft in Abhängigkeit von der Temperatur ein Maximum; denn am Schmelzpunkt ist sie Null, wächst dann mit zunehmender Unterkühlung zunächst an, um schließlich wieder abzunehmen infolge mangelnder Atombeweglichkeit. Das Zusammenspiel der Temperaturabhängigkeit von Keimbildungsgeschwindigkeit und Kristallisationsgeschwindigkeit bestimmt den Kristallisationsablauf. Bei kleiner Keimbildungsgeschwindigkeit und großer Kristallisationsgeschwindigkeit wird man z. B. grobes Korn, im umgekehrten Falle kleines erwarten.

Wie bereits oben erwähnt, beginnt die Kristallisation einer Schmelze von vielen, statistisch über ihr Volumen verteilten Keimen ausgehend. Jeder Keim prägt seine Gitterorientierung dem aus ihm entstehenden Kriställchen auf, so daß nach abgeschlossener Erstarrung, d. h., wenn alle Kriställchen bis zur Berührung mit ihren Nachbarn gewachsen sind, ein vielkristallines Haufwerk von „Kristalliten" vorliegt, in dessen einzelnen Körnern jeweils eine einheitliche Gitterorientierung besteht, die jedoch von Korn zu Korn in unregelmäßiger Weise variiert. Nur durch diesen Umstand mittelt sich die Richtungsabhängigkeit der Metallkristall-Eigenschaften eines sehr viele Kristallite enthaltenden Bruchstückes gewöhnlich heraus, wie bereits in A 21 dargelegt.

Zur physikalischen Aufklärung der Metalleigenschaften ist aber gerade die Kenntnis der Richtungsabhängigkeit notwendig und gewinnt auch vom technischen Standpunkt zunehmendes Interesse, seitdem man gelernt hat, sogenannte Einkristalle, d. h. „Kristallite" von makroskopischen Abmessungen (Größenordnung cm) zu erzeugen. Die Herstellung von Metalleinkristallen (vgl. [130a]) um 1920 war eine der Grundvoraussetzungen für die Entwicklung der Metallphysik, ein weiterer starker Impuls erfolgte durch den Bedarf der Halbleiter-Industrie an möglichst fehlerfreien Einkristallen von Silizium und Germanium. In Abb. E 8 sind zwei häufig benutzte Methoden zum Züchten von Einkristallen skizziert.

E 23 Besonderheiten des Kristallwachstums. Zwillinge. Whiskers

Wachstumszwillinge

Schließlich sei eine Besonderheit des Kristallwachstums erwähnt, deren Ursachen noch nicht als geklärt angesehen werden können, aber wohl zumindest von Störstellen (Verunreinigungen) stark beeinflußt werden: Die Zwillingsbildung. Unter *Kristallzwillingen* versteht man Kristallindividuen, deren zwei Teile durch Symmetrieelemente (meist Spiegelebene oder 2-zählige Drehachse), die nicht zur Kristallstruktur gehören, ineinander übergeführt werden (Abb. E 9). Voraussetzung der Zwillingsbildung ist offenbar, daß die Energie des Zwillings höchstens unwesentlich größer als die des normalen Einkristalles ist. Daraus

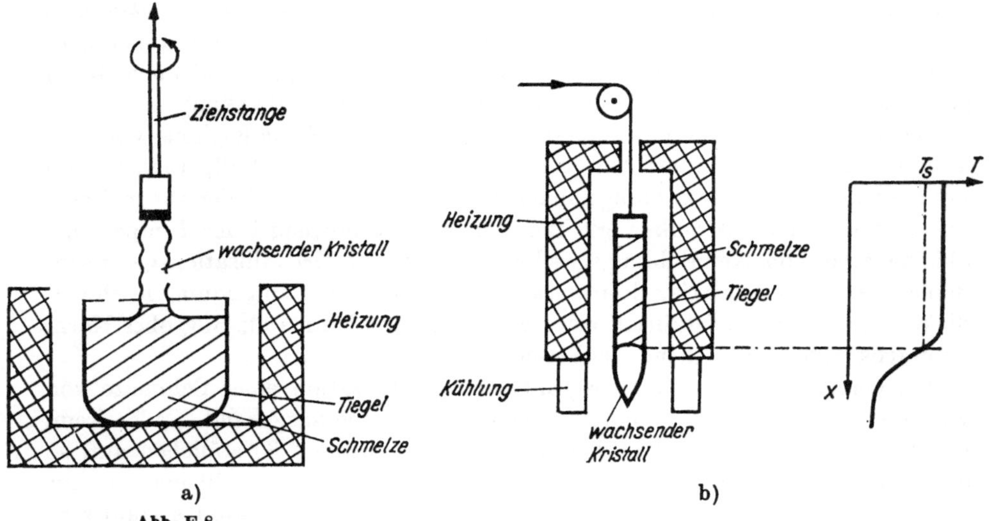

Abb. E 8

schematische Darstellung zweier Methoden zur Einkristallzüchtung.
(a) CZOCHRALSKI-Verfahren: der Kristall wird direkt aus der Schmelze herausgezogen,
(b) BRIDGMAN-Verfahren: der Kristall wächst im Tiegel. Der Tiegel wird mit konstanter Geschwindigkeit aus der heißen Zone ($T > T_S$) in die kalte abgesenkt. Bedingung für gutes Wachstum ist ein großer Gradient dT/dx im Bereich $T = T_S$ im Tiegel

folgt, daß auch an der Zwillingsgrenze die Wechselwirkungen zwischen den Atomen und damit die geometrischen Koordinationsverhältnisse praktisch die gleichen wie in großer Entfernung von ihr sein müssen. Durch diese Forderung werden — namentlich bei komplizierten Gittern (Abb. E 9) — die Möglichkeiten zur Zwillingsbildung stark eingeschränkt.

Bei den einfachen Gittern der Metalle, z.B. der kubisch-dichtesten Kugelpackung mit der Schichtenfolge $\cdots ABC \cdots$ (vgl. S. 64), kann ein Zwilling sehr leicht entstehen, indem sich zunächst durch irgendeine Störung ein „Stapelfehler" bildet, d. h., auf eine A-Schicht nicht eine B-, sondern eine C-Schicht auflagert, dann aber wieder entsprechend der Tendenz, die kubisch-dichteste Kugelpackung zu bilden, sich jede Schicht erst an dritter Stelle wiederholt $\cdots ABCAB\underline{CA}CBACBAC \cdots$. Dabei ergibt sich ein Kristall, der spiegelbildlich in bezug auf den Stapelfehler (unterstrichen) aufgebaut ist, während die Stapelebene in der kubisch-dichtesten Kugelpackung nicht Spiegelebene ist.

Außer beim Wachstum entstehen Zwillinge häufig auch bei Verformung (s. K 51).

Whiskers

Eine weitere auffällige Wachstumserscheinung stellen die Whiskers dar, das sind haarförmige Kristalle sehr geringer Dicke (Durchmesser höchstens 10^{-4} m, Länge bis zu $\sim 10^{-2}$ m), die in ihrem Festigkeitsverhalten idealen Kristallen

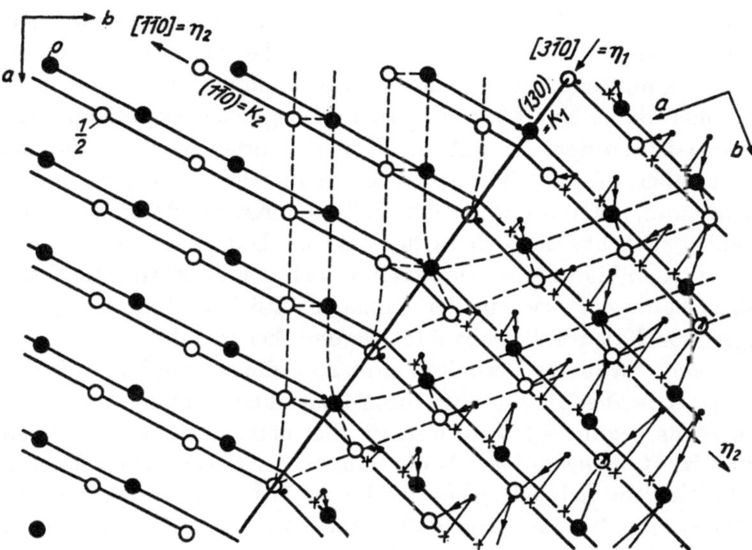

Abb. E 9

Atombewegungen bei (130)-Zwillingsbildung in α-U. Projektionsebene ist die (001). Die weißen Atome befinden sich um $c/2$ über der Ebene der schwarzen. Die Punkte rechts von (130) bezeichnen die Atomlagen vor der Zwillingsbildung, die Kreuze die Lagen nach Ausführung der Zwillingsschiebung, und die Kreise geben die Endlagen der Atome an, die durch Spiegelung an der Zwillingsebene K_1 aus denen der Matrix hervorgehen. In unmittelbarer Nachbarschaft der Zwillingsebene sind die Atome auch in der Matrix aus der idealen Lage verschoben (nach CAHN)

nahekommen (vgl. Tab. E 4). Daher sind sie nicht nur physikalisch besonders interessant, sondern auch technisch, sofern ihre Verarbeitung zu Werkstoffen gelingt. Ihre *große Festigkeit* wird auf einen sehr fehlerarmen Gitterbau zurückgeführt. Außer bei Metallen treten sie auch bei Halbleitern und salzartigen Stoffen auf.

Tabelle E 4

Eigenschaften von Whiskers (nach BRENNER)

	Wachstumsrichtung	Maximale elast. Dehnung/%	Streckgrenze/10^5 Nm^{-2}	
			Whisker	gewöhnl. Material
Cu	[111], [100]	2,8	$3 \cdot 10^4$	$1 \cdot 10^2$
Fe	[111], [112]	4,9	$1 \cdot 10^5$	$4{,}4 \cdot 10^3$
Zn	[100]		$3{,}8 \cdot 10^3$	3,9

E 3 Schmelzvorgang

Wenden wir uns nun dem umgekehrten Prozeß, dem Schmelzen eines Kristalles, zu! Man sollte meinen, daß über einen so elementaren Vorgang, den die Menschen zudem seit Jahrtausenden bei metallurgischen Prozessen technisch nutzen, weitgehende Klarheit besteht. Jedoch gerade das Gegenteil ist der Fall: Es gibt bis heute keine Theorie des Schmelzens, welche die wesentlichen mit diesem Vorgang verknüpften Erscheinungen befriedigend erklärt.

Wir wollen daher nur kurz auf den naheliegenden Gedanken eingehen, das Schmelzen als den dem Kristallisieren umgekehrten Vorgang aufzufassen. Es zeigt sich dabei sofort, daß dieser Weg nur in sehr beschränktem Maße erfolgreich sein kann, da hinsichtlich der Rolle der Keimbildung ein fundamentaler Unterschied besteht: die sich in der starken Unterkühlbarkeit der Schmelze äußernden Keimbildungsschwierigkeiten bei der Kristallisation treten beim Schmelzen kaum auf, wie aus der Tatsache, daß höchstens sehr geringe Überhitzungen von Kristallen beobachtet werden, hervorgeht.

Die Ursache für dieses Verhalten kann so gedeutet werden, daß an der Oberfläche eines Kristalles die Bildung eines Schmelzkeimes nicht nur nicht behindert, sondern sogar begünstigt wird, weil für die meisten Metalle die Grenzflächenspannung Kristall/Gas größer als die Summe der Grenzflächenspannungen Kristall/Schmelze und Schmelze/Gas ist. Für Gold beträgt dieser Unterschied z. B. 10%. Die häufige Beobachtung, daß Metalle von ihrer Schmelze benetzt werden, zeigt, daß diese Werteabstufung der Grenzflächenspannung gewöhnlich vorliegt.

Hier tritt nun aber die Schwierigkeit für diese Auffassung auf: Nach dem Gesagten sollte man erwarten, daß schon bei Annäherung an den Schmelzpunkt eine solche Bildung flüssiger Oberflächenhäute auftritt, was mit der Beobachtung eines scharfen Schmelzpunktes unvereinbar ist.

Umgekehrt läßt sich jedoch verstehen, daß in geringem Umfang eine Überhitzung des Kristalles möglich ist, zwar nicht an der freien Oberfläche, wohl aber in feinen Rissen des Schmelzgefäßes oder von Fremdstoffeinschlüssen. Dann tritt infolge der Kapillarwirkung eine Krümmung der Schmelzoberfläche ein. Liegt der Krümmungsmittelpunkt in der Schmelze, so führt die daraus folgende Verminderung der Anzahl nächster Nachbarn an der Schmelzoberfläche zu einer Stabilitätsverschiebung zugunsten der festen Phase, d. h. zu einer — allerdings geringfügigen — Erhöhung des Schmelzpunktes gegenüber dem Idealwert bei ebener Grenzfläche Kristall/Schmelze. In dieser Richtung liegt auch die Beobachtung, daß bei geringfügiger Überschreitung des Schmelzpunktes nach Abkühlung Kristalle mit der alten Orientierung entstehen, für die überhitzte Kriställchen als Keime gedient haben. Nur genügend starke Erhitzung über den Schmelzpunkt zerstört auch diese Keime und ergibt dann ein vom ursprünglichen unabhängiges Kristallgefüge.

E 4 Gitterfehler

E 41 Einteilung der Gitterfehler

Es hat sich in den letzten Abschnitten schon mehrfach gezeigt, daß die Vorstellung des idealen Kristallgitters nicht ausreicht, um die Beobachtungen vollständig wiederzugeben, sondern daß es nötig ist, die Abweichung des wirklichen oder *Realkristalles* vom Idealbild der Gittertheorie in Betracht zu ziehen. Solche Abweichungen können ganz verschiedener Natur sein: Schon die Wärmeschwingungen zerstören die strenge Translationssymmetrie, ebenso ist diese in einem Substitutionsmischkristall nicht vorhanden.

Derartige Abweichungen sollen hier aber nicht behandelt werden, sondern solche, die in einem gewöhnlichen Kristall nur in verhältnismäßig geringer Konzentration vorhanden sind, die sogenannten *Gitterfehler*. Ihre Gesamtheit und räumliche Verteilung im Kristall nennt man seine *Grundstruktur*. Wegen dieser Grundstruktur streut auch ein von einem Röntgenstrahl getroffener Einkristall nicht über das ganze bestrahlte Volumen kohärent, so daß bei Röntgeninterferenzen in quantitativer Hinsicht andere Ergebnisse gefunden wurden, als man sie für wirklich ideale Kristalle hätte erwarten können. Es bleibt das große Verdienst von C. G. Darwin, dies schon 2 Jahre nach der Entdeckung der Röntgeninterferenzen klar erkannt und im wesentlichen richtig gedeutet zu haben (*Mosaikstruktur* der Kristalle).

Trotz der geringen Konzentration der Gitterfehler, für die wir bei der Besprechung der einzelnen Typen Zahlenwerte angeben werden, sind sie für viele Eigenschaften eines Kristalles sehr mitbestimmend (strukturempfindliche Eigenschaften), für manche (z. B. Plastizität) entscheidend. Daher gehört die Untersuchung der Realstruktur der Kristalle heute zu den Hauptproblemen der Festkörperphysik, nachdem die Gitterstrukturen unter Vernachlässigung der Störungen in den vorausgegangenen Jahrzehnten vielfach erforscht sind. Da dementsprechend viel über Gitterfehler gesprochen wird, ist es gut, stets ihrer geringen Häufigkeit eingedenk zu bleiben, etwa anhand der Formel: *Realkristall = fast fehlerfreier Kristall.*

Angesichts der Erschwerung der Gitterfehleruntersuchung durch ihre geringe Konzentration ist deren willkürliche Steigerung mittels energiereicher Strahlen (z. B. γ-Strahlen, Elektronen, Neutronen) eine wichtige Forschungsmethode (radiation-damages).

Die geringe Konzentration der Gitterfehler gestattet, im Kristall gute und schlechte Bereiche zu unterscheiden, d. h. solche, in denen keine Gitterfehler vorhanden sind, und solche, in denen dies der Fall ist, und die schlechten Bereiche durch ganz im guten verlaufende Flächen abzugrenzen. Erstrecken sich die eingeschlossenen Volumina in keiner Dimension über atomare Abmessungen hinaus, so spricht man von

nulldimensionalen oder *punktförmigen Gitterfehlern.*

Beispiele: Unbesetzte Gitterplätze = *Leerstellen* (vgl. Abb. E 10, Tafel 2). Falsch besetzte Gitterplätze; es kann sich dabei um *Fremdatome* (chemische Verunreinigung) handeln oder bei Kristallen chemischer Verbindungen auch um Atome, die eigentlich auf eine andere Sorte Gitterplätze gehörten. Atome, die zwischen Gitterplätzen Platz gefunden haben (*Zwischengitteratome*).

Erstreckt sich das Volumen des schlechten Bereiches in einer und nur einer Dimension über atomare Abmessungen hinaus, so spricht man von

eindimensionalen oder *linienförmigen Gitterfehlern.*

Beispiel: *Versetzungen.*

Entsprechend gibt es auch

zweidimensionale Gitterfehler.

Beispiele: *Korngrenzen, Stapelfehler, Zwillingsgrenzen,*
während man einen dreidimensionalen schlechten Bereich über atomare Dimensionen hinaus als eine neue Phase ansehen kann.

E 42 Beispiele wichtiger Fehlerarten

Leerstellen

Als Beispiel nulldimensionaler Gitterfehler besprechen wir die Leerstellen etwas näher und leiten dabei das häufiger benötigte Ergebnis ab, daß in einem Gitter bei jeder endlichen Temperatur im thermodynamischen Gleichgewicht eine bestimmte *Leerstellenkonzentration* vorhanden ist, was für andere Gitterfehlertypen wie Versetzungen, Stapelfehler, Zwillingsgrenzen nicht zutrifft.

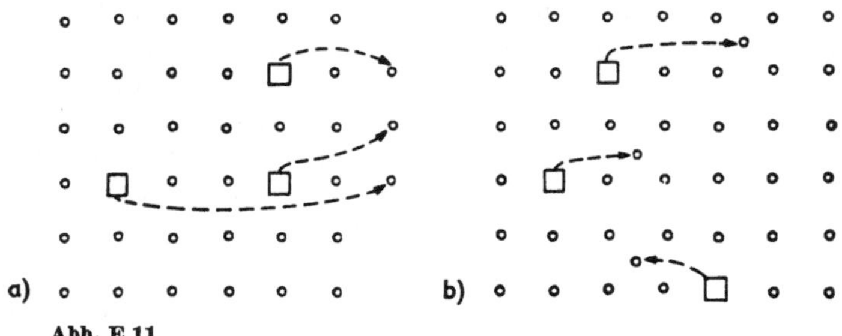

Abb. E 11

SCHOTTKYsche (a) und FRENKELsche (b) Fehlstellen

Man unterscheidet SCHOTTKY*sche Leerstellen,* bei denen das vom Gitterplatz abgelöste Atom letzten Endes an die Kristalloberfläche (evtl. auch an eine innere) auswandert, und FRENKELsche Leerstellen, bei denen das abgelöste Atom auf einem Zwischengitterplatz verbleibt, so daß mit dem Entstehen einer FRENKEL-*Leerstelle* stets zugleich ein Zwischengitteratom entsteht (Abb. E 11).

Um die Anzahl N_F der FRENKEL-Defekte zu finden, die im thermodynamischen Gleichgewicht bei der Temperatur T in einem Kristall mit N Atomen (einer Sorte) und N' Gitterlücken vorhanden sind, berechnen wir den dieser Fehlanordnung entsprechenden Zusatzterm zum thermodynamischen Potential $G = H - T\,S$ und benutzen die Gleichgewichtsbedingung (D 17); die Rechnung verläuft ganz ähnlich wie für einen Mischkristall in D 5.

Die Enthalpie der Bildung eines FRENKEL-Defektes (Leerstelle + Zwischengitteratom) betrage w_F, die Anzahl der zusätzlichen Konfigurationen, welche durch die verschiedenen Verteilungsmöglichkeiten der Atome auf Gitterplätze und Lücken im Kristall entstehen, wird durch das Produkt zweier Ausdrücke der Gestalt (D 49) gegeben:

$$\frac{N!}{(N - N_F)!\,N_F!}\,\frac{N'!}{(N' - N_F)!\,N_F!}\,. \qquad \text{(E 6)}$$

Daher erhält man nach (D 48) unter Benutzung der STIRLINGschen Formel (D 50)

$$G = N_F w_F - kT \{N \ln N - (N - N_F) \ln (N - N_F) - 2 N_F \ln N_F + N' \ln N' - (N' - N_F) \ln (N' - N_F)\} . \qquad (E\ 7)$$

Die Gleichgewichtsbedingung $\frac{\partial G}{\partial N_F} = 0$ liefert dann

$$w_F - kT \ln \frac{(N - N_F)(N' - N_F)}{N_F^2} = 0 \qquad (E\ 8)$$

oder, da N_F natürlich sehr klein sowohl gegenüber N wie N' ist,

$$\ln N_F^2 = - \frac{w_F}{kT} + \ln (N N') , \qquad (E\ 9)$$

d. h.

$$N_F = \sqrt{N N'}\, e^{-w_F/2kT} \xrightarrow{N = N'} N\, e^{-w_F/2kT} . \qquad (E\ 10)$$

Im allgemeinen weicht der Wurzelausdruck in (E 10) von N nur um einen Faktor von der Größenordnung 1 ab, dessen genauer Wert durch den Gittertyp und die betrachteten Lücken bestimmt wird. Im kubisch-flächenzentrierten Gitter ist für die tetraedrischen Lücken z.B. $N' = 2\,N$, für die oktaedrischen $N' = N$ (vgl. S. 75). Der zunächst auffallende Umstand, daß die Fehlstellen-Anzahl hier nicht durch den BOLTZMANN-Faktor, sondern durch die Wurzel daraus gegeben ist, rührt daher, daß w_F sich auf die Bildung von Leerstelle + Zwischengitteratom bezieht; $w_F/2$ ist also der Mittelwert pro Fehlstelle eines Typs, deren Anzahl ja ebenfalls N_F beträgt.

Für die *Konzentration von SCHOTTKYschen Fehlstellen* gilt entsprechend

$$\frac{N_S}{N} = e^{-w_S/kT} . \qquad (E\ 11)$$

Da der BOLTZMANN-Faktor $e^{-w_S/kT}$ die Wahrscheinlichkeit angibt, bei der Temperatur T die thermische Energie w_S bei einem Atom anzutreffen, ist also N_S gleich der Anzahl der Atome, welche die zur Bildung einer SCHOTTKY-Leerstelle erforderliche Energie w_S besitzen. Man bezeichnet daher w_S auch als *Aktivierungsenergie* der Leerstellenbildung.

Die Aktivierungsenergien w liegen für Metalle bei etwa einem eV. Daraus ergeben sich bei 1000 K Leerstellenkonzentrationen von der Größenordnung 10^{-5}. Wegen ihrer exponentiellen Abhängigkeit von T wachsen sie sehr stark mit wachsendem T, selbst bei konstantem w. Durch eine Abnahme von w kann der Prozeß noch verstärkt werden.

Versetzungen

Die Versetzungen werden bei der Besprechung der Plastizität ausführlich behandelt, zu deren Deutung dieser Begriff zunächst eingeführt wurde. Er hat sich aber auch bei Diskussion vieler anderer physikalischer Eigenschaften (elektrische Leitfähigkeit, Kristallwachstum) bewährt, und im letzten Jahrzehnt ist es schließlich gelungen, unmittelbare Verfahren zur Sichtbarmachung von Versetzungen zu finden.

Hier sei als Beispiel nur die sogenannte *Stufenversetzung* besprochen. Wir denken uns ein einfach-kubisches Gitter und fügen in die obere Kristallhälfte von oben her eine zusätzliche Atomebene ein, die bis zu der in Abb. E 12 mit ⊥ bezeichneten Stelle reichen möge. Dadurch wird natürlich die ideale Atomanordnung gestört: Die Atomreihen im Kristallteil oberhalb ⊥ enthalten je ein Atom mehr als diejenigen des unteren Teiles. Die stärksten Atomverschiebungen werden offenbar längs der unteren Kante der eingeschalteten Halbebene anzutreffen sein, und mit wachsender Entfernung von dieser *Versetzungslinie* werden sie allmählich abklingen. Man spricht in diesem Fall von einer Stufen- oder auch Kantenversetzung und kennzeichnet sie mit dem Symbol ⊥, das an die eingeschaltete Halbebene erinnert. In Abb. E 13 (Tafel 2) ist eine solche Stufenversetzung in einem Phthalocyaninplatin-Kristall elektronenmikroskopisch sichtbar gemacht.

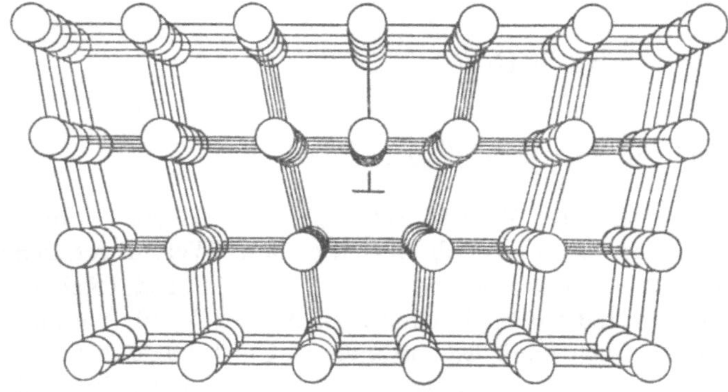

Abb. E 12
Schematische Darstellung einer Stufenversetzung im einfach-kubischen Gitter (nach SMOLUCHOWSKI)

In geometrischer Hinsicht wird eine Versetzung durch zwei Größen gekennzeichnet, nämlich durch die Richtung der Versetzungslinie und durch den BURGERS-*Vektor*, der durch den BURGERS-*Umlauf* folgendermaßen definiert werden kann: Vollführen wir um die Versetzungslinie einen ganz im guten Bereich des Kristalles verlaufenden geschlossenen Umlauf von Atom zu Atom fortschreitend (Abb. E 14a) und übertragen diesen Umlauf in den zugehörigen Idealkristall (Abb. E 14b), indem wir, von dem dem Ausgangsatom im gestörten Kristall entsprechenden Atom des Idealkristalls ausgehend, wieder schrittweise zu den entsprechenden Atomen fortschreiten, so erreichen wir nach der gleichen Anzahl Schritte nicht das Ausgangsatom, sondern es bleibt noch ein Restweg zurückzulegen, dessen Länge und Richtung den BURGERS-Vektor $\boldsymbol{b}$ definieren. Nach dieser Definition ist der BURGERS-Vektor einer Versetzung stets ein Gittervektor, solche Versetzungen heißen *vollständige Versetzungen* im

Gegensatz zu später einzuführenden (vgl. S. 237) verallgemeinerten Versetzungen mit Burgers-Vektoren, die keine Gittervektoren sind, den sogenannten *unvollständigen Versetzungen.*[1])

Die Richtung des Burgers-Vektors geht natürlich in die Gegenrichtung über, wenn man den Burgers-Umlauf im entgegengesetzten Sinne vornimmt. Um diese Zweideutigkeit zu beseitigen, ordnet man der Versetzungslinie willkürlich einen Richtungssinn zu und nimmt dann den Burgers-Umlauf gemäß einer Rechtsschraube vor. Entsprechend den beiden Richtungssinn-Möglichkeiten

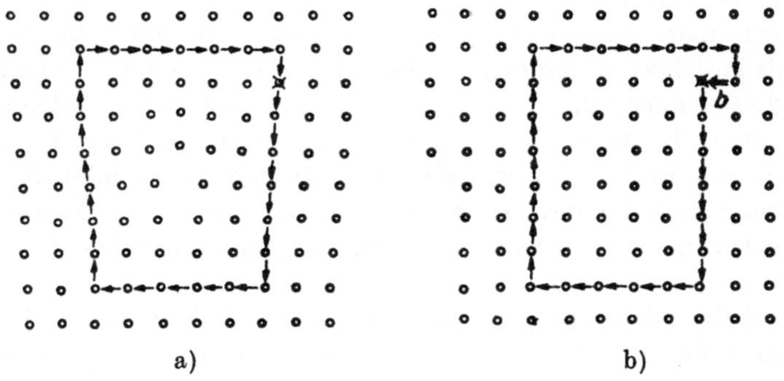

Abb. E 14

Burgers-Umlauf im gestörten Kristall (a) und im zugehörigen Idealkristall (b). Der Schließungsvektor ***b*** des bei × beginnenden Umlaufs in Pfeilrichtung im Idealkristall ist der Burgers-Vektor

unterscheidet man *positive* und *negative Versetzungen.* Diese Unterscheidung spielt bei der Betrachtung nur einer Versetzung keine Rolle, wohl aber hängt die Wechselwirkung mehrerer davon ab, ob sie gleiches oder verschiedenes Vorzeichen besitzen.

Bei einer Stufenversetzung, wie sie in Abb. E 14 angenommen ist, steht ***b*** senkrecht auf der Versetzungslinie.

Wenn ***b*** parallel zur Versetzungslinie verläuft, spricht man von einer *Schraubenversetzung,* wie sie beim Kristallwachstum schon erwähnt wurde (Abb. E 5). Sie wird später näher behandelt. Der allgemeine Fall, daß der Burgers-Vektor schief zur Versetzungslinie liegt, läßt sich durch dessen Komponentenzerlegung parallel und senkrecht zur Versetzungslinie auf die beiden besprochenen Spezialfälle zurückführen.

Zur Kennzeichnung der Häufigkeit von Versetzungen dient der Begriff der Versetzungsdichte ϱ, d. h. die Gesamtlänge der in der Volumeneinheit enthaltenen Versetzungslinien. Ein repräsentativer Wert von ϱ für unverformte Einkristalle „üblicher" Herstellungsart ist $\varrho = 10^7$ cm/cm^3, oder, wie man auch kurz sagt, 10^7 Versetzungen pro cm^2. Bei Verformung kann die Versetzungsdichte um

[1]) In diesem Fall kann der Burgers-Umlauf nicht beliebig gewählt werden, da ein flächenhafter schlechter Bereich auf der Versetzungslinie endet.

mehrere Zehnerpotenzen wachsen. Andererseits ist in letzter Zeit die Herstellung praktisch versetzungsfreier Einkristalle makroskopischer Größe von Metallen und Halbleitern gelungen.

Korngrenzen

Das Wesen der Korngrenzen möglichst genau zu kennen, wäre nicht nur von grundsätzlichem Interesse, sondern vor allem auch in technischer Hinsicht wichtig, da all unsere Werkstoffe polykristalliner Natur sind und daher einen großen Anteil Korngrenzen enthalten. Tatsächlich sind unsere Kenntnisse auf diesem Gebiet aber noch gering trotz vieler aufgewandter Mühen. Es darf aber wohl als gesichert angesehen werden, daß die Korngrenzen nicht amorph sind, wie dies früher angenommen wurde, sondern einen gitterähnlichen Ordnungszustand besitzen, der freilich gegenüber dem Idealgitter stark gestört ist (Ansammlung von Verunreinigungen!) und einen möglichst stetigen Übergang von einem Kristalliten zum nächsten vermittelt. Zumindest gilt dies bei verhältnismäßig kleinen Orientierungsunterschieden benachbarter Kristallite.

Wir unterscheiden daher *Großwinkel-* und *Kleinwinkelkorngrenzen,* je nachdem die gegenseitige Verdrehung der angrenzenden Kristallite einige Winkelgrade

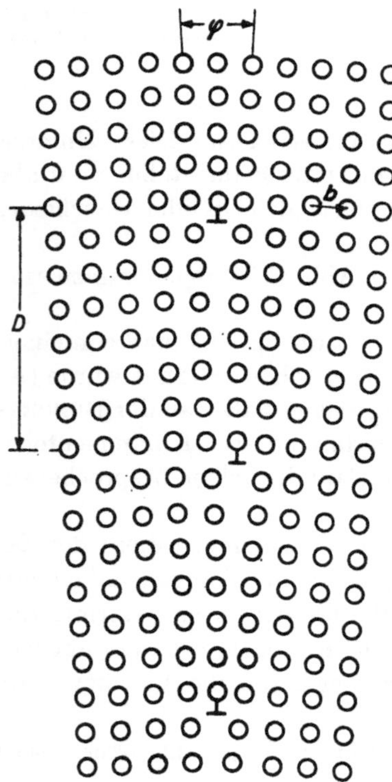

Abb. E 15

Schematische Darstellung einer Kleinwinkelkorngrenze die durch Stufenversetzungen (⊥) im Abstand *D* gebildet wird

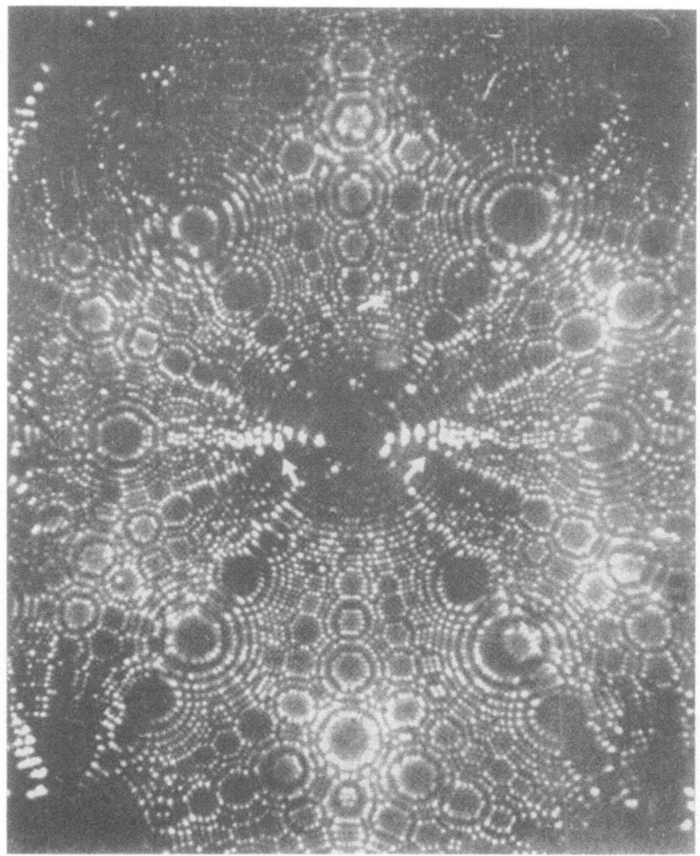

Abb. E 10

Bild einer Wolframspitze im Feldionenmikroskop ($V \approx 4 \cdot 10^6:1$). Die Atomlagen an der Oberfläche sind als helle Punkte sichtbar. Man erkennt Gruppen fehlgeordneter Atome, von denen einige mit Pfeilen markiert sind (nach MÜLLER)

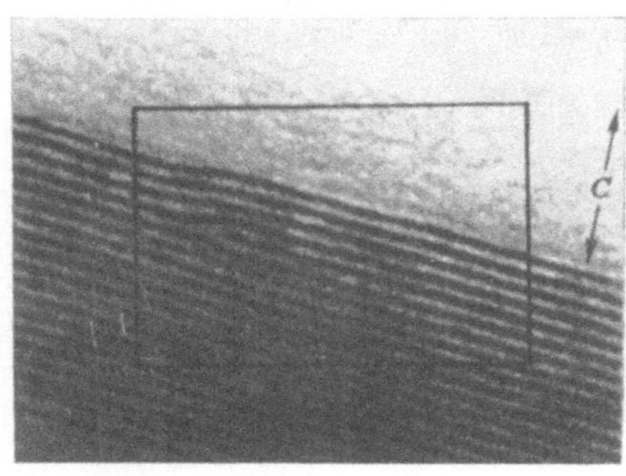

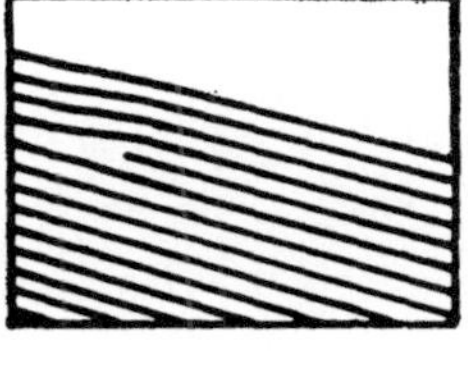

Abb. E 13

Stufenversetzung in einem Phthalocyaninplatin-Kristall.
(a) Elektronenmikroskopische Aufnahme ($V = 1\,500\,000:1$),
(b) Hilfe zum leichteren Auffinden der Stufenversetzungen in (a) (nach MENTER)

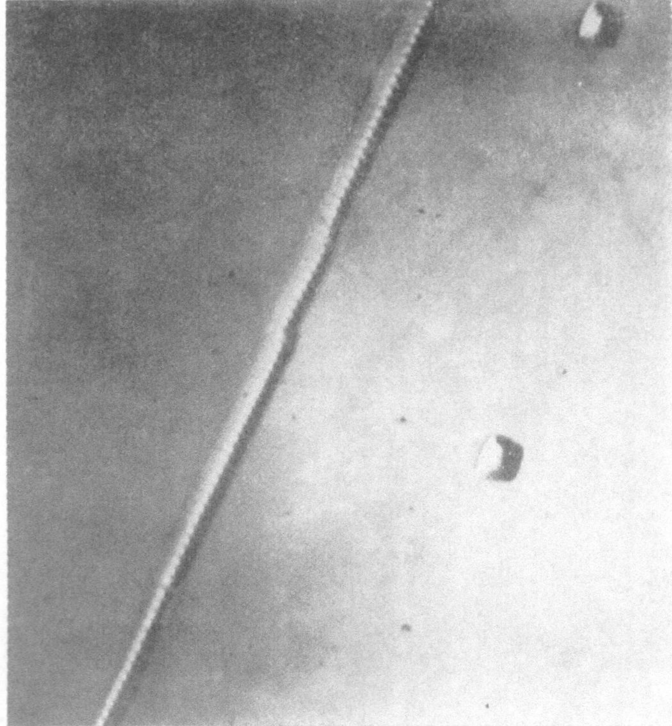

Abb. E 16

Ätzgrübchen einer Subkorngrenze auf der (100)-Fläche von Germanium. Die Grenze liegt in einer $(0\bar{1}1)$-Ebene; die Versetzungen verlaufen parallel [100]. Der Verkippungswinkel beträgt 27,5″ (nach VOGEL)

übersteigt oder nicht.[1]) Diese Unterscheidung ist zweckmäßig, weil beide Typen häufig verschiedenes Verhalten zeigen, z. B. hinsichtlich der Beweglichkeit bei Rekristallisation und Diffusion.

Die einfachste Kleinwinkelkorngrenze ist eine solche, bei der die angrenzenden Kristallite nur um eine in der Korngrenze liegende Achse gegeneinander verdreht sind (Abb. E 15). Man erkennt, daß man in diesem Fall die Atomanordnung durch ein einheitliches Kristallgitter beschreiben kann, in welchem in der Korngrenze im regelmäßigen Abstand D Versetzungen gleichen Burgers-Vektors $\boldsymbol{b}$ übereinander angeordnet sind. Da der Winkel φ der gegenseitigen Verdrehung voraussetzungsgemäß klein ist, gilt, wie man an der Figur abliest,

$$\varphi \approx \frac{b}{D}. \tag{E 12}$$

Diese Beziehung läßt sich folgendermaßen experimentell prüfen: φ und $\boldsymbol{b}$ lassen sich röntgenographisch bzw. elektronenmikroskopisch bestimmen. Die Durchstoßpunkte der Versetzungslinien durch die Kristalloberfläche werden mittels geeigneter Ätzmittel als Ätzgrübchen sichtbar gemacht (Abb. E 16, Tafel 3), so daß der Abstand D direkt unter dem Mikroskop gemessen werden kann. Bei solchen Untersuchungen wurde (E 12) gut bestätigt.

Abb. E 16 stellt keine eigentliche Kleinwinkelkorngrenze dar, sondern eine Grenze in einem Germanium-Einkristall mit einem Orientierungsunterschied von nur 27,5″. In solchen Fällen spricht man von *Subkorngrenzen*, die sich durch *Polygonisation* (siehe auch S. 249) bei vorsichtigem Anlassen des Einkristalls nach vorhergehender plastischer Verformung bilden, indem sich die Versetzungen infolge erhöhter thermischer Beweglichkeit zu einer Versetzungswand anordnen.

E 5 Übungsaufgaben

E 1. Welchen Zusammenhang weisen die Netzebenen bei Anwesenheit einer Schraubenversetzung auf, wenn Burgers-Vektor $\boldsymbol{b}$ und positive Richtung der Versetzung $\boldsymbol{s}$ parallel zueinander liegen?

E 2. Die kalorimetrische Messung der Energie von Großwinkelkorngrenzen von z. B. Gold liefert etwa $360 \cdot 10^{-3}$ J/m². Man schätze die Breite der durch die Korngrenze gestörten Kristallschicht unter der Annahme ab, daß die dazugehörigen Atome sich in einem flüssigkeitsähnlichen Zustand befinden.

E 3. Ein einfach-kubisches Gitter enthalte zwei parallele Stufenversetzungen entgegengesetzten Vorzeichens in zwei parallelen Gleitebenen. Welche Konfiguration entsteht, wenn sich die beiden Versetzungen bei der Bewegung in ihren Gleitebenen treffen und a) die Gleitebenen einen Abstand von 0, 1 oder 2 Netzebenen aufweisen oder b) die eingeschobenen Halbebenen sich um eine Netzebene überlappen?

[1]) In der Literatur ist auch eine Definition auf Grund des verschiedenen strukturellen Aufbaues anzutreffen.

2. HAUPTTEIL

Mechanische und thermische Eigenschaften des idealen Gitters

F ELASTIZITÄT

Setzt man einen Draht der Länge l einer steigenden Spannung σ aus und mißt die bewirkte Längenzunahme δl, so erhält man eine *Spannungs-Dehnungs-Kurve*, wie sie schematisch in Abb. F 1 dargestellt ist. Wegen der mit der Dehnung verbundenen *Querschnittskontraktion*[1]) ist bei derartigen Darstellungen darauf zu achten, ob es sich um *wahre Spannungen* handelt, d. h. solche, die unter Berücksichtigung des jeweiligen wirklichen Querschnittes errechnet wurden, oder um sogenannte *technische* oder *effektive Spannungen*, die sämtlich auf den Anfangsquerschnitt bezogen wurden, wie es meist geschieht. Bekanntlich wächst die Dehnung ε im Bereich kleiner Spannungen linear an (Linearitätsbereich), es gilt das Hookesche Gesetz

$$\sigma = E \frac{\delta l}{l} \equiv E \cdot \varepsilon \,. \tag{F 1}$$

E heißt der *Elastizitätsmodul* oder in der angelsächsischen Literatur auch Youngscher Modul. Beim Schubversuch (Abb. F 2) hat man entsprechend

$$\tau = G \gamma \tag{F 2}$$

mit der Schubspannung τ, dem *Schub-* oder *Torsionsmodul* G und der *Scherung* $\gamma \equiv \tan \delta \approx \delta$.

Solange die Verformung nach Beseitigung der Belastung auf Null zurückgeht, spricht man von *elastischer Verformung*. Der elastische Bereich, der sich bei Metallen größenordnungsmäßig bis etwa $\varepsilon = 10^{-3}$ erstreckt, fällt im allgemeinen nicht mit dem Linearitätsbereich zusammen, sondern es ist eine ganze Reihe

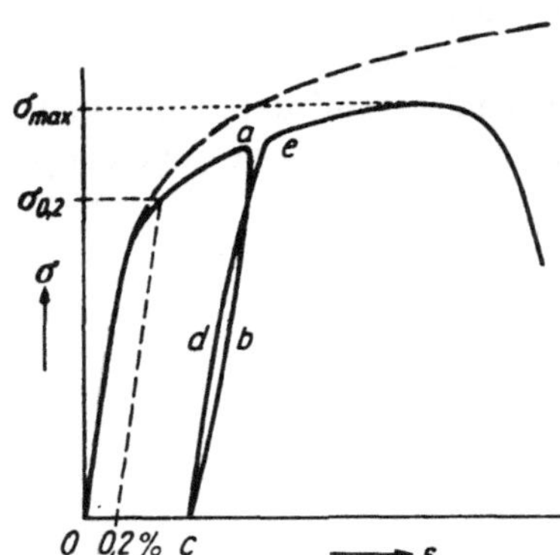

Abb. F 1

Schematische Darstellung des Zerreißdiagramms für einen Draht. Wird z. B. nach Erreichen des Punktes a entlastet, dann tritt eine elastische Verkürzung längs $b - c$ auf. Bei erneuter Belastung mündet die Kurve nach Durchlaufen eines erweiterten elastischen Teils d bei e in die ursprüngliche ein. Die Ordinatenwerte der ausgezogenen Kurve stellen die Kraft bezogen auf den Ausgangsquerschnitt dar, sind also kein unmittelbares Maß für den Spannungszustand. Bezieht man auf den momentanen Querschnitt, dann erhält man die wahre Spannung (gestrichelt)

[1]) Die Kontraktion in einer Richtung senkrecht zur Dehnungsrichtung ist der Dehnung proportional; der Proportionalitätsfaktor ν wird Poissonsche Konstante genannt.

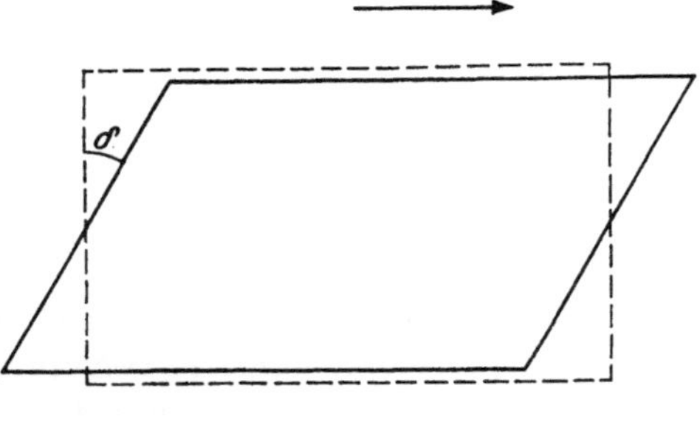

Abb. F 2

Prinzip der Schubverformung (Die Darstellung ist stark übertrieben; bei $\gamma = \tan\delta \approx 10^{-4}$ setzt bei Metallen bereits plastische Verformung ein! (vgl. K 12.))

nichtlinearer elastischer Erscheinungen bekannt geworden, die hier aber nicht näher betrachtet werden sollen.

Bei höheren Spannungen tritt eine *bleibende Verformung* auf, die plastische. Beide Verformungsarten besitzen einen völlig verschiedenartigen gitterphysikalischen Mechanismus und werden daher getrennt besprochen, hier zunächst die elastische Verformung. Ihr Kennzeichen liegt darin, daß die kleinen angewandten Spannungen ein Atom nur so wenig aus der seinem Gleichgewicht entsprechenden Potentialmulde anheben, daß es bei weitem nicht auf den zwischen zwei benachbarten Mulden liegenden Potentialberg gelangt und daher nach Aufhören der Kräfte stets in seine Ausgangslage zurückkehrt (Abb. F 3). Im Gegensatz hierzu überschreiten die Atome während der plastischen Verformung die Potentialberge und befinden sich daher nach Abschluß der Verformung in einer anderen Potentialmulde als vorher.

Wir sehen im folgenden aber zunächst von einer atomistischen Betrachtung ab und besprechen die elastischen Erscheinungen — unter Vernachlässigung der Gitterstruktur der Kristalle — vom Standpunkt eines *deformierbaren Kontinuums*, das wir allerdings als *anisotrop* voraussetzen, um wenigstens diese Eigenschaft der Kristalle zu berücksichtigen. Erst im zweiten Schritt werden wir von der Gittervorstellung Gebrauch machen und damit zu einer atomistischen Deutung der Konstanten der Kontinuumstheorie gelangen (vgl. F 7).

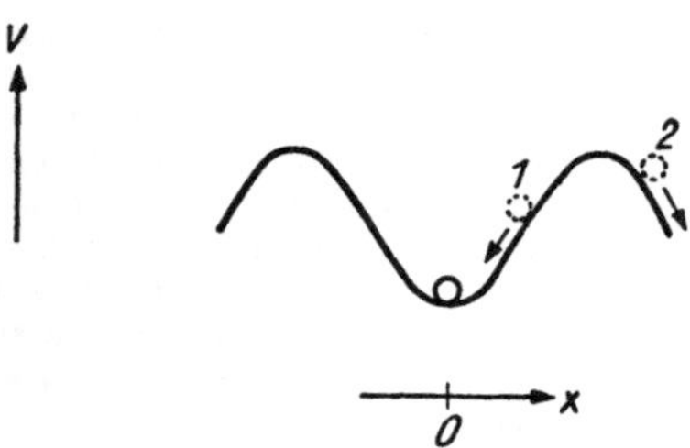

Abb. F 3

Schematische Darstellung der Atombewegung im Potentialmodell $V(x)$ nach Auslenkung aus der Ruhelage $x = 0$, die zu elastischer (1) und plastischer (2) Verformung des idealen Gitters führte

F 1 Der Verzerrungstensor

Wenn auf einen deformierbaren Körper äußere Kräfte einwirken, wird er nicht nur wie ein starrer Körper in Bewegung gesetzt, sondern erleidet auch Verformungen: Ein Punkt P_1 (Abb. F 4), der durch den Vektor $\boldsymbol{r}_1$ gekennzeichnet wird, geht in den Punkt P_1' über, wobei die Verrückung $\overrightarrow{P_1 P_1'}$ mit $\boldsymbol{u}_1$ bezeichnet werde. Ein anderer Punkt P_2 wird z.B. um $\boldsymbol{u}_2$ nach P_2' verschoben, und es gilt

$$\boldsymbol{r}' = \boldsymbol{r} + \boldsymbol{u}(\boldsymbol{r}) . \tag{F 3}$$

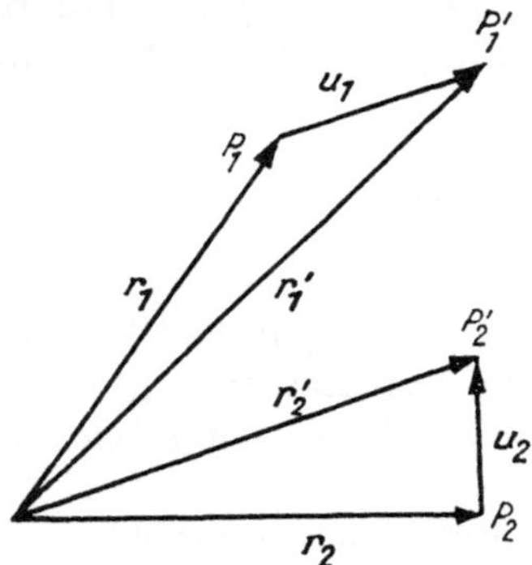

Abb. F 4
Zur Definition der Verrückung $\boldsymbol{u}$

Im allgemeinen wird also der Verrückungsvektor $\boldsymbol{u}$ eine Ortsfunktion sein; man hat mithin ein *Verrückungsfeld* $\boldsymbol{u}(\boldsymbol{r})$. In einer hinreichend kleinen Umgebung eines beliebigen Punktes, z.B. des Nullpunktes, kann man die Entwicklung ansetzen

$$\boldsymbol{u}(\boldsymbol{r}) = \boldsymbol{u}(0) + x_1\left(\frac{\partial \boldsymbol{u}}{\partial x_1}\right)_{\boldsymbol{r}=0} + x_2\left(\frac{\partial \boldsymbol{u}}{\partial x_2}\right)_{\boldsymbol{r}=0} + x_3\left(\frac{\partial \boldsymbol{u}}{\partial x_3}\right)_{\boldsymbol{r}=0} + \cdots \tag{F 4}$$

Da definitionsgemäß

$$\frac{\partial \boldsymbol{u}}{\partial x_i} = \frac{\partial u_1}{\partial x_i}\boldsymbol{e}_1 + \frac{\partial u_2}{\partial x_i}\boldsymbol{e}_2 + \frac{\partial u_3}{\partial x_i}\boldsymbol{e}_3 \qquad (\boldsymbol{e}_i \text{ Einheitsvektoren}) \tag{F 5}$$

gilt, treten in (F 4) die neun Komponenten eines Tensors zweiter Stufe, des *Verrückungstensors*

$$e_{ij} \equiv \frac{\partial u_i}{\partial x_j}, \qquad i, j = 1, 2, 3 \tag{F 6}$$

auf. Man kann den Verrückungstensor (F 6) wie jeden Tensor $\mathsf{T} = \mathsf{S} + \mathsf{A}$ gemäß den Regeln der Tensorrechnung in einen symmetrischen Teil $\mathsf{S} = (\mathsf{T} - \tilde{\mathsf{T}})/2$ und einen antisymmetrischen Anteil $\mathsf{A} = (\mathsf{T} - \tilde{\mathsf{T}})/2$ zerlegen.[1]) Der antisymmetrische Anteil stellt eine Rotation des Körpers als Ganzes dar, wie in der Mechanik deformierbarer Medien gezeigt wird, und kann hier unberück-

[1]) Hierbei bedeutet $\tilde{\mathsf{T}}$ den zu T transponierten Tensor.

sichtigt bleiben. Im folgenden haben wir es daher nur mit dem symmetrischen Anteil des Verrückungstensors, dem *Verzerrungstensor*

$$\boldsymbol{\epsilon} \equiv [\varepsilon_{ij}] \equiv \frac{1}{2}[e_{ij} + e_{ji}] \equiv \frac{1}{2}\left[\frac{\partial u_i}{\partial x_j} + \frac{\partial u_j}{\partial x_i}\right] \tag{F 7}$$

zu tun. Mit Hilfe dieses Tensors läßt sich für hinreichend kleine $\boldsymbol{r}$, wie wir sie in diesem ganzen Kapitel voraussetzen wollen, anstelle von (F 4) schreiben

$$\boldsymbol{u}(\boldsymbol{r}) = \boldsymbol{r}\,\boldsymbol{\epsilon}\,, \tag{F 8}$$

weil man angesichts unseres Zusammenhanges außer von der Rotation des ganzen Körpers auch noch von seiner durch das erste Glied in (F 4) dargestellten Translation absehen kann. Führt man (F 8) in (F 3) ein, so erhält man

$$\boldsymbol{r}' = \boldsymbol{r}\,(\mathsf{1} + \boldsymbol{\epsilon}) \equiv \boldsymbol{r}\,\mathsf{E} \tag{F 9}$$

mit dem neuen, gleichfalls symmetrischen Tensor

$$\mathsf{E} \equiv [\delta_{ij} + \varepsilon_{ij}] \tag{F 10}$$

und erkennt durch Ausrechnung von $\boldsymbol{e}_i'^2$ bzw. $\boldsymbol{e}_i' \cdot \boldsymbol{e}_j'$ nach (F 9), daß ε_{ii} die relative Längenänderung in der x_i-Richtung bedeutet und $\varepsilon_{ij} + \varepsilon_{ji}$ in erster Näherung die Änderung des Winkels zwischen der i- und j-Achse mißt (vgl. Aufgabe F 3).

Wie jeder symmetrische Tensor zweiter Stufe können sowohl $\boldsymbol{\epsilon}$ wie E durch eine Fläche zweiter Ordnung dargestellt werden (vgl. B 4). Wählt man deren Achsen als Koordinatenachsen (*Hauptachsentransformation*), so reduzieren sich seine Komponenten auf die Hauptverzerrungen in den Diagonalgliedern

$$\mathsf{E} = \mathsf{1} + \boldsymbol{\epsilon} = \begin{bmatrix} 1 + \varepsilon_{\mathrm{I}} & 0 & 0 \\ 0 & 1 + \varepsilon_{\mathrm{II}} & 0 \\ 0 & 0 & 1 + \varepsilon_{\mathrm{III}} \end{bmatrix}. \tag{F 11}$$

(Da sie bei E wegen $\varepsilon \ll 1$ stets sämtlich positiv sind, ist die E-Fläche ein Ellipsoid.) Die gesamte Verzerrung kann also stets als Längenänderung in drei aufeinander senkrecht stehenden Hauptachsen beschrieben werden. Für die dabei erfolgende *relative Volumenänderung* oder *Dilatation* $\delta V/V$ gilt unter Vernachlässigung höherer Glieder in ε

$$\frac{\delta V}{V} = (1 + \varepsilon_{\mathrm{I}})\,(1 + \varepsilon_{\mathrm{II}})\,(1 + \varepsilon_{\mathrm{III}}) - 1 \approx \varepsilon_{\mathrm{I}} + \varepsilon_{\mathrm{II}} + \varepsilon_{\mathrm{III}}\,. \tag{F 12}$$

F 2 Spannungstensor. Verallgemeinertes Hookesches Gesetz

Um die Verzerrungen eines deformierten Körpers in Abhängigkeit von den sie hervorrufenden Kräften zu untersuchen, ist es zunächst noch notwendig, diese rationell zu beschreiben. Da es sich um Kräfte handelt, die nicht — wie etwa die Schwerkraft — dem Volumen des betrachteten Körpers proportional sind, sondern seiner Oberfläche, auf die sie wirken, so ist es zweckmäßig, sie auf die

Flächeneinheit zu beziehen, d. h. *Spannungen* zu betrachten. Man zerlegt sie in bezug auf eine vorgegebene Fläche in eine Komponente senkrecht zu ihr (*Normalspannung*) und zwei Komponenten parallel zu ihr (*Schubspannung*) und bezeichnet mit σ_{ij} eine Spannungskomponente, bei der die Kraft in der x_i-Richtung auf die Einheit der Fläche senkrecht zur x_j-Achse bezogen wird (Abb. F 5). Die σ_{ii} sind also Normalspannungskomponenten und die σ_{ij} mit $i \neq j$ Schubspannungskomponenten.

Wie in der Mechanik gezeigt wird, bilden die σ_{ij} die Komponenten eines symmetrischen Tensors zweiter Stufe; es gilt also

$$\sigma_{ij} = \sigma_{ji} , \tag{F 13}$$

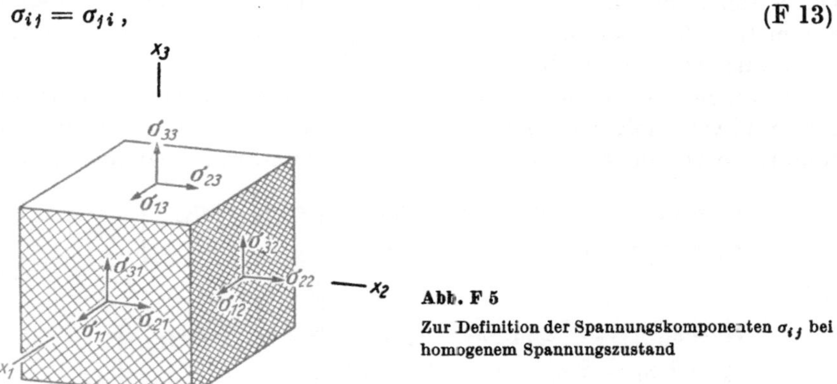

Abb. F 5

Zur Definition der Spannungskomponenten σ_{ij} bei homogenem Spannungszustand

und man kann jeden Spannungszustand durch Angabe von drei Normalspannungskomponenten σ_{I}, σ_{II}, σ_{III} in drei bestimmten, aufeinander senkrechten Richtungen (Hauptachsen) beschreiben. Ist nur eine Komponente von Null verschieden, so spricht man von einem *einachsigen Spannungszustand*; sind es zwei, von einem *zweiachsigen*. Ein Sonderfall ist hier der des *reinen Schubspannungszustandes* (vgl. Aufgabe F 4) mit dem Tensor

$$\begin{bmatrix} -\sigma & 0 & 0 \\ 0 & \sigma & 0 \\ 0 & 0 & 0 \end{bmatrix} . \tag{F 14}$$

Ein *hydrostatischer Druck* p wird durch den Tensor

$$\begin{bmatrix} -p & 0 & 0 \\ 0 & -p & 0 \\ 0 & 0 & -p \end{bmatrix} \tag{F 15}$$

dargestellt.

Stellen wir nun in Verallgemeinerung des HOOKEschen Gesetzes (F 1) einen linearen Zusammenhang zwischen dem Tensor zweiter Stufe der Spannung $\boldsymbol{\sigma}$ und dem Tensor zweiter Stufe der Verzerrung $\boldsymbol{\varepsilon}$ her,

$$\sigma_{ij} = \sum_{kl} C_{ijkl}\, \varepsilon_{kl} , \quad i, j, k, l = 1, 2, 3 , \tag{F 16}$$

so wird er durch den Tensor vierter Stufe mit $3^4 = 81$ Komponenten C_{ijkl} vermittelt.[1]) Diese können jedoch nicht unabhängig voneinander sein, da $\boldsymbol{\sigma}$ und $\boldsymbol{\varepsilon}$ symmetrische Tensoren sind, also je 6 unabhängige Bestimmungsgrößen besitzen, so daß der Zusammenhang beider durch höchstens $6^2 = 36$ unabhängige Größen beschreibbar sein muß. Die zwischen den C_{ijkl} bestehenden Beziehungen, welche die Zahl der unabhängigen Größen sogar auf 21 herabsetzen, lauten:

$$C_{ijkl} = C_{jikl}\,, \quad C_{ijkl} = C_{ijlk}\,, \quad C_{ijkl} = C_{klij}\,. \tag{F 17}$$

Die ersten beiden Beziehungen ergeben sich aus (F 16) unter Verwendung der Symmetrie des Spannungs- (vgl. (F 13)) und Verzerrungstensors (F 7), die letzte wird weiter unten bewiesen (vgl. (F 31)).

Eine kürzere Schreibweise ist nach WOLDEMAR VOIGT, einem der Pioniere der Kristallphysik, folgendermaßen möglich: Man numeriert die 6 unabhängigen Komponenten von $\boldsymbol{\sigma}$ und $\boldsymbol{\varepsilon}$ mit 1, 2, . . . , 6 durch, und zwar üblicherweise

$$\left.\begin{array}{l} \sigma_1 = \sigma_{11}\,, \quad \sigma_2 = \sigma_{22}\,, \quad \sigma_3 = \sigma_{33}\,, \quad \sigma_4 = \sigma_{23} = \sigma_{32}\,, \\ \sigma_5 = \sigma_{13} = \sigma_{31}\,, \quad \sigma_6 = \sigma_{12} = \sigma_{21} \end{array}\right\} \tag{F 18}$$

und

$$\left.\begin{array}{l} \varepsilon_1 = \varepsilon_{11}\,, \quad \varepsilon_2 = \varepsilon_{22}\,, \quad \varepsilon_3 = \varepsilon_{33}\,, \quad \varepsilon_4 = 2\,\varepsilon_{23} = 2\,\varepsilon_{32}\,, \\ \varepsilon_5 = 2\,\varepsilon_{13} = 2\,\varepsilon_{31}\,, \quad \varepsilon_6 = 2\,\varepsilon_{21} = 2\,\varepsilon_{12}\,, \end{array}\right\} \tag{F 19}$$

und kann dann den durch (F 16) dargestellten Sachverhalt durch

$$\sigma_i = \sum_j c_{ij}\,\varepsilon_j\,, \quad i, j = 1, 2, \ldots, 6\,, \tag{F 20}$$

ausdrücken. Man erhält dabei anstelle der neun Gleichungen (F 16) mit je 9 Koeffizienten nur noch sechs Gleichungen mit je 6 Koeffizienten. Die c_{ij} heißen die *verallgemeinerten Elastizitätsmoduln.* Man erhält sie aus den C_{ijkl}, indem man jedes der beiden Indexpaare durch einen einzigen Index ersetzt nach dem Schema von (F 18); z.B. $C_{1123} = c_{14}$.

Ebenso wie man das einfache HOOKEsche Gesetz für isotrope Körper anstelle durch (F 1) auch durch

$$\varepsilon = s\,\sigma \tag{F 21}$$

[1]) Bei Abweichungen vom linearen Kraftgesetz kann man (F 16) als erstes Glied einer Reihenentwicklung $\sigma_{ij} = \sum_{k,l} C_{ijkl}\,\varepsilon_{kl} + \sum_{k,l,m,n} C_{ijklmn}\,\varepsilon_{kl}\,\varepsilon_{mn}$ auffassen und auch das zweite Glied mit den Elastizitätsmoduln 3. Ordnung C_{ijklmn} berücksichtigen. (Die Bezeichnung „3. Ordnung" rührt von dem Auftreten dreifacher ε-Produkte im Energieausdruck dieser Näherung an Stelle der zweifachen Produkte in demjenigen (F 34) für das HOOKEsche, lineare Kraftgesetz.) Die C_{ijklmn} bilden einen Tensor 6. Stufe mit $3^6 = 729$ Komponenten, von denen bei höchster kubischer Symmetrie allerdings nur 6 unabhängige übrig bleiben, bei Isotropie sogar nur 3 (vgl. F 3). Für Kupfer wurden bei Raumtemperatur in 10^{10} N/m² gemessen: $C_{111111} = -127$; $C_{111122} = -81{,}4$; $C_{112233} = -5$; $C_{112323} = -0{,}3$; $C_{111212} = -78{,}0$; $C_{231213} = -9{,}5$. (Vgl. dazu auch Tab. III b.)

mit der *Elastizitätskonstanten* $s = 1/E$ ausdrücken kann, läßt sich der Zusammenhang zwischen den Tensoren $\boldsymbol{\epsilon}$ und $\boldsymbol{\sigma}$ auch mittels des Tensors vierter Stufe $[S_{ijkl}]$ in der Gestalt

$$\varepsilon_{ij} = \sum_{kl} S_{ijkl}\,\sigma_{kl}\,, \qquad i, j, k, l = 1, 2, 3\,, \tag{F 22}$$

oder in VOIGTscher Darstellung mittels der *verallgemeinerten Elastizitätskonstanten* s_{ij}

$$\varepsilon_i = \sum_j s_{ij}\,\sigma_j\,, \qquad i, j = 1, 2, \ldots, 6\,, \tag{F 23}$$

schreiben.

Die VOIGTschen 36 c_{ij} bzw. s_{ij} lassen sich als quadratische Matrizen schreiben, und zwar als symmetrische, denn es gilt

$$c_{ij} = c_{ji} \quad \text{bzw.} \quad s_{ij} = s_{ji}\,, \tag{F 24}$$

wie aus der letzten Gleichung von (F 17) folgt. Sie sind jedoch nicht Komponenten eines Tensors wie die C_{ijkl} bzw. S_{ijkl} und haben mithin auch nicht die einfachen Transformationseigenschaften bei Koordinatentransformation, die einen Tensor charakterisieren. Das einfache Transformationsverhalten ist aber gerade im Hinblick auf die Untersuchung des Einflusses der Kristallsymmetrie von großem Wert. Für derartige Betrachtungen wird man also die C_{ijkl} benutzen, weil man ihre Transformation leicht angeben kann, dann aber wieder zu der weniger aufwendigen VOIGTschen Darstellung übergehen.

F 3 Symmetrieeinfluß

Wir betrachten zunächst ein Beispiel. Ein Kristall besitze als einziges Symmetrieelement eine vierzählige Drehinversionsachse $\bar{4}$, die parallel zur x_3-Achse eines rechtwinkligen Koordinatensystems liegen möge. Führt man eine Drehinversion um 90° aus, so geht ein Punkt mit den Koordinaten x_1, x_2, x_3 in

$$x_1' = x_2\,, \qquad x_2' = -x_1\,, \qquad x_3' = -x_3 \tag{F 25}$$

über (Abb. F 6). Nun transformiert sich nach S. 52 eine Größe, die durch einen symmetrischen Tensor n. Stufe dargestellt wird, wie das n-fache Produkt der Koordinaten. Daher sind bei der Transformation die Indizes der C_{ijkl} wie die Koordinatenachsen gemäß (F 25) zu vertauschen: $1 \to 2$, $2 \to -1$, $3 \to -3$. Daraus resultiert für die Ersetzung von Indexpaaren

$$11 \to 22 \quad 22 \to 11 \quad 33 \to 33 \quad 23 \to 13 \quad 13 \to -23 \quad 12 \to -21 \tag{F 26}$$

und für die VOIGTschen Indizes (vgl. (F 18))

$$1 \to 2 \quad 2 \to 1 \quad 3 \to 3 \quad 4 \to 5 \quad 5 \to -4 \quad 6 \to -6\,. \tag{F 27}$$

Die c_{ij}-Matrix hat also vor und nach der Drehinversion folgendes Aussehen (wir können wegen ihres symmetrischen Charakters die untere Hälfte fort-

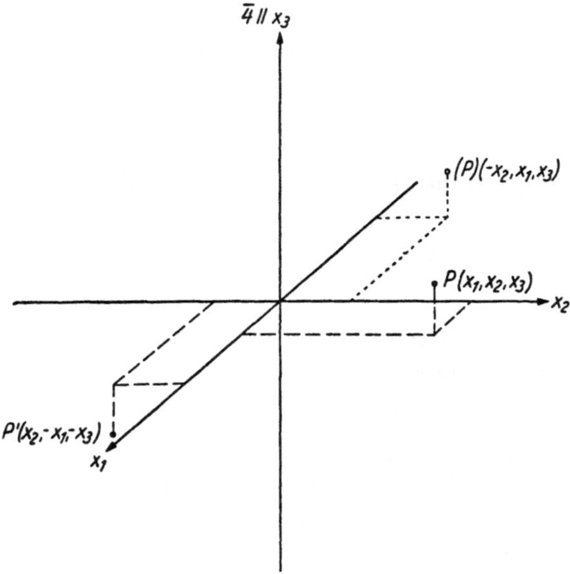

Abb. F 6

Transformation eines Punktes $P(x_1, x_2, x_3)$ durch eine vierzählige Drehinversionsachse $\bar{4}$ in den Punkt $P'(x_2, -x_1, -x_3)$. Führt man zuerst die Drehung allein aus, dann geht P in (P) über

lassen und schreiben nur die Indizes $i\,j$ hin. Die Zeichen beachte man vorerst nicht!):

vorher

11	12	13	~~14~~	~~15~~	16
	22	23	~~24~~	~~25~~	26
		33	~~34~~	~~35~~	~~36~~
			44	~~45~~	~~46~~
				55	~~56~~
					66

nachher (F 28)

22	21	23	25	−24	−26
	11	13	15	−14	−16
		33	35	−34	−36
			55	−54	−56
				44	46
					66

Wenn der Kristall $\bar{4}$-Symmetrie besitzt, müssen beide Matrizen übereinstimmen. Die 21 c_{ij}-Größen der ursprünglichen Matrix können also nicht unabhängig voneinander sein, sondern es muß eine Reihe Beziehungen zwischen ihnen bestehen. Damit die beiden Matrizen z. B. hinsichtlich der ersten Glieder übereinstimmen, muß $c_{11} = c_{22}$ sein. Die Übereinstimmung der vierten Glieder der ersten Zeile erfordert $c_{14} = c_{25}$, die der fünften Glieder der zweiten $c_{25} = -c_{14}$, d. h. $c_{14} = c_{25} = 0$ usw. Insgesamt müssen die durch ●——● bezeichneten c_{ij}-Werte gleich, die durch ○——● bezeichneten entgegengesetzt gleich sein; schließlich müssen die durchstrichenen c_{ij}-Werte verschwinden. Die

c_{ij}-Matrix eines Kristalles mit der Symmetrie $\bar{4}$ besitzt also nur sieben unabhängige c_{ij}-Werte anstelle 21 bei trikliner Symmetrie.

In ähnlicher Weise durchgeführte Untersuchungen anderer Symmetrieklassen führen zu dem Ergebnis, daß unsere Feststellung auch für die Klassen 4 und $4/m$ gilt, für die anderen Klassen des tetragonalen Systems treten nur 6 unabhängige Konstanten auf, im hexagonalen System 5 und im kubischen 3, im isotropen Körper nur 2 (vgl. Tab. IIIa im Anhang). Da sich polykristallines Material meist isotrop verhält, reichen zu seiner elastischen Kennzeichnung üblicherweise Elastizitätsmodul E und Torsionsmodul G aus (vgl. Tab. IIIc im Anhang).

F 4 Verzerrungsenergie

Wir kehren zu den allgemeinen Betrachtungen von F 2 zurück und fragen nach der Verzerrungsenergie eines verformten Kristalls. In der Mechanik der Kontinua wird gezeigt, daß die Arbeit bei der Änderung der Verzerrungen um $d\varepsilon_{ik}$

$$\delta a = \sum_{i,k} \sigma_{ik}\, d\varepsilon_{ik} \tag{F 29}$$

pro Volumeneinheit beträgt. Erfolgt der Vorgang reversibel, so ist sowohl bei adiabatischer als auch bei isothermer Prozeßführung die Arbeit ein totales Differential $\delta a = dv$[1]), daher gilt nach (F 29)

$$\sigma_{ij} = \frac{\partial v}{\partial \varepsilon_{ij}}, \quad i, j = 1, 2, 3\,, \tag{F 30}$$

und man nennt v das Potential der elastischen Spannungen σ_{ij} oder die elastische Energiedichte. Ferner liefert (F 30) wegen der aus (F 16) folgenden Beziehung

$$C_{ijkl} = \frac{\partial \sigma_{ij}}{\partial \varepsilon_{kl}}$$

und wegen der Vertauschbarkeit der Reihenfolge der Differentiationen

$$C_{ijkl} = \frac{\partial^2 v}{\partial \varepsilon_{kl}\, \partial \varepsilon_{ij}} = \frac{\partial^2 v}{\partial \varepsilon_{ij}\, \partial \varepsilon_{kl}} = C_{klij}\,, \quad i, j, k, l = 1, 2, 3\,. \tag{F 31}$$

Damit ist der Beweis der letzten Gleichung von (F 17) nachgeholt.

Die Energiedichte ergibt sich nunmehr durch Integration zu

$$v = \frac{1}{2} \sum_{i,k} \sigma_{ik}\, \varepsilon_{ik} \quad (i, k = 1, 2, 3)\,, \tag{F 32}$$

(bezüglich des Rechenganges vgl. Lehrbücher der theoretischen Mechanik) oder in VOIGTscher Schreibweise

$$v = \frac{1}{2} \sum_{m} \sigma_m\, \varepsilon_m \quad (m = 1, \ldots, 6)\,. \tag{F 33}$$

[1]) Nach dem ersten und zweiten Hauptsatz der Thermodynamik gilt für reversible Prozesse $\delta A = dU - T\,dS$. Bei adiabatischer Versuchsführung ($dS = 0$) führt dies zu $\delta A = dU$, bei isothermer ($dT = 0$) zu $\delta A = d\,(U - T\,S) = dF$.

Für einen kubischen Kristall erhält man speziell aus (F 33), wenn man in die Beziehung (F 20) die c_{ij}-Matrix kubischer Kristalle nach Tab. IIIa im Anhang einsetzt,

$$v = \frac{1}{2} \sum c_{ij} \varepsilon_i \varepsilon_j = \frac{c_{11}}{2} (\varepsilon_1^2 + \varepsilon_2^2 + \varepsilon_3^2) + c_{12} (\varepsilon_2 \varepsilon_3 + \varepsilon_3 \varepsilon_1 + \varepsilon_1 \varepsilon_2) + + \frac{c_{44}}{2} (\varepsilon_4^2 + \varepsilon_5^2 + \varepsilon_6^2) . \tag{F 34}$$

F 5 Elastische Wellen

Wir besprechen noch kurz elastische Wellen in Kristallen, weil auf der Messung ihrer Fortpflanzungsgeschwindigkeit die ergiebigste Methode zur Bestimmung der elastischen Moduln c_{ij} beruht. Die Bewegungsgleichung für ein Volumenelement eines Kristalles mit der Dichte ϱ lautet

$$\varrho \, \ddot{\boldsymbol{u}} = \operatorname{div} \boldsymbol{\sigma} . \tag{F 35}$$

Hierin drücken wir die Spannung durch die Verrückung $\boldsymbol{u}$ aus, um eine Differentialgleichung für $\boldsymbol{u}$ zu erhalten. Speziell für die Komponente u_1 in x_1-Richtung gilt

$$\varrho \, \ddot{u}_1 = \frac{\partial \sigma_{11}}{\partial x_1} + \frac{\partial \sigma_{12}}{\partial x_2} + \frac{\partial \sigma_{13}}{\partial x_3} = \frac{\partial \sigma_1}{\partial x_1} + \frac{\partial \sigma_6}{\partial x_2} + \frac{\partial \sigma_5}{\partial x_3} . \tag{F 36}$$

Der Übergang zur VOIGTschen 6-Komponentendarstellung empfiehlt sich, weil wir dann leicht die beabsichtigte Spezialisierung auf kubische Kristalle durchführen können, indem wir in den Zusammenhang (F 20) zwischen Spannungen und Verzerrungen die kubische c_{ij}-Matrix (mit $c_{11} = c_{22} = c_{33}$, $c_{44} = c_{55} = c_{66}$, $c_{12} = c_{21} = c_{13} = c_{31} = c_{23} = c_{32}$, alle übrigen $c_{ij} = 0$) einführen und anschließend wieder zur Tensordarstellung zurückkehren:

$$\begin{aligned} \varrho \, \ddot{u}_1 &= c_{11} \frac{\partial \varepsilon_1}{\partial x_1} + c_{12} \left(\frac{\partial \varepsilon_2}{\partial x_1} + \frac{\partial \varepsilon_3}{\partial x_1} \right) + c_{44} \left(\frac{\partial \varepsilon_6}{\partial x_2} + \frac{\partial \varepsilon_5}{\partial x_3} \right) \\ &= c_{11} \frac{\partial \varepsilon_{11}}{\partial x_1} + c_{12} \left(\frac{\partial \varepsilon_{22}}{\partial x_1} + \frac{\partial \varepsilon_{33}}{\partial x_1} \right) + 2 \, c_{44} \left(\frac{\partial \varepsilon_{12}}{\partial x_2} + \frac{\partial \varepsilon_{13}}{\partial x_3} \right) . \end{aligned} \tag{F 37}$$

Drücken wir in der letzten Gleichung die ε_{ij} durch die Verrückung mittels (F 7) aus, so erhalten wir als gesuchte Differentialgleichung für u_1

$$\varrho \, \ddot{u}_1 = c_{11} \frac{\partial^2 u_1}{\partial x_1^2} + c_{44} \left(\frac{\partial^2 u_1}{\partial x_2^2} + \frac{\partial^2 u_1}{\partial x_3^2} \right) + (c_{12} + c_{44}) \left(\frac{\partial^2 u_2}{\partial x_1 \, \partial x_2} + \frac{\partial^2 u_3}{\partial x_1 \, \partial x_3} \right) . \tag{F 38}$$

Ganz entsprechend gilt für die beiden anderen Komponenten

$$\left. \begin{aligned} \varrho \, \ddot{u}_2 &= c_{11} \frac{\partial^2 u_2}{\partial x_2^2} + c_{44} \left(\frac{\partial^2 u_2}{\partial x_1^2} + \frac{\partial^2 u_2}{\partial x_3^2} \right) + (c_{12} + c_{44}) \left(\frac{\partial^2 u_1}{\partial x_1 \, \partial x_2} + \frac{\partial^2 u_3}{\partial x_3 \, \partial x_2} \right) , \\ \varrho \, \ddot{u}_3 &= c_{11} \frac{\partial^2 u_3}{\partial x_3^2} + c_{44} \left(\frac{\partial^2 u_3}{\partial x_1^2} + \frac{\partial^2 u_3}{\partial x_2^2} \right) + (c_{12} + c_{44}) \left(\frac{\partial^2 u_1}{\partial x_1 \, \partial x_3} + \frac{\partial^2 u_2}{\partial x_2 \, \partial x_3} \right) . \end{aligned} \right\} \tag{F 39}$$

Man rechnet leicht nach, daß diese Gleichungen z.B. durch den Ansatz einer ebenen Welle

$$u_{1l} = u_0 \, e^{i(\omega_l t - k_l x_1)} , \quad u_2 = u_3 = 0 , \tag{F 40}$$

gelöst werden kann, sofern gilt

$$\varrho\, \omega_l^2 = c_{11}\, k_l^2\,. \tag{F 41}$$

Da bei dieser Lösung die Verrückung nur in der Fortschreitungsrichtung x_1 (Würfelkante) erfolgt, handelt es sich um eine *longitudinale Welle*, deren Fortpflanzungsgeschwindigkeit $v_l^{\langle 100\rangle}$ nach (F 41)

$$v_l^{\langle 100\rangle} = \frac{\omega_l}{k_l} = \sqrt{\frac{c_{11}}{\varrho}} \tag{F 42}$$

beträgt. Wir fragen weiter nach transversalen Wellen in der Würfelkantenrichtung, indem wir die x_1-Richtung als einzige Verrückungsrichtung beibehalten, jetzt aber die x_2- oder x_3-Richtung als Fortpflanzungsrichtung wählen. Der Ansatz lautet also

$$u_{1\,t} = u_0\, e^{i(\omega_t t\, -\, k_t x_2)}\,, \qquad u_2 = u_3 = 0 \tag{F 43}$$

und liefert als Bedingung

$$\varrho\, \omega_t^2 = c_{44}\, k_t^2 \tag{F 44}$$

und mithin für die Geschwindigkeit der *transversalen Welle* in einer ⟨100⟩-Richtung

$$v_t^{\langle 100\rangle} = \sqrt{\frac{c_{44}}{\varrho}}\,. \tag{F 45}$$

Für die zweite transversale Welle in Würfelkantenrichtung ergibt sich die gleiche Geschwindigkeit.

In anderen Gitterrichtungen, z. B. ⟨110⟩, haben alle 3 Wellen unterschiedliche Geschwindigkeiten

$$v_l^{\langle 110\rangle} = \sqrt{\frac{c_{11} + c_{12} + 2\, c_{44}}{2\,\varrho}}\,, \quad v_{t_1}^{\langle 110\rangle} = \sqrt{\frac{c_{11} - c_{12}}{2\,\varrho}}\,, \quad v_{t_2}^{\langle 110\rangle} = \sqrt{\frac{c_{44}}{\varrho}}\,. \tag{F 46}$$

Jedoch nicht für jede Gitterrichtung sind die drei zugehörigen Wellen rein longitudinal oder transversal.

Wie die mitgeteilten Geschwindigkeiten zeigen, ist auch ein *kubischer Kristall elastisch nicht isotrop*. Nur für ganz spezielle Werte der Elastizitätsmoduln kann dies eintreten. Man erhält z. B. $v_l^{\langle 100\rangle} = v_l^{\langle 110\rangle}$ offenbar, wenn

$$c_{11} - c_{12} = 2\, c_{44}\,. \tag{F 47}$$

Dann wird auch $v_{t_1}^{\langle 110\rangle} = v_{t_2}^{\langle 110\rangle} = v_t^{\langle 100\rangle}$, aber immer noch bleibt $v_t \neq v_l$.

F 6 Experimentelle Ergebnisse. Kompressibilität. Dämpfung

F 61 Zusammenhang der c_{ij} mit E, G und χ für kubische Kristalle

Die Messung der Fortpflanzungsgeschwindigkeit elastischer Wellen für verschiedene Kristallrichtungen ist zur *Bestimmung elastischer Konstanten* (vgl. Tab. IIIb des Anhanges) sehr geeignet, weil sie bei Benutzung des *Ultraschall-*

Impulsverfahrens mit Einkristallen von etwa 1 cm Kantenlänge auskommt. Man verwendet dabei Ultraschall-Wellenlängen von Bruchteilen eines Millimeters entsprechend Frequenzen von 10^7 Hertz und mehr und Impulsdauern von 10^{-6} Sekunden. Man kann an ein und demselben Kristall die Fortpflanzungsgeschwindigkeiten für verschiedene Wellen messen und damit die je nach der Symmetrie erforderliche Anzahl von Bestimmungsgleichungen für die c_{ij} gewinnen.

Am Einkristall scheitert die Anwendung eigentlicher Dehnungsmessungen, die bei polykristallinen Stoffen üblicherweise im Verein mit der Torsionsmessung die beiden unabhängigen Konstanten liefert, meist daran, daß nicht genügend große Einkristalle für mehrere kristallographische Orientierungen der Stabachse zur Verfügung stehen. Selbst bei kubischen Kristallen mit ihren drei unabhängigen Konstanten sind mindestens zwei Orientierungen erforderlich, da Dehnungs- und Torsionsmessung bei einer Staborientierung nur zwei Bestimmungsgleichungen liefern. Entsprechend sind zur Bestimmung der 5 Konstanten eines hexagonalen Kristalles mindestens drei Orientierungen notwendig usw.

Für zylinderförmige kubische Kristalle gilt, wenn E und G der Elastizitäts- bzw. Torsionsmodul in bezug auf die Stabachse sind und die α_i deren Richtungskosinusse gegenüber den kubischen Achsen bezeichnen,

$$\frac{1}{E} = \frac{c_{11} + c_{12}}{(c_{11} - c_{12})(c_{11} + 2\,c_{12})} - 2\left(\frac{1}{c_{11} - c_{12}} - \frac{1}{2\,c_{44}}\right)[\alpha_1^2\alpha_2^2 + \alpha_2^2\alpha_3^2 + \alpha_3^2\alpha_1^2]\,, \tag{F 48}$$

$$\frac{1}{G} = \frac{1}{c_{44}} + 4\left(\frac{1}{c_{11} - c_{12}} - \frac{1}{2\,c_{44}}\right)[\alpha_1^2\alpha_2^2 + \alpha_2^2\alpha_3^2 + \alpha_3^2\alpha_1^2]\,. \tag{F 49}$$

Man erkennt zunächst, daß für das Auftreten der Isotropie bei kubischen Kristallen (F 47) allgemein gilt. Der Wert $2\,c_{44}/(c_{11} - c_{12})$ wird *Anisotropiefaktor* genannt. Er beträgt auf Grund der c_{ij}-Werte in Tab. IIIb z.B. für β-Messing (54,4 Gew.% Cu) 8,9; für Eisen 2,4; für Wolfram 1,0 und für Molybdän 0,91 bei Zimmertemperatur. Er kann sehr stark von der Temperatur abhängen, weil die c_{ij} bisweilen verschiedene Temperaturabhängigkeit besitzen (vgl. Abb. F 7). Die runde Klammer im orientierungsabhängigen Glied von (F 48) ist für die meisten Metalle (Ausnahmen: Chrom, Molybdän, Niob, Vanadium) positiv, wie die mitgeteilten Zahlenwerte zeigen. Man erhält daher in Würfelkantenrichtung das Minimum von E und Maximum von G, denn nur ein α_i ist von Null verschieden, die eckige Klammer verschwindet also. Da andererseits der Maximalwert der eckigen Klammer (1/3) für die $\langle 111 \rangle$-Richtung eintritt, liegen hier die umgekehrten Verhältnisse vor, wie das z.B. Abb. F 8 (Tafel 4) für den E-Modul von Eisen zeigt.

Nach (F 49) gilt für kubische Kristalle bei Torsion um eine Würfelkante $c_{44} = G$. Dagegen besitzen c_{11} und c_{12} einzeln keine unmittelbar anschauliche Bedeutung, wohl aber die Kombination $c_{11} + 2\,c_{12}$. Sie ist nämlich ein Maß für die *Kompressibilität*, wie jetzt gezeigt werden soll.

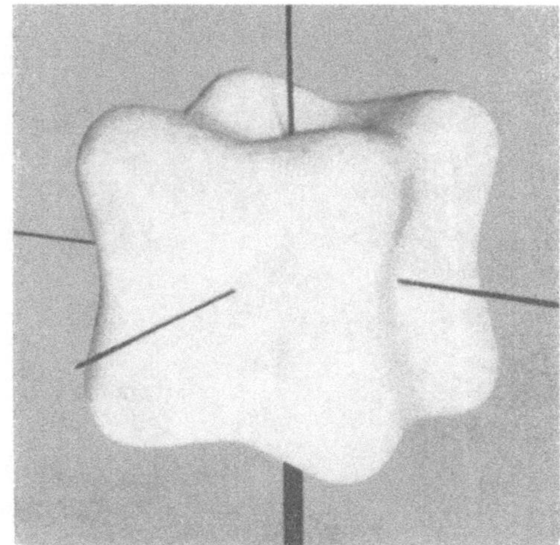

Abb. F 8

Richtungsabhängigkeit des Elastizitätsmoduls von Eisen (nach GOENS und SCHMID)

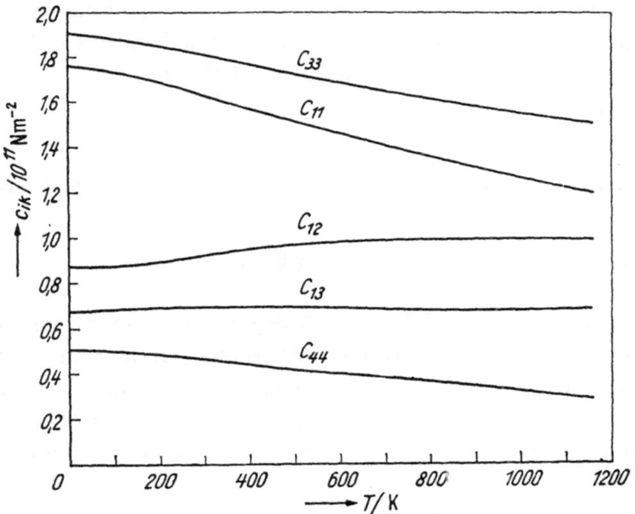

Abb. F 7

Temperaturabhängigkeit der adiabatischen (vgl. G 5) Elastizitätsmoduln von Titan (nach FISHER und RENKEN).

Kompressibilität

Die Volumenkompressibilität wird definiert durch

$$\chi \equiv -\frac{1}{p}\frac{\delta V}{V} = -\frac{\varepsilon_1 + \varepsilon_2 + \varepsilon_3}{p}\,,^{1)} \tag{F 50}$$

wenn wir die Hauptverzerrungen in (F 12) durch die VOIGTschen ε_i ausdrücken. Der Spannungstensor $\boldsymbol{\sigma}$ reduziert sich nach (F 15) auf die drei von Null verschiedenen Komponenten $\sigma_{ii} = -p$, so daß wir durch Einsetzen der kubischen c_{ij}-Matrix in (F 20) schreiben können:

$$\left.\begin{aligned} \sigma_1 &= c_{11}\,\varepsilon_1 + c_{12}\,\varepsilon_2 + c_{12}\,\varepsilon_3 = -p\,,\\ \sigma_2 &= c_{12}\,\varepsilon_1 + c_{11}\,\varepsilon_2 + c_{12}\,\varepsilon_3 = -p\,,\\ \sigma_3 &= c_{12}\,\varepsilon_1 + c_{12}\,\varepsilon_2 + c_{11}\,\varepsilon_3 = -p\,. \end{aligned}\right\} \tag{F 51}$$

Addition dieser drei Gleichungen liefert

$$(c_{11} + 2\,c_{12})\,(\varepsilon_1 + \varepsilon_2 + \varepsilon_3) = -3\,p\,, \tag{F 52}$$

und man erhält nach (F 50) für die *Volumenkompressibilität kubischer Kristalle*

$$\chi = \frac{3}{c_{11} + 2\,c_{12}}\,. \tag{F 53}$$

[1]) Der reziproke Werte der Kompressibilität wird gewöhnlich als Kompressionsmodul K bezeichnet.

Für die lineare Kompressibilität, d. h. die relative Längenabnahme in einer bestimmten Richtung pro Einheit des hydrostatischen Druckes, gilt bei kubischen Kristallen unabhängig von der gewählten Richtung

$$\chi_{\text{lin}} = \frac{1}{c_{11} + 2\,c_{12}}\,. \tag{F 54}$$

In den nichtkubischen Kristallsystemen ist χ_{lin} jedoch richtungsabhängig.

F 62 Anelastische Dehnung. Hysterese. Dämpfung

Bisher haben wir angenommen, daß beim Anlegen einer Spannung im elastischen Bereich der zugehörige Verzerrungszustand sich momentan einstellt und beim Ausschalten sofort vollständig verschwindet. Genaue Untersuchungen zeigen indessen, daß die Verzerrung ε sich aus einem zeitunabhängigen Anteil ε' und einem zeitabhängigen, der sogenannten anelastischen Dehnung ε'', zusammensetzt gemäß

$$\varepsilon = \varepsilon' + \varepsilon'' = \varepsilon' + \varepsilon''_\infty\,(1 - \mathrm{e}^{-t/\tau})\,. \tag{F 55}$$

Die Zeit τ, die verstreicht, bis ε'' sich dem Endwert ε''_∞ auf den e-ten Teil angenähert hat, heißt Relaxationszeit und liegt für Metalle in der Größenordnung einer Sekunde. Bei Versuchsdauern $\gg \tau$ kommt der anelastische Dehnungsanteil also voll zur Ausbildung (relaxierte Verformung), bei solchen $\ll \tau$ wird er unterdrückt (unrelaxierte Verformung) (Abb. F 9). Daraus folgt, daß bei den

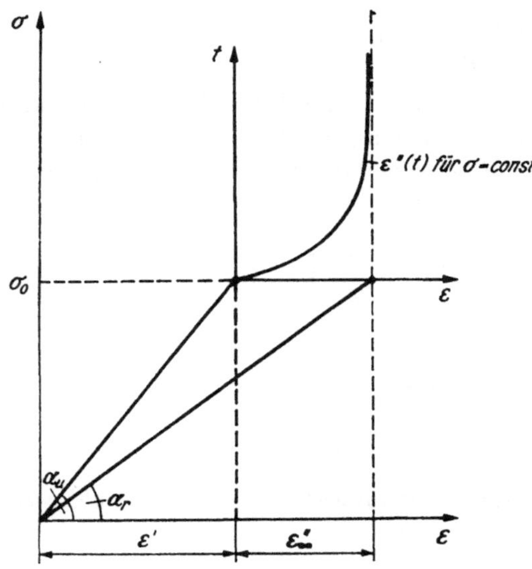

Abb. F 9

Relaxierte und unrelaxierte Verformung. Bei Anlegen der Spannung σ_0 stellt sich augenblicklich die Dehnung ε' ein (unrelaxierte Verformung). Anschließend „kriecht" die Probe bei konstanter Spannung weiter bis auf einen Betrag $\varepsilon' + \varepsilon''_\infty$ (relaxierte Verformung)

statischen elastischen Verformungen vom Metall die Zeitabhängigkeit von ε gewöhnlich nicht ins Gewicht fällt. Von Bedeutung ist dieser Sachverhalt aber bei periodischem Spannungsverlauf $\sigma = \sigma_0 \cos \omega t$ mit hinreichend großer Frequenz ω. Wegen des Zeitbedarfes zur Ausbildung der gesamten Verzerrung ε tritt eine Phasendifferenz δ zwischen jener und der erzeugenden Spannung auf gemäß $\varepsilon = \varepsilon_0 \cdot \cos(\omega t - \delta)$, die zu einer mechanischen Hysterese führt (Abb. F 10). Wie bei der magnetischen Hystereseschleife ist ihr Flächeninhalt ein Maß für die Energieverluste bei einmaligem Durchlaufen. Diese entstehen durch die Auslösung verschiedenartiger Gitterprozesse und lassen sich durch Dämpfungsmessungen der Schwingungen bestimmen.

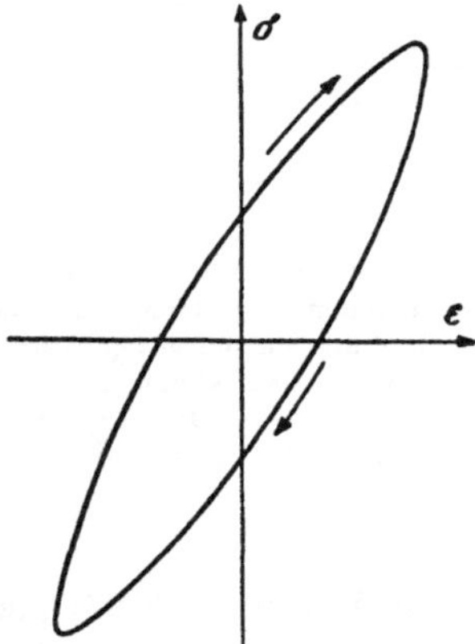

Abb. F 10
$\sigma(\varepsilon)$ bei Auftreten von Dämpfung

Die praktische Bedeutung dieser Erscheinung liegt darin, daß der Verlauf der Dämpfung sehr stark von der Schwingungsfrequenz abhängt, weil die Dämpfung in den verschiedenen Frequenzbereichen durch unterschiedliche Prozesse hervorgerufen wird. Daher ergibt sich durch Messung der Dämpfung über große Frequenzbereiche hinweg die Möglichkeit, die einzelnen Einflüsse zu trennen, wie dies durch Abb. F 11 erläutert wird. Es ist dabei klar, daß zur Untersuchung in so großen Frequenzbereichen eine ganze Reihe verschiedener experimenteller Methoden eingesetzt werden muß.

F 7 Gittertheoretische Deutung der elastischen Konstanten

Unsere bisherigen Betrachtungen gingen vom Kontinuumsstandpunkt aus. Jetzt wollen wir, wie angekündigt, der Gitterstruktur der Kristalle Rechnung tragen, um den Zusammenhang zwischen den phänomenologischen Elastizitätsmoduln c_{ij} und den Bindungskräften im Gitter zu finden, derentwegen die Kenntnis der c_{ij} besonders interessiert. Wir müssen uns hier auf die Skizzierung eines einfachen Lösungsweges für dieses umfangreiche Problem beschränken und berechnen zu diesem Zweck die Verzerrungsenergie eines einfach-kubischen

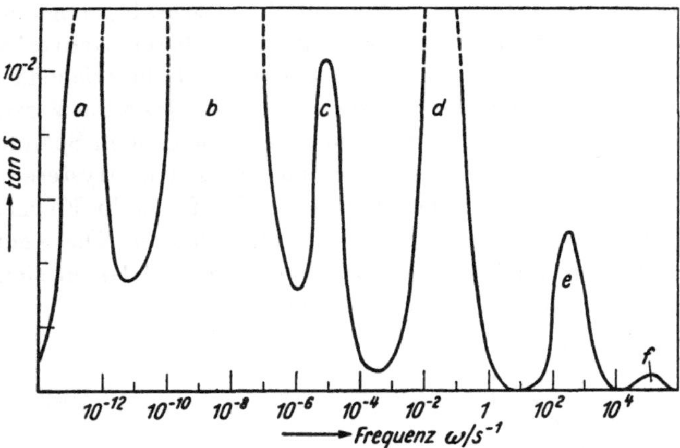

Abb. F 11

Typisches Dämpfungsspektrum (nach ZENER). Die einzelnen Maxima von tan δ können in diesem Beispiel den folgenden Mechanismen zugeordnet werden, die unter dem Einfluß einer zeitabhängigen äußeren Spannung bei der zugehörigen Frequenz den Hauptanteil der Dämpfung bilden: (a) Umordnung von Paaren gelöster Atome in Mischkristallen, (b) Korngrenzenfließen, (c) Verschiebung von Zwillingsgrenzen, (d) Bewegung von Zwischengitteratomen, (e) Temperaturausgleich durch Wärmeleitung innerhalb der Kristallite, (f) Wärmeströme zwischen Kristalliten. In den extremen Frequenzbereichen bedient man sich indirekter Methoden zur Aufnahme des Spektrums (z. B. Messung der Temperaturabhängigkeit von tan δ)

Gitters, um das Ergebnis dem früher erhaltenen Ausdruck (F 34) gegenüberzustellen. Ein Koeffizientenvergleich liefert dann die gesuchten Zusammenhänge.

Wir betrachten zunächst die *Verrückungsenergie* zweier einzelner Teilchen P und P' (Abb. F 12), die um $\boldsymbol{u}$ bzw. $\boldsymbol{u}'$ aus ihrer Anfangslage (Abstand a auf der x_1-Achse) verschoben sind, wobei $|\boldsymbol{u} - \boldsymbol{u}'| \ll a$ sein soll. In HOOKEscher Näherung (d. h. lineares Kraftgesetz bzw. quadratisches Energiegesetz) bietet sich folgender einfache Ansatz für die Energie des Teilchenpaares an:

$$\mathcal{V}_{\text{Paar}} = \frac{\alpha}{2}(u_1' - u_1)^2 + \frac{\beta}{2}[(u_2' - u_2)^2 + (u_3' - u_3)^2]\,. \qquad \text{(F 56)}$$

Hier haben wir in der Verbindungslinie x_1 beider Teilchen eine andere Kraftkonstante (α) angesetzt als in den beiden Richtungen senkrecht dazu (β). Sind die Kräfte reine *Zentralkräfte*, d. h., wirken sie nur in Richtung der näherungsweise mit der x_1-Achse zusammenfallenden Verbindungslinie, wie z. B. COULOMBsche Kräfte, ist also $\beta = 0$.

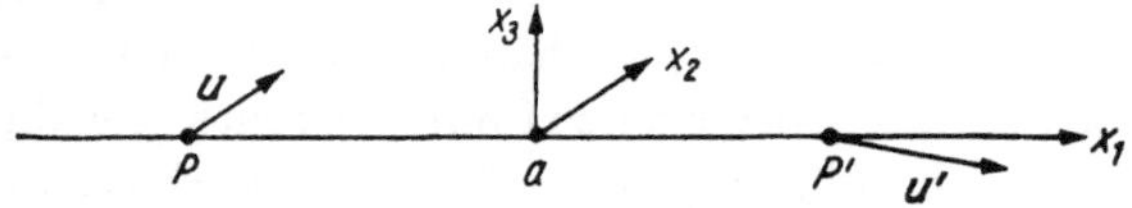

Abb. F 12

Verrückung zweier Teilchen P und P' im Abstand a

Den Übergang zum einfach kubischen Gitter (Gitterkonstante a) vollziehen wir nun unter Beschränkung auf die *Wechselwirkung zwischen nächsten Nachbarn*, indem wir für einen Gitterpunkt, der durch die drei ganzen Zahlen l, m, n gekennzeichnet wird, die Wechselwirkung mit seinen sechs nächsten Nachbarn $l \pm 1, m, n; l, m \pm 1, n; l, m, n \pm 1$ hinschreiben. Dabei ordnen wir die Glieder so, daß zuerst diejenigen erscheinen, die sich auf die Kraftwirkung längs der Verbindungslinie beziehen, also den Koeffizienten $\alpha/2$ erhalten, und dann diejenigen mit $\beta/2$. Schließlich ist über alle Gitterpunkte zu summieren. Bei diesem Verfahren wird jede Wechselwirkung zweimal gezählt. Es genügt daher, von vornherein von jedem Nachbarpaar längs einer Gittergeraden (z. B. $l \pm 1$, m, n) nur einen (etwa $l + 1, m, n$) zu berücksichtigen. Man erhält dann für die *Verformungsenergie* als Funktion der Verrückungen

$$\begin{aligned} V = \frac{\alpha}{2} \sum_{l,m,n} \{ & (u_1^{l+1,m,n} - u_1^{l,m,n})^2 + (u_2^{l,m+1,n} - u_2^{l,m,n})^2 \\ & + (u_3^{l,m,n+1} - u_3^{l,m,n})^2\} + \frac{\beta}{2} \sum_{l,m,n} \{(u_2^{l+1,m,n} - u_2^{l,m,n})^2 \\ & + (u_2^{l,m,n+1} - u_2^{l,m,n})^2 + (u_3^{l+1,m,n} - u_3^{l,m,n})^2 \\ & + (u_3^{l,m+1,n} - u_3^{l,m,n})^2 + (u_1^{l,m+1,n} - u_1^{l,m,n})^2 \\ & + (u_1^{l,m,n+1} - u_1^{l,m,n})^2\} . \end{aligned} \qquad \text{(F 57)}$$

Nun ist sinngemäß zu setzen

$$\frac{u_i^{l+1,m,n} - u_i^{l,m,n}}{a} = \frac{\partial u_i}{\partial x_1}, \qquad \frac{u_i^{l,m+1,n} - u_i^{l,m,n}}{a} = \frac{\partial u_i}{\partial x_2} \quad \text{usw.}, \qquad \text{(F 58)}$$

so daß man unter Benutzung von (F 7) für die Verzerrungsenergie

$$V = N a^2 \left[\frac{\alpha}{2}(\varepsilon_{11}^2 + \varepsilon_{22}^2 + \varepsilon_{33}^2) + \frac{\beta}{4}(\varepsilon_{12}^2 + \varepsilon_{23}^2 + \varepsilon_{31}^2)\right] \qquad \text{(F 59)}$$

erhält, da jedes der N Atome des Kristalles den gleichen Beitrag zur Summe liefert. Für die Energiedichte des kubisch einfachen Gitters findet man bei Division durch das Kristallvolumen $N a^3$ unter gleichzeitigem Übergang zu den VOIGTschen ε_i

$$v = \frac{\alpha}{2a}(\varepsilon_1^2 + \varepsilon_2^2 + \varepsilon_3^2) + \frac{\beta}{4a}(\varepsilon_6^2 + \varepsilon_4^2 + \varepsilon_5^2) . \qquad \text{(F 60)}$$

Der Vergleich mit der früher für die Verzerrungsenergie kubischer Kristalle erhaltenen Gleichung (F 34) ergibt

$$c_{11} = \frac{\alpha}{a}, \quad c_{12} = 0, \quad c_{44} = \frac{\beta}{2a} . \qquad \text{(F 61)}$$

Dieses Ergebnis befriedigt nicht, weil im Falle reiner Zentralkräfte (Ionenkristalle) $c_{44} = 0$ wäre, d. h. der Kristall keinerlei Widerstand gegen Torsion besäße. Man kann aber zeigen, daß dieser Mangel durch Berücksichtigung der *Wechselwirkung zweitnächster Nachbarn* behoben wird. Die Betrachtung verläuft ganz entsprechend, nur treten außer den beiden Konstanten α und β noch drei weitere γ, δ und $\varkappa$ auf, welche die Wechselwirkungen mit zweitnächsten Nachbarn kennzeichnen. Reine Zentralkräfte werden durch $\beta = \delta = 0$, $\gamma = \varkappa$ dargestellt. Man erhält bei beliebigen Kräften folgende drei Gleichungen:

$$c_{11} = \frac{(\alpha + 4\gamma)}{a}, \quad c_{44} = \frac{\beta + 2\gamma + 2\delta}{a}, \quad c_{12} + c_{44} = \frac{4\varkappa}{a}\,^{1)} \qquad \text{(F 62)}$$

aus denen die 5 Konstanten natürlich nicht bestimmt werden können. Liegen aber Zentralkräfte vor, so vereinfachen sie sich zu

$$c_{11} = \frac{(\alpha + 4\gamma)}{a}, \quad c_{44} = \frac{2\gamma}{a}, \quad c_{12} = \frac{2\gamma}{a}. \qquad \text{(F 63)}$$

Jetzt ist also ein endlicher Torsionswiderstand vorhanden.

Cauchysche Relationen

Ferner liefert (F 63) in $c_{12} = c_{44}$ die eine Gleichung, auf die sich die 6 Cauchyschen Relationen

$$c_{12} = c_{66}, \quad c_{13} = c_{55}, \quad c_{14} = c_{56}, \quad c_{23} = c_{44}, \quad c_{25} = c_{46}, \quad c_{36} = c_{45} \qquad \text{(F 64)}$$

bei kubischer Symmetrie reduzieren. Sie gelten bei Wirksamkeit reiner Zentralkräfte und schränken die Zahl der unabhängigen c_{ij}-Werte noch unter den durch die Kristallklasse festgelegten Wert (vgl. Tab. IIIa im Anhang) ein. Wie wir sehen, sind bei kubischer Symmetrie und Zentralkräften anstatt drei nur zwei unabhängige Konstanten vorhanden; bei trikliner Symmetrie sind es nicht 21, sondern nur $21 - 6 = 15$. Während die Cauchyschen Relationen bei vielen Ionengittern erwartungsgemäß annähernd erfüllt sind, trifft dies für Metalle gar nicht zu, wie ein Blick auf Tabelle IIIb im Anhang zeigt. Das ist nicht überraschend, da die metallischen Bindungskräfte keine Zentralkräfte sind (vgl. L 4).

F 8 Übungsaufgaben

F 1. Man berechne den effektiven Schubmodul $G \approx c'_{44}$ eines kubischen Kristalls, der einer Scherung parallel zur Ebene (hkl) in Richtung $[uvw]$ unterworfen wird, aus den elastischen Moduln der Tab. III a für a) (111) $[\bar{1}01]$, b) (110) $[1\bar{1}0]$ und c) (110) [001]. Man beachte, daß die c_{ij} von Tab. IIIa auf die Würfelkanten als Koordinatenachsen bezogen sind (Übergang von Voigtschen Moduln auf Tensorkomponenten zweckmäßig).

F 2. Man berechne die Wärmemenge, die ein Aluminiumklotz mit der Umgebung austauscht, wenn er bei Raumtemperatur einem Anstieg des hydrostatischen Druckes von $p = 0$ bis $p_{\max} = 10^6\ \mathrm{N/m^2}$ ausgesetzt wird, bezogen auf die vom Druck verrichtete Arbeit! Weiterhin bestimme man die Änderung der inneren Energie, bezogen auf die Arbeit! Um welchen Betrag würde die Temperatur des Klotzes steigen, wenn die abgeflossene Wärmemenge im Körper verblieben wäre?

F 3. Man zeige, daß die ε_{ij} (vgl. S. 142) in erster Näherung ein Maß für die Änderung des Winkels zwischen x_i- und x_j-Achse bei einer Deformation sind.

F 4. Durch geeignete Achsentransformation bringe man in (F 14) die Normalspannungen zum Verschwinden, so daß nur noch Schubspannungen übrig bleiben!

[1]) Spezialisierung auf den Fall nächster Nachbarn liefert ein von (F 61) verschiedenes Ergebnis, da es sich hier um ein anderes Modell handelt.

G GITTERSCHWINGUNGEN. SPEZIFISCHE WÄRME UND WÄRMEAUSDEHNUNG

Während die bisher behandelten elastischen Eigenschaften der Kristalle prinzipiell auf Grund der Vorstellung des idealen Gitters verstanden werden konnten, wollen wir jetzt die tatsächlich stets vorhandenen Gitterschwingungen des Kristalles betrachten und zwei Eigenschaften untersuchen, die auf ihnen beruhen: spezifische Wärme und Wärmeausdehnung. Darüber hinaus gibt es viele weitere, die durch die Wärmeschwingungen maßgeblich bestimmt werden, wie z.B. die elektrische Leitfähigkeit. Wir gehen dabei so vor, daß wir zuerst die experimentellen Tatbestände und anschließend deren Deutung besprechen, wiederum zunächst vom Kontinuums- und dann vom Gitterstandpunkt aus.

G 1 Erfahrungstatsachen

Da die beiden ins Auge gefaßten Eigenschaften eine gemeinsame Ursache besitzen, sind bei ihnen enge Zusammenhänge zu erwarten, und es erscheint zweckmäßig, sie gemeinsam zu behandeln, nachdem einige Bemerkungen zu beiden Begriffen gemacht worden sind.

Wir betrachten im folgenden anstelle der spezifischen Wärme, d. h. der Wärmekapazität eines Körpers auf die Masseneinheit bezogen, die Molwärme, d. h. die Wärmekapazität auf ein Mol bezogen. Bekanntlich liefert die üblicherweise bei konstantem Druck erfolgende Bestimmung einen Wert (C_p), der größer ist als der bei konstantem Volumen (C_V) geltende wegen der bei C_p zusätzlich zu leistenden Ausdehnungsarbeit. Infolge des kleinen Wärmeausdehnungskoeffizienten der Metalle und festen Stoffe überhaupt gegenüber den Gasen ist dieser Unterschied freilich viel geringer als dort, aber keinesweg vernachlässigbar (Tab. G 1). Die spezifische Wärme eines Kristalles ist eine skalare Größe.

Bei gleichförmiger Erwärmung eines Kristalles um δT sind alle Verzerrungskomponenten dieser Temperaturänderung proportional:

$$\varepsilon_{ij} = \alpha_{ij}\,\delta T\,. \tag{G 1}$$

Der *Wärmeausdehnungskoeffizient* $\boldsymbol{\alpha}$ ist also wie $\boldsymbol{\varepsilon}$ ein symmetrischer Tensor zweiter Stufe und kann daher auf Hauptachsen transformiert werden mit den Hauptausdehnungskoeffizienten α_{I}, α_{II}, α_{III}. Für das monokline β-Plutonium gilt z.B. im Temperaturgebiet von 133–202 °C $\alpha_{\mathrm{I}} = 84$, $\alpha_{\mathrm{II}} = 21$, $\alpha_{\mathrm{III}} = 7 \cdot 10^{-6}\,\mathrm{K}^{-1}$ $\left(\alpha_{\mathrm{II}} \| b,\ \alpha_{\mathrm{I}} \approx \perp (10\bar{1})\right)$. Zahlenwerte für einachsige und kubische Metalle sind in Tab. VI (hinterer Einsatzbogen) enthalten. Ergänzend sei auf die negativen Werte der linearen Ausdehnungskoeffizienten mancher Metalle

Tabelle G 1
Molwärmen einiger Metalle bei 25 °C *)

Metall	C_V/J mol^{-1} K^{-1}	C_p/J mol^{-1} K^{-1}
Ag	24,27	25,49
Al	23,03	24,34
Au	24,47	25,38
Ca	24,21	26,28
Cd	24,57	26,04
Cr	22,78	23,35
Cu	23,63	24,47
K	24,80	29,51
Li	22,53	23,64
Mg	23,46	24,81
Mo	23,06	23,75
Na	24,58	28,12
Pb	24,84	26,82
Pt	24,95	26,57
W	23,59	24,08

*) C_p nach LANDOLT-BÖRNSTEIN

(Kadmium, Zink, Indium, Silizium, Indiumantimonid) für einzelne Richtungen bei tiefen Temperaturen hingewiesen. Für Zink findet man z. B. $\alpha_{I} = \alpha_{II} = -2$, $\alpha_{III} = 55 \cdot 10^{-6}$ K^{-1} bei 60 K. Während in diesen Fällen die Volumenausdehnung positiv bleibt, ist bei δ'-Plutonium (451—485 °C) sogar eine *negative Volumenausdehnung* beobachtet worden.

Die wichtigsten Ergebnisse der experimentellen Untersuchungen lassen sich folgendermaßen zusammenfassen:

1. Die Molwärme fester Körper beträgt bei Zimmertemperatur etwa 25 J/Kmol (DULONG-PETIT*sche Regel*). Mit steigender Temperatur bleibt sie nicht konstant, sondern nimmt meist ein wenig zu. Bei sehr tiefen Temperaturen nimmt C_V sehr stark ab und geht bei Annäherung an den absoluten Nullpunkt gegen Null (Abb. G 1).
2. Die Molwärme von Verbindungen setzt sich additiv aus den Atomwärmen ihrer Komponenten zusammen (NEUMANN-KOPP*sche Regel*).
3. Der mittlere lineare Ausdehnungskoeffizient α weist praktisch die gleiche Temperaturabhängigkeit wie C_p auf, d. h., für alle Temperaturen ist $\alpha/C_p \approx$ const, wie an Kupfer gezeigt sei:

T/K	103	143	183	283	585
$(\alpha/C_p)/10^{-6}$ mol J^{-1}	0,640	0,650	0,666	0,673	0,695

4. Die gesamte Volumenzunahme von $T = 0$ bis zum Schmelzpunkt $T = T_s$ beträgt bei vielen (kubisch-flächenzentrierten) Metallen übereinstimmend etwa 7% (vgl. Abb. G 2) (GRÜNEISEN*sche Regel*).

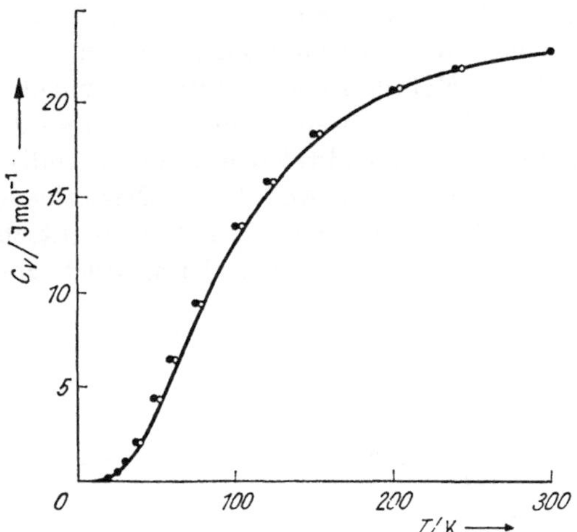

Abb. G 1

Temperaturabhängigkeit der Molwärme von Aluminium nach Messungen von GIAUQUE und MEADS (ausgezogene Kurve). Berechnete Punkte nach WALKER (volle Kreise: direkt aus der Zustandsdichte (vgl. Abb. G 13) berechnet; leere Kreise: mit Berücksichtigung anharmonischer Anteile)

Dieser bemerkenswerte Befund zeigt, daß verschiedene Stoffe sich offenbar bei unterschiedlichen Temperaturen in vergleichbaren Zuständen befinden, wie sie hier durch das Verhältnis T/T_s festgelegt wurden (dementsprechend ist in Abb. G 2 als Abszisse T/T_s gewählt). Wir hatten aber oben bereits darauf hingewiesen (S. 117), daß die Schmelztemperatur eines Kristalles nicht nur durch sein Gitter bestimmt wird, sondern auch durch seine Schmelze. Es liegt

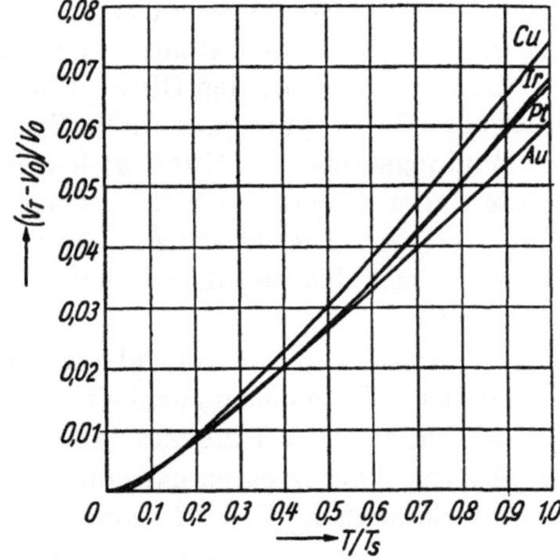

Abb. G 2

Relative Volumenänderung $(V_T - V_0)/V_0$ (bezogen auf das extrapolierte Volumen bei $T = 0$) einiger Metalle zwischen absolutem Nullpunkt und Schmelztemperatur T_s (nach GRÜNEISEN)

daher nahe, beim Vergleichen die Temperatur auf eine für das Gitter charakteristische Temperatur Θ zu beziehen, die später festgelegt werden wird. In der Tat gelingt es, für die verschiedenen Metalle solche Werte Θ anzugeben (Tab. G 2), daß C_V in Abhängigkeit von T/Θ durch eine einheitliche Funktion dargestellt wird, die also unabhängig von irgendwelchen weiteren individuellen Eigenschaften der untersuchten Stoffe ist (vgl. Abb. G 6). Dies erleichtert die theoretische Deutung des Temperaturverlaufes von C_V natürlich entscheidend. Dabei wird sich auch die noch fehlende Festlegung der charakteristischen Temperatur Θ ergeben.

Tabelle G 2

DEBYE-Temperaturen *)

Metall	Θ_D/K	Metall	Θ_D/K
Ag	220	Li	430
Al	380	Mg	330
Au	185	Mo	375
Ca	230	Na	160
Cd	165	Pb	86
Cr	405	Pt	225
Cu	310	W	315
K	99	Zn	240

*) Bei $T \approx \Theta_D/2$, nach BLACKMAN

G 2 DEBYEsche Theorie der spezifischen Wärme

Nach der klassischen statistischen Mechanik beträgt die mittlere kinetische Energie eines Systems bei der Temperatur T pro Freiheitsgrad $kT/2$. Ein Atomgitter besitzt $3\,L$ Freiheitsgrade (L AVOGADROsche Konstante) und daher die kinetische Energie $3\,RT/2$. Infolge ihrer Bindung an den Gitterplatz besitzen die Atome im Gitter — im Gegensatz zum Gas — auch potentielle Energie, die unter Voraussetzung harmonischer Bindungskräfte im Mittel gleich der kinetischen Energie ist, so daß der gesamte Energieinhalt $u = 3\,RT$ beträgt und die Molwärme $C_V = \mathrm{d}u/\mathrm{d}T = 3\,R = 25$ J/mol K. Die *klassische Theorie* liefert mithin eine *temperaturunabhängige spezifische Wärme,* deren Betrag mit der DULONG-PETITschen Regel übereinstimmt.

Die beobachtete *Abnahme der spezifischen Wärme* mit sinkender Temperatur, für die also die klassische Theorie keinerlei Erklärungsmöglichkeiten bietet, ist ein ausgesprochener *Quanteneffekt,* wie zuerst von EINSTEIN (1907) erkannt wurde. Er benutzte für die mittlere Energie eines linearen harmonischen Oszillators bei der Temperatur T nicht den klassischen Wert kT, sondern den von PLANCK (1900) zur Ableitung seines Strahlungsgesetzes verwandten Ausdruck

$$\bar{E} = \frac{h\nu}{e^{h\nu/kT} - 1}, \tag{G 2}$$

der für hohe Temperaturen dem klassischen Wert kT zustrebt. Man hat für die gequantelten Gitterschwingungen den Begriff *Phononen* (vgl. G 5) geprägt entsprechend dem der *Photonen* für Lichtquanten.

Erprobt man die Richtigkeit dieses Gedankens an der einfachsten Verwirklichung eines Systems von linearen Oszillatoren, einem Gas zweiatomiger Moleküle, so erhält man gute Übereinstimmung mit der Erfahrung: Das Cl_2-Molekül besitzt nach dem Absorptionsspektrum seines Dampfes eine Schwingungsfrequenz $\nu = 1{,}695 \cdot 10^{13}\,\mathrm{s}^{-1}$. Die Schwingungsenergie pro Mol beträgt unter Benutzung von (G 2)

$$u_s \equiv L\,\overline{E} = \frac{R\,\Theta}{e^{\Theta/T} - 1}, \qquad \Theta \equiv \frac{h\,\nu}{k}, \tag{G 3}$$

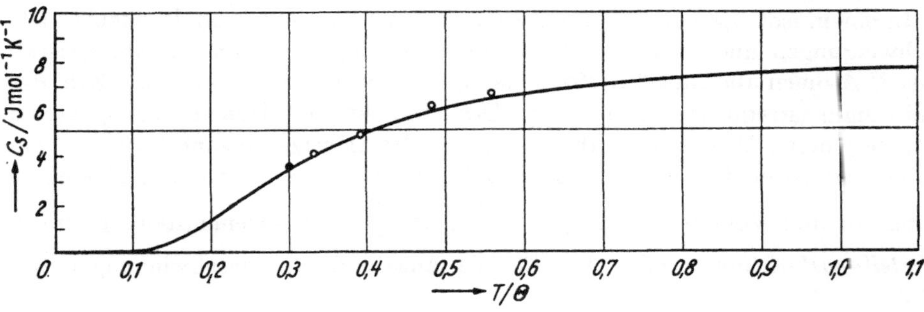

Abb. G 3

Schwingungsanteil der Molwärme $C_s(T/\Theta)$ nach EINSTEIN und Meßwerte an Chlorgas mit $\Theta = 810$ K nach EUCKEN und HOFFMANN

und mithin der Schwingungsanteil C_s der Molwärme (der Anteil der beim Gas hinzutretenden Translations- und Rotationsenergie ist außerdem nach klassischer Methode zu berechnen)

$$C_s \equiv \frac{du_s}{dT} = \frac{R(\Theta/T)^2\, e^{\Theta/T}}{(e^{\Theta/T} - 1)^2}. \tag{G 4}$$

In Abb. G 3 ist der durch (G 4) gegebene Verlauf über T/Θ dargestellt und einige Meßwerte (unter Benutzung des sich aus dem mitgeteilten ν-Wert nach (G 3) ergebenden Θ-Wertes) eingezeichnet, welche die Richtigkeit der EINSTEINschen Konzeption beweisen. Der Abfall der spezifischen Wärme kommt nach ihr dadurch zustande, daß bei tiefen Temperaturen viele Oszillatoren gar nicht angeregt sind, weil sie nach der Quantentheorie diskrete Energiestufen besitzen. Denn wenn die thermische Energie nicht ausreicht, die Schwingung mit kleinster Energie anzuregen, kann keine Schwingung erfolgen, während nach klassischer Vorstellung eine beliebig kleine Schwingungsenergie möglich ist.

Bei der Übertragung dieses Gedankens auf einen Kristall tritt zunächst wegen der Dreidimensionalität ein Faktor 3 in (G 3) und (G 4) hinzu. Man findet aber keine gute Übereinstimmung mit der Erfahrung. DEBYE (1912) erkannte die Notwendigkeit, die Kopplung der Atome im Kristallgitter zu berücksichtigen, die auch bei Vorhandensein nur einer Atomart zur Entstehung eines ganzen *Schwingungsspektrums* anstelle der einheitlichen Frequenz ungekoppelter Gasmoleküle führt.

Die Berechnung dieses Gitterschwingungsspektrums ist also die Hauptaufgabe. Praktisch gleichzeitig und unabhängig wurde sie einerseits vom gittertheoretischen Standpunkt aus in Angriff genommen (BORN und VON KARMAN 1912), und andererseits zeigte DEBYE, daß man das Problem auch vom Kontinuumsstandpunkt in brauchbarer Näherung lösen kann, weil der größte Teil der Gitterschwingungen Wellenlängen entspricht, die groß gegen die Atomabstände sind. Wir besprechen zunächst die DEBYEsche Kontinuumstheorie und zeigen dann einige charakteristische Unterschiede der gittertheoretischen Behandlung.

In einem isotropen Kontinuum, wie es DEBYE betrachtet, sind beliebig viele Schwingungen und beliebig hohe Frequenzen möglich. Nun hat ein Kristall aus N Atomen aber nur $3\,N$ Freiheitsgrade, und größer darf auch die Zahl der Schwingungsfrequenzen nicht sein. Deshalb schneidet DEBYE das Spektrum bei derjenigen Frequenz ν_0 ab, die gerade die richtige Anzahl $Z = 3\,N$ von Eigenfrequenzen liefert. Mit der Anzahl der Eigenfrequenzen pro Frequenzintervall und Volumeneinheit $\mathfrak{g}(\nu) \equiv \frac{1}{V}\frac{\mathrm{d}Z}{\mathrm{d}\nu} \equiv \frac{\mathrm{d}z}{\mathrm{d}\nu}$, der sogenannten *spektralen Verteilungsfunktion*, erhält man für die Anzahl der Eigenschwingungen pro Mol

$$3\,L = V_\mathrm{m}\int_0^{\nu_0} \frac{\mathrm{d}z}{\mathrm{d}\nu}\,\mathrm{d}\nu \equiv V_\mathrm{m}\int_0^{\nu_0} \mathfrak{g}(\nu)\,\mathrm{d}\nu\,. \tag{G 5}$$

Dieses grobe Verfahren wird nur durch seinen Erfolg gerechtfertigt. Die Schwingungsenergie des Kristalls pro Mol wird dann mit (G 2)

$$u = V_\mathrm{m}\int_0^{\nu_0} \overline{E}(\nu)\,\mathfrak{g}(\nu)\,\mathrm{d}\nu = V_\mathrm{m}\int_0^{\nu_0} \frac{h\,\nu}{\mathrm{e}^{h\nu/kT}-1}\,\mathfrak{g}(\nu)\,\mathrm{d}\nu\,. \tag{G 6}$$

Die Aufgabe ist es jetzt, die Zustandsverteilung $\mathfrak{g}(\nu)$ zu ermitteln. DEBYE tat dies, indem er die Anzahl der in einem Kristall möglichen stehenden Wellen in Abhängigkeit von der Wellenlänge bestimmte.

Das entsprechende eindimensionale Problem ist von der schwingenden Saite bekannt: Da an ihren Enden (Festpunkte) stets Schwingungsknotenpunkte liegen, sind alle die unendlich vielen Wellen möglich, für welche die auf die Saitenlänge l entfallende Anzahl halber Wellenlängen ganzzahlig wird (Abb. G 4), also

$$2\,k\,l = n\,, \qquad n = 1, 2, 3, \ldots\,, \tag{G 7}$$

gilt, wenn wir hier die Wellenzahl bequemlichkeitshalber $k = \frac{1}{\lambda} = \frac{\nu}{v}$ setzen.

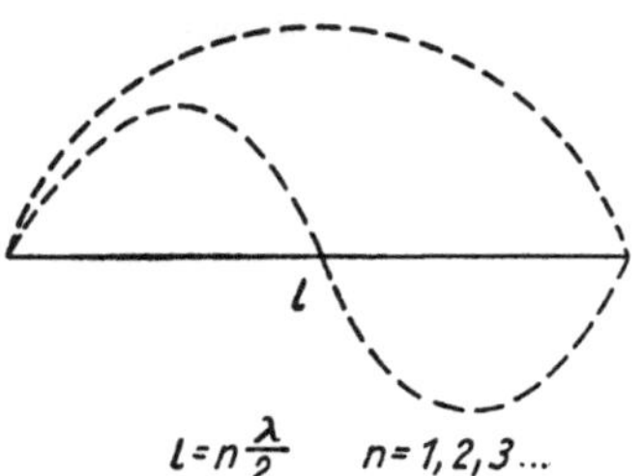

Abb. G 4
Zur Knotenzahl der eingespannten schwingenden Saite (speziell $n = 1, 2$)

Im dreidimensionalen Fall ist die Fortpflanzungsrichtung frei wählbar. Sie wird durch einen Wellenvektor $\boldsymbol{k}$ mit dem Betrag $k = 1/\lambda$ festgelegt. Für jede Komponente k_i von $\boldsymbol{k}$ muß dann (G 7) gelten, d. h.,

$$2\,k_i\,l = n_i\,, \quad \begin{aligned} n_i &= 1, 2, \ldots, \\ i &= 1, 2, 3\,. \end{aligned} \tag{G 8}$$

Durch Quadrieren und Addieren dieser drei Gleichungen erhält man

$$\frac{n_1^2 + n_2^2 + n_3^2}{(2\,l)^2} = \boldsymbol{k}^2 = \left(\frac{\nu}{v}\right)^2. \tag{G 9}$$

Trägt man die n_i auf den Achsen eines rechtwinkligen Koordinatensystems auf, so erhält man ein einfach kubisches Gitter, dessen Punkte je ein Zahlentripel n_i und damit eine mögliche Welle darstellen. Da pro Volumeneinheit dieses n_i-Raumes ein Tripel vorhanden ist und Gleichung (G 9) durch eine Kugel mit dem Radius $r = 2\,l\,\nu/v$ dargestellt wird, ist die Anzahl der auf den Bereich ν bis $\nu + \mathrm{d}\nu$ entfallenden verschiedenen Wellenzahlen gleich dem achten Teil des Volumens der Kugelschale zwischen r und $r + \mathrm{d}r$, also

$$\frac{1}{8}\,4\,\pi\,r^2\,\mathrm{d}r = 4\,\pi\,\frac{l^3}{v^3}\,\nu^2\,\mathrm{d}\nu\,. \tag{G 10}$$

Es ist noch zu berücksichtigen, daß bei elastischen Wellen in dem vorausgesetzten isotropen Festkörper für jeden Wellenvektor $\boldsymbol{k}$ drei Schwingungsmöglichkeiten bestehen, nämlich eine longitudinale Welle mit der Geschwindigkeit v_{l} und zwei transversale mit der gemeinsamen Geschwindigkeit v_{t} (vgl. F 5). Vernachlässigen wir diesen Geschwindigkeitsunterschied und verstehen unter v die mittlere Geschwindigkeit, so ist in der letzten Formel noch ein Faktor 3 hinzuzufügen. Man erhält also endgültig für das gesuchte $g(\nu)$, wenn man berücksichtigt, daß l^3 das Kristallvolumen V ist,

$$g(\nu) = \frac{12\,\pi\,\nu^2}{v^3}\,. \tag{G 11}$$

In Abb. G 5 ist diese Verteilungsfunktion $g(\nu)$ über der Frequenz dargestellt und zum Vergleich ein experimentell ermitteltes Spektrum eingezeichnet. Aus (G 5) findet man für die DEBYE*sche Grenzfrequenz*

$$\nu_0^3 = \frac{3\,L\,v^3}{4\,\pi\,V_{\mathrm{m}}}\,. \tag{G 12}$$

Eliminiert man mit Hilfe dieser Beziehung v^3 aus (G 11), so wird

$$g(\nu) = \frac{9\,L\,\nu^2}{V_\mathrm{m}\,\nu_0^3} \tag{G 13}$$

und damit nach (G 6)

$$u = \frac{9\,L}{\nu_0^3}\int\limits_0^{\nu_0} \frac{h\,\nu^3}{\mathrm{e}^{h\nu/kT}-1}\,\mathrm{d}\nu\,. \tag{G 14}$$

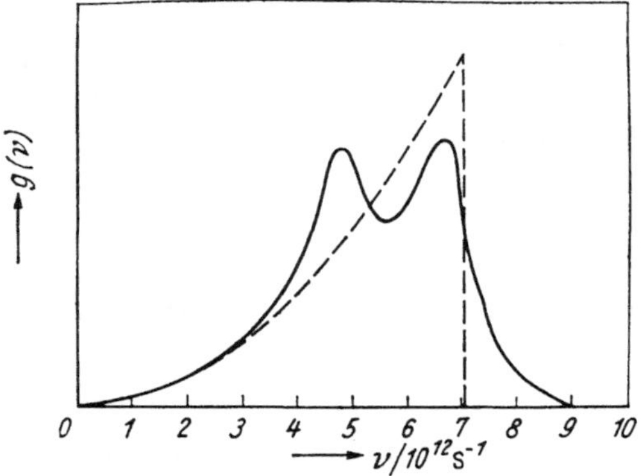

Abb. G 5

Gitterschwingungsspektrum von Vanadium (aus inkohärenter Neutronenstreuung berechnet) und Verlauf der DEBYEschen Näherung (gestrichelt) mit Θ = 338 K (nach WEISS)

Definiert man noch durch die Grenzfrequenz ν_0 eine DEBYE*sche charakteristische Temperatur*

$$\Theta_\mathrm{D} \equiv \frac{h\,\nu_0}{k} \tag{G 15}$$

und bezeichnet die Integrationsvariable mit $x = h\,\nu/kT$, so wird aus (G 14)

$$u = 9\,RT\left(\frac{T}{\Theta_\mathrm{D}}\right)^3 \int\limits_0^{\Theta_\mathrm{D}/T} \frac{x^3}{\mathrm{e}^x - 1}\,\mathrm{d}x\,. \tag{G 16}$$

Das Integral läßt sich nicht geschlossen auswerten. Reihenentwicklung liefert

bei tiefen Temperaturen $u = 9\,RT\left(\frac{T}{\Theta_\mathrm{D}}\right)^3 \frac{\pi^4}{15} = 58{,}45\,RT\left(\frac{T}{\Theta_\mathrm{D}}\right)^3$ (G 17)

und daher $C_V = 233{,}8\,R\left(\frac{T}{\Theta_\mathrm{D}}\right)^3$, (G 18)

bei hohen Temperaturen $u = 3\,RT - \frac{3}{8}R\,\Theta_\mathrm{D} + \frac{3}{20}\,R\frac{\Theta_\mathrm{D}^2}{T} - \cdots$ (G 19)

und daher $C_V = 3\,R - \frac{3}{20}\,R\left(\frac{\Theta_\mathrm{D}}{T}\right)^2$. (G 20)

Es gibt also eine universelle Funktion, die den Temperaturverlauf der spezifischen Wärme mittels eines einzigen individuellen Stoffparameters Θ_D darstellt. Abb. G 6 zeigt den sich aus (G 16) ergebenden Verlauf der Molwärme im ganzen Temperaturbereich und seine gute Bestätigung durch Messung an einigen Stoffen. Außerdem sind die für die Grenzfälle tiefer und hoher Temperatur gültigen Kurven gemäß (G 18) bzw. (G 20) eingetragen. Man sieht, daß das DEBYEsche T^3-Gesetz (G 18) die spezifische Wärme zwischen 0 K und

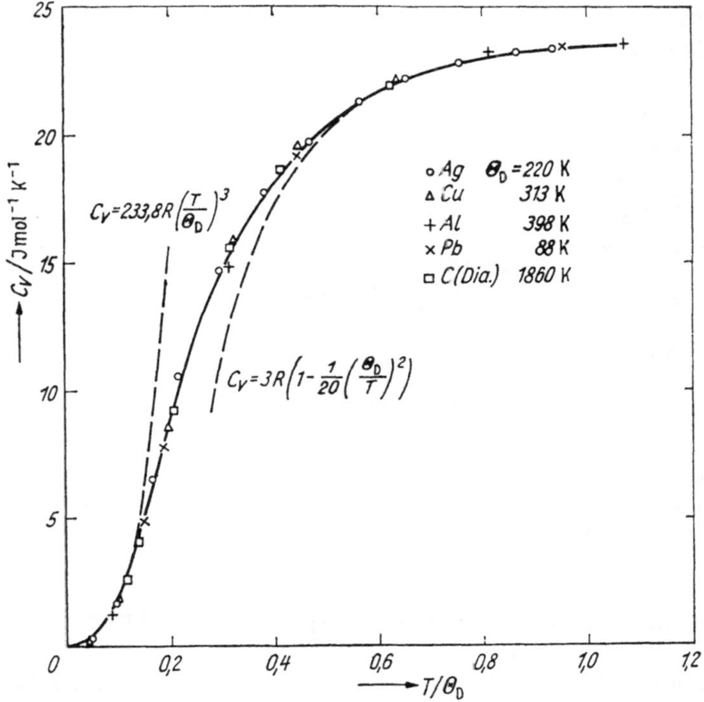

Abb. G 6

Molwärme $C_V(T/\Theta_D)$ nach DEBYE und Meßergebnisse an Silber, Aluminium, Kohlenstoff (Diamant) Kupfer und Blei. Der Verlauf der Näherungsfunktionen (G 18) und (G 20) für hohe und tiefe Temperaturen ist gestrichelt eingezeichnet

etwa $T/\Theta_D = 0{,}1$ gut wiedergibt und daß (G 20) eine gute Näherung etwa ab $T/\Theta_D = 0{,}5$ darstellt, die schließlich in den Wert 3 R der DULONG-PETITschen Regel übergeht.

Die Prüfung des DEBYEschen Gesetzes kann auch in der Weise erfolgen, daß man die aus den Messungen ermittelten C_V-Werte, die natürlich nur den Schwingungsanteil der spezifischen Wärme und nicht etwa auch andersartige Beiträge (vgl. z.B. Abbau von Ordnungszuständen (S. 213) und Elektronenanteil bei tiefsten Temperaturen (S. 16)) enthalten dürfen, in die universelle Funktion einträgt und dadurch einen (T/Θ_D)-Wert erhält, der bei allen Temperaturen zu dem gleichen Θ_D-Wert führen muß. Dies wird im großen und ganzen von der Erfahrung bestätigt, und erst bei genaueren Messungen im Tieftemperaturbereich hat sich ergeben, daß Θ_D nicht ganz konstant ist. Abb. G 7 zeigt die Temperaturabhängigkeit der charakteristischen Temperatur von Aluminium und eine gerechnete Kurve, durch welche dieser Verlauf gittertheoretisch gedeutet wird (S. 173).

Die Veränderungen von Θ_D überschreiten selten 10%. Immerhin ist zur sinnvollen Festlegung von Θ_D-Werten eine geeignete Bezugstemperatur zu wählen. Die in Tab. G 2 mitgeteilten Θ_D-Werte sind auf die Temperatur $T \approx \Theta_D/2$ bezogen.

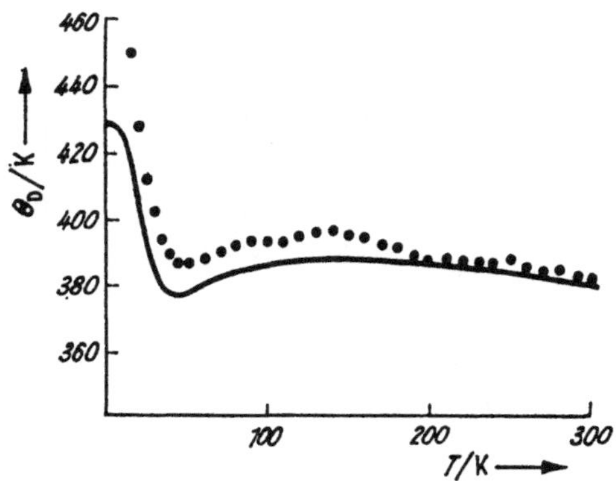

Abb. G 7

Temperaturabhängigkeit der DEBYE-Temperatur von Aluminium (Meßpunkte von GIAUQUE und MEADS; ausgezogene Kurve berechnet nach WALKER)

G 3 Grundlagen der Gittertheorie der spezifischen Wärme

Berechnet man nach Tab. G 2 aus dem Θ_D-Wert 310 K für Kupfer die DEBYEsche Grenzfrequenz ν_0 gemäß (G 15), so erhält man $\nu_0^{Cu} = 6{,}5 \cdot 10^{12}\,s^{-1}$, woraus mit einer mittleren Schallgeschwindigkeit von $v = 1700$ m/s eine kürzeste Wellenlänge von $\lambda_{min} = 2{,}6 \cdot 10^{-10}$ m folgt, die praktisch gleich dem kürzesten Atomabstand im Kupfergitter ist. Am kurzwelligen Ende des Spektrums ist also die Voraussetzung für die Gültigkeit der Kontinuumsauffassung nicht erfüllt, und es liegt zur Aufklärung der Unstimmigkeit mit der Erfahrung nahe, das Schwingungsverhalten eines Kristallgitters bezüglich der Unterschiede zum Kontinuum zu untersuchen.

G 31 Ketten gleichartiger Atome

Unendliche Kette

Die Kette sei unendlich lang und bestehe aus Atomen der Masse M, die im Abstand a aneinandergereiht sind (Abb. G 8). Die Kraftwirkung beschränke sich auf nächste Nachbarn und sei der Verrückung aus der Ruhelage proportional (Kraftkonstante α). Dann lautet die *Bewegungsgleichung* für das n-te Atom

$$M\,\ddot{u}_n = -\alpha\,(u_n - u_{n-1}) - \alpha\,(u_n - u_{n+1}) = \alpha\,(u_{n-1} + u_{n+1} - 2\,u_n)\,. \tag{G 21}$$

Wir setzen die Lösung als laufende Welle an:

$$u_n(t) = u_M\, e^{-i(\omega t - k n a)}\,, \tag{G 22}$$

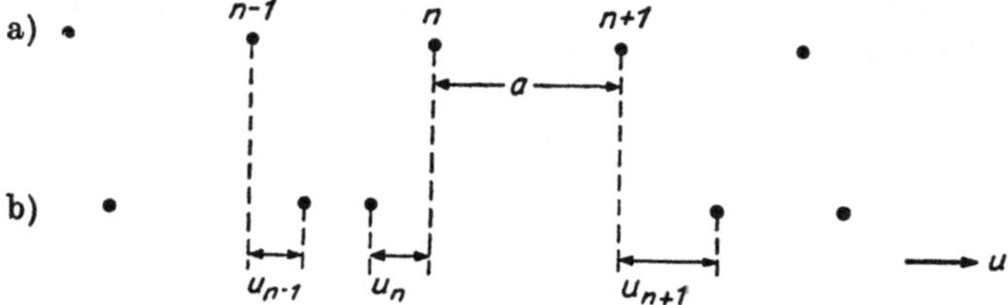

Abb. G 8

Lineare Kette gleichartiger Atome in Ruhelage (a) und nach Auslenkung (b)

wobei die Schreibweise $n\,a$ (n = ganze Zahl) für die laufende Ortskoordinate die diskontinuierliche Struktur des Raumes zum Ausdruck bringt und die Wellenzahl k hier (wie außer in G 2 stets) durch $k = 2\,\pi/\lambda$ definiert ist. Der Ansatz (G 22) befriedigt die Differentialgleichung (G 21) unter der Bedingung

$$M\,\omega^2 = 4\,\alpha\,\sin^2\left(\frac{k\,a}{2}\right), \tag{G 23}$$

d. h.

$$\omega = 2\sqrt{\frac{\alpha}{M}}\left|\sin\left(\frac{k\,a}{2}\right)\right|. \tag{G 24}$$

Es gibt also eine *Maximalfrequenz*

$$\omega_{\max} = 2\sqrt{\frac{\alpha}{M}}, \tag{G 25}$$

die doppelt so groß wie die des harmonischen Oszillators ist; mit ihr läßt sich die natürlich stets positive Frequenz schreiben

$$\omega = \omega_{\max}\left|\sin\left(\frac{k\,a}{2}\right)\right|. \tag{G 26}$$

Sie hat in k die Periode $2\,\pi/a$, so daß man den k-Bereich ohne Verlust beschränken kann auf

$$-\frac{\pi}{a} < k \leqq \frac{\pi}{a}. \tag{G 27}$$

Zu $k_{\max} = \pi/a$ gehört dann

$$\lambda_{\min} = \frac{2\,\pi}{k_{\max}} = 2\,a\,. \tag{G 28}$$

Das Schwingungsspektrum der linearen Kette besitzt also im Gegensatz zur kontinuumsmäßig behandelten Saite eine kürzeste Wellenlänge von der Größen ordnung der Gitterkonstanten. Daher sind für sie keine gültigen Aussagen aus der Kontinuumsbetrachtung zu erwarten. In der Tat zeigt Abb. G 9, in der $\omega(k)$ gemäß (G 26) dargestellt ist, daß der ω-Verlauf zwar für kleine k-Werte durch die gestrichelte Gerade $\omega = k\,v$ der Kontinuumsvorstellung in guter Näherung wiedergegeben wird, aber nicht für größere. Bei ihnen ist von einer Linearität gar keine Rede mehr, und schließlich sinkt ω mit wachsendem k. Man kann dies auch so ausdrücken: Die Fortpflanzungsgeschwindigkeit v sinkt bei der diskreten Kette mit wachsendem k, d. h. mit abnehmender Wellenlänge, während sie im Kontinuum konstant ist.

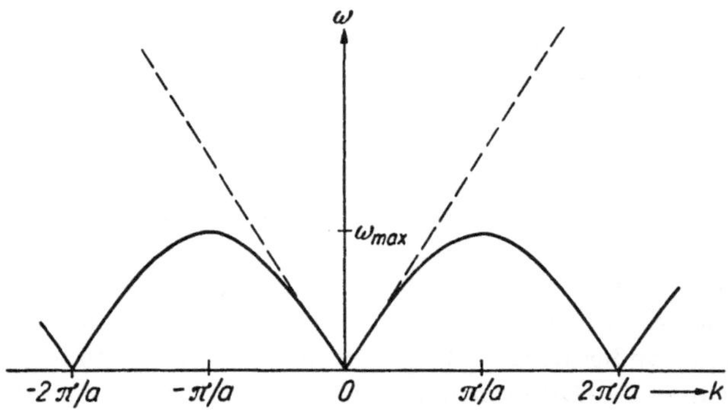

Abb. G 9

Dispersionsrelation $\omega(k)$ der linearen Kette gleicher Atome. Die gestrichelten Geraden entsprechen der Kontinuumsvorstellung $\omega = v\,k$

Endliche Kette

Die Kette habe die Länge $l = N\,a$, und erstes und letztes Atom seien fixiert, so daß von den $N + 1$ Atomen 0, 1, 2, . . . , N noch $N - 1$ beweglich sind. Es bestehen also für die Differentialgleichung (G 21) die Randbedingungen

$$u_0(t) = 0\,, \quad u_N(t) = 0\,. \tag{G 29}$$

Da in Analogie zur schwingenden Saite stehende Wellen zu erwarten sind, machen wir den entsprechenden Ansatz

$$u_n(t) = u_M \sin(k\,n\,a) \sin \omega\,t\,, \quad n = 0, 1, 2, \ldots, N\,, \tag{G 30}$$

der offenbar die erste der Randbedingungen (G 29) befriedigt. Damit dies auch für die zweite zutrifft, muß $\sin(k\,N\,a) = 0$ gelten, d. h., k muß von der Form

$$k = \frac{\pi}{N\,a}\,\varkappa\,, \quad \varkappa = 1, 2, \ldots, N - 1\,, \tag{G 31}$$

sein. Negative k-Werte liefern bei stehenden Wellen im Gegensatz zu fortschreitenden keine neuen (linear unabhängigen) Lösungen. Man kann daher den Wertebereich von k beschränken auf

$$0 < k \leqq \frac{\pi}{a}\,. \tag{G 32}$$

Die Werte $\varkappa = 0$ und $\varkappa = N$ kommen nicht in Betracht, da sie bedeuten würden, daß alle Atome in Ruhe bleiben. Es gibt also im Gegensatz zur unendlichen Kette nur eine endliche Anzahl von k-Werten, und zwar gerade so viel wie bewegliche Atome, nämlich $N - 1$. Da auch der Ansatz (G 30) die Differentialgleichung (G 21) nur löst, wenn (G 24) erfüllt ist, und mithin nach wie vor jedem k eine Frequenz ω_k zugeordnet ist, liegt wegen (G 31) ein diskretes Frequenzspektrum vor, das allerdings infolge der gemeinhin sehr großen Zahl N quasikontinuierlich ist. Wenn man in diesem Sinne (G 31) differenziert, so gibt $\mathrm{d}\varkappa$ die Anzahl der Eigenschwingungen $\mathrm{d}Z(k)$ im Intervall $k \cdots k + \mathrm{d}k$ an. Durch Umrechnung von $\mathrm{d}k$ in $\mathrm{d}\omega$ auf Grund (G 26) erhält man für die auf die Längeneinheit bezogene Verteilungsfunktion $g(\omega)_{\text{Kette}} = \frac{1}{l}\frac{\mathrm{d}Z}{\mathrm{d}\omega}$ $(l = N\,a)$:

$$g(\omega)_{\text{Kette}} = \frac{2}{\pi\, a\, \omega_{\max} \cos(k\,a/2)} = \frac{2}{\pi\, a \sqrt{\omega_{\max}^2 - \omega^2}}\,. \tag{G 33}$$

In Abb. G 5 war bereits ein Beispiel für den Verlauf der spektralen Verteilungsfunktion gezeigt, allerdings für ein wirkliches, dreidimensionales Gitter, ein weiteres folgt in G 33.

G 32 Kette aus zwei Atomarten

Im Abstand a seien abwechselnd Teilchen der Masse M und m mit $M > m$ angeordnet, und zwar so, daß die M-Teilchen gerade Laufzahlen besitzen. Legen wir wieder harmonische Kräfte, deren Wirkung sich auf nächste Nachbarn beschränkt, zugrunde, so lauten jetzt die beiden Bewegungsgleichungen für schwere und leichte Teilchen

$$M\,\ddot{u}_{2n} = \alpha\,(u_{2n-1} + u_{2n+1} - 2\,u_{2n}) \tag{G 34}$$

bzw.

$$m\,\ddot{u}_{2n+1} = \alpha\,(u_{2n} + u_{2n+2} - 2\,u_{2n+1})\,,$$

die wir durch den Ansatz zweier fortschreitender Wellen

$$u_{2n} = u_M\, \mathrm{e}^{-i(\omega t - 2na k)} \quad \text{und} \quad u_{2n+1} = u_m\, \mathrm{e}^{-i(\omega t - (2n+1)ak)} \tag{G 35}$$

zu lösen versuchen. Einsetzen von (G 35) in (G 34) liefert die beiden Bedingungsgleichungen

$$(M\,\omega^2 - 2\,\alpha)\,u_M + 2\,u_m\,\alpha \cos k\,a = 0 \tag{G 36}$$

und

$$(m\,\omega^2 - 2\,\alpha)\,u_m + 2\,u_M\,\alpha \cos k\,a = 0\,,$$

die nur dann nichtverschwindende Lösungen für u_M und u_m haben, wenn gilt

$$\begin{vmatrix} M\,\omega^2 - 2\,\alpha & 2\,\alpha \cos k\,a \\ 2\,\alpha \cos k\,a & m\,\omega^2 - 2\,\alpha \end{vmatrix} = 0\,, \tag{G 37}$$

d. h., falls

$$\omega^2 = \alpha \left[\left(\frac{1}{m} + \frac{1}{M}\right) \pm \sqrt{\left(\frac{1}{m} + \frac{1}{M}\right)^2 - \frac{4 \sin^2 k\,a}{M\,m}}\,\right]. \tag{G 38}$$

Dieses *Dispersionsgesetz* sieht — abgesehen von der Reduktion des Periodizitätsintervalls in k auf π/a — grundsätzlich anders aus als (G 26): Während dort zu jedem k genau ein ω-Wert gehörte, sind es hier zwei wegen des doppelten Vorzeichens vor der Wurzel, die stets reell ist. Das Frequenzspektrum (Abb. G 10a) spaltet also in *zwei Zweige* auf, von denen der dem positiven Vorzeichen entsprechende (ω_0) der *optische* genannt wird, der andere (ω_a) der *akustische*. Diese

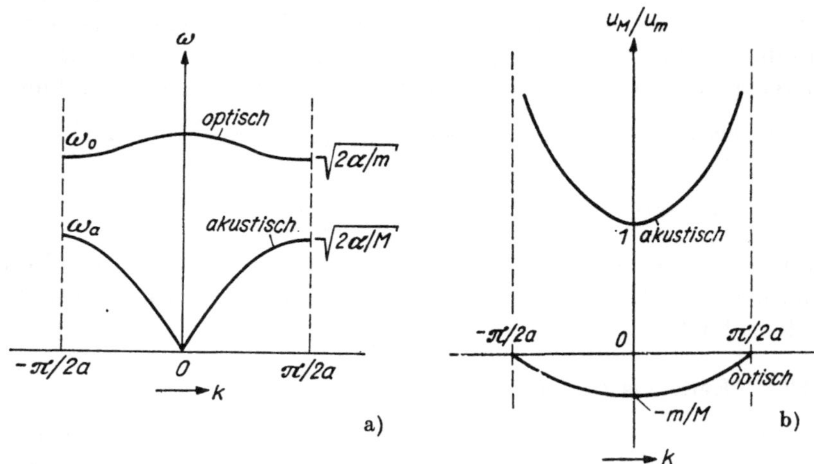

Abb. G 10

Abhängigkeit der Frequenz ω (a) und des Amplitudenverhältnisses u_M/u_m (b) von der Wellenzahl k für den optischen und akustischen Zweig der linearen Kette aus zwei Atomarten

Bezeichnungen werden sogleich verständlich werden. Nach Einsetzen von (G 38) liefert (G 36) auch die Amplituden (Abb. G 10b). Man übersieht leicht folgende Fälle:

	$k = 0$	$k = \pm \dfrac{\pi}{2a}$
optischer Zweig	$\omega_0 = \sqrt{2\alpha\left(\frac{1}{m} + \frac{1}{M}\right)}$, $\frac{u_M}{u_m} = -\frac{m}{M}$	$\omega_0 = \sqrt{\frac{2\alpha}{m}}$, $u_M = 0$, $u_m^{n-1} = -u_m^{n+1}$
akustischer Zweig	$\omega_a = 0$, $u_M = u_m$	$\omega_a = \sqrt{\frac{2\alpha}{M}}$, $u_m = 0$, $u_M^{n-1} = -u_M^{n+1}$

Im Grenzfall unendlich langer Wellen ($k = 0$) schwingen alle Teilchen einer Art nach (G 35) gleichphasig, die „Teilgitter“ also starr. Im akustischen Zweig besitzen dann sogar beide Teilchenarten dieselbe Phase und Amplitude, im optischen Gegenphase. Wenn sie sich nicht nur durch ihre Masse unterscheiden, sondern, wie in Ionenkristallen, auch entgegengesetzte elektrische Ladungen tragen, ändert sich mit deren Abstand bei der Schwingung auch das elektrische Dipolmoment (vgl. Abb. G 11). Infolgedessen sind diese Schwingungen durch eine elektromagnetische Welle erregbar und daher im Absorptionsspektrum des Kristalles — also auf optischem Wege — nachweisbar. Bei $k = \pm \pi/2\,a$ hängt die Frequenz jeweils nur von einer Masse ab, da die andere in Ruhe bleibt. Der

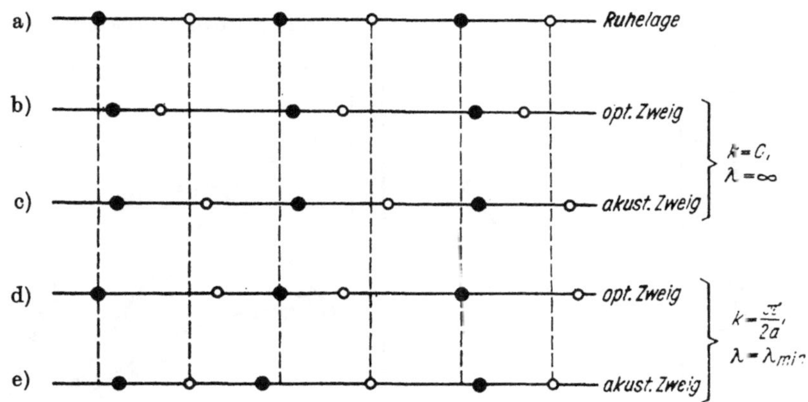

Abb. G 11

Schwingungsformen der linearen Kette verschiedener Atomsorten (● Masse M, ○ Masse m) für die Grenzfälle $k = 0$ und $k = \frac{\pi}{2\,a}$. Im optischen Zweig sind für $k = 0$ (b) beide Atomsorten aus der Ruhelage (a) in entgegengesetztem Sinne verschoben. Die Amplituden sind den Massen umgekehrt proportional, die Teilgitter M und m bewegen sich jeweils starr. Im akustischen Zweig (c) des Grenzfalls langer Wellen bewegen sich beide Teilgitter gleichsinnig und mit gleicher Amplitude, d. h. alle Atomabstände sind gegenüber dem Ruhezustand unverändert. Im kurzwelligen Grenzfall ruhen entweder die Atome M (d) oder m (e), und von der bewegten Sorte befinden sich sowohl im optischen (d) als auch im akustischen (e) Zweig benachbarte Teilchen in Gegenphase

Minimalabstand zwischen beiden Zweigen ist um so größer, je unterschiedlicher beide Massen sind. Dieser ,,verbotene Frequenzbereich" entspricht ganz dem verbotenen Energiebereich im Bandschema der Metallelektronen (s. S. 18). Schließlich ist der Frequenzgang in jedem der Bänder um so geringer, je größer M ist.

G 33 Dreidimensionale Gitter

Die auf Grund der entwickelten gittertheoretischen Vorstellungen für dreidimensionale Kristalle durchzuführenden Rechnungen sind natürlich sehr umfangreich und mit der Notwendigkeit, eine Reihe vereinfachender Annahmen zu machen, belastet. In F 7 war schon besprochen worden, daß die in den gittertheoretischen Ansätzen auftretenden Konstanten u. U. aus den gemessenen Elastizitätsmoduln bestimmt werden können. Grundsätzlich kann man auch noch andere meßbare Größen, z. B. die infraroten Absorptionsfrequenzen bei Ionenkristallen, hinzuziehen und hat dann die Möglichkeit, entsprechend mehr

Konstanten in den Wechselwirkungsansatz eines Gitteratoms einzuführen, z. B. neben den nächsten Nachbarn auch die zweitnächsten zu berücksichtigen. Je nach dem benutzten Modell wird das „errechnete" Gitterspektrum, das also auf experimentellen c_{ij}-Werten oder dgl. beruht, verschieden ausfallen.

Wir beschränken uns auf Mitteilung einiger Ergebnisse. Betrachtet man eine lineare Kette die nicht nur aus 2, sondern aus p verschiedenartigen Atomen besteht, so findet man an Stelle des Schwingungsspektrums mit einem akustischen und einem optischen Zweig ein solches mit einem akustischen und $p - 1$

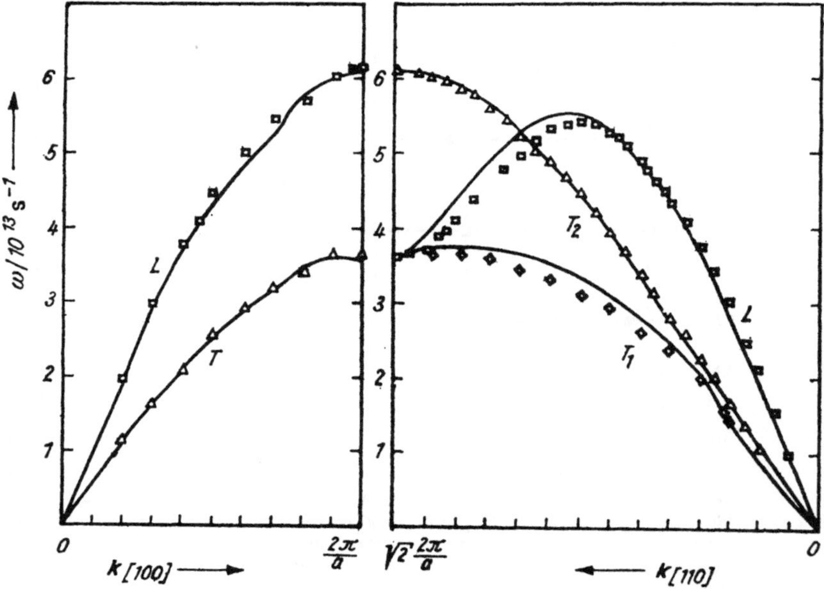

Abb. G 12

Dispersionskurven für Aluminium (kubisch-flächenzentriert; $p = 1$) in Richtung der Würfelkanten und Flächendiagonalen. In Würfelkantenrichtung fallen die beiden transversalen Zweige aus Symmetriegründen zusammen (nach SCHMUCK)

optischen Zweigen. Beim Übergang zum dreidimensionalen Gitter mit p ungleichwertigen Atomen ergeben sich 3 akustische und $3(p - 1)$ optische Frequenzzweige, insgesamt als $3p$ Zweige, deren Dispersionsgesetze $\omega = \omega^i(\boldsymbol{k})$ mit $i = 1, 2, \ldots, 3p$ richtungsabhängig sind. Abb. G 12 zeigt Untersuchungen an Aluminium für die [100]- und [110]-Richtungen. Die ausgezogenen Kurven stellen die 3 errechneten Frequenzzweige ($p = 1$) $\omega = \omega^i(\boldsymbol{k})$ dar, während die Punkte Meßwerte mittels unelastischer Neutronenstreuung (die in G 5 besprochen wird) zur Kontrolle des der Rechnung zugrunde liegenden Modells sind. Hinsichtlich der Eigenwellen erhält man beim Übergang von der zweiatomigen Kette zum Raumgitter mit p Basisatomen an Stelle der beiden Wellen (G 35) längs der Kettenrichtung p räumliche Wellen $\boldsymbol{u}_{\boldsymbol{R}_n}(\boldsymbol{R}_m)$:

$$\boldsymbol{u}_{\boldsymbol{R}_n}(\boldsymbol{R}_m) = \boldsymbol{u}_{0\boldsymbol{R}_n}\, e^{-i(\omega t - \boldsymbol{k}\boldsymbol{R}_m)}\,, \quad \boldsymbol{R}_n = 1 \cdots p\,, \tag{G 39}$$

welche die von der Welle (ω, $\boldsymbol{k}$) hervorgerufene Verrückung $\boldsymbol{u}_{\boldsymbol{R}_n}$ des Atomes der Sorte $\boldsymbol{R}_n$ in der durch das Tripel (m_1, m_2, m_3), kurz durch m symbolisiert, bezeichneten Elementarzelle zur Zeit t angeben.

Wie in G 2 auseinandergesetzt, braucht man zur Berechnung der spezifischen Wärme eines Kristalls (und vieler anderer Eigenschaften) außer der Kenntnis seiner Schwingungsfrequenzen ω auch die ihrer spektralen Verteilungsfunktion $g(\omega)$. Eine solche muß für jeden Spektralzweig $\omega^i(\boldsymbol{k})$ berechnet werden, wie dies für den eindimensionalen Fall am Ende von G 31 geschah. Aus diesen $g^i(\omega)$ ergibt sich dann durch Summation über alle 3 p Zweige die spektrale Verteilungsfunktion des Kristalles $g(\omega) = \sum g^{(i)}(\omega)$ $(i = 1, 2, \ldots, 3\,p)$. Abb. G 13 zeigt als Beispiel das Frequenzspektrum eines kubisch-flächenzentrierten Gitters, das für Aluminium berechnet wurde. Führt man die Prüfung der aus einem solchen Spektrum folgenden C_V-Werte nach S. 166 durch Aufstellen einer $\Theta_D(T)$-Kurve durch, so erhält man die in Abb. G 7 eingetragene Kurve, die offenbar den prinzipiellen Verlauf der Meßwerte, d. h. die Veränderlichkeit von Θ_D mit T richtig wiedergibt, wenn auch keine quantitative Übereinstimmung vorliegt.

G 4 Deutung der Wärmeausdehnung

In der DEBYEschen Theorie der spezifischen Wärme und bei vielen gittertheoretischen Untersuchungen werden die Wärmeschwingungen der einfachen Rechnung wegen als harmonische Schwingungen behandelt, d. h. ein *lineares Kraftgesetz* und damit eine in den Verrückungen quadratische Potentialfunktion vorausgesetzt. Bei einem solchen bezüglich der Ruhelage des Atoms symmetrischen Potential (vgl. Abb. G 14, gestrichelte Kurve) würde aber *keine Wärmeausdehnung* vorhanden sein, denn die Schwingungen würden symmetrisch zur Ruhelage erfolgen, so daß der Schwingungsmittelpunkt und damit der Atomabstand unverändert bliebe. Bei unsymmetrischem Potentialverlauf (ausgezogene Kurve) verschiebt sich jedoch der Schwingungsmittelpunkt zu größeren r-Werten, d. h., der Atomabstand wird um so größer, je höher die Schwingungsenergie und damit die Temperatur ist. Man erkennt also, daß die Annahme rein harmonischer Schwingungen nicht zur Deutung der Wärmeausdehnung ausreicht. Abb. G 14 zeigt aber gleichzeitig, daß die Darstellung der wirklichen Verhältnisse um so eher durch einen symmetrischen Potentialverlauf möglich ist, je kleiner die Schwingungen sind. Es leuchtet also ohne weiteres ein, daß der Wärmeausdehnungskoeffizient mit sinkender Temperatur gegen Null geht, wie wir experimentell festgestellt hatten (Abb. G 2).

Wir verfolgen diesen Gedanken rechnerisch. Die Verrückung des Atoms aus der Gleichgewichtslage $r_0 = r\ (T = 0)$ bezeichnen wir mit u und berücksichtigen in dem Ansatz für die *potentielle Energie* $\mathcal{V}(u)$, um ihren *asymmetrischen Verlauf* bezüglich r_0 zu erfassen, noch die 3. Potenz in u:

$$\mathcal{V}(u) = \alpha\, u^2 - \beta\, u^3\,. \qquad \text{(G 40)}$$

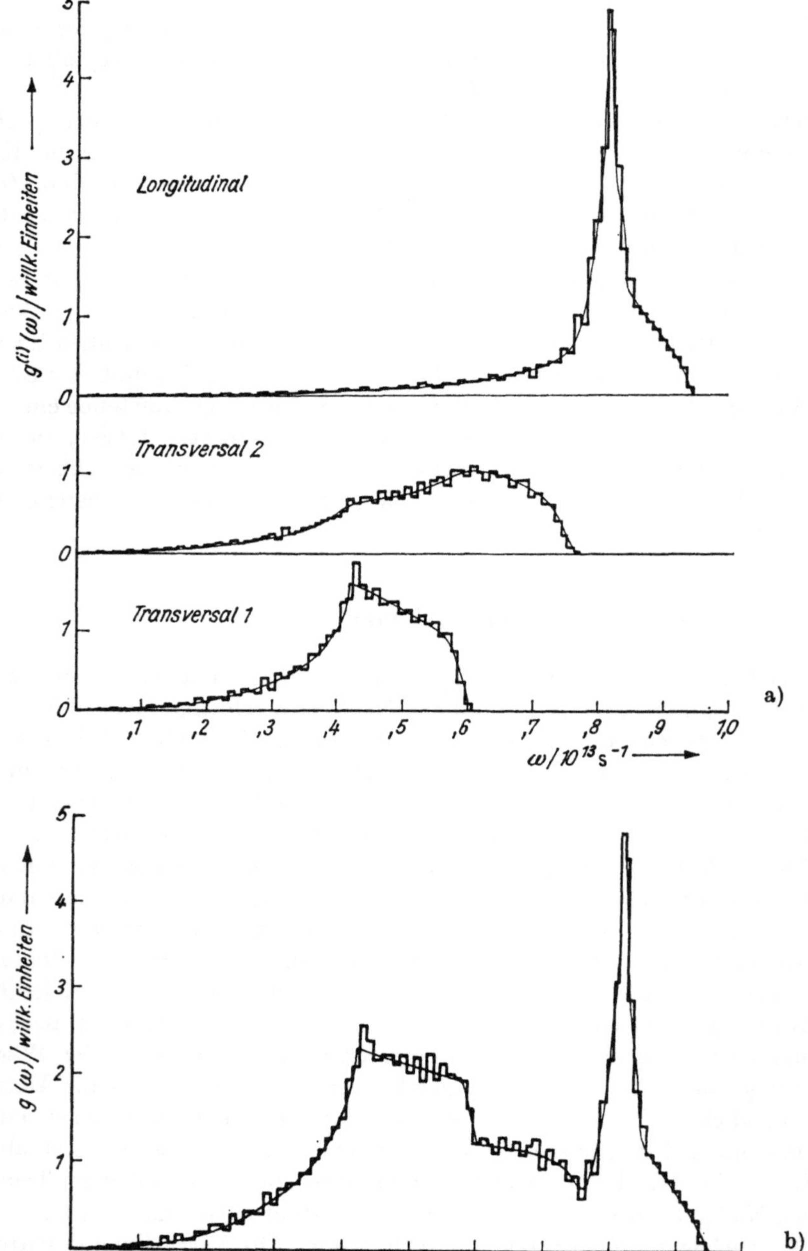

Abb. G 13

Berechnete Zustandsdichte (spektrale Verteilungsfunktion) über der Frequenz für die drei Zweige in Aluminium (a) und Gesamtzustandsdichte (b) (nach WALKER)

Der Schwingungsmittelpunkt ist durch $r = r_0 + \bar{u}$ gegeben. Zur Berechnung der mittleren Verrückung $\bar{u}$ muß man wissen, wie oft eine bestimmte Verrükkung u auftritt. Da mit ihr eine Energie $V(u)$ gemäß (G 40) verknüpft ist, liegt es nahe, den BOLTZMANN-Faktor $e^{-V/kT}$, der die Häufigkeit der Energie V bei der Temperatur T mißt, als statistisches Gewicht zur Mittelwertbildung zu benutzen:

$$\bar{u} = \frac{\int_{-\infty}^{+\infty} u\, e^{-V(u)/kT}\, du}{\int_{-\infty}^{+\infty} e^{-V(u)/kT}\, du}. \tag{G 41}$$

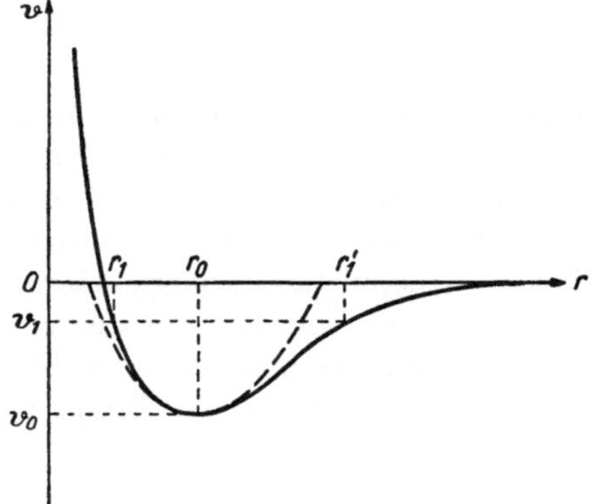

Abb. G 14

Potentialverlauf in Abhängigkeit vom Atomabstand r zur Erklärung der Wärmeausdehnung. Bei unsymmetrischem Verlauf (ausgezogene Kurve) verschiebt sich der Schwingungsmittelpunkt mit wachsender Energie zu größeren Abständen: $(r_1' - r_1)/2 > r_0$; bei symmetrischem (gestrichelt) dagegen ändert sich seine Lage nicht

Indem wir uns auf kleine Verrückungen beschränken, schreiben wir

$$e^{-(\alpha u^2 - \beta u^3)/kT} \approx e^{-\alpha u^2/kT}\left(1 + \frac{\beta u^3}{kT}\right).$$

Man erhält dann für die beiden Integrale in (G 41)

$$\int_{-\infty}^{+\infty} u\, e^{-V/kT}\, du \approx \int_{-\infty}^{+\infty} e^{-\alpha u^2/kT}\left[u + \beta \frac{u^4}{kT}\right] du = \frac{3}{4}\beta \sqrt{\frac{\pi (kT)^3}{\alpha^5}} \tag{G 42}$$

und

$$\int_{-\infty}^{+\infty} e^{-V/kT}\, du \approx \int_{-\infty}^{+\infty} e^{-\alpha u^2/kT}\left[1 + \beta \frac{u^3}{kT}\right] du = \sqrt{\frac{\pi kT}{\alpha}}. \tag{G 43}$$

Hierbei wurde benutzt, daß Summanden, die ungerade Funktionen von u sind, nichts zum Integral beitragen, daß partielle Integration die Rekursionsformel

$$\int x^n e^{-a x^2} dx = -\frac{1}{2a}\left[x^{n-1} e^{-a x^2} - (n-1)\int x^{n-2} e^{-a x} dx\right] \tag{G 44}$$

liefert und daß gilt

$$\int_{-\infty}^{+\infty} e^{-a x^2} dx = \sqrt{\frac{\pi}{a}}. \tag{G 45}$$

Mit den angegebenen Integralwerten ergibt (G 41)

$$\bar{u} = \frac{3}{4} \beta \frac{kT}{\alpha^2}. \tag{G 46}$$

Daher wird die für die Wärmeausdehnung maßgebende Größe

$$\frac{d\bar{u}}{dT} = \frac{3}{4} \frac{\beta}{\alpha^2} k \tag{G 47}$$

unabhängig von der Temperatur und verschwindet erwartungsgemäß bei symmetrischem Potential ($\beta = 0$). Sie ist andererseits um so geringer, je stärker die harmonische Bindung (α) ist. Die Temperaturunabhängigkeit ist nicht verwunderlich, da der klassische BOLTZMANN-Faktor benutzt wurde. Ersetzt man in (G 46) den Wert kT, der die klassische mittlere Energie darstellt, durch den quantentheoretischen Ausdruck (G 2), wie wir dies bei der spezifischen Wärme mit Erfolg getan hatten, so erhält man naturgemäß auch für die Ausdehnung den beobachteten Abfall gegen Null mit sinkender Temperatur.

G 5 Nichtlineare Gitterkräfte. Phononenprozesse. Inelastische Neutronenstreuung

Die Berücksichtigung von nichtlinearen Gitterkräften, die sich im letzten Abschnitt als notwendig für die Deutung der Wärmeausdehnung erwiesen hat, führt noch zu einigen weiteren Konsequenzen, von denen hier neben der aus der Wärmeausdehnung unmittelbar folgenden Notwendigkeit, adiabatische und isotherme Elastizitätsmoduln[1]) zu unterscheiden, vor allem die Wechselwirkung zwischen Gitterschwingungen genannt seien, die noch etwas näher betrachtet werden soll.

Während eine harmonische Gitterschwingung ungedämpft ist und unabhängig von allen anderen besteht, so daß ihre Lebensdauer unendlich ist, treten bei anharmonischen Schwingungen Wechselwirkungen und damit endliche Lebensdauern auf, wenn sich z.B. zwei zunächst getrennte Schwingungen zu einer vereinigen. Ohne die Wechselwirkungen der Gitterschwingungen wäre gar nicht die Einstellung eines Gleichgewichtes im Sinne einer BOLTZMANN-Verteilung möglich und damit auch nicht die Definition einer einheitlichen Temperatur für den Kristall.

[1]) Alle in diesem Buch mitgeteilten Zahlenwerte für Elastizitätsmoduln sind mit adiabatisch arbeitenden Methoden (Ultraschall) bestimmt worden, bei denen die Verformung so schnell erfolgt, daß kein merklicher Wärmeaustausch mit der Umgebung stattfindet.

Bei der Beschreibung der Wechselwirkung der Schwingungen untereinander und mit anderen „Teilchen", wie z. B. Elektronen, Neutronen und Photonen, bewährt sich die schon S. 161 erwähnte Phononen-Vorstellung. Die Wechselwirkung kann dann oft in einfacher Weise als Stoßprozeß auf Grund der Erhaltungssätze behandelt werden.

Aus der in G 2 geschilderten Einsteinschen Erkenntnis, daß die Gitterschwingungen gequantelt sind in Energiequanten der Größe $h\nu$, folgt für einen 3-Phononenprozeß nach dem Energiesatz

$$h\nu_1 + h\nu_2 = h\nu_3 . \tag{G 48}$$

Diese Gleichung gilt sowohl für die Vereinigung zweier Phononen 1 und 2 zu einem größeren 3 als auch für dessen Zerfall in die beiden kleineren 1 und 2. Außerdem muß ein „Erhaltungssatz" für die Wellenzahlvektoren $\boldsymbol{k}$,

$$\boldsymbol{k}_1 + \boldsymbol{k}_2 = \boldsymbol{k}_3 + 2\pi\boldsymbol{H} , \tag{G 49}$$

befriedigt werden, allerdings mit der Maßgabe, daß das 2π-fache eines beliebigen Vektors $\boldsymbol{H}$ des reziproken Gitters des Kristalls hinzugefügt werden kann (wegen (B 32) wird dadurch eine Gitterwelle — etwa (G 39) — nicht geändert (vgl. auch die Ausführungen auf Seite 270)). Bei $H = 0$ spricht man von Normalprozessen, sonst von Umklapp-Prozessen. Letztere sind für den Gitteranteil der Wärmeleitfähigkeit von Bedeutung. Da dieser bei Metallen gegenüber dem Elektronenanteil gewöhnlich zurücktritt, wollen wir darauf nicht näher eingehen.

Für Teilchen wie freie Elektronen stimmt der Wellenzahlvektor $\boldsymbol{k}$ der entsprechenden Materiewelle bis auf den Faktor $h/2\pi$ nach der de Broglie-Beziehung (A 32) mit dem Impuls des Teilchens überein. Bei „Quasiteilchen" wie den Phononen ist das nicht der Fall, so daß (G 49) nicht als Impulserhaltungssatz angesprochen werden kann, wie schon allein die mögliche Hinzufügung eines beliebigen Vektors des reziproken Gitters zeigt. Bisweilen wird in diesem Zusammenhang von „Quasiimpuls" gesprochen.

Da in diesem Rahmen eine theoretische Rechtfertigung der Gleichung (G 49) nicht gebracht werden kann, sei ausdrücklich der experimentelle Nachweis erwähnt, daß zwei auf einen Kristall einwirkende Phononenstrahlen nur dann resultierende Phononen erzeugten, wenn die Bedingungen (G 48) und (G 49) gleichzeitig erfüllt waren. Dabei ist zu bedenken, daß die Möglichkeiten dazu durch die Dispersionsgesetze $\omega(\boldsymbol{k})$ wesentlich eingeschränkt werden.

Als Beispiel der Behandlung einer Wechselwirkung zwischen Gitterschwingungen und Strahlen mittels der Phononenvorstellung sei die inelastische Neutronenstreuung an Kristallen kurz besprochen, die ein besonders wirksames Mittel zur experimentellen Bestimmung der Gitterschwingungsspektren darstellt, denn die Energie von Neutronen geeigneter Wellenlänge (1 Å) besitzt die gleiche Größenordnung wie die der Phononen (einige Hundertstel eV), während ein Röntgenquant der gleichen Wellenlänge eine Energie von 10^4 eV besitzt.

Für elastische Neutronenstreuung gilt wie für Röntgen- und Elektronenstrahlen die BRAGGsche Gleichung (B 36), die die Gestalt

$$\boldsymbol{K} - \boldsymbol{K}_0 = 2\,\pi\,\boldsymbol{H} \tag{G 50}$$

annimmt, wenn $\boldsymbol{K}_0$ und $\boldsymbol{K}$ die Richtung des einfallenden bzw. gestreuten Neutronenstrahles haben und ihr übereinstimmender Betrag $2\,\pi/\lambda$ ist. Bei unelastischer Streuung, wenn also Neutronenenergie mit den Gitterschwingungen ausgetauscht wird, gilt an Stelle von (G 50)

$$\boldsymbol{K} - \boldsymbol{K}_0 = \boldsymbol{k} + 2\,\pi\,\boldsymbol{H}\,, \tag{G 51}$$

wobei $\boldsymbol{k}$ der Wellenvektor des Phonons ist, das durch die Neutronenstrahlung emittiert oder absorbiert wird. Je nachdem liefert der Energiesatz für die Energie des inelastisch gestreuten Neutrons

$$\frac{\hbar^2 \boldsymbol{K}^2}{2\,m_{\mathrm{n}}} = \frac{\hbar^2 \boldsymbol{K}_0^2}{2\,m_{\mathrm{n}}} \pm \hbar\,\omega(\boldsymbol{k})\,. \tag{G 52}$$

Wenn man bei einem Primärneutronenstrahl bestimmter Wellenlänge und Richtung ($\boldsymbol{K}_0$ vorgegeben) die Energie $\frac{\hbar^2 \boldsymbol{K}^2}{2\,m_{\mathrm{n}}}$ der gestreuten Neutronen als Funktion der Streurichtung $\boldsymbol{K}/|\boldsymbol{K}|$ mißt, kann man, da auch $\boldsymbol{H}$ experimentell gegeben ist, $\boldsymbol{k}$ aus (G 51) berechnen und ω aus (G 52) und erhält somit das Dispersionsgesetz $\omega(\boldsymbol{k})$.

G 6 Übungsaufgaben

G 1. Man führe in der Dispersionsbeziehung für die Schwingung einer zweiatomigen Kette den Grenzübergang zu gleichen Massen durch und vergleiche mit dem Fall einer einatomigen Kette!

G 2. Wieviele Zweige besitzt das Phononenspektrum eines Zer-Kristalls a) bei −8 °C und b) bei −12 °C?

G 3. Mit Hilfsmitteln der Thermodynamik zeige man die Gültigkeit der Beziehung $C_p - C_V = \alpha^2\,V\,T/\chi$ mit C_p, C_V als Molwärmen bei $\mathrm{d}p = 0$ bzw. $\mathrm{d}V = 0$, $\alpha = (\partial \ln V/\partial T)_p$ als Volumenausdehnungskoeffizient und $\chi = -(\partial \ln V/\partial p)_T$ als Kompressibilität.

3. HAUPTTEIL

Eigenschaften des realen Gitters. Platzwechselvorgänge

H DIFFUSION

Die Wärmeschwingung im Kristall einerseits, die Bildung von Leerstellen und Zwischengitteratomen andererseits waren Beispiele dafür, daß auch im festen Zustand eine merkliche Beweglichkeit der Atome besteht, die jetzt näher untersucht werden soll. Wir werden sehen, daß die Atome eines Gitters in gewissem Umfang befähigt sind, durch das Gitter zu wandern, und zwar in um so stärkerem Maße, je höher die Temperatur ist. Solche *Platzwechselvorgänge* sind sowohl physikalisch wie technisch von größtem Interesse. Wenn sie unabhängig voneinander in statistischer Weise erfolgen, bilden sie die Grundlage der Diffusion und damit die Basis für technische Wärmebehandlungsprozesse, für die Herstellung von Legierungstransistoren und epitaktischen Schichten, für Oberflächenprozesse, wie z. B. Aufkohlen und Nitrieren, für Sintern und Korrosion und für Reaktionen im festen Zustand. Sie spielen ferner bei Kriech- und Erholungserscheinungen eine große Rolle (vgl. K 32 bzw. K 34).

Die Platzwechselvorgänge können jedoch auch gekoppelt auftreten, so daß ein Platzwechsel eine ganze Reihe gleichartiger nach sich zieht, ähnlich wie bei einer Kettenreaktion. Darauf beruhen viele Gitterumwandlungen und die Elementarvorgänge der plastischen Verformung. Wir besprechen zunächst die diffusionsartigen Vorgänge und beginnen mit der Diffusion selbst.

H 1 Ficksche Gesetze. Diffusionskonstante

Die Aufstellung der grundlegenden Gesetze der Diffusion verdankt man A. Fick (1855). Damals wurde nur die Diffusion in gasförmigen und flüssigen Systemen studiert. Erst 1878 stellte W. Spring Festkörperuntersuchungen an, und 1896 folgten die ersten systematischen Untersuchungen (W. C. Roberts-Austen) an Metallen, obwohl in der Technik Diffusionsprozesse seit Jahrhunderten angewandt wurden. Es zeigte sich, daß die Fickschen Gesetze auch hier gelten; in den drei Aggregatzuständen dürfte also das gleiche Grundphänomen vorliegen: Die Teilchen bewegen sich auf Grund ihrer ungeordneten Wärmebewegung völlig unregelmäßig, keine Richtung ist bevorzugt. Auf eine Fläche vom Querschnitt q werden also pro Zeiteinheit um so mehr Teilchen auftreffen, je größer ihre Volumenkonzentration $c = N/V$ (N Anzahl der Teilchen im Volumen V) ist (Abb. H 1). Trennt die Fläche unterschiedliche Konzentrationen, so werden auf die Grenze von beiden Seiten verschieden viel Teilchen auftreffen, und es entsteht ein resultierender, makroskopisch nachweisbarer *Teilchenstrom* von der Größe

$$\dot{N} = -q D \frac{\partial c}{\partial \xi}, \qquad \xi \text{ Raumkoordinate}, \tag{H 1}$$

wobei wir D als *Diffusionskonstante* bezeichnen. Die makroskopisch wahrnehmbare gerichtete Bewegung, die wir Diffusion nennen, wird also durch das Konzentrationsgefälle hervorgerufen, ebenso wie der elektrische Strom durch die elektrische Spannung. In beiden Fällen besteht aber die ungeordnete Bewegung der Teilchen (Atome bzw. Elektronen) ganz unabhängig vom Vorhandensein eines Gefälles (von Konzentration bzw. elektrischem Potential).

Im allgemeinen dreidimensionalen Fall gilt entsprechend unter Einführung des Vektors $\boldsymbol{j}$ der *Teilchenstromdichte* ($|\boldsymbol{j}| \equiv \dot{N}/q$)

$$\boldsymbol{j} = -D \operatorname{grad} c\,, \quad \text{1. FICKsches Gesetz}\,. \tag{H 2}$$

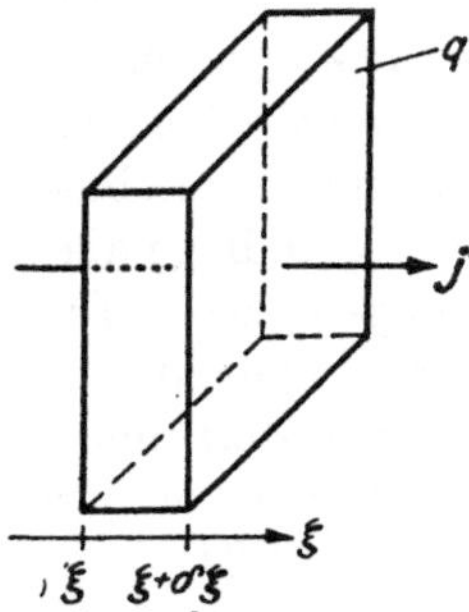

Abb. H 1

Teilchenstromdichte $\boldsymbol{j}$ durch ein Volumenelement vom Querschnitt q und der Höhe $\delta\xi$. Im allgemeinen Fall sind $\boldsymbol{j}$ und -grad c nicht parallel

Prinzipiell ist D ein symmetrischer Tensor zweiter Stufe. Nur bei kubischen Kristallen und polykristallinen Stoffen ist die Diffusionskonstante mithin isotrop, in anderen Kristallsystemen kann sie aber außerordentlich stark von der Richtung abhängen.

Wir bringen (H 1) bzw. (H 2) zum praktischen Gebrauch in eine handlichere Gestalt und betrachten dazu den Teilchenstrom $\dot{N}$ an den Stellen ξ und $\xi + \delta\xi$ (Abb. H 1). Nach obigem gilt zunächst

$$\dot{N}(\xi) = -q\, D \frac{\partial c}{\partial \xi} \tag{H 3}$$

und wegen

$$\dot{N}(\xi + \delta\xi) = \dot{N}(\xi) + \delta\xi \frac{\partial \dot{N}(\xi)}{\partial \xi} \tag{H 4}$$

auch

$$\dot{N}(\xi + \delta\xi) = -q\, D \frac{\partial c}{\partial \xi} + \delta\xi \frac{\partial}{\partial \xi}\left(-q\, D \frac{\partial c}{\partial \xi}\right). \tag{H 5}$$

Daher wird die zeitliche Änderung der Teilchenzahl in dem zwischen ξ und $\xi + \delta\xi$ liegenden Volumenelement

$$\dot{c} = \frac{\dot{N}(\xi) - \dot{N}(\xi + \delta\xi)}{q\, \delta\xi} = \frac{\partial}{\partial \xi}\left(D \frac{\partial c}{\partial \xi}\right) \xrightarrow{D = \text{const}} D \frac{\partial^2 c}{\partial \xi^2} \tag{H 6}$$

oder für drei Dimensionen

$$\dot{c} = -\operatorname{div} \boldsymbol{j} = \operatorname{div}(D \operatorname{grad} c) \xrightarrow{D = \text{const}} D \nabla^2 c, \text{2. FICKsches Gesetz.} \tag{H 7}$$

Die Bedingung $D = \text{const}$ für die Vereinfachung der Formeln (H 6) und (H 7) bedeutet, daß D unabhängig von der Konzentration sein muß, da diese sich mit ξ ändert. Wir werden weiter unten Abweichungen von diesem Verhalten besprechen; in diesen Fällen muß D dann unter dem Differentiationszeichen stehen bleiben.

Zunächst geben wir jedoch für $D = \text{const}$ eine *spezielle Lösung* der eindimensionalen Gleichung (H 6) an, die für folgende, leicht verwirklichbare Randbedingungen gilt: Es sei ein langer zylindrischer Stab aus einer Atomsorte gegeben, dessen Achse als ξ-Achse mit dem Nullpunkt ungefähr in seiner Mitte gewählt

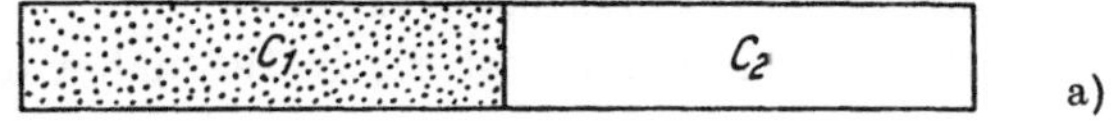

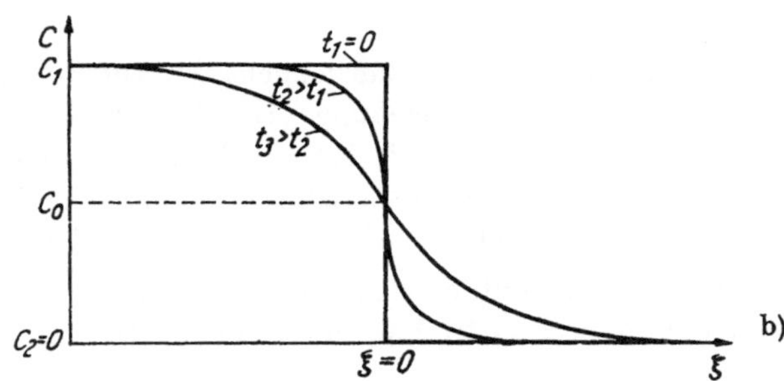

Abb. H 2

(b) Lösungen der eindimensionalen Diffusionsgleichung für einen langen Stab (schematisch in (a) mit Anfangsverteilung dargestellt)

werde (Abb. H 2a). Zur Zeit $t = 0$ soll bei allen negativen ξ-Werten die Konzentration einer zweiten Atomsorte c_1 betragen, für alle positiven ξ-Werte dagegen c_2. Der Stab soll so lang sein, daß an seinen Enden die Konzentrationen c_1 bzw. c_2 unverändert während der ganzen Versuchsdauer fortbestehen; diese soll andererseits so groß gewählt werden, daß in der Nähe von $\xi = 0$ merkliche Konzentrationsänderungen erfolgen (*zweifach-unendlicher Diffusionsraum*). Unter diesen Bedingungen besitzt (H 6) die Lösung

$$c(\xi) = \frac{c_1 + c_2}{2} - \frac{c_1 - c_2}{2} \Phi\left\{\frac{\xi}{2\sqrt{D\,t}}\right\}, \quad \Phi = \frac{2}{\sqrt{\pi}} \int\limits_0^{\xi/2\sqrt{Dt}} e^{-x^2}\, dx \qquad \text{(H 8)}$$

GAUSSsche Fehlerfunktion .

Da nach (H 8) für alle Zeiten $t > 0$ an der Trennfläche ($\xi = 0$)

$$c_0 = \frac{c_1 + c_2}{2} \qquad \text{(H 9)}$$

gilt, kann man anstelle von (H 8) auch schreiben

$$\frac{c(\xi) - c_0}{c_1 - c_2} = -\frac{1}{2}\Phi \qquad \text{(H 10)}$$

und speziell für $c_2 = 0$

$$\frac{c(\xi)}{c_0} = 1 - \Phi \quad \text{oder} \quad \frac{c(\xi)}{c_1} = \frac{1 - \Phi}{2}. \tag{H 11}$$

Der Verlauf der Lösungen von (H 8) für verschiedene Zeiten ist in Abb. H 2b für diesen Spezialfall dargestellt. Aus (H 8) erkennt man ferner, daß $c(\xi)$ unverändert bleibt, solange

$$\frac{\xi}{\sqrt{t}} = \text{const} \tag{H 12}$$

gilt. Dieses *parabolische Zeitgesetz* wird häufig zur Prüfung benutzt, ob es sich bei einem Vorgang um echte ungestörte Diffusion handelt.

Zur Abschätzung der Diffusionskonstante ist die S. 193 näher erörterte Beziehung

$$D = \frac{\overline{\xi^2}}{2\,t} \tag{H 13}$$

nützlich, in der $\sqrt{\overline{\xi^2}}$ den während der Zeit t zurückgelegten Diffusionsweg bedeutet, gemittelt über viele Atome. Gleichung (H 13) gestattet auch bei Zugrundelegung einer bestimmten Zeit (z.B. 10^6 s $\approx$ 12 Tage), sich von der Größe der Diffusion bei gegebener Diffusionskonstante eine anschauliche Vorstellung zu machen: Bei Zimmertemperatur erhält man nach Tabelle H 1 und (H 14) für Zink in Richtung der Hauptachse $\sqrt{\overline{\xi^2}} = 9 \cdot 10^{-8}$ m, senkrecht dazu $1{,}5 \cdot 10^{-8}$ m; bei 1000 K für Silber $1{,}3 \cdot 10^{-4}$ m, für Nickel $8 \cdot 10^{-7}$ m.

Bestimmung der Diffusionskonstante

Sorgt man für eine Versuchsführung, die den Randbedingungen der Lösung (H 8) entspricht, so kann man bei Kenntnis der Konzentration c an der Stelle ξ zur Zeit t die Diffusionskonstante D auf Grund (H 8) berechnen.

Die experimentelle Aufgabe zur Ermittlung von D besteht also in einer *Konzentrationsbestimmung* als Funktion von ξ und t. Am nächstliegenden erscheint es, den Stab nach einer bestimmten Versuchszeit in Scheibchen senkrecht zur Achse zu zerteilen und diese chemisch zu analysieren. Diese Methode ist aber nicht nur recht umständlich, sondern es wird dabei auch die Probe zerstört, so daß weitere Messungen an ihr nicht mehr möglich sind.

Markiert man die wandernde Atomart durch Zusatz *radioaktiver Isotope*, so verrät deren leicht meßbare Strahlung ihren Ort und gestattet so eine einfache Bestimmung ihrer räumlichen Verteilung. Besonders wertvoll ist, daß man auf diese Art auch die sogenannte *Selbstdiffusion* (vgl. S. 187), d. h. die Bewegung der Atome im Gitter ihrer eigenen Art, also z.B. von Bleiatomen in einem Bleikristall, studieren kann.[1]) Dies ist zuerst von HEVESY (1920) mit natürlichen Bleiisotopen durchgeführt worden.

[1]) Die Diffusionskonstanten verschiedener Isotope sind geringfügig verschieden; darauf beruhen wichtige Isotopen-Trennverfahren. Bei der Selbstdiffusion von Silber mit den radioaktiven Isotopen Ag^{105} und Ag^{111} beobachtet man z. B. ein Verhältnis $D^{105}/D^{111} = 1{,}02$.

Die Diffusionsmessungen werden dadurch sehr erschwert, daß die Ergebnisse in starkem Maße von Kristallfehlern aller Art abhängen. Andererseits eignen sie sich daher als eine Methode zum quantitativen Studium der an der Diffusion beteiligten Fehlstellenarten. Üblicherweise wird die Temperaturabhängigkeit von D in der Form

$$D = D_0 \, e^{-Q/RT} \qquad \text{(H 14)}$$

mit temperaturunabhängiger Aktionskonstante D_0 (auch Vor- oder Frequenzfaktor genannt) und molarer Aktivierungsenergie Q dargestellt. Werden Abweichungen von (H 14) gefunden, so können diese durch gleichzeitige Wirkung mehrerer Elementarprozesse (vgl. z.B. H 4) oder temperaturabhängiges Q hervorgerufen worden sein. Zahlenwerte bringt Tabelle H 1. Die die Diffusion

Tabelle H 1

Kennwerte der Selbstdiffusion

Metall	$D_0/10^{-4}$ m² s⁻¹	Q/kJ mol⁻¹
Ag	0,40	184,6
Au	0,091	174,5
Cd ‖ c	0,05	76,2
⊥ c	0,10	82,5
Co	0,83	283,4
Cr	0,2	308
Cu	0,20	197,2
α-Fe	5,8	250,0
γ-Fe	0,58	284,3
Ge	7,8	286,8
Mg ‖ c	1,0	134,8
⊥ c	1,5	136,1
Na	0,24	44,0
Ni	1,3	279,7
Pb	0,28	101,3
Sn ‖ c	4,2	101,7
⊥ c	4,4	104,7
Tl ‖ c	0,40	95,9
⊥ c	0,40	94,6
Zn ‖ c	0,13	91,3
⊥ c	0,58	101,7

*) Vorwiegend nach LAZARUS

kennzeichnende Aktivierungsenergie wird um so größer sein, je fester das Atom an seinen Gitterplatz gebunden ist. In der Tat ist aus der Tabelle zu ersehen, daß weitgehender Parallelismus zwischen Aktivierungsenergie und Schmelzpunkt besteht.

Es zeigt sich häufig, daß die gemessenen $c(\xi)$-Kurven für $t = \text{const}$ nicht den in Abb. H 2 dargestellten, nach (H 8) und (H 9) zu erwartenden symmetrischen Verlauf bezüglich c_0 besitzen (vgl. Abb. H 3). Die Aussage, daß (H 8) einen symmetrischen Verlauf wegen $\Phi(\xi) = -\Phi(-\xi)$ ergäbe, setzt voraus, daß $D(\xi) = D(-\xi)$ ist, z. B. wenn man D als unabhängig von der längs ξ veränderlichen Konzentration ansehen kann, wie wir das bisher getan haben. Es liegt also nahe, diese Vorstellung aufzugeben und die *Diffusions-„Konstante“* als *konzentrationsabhängig* anzusehen.

Damit entfällt die Berechtigung, die vereinfachte Form von (H 6) zu benutzen und mithin auch die Gültigkeit von (H 8). Man muß vielmehr in (H 6) und H 7) D unter dem Differentiationszeichen stehen lassen. Bezüglich der Lösungen dieser allgemeinen Diffusionsgleichung muß auf ausführliche Darstellungen verwiesen werden. Die Konzentrationsabhängigkeit von D kann einen Faktor 10 ausmachen.

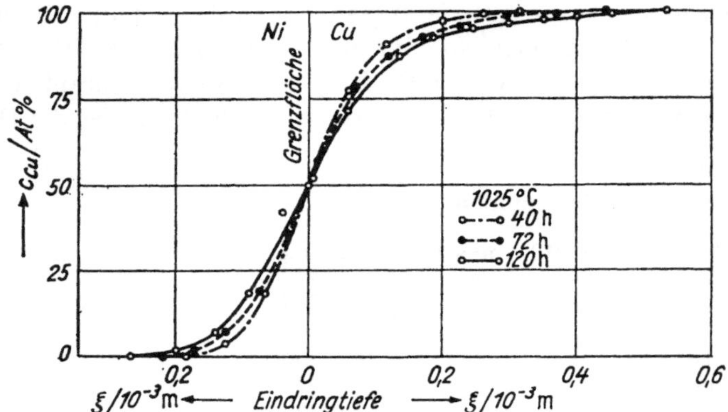

Abb. H 8

$c(\xi)$ für die Diffusion von Kupfer in Nickel und Nickel in Kupfer nach Messungen von GRUBE und JEDELE. Man erkennt deutlich, daß die Diffusion von Nickel in Kupfer rascher erfolgt als die von Kupfer in Nickel

H 2 Thermodynamische Überlegungen

Wie in D 2 auseinandergesetzt, gibt die Differenz $\mu_k - \mu^{(k)}$ zwischen dem chemischen Potential μ_k der Komponente k im Mischkristall und demjenigen $\mu^{(k)}$ der reinen Komponente die Arbeit an, die zur Überführung eines Mols von reinem k in den (hinreichend groß gedachten) Mischkristall vorgegebener Zusammensetzung x_k erforderlich ist. Liegt jetzt in den betrachteten Mischkristallen ein Konzentrationsgefälle vor, wie wir es bei der Diffusion vorausgesetzt haben, so ist bei einer Verschiebung von einem Mol der Komponente k von einer Stelle ξ_1 an eine andere ξ_2 die Arbeit $\mu_k(\xi_1) - \mu_k(\xi_2)$ zu leisten. Statt dessen kann man auch sagen, es wirkt auf das einzelne Atom der Komponente k eine durch das Gefälle des chemischen Potentials μ_k gegebene Kraft

$$F = -\frac{1}{L}\frac{\partial \mu_k}{\partial \xi}.$$

Diese Kraft ruft eine Bewegung mit konstanter Geschwindigkeit $v = b\,F$ hervor, wobei die Beweglichkeit b_k der Teilchensorte k nach EINSTEIN durch

$$b_k = D_k^{\text{ideal}}/kT \tag{H 15}$$

gegeben ist; die Diffusionskonstante wurde aus später ersichtlichem Grunde mit „ideal" bezeichnet.

Für die Teilchenstromdichte der Teilchensorte k erhält man daher, wenn die Konzentration entsprechend $c_k = x_k \sum_k N_k/V = x_k\, c$ durch den Molenbruch x_k und die Gesamt-Teilchenkonzentration $c\ (= \sum_k c_k)$ ersetzt wird,

$$j_k = c\, x_k\, v_k = c\, x_k \frac{D_k^{\text{ideal}}}{kT}\left(-\frac{1}{L}\frac{\partial \mu_k}{\partial \xi}\right) = -c\, x_k \frac{D_k^{\text{ideal}}}{RT}\frac{\partial \mu_k}{\partial x_k}\frac{\partial x_k}{\partial \xi}. \tag{H 16}$$

Dieser Ausdruck hat die Gestalt des 1. FICKschen Gesetzes $j_k = -D_k \operatorname{grad}_\xi c_k = -c\, D_k \operatorname{grad}_\xi x_k$ (vgl. (H 2)) mit einer Diffusionskonstante

$$D_k = \frac{x_k}{RT}\frac{\partial \mu_k}{\partial x_k} D_k^{\text{ideal}}. \tag{H 17}$$

Der hier bei D_k^{ideal} auftretende Faktor wird *thermodynamischer Faktor* genannt. Auf Grund (D 23) wird er für ideale Gemische und ideal verdünnte Lösungen 1. Für die hieraus nach (H 17) folgende Diffusionskonstante $D_k = D_k^{\text{ideal}}$ setzt man meist den bei Selbstdiffusionsmessungen mit radioaktiven Isotopen bestimmten Wert, weil bei den dabei angewandten geringen Konzentrationen die Voraussetzung einer ideal verdünnten Lösung gesichert erscheint.

Für binäre Systeme läßt sich der Differentialquotient $(\partial \mu_k/\partial x_k)$ mit Hilfe von (D 33) durch die ζ-Funktion ausdrücken. Man erhält

$$\frac{\partial \mu_A}{\partial x_A} = -\frac{\partial \mu_A}{\partial x} = x\frac{\partial^2 \zeta}{\partial x^2}, \qquad \frac{\partial \mu_B}{\partial x_B} = \frac{\partial \mu_B}{\partial x} = (1-x)\frac{\partial^2 \zeta}{\partial x^2}. \tag{H 18}$$

Der thermodynamische Faktor, der unabhängig von DEHLINGER und BECKER eingeführt wurde, hat z.B. im System Silber/Gold bei 50 At% den Wert 1,8. Seine besondere Bedeutung liegt aber darin, daß er negativ werden kann. Dann kommt es zu einer „Bergauf"-Diffusion. Konzentrationsunterschiede werden also nicht ausgeglichen, sondern verstärkt. Dies spielt für die Ausscheidungsvorgänge eine wichtige Rolle (s. J 1). Die Grenzkurve im Zustandsdiagramm, auf der

$$\frac{\partial^2 \zeta}{\partial x^2} = 0, \quad \text{also} \quad D_k = 0 \tag{H 19}$$

wird, heißt *Spinodale*.

Was die Unterscheidung der Diffusionskonstanten für die verschiedenen Komponenten eines Mischkristalles betrifft, so hatte man ursprünglich zwar für Einlagerungsmischkristalle mit unterschiedlichen Werten der Diffusionskonstanten gerechnet (im System Eisen/Kohlenstoff ist die Diffusionskonstante von Kohlenstoff um mehrere Zehnerpotenzen größer als die des Eisens), aber nicht bei Substitutionsmischkristallen wegen der gegenseitigen Ersetzbarkeit und der darin zum Ausdruck kommenden Gleichwertigkeit beider Komponenten. Indessen ist zur Loslösung eines A-Atoms das Zerreißen von $A-A$- und $A-B$-Bindungen notwendig, zur Loslösung eines B-Atoms dagegen das von $B-B$- und $A-B$-Bindungen. Daher ist quantitativ angesichts der im allgemeinen unterschiedlichen Stärke der $A-A$- und $B-B$-Bindungen doch verschiedenes Q und damit D zu erwarten.

Dies hat sich experimentell bestätigt, z.B. wurde in 50%igem Silber–Gold-Legierungen mittels radioaktiver Isotope für Silber eine 2,4mal höhere Diffusionskonstante gefunden als für Gold (bei 965 °C). In Messing mit 30% Zink ergab sich für Zink eine 3,2mal größere Diffusionskonstante als für Kupfer (bei 825 °C). Diese Unterschiede in den an homogenen Mischkristallen ermittelten D_k^{ideal}-Werten allein bedingen auch die Unterschiede in den D_k-Werten. Denn die thermodynamischen Faktoren sind für beide Komponenten die gleichen, wie für binäre Systeme wegen $x_A = 1 - x_B \equiv 1 - x$ aus (H 17) und (H 18) folgt.

Will man die Diffusion im Mischkristall mit Konzentrationsgefälle durch eine einzige Diffusionskonstante D gemäß den Fickschen Gesetzen beschreiben, so setzt man nach Darken

$$D = x_A D_B + x_B D_A \tag{H 20}$$

und bezeichnet D manchmal auch als chemische Diffusionskonstante.

H 3 Weitere experimentelle Tatsachen

Kirkendall-*Effekt*

Liegt in einem binären Mischkristall ein Konzentrationsgefälle vor, so muß die Verschiedenheit der Diffusionskonstanten für beide Komponenten zwei entgegengesetzt gerichtete Teilchenströme unterschiedlicher Stärke hervorrufen. Es findet also in der Diffusionszone ein resultierender Materietransport durch eine Bezugsfläche hindurch statt oder, wenn man diese Fläche geeignet markiert, muß sich ihre Verschiebung während des Versuches in bezug auf die Probenenden feststellen lassen.

Mit Metallen hat Kirkendall (1947) zuerst ein solches Experiment durchgeführt. Er untersuchte die Diffusion zwischen Kupfer und Messing und markierte die anfängliche Grenzfläche mit Molybdändrähten. Die Anordnung ist in Abb. H 4 dargestellt. Der Messingblock war in der angedeuteten Weise mit Molybdändraht umwickelt und dann eine Kupferschicht elektrolytisch aufgebracht. Nach der Diffusionsglühung hatte sich der Abstand gegenüberliegender Molybdändrähte verringert, da mehr Zinkatome aus dem Messingblock herausdiffundiert waren als Kupferatome hinein. Die Verschiebung der Marken ist naturgemäß sehr gering. Sie betrug bei einer Diffusionstemperatur von 785 °C in einem 57tägigen Versuch mit 30er Messing 0,12 mm. Die *Verschiebungsgeschwindigkeit* der markierten Fläche beträgt

$$v = (D_A - D_B) \frac{\partial x_A}{\partial \xi} . \tag{H 21}$$

Sie ist also dem Unterschied der partiellen Diffusionskonstanten D_A und D_B proportional.

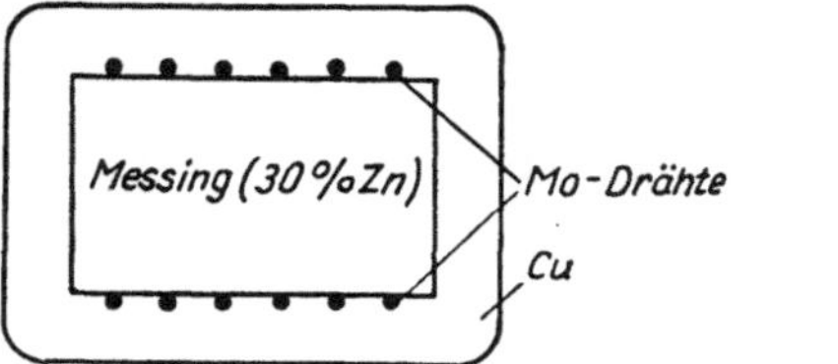

Abb. H 4
Versuchsanordnung zum KIRKENDALL-Effekt (nach SMIGELSKAS und KIRKENDALL)

Wenn aus dem Messingblock mehr Zinkatome herausdiffundieren als Kupferatome hinein, so muß in seinem Inneren die Zahl der Leerstellen anwachsen, in der Kupferschicht dagegen abnehmen. Als Folge dieser Zunahme der Leerstellen auf der Seite der schneller diffundierenden Komponenten beobachtet man häufig in einiger Entfernung von der Grenzfläche *Lochbildung* bei KIRKENDALL-Experimenten, und zwar, wie zu erwarten, auf der Seite der schneller diffundierenden Komponenten. Diese Löcher sind als mikroskopische Kondensationsstellen atomarer Leerstellen zu betrachten. In Abb. H 5 (Tafel 5) sind solche Lochbildungen zu sehen; manchmal kann man erkennen, daß die Löcher von kristallographisch definierten Ebenen begrenzt sind. Infolge solcher Effekte tritt bei stabförmigen Proben gelegentlich vor der Grenzfläche auf der Seite der größeren Diffusionskonstante eine Einschnürung auf, dahinter aber Wulstbildung (vgl. auch S. 196).

Mehrphasige Diffusion

Bisher wurden nur solche Fälle besprochen, bei denen im gesamten betrachteten Konzentrationsintervall Mischkristallbildung vorliegt (*einphasige Diffusion*). Treten Mischungslücken auf, so können homogene Phasen mit den Konzentrationen des heterogenen Gebiets nicht gebildet werden, und es bleiben im $c(\xi)$-Diagramm auch nach langen Zeiten sprunghafte Änderungen zwischen den Grenzkonzentrationen bestehen. Abb. H 6 zeigt dies schematisch im Teilbild (b) für das System Silber–Kupfer, in welchem bei 200 °C eine Mischungslücke zwischen etwa 0,4% und 99,9% Kupfer besteht. Zum Vergleich sind unter (a) noch einmal die Verhältnisse bei vollständiger Mischbarkeit dargestellt, während (c) den Fall einer Verbindungsbildung mit einem gewissen Homogeni-

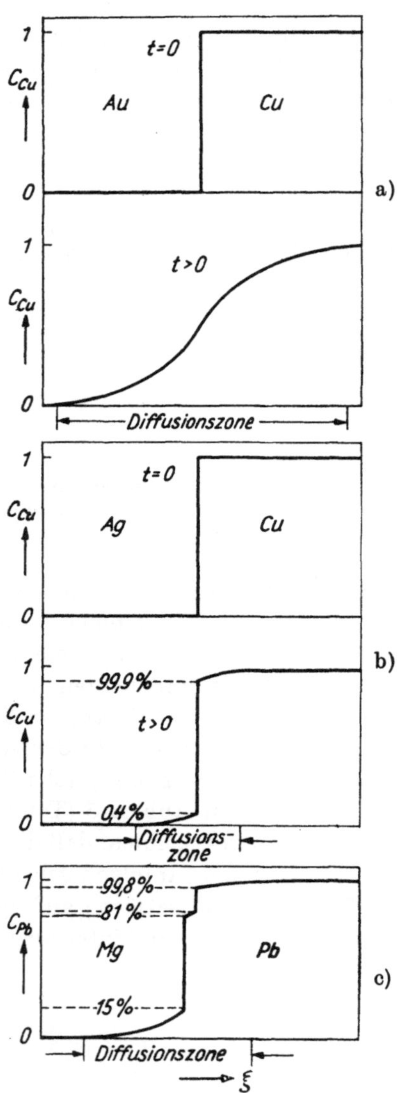

Abb. H 6

Sprunghafte Änderungen der Konzentration beim Auftreten von Mischungslücken, z. B. im System Silber-Kupfer zwischen 0,4 und 99,9 At.% Kupfer (b) und im System Magnesium-Blei zwischen 15 und ≈ 81 bzw. ≈ 81 und 99,8 Gew.% Blei (c). Zum Vergleich ist $c(\xi)$ für lückenlose Mischbarkeit (z. B. Gold-Kupfer) in Teilbild (a) angegeben

tätsbereich betrifft (der in Abb. A 5 nicht dargestellt ist). Man spricht in solchen Fällen von *mehrphasiger Diffusion.*

Es sei noch erwähnt, daß nach neueren Untersuchungen sowohl *hydrostatischer Druck* wie *plastische Verformung* einen erheblichen Einfluß auf die Diffusionsgeschwindigkeit haben können.

Bei wachsendem Druck wurde starke Abnahme der Diffusionskonstanten beobachtet, bei plastischer Verformung wesentliche Zunahme. Über die Einzelheiten besteht jedoch noch keine endgültige Klarheit, wir sehen daher von der Wiedergabe der Deutungsversuche ab.

Abb. H 5

Lochbildung beim KIRKENDALL-Versuch, links α-Messing, rechts Kupfer (nach BÜCKLE und BLIN). $V = 55:1$

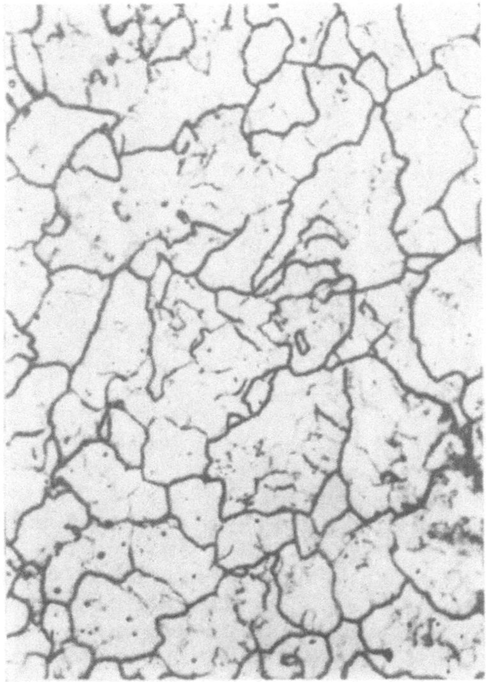

Abb. H 7

Autoradiographie von radioaktivem Aluminium in Aluminium, die die bevorzugte Diffusion längs Korngrenzen und Subkorngrenzen erkennen läßt (nach WEISS)

H 4 Korngrenzen- und Oberflächendiffusion

Während bisher die Diffusion durch das dreidimensionale Kristallgitter hindurch zur Diskussion stand, soll jetzt kurz die Diffusion längs der Korngrenzen und Kristalloberflächen betrachtet werden. Es leuchtet ein, daß die Diffusion hier erheblich leichter vonstatten gehen wird; am leichtesten an freien Kristalloberflächen, wo es sich um ein echt zweidimensionales Problem handelt, aber auch an Korngrenzen, an denen die Gitterordnung stark gestört ist. Nach den Darlegungen von S. 134 trifft dies für Großwinkelkorngrenzen in höherem Maße zu, gilt aber auch für Kleinwinkelkorngrenzen und im Grenzfall für Subkorngrenzen. Abb. H 7 (Tafel 5) zeigt anhand einer Autoradiographie die

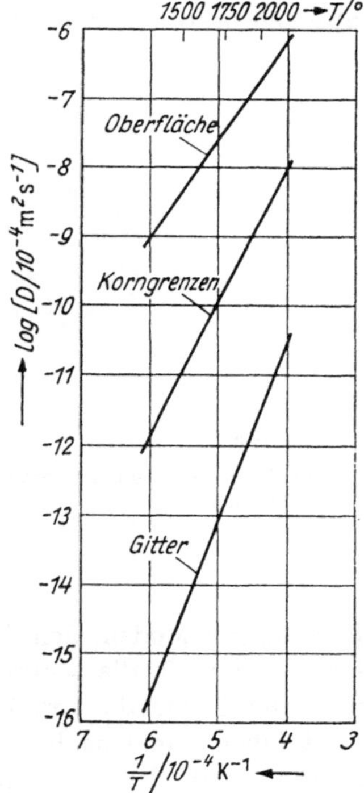

Abb. H 8
Temperaturabhängigkeit der Diffusionskonstanten für Oberflächen-, Korngrenzen- und Volumendiffusion von Thorium in Wolfram (nach SEITH)

bevorzugte Diffusion an den Korngrenzen und Subkorngrenzen von Aluminium. Die quantitative Abstufung von Oberflächen-, Korngrenzen- und Gitterdiffusion geht aus den in Abb. H 8 dargestellten Meßergebnissen für die Thorium-Diffusion in Wolfram hervor.

Für die direkte Beobachtung der Oberflächendiffusion ist wenigstens für einige spezielle Fälle, z. B. Barium und Wolfram, in der Feldelektronen-Emissionsmikroskopie eine wertvolle Methode entstanden. Man hat die Diffusionskonstanten und Aktivierungsenergien von Barium für einige wichtige Flächen von Wolfram ermitteln können.

Oberflächendiffusion von Barium auf Wolfram

W-Fläche	$D_{600\,K}/10^{-18}\,m^2\,s^{-1}$	$Q_{beob.}$/kJ mol^{-1}	$Q_{berechn.}$/kJ mol^{-1}
(110)	60000	19,3	18,3
(111)	260	48,2	45,3
(100)	8,3	63,6	62,7

H 5 Atomistische Beschreibung der Diffusion

Wir wenden uns einer stark schematisierten atomistischen Deutung der Diffusion zu und fassen insbesondere zwei Mechanismen ins Auge: Atomtransport über Leerstellen (Leerstellen-Diffusion) und über Zwischengitterplätze (interstitielle Diffusion). Ohne uns schon jetzt auf einen bestimmten Mechanismus

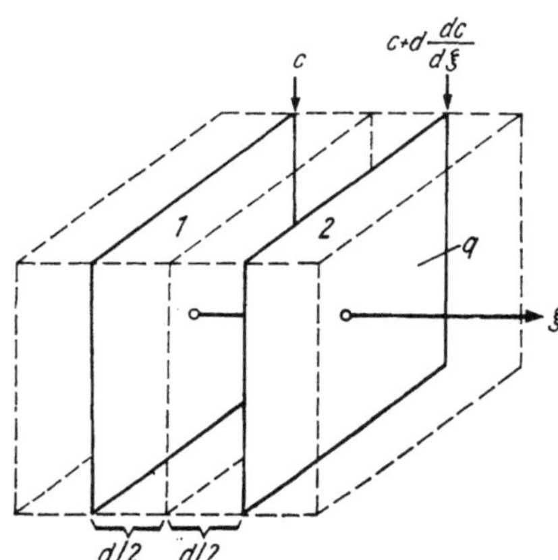

Abb. H 9

Zwei Gitterebenen mit den ihnen zugeordneten Volumina

festzulegen, betrachten wir zunächst ein sehr einfaches Modell, den Teilchenstrom zwischen zwei benachbarten Gitterebenen 1 und 2, die senkrecht zur Richtung ξ des Konzentrationsgefälles stehen. Der Strom J_{12} von 1 nach 2 ist durch die Differenz zwischen den in der Zeiteinheit von 1 nach 2 und den von 2 nach 1 übergehenden Teilchen gegeben. Die Anzahl der z.B. von 1 nach 2 pro Zeiteinheit springenden Teilchen läßt sich als Produkt der Übergangswahrscheinlichkeit W_{12} und der Gesamtteilchenzahl $c\,q\,d$ auf der Ebene 1 ausdrücken (vgl. Abb. H 9). Man erhält $J_{12} = W_{12}\,c\,q\,d - W_{21}\,(c + d \cdot \mathrm{d}c/\mathrm{d}\xi)\,q\,d$ und daher für die Stromdichte j unter der Voraussetzung $W_{12} = W_{21} = W$ sowie für die Diffusionskonstante D durch Vergleich mit (H 2)

$$j = \frac{J_{12}}{q} = -\,W\,d^2\,\frac{\mathrm{d}c}{\mathrm{d}\xi}\,, \qquad D = W\,d^2\,. \tag{H 22}$$

Wir verallgemeinern die Betrachtung, indem wir P beliebige Atomsprünge $\boldsymbol{l}_i$ während der Zeit t zulassen, so daß sich das Atom am Ende der Zeit t am Ort

$\boldsymbol{l} = \sum \boldsymbol{l}_i$ $(i = 1 \cdots P)$ befindet. Für die Diffusion interessiert die Komponente $\xi = \sum \xi_i$ von $\boldsymbol{l}$ in Richtung des beliebig orientierten Konzentrationsgefälles und für die Diffusionskonstante in dieser Richtung gilt die schon als (H 13) mitgeteilte Gleichung $D = \overline{\xi^2}/2\,t$, in der die Mittelung über ein großes Kollektiv von Teilchen erfolgt. Insbesondere gilt für jede der drei Hauptachsen des D-Tensors (vgl. H 1) eine Gleichung dieser Form. Bei isotropem Material und kubischen Kristallen, d. h. wenn ξ und die beiden anderen Koordinatenachsen gleichwertig sind, erhält man wegen $\overline{l^2} = 3\,\overline{\xi^2}$

$$D = \overline{l^2}/6\,t\,. \tag{H 23}$$

In den wichtigsten kubischen Gittern kann man bei einem bestimmten Diffusionsmechanismus für alle Elementarsprünge $\boldsymbol{l}_i$ mit der gleichen Länge l_0 rechnen. Daher gilt, wenn man $(\sum \boldsymbol{l}_i)^2$ in die Summen von rein quadratischen Gliedern und von doppelten Produkten aufspaltet,

$$\overline{l^2} = \sum_{i=1}^{P} l_i^2 + 2 \sum_{i=1}^{P-1} \sum_{j=1}^{P-i} \overline{\boldsymbol{l}_i \boldsymbol{l}_{i+j}} \xrightarrow{l_i = l_0} P\, l_0^2 \left\{1 + \frac{2}{P} \sum \overline{\cos\,(\boldsymbol{l}_i, \boldsymbol{l}_{i+j})}\right\}.$$

Der Ausdruck in der geschweiften Klammer wird Korrelationsfaktor f genannt. Wenn die einzelnen Sprünge $\boldsymbol{l}_i$ wirklich völlig unabhängig voneinander erfolgten, würde im Teilchenkollektiv jeder Winkel zwischen den Richtungen eines bestimmten Sprunges i und eines nachfolgenden $i + j$ gleich wahrscheinlich sein, so daß sich bei der Mittelung des Kosinus über das Kollektiv stets Null ergeben und damit $f = 1$ gelten würde. In diesem Fall liefert (H 23)

$$D = P\, l_0^2/6\,t \equiv \Gamma\, l_0^2/6\,, \tag{H 24}$$

wobei Γ die Gesamtzahl der Atomsprünge pro Zeiteinheit bedeutet und als Sprungfrequenz bezeichnet wird.

Wenn die Atomsprünge im Kristallgitter auch nicht vollständig unabhängig voneinander erfolgen, sondern mehr oder weniger korreliert sind, wollen wir uns im folgenden auf den Grenzfall $f = 1$ beschränken, aber vorher wenigstens ein Beispiel für das Zustandekommen der Korrelation angeben. Die Diffusion erfolge über Leerstellen und in der näheren Umgebung des betrachteten Atoms sei nur eine Leerstelle vorhanden, und zwar auf einem der nächsten Gitterplätze. Wenn das Atom in einem ersten Sprung auf diese Leerstelle springt, besteht für den zweiten Sprung eine größere Wahrscheinlichkeit für den Rücksprung als für alle anderen Sprungmöglichkeiten, weil der Rücksprung auf die eben entstandene Leerstelle führt, während bei allen anderen Sprüngen eine Leerstelle erst durch Atomumordnung geschaffen werden müßte. Die Richtung des zweiten Sprunges ist also keineswegs unabhängig von der des ersten.

Die folgende kleine Tabelle gibt unter vereinfachenden Annahmen berechnete Werte der Korrelationsfaktoren, die nicht nur vom Gittertyp, sondern auch vom Diffusionsmechanismus abhängen, so daß ihre Messung Aufschlüsse über den Diffusionstyp in einem konkreten Fall liefern kann.

Diffusionstyp	Korrelationsfaktoren	
	A 1-Typ	*A 2*-Typ
Leerstellen	0,78	0,73
interstitiell (2 Sprungtypen)	0,8 und 1,0	0,67 und 0,93

Wir wenden uns nun der Berechnung der Sprungfrequenz Γ zu. Durch sie wird die Diffusionskonstante nach (H 24) im wesentlichen bestimmt, denn l_0^2 ändert sich höchstens um etwa eine Größenordnung, während sich D über viele Größenordnungen, namentlich in Abhängigkeit von der Temperatur, ändern kann (vgl. S. 184). Die Berechnung von Γ ist schwierig und noch nicht befriedigend gelöst, sie kann hier nur angedeutet werden.

Die Atomsprünge erfolgen auf Grund der Wärmeschwingungen des Gitters. Es sei ν die Schwingungsfrequenz in Richtung eines nächsten Gitterplatzes (Größenordnung: $\nu = 10^{13}\,\mathrm{s}^{-1}$). Nur diejenigen von diesen Schwingungen, deren Energie ein Überwinden des Potentialberges zwischen beiden Gitterplätzen gestattet, führen zum Erreichen des neuen Gitterplatzes; dies seien W_0 pro Zeiteinheit (Anlauffrequenz). Das Atom kann hier aber nur eingebaut werden, wenn der Gitterplatz leer war; die Wahrscheinlichkeit dafür sei φ. Bei interstitieller Diffusion und geringer Konzentration der diffundierenden Atomsorte gilt praktisch $\varphi = 1$, bei Leerstellen-Diffusion ist φ gleich der Leerstellenkonzentration N_L/N (vgl. E 4). Sind schließlich $\mathcal{K}$ nächste Gitterplätze vorhanden und tragen $\mathcal{K}'$ zur Diffusion in der betrachteten Richtung bei (z.B. $\mathcal{K}'/\mathcal{K} = 3/12$ bei Diffusion senkrecht zur dichtestgepackten Ebene einer kubisch-dichtesten Kugelpackung), so erhält man für die Anzahl der Sprünge pro Sekunde und für W in (H 22)

$$\Gamma \equiv P/t = \varphi\, \mathcal{K}\, W_0\,, \qquad W = (\mathcal{K}'/\mathcal{K})\, \Gamma = \varphi\, \mathcal{K}'\, W_0\,. \tag{H 25}$$

1. *Interstitielle Diffusion.* Wenn das diffundierende Atom (kleiner Kreis in Abb. H 10) interstitiell eingebaut ist, befindet es sich in den Stellungen 1 und 3 im Gleichgewicht, das thermodynamische Potential G besitzt demnach für diese Lagen ein Minimum (unterer Teil der Abbildung) zwischen beiden Minima liegt bei Stellung 2 ein Maximum ΔG_W, dessen Höhe die für einen Sprung des Atoms von 1 nach 3, d. h. die für sein Wandern erforderliche Mindestenergie darstellt. Entspräche die Lage 2 dem thermodynamischen Gleichgewicht, so wäre die relative Häufigkeit dieser Energie bei der Temperatur T durch den BOLTZMANN-Faktor $e^{-\Delta G_W/kT}$ gegeben. Man benutzt nun diesen Ausdruck, obwohl kein Gleichgewicht vorliegt, und erhält mit $\varphi = 1$ nach (H 25)

$$\Gamma_{\text{interst.}} = \mathcal{K}\, \nu\, e^{-\Delta G_W/kT}\,.$$

Das liefert nach (H 24) für die Diffusionskonstante, wenn man noch $\Delta G_W = \Delta H_W - T\,\Delta S_W$ einsetzt,

$$D = \frac{\mathcal{K}\, \nu\, l_0^2}{6}\, e^{\Delta S_W/k}\, e^{-\Delta H_W/kT} = D_0\, e^{-Q/kT} \tag{H 26}$$

und damit durch Vergleich mit (H 14) eine atomistische Deutung für D_0 und die Aktivierungsenergie Q.

2. *Leerstellendiffusion.* Hierbei gewährleistet die Aufbringung von ΔG_{W} noch nicht die Ausführbarkeit eines Sprunges, sondern der angelaufene Gitterplatz muß auch leer sein. Daher tritt nach (H 25) in dem Ausdruck für Γ und damit auch in dem für D ein Faktor $\varphi = N_{\mathrm{L}}/N = \mathrm{e}^{-\Delta G_{\mathrm{B}}/kT}$ (vgl. E 4) hinzu:

$$D = \frac{\mathcal{K}\,\nu\,l_0^2}{6}\,\mathrm{e}^{(\Delta S_{\mathrm{W}} + \Delta S_{\mathrm{B}})/k}\,\mathrm{e}^{-(\Delta H_{\mathrm{W}} + \Delta H_{\mathrm{B}})/kT}\,. \tag{H 27}$$

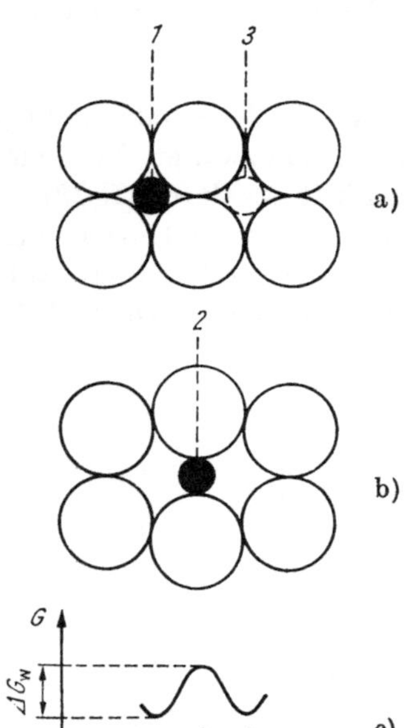

Abb. H 10

Interstitiell eingelagertes Atom in stabiler Ausgangs- und Endlage (a), instabiler Zwischenzustand (b) und das zugehörige thermodynamische Potential (c)

Die gemessene Aktivierungsenergie Q muß hier also nicht nur die Wanderungsenthalpie ΔH_{W} sondern auch die Leerstellenbildungsenthalpie ΔH_{B} decken.

Für Kupfer konnten die Vorstellungen vom Leerstellenmechanismus der Diffusion experimentell gut bestätigt werden durch unabhängige Bestimmungen von ΔH_{W} und ΔH_{B} (aus Erholungsuntersuchungen des elektrischen Widerstandes nach Abschrecken u. a.): $\Delta H_{\mathrm{W}} = 1{,}08$ eV; $\Delta H_{\mathrm{B}} = 1{,}00$ eV; also $\Delta H_{\mathrm{W}} + \Delta H_{\mathrm{B}} = 2{,}08$ eV gegenüber $Q = 2{,}05$ eV pro Atom aus Diffusionsmessungen.

Zu einem ähnlichen Ergebnis haben die KIRKENDALL-Untersuchungen an einer Reihe dichtestgepackter Metalle geführt, wie bereits besprochen (vgl. H 3). Wir fügen daher hier einige Bemerkungen an, welche die Leerstellen ausdrücklich berücksichtigen. Wenn wir annehmen, daß die Teilchenstromdichten j_A und j_B in der ursprünglichen Trennebene ($\xi = 0$) ihr Maximum besitzen (Abb. H 11a), wie dies im Fall $D_A = D_B$ zwangsläufig sein muß, so bleibt in der unmittelbaren

Umgebung von $\xi = 0$ für jede Teilchensorte die Konzentration konstant $\left(\frac{\partial \dot{N}}{\partial \xi} = 0\right)$ und damit auch die Gesamtatomzahl und mithin die Leerstellenkonzentration, die dem Gleichgewichtswert β_0 entsprechen möge. Dieser soll übrigens für alle ξ der gleiche sein. Nehmen wir $D_A > D_B$ an, so werden in einiger Entfernung von $\xi = 0$, etwa bei $\xi_1 < 0$, mehr A-Atome abwandern als B-Atome hinzukommen, so daß die Leerstellenkonzentration $\beta > \beta_0$ wird. Das Umgekehrte gilt für Orte $\xi > 0$; hier wird $\beta < \beta_0$. Dabei setzen wir immer voraus, daß die Gesamtzahl der Gitterplätze konstant bleibt. Führen wir eine Leerstellen-Stromdichte j_L ein, so muß die Summe aller Stromdichten verschwinden:

$$j_A + j_B + j_L = 0 \,. \tag{H 28}$$

Wir sind auf Grund dieser Beziehung in der Lage, die Leerstellenbildung längs ξ quantitativ zu verfolgen, denn wir erhalten nach dem zweiten Fickschen Gesetz (H 6) aus der in Abb. H 11c dargestellten Steilheit des durch (H 28) gegebenen j_L-Verlaufes (H 11b) die zeitliche Änderung der Leerstellenkonzentration. Wie bereits erwähnt, verschwindet diese bei $\xi = 0$. Weiterhin zeigt Abb. H 11c, daß in einiger Entfernung von $\xi = 0$ Extrema auftreten. Obwohl Abb. H 11

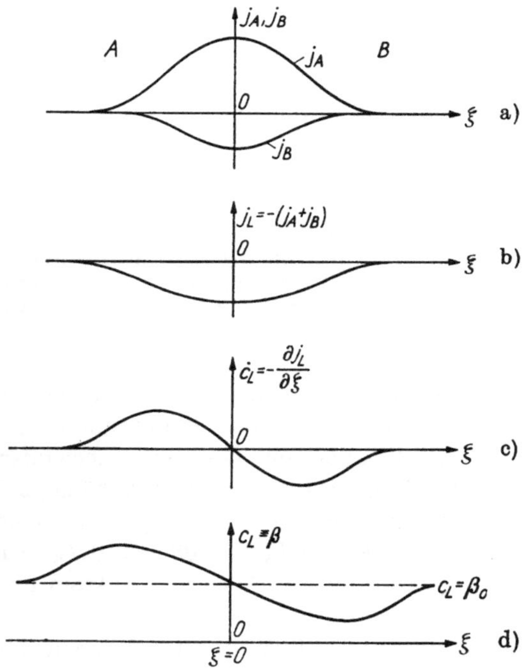

Abb. H 11

Zur Diffusion in der Umgebung der Berührungsstelle $\xi = 0$ zweier Metalle A und B (schematisch). Aufgetragen ist der Verlauf (a) der Teilchenstromdichten j_A und j_B der Komponenten, (b) der Leerstellenstromdichte j_L und (c) der zeitlichen Änderung der Leerstellenkonzentration $\dot{c}_L$ zum Zeitpunkt $t_1 > 0$ In (d) ist die Leerstellenkonzentration c_L zur Zeit $t_2 > t_1$ schematisch dargestellt, wobei $c_L(t = 0) = \beta_0$ angenommen wurde

keinen stationären Zustand, sondern Momentanwerte darstellt, können wir annehmen, daß für einen kurzen Zeitraum dort, wo das Maximum der Leerstellenbildung liegt, auch ihre größte Konzentration vorhanden ist. Insofern kann man in Abb. H 11c die Ordinate auch als Leerstellenkonzentration lesen. Die Extrema entfernen sich im Laufe der Zeit von $\xi = 0$ (Abb. H 11d), wie man sich anhand der zeitlichen Änderung des Konzentrationsverlaufes (Abb. H 2), dessen Steilheit nach dem 1. FICKschen Gesetz (H 1) die Ausgangskurven j_A und j_B bestimmt, klarmachen kann.

Wir verstehen jetzt, daß die Lochbildung — als Kondensation von Leerstellen aufgefaßt — im Gebiet der schneller diffundierenden Komponente in einiger Entfernung von der Trennfläche erfolgt. Weiterhin wird das Leerstellengefälle zwischen den beiden Extremwerten eine Leerstellenwanderung zur langsameren Komponente hervorrufen. Anders ausgedrückt, es muß im Bereich zwischen beiden Extremwerten ein Materietransport in entgegengesetzter Richtung, also zur schnelleren Komponente hin, stattfinden, wie er bei den KIRKENDALL-Untersuchungen beobachtet wurde. Seine größte Geschwindigkeit liegt am Ort des stärksten Gefälles, nämlich bei $\xi = 0$. Außerhalb der Extremwerte kehrt sich das Vorzeichen des Gefälles und damit die Richtung des Stromes um, sein Betrag ist hier aber wesentlich kleiner.

H 6 Thermo- und Elektrotransport

Neben der bisher besprochenen *isothermen Diffusion* haben namentlich in letzter Zeit weitere Arten des Stofftransportes im festen und flüssigen Zustand Beachtung gefunden: Der *Thermotransport* (früher Thermodiffusion genannt) und der *Elektrotransport* (früher, in etwas engerem Sinne, elektrolytische Überführung). Für den ersten Effekt ist ein Temperaturgradient Voraussetzung, für den zweiten ein Gradient des elektrischen Potentials (elektrisches Feld). Bei beiden werden sehr kleine Grenzflächenverschiebungen beobachtet, die den bei der isothermen Diffusion gemessenen entsprechen (vgl. KIRKENDALL-Effekt).

Den Teilchenstrom der Atomsorte k kann man nach S. 187 schreiben

$$j_k = c_k \, b_k \, F_k = c_k \, D_k \, F_k / kT \, , \tag{H 29}$$

wenn c_k, b_k und F_k Anzahldichte, Beweglichkeit und treibende Kraft bedeuten und man b_k durch die EINSTEINsche Beziehung (H 15) ausdrückt. Zu den zur treibenden Kraft F_k beitragenden physikalischen Prozessen gehört die Streuung von Phononen (vgl. G 5) und Elektronen an den Gitterfehlern, in der Regel Leerstellen, die den Atomtransport ermöglichen.

Die theoretische Erfassung von F_k ist noch nicht befriedigend gelungen, am ehesten noch für den Elektrotransport. Dessen treibende Kraft setzt sich aus zwei Anteilen $F_k^{\mathrm{ET}} = F_k^{\mathrm{F}} + F_k^{\mathrm{M}}$ zusammen. Hier bedeutet $F_k^{\mathrm{F}} = Z_k \, e \, \zeta |\boldsymbol{E}|$ die sogenannte *Feldkraft*, die die elektrolytische Überführung (im engen Sinne) der Atome mit der Ladung $Z_k \zeta e$ (ζ: Abschirmfaktor) bewirkt, und F_k^{M} die Mitführungs- oder *Wechselwirkungskraft*, die auf den genannten Streuprozessen beruht. Dieser Anteil hängt also wesentlich von der Art und Konzentration der in der Probe vorhandenen Fehlstellen ab, die man durch den von ihnen hervorgerufenen Zusatzwiderstand (vgl. M 11) messen kann. F_k^{F} und F_k^{M} können gleich oder entgegengesetzt gerichtet sein, so daß F_k^{ET} verschiedenes Vorzeichen haben kann. Damit wird die Beobachtung verständlich, daß der Elektrotransport von Metallionen sowohl zur Anode wie zur Katode erfolgt.

Eine anschauliche Vorstellung von dem kleinen Ausmaß des Elektrotransportes liefert die sogenannte Überführungszahl u_k, das ist das Verhältnis der Anzahl der am Elektrotransport beteiligten Teilchen der Sorte k zu der dem Gesamtstrom j entsprechenden Anzahl von Elementarladungen. Sie beträgt z.B. für Kohlenstoff in Eisen 10^{-5} bei 1000 °C. Häufig wertet man Elektrotransport-Messungen so aus, daß man das aus dem gemessenen j_k nach (H 29) berechnete F_k^{ET} in der Form $F_k^{\mathrm{ET}} = Z_k^* e\,|\boldsymbol{E}|$ ansetzt und die *effektive Ladung* $Z_k^* e$ angibt. Als Beispiele seien $Z_k^* = -28$ für Silber bei 875 °C und $Z_k^* = 9$ für Eisen bei 1325 °C genannt.

Da die Situation beim Thermotransport noch weniger geklärt ist, begnügen wir uns als Beispiel für die quantitativen Verhältnisse mit der Angabe, daß für Gold die experimentell ermittelte treibende Kraft durch $F^{\mathrm{TT}} = \frac{Q^*}{T}\,\frac{\mathrm{d}T}{\mathrm{d}\xi}$ mit $Q^* = 6$ kcal/mol dargestellt werden kann, dabei wird Q^* als *Transportwärme* bezeichnet.

Trotz ihrer Kleinheit können die geschilderten Transporteffekte auch von praktischer Bedeutung werden, weil die kleinen transportierten Stoffmengen zu einer *lokalen* Änderung der chemischen Zusammensetzung des Werkstoffes und damit seiner physikalisch-technischen Eigenschaften führen können.

H 7 Übungsaufgaben

H 1. Eine binäre Legierung soll durch Wärmebehandlung homogenisiert werden. Was ist bei der Wahl von Temperatur und Glühdauer zu beachten?

H 2. Man berechne die mittlere Sprungweite $\sqrt{\overline{x^2}}$ eines diffundierenden Atoms in einem eindimensionalen Gitter (Atomabstand d) als Funktion der Zeit und des Diffusionskoeffizienten $D = \nu\, d^2/2$!
Das Ergebnis ist auf 3 Dimensionen zu übertragen.

J DIFFUSIONSARTIGE PLATZWECHSELVORGÄNGE

J 1 Ausscheidungen

J 11 Begriff der Ausscheidung. Eigenschaftsänderungen (Aushärtung)

Wir betrachten einen stabilen binären Mischkristall bei höherer Temperatur, z.B. einen Goldkristall mit 15% Nickel bei 500 °C (vgl. Zustandsdiagramm Abb. D 8). Senken wir die Temperatur, so nimmt der Mischkristallbereich gewöhnlich ab (vgl. D 42). Für 300 °C z.B. liegt die Sättigungsgrenze in unserem Fall bei 7% Nickel, und eine Goldlegierung mit 15% Nickel muß sich laut Zustandsdiagramm im Gleichgewicht aus einem goldreichen Mischkristall mit etwa 7% Nickel und nickelreichen Mischkristallen mit 1% Gold zusammensetzen. Anstelle der einen Phase müssen also zwei mit verschiedenen Zusammensetzungen treten. Da diese Vorgänge erfahrungsgemäß durch Diffusion erfolgen, erfordern sie längere Zeiträume, und man kann im allgemeinen den bei hoher Temperatur im Gleichgewicht befindlichen Mischkristall auf eine tiefere Temperatur abschrecken, bei der er erst allmählich aus seinem übersättigten Zustand in den neuen Gleichgewichtszustand unter *Ausscheidung* einer zweiten Phase übergeht. Ausscheidungen sind demnach auf Fälle beschränkt, in denen der Existenzbereich von Mischkristallen mit wachsender Temperatur zunimmt, was zwar meist, aber nicht immer zutrifft (vgl. z.B. α-Messing nach Abb. D 13).

Im Gegensatz zur Phasenumwandlung, bei der die gesamte Stoffmenge aus einer Phase in eine andere übergeführt wird, so daß Anfangs- und Endzustände einphasig sind, ist bei Ausscheidungsprozessen der *Endzustand mehrphasig.* Die Verhältnisse werden weiterhin dadurch kompliziert, daß der Vorgang nicht direkt zum Endzustand zu führen braucht, sondern über *metastabile Zwischenzustände* mit praktisch unbegrenzter Lebensdauer verlaufen kann. Stehen für die Bildung solcher Zwischenzustände sehr schnell verlaufende — also nicht diffusionsartige — Mechanismen zur Verfügung wie z.B. bei der *Martensitbildung* im Stahl, so entfällt damit die Abschreckbarkeit der Hochtemperaturzustände.

Die Ausbildung von Zwischenzuständen hinreichender Lebensdauer ist praktisch sehr wichtig, weil mit ihrem Auftreten häufig wertvolle Eigenschaftsänderungen verbunden sind, vor allem Festigkeitserhöhungen (Aushärtung); diese sind im allgemeinen um so größer, je feiner verteilt die Ausscheidung ist. Jedoch werden z.B. auch elektrische und magnetische Eigenschaften betroffen. So stellt man viele Werkstoffe mit hoher Koerzitivfeldstärke auf Grund von Ausscheidungsprozessen her (vgl. S. 407).

Außerdem interessiert aber auch der Einfluß auf solche Eigenschaften besonders, durch deren Untersuchungen Aufschlüsse über den Ausscheidungsmechanismus erhalten werden können. Hier sind der elektrische Widerstand und die Beugung von Röntgenstrahlen einschließlich Kleinwinkelstreuung zu nennen. Letztere hat sich in jüngster Zeit als besonders aufschlußreich erwiesen. Ferner haben elektronenmikroskopische Untersuchungen in Durchstrahlungstechnik wesentlich zur Aufklärung dieses Problemkreises beigetragen. Bevor wir jedoch den Ausscheidungsverlauf näher betrachten, sollen zwei praktisch besonders wichtige Beispiele erwähnt werden: *Duraluminium*, bei dem die interessierenden Platzwechsel diffusionsartig verlaufen und *Stahl*, bei dem sie gekoppelt erfolgen.

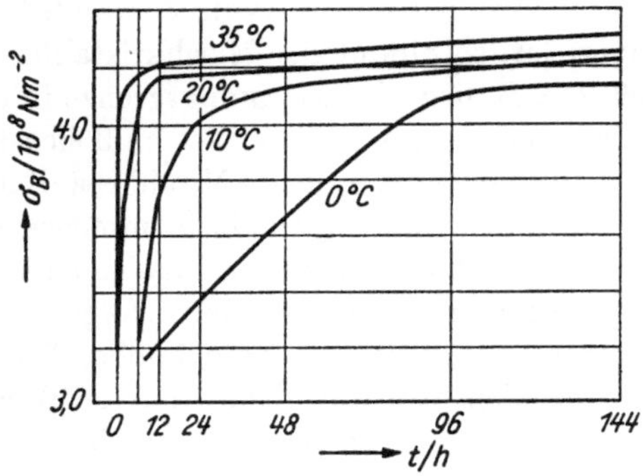

Abb. J 1

Abhängigkeit der Zugfestigkeit σ_B von Auslagerungszeit t und -temperatur (als Parameter) bei Aushärtung von AlCuMg (nach v. ZEERLEDER)

Duraluminium

Zu Anfang unseres Jahrhunderts fand A. WILM (um 1906) an frisch erschmolzenen Aluminium-Legierungen mit 4 Gew.% Kupfer, 0,5% Magnesium und etwas Mangan nach mehrtägigem Liegenlassen bei gewöhnlicher Temperatur eine wesentliche Verbesserung der Festigkeitseigenschaften (vgl. Abb. J 1). Beispielsweise steigt die Zugfestigkeit von $30-32 \cdot 10^7$ N/m² auf $40-45 \cdot 10^7$ N/m² und die BRINELL-Härte von 80 auf 110—120 Einheiten, wodurch das Wort „Aushärten" verständlich wird. Außer dieser *Kaltaushärtung* bei gewöhnlicher Temperatur wurde noch eine *Warmaushärtung* nach Auslagern bei höheren Temperaturen (etwa 200 °C) gefunden.

Stahl

Unter Stahl versteht man gewöhnlich Eisen–Kohlenstoff-Legierungen mit höchstens 2 Gew.% Kohlenstoff, ab 0,35% sind sie härtbar. Das Eisen–Kohlenstoff-Zustandsdiagramm (Abb. J 2) ist recht kompliziert. Dazu trägt die Tatsache bei, daß Eisen und Kohlenstoff mehrere Kristallgitter besitzen, und weiterhin, daß sich die stabile Kohlenstoffmodifikation, der Graphit, äußerst träge bildet. Infolgedessen werden praktisch die wahren Gleichgewichtszustände nicht erreicht, und das entsprechende Zustandsdiagramm (gestrichelt in Abb. J 2) ist weniger wichtig als das ausgezogen dargestellte, in dem der Kohlenstoff in der metastabilen Form des *Zementit* Fe_3C vorliegt.

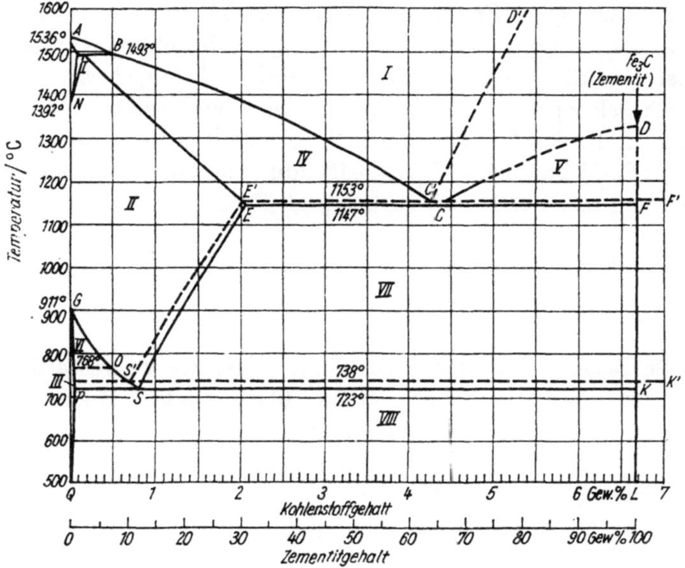

Abb. J 2

Zustandsdiagramm Eisen-Kohlenstoff für stabile und metastabile Zustände (entnommen aus F. EISENKOLB [39]

Die wichtigsten Zustandsfelder	Metastabiles System (volle Linien)	Stabiles System (gestrichelte Linien)
I	Schmelze	Schmelze
II	γ-Mischkristall (Austenit)	γ-Mischkristall (Austenit)
III	α-Mischkristall	α-Mischkristall
IV	γ-Mischkristall + Schmelze	γ-Mischkristall + Schmelze
V	Schmelze + Fe_3C	Schmelze + Graphit
VI	α-Mischkristall + γ-Mischkristall	α-Mischkristall + γ-Mischkristall
VII	γ-Mischkristall + Fe_3C	γ-Mischkristall + Graphit
VIII	α-Mischkristall + Fe_3C	α-Mischkristall + Graphit

Aber selbst die metastabilen Zustände des Diagrammes werden bei sehr schnellem Abkühlen (Abschrecken), wie es bei der Stahlhärtung angewandt wird, nicht erreicht. Vielmehr bilden sich Zwischenzustände aus, die die Härtung verursachen und bei Raumtemperatur trotz ihrer thermodynamischen Instabilität sehr lange beständig sind. Erst durch Anlassen bei einigen Hundert Grad Celsius gehen die Zwischenzustände in einen stabileren über, allerdings unter Härteabnahme (Ausglühen des Stahls).

Die Ursache für diesen Ablauf ist folgende: die bei Raumtemperatur beständige kubisch-raumzentrierte α-Phase des Eisens vermag laut Zustandsdiagramm viel weniger Kohlenstoff zu lösen als die kubisch-flächenzentrierte γ-Phase *Austenit*. Daher muß während der Abkühlung bei der $\gamma \rightarrow \alpha$-Umwandlung Kohlenstoff aus der γ-Phase ausgeschieden werden, wozu nur Diffusionsprozesse verfügbar und daher lange Zeiten erforderlich sind. Die Umwandlung $\gamma \rightarrow \alpha$ erfolgt aber durch *gekoppelte Platzwechselvorgänge* in Bruchteilen einer Sekunde, so daß die Zeit für die Diffusion nicht ausreicht. Infolgedessen bildet sich, gleichfalls durch gekoppelte Platzwechselvorgänge, eine raumzentrierte Phase, *Martensit* genannt, die den Kohlenstoff noch gelöst enthält und daher tetragonal verzerrt ist. Auf den Vorgang der Martensitbildung und die Ursachen der Härtesteigerung kommen wir später noch zurück (vgl. K 53).

J 12 Verlauf der Ausscheidung

Allgemeine Überlegungen

Schon das letzte Beispiel des Austenit-Zerfalls zeigt, wie vielgestaltig die Ausscheidungen einer Komponente aus einem übersättigten Mischkristall sein können. Dennoch sollen einige Gesichtspunkte dargelegt werden, die als gemein-

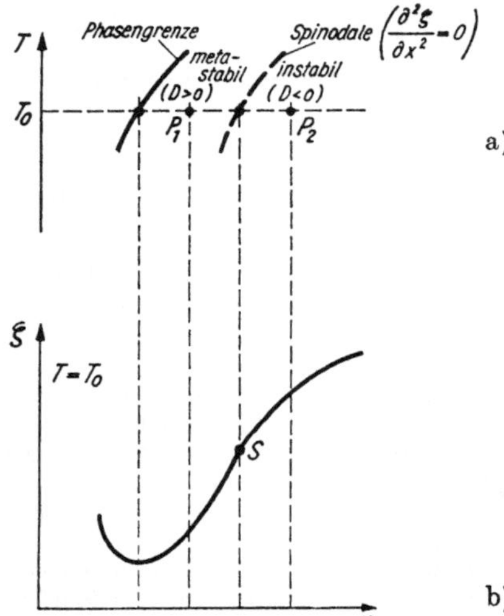

Abb. J 3
Verlauf der freien Enthalpie ζ eines Mischkristalls beschränkter Mischbarkeit bei $T = T_0$ in Abhängigkeit von der Konzentration (b) und zugehöriger Ausschnitt aus dem Zustandsdiagramm (a)

same Grundlage für das Verständnis der mannigfachen Erscheinungen dienen können, wenn es auch gerade hier noch recht unterschiedliche Auffassungen gibt.

Die Ausscheidung verläuft grundsätzlich verschieden, je nachdem ob sich der übersättigte Mischkristall im metastabilen Zustandsgebiet oder in dem von diesem durch die Spinodale (vgl. S. 187) getrennten instabilen Zustandsfeld befindet (vgl. Abb. J 3). Im ersten Fall wird nämlich eine zufällige örtliche Konzentrationsschwankung, die der neuen Phase entspricht, durch Diffusion wieder ausgeglichen, sofern nicht vorher die *kritische Keimgröße* (vgl. E 21) erreicht worden war (Keimbildung).

Im zweiten Fall findet aber wegen der dann negativen Diffusionskonstante eine Vergrößerung der Konzentrationsschwankung durch „Bergauf-Diffusion“

(vgl. S. 187) statt, so daß keine Keimbildungsschwierigkeiten bestehen und der Zerfall des übersättigten Mischkristalls durch *spinodale Entmischung* ungehindert vor sich geht. Allerdings liegt nach CAHN die *effektive Spinodale* tiefer als die „thermodynamische", wenn bei der Keimbildung Spannungen auftreten, die in der thermodynamischen Rechnung nicht berücksichtigt sind. Näheres dazu folgt S. 204/5.

Hinsichtlich der Keimbildung im ersten Fall können wir zwar an die Betrachtungen über die Keimbildung in Schmelzen (vgl. E 2) anknüpfen, müssen jedoch auf einige Unterschiede hinweisen. In dem δG-Ansatz (E 2) war ein Term dem Keimvolumen proportional angenommen, der dem Unterschied der „chemischen Energie" entsprach, und ein zweiter oberflächenproportional, der die Grenzflächenenergie berücksichtigt. Erfolgt die Keimbildung in festem Zustand, so wird im allgemeinen in die Energiebilanz ein weiterer Term eingehen, der die *elastische Verzerrungsenergie* darstellt, die einerseits im Keime selbst wegen seiner Behinderung durch die Matrix und andererseits in seiner Umgebung auch in der Matrix entstehen wird. Wir schreiben also in Verallgemeinerung von (E 2)

$$\delta G = \delta G_V + \delta G_O + \delta G_E . \qquad \text{(J 1)}$$

Hinsichtlich des ersten Termes δG_V muß jetzt im Gegensatz zu früher die Möglichkeit der Änderung der Zusammensetzung berücksichtigt werden.

Während der letzte Term in (J 1) bei der Keimbildung in Schmelzen vernachlässigbar sein wird, kann andererseits im festen Zustand das zweite Glied sehr klein werden, nämlich im Fall sogenannter *kohärenter Keime*. Ein Keim heißt kohärent, wenn er allseitig von kohärenten Flächen umgeben wird. Sind nicht alle Grenzflächen kohärent, so spricht man von teilweise kohärenten Keimen. Dabei versteht man unter einer *kohärenten Grenzfläche* eine solche, bei der die angrenzenden Gitter in der Grenzfläche die gleiche Anordnung der Gitterplätze (unbeschadet etwaiger chemischer Besetzungsunterschiede) und nahezu die gleichen Atomabstände aufweisen (Abb. J 4). Eine ideal kohärente Grenzfläche liegt z. B. vor, wenn eine (111)-Fläche der kubisch dichtesten Modifikation eines Metalles mit einer (0001)-Fläche seiner hexagonal-dichtestgepackten Modifikation in Kontakt gebracht wird.

Die Bildung kohärenter Keime stellt eine Möglichkeit dar, die früher besprochenen Keimbildungsschwierigkeiten unter Umständen zu umgehen. Diese

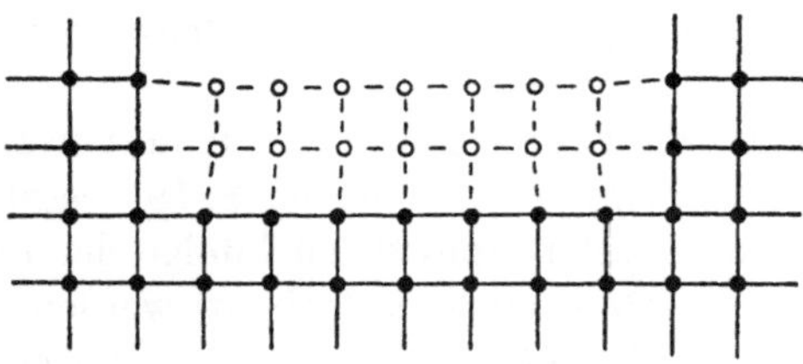

Abb. J 4
Schematische Darstellung der Atomanordnung in der Nähe einer kohärenten Grenzfläche zwischen Kristallen mit wenig verschiedenen Atomabständen

lagen darin, daß bei großen Grenzflächenenergien nach (E 3) sehr große kritische Keimradien resultieren, so daß bei tieferen Temperaturen zur Keimbildung sehr lange Zeiten erforderlich werden. Die sich daraus ergebenden starken Unterkühlungen bzw. Übersättigungen führen zu einem großen δG_V, oder, wie man auch sagt, zu einer großen treibenden Kraft und gestatten daher die Entstehung metastabiler Phasen, deren freie Enthalpie also höher als die der Gleichgewichtsphase ist, sofern nur ihre Keimbildung leichter erfolgt. Eine metastabile Phase β' hat also Aussicht auf Realisierung, wenn sie infolge kohärenter Keimbildung und entsprechend geringer Oberflächenenergie kleine kritische Keimradien besitzt.

Man wird im allgemeinen nicht damit rechnen können, daß die Kohärenz ideal ist (vgl. die geringfügigen Gitterkonstantenunterschiede in Abb. J. 4). Infolgedessen treten in Keim und Matrix *elastische Spannungen* auf, für die nach NABARRO bei vollständiger Kohärenz

$$\delta G_E = \frac{6\, G\, V\, \delta^2}{1 + \frac{4}{3} G \chi} \qquad \text{(J 2)}$$

gilt, wenn ein Keim mit Radius $r_0 (1 + \delta)$ und Kompressibilität χ sich in einem hohlkugelförmigen Volumen $V = \frac{4\pi}{3} r_0^3$ der Matrix mit dem Schubmodul G befindet. Die elastische Energie wächst also mit dem Volumen der Keime. Da andererseits die treibende Kraft mit sinkender Übersättigung abnimmt, muß der Prozeß der Ausscheidung zum Stillstand kommen, wenn die Spannungen nicht reduziert werden. Dies kann durch „Abreißen" der Keime von der Matrix erfolgen, so daß sie spannungsfrei werden. Die *anfänglich kohärente Ausscheidung wird* also im Laufe des Prozesses *inkohärent* werden. Bei inkohärenten Keimen erklärt das Streben nach möglichst kleiner Spannungsenergie in der Matrix die Gestalt der Keime und deren Orientierungsgesetzmäßigkeit gegenüber der Matrix.

In Abb. J 5a ist neben der ζ-Kurve des Mischkristalls α diejenige der kohärenten Phase β' und der nichtkohärenten Phase β eingezeichnet. Wegen der zusätzlichen Spannungen, die bei Kohärenz zur Anpassung an die Matrix erforderlich sind, besitzt die β'-Phase höhere ζ-Werte. Daraus folgt, daß sie mit einer höheren Konzentration x' des Mischkristalles im Gleichgewicht steht als die stabile Phase β. Dementsprechend verläuft im Zustandsdiagramm die Löslichkeitsgrenze des Mischkristalles gegenüber der β'-Phase bei höheren Konzentrationen (Abb. J 5b).

In ähnlicher Weise machen sich die Spannungen bei nicht idealer Kohärenz bei der spinodalen Entmischung bemerkbar. Wir haben S. 187 gesehen, daß unterhalb der durch $\partial^2\zeta/\partial x^2 = 0$ definierten Spinodalen infolge der negativen Diffusionskonstante Konzentrationsunterschiede aufgebaut werden können, die kohärente Keime darstellen, die sich ohne Keimbildungsschwierigkeiten, also ohne zeitlichen Verzug bilden. In Wirklichkeit wird die Kohärenz in den meisten Fällen nicht vollkommen sein, und die daher auftretenden elastischen

Spannungen bewirken, daß die „effektive Spinodale“ tiefer als die thermodynamische liegt. Man nimmt heute an, daß die GUINIER-PRESTON-Zonen (vgl. nächster Abschnitt) durch spinodale Entmischung gebildet werden, zumindest zum großen Teil.

Abgesehen von den vorstehend erörterten, von der Keimbildung selbst hervorgerufenen Spannungen, haben wir bisher unseren Betrachtungen ein ideales Kristallgitter zugrunde gelegt; man spricht in diesem Fall von *homogener Keimbildung.*

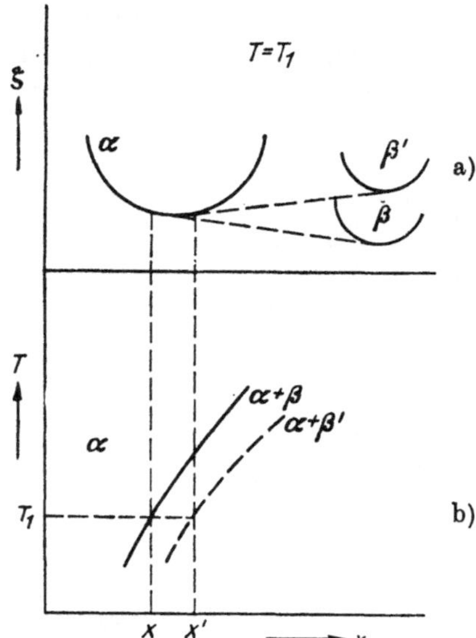

Abb. J 5

(a) Schematische Darstellung der Energieverhältnisse beim Gleichgewicht zwischen Mischkristall α und kohärent bzw. inkohärent ausgeschiedenen Phasen β' und β
(b) zeigt die zugehörigen Löslichkeitsgrenzen im Zustandsdiagramm

Die Realkristalle sind jedoch von Gitterfehlern verschiedener Art durchsetzt, und man wird in ihnen mit einiger Wahrscheinlichkeit Stellen erwarten dürfen, an denen die Keimbildung weniger Energie als im ungestörten Kristall erfordert, etwa dort, wo Gitterverzerrungen entstanden sind, die der Keimbildung entgegenkommen. An diesen Stellen wird sie bevorzugt erfolgen, und man spricht von *heterogener Keimbildung.*

Naturgemäß ist es schwer, für sie quantitative Gesetzmäßigkeiten herzuleiten. Andererseits kann kein Zweifel bestehen, daß in der Natur die heterogene Keimbildung eine überragende Rolle spielt. Wenn das schon für die Erstarrung einer Schmelze gilt – nach S. 122 ist eine größere Unterkühlung nur durch ganz besondere Maßnahmen zu erzielen –, so wird es in noch stärkerem Maße für die Keimbildung im festen Zustand zutreffen, weil hier die kritischen Keimgrößen viel größer sind, so daß ihre Erreichung durch thermische Schwankungen erheblich unwahrscheinlicher wird. Nach DEHLINGER hat man daher damit zu rechnen, daß im festen Zustand die Keimbildung ganz überwiegend an Gitterbaufehlern, insbesondere Versetzungen, erfolgt. In diesem Zusammenhang ist es bemerkenswert, daß man jede inhomogene Deformation, also auch die zur Keimbildung benötigte, durch eine geeignete Versetzungsanordnung herstellen kann (vgl. K).

Spezielle Ergebnisse. Aluminium-Zink- und Aluminium-Kupfer-Legierungen

Wir besprechen zunächst die Verhältnisse von zinkhaltigen Aluminiumlegierungen etwas näher (vgl. Zustandsdiagramm Abb. J 6), weil sie einerseits relativ einfach und andererseits gut untersucht sind. Es bilden sich hier als Zwischenprodukte kohärente kugelförmige GUINIER-PRESTON-Zonen. Das sind röntgenographisch und im Elektronenmikroskop erkennbare Gebiete mit Anreicherung

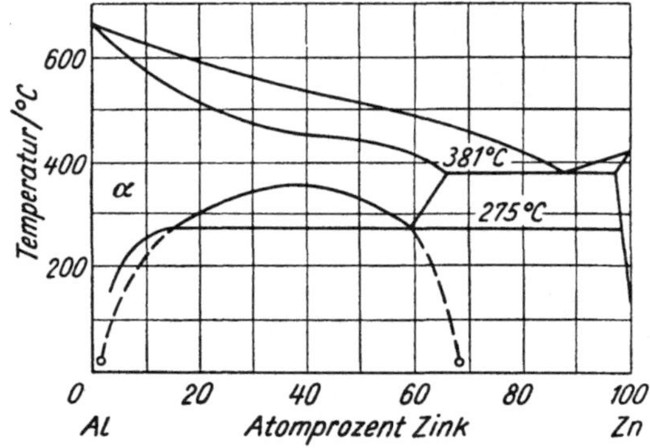

Abb. J 6

Zustandsdiagramm des Systems Aluminium-Zink mit metastabiler Mischungslücke (gestrichelt) (nach GEROLD und SCHWEIZER)

der gelösten Atomsorte, hier Zink. Außerdem entstehen plattenförmige kubischflächenzentrierte α'-Mischkristalle, die bis zu etwa $100 \cdot 10^{-10}$ m Dicke kohärent mit der Matrix sind, während das stabile Endprodukt Zink ist, das praktisch kein Aluminium löst (Abb. J 7, Tafel 6). Im einzelnen bestehen folgende Vorstellungen über den Verlauf der Ausscheidung.

Unmittelbar nach oder schon bei dem Abschrecken bilden sich im Gitter der Matrix kleine Bereiche erhöhter Konzentration, sogenannte *cluster*, wie sich in der Änderung des elektrischen Widerstands zeigt, auch wenn ein röntgenographischer Nachweis wegen unzureichender Größe noch nicht möglich ist. Die cluster wachsen und umfassen allmählich so viel Atome, daß man von einer Konzentration der gelösten Atome in ihnen sprechen kann. Aus quantitativen Kleinwinkelstreuungsexperimenten hat GEROLD geschlossen, daß z.B. in Aluminium–Zink-Legierungen bei 20 °C innerhalb der kugelförmigen GUINIER-PRESTON-Zonen eine Zinkkonzentration von 69% vorliegt, während sie in der Umgebung nur 1,8% beträgt. Da diese Werte weder von der Homogenisierungstemperatur des Mischkristalles noch von der Auslagerungsdauer abhängen, sondern allein durch die Auslagerungstemperatur bestimmt sind, kann die Bildung dieser Konzentrationen, die übrigens sehr schnell (< 1 min) erfolgt, als Einstellung eines *metastabilen Gleichgewichts* gedeutet werden. Die Grenzlinie der metastabilen Mischungslücke ergibt sich im Falle des Systems Aluminium–Zink nahezu als Fortsetzung der Mischungslücke oberhalb 275 °C im stabilen Gleichgewichtsdiagramm (Abb. J 6) zu tieferen Temperaturen.

Der schnellen Reaktion der Einstellung der Konzentrationswerte, die als negative Diffusion aufzufassen sein dürfte, folgt eine langsamere, die den eigentlichen Auslagerungseffekt darstellt (Abb. J 8). Er besteht in einem Wachstum der größeren Zonen bis zu einem Radius von etwa $30 \cdot 10^{-10}$ m unter gleichzeitiger Auflösung der kleineren Zonen, so daß das Gesamt-Zonenvolumen konstant bleibt.

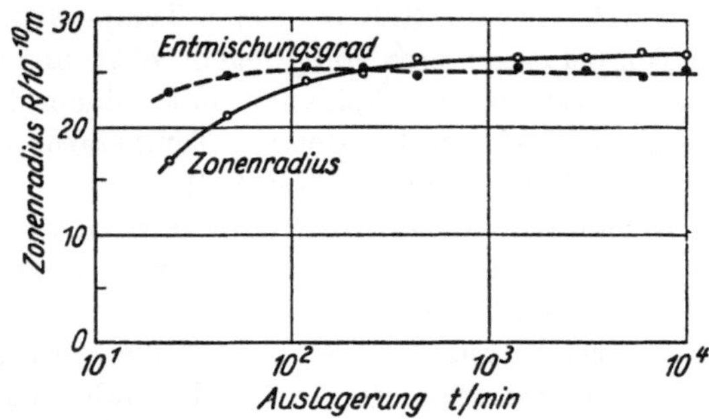

Abb. J 8

Abhängigkeit von Zonenradius und Entmischungsgrad einer Al-6-At.% Zn-Legierung von der Auslagerungsdauer. Abschreckungstemperatur 250 °C (nach GEROLD und SCHWEIZER)

Die für Diffusionserscheinungen unerwartet hohe Geschwindigkeit dieser Vorgänge ist einmal die Folge der Überschußleerstellen, die durch das Abschrecken eingefroren sind; andererseits ist für sie nicht die Aktivierungsenergie der Bewegung einer einzelnen Leerstelle maßgebend, sondern die niedrigere für ein Paar „Leerstelle + gelöstes Atom“. Für spätere Stadien gilt eine höhere Aktivierungsenergie (≈ 1 eV bei Aluminium-Legierungen), die aber immer noch unter dem Diffusionswert gelöster Atome (≈ 1,4 eV) liegt.

Die vorstehenden Betrachtungen zeigen, daß das Auftreten von metastabilen Zwischenprodukten darauf beruht, daß sie im Anfangsstadium bevorzugt — aber nicht ausschließlich — gebildet werden auf Grund ihrer kleineren Aktivierungsenergie und erst im weiteren Verlauf der stabilen Phase weichen wegen der damit verbundenen Senkung der freien Enthalpie. Das metastabile Zustandsdiagramm erklärt auch zwanglos die Rückbildung von Zwischenprodukten als Überschreiten der Grenze der metastabilen Mischungslücke.

Die Verhältnisse bei *Aluminium–Kupfer-Legierungen* lassen sich anhand der gleichen Gesichtspunkte verstehen, sind aber im einzelnen komplizierter. Neben der stabilen Endphase $CuAl_2$ (Θ-Phase) mit dem tetragonalen *C16*-Gitter treten drei Zwischenprodukte auf: 1. GUINIER-PRESTON-Zonen, bei denen Kupfer kohärent im Matrixgitter auf einzelnen {100}-Ebenen angereichert ist. 2. Die Θ''-Phase (auch GUINIER-PRESTON-Zone II genannt) mit leicht tetragonaler Gitterdeformation, aber noch kohärent mit der Matrix. Sie bewirkt die mechanischen Effekte bei der Warmaushärtung. 3. Die tetragonale Θ'-Phase mit einem wesentlich stärker von 1 abweichenden Achsenverhältnis als Θ''.

J 2 Ordnungsvorgänge

J 21 Begriff der Ordnung (Fernordnung)

Bei der Besprechung der Kristallstrukturen waren die *Überstrukturen* (vgl. C 32) erwähnt worden, die in Substitutions-Mischkristallen mit einem einfachen stöchiometrischen Verhältnis, z.B. 1:1 oder 3:1, bei tiefen Temperaturen auftreten, während bei höheren Temperaturen eine völlig regellose Atomverteilung vorliegt. Als Beispiel erinnern wir an das β-Messing mit seinem kubisch-raumzentrierten Gitter oberhalb 500 °C, das bei tieferen Temperaturen in die geordnete β'-Phase (*B2*- oder CsCl-Typ) übergeht (Abb. C 6).

Es soll jetzt unsere Aufgabe sein, den Ordnungsvorgang, d. h. den Übergang von der ungeordneten zur geordneten Atomverteilung, näher zu verfolgen als weiteres Beispiel diffusionsartiger Platzwechselvorgänge.

Wir beginnen mit einigen Erläuterungen zum Begriff der Ordnung im Kristallgitter und bemerken zunächst, daß der ideale Kristall mit seinen Periodizitätseigenschaften geordnet ist. Es werden Gitterfehler wie Leerstellen, Zwischengitteratome, Versetzungen, Stapelfehler und dgl. ausgeschlossen (es sind also stets alle Gitterplätze und nur diese besetzt). Allein solche Abweichungen vom Idealgitter werden betrachtet, die wir als Unordnungserscheinungen im folgenden Sinne beschreiben können:

1. Lageunordnung, 2. Orientierungsunordnung

Zu 1: Lageunordnung

Es handelt sich um das schon am Beispiel des β-Messings erwähnte Problem, daß eine statistische Atomverteilung vorliegt, bei der im einzelnen Augenblick keine strenge Translationsperiodizität mehr besteht, wohl aber im Mittel über die üblichen Beobachtungszeiträume.

Zu 2: Orientierungsunordnung

Sind die Atome nicht kugelsymmetrisch, sondern besitzen sie eine Vorzugsrichtung, etwa ein magnetisches Moment, so ist auch in einem Kristall mit vollständiger Lageordnung eine Unordnung in dem Sinne möglich, daß die Vorzugsrichtungen von Atom zu Atom beliebig wechseln, wie es hinsichtlich der magnetischen Momente in paramagnetischen Stoffen tatsächlich der Fall ist (Orientierungsunordnung).

Der Zustand völliger Orientierungsordnung kann z.B. in Parallelstellung aller Vorzugsrichtungen bestehen (Ferromagnetismus). Aber es sind auch andere gesetzmäßige Verteilungen der Vorzugsrichtungen über die Gitterplätze und damit Zustände völliger Orientierungsordnung denkbar, z.B. Antiparallelstellung der magnetischen Momente nächster Nachbarn (Antiferromagnetismus).

In diesem Kapitel beschränken wir uns auf den Problemkreis Lageordnung/Unordnung. Bei der späteren Besprechung der magnetischen Eigenschaften wird die Orientierungsordnung von großer Wichtigkeit sein.

J 22 Der Ordnungsvorgang nach Bragg-Williams

Es ist nunmehr erforderlich, den Begriff der Ordnung und Unordnung zahlenmäßig faßbar zu definieren, weil es nicht nur diese beiden Grenzfälle, sondern auch Zwischenzustände gibt. Man geht dabei nach Bragg-Williams von einem Zustand weitgehender Ordnung in einem Kristall der Zusammensetzung AB aus. Dann ist eindeutig festzustellen, welche Gitterplätze „eigentlich" von A-Atomen besetzt sein müßten. Sie seien α-Plätze genannt, die eigentlichen Plätze für die B-Atome β-Plätze. Derjenige Bruchteil der α-Plätze, der bei einem gegebenen Ordnungszustand wirklich von A-Atomen besetzt ist, sei p. Dann ist der Bruchteil der von A-Atomen besetzten β-Plätze $1 - p$; mithin ist derjenige der β-Plätze mit B-Atomen p und schließlich $1 - p$ derjenige der falsch besetzten β-Plätze. Die Zahl p, welche die Wahrscheinlichkeit angibt, daß ein Platz im Gitter vom richtigen Atom besetzt ist, kennzeichnet also in diesem Sinne den Ordnungszustand des ganzen Kristalls eindeutig. Bei vollständiger Ordnung nimmt sie den Wert 1, bei vollständiger Unordnung den Wert 1/2 an.

Bequemer ist es, einen Ordnungsparameter zu benutzen, der bei vollständiger Unordnung 0 wird unter Beibehaltung des Wertes 1 für vollständige Ordnung. Dies wird offenbar durch folgende Definition des *Ordnungsparameters* erreicht:

$$\mathrm{s} = 2p - 1\,. \tag{J 3}$$

Beträgt das Mengenverhältnis der Atome nicht mehr 1:1, sondern $m{:}n$, dann gilt für eine $A_m B_n$-Verbindung

$$\mathrm{s} = \frac{p_\alpha - x_A}{1 - x_A} = \frac{p_\beta - x_B}{1 - x_B}\,, \tag{J 4}$$

wobei $x_A = m/(m+n)$ ist. p_α und p_β sind diejenigen Bruchteile der α- und β-Plätze, die von A- bzw. B-Atomen besetzt sind.

Als nächster Schritt wird derjenige Wert von s ermittelt, der bei einer gegebenen Temperatur T im *thermodynamischen Gleichgewicht* vorhanden ist. Letzteres wird für den Kristall durch ein Minimum des Gibbsschen thermodynamischen Potentials oder, mit guter Näherung, auch durch ein solches der freien Energie $F = U - TS$ festgelegt. Die Aufgabe ist also, die innere Energie U und die Entropie S als Funktion von s zu bestimmen und dann den Wert s zu berechnen.

Da es hier zunächst auf die Veränderung von U mit s ankommt, können von vornherein von s unabhängige Anteile von U fortgelassen werden. Man beschränkt sich im einfachsten Fall auf denjenigen Anteil, der von der räumlichen Anordnung der Atome herrührt, auf die sogenannte *Konfigurationsenergie*. Dabei ist im Auge zu behalten, daß einem gegebenen Ordnungszustand s sehr viele verschiedene Atomkonfigurationen entsprechen können und daß hierbei der Einfluß der Atomanordnung auf das Wärmeschwingungsspektrum vernachlässigt wird.

Für die Konfigurationsenergie wird wiederum ein stark vereinfachender Ansatz gemacht, indem man sich erstens auf die Wechselwirkungen zwischen nächsten Nachbarn AA, BB und AB beschränkt und zweitens diese als von der Umgebung unabhängig ansieht. Bezeichnen $-\mathcal{V}_{AA}$, $-\mathcal{V}_{BB}$ und $-\mathcal{V}_{AB}$ die Wechselwirkungsenergien zwischen den betreffenden zwei Atomen und N_{AA}, N_{BB}, N_{AB} die Anzahl der betreffenden kürzesten Abstände („Bindungen") im Kristall, so setzt man für dessen Konfigurationsenergie an

$$E = -N_{AA}\,\mathcal{V}_{AA} - N_{BB}\,\mathcal{V}_{BB} - N_{AB}\,\mathcal{V}_{AB}\,. \qquad \text{(J 5)}$$

Die Berechnung der Bindungszahlen erfolgt am Beispiel einer Legierung AB mit kubisch-raumzentriertem Gitter. In diesem verbindet jeder kürzeste Atomabstand einen α- mit einem β-Platz. Zunächst werde N_{AA} ($= N_{BB}$) ermittelt. Sind N Atome vorhanden, so gibt es $N/2$ A-Atome, von denen der Bruchteil $p = (1 + \mathrm{s})/2$ auf α-Plätzen sitzt. Daher ist die Anzahl der A-Atome auf α-Plätzen $(1 + \mathrm{s})\,N/4$. Alle $\mathcal{K}$ nächsten Nachbarn eines α-Platzes sind im kubisch-raumzentrierten Gitter β-Plätze, 8 an der Zahl. Der Bruchteil aller β-Plätze des Gitters, der A-Atome trägt, ist $1 - p = (1 - \mathrm{s})/2$. Es wird nun angenommen, daß im Mittel dieser Bruchteil falsch besetzter β-Plätze auch für die Umgebung jedes einzelnen Atoms gilt. Mithin ist

$$N_{AA} = N_{BB} = \frac{\mathcal{K}\,N}{8}(1 - \mathrm{s}^2)\,. \qquad \text{(J 6)}$$

Aus

$$N_{AA} + N_{BB} + N_{AB} = N \cdot \mathcal{K}/2 \qquad \text{(J 7)}$$

folgt dann

$$N_{AB} = \frac{\mathcal{K}\,N}{4}(1 + \mathrm{s}^2)\,. \qquad \text{(J 8)}$$

Für die Konfigurationsenergie erhält man also

$$\begin{aligned} E &= -\frac{\mathcal{K}\,N}{8}(1 - \mathrm{s}^2)(\mathcal{V}_{AA} + \mathcal{V}_{BB}) - \frac{\mathcal{K}\,N}{4}(1 + \mathrm{s}^2)\,\mathcal{V}_{AB} \qquad \text{(J 9)} \\ &= -\frac{\mathcal{K}\,N}{8}(\mathcal{V}_{AA} + \mathcal{V}_{BB} + 2\,\mathcal{V}_{AB}) - \frac{\mathcal{K}\,N}{4}\,\mathcal{V}_0\,\mathrm{s}^2\,. \end{aligned}$$

Der erste Term der letzten Zeile stellt die Konfigurationsenergie bei vollständiger Unordnung (s = 0) und

$$\mathcal{V}_0 = \mathcal{V}_{AB} - \frac{1}{2}(\mathcal{V}_{AA} + \mathcal{V}_{BB}) \qquad \text{(J 10)}$$

die *Ordnungsenergie* dar. Wenn sie positiv ist, wenn also die Wechselwirkung zwischen ungleichen Atomen stärker ist als die mittlere zwischen gleichen, werden sich in der Umgebung eines Atoms bevorzugt solche der anderen Art anordnen. Da diese Erscheinung der Elementarprozeß eines Ordnungsvorganges im betrachteten Sinne ist, charakterisiert die Größe $\mathcal{V}_0$ das Ordnungsstreben in einem binären System.

Bei der Berechnung des Entropietermes wird wiederum nur der Konfigurationsanteil berücksichtigt unter Vernachlässigung des Schwingungseinflusses. Faßt man das System als „Mischung" recht- und fehlgeordneter Atome mit den Konzentrationen $p = (1 + \mathrm{s})/2$ bzw. $1 - p = (1 - \mathrm{s})/2$ auf, so gilt nach dem üblichen Ansatz für die *Mischungsentropie* (vgl. D 5)

$$S = -N k\left[\frac{1+\mathrm{s}}{2}\ln\left(\frac{1+\mathrm{s}}{2}\right) + \frac{1-\mathrm{s}}{2}\ln\left(\frac{1-\mathrm{s}}{2}\right)\right]. \tag{J 11}$$

Insgesamt erhält man mit (J 9) ($U = E$!) und (J 11)

$$\frac{\mathrm{d}(U - T S)}{\mathrm{ds}} = -\frac{\mathcal{K} N \mathcal{V}_0 \mathrm{s}}{2} + \frac{N kT}{2}\ln\left(\frac{1+\mathrm{s}}{1-\mathrm{s}}\right) = 0 \tag{J 12}$$

als Bestimmungsgleichung für den Gleichgewichtsordnungsgrad s bei der Temperatur T. Sie hat offensichtlich für jede endliche Temperatur die Lösung $\mathrm{s} = 0$. Aber da der zweite Differentialquotient

$$\frac{\mathrm{d}^2F}{\mathrm{ds}^2} = -\frac{\mathcal{K} N \mathcal{V}_0}{2} + \frac{N kT}{1 - \mathrm{s}^2} \tag{J 13}$$

für $\mathrm{s} = 0$ unterhalb

$$T_0 = \frac{\mathcal{K}\mathcal{V}_0}{2k} \tag{J 14}$$

negativ wird und nur oberhalb T_0 positiv ist, so entspricht dieser Lösung nur oberhalb T_0 ein Minimum der freien Energie. Nur hier ist also vollständige Unordnung Gleichgewichtszustand. Unterhalb T_0 findet man aus (J 12) mit (J 14) für den Gleichgewichtswert die Bestimmungsgleichung

$$\frac{1}{\mathrm{s}}\ln\left(\frac{1+\mathrm{s}}{1-\mathrm{s}}\right) = \frac{\mathcal{K}\mathcal{V}_0}{kT} = \frac{2 T_0}{T}. \tag{J 15}$$

Danach kann man leicht das Temperaturverhältnis T/T_0 ausrechnen, bei dem ein gegebener s-Wert dem thermodynamischen Gleichgewicht entspricht. Das Ergebnis zeigt Abb. J 9. Man sieht, daß der Zustand völliger Ordnung vom absoluten Nullpunkt bis praktisch etwa $T = 0{,}3\ T_0$ stabil ist. Bei $T/T_0 = 0{,}6$ beträgt der Gleichgewichtswert immer noch 0,9, und 95% aller Atome sind rechtgeordnet; selbst bei $T/T_0 = 0{,}9$ sind noch 75% der Atome auf richtigen Plätzen, und der Ordnungsgrad beträgt noch etwas über 0,5, um dann sehr schnell auf 0 bei $T = T_0$ zu sinken.

Die Temperatur T_0, bei deren Überschreitung die Ordnung zusammenbricht, ist die einzige Größe, die von einer individuellen Eigenschaft der Legierung abhängt, nämlich von der Ordnungsenergie $\mathcal{V}_0$. Nach (J 14) gibt es nur für positive $\mathcal{V}_0$-Werte einen sinnvollen, d. h. positiven T_0-Wert und damit eine Überstruktur unterhalb dieses T_0, was auch unmittelbar aus der Definition (J 10) von $\mathcal{V}_0$ einleuchtet.

Wegen des positiven Wertes von $\mathcal{V}_0$ ist ein Ordnungszustand s energetisch um so stabiler, je größer s ist. Infolgedessen ist zur Zerstörung der Ordnung Energie aufzuwenden. Der Betrag, der zur Überführung eines Atoms aus dem

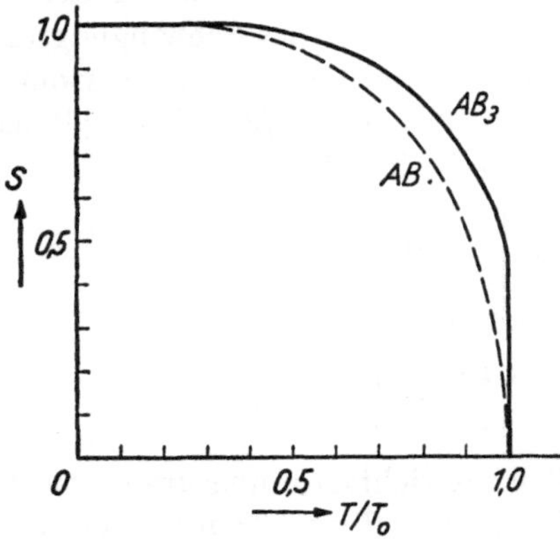

Abb. J 9
Temperaturabhängigkeit des BRAGG-WILLIAMSschen Ordnungsparameters s bei den Zusammensetzungen AB_3 und AB. Nach Überschreiten von T_0 bricht die Ordnung zusammen

rechtgeordneten in den fehlgeordneten Zustand benötigt wird, heißt die Fehlordnungsarbeit $\mathcal{V}$. Sie läßt sich aus (J 9) leicht berechnen: Versteht man unter r bzw. f die Anzahl der recht- bzw. fehlgeordneten Atome, so gilt nach früherem (vgl. (J 3))

$$r = N_{A\alpha} + N_{B\beta} = 2\frac{N}{2}p = N\left(\frac{1+s}{2}\right), \; f = N - r = N\left(\frac{1-s}{2}\right) \quad \text{(J 16)}$$

($N_{A\alpha}$, $N_{B\beta}$ Anzahl der A- bzw. B-Atome auf α- bzw. β-Plätzen). Aus

$$\frac{dE}{dr} = \frac{dE}{ds}\frac{ds}{dr} = \frac{2\,dE}{N\,ds} \quad \text{(J 17)}$$

ergibt sich mit $dr = -1$ die *Fehlordnungsarbeit* unter Benutzung von (J 9) zu

$$\mathcal{V} = (dE)_{dr=-1} = \mathcal{K}\, s\, \mathcal{V}_0 \,. \quad \text{(J 18)}$$

Ihre lineare Abhängigkeit vom Ordnungsparameter s, die durch den Ansatz (J 5) für die Konfigurationsenergie bedingt ist, kennzeichnet die BRAGG-WILLIAMSsche Theorie. Sie trägt in einfachster Weise dem Umstand Rechnung, daß die Zerstörung der Ordnung um so leichter zu bewirken ist, je geringer ausgeprägt sie ist.

Es ist zu beachten, daß der kleinste zur Vergrößerung der Fehlordnung aufzubringende Energiebetrag nicht $\mathcal{V}$, sondern $2\,\mathcal{V}$ ist, weil man nicht ein einzelnes Atom, sondern nur Atompaare aus dem rechtgeordneten in den fehlgeordneten Zustand überführen kann, sofern Leerstellen und Zwischengitterplätze ausgeschlossen sind. Führt man z.B. zunächst ein A-Atom von einem α- auf einen β-Platz, so muß dieser richtig, also mit einem B-Atom, besetzt gewesen sein, damit der Schritt überhaupt die Unordnung erhöht. Dieses B-Atom muß dann aber auf dem freigewordenen α-Platz untergebracht werden, so daß sowohl ein A- wie ein B-Atom aus dem rechtgeordneten in den fehlgeordneten Zustand übergeführt worden sind.

Führt man die Fehlordnungsarbeit (J 18) in die Gleichgewichtsbedingung (J 12) ein, so nimmt sie unter Berücksichtigung von (J 16) die Gestalt an:

$$\mathfrak{V} = kT \ln \frac{r}{f} . \qquad \text{(J 19)}$$

Im thermodynamischen Gleichgewicht bei der Temperatur T beträgt also das Verhältnis der Anzahl der rechtgeordneten Atome zu derjenigen der fehlgeordneten

$$\frac{r}{f} = \mathrm{e}^{\mathfrak{V}/kT} . \qquad \text{(J 20)}$$

Die Veränderung der Konfigurationsenergie mit dem Ordnungszustand, welche die Fehlordnungsarbeit bestimmt, äußert sich auch in einem meßbaren *Zusatzglied* C_V' in der *Molwärme*. Dieses läßt sich wegen $C_V' = \mathrm{d}E/\mathrm{d}T = (\mathrm{d}E/\mathrm{ds})(\mathrm{ds}/\mathrm{d}T)$ aus den vorhergehenden Gleichungen bestimmen. Für den Gesamtbetrag der Änderung der Konfigurationsenergie während des Übergangs von vollständiger Ordnung zu vollständiger Unordnung erhält man auf Grund (J 9

$$\Delta E = \int C_V' \,\mathrm{d}T = -\frac{N\,\mathcal{K}\,\mathfrak{V}_0}{2} \int_1^0 \mathrm{s}\,\mathrm{ds} = \frac{N\,\mathcal{K}\,\mathfrak{V}_0}{4} \qquad \text{(J 21}$$

oder, unter Benutzung von (J 14) und pro Mol gerechnet,

$$(\Delta E)_{\mathrm{mol}} = \frac{RT_0}{2} . \qquad \text{(J 22)}$$

Das heißt, zahlenmäßig gibt der Betrag der Temperatur T_0 die Gesamtänderung der Konfigurationsenergie beim Übergang zur ungeordneten Atomverteilung, auf ein Mol bezogen und in Kalorien gemessen, an, eine leicht zu merkende Regel.

Bevor ein Vergleich dieser Ergebnisse mit der Messung der spezifischen Wärme durchgeführt wird, soll die Beschränkung auf das Mengenverhältnis 1:1 aufgehoben und auf die Verhältnisse bei der *Zusammensetzung* AB_3 noch etwas eingegangen werden. Grundsätzlich erfolgt die Berechnung in gleicher Weise wie oben. Aber infolge der anderen Koordinationsverhältnisse ergeben sich andere Werte für die Konfigurationsanteile von Energie und Entropie. Man erhält zwar wieder eine Temperatur T_0, oberhalb deren keine Ordnung mehr vorhanden ist. Aber ihr Wert

$$T_0 = 0{,}137 \frac{\mathcal{K}\,\mathfrak{V}_0}{k} \qquad \text{(J 23)}$$

ist kleiner als (J 14) (dabei ist die Verschiedenheit von $\mathcal{K}$ zu berücksichtigen!), und der Verlauf von $\mathrm{s}(T)$ und $E(T)$ ist ein anderer. Insbesondere ergibt sich daraus auch eine andere Temperaturabhängigkeit der spezifischen Wärme.

Den Verlauf der s(T)-Kurve für AB_3-Legierungen zeigt Abb. J 9. Man erkennt einen charakteristischen Unterschied gegenüber den AB-Legierungen; während dort ein zwar schneller, aber doch stetiger Abbau der Ordnung bei Annäherung an $T = T_0$ erfolgt, tritt hier ein unstetiger Übergang zur Unordnung ein, indem die s-Kurve bei $T = T_0$ von 0,46 auf 0 springt. Dementsprechend tritt bei AB_3-Legierungen auch in der $E(T)$-Kurve (Abb. J 10) ein Sprung bei $T = T_0$ auf, und infolgedessen wird die spezifische Wärme hier unendlich, d. h., es tritt eine latente *Umwandlungswärme* auf (*Umwandlung erster Ordnung*). Bei AB-Verbindungen bleibt die spezifische Wärme endlich, es handelt sich um eine *Umwandlung höherer Ordnung*.

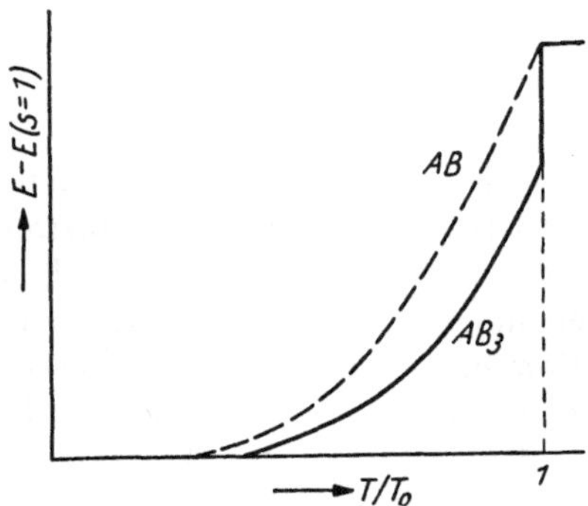

Abb. J 10

Temperaturabhängigkeit der Änderung der Konfigurationsenergie beim Ordnungsvorgang für die Zusammensetzungen AB_3 und AB

J 23 Experimenteller Nachweis von Ordnungserscheinungen

Abb. J 11 zeigt für diese beiden Fälle die gemessene spezifische Wärme in Abhängigkeit von der Temperatur. Man sieht zunächst, daß ein größenordnungsmäßiger Unterschied zwischen den beiden Maximalwerten besteht. Deren Betrag kann nicht mit befriedigender Genauigkeit berechnet werden, wohl aber das Integral über die C_V-Kurve, das ΔE. Es wurde zum Beispiel für β-Messing 0,43 RT_0 gemessen gegenüber dem berechneten Wert (J 22) von 0,5 RT_0. Der steile Abfall der spezifischen Wärme gestattet eine ziemlich genaue Festlegung des T_0-Wertes. Man beachte, daß der Zusatzbetrag nicht ganz verschwindet, sondern daß auch oberhalb T_0 ein kleiner, aber sicher meßbarer Rest übrig bleibt.

In einem System mit Überstrukturen bei verschiedenen Zusammensetzungen liegt der T_0-Wert für die Zusammensetzung AB am höchsten, wofür die folgenden Zahlen ein Beispiel enthalten:
β-CuZn: 465 °C, Cu_3Au: 390 °C, Cd_3Mg: 80 °C, CdMg: 250 °C, $CdMg_3$: 160 °C. Aus dem gemessenen T_0-Wert berechnet sich z. B. für β-Messing nach (J 14) die Ordnungsenergie zu 0,016 eV/Atom $\triangleq$ 1,55 kJ/mol und die Fehlordnungsarbeit bei vollständiger Ordnung zu 0,13 eV/Atom $\triangleq$ 12,4 kJ/mol.

Weitere Aufschlüsse über die Ordnungsvorgänge kann man grundsätzlich von der Untersuchung aller Eigenschaften erwarten, die vom Ordnungsgrad abhängen, z. B. Elastizitätsmodul, elektrischer Widerstand (vgl. Abb. M 6),

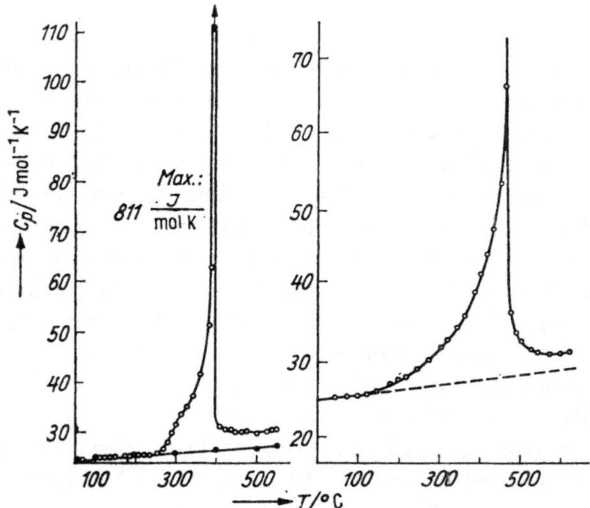

Abb. J 11

Temperaturabhängigkeit der Molwärme von Cu_3Au (nach SYKES und JONES) (links) und β-Messing (nach MOSER)

magnetische Suszeptibilität. Insbesondere interessiert, welche experimentellen Aussagen über den Ordnungsparameter gemacht werden können. Die ergiebigste Methode stellen die Kristallinterferenzen von Röntgen- und neuerdings auch Neutronenstrahlen dar. Abb. J 12 (Tafel 6) zeigt *Überstrukturlinien* von geordnetem FeAl, die zusätzlich zu den Interferenzen der ungeordneten Phase auftreten und damit den geordneten Zustand anzeigen.

Die Intensität der Überstrukturlinien ist dem Quadrat des Ordnungsparameters s proportional. Das Ergebnis entsprechender Messungen für Cu_3Au bringt Abb. J 13, in der bei $T = T_0$ tatsächlich eine ganze Reihe verschiedener s-Werte auftreten.

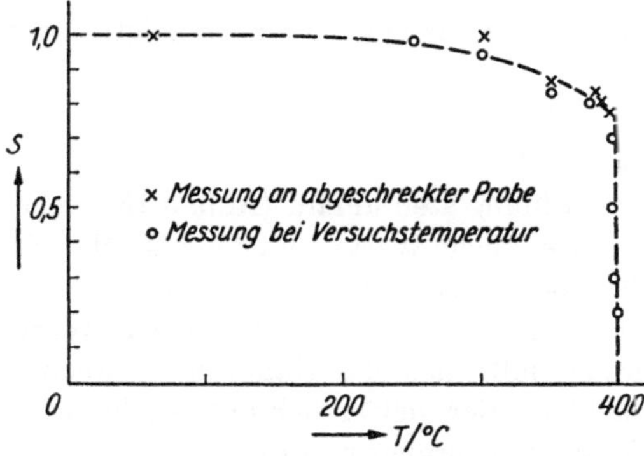

Abb. J 13

Meßwerte des Ordnungsparameters s für Cu_3Au bei verschiedener Temperatur und Wärmebehandlung (nach KEATING und WARREN)

J 24 Nahordnung

Die Erfahrung zeigt, daß sich mit der Ausbildung der Ordnung nicht nur die Intensität der Überstrukturlinie, sondern auch deren Form ändert, und zwar in einer Weise, welche diese Änderung als Teilchengrößeeffekt kennzeichnet. Diese Tatsache wird folgendermaßen gedeutet. Der Ordnungsvorgang setzt bei Unterschreitung von T_0 an vielen Stellen des Präparates ein. Es bilden sich zunächst kleine geordnete Gebiete, die allmählich größer werden, bis sie schließlich das ganze Präparat einnehmen. Aber auch dann muß noch keine vollständige Ordnung in dem bisher definierten Sinne ($s = 1$) vorliegen. Die Abb. J 14a (Tafel 7) zeigt einen Kristall der Zusammensetzung AB, der aus zwei geordneten Bezirken, sogenannten Domänen, besteht (Abb. J 14b liefert den elektronenmikroskopischen Nachweis solcher *Domänenstruktur*). In jeder Domäne herrscht vollständige Ordnung, aber an der sogenannten Antiphasengrenze zwischen beiden erfolgt ein „Phasensprung". Trotz dieser weitgehenden Ordnung ist der Ordnungsparameter $s = 0$: Von den 12 A-Atomen sitzen nur 6 auf richtigen Plätzen, mithin gilt $p = 0{,}5$ und $s = 0$. Die Ordnung wird also durch s nicht hinreichend gekennzeichnet. Bethe hat daher neben der durch s gegebenen sogenannten *Fernordnung* (sie erstreckt sich ja definitionsgemäß auf das ganze Kristallgitter und damit auf beliebig große Atomabstände) den Begriff der *Nahordnung* eingeführt, der nur die unmittelbare Umgebung eines Atoms erfaßt. Beträgt in ihr der Bruchteil der Atome der anderen Art im Mittel q, so wird in Analogie zum Fernordnungsparameter s als *Nahordnungsparameter*

$$\sigma = 2\,q - 1$$

definiert. Oder allgemeiner, falls $x_A \neq x_B$

$$\sigma = \frac{q - q_u}{q_m - q_u}, \qquad \text{(J 25)}$$

wobei q_u sich auf den völlig ungeordneten Zustand und q_m auf den völlig geordneten bezieht.

Die Untersuchung der Temperaturabhängigkeit von σ zeigt, daß auch hier eine Temperatur

$$T_0 = \frac{V_0}{k \ln\left(\mathcal{K}/(\mathcal{K} - 2)\right)} \approx \frac{\mathcal{K}\,V_0}{2\,k} \qquad \text{(J 26)}$$

vorhanden ist, bei der die Nahordnung steil abfällt (Abb. J 15). Aber sie fällt nicht auf Null, sondern auf kleine endliche Werte, und diese Restbeträge werden erst allmählich bei weiterer Temperatursteigerung abgebaut.

Diese Ergebnisse entsprechen den oben über die spezifische Wärme mitgeteilten Erfahrungen. Außerdem läßt sich die Nahordnung auch röntgenographisch nachweisen, aber nicht aus den gewöhnlich untersuchten Interferenzmaxima, sondern aus der *diffusen Untergrundstreuung.*

Man hat Nahordnung nicht nur in Systemen mit Überstrukturen wie Kupfer-Gold oberhalb T_0 nachgewiesen, sondern auch in Systemen wie Silber–Gold,

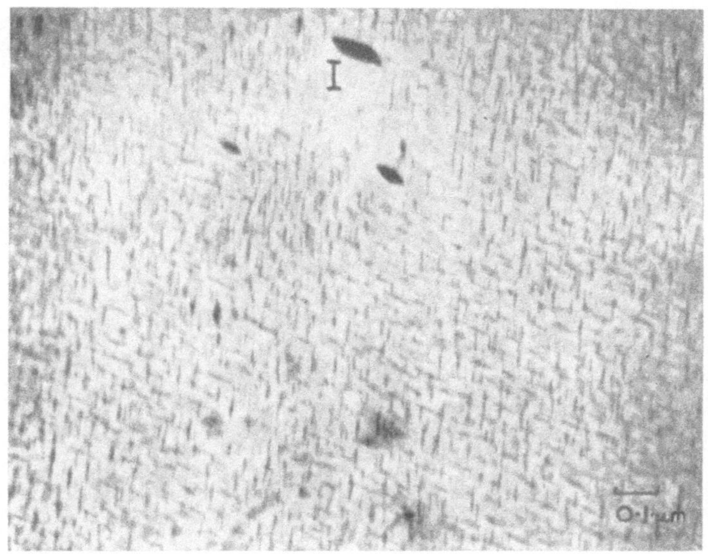

Abb. J 7

Elektronendurchstrahlungsaufnahme einer Al-9,4% Zn-Folie, die von 540 °C in Wasser abgeschreckt und anschließend 5 Tage lang bei 100 °C getempert wurde. Wie Elektronenbeugungsaufnahmen zeigen, sind die kleinen dunklen Plättchen ($\approx 25 \cdot 10^{-10}$ m dick, Durchmesser $\approx 300 \cdot 10^{-10}$ m, Anzahldichte der Ausscheidung $\approx 10^{22}\,\mathrm{m}^{-3}$), Ausscheidungen der kubisch-flächenzentrierten α-Phase, die großen dunklen Flecke (z. B. bei I) elementares Zink (nach KELLY und NICHOLSON)

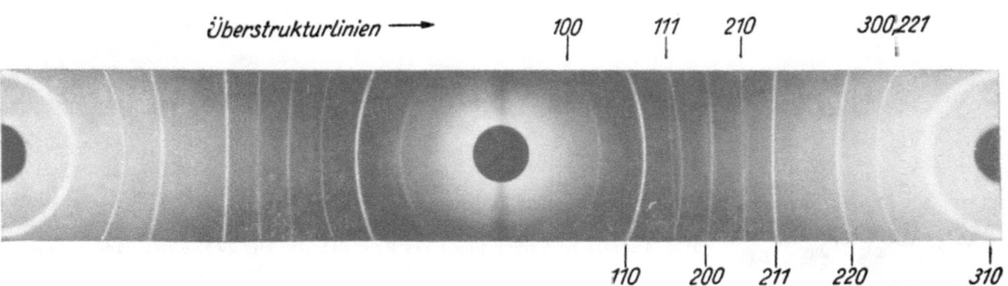

Abb. J 12

DEBYE-SCHERRER-Aufnahme zum Nachweis der Überstruktur in FeAl. Neben den Röntgeninterferenzlinien der ungeordneten Phase (*A 2*-Typ) treten die Überstrukturreflexe der geordneten (*B 2*-Typ) auf.

Die Zahlenangaben bedeuten die MILLERschen Indizes der reflektierenden Netzebenen

b)

a)

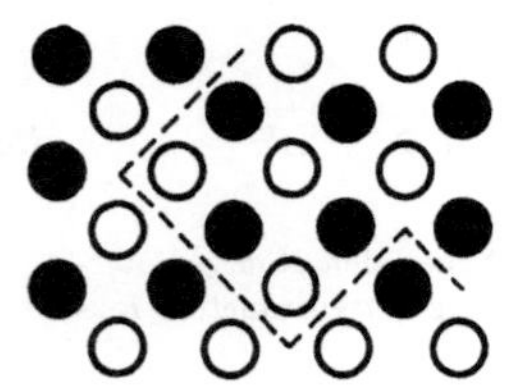

Fernordnung = 0

Nahordnung ≠ 0

Abb. J 14

(a) Schematische Darstellung eines Kristalls, der aus zwei gleich großen Antiphasendomänen besteht. (b) Elektronendurchstrahlungsaufnahme einer teilweise geordneten $AuCu_3$-Folie (75 h bei 380 °C getempert) zum Nachweis der Domänenstruktur. Die Antiphasengrenzen erscheinen dunkler als der Untergrund mit Ausnahme der rechten oberen Ecke, wo sie heller sind. Schmale Bereiche entsprechen Grenzen, die nahezu senkrecht zur Folie verlaufen, breite solchen, die etwa parallel zu ihr liegen. Im linken unteren Teilbild sind die durch Elektronenbeugung bestimmten Spuren von (010)- und (100)-Ebene dargestellt (nach FISHER und MARCINKOWSKI) in denen keine Überstrukturen beobachtet wurden. Ferner tritt sie außer bezüglich der Atomlage auch hinsichtlich der Orientierung auf, was für die magnetischen Erscheinungen von Bedeutung ist. In diesen Fällen sind zum beugungsmäßigen Nachweis Neutronenstrahlen erforderlich (vgl. N 21; S. 376).

Steigert man die Temperatur eines Ferromagnetikums bis zum CURIE-Punkt, so geht nach Ausweis der Neutronenmessungen die Orientierungs-Fernordnung der Parallelstellung der magnetischen Momente in einem ganzen WEISSschen Bezirk (vgl. N 22; S. 380) in Nahordnungsbereiche viel kleinerer Ausdehnung über, die noch dazu im Wechselspiel mit der Wärmebewegung ständig zerfallen

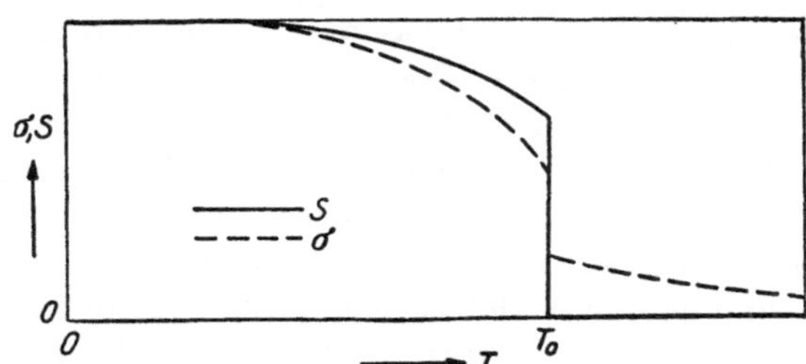

Abb. J 15
Temperaturabhängigkeit des Nahordnungsparameters σ (zum Vergleich ist der Fernordnungsparameter s angegeben)

und neu entstehen. Erst nach Überschreitung der CURIE-Temperatur verschwindet auch die Nahordnung allmählich, und schließlich liegt vollständige Orientierungsunordnung vor.

Auf Grund dieser Sachlage ruft die Nahordnung in der Nähe des CURIE-Punktes eine Zunahme der magnetischen Neutronenstreuung, die sogen. *kritische Streuung*, hervor. Sie entspricht der am kritischen Punkt von Flüssigkeiten bei gewöhnlichem Licht beobachteten Opaleszenz, die ja auch auf Schwankungserscheinungen der Ordnungsbereiche beruht. Leider ist es sehr schwierig, diese interessanten Vorgänge aufzuklären, weil bei der zu untersuchenden diffusen Streuung eine ganze Reihe verschiedener Effekte mitwirkt.

J 25 Langperiodische Überstrukturen

In C 32 ist als Beispiel einer langperiodischen Überstruktur die des rhombischen CuAu *II* besprochen, bei der die Gitterkonstante *b* in einer Achsenrichtung den 10fachen Wert der beiden anderen beträgt, die praktisch mit den Werten *a* der tetragonalen Überstruktur von CuAu *I* übereinstimmen. Nach H. SATO wird diese langperiodische Überstruktur (ebenso wie weitere eindimensional- und zweidimensional-langperiodische Überstrukturen) durch eine optimale Anpassung der FERMI-Fläche der Leitungselektronen an die BRILLOUIN-Zone des Kristallgitters stabilisiert.

Danach liegt hier — ähnlich wie bei den HUME-ROTHERY-Phasen (vgl. C 44) — ein Fall vor, wo der Beitrag der Leitungselektronen die Energiebilanz entscheidet und zwar zugunsten der langperiodischen Überstruktur, obwohl dazu die Überkompensation der zusätzlichen Grenzflächenenergie notwendig ist, die durch Bildung der Antiphasendomänen (vgl. J 24) gegenüber der normalperiodischen Überstruktur hinzukommt. Da CuAu *II* (vgl. Abb. C 9b) nur zwischen 380 und 410 °C stabil ist (darunter CuAu *I*, darüber die ungeordnete Phase), scheint die Stabilisierung allerdings nicht sehr stark zu sein.

Die Ausbildung der Langperiode bei CuAu *II* bewirkt im reziproken Gitter eine Aufspaltung gewisser Punkte von CuAu *I* (leere Kreise), wie es in Abb. J 16 auf Grund von Elektroneninterferenz-Aufnahmen dargestellt ist. Die Größe der Aufspaltung wird durch den Betrag der Langperiode $2\,M\,a$ bestimmt: $\delta = 1/2\,M$ (für CuAu *II* gilt $M = 5$). Für das aufgespaltene Gitter enthält die Abbildung auch die ersten Brillouin-Zonen, und es stellt sich heraus, daß sie gerade von derjenigen Fermi-Kugel berührt werden, die der Valenzelektronenkonzentration der untersuchten Legierung entspricht. Ändert man die Valenzelektronenkonzentration durch Hinzulegieren anderer Metalle, wie dies schon in C 44 besprochen wurde, so ändert sich damit nach (A 17) auch der Radius der Fermi-Kugel, und der zur Stabilisierung der langperiodischen Überstruktur erforderliche Kontakt mit den Brillouin-Zonen wird durch Änderung der Gitteraufspaltung δ hergestellt, d. h. durch Änderung der Periodenlänge M. Abb. J 17 zeigt die auf Grund dieser Vorstellung berechnete Kurve in guter Übereinstimmung mit den Meßpunkten. Interessanterweise wurde bei anderen langperiodischen Überstrukturen beobachtet, daß die Anpassung des Gitters an die Fermi-Kugel auch durch Änderung des Achsenverhältnisses erfolgen kann.

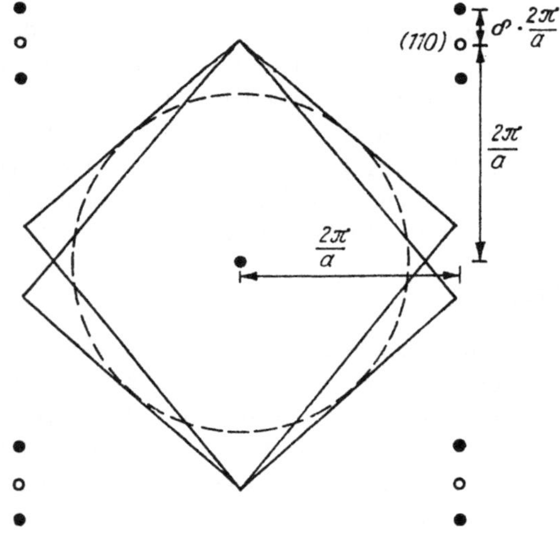

Abb. J 16

110-Punkte im reziproken Gitter von CuAu *I* (leere Kreise) und CuAu *II* (schwarze Kreise). Für das aufgespaltene CuAu *II*-Gitter sind die zugehörigen 1. Brillouin-Zonen eingezeichnet. Diejenige Fermi-Kugel, die der gemessenen Valenzelektronenkonzentration der Überstruktur entspricht, berührt gerade die äußeren Grenzen der Brillouin-Zonen (gestrichelt) (nach Sato)

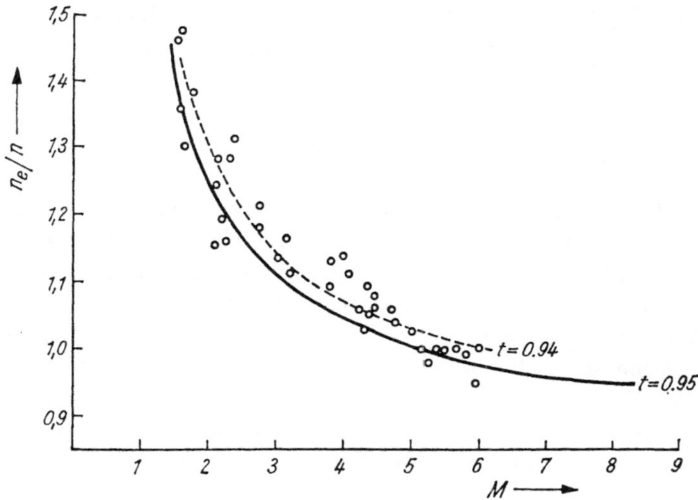

Abb. J 17

Abhängigkeit der Periodenlänge M der Überstruktur von der Valenzelektronenkonzentration für CuAu*II* gemessen und berechnet für verschiedene Abweichungen der FERMI-Fläche von der Kugelgestalt (Parameter t; $t = 1$ für exakte Kugel). Die Veränderung der Elektronenkonzentration wurde durch geeignete Zumischungen erreicht (nach SATO)

J 3 Übungsaufgaben

J 1. Man erweitere die in J 22 gegebene Ableitung der Konfigurationsenergie einer binären Legierung nach der Theorie von BRAGG und WILLIAMS auf den Fall kleiner Abweichungen vom stöchiometrischen Verhältnis 1:1 ($x_A = 1/2 - \delta x$, $x_B = 1/2 + \delta x$); das Verhältnis der Gitterplätze soll weiterhin $\alpha:\beta = 1:1$ betragen. Man verwende hierfür als Ordnungsparameter $s = p_\alpha/x_A - 1$!

J 2. Der Nahordnungsparameter des zweidimensionalen Kristalls von Abb. J 14 (Tafel 7) ist nach (J 25) in 1. Sphäre zu bestimmen.

K GEKOPPELTE PLATZWECHSELVORGÄNGE (PLASTIZITÄT. UMKLAPPVORGÄNGE)

K 1 Der Gleitprozeß

Während bei den bisher betrachteten Platzwechselvorgängen die Bewegung jedes Atoms als nahezu unabhängig von der seiner Nachbarn betrachtet werden konnte, sollen jetzt solche Fälle ins Auge gefaßt werden, bei denen die Bewegung einer großen Zahl von Atomen praktisch gleichzeitig und in gesetzmäßig verknüpfter Weise erfolgt. Diese Vorgänge verlaufen im Gegensatz zu den diffusionsartigen äußerst rasch und spielen eine nicht minder wichtige Rolle: Die Plastizität der Metalle, die Zwillingsbildung und bestimmte Gitterumwandlungen beruhen auf ihnen. Die Grunderscheinung ist der Gleitprozeß, der zunächst betrachtet werden soll, und zwar im Hinblick auf die plastische Verformung von Kristallen.

K 11 Gleitvorgänge

Plastische Verformung erfolgt in den meisten Fällen (Ausnahmen vgl. z.B. K32 und K 63) so, daß einzelne Netzebenen einer Schar parallel zueinander verschoben werden. An der Kristalloberfläche entstehen dann Stufen. Im Mikroskop sind sie als *Gleitlinien* erkennbar. Abb. K 1, K 2 (Tafel 8), K 27, K 28 und K 30 (Tafeln 12 und 13) zeigen Beispiele von Oberflächenbildern verformter Poly- bzw. Einkristalle. Die Stufenhöhen betragen ganzzahlige Vielfache einer Elementarlänge b, die sich als Atomabstand im Kristallgitter herausstellt (nachweisbar nach dem Prinzip von Abb. K 2). Erfahrungsgemäß treten nur wenige, kristallographisch ausgezeichnete Netzebenen- und Gittergeradenscharen eines Strukturtyps (meist diejenigen mit der höchsten Packungsdichte, vgl. C 21) als *Gleitebenen* $\mathfrak{n}$ und *Gleitrichtungen* $\mathfrak{b}$ auf. Die Kombination einer bestimmten Gleitebene und -richtung bezeichnet man als *Gleitsystem.* Tab. K 1 enthält für einige wichtige Strukturtypen die experimentell ermittelten Gleitsysteme. Falls in einem Kristallindividuum nur ein Gleitsystem betätigt wird, spricht man von Einfachgleitung, andernfalls von Mehrfachgleitung (vgl. z.B. Abb. K 1).

Das ,,Holzscheibenmodell'', das die Verformung durch Einfachgleitung darstellt (s. Abb. K 3), zeigt, daß während des Gleitens eine Orientierungsänderung des Gleitsystems in bezug auf eine äußerlich festgelegte Richtung (z.B. Richtung der Zugkraft) statthat. Sie ist mit einer Querschnittsänderung verknüpft, die deutlich am Beispiel des Kadmiumkristalls von Abb. K 4 (Tafel 9) hervortritt.

Dem Modell entnimmt man weiterhin ein zweckmäßiges (da dem Gleitvorgang angepaßtes), dimensionsloses Maß für den Verformungsgrad: *Abgleitung* a = Verschiebungsbetrag zweier Gleitebenen gegeneinander/ Abstand der Ebenen voneinander (vgl. auch Aufgabe K 1).

Abb. K 1

Gleitstreifung auf polykristallinem Blei (nach EWING und ROSENHAIN, 1900) ($V = 100:1$)

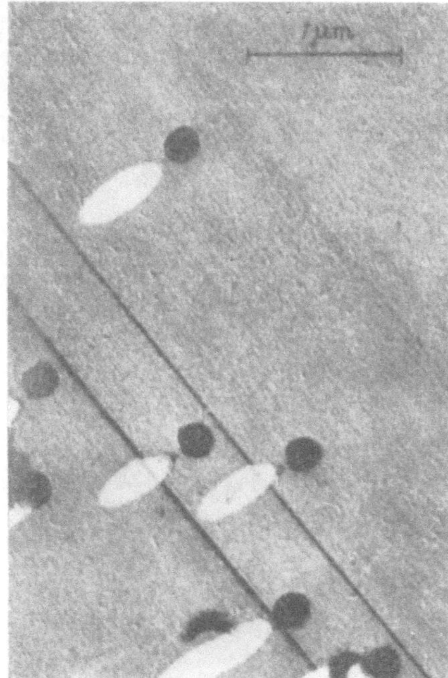

Abb. K 2

Gleitstufen an Nickel (nach MADER, SEEGER und LEITZ).
Zur Messung der Stufenhöhen wurden Latexkugeln auf die Oberfläche gebracht und die Probe anschließend schräg bedampft. Aus der Veränderung der Schattenlänge durch die Stufen lassen sich deren Höhen bestimmen

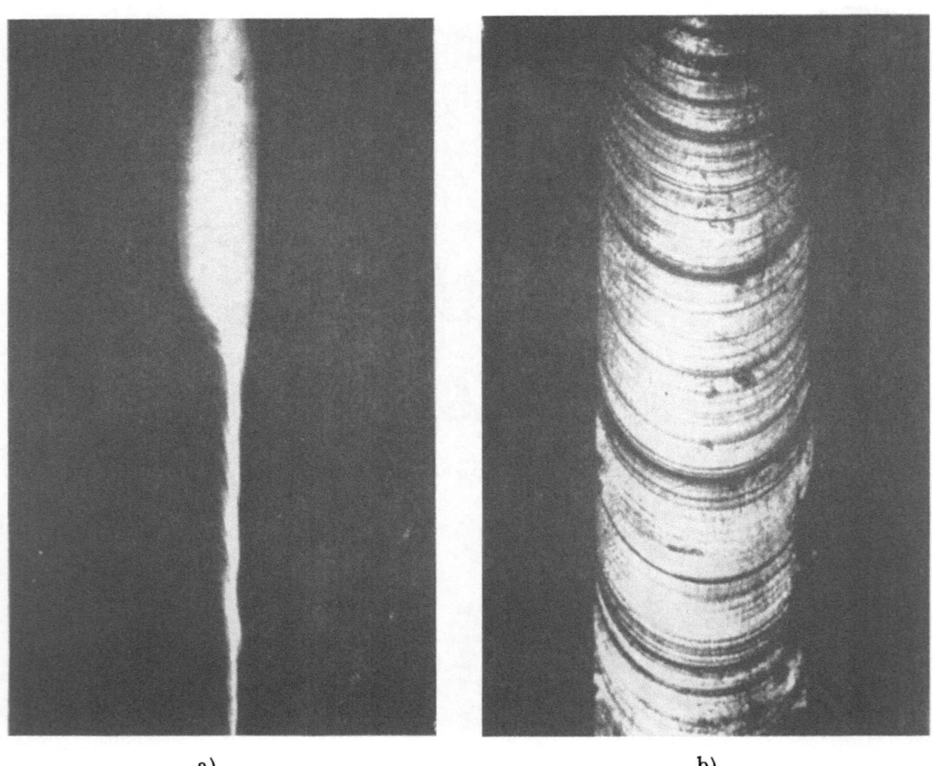

a) b)

Abb. K 4

Verformter Kadmium-Einkristall. (a) Im Laufe der Verformung wird der anfangs zylindrische Kristall zu einem schmalen Band auseinandergezogen. Der obere, unverformte Teil war eingespannt. (b) Aufsicht auf den bandförmig auseinandergezogenen Teil von (a). Man erkennt deutlich die Spuren der betätigten Gleitebenen (mittlere Abgleitung $a \approx 10$; $V = 12{:}1$)

Tabelle K 1
Gleitsysteme *)

BRAVAIS-Gitter	Strukturtyp	Substanzbeispiel	Gleitebene	Gleitrichtung $\boldsymbol{b}$
einfach-kubisch	CsCl-Typ (*B 2*)	AuZn, NiAl	{110}, {001}	$\langle 010\rangle$
kubisch-raum- zentriert	W-Typ (*A 2*)	α-Fe, Mo, Nb Ta, W, Fe-47,8% Cr	{110}, {121}, {132}	$\frac{1}{2}\langle 1\bar{1}1\rangle$
kubisch-flächen- zentriert	Cu-Typ (*A 1*)	Ag, Al, Au, Cu, Ni, Pb, Pt, Al-1% Mg	{111}	$\frac{1}{2}\langle 1\bar{1}0\rangle$
	Diamant- Typ (*A 4*)	Diamant, Ge Si	{111}	$\frac{1}{2}\langle 1\bar{1}0\rangle$
	CaF_2-Typ (*C 1*)	$AuAl_2$, $CoSi_2$, Mg_2Sn	{001}, {110}	$\frac{1}{2}\langle 1\bar{1}0\rangle$
hexagonal	Mg-Typ (*A 3*)	Be, Cd, Co, Mg, Re, Y, Zn, Zr, Mg-14% Li	{0001}	$\frac{1}{3}\langle 11\bar{2}0\rangle$

*) Die Tabelle bezieht sich auf häufig beobachtete makroskopische Gleitsysteme und ist keineswegs vollständig.

Eine Sonderform der Gleitung, die aber unter Umständen erheblichen Einfluß auf den Verformungsablauf nehmen kann, stellt die sogenannte homogene Scherung oder Zwillingsbildung dar. Sie wird ausführlich in K 5 besprochen. Der hier wichtige Unterschied zum Gleitprozeß geht aus Abb. K 5 hervor und besteht darin, daß jede Netzebene gegenüber ihrer Nachbarebene parallel verschoben ist, und zwar um den gleichen Betrag, der im allgemeinen ein irrationaler Bruchteil des Atomabstandes in der Verschiebungsrichtung ist.

K 12 Erforderliche Schubspannungen

Der Gleitvorgang bewirkt bemerkenswerter Weise an einer geordneten Atomverteilung eine makroskopische Gestaltsänderung, ohne daß der atomare Zusammenhang verlorengeht (vgl. Abb. K 5a). Wenn er als Elementarprozeß der plastischen Verformung gelten soll, muß es möglich sein, die zu seiner Betätigung erforderliche Spannung in Übereinstimmung mit dem Experiment zu berechnen. Nach diesem Gleitmodell wird von der angreifenden Spannung $\boldsymbol{\sigma}$ nur die Komponente im betätigten Gleitsystem $\boldsymbol{b}$, $\boldsymbol{n}$, die Schubspannung $\tau = \frac{\boldsymbol{b}}{|\boldsymbol{b}|} \cdot \boldsymbol{\sigma} \cdot \boldsymbol{n}$, wirksam. Eine Abschätzung liefert als Mindestwert für den Beginn plastischer Verformung $\tau \approx 10^{-1}\, G$ (G: Schubmodul). Die gemessenen Werte liegen jedoch um viele Größenordnungen tiefer. Man beobachtet nämlich, daß plastische Verformung schon bei Schubspannungen von etwa $10^{-4} \cdots 10^{-6}\, G$ einsetzt. Bei-

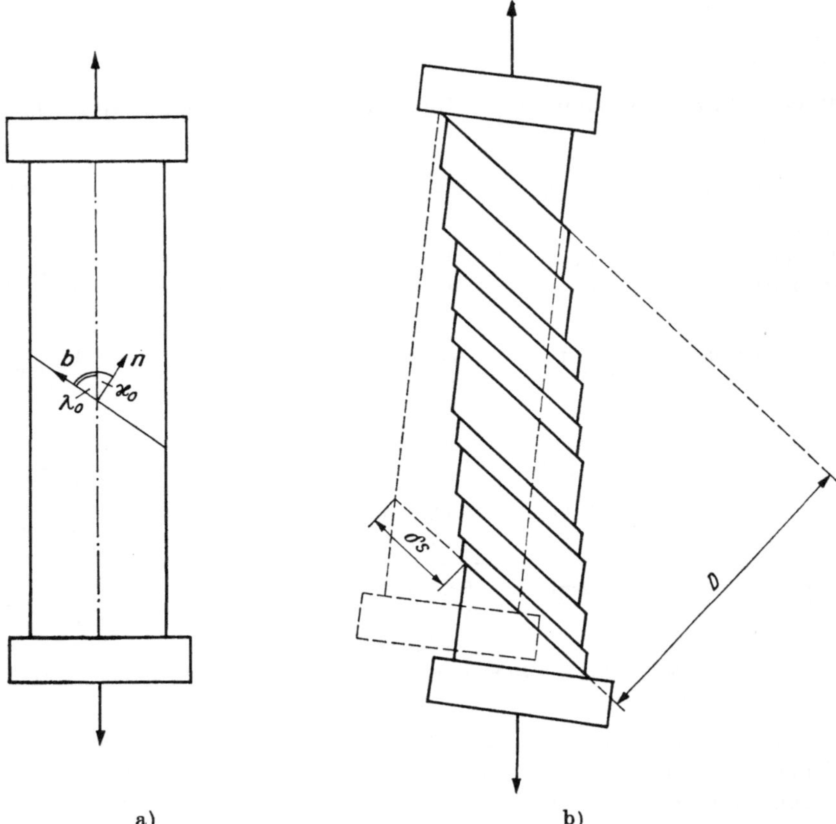

Abb. K 3

Sogenanntes Holzscheibenmodell der Einfachgleitung.
(a) Seitenansicht einer zylindrischen Probe vor der Verformung. Gleitrichtung und Gleitebenennormale liegen in der Zeichenebene.
(b) Nach Zugverformung. Die Orientierung des Gleitsystems hat sich bezüglich der Kraftrichtung verändert. Die *Gesamt*abgleitung der Probe beträgt $a = \delta s/D$. Da die Verformung inhomogen erfolgte, ist dies nicht gleichbedeutend mit der *lokalen* Abgleitung für einen beliebigen Teilbereich des Kristalls, sondern ein Mittelwert

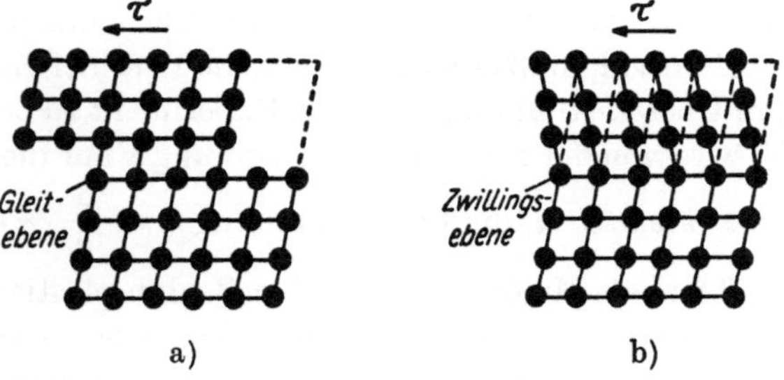

Abb. K 5

Schematische Darstellung der Deformation eines Kristalls durch Gleitung (a) und Zwillingsbildung (b)

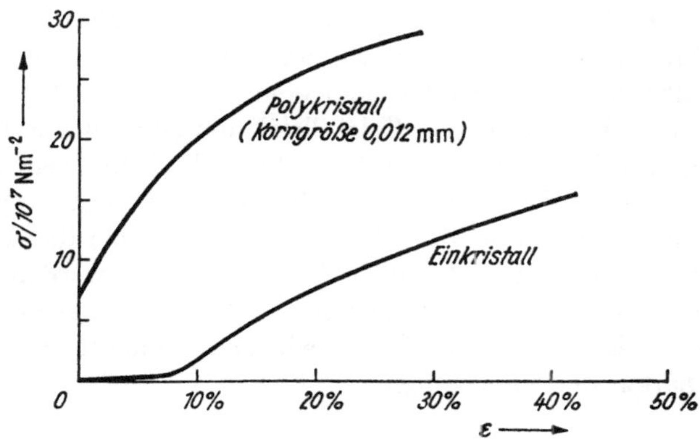

Abb. K 6

σ, ε-Kurve für einen Kupfer-Einkristall und für polykristallines Material bei Raumtemperatur (nach McLean)

spielhafte Einzelwerte sind für Kupferein- und -polykristalle aus den τ, a- bzw. σ, ε-Meßkurven von Abb. K 6 zu entnehmen. (Im letzteren Falle rechnet man näherungsweise mit einem Orientierungsfaktor $\mu = 1/2$; vgl. Aufgabe K 1.) Nach neuen, genaueren Untersuchungen setzt die plastische Verformung in Mikrobereichen bereits bei noch wesentlich kleineren Spannungen ein (vgl. auch K 23). Für Kupfer mißt man z.B. $\tau_{\text{exp}} \approx 2 \cdot 10^4\,\text{N/m}^2 \approx 10^{-6}\,G$ ($G =$ = Schubmodul) (vgl. auch S. 239).

Zur Beseitigung dieser Diskrepanz zwischen Beobachtung und Rechnung postulierten um 1930 unabhängig voneinander Orowan, Polanyi und Taylor die Existenz eines linienhaften Gitterfehlers, der Versetzung, deren direkter Existenznachweis inzwischen vielfach geführt worden ist (vgl. darüber und über den Begriff der Versetzung E 4). Die Wirkungsweise der Versetzungen bei der plastischen Verformung wird uns in diesem ganzen Kapitel beschäftigen.

Zur Orientierung seien aber einige entscheidende Gesichtspunkte schon hier zusammengestellt: Der Ort der stärksten Auslenkung der Atome aus der Gleichgewichtslage (vgl. Abb. K 7b) heißt Versetzung. Unter der Wirkung äußerer

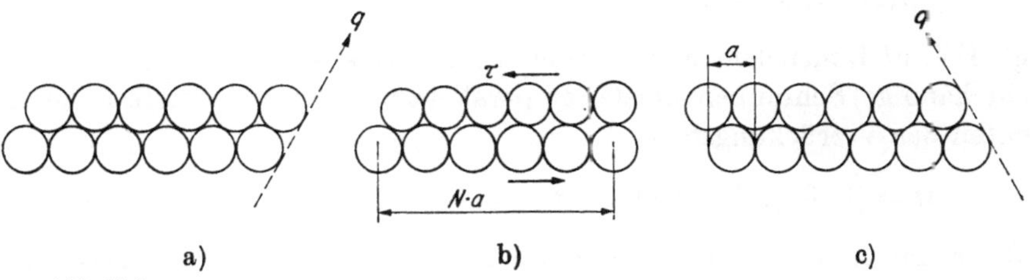

Abb. K 7

Schematische Darstellung von Atom- und Versetzungsbewegung beim Gleiten. Unter der Wirkung einer Schubspannung wandert in ein unverformtes Kristallstück (a) von rechts eine Versetzung ein (b). Nachdem diese den Weg $N\,a$ zurückgelegt hat, sind die beiden Atomschichten relativ zueinander um a verschoben worden (c). In makroskopischen Kristallen ist $N \gtrsim 10^6$. Durch das Gleiten ändert sich die Orientierung einer äußerlich ausgezeichneten Richtung q in bezug auf das Gleitsystem

Schubspannungen τ wird die Atombewegung wie im Modell der Abb. K 7 in Gang gesetzt. Dabei bewegt sich die Versetzung über die Gleitebene und bewirkt bei deren vollständigem Überstreichen eine gegenseitige Verschiebung der beiderseits der Gleitebene liegenden Kristallteile um einen Atomabstand $\boldsymbol{b}$. Die dazu erforderlichen Spannungen werden sehr viel kleiner sein als beim starren Gleiten einer ganzen Ebene, wie es bei der obigen Abschätzung vorausgesetzt wurde, weil nicht mehr alle ihre Atome gleichzeitig über den Potentialberg zwischen zwei stabilen Gleichgewichtslagen gehoben werden müssen, sondern nacheinander jeweils nur die Atome einer Reihe. Um diese Verhältnisse genauer abhandeln zu können, beschäftigen wir uns zunächst mit den einschlägigen Eigenschaften der Versetzungen.

K 2 Eigenschaften von Versetzungen

K 21 Geometrie und Kinetik

K 211 Verrückungsfelder

Nach E 4 ist eine Versetzung durch BURGERS-Vektor $\boldsymbol{b}$ und Linienrichtung $\boldsymbol{s}$ charakterisiert. Die von ihr hervorgerufenen Atomverschiebungen („Versetzungen") hängen jedoch von jenen atomaren Kräften ab, die nach F 7 auch die elastischen Moduln bestimmen. Das Verrückungsfeld (vgl. F 1) läßt sich am einfachsten und in ausreichender Näherung nach der Kontinuumsmechanik berechnen.

Bei der Behandlung der Eigenschaften von Eigenspannungszuständen im elastischen Kontinuum wurde von WEINGARTEN (1901), VOLTERRA (1907) und SOMIGLIANA (1914) bereits vor der Entwicklung des atomistischen Versetzungsbegriffs grundlegende Vorarbeit zur Versetzungstheorie geleistet. Die moderne Kontinuumstheorie bildet heute ein weitreichendes Hilfsmittel zur mathematischen Behandlung der Plastizität.

Aus den Grundgleichungen der linearen Elastizitätstheorie und der Zusatzforderung des BURGERS-Umlaufs

$$\oint (\partial \boldsymbol{u}/\partial l)\, \mathrm{d}l = \boldsymbol{b}$$

(vgl. E 4, $\mathrm{d}l$ Linienelement des BURGERS-Umlaufs) erhält man für eine gerade rechtshändige) Schraubenversetzung parallel zur x_3-Achse in kartesischen Koordinaten das Verrückungsfeld

$$\boldsymbol{u} = [0,\, 0,\, (b/2\pi) \arctan \{x_2/x_1\}] \tag{K 1}$$

und für eine gerade Stufenversetzung parallel zur x_3-Achse und mit $\boldsymbol{b} \parallel x_1$

$$\boldsymbol{u} = \frac{b}{2\pi}\left[\arctan\frac{x_2}{x_1} + \frac{1}{2(1-\nu)}\frac{x_1 x_2}{(x_1^2+x_2^2)},\, -\frac{1-2\nu}{2(1-\nu)}\ln\sqrt{x_1^2+x_2^2} + \right.$$
$$\left. + \frac{x_2^2}{2(1-\nu)(x_1^2+x_2^2)},\quad 0\right], \tag{K 2}$$

wobei ν die POISSON-Konstante bedeutet. Diese Lösung ist nur für $r > r_0$ verwendbar (vgl. K 222 hinsichtlich des Anteils $r < r_0$), weil sie für $\sqrt{x_1^2 + x_2^2} \equiv r \to 0$ divergiert auf Grund der Unzulänglichkeit der benutzten linearen Näherung.

K 212 Typen der Bewegung einzelner Versetzungen

Wir wollen im folgenden einige geometrische Aspekte der Versetzungsbewegung besprechen. Ein Versetzungslinienstück $\boldsymbol{s}$ mit dem BURGERS-Vektor $\boldsymbol{b}$ möge sich in einer beliebigen Ebene mit der Normalen $\boldsymbol{n}'$ in Richtung $\boldsymbol{m}$ verschieben. Dann gilt $\boldsymbol{n}' \cdot \boldsymbol{s} = 0$ und $\boldsymbol{n}' \times \boldsymbol{s} = \boldsymbol{m}$[1]) (vgl. Abb. K 8). Vereinbart man, daß

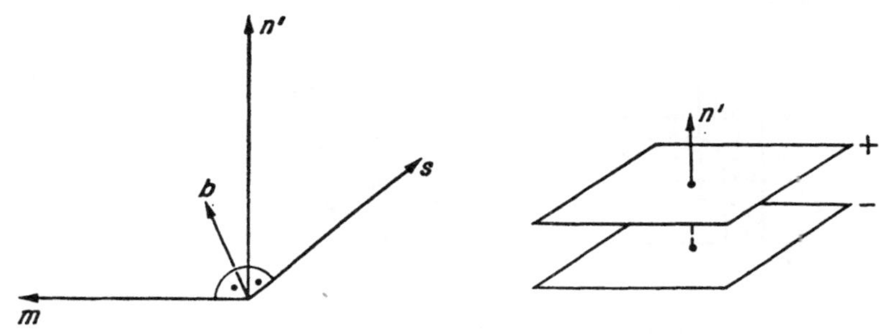

Abb. K 8
Zur Definition der Bewegungsgrößen einer Versetzung

$\boldsymbol{n}'$ auf das positive Ufer der Ebene zeige (s. Abb. K 8), dann gilt unabhängig vom Versetzungscharakter der Satz: Bei Verrückung der Versetzung in Richtung $\boldsymbol{m}$ wird das positive Ufer gegenüber dem negativen um den BURGERS-Vektor $\boldsymbol{b}$ verschoben.

Wir unterscheiden zwei wichtige Grenzfälle, die konservative und nichtkonservative Versetzungsbewegung; konservativ heißt hier, die Massendichte bleibt erhalten.

a) Konservative Bewegung (Gleiten)

Diese Bewegungsform liegt vor, wenn $\boldsymbol{b} \cdot \boldsymbol{n}' = 0$ ist. Dann enthält die betrachtete Ebene $\boldsymbol{n}'$ also den BURGERS-Vektor und heißt *Gleitebene* der Versetzung.

Bei Schraubenversetzungen, durch $\boldsymbol{b} \times \boldsymbol{s} = 0$ gekennzeichnet (vgl. E 4), erfolgen alle Bewegungen konservativ, denn stets ist $\boldsymbol{n}' \cdot \boldsymbol{b} = 0$. Jede Ebene, die $\boldsymbol{s}$ enthält, kann Gleitebene einer Schraubenversetzung sein. Der Übergang von einer Gleitebene in eine andere heißt *Quergleiten* (vgl. Abb. K 17 und K 30).

Bei Stufenversetzungen ($\boldsymbol{b} \cdot \boldsymbol{s} = 0$) ist dagegen konservative Bewegung (Gleiten) nur möglich in Richtungen $\boldsymbol{m}$, die senkrecht auf $\boldsymbol{s} \times \boldsymbol{b}$ stehen: $\boldsymbol{m} \cdot (\boldsymbol{s} \times \boldsymbol{b}) = 0$; sie liegen alle in einer Ebene, der Gleitebene der Stufenversetzung, gegeben durch $\boldsymbol{n}' \times (\boldsymbol{s} \times \boldsymbol{b}) = 0$.

[1]) Verschiebungskomponenten parallel zur Versetzungslinie geben keinen Beitrag zur Abgleitung.

Nun soll noch ein wichtiger quantitativer Zusammenhang zwischen makroskopischer Gestaltsänderung und Gleitbewegung von Versetzungen angegeben werden: Nach Überstreichen einer Gleitebene (Fläche A) durch einen Versetzungsring (vgl. Abb. K 9) beträgt die Abgleitung $a = b/D$, wobei D der mittlere Abstand zweier benachbarter (betätigter) Gleitebenen ist. Wird nur der Bruchteil der Gleitebene $\mathrm{d}A \sim L_V \cdot \mathrm{d}L_V$ überstrichen — der Laufweg der Versetzungen wachse von L_V auf $L_V + \mathrm{d}L_V$ (s. Abb. K 9) — dann ergibt sich als Abgleitungszuwachs

$$\mathrm{d}a = \frac{b}{D}\frac{\mathrm{d}A}{A}\,.$$

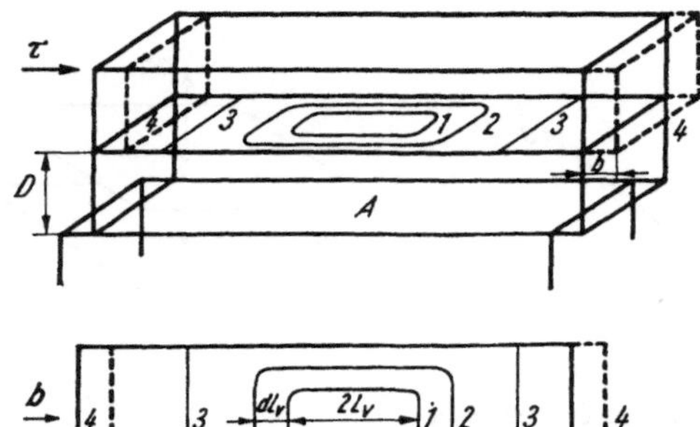

Abb. K 9

Ein Versetzungsring (1) breite sich unter dem Einfluß einer äußeren Schubspannung τ aus und durchlaufe die Zustände (2) und (3) (bei (3) sind die Schraubenanteile aus dem Kristall ausgetreten). Wenn die Stufenanteile die Oberfläche erreichen, entstehen dort im vorliegenden Falle Stufen der Höhe $\boldsymbol{b}$ (4)

Für N Versetzungen pro Gleitebene mit einem mittleren Beitrag $\mathrm{d}A$ erhält man

$$\mathrm{d}a = N\frac{b}{D}\frac{\mathrm{d}A}{A} = \alpha\,\varrho_b\,b\,\mathrm{d}L_V$$

mit ϱ_b ($\sim N\,L_V/D\,A$) als der Dichte der bewegten Versetzungen und α als Geometriefaktor, der die mittlere Form der Versetzungsringe berücksichtigt.

Die zeitliche Änderung der Abgleitung wird mit $\mathrm{d}L_V/\mathrm{d}t \equiv v$

$$\dot{a} = \alpha\,\varrho_b\,b\,v\,. \tag{K 3}$$

Der Wert dieser auf Orowan zurückgehenden kinetischen Beziehung besteht darin, daß makroskopisch meßbare Eigenschaften auf einfache Weise mit Versetzungskenngrößen verknüpft werden. Die Größen α, ϱ_b und v sind bei Anwesenheit mehrerer Versetzungen als statistische Mittelwerte zu verstehen.

b) Nichtkonservative Bewegung (Klettern)

Bewegt sich die Versetzung in einer Ebene, die nicht den Burgers-Vektor enthält (es gelte $\boldsymbol{b} \cdot \boldsymbol{n}' \neq 0$ und $\boldsymbol{m} \times (\boldsymbol{s} \times \boldsymbol{b}) = 0$), so spricht man von Klettern, und die Bewegung ist nichtkonservativ, da sich die Massendichte ändert. Die Versetzungslinie kann von A nach B (vgl. Abb. K 10) z.B. durch Anlagerung einer Leerstellenreihe gelangen. Praktisch erfolgt der Massetransport meist durch Diffusion (vgl. H 5). Daher erfordert diese Bewegung im allgemeinen größere Energien als das Gleiten. Wir werden aber im nächsten Abschnitt eine Möglichkeit kennenlernen, Klettern bei tiefen Temperaturen zu erzeugen (vgl. K 213). Das durch das Klettern erzeugte Volumen beträgt

$$\delta V = \boldsymbol{b} \cdot \delta \boldsymbol{A} = \boldsymbol{b} \cdot \boldsymbol{n}' \, \delta A$$

mit δA als der von der Versetzung mit dem Burgers-Vektor $\boldsymbol{b}$ überstrichenen Fläche.

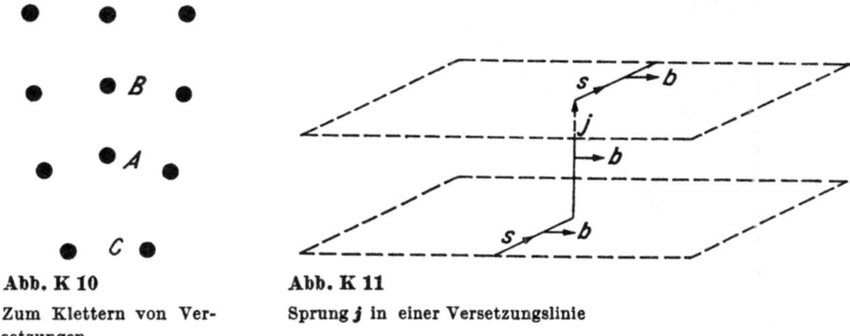

Abb. K 10 Zum Klettern von Versetzungen

Abb. K 11 Sprung $\boldsymbol{j}$ in einer Versetzungslinie

c) *Beliebige Versetzungsbewegung*

Die Verschiebung in beliebiger Richtung $\delta \boldsymbol{l} = \delta l \, \boldsymbol{m}$ ($\boldsymbol{m}$ steht natürlich weiter senkrecht auf $\boldsymbol{s}$) in der Ebene $\boldsymbol{n}'$ betrachten wir als Überlagerung der folgenden drei Anteile: Bewegung einer reinen Schraubenversetzung mit $\boldsymbol{b}_S = (\boldsymbol{s} \cdot \boldsymbol{b}) \, \boldsymbol{s}$, dazu Gleiten und Klettern reiner Stufenversetzungsanteile $\boldsymbol{b}_{St(g)} = (\boldsymbol{m} \cdot \boldsymbol{b}) \, \boldsymbol{m}$ bzw. $\boldsymbol{b}_{St(k)} = (\boldsymbol{n}' \cdot \boldsymbol{b}) \, \boldsymbol{n}'$. Für die Komponenten gelten dann die Überlegungen der Abschnitte a) und b).

K 213 Sprünge in Versetzungen

Eine weitere geometrische Besonderheit tritt auf, wenn eine Versetzungslinie aus einer Ebene in eine dazu parallele übergeht. Das Übergangsstück heißt Sprung und besitzt eine andere Gleitebene als die restliche Versetzung, aber den gleichen Burgers-Vektor (Abb. K 11). Die Unterschiede in der Gleitebene führen im allgemeinen zu solchen in der Beweglichkeit und sind daher für den Verformungsablauf von sehr großer Bedeutung.

Sprünge können durch Diffusion und durch Schneiden zweier Versetzungen entstehen. Der letzte Fall ist für die plastische Verformung der wichtigere, da er in dem dichten Gewirr der Versetzungslinien in Metallen sehr häufig auftritt.

Betrachtet man eine Versetzungslinie $\boldsymbol{s}_1$, $\boldsymbol{b}_1$, die sich in Richtung $\boldsymbol{m}_1$ bewegt und dabei auf die ruhende Linie $\boldsymbol{s}_2$, $\boldsymbol{b}_2$ trifft (vgl. Abb. K 12a), dann entsteht in der Versetzung 1 ein Sprung $\boldsymbol{j}_1$, der für $\boldsymbol{b}_2$-Werte, die groß gegenüber dem kleinsten Atomabstand sind, gegeben ist durch

$$\boldsymbol{j}_1 = \frac{(\boldsymbol{s}_1 \times \boldsymbol{m}_1) \cdot \boldsymbol{s}_2}{|(\boldsymbol{s}_1 \times \boldsymbol{m}_1) \cdot \boldsymbol{s}_2|} \boldsymbol{b}_2$$

mit einer Gleitebene $\boldsymbol{n}_1'' = (\boldsymbol{j}_1 \times \boldsymbol{m}_1)/|\boldsymbol{j}_1 \times \boldsymbol{m}_1|$.

Ebenso wird in der Versetzung 2 ein Sprung erzeugt, dessen Kenngrößen durch sinngemäße Vertauschung der Indizes 1 und 2 erhalten werden können (das Resultat ist unabhängig davon, ob 2 ruht) (vgl. Abb. K 12b).

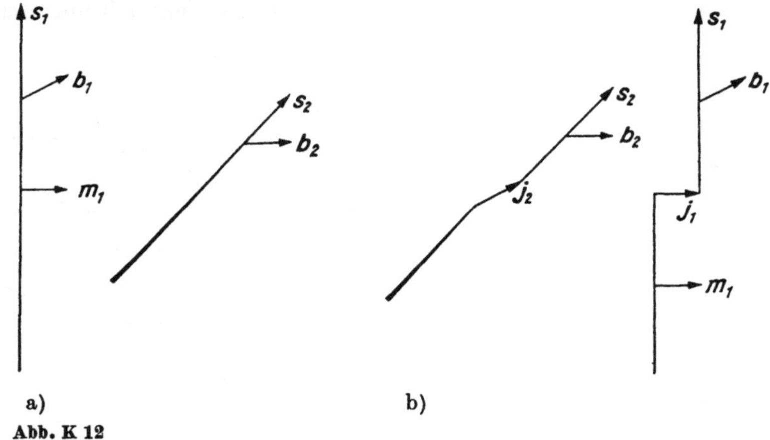

Abb. K 12

Schneiden zweier Versetzungen. (a) vor, (b) nach dem Durchschneiden

Wenn der BURGERS-Vektor $\boldsymbol{b}$ nicht in der Gleitebene des Sprunges liegt, kommt entweder dessen Bewegung zum Stillstand (u. U. wird die Vernichtung von Sprüngen entgegengesetzten Vorzeichens auf der gleichen Versetzungslinie veranlaßt) oder sie führt zur Punktdefekterzeugung. Das dabei erzeugte Volumen ist wieder durch die in Abschnitt K 212b) angeführte Beziehung gegeben.

K 214 Versetzungsnetzwerke

Im Realkristall tritt im allgemeinen eine Vielzahl von Versetzungslinien auf, die miteinander in geometrischer (und energetischer, vgl. K 223) Beziehung stehen. Wir wollen im folgenden auf einige Eigenschaften der dabei auftretenden Netzwerke hinweisen.

Netzwerke aus Versetzungen mit verschiedenem BURGERS-Vektor heißen FRANKsche Netzwerke. Sie können z.B. aus den sogenannten eingewachsenen Versetzungen gebildet sein, also während der Kristallherstellung entstehen. Der grundlegende Baustein eines solchen Netzwerks ist die Verzweigung (s. Abb. K 13a). Die bedeutet folgendes: Durch die Versetzung $\boldsymbol{s}_1$ wird das eine Ufer der Gleitebene um den Vektor $\boldsymbol{b}_1$ gegenüber dem anderen verschoben. Die gleiche Verschiebung kann auch in zwei Schritten $\boldsymbol{b}_2$ und $\boldsymbol{b}_3$ nacheinander erreicht werden.

Wegen der Invarianz des BURGERS-Umlaufs gegen Verschiebung im guten Kristallgebiet (vgl. E 4) darf sich sein Wert auch bei Verlagerung über den Knoten K der Verzweigung hinweg nicht ändern, so daß $\boldsymbol{b}_1 = \boldsymbol{b}_2 + \boldsymbol{b}_3$ gilt. Werden die willkürlich vorgebbaren $\boldsymbol{s}_i$-Polaritäten symmetrisch in bezug auf den Knoten gewählt (vgl. Abb. K 13b), dann hat im allgemeinen Falle von N Versetzungen die Beziehung die Form des Knotensatzes

$$\sum_{i=1}^{N} \boldsymbol{b}_i = 0 . \tag{K 4}$$

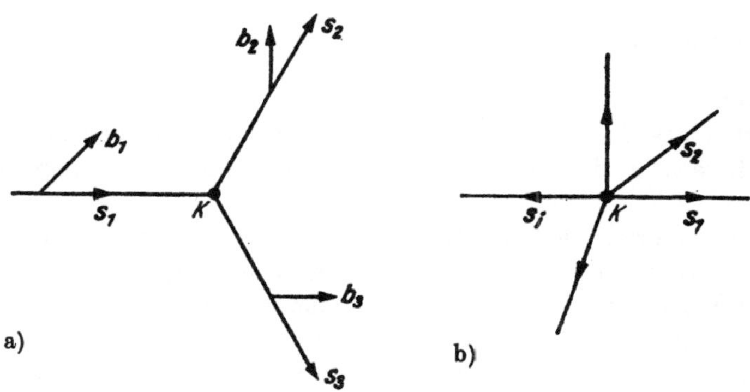

Abb. K 13
Verzweigung von Versetzungslinien (Versetzungsknoten)

Da die in einem vorliegenden Kristall möglichen BURGERS-Vektoren nur weniger Werte fähig sind (vgl. Tab. K 1), wird damit den Knoten eines Netzwerkes eine strenge Bedingung auferlegt. Abb. K 14 (Tafel 10) enthält ein Beispiel eines Netzes in Molybdän.

Versetzungen mit gleichem BURGERS-Vektor können nach (K 4) keine Knoten bilden. Sie ordnen sich jedoch unter dem Einfluß gegenseitiger Kraftwirkung (vgl. K 223) oft zu Polygonisationsnetzwerken oder Kleinwinkelkorngrenzen an. Abb. K 15 (Tafel 10) zeigt ein Beispiel einer Korngrenze in Niob. Durch Formation von „Wänden" einzelner Versetzungen werden Kristallvolumina voneinander getrennt, die um den Winkel Θ gegeneinander um eine Achse $\boldsymbol{l}$ verkippt sind. Dabei besteht zwischen dem Gesamt-BURGERS-Vektor $\boldsymbol{b}_{\text{ges}}$ der Anordnung und $\boldsymbol{l}$ bzw. Θ die Beziehung

$$\boldsymbol{b}_{\text{ges}} = 2\,\boldsymbol{r} \times \boldsymbol{l} \sin\frac{\Theta}{2}, \tag{K 5}$$

wenn $\boldsymbol{r}$ einen Ortsvektor in der Kleinwinkelkorngrenze repräsentiert, zwischen dessen Anfangs- und Endpunkt alle zu $\boldsymbol{b}_{\text{ges}}$ beitragenden Versetzungslinien liegen. Steht $\boldsymbol{b}_{\text{ges}}$ senkrecht auf der Grenzfläche, spricht man von Kippkorngrenzen, liegt er in der Grenzfläche, heißen sie Drehkorngrenzen.

Gleichung (K 5) läßt sich für kleine Θ durch Vergleich röntgenographischer Winkelmessung mit metallographischer Versetzungsdichtemessung einfach nachprüfen. In Abb. E 16 war eine Kippkorngrenze in Germanium abgebildet, für die sich (K 5) vereinfacht zu $\Theta \approx b/D$ (D Abstand der Versetzungen).

Früher wurde angenommen, daß die Grenze zwischen stark verkippten Körnern ($\Theta \gg 1°$) durch eine breite amorphe Schicht gebildet wird. Feldemissionsmikroskopische Aufnahmen haben jedoch gezeigt, daß sich der schlechte Bereich nicht über mehr als etwa 1—2 Atomabstände erstreckt, so daß auch *Großwinkelkorngrenzen* als Versetzungsnetzwerke angesehen werden können (wenn auch etwas verallgemeinerter Art).

K 215 Versetzungsquellen und -senken

Die Verbreitung der Versetzungsvorstellung wurde über 20 Jahre durch das Unbekanntsein eines Mechanismus behindert, der bei den üblichen Verformungsspannungen Ersatz für die aus dem Kristall austretenden Versetzungen liefern konnte.

Als entscheidend erwies sich die Erzeugung neuer Versetzungen aus bereits — z.B. vom Wachstum her — vorhandenen. Der Grundvorgang besteht in einer Erhöhung der Versetzungslänge durch Ausbeulen zwischen zwei Ankerpunkten und in der Vernichtung (Annihilation) von Versetzungsstücken entgegengesetzten Vorzeichens. Als Ankerpunkte können Knoten (vgl. K 214), Sprünge (vgl. K 213), Punktdefekte (vgl. K 224) und Fremdphasen dienen. Abb. K 16 zeigt das Schema einer Versetzungsquelle nach FRANK und READ. Ein weiterer, oft diskutierter Mechanismus ist das Doppelquergleiten (s. Abb. K 17). Damit ist die Verformbarkeit sichergestellt, wenn einmal bewegliche Versetzungen im

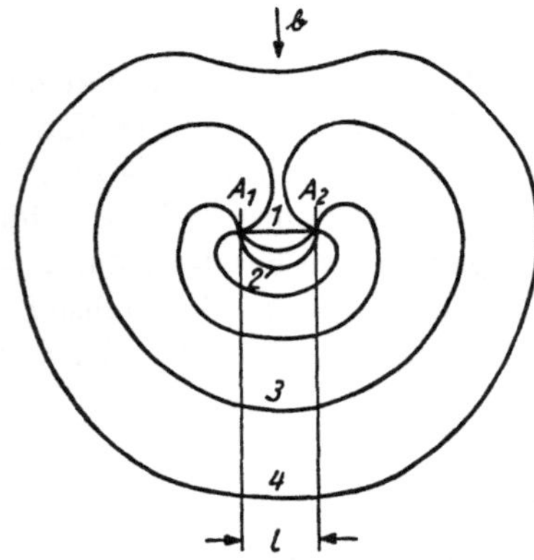

Abb. K 16

Wirkungsweise einer FRANK-READ-Quelle. Ein Stück einer Versetzungslinie der Länge l mit BURGERS-Vektor $\boldsymbol{b}$ ist an den Punkten A_1 und A_2 verankert (1). Wirkt eine äußere Spannung τ parallel zu $\boldsymbol{b}$, dann beult sie sich aus und erreicht bei $\tau = \tau_{FR}$ die kritische Halbkreisform (2). Eine weitere geringe Zunahme der Spannung führt zu spontaner Ausbreitung, bis in der Stellung 3 sich die nahe beieinander liegenden Schraubenanteile kompensieren und daraus der Versetzungsring 4 und das ursprüngliche Stück 1 entstehen

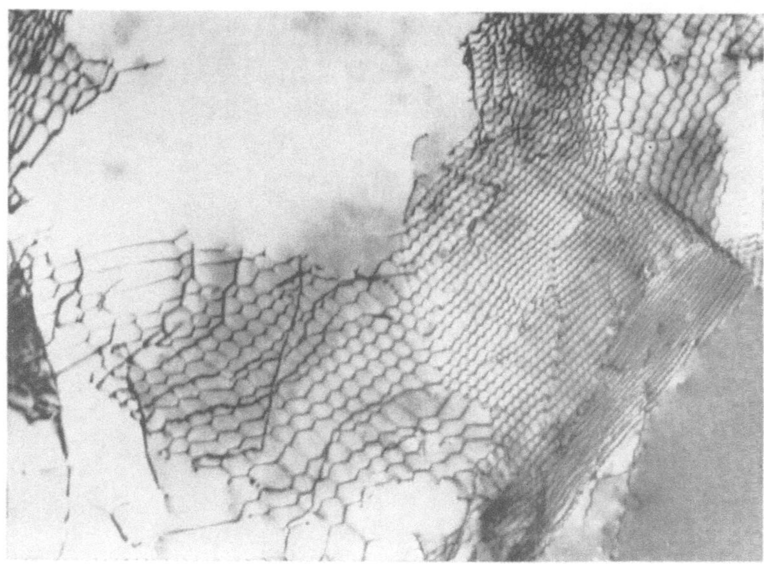

Abb. K 14

Versetzungsnetzwerk in Molybdän nach Polygonisierung durch Glühung über 2 Stunden bei 1200 °C im Vakuum: Das Netzwerk besteht aus zwei Sätzen von Schraubenversetzungen mit $\boldsymbol{b} = a/2\,\langle 111\rangle$, die an den Knotenpunkten in Versetzungen mit $\boldsymbol{b}' = a\,\langle 100\rangle$ übergehen. $V = 52\,000:1$ (nach MADER)

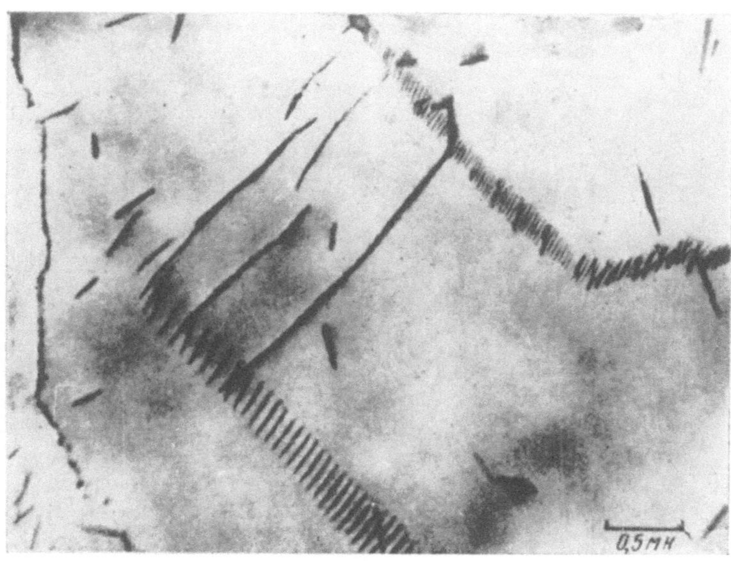

Abb. K 15

Elektronenmikroskopische Aufnahme der Versetzungsanordnung in einer Kippkorngrenze in Niob (nach BERGHEZAN und FOURDEUX)

Kristall vorhanden sind. Das stimmt mit der Beobachtung überein, daß versetzungsfreie Halbleiterkristalle eine erhöhte Anfangsfestigkeit aufweisen. Noch auffälliger ist die erhöhte Festigkeit der sogenannten Whiskers (vgl. E 23), die ebenfalls keine beweglichen Versetzungen enthalten.

Die Gesamtversetzungsdichte eines Kristalls wird vermindert durch das Entweichen durch äußere und innere Oberflächen und durch die Vernichtung von Versetzungen entgegengesetzten Vorzeichens (letzteres mache man sich am

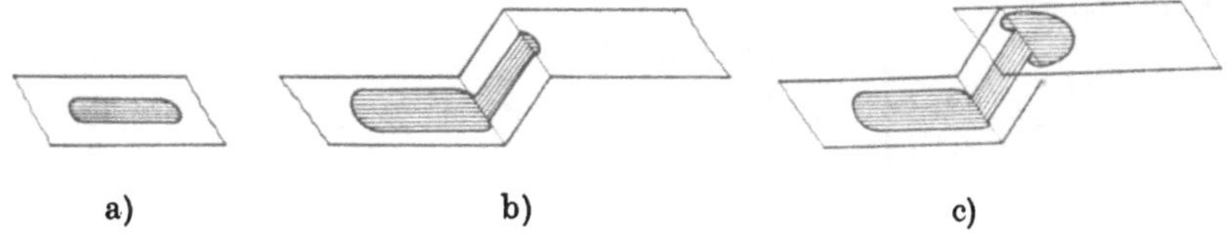

Abb. K 17

Die Schraubenanteile eines Versetzungsringes (a) erreichen durch zweimaliges Quergleiten (b) eine benachbarte Gleitebene, in der dann ein Mechanismus vom Typ der Abb. K 16 zur Vervielfachung führt

Beispiel zweier Stufenversetzungen klar!). Im folgenden Abschnitt K 22 werden Wechselwirkungskräfte besprochen, durch die einerseits voneinander entfernte Stufenversetzungen unterschiedlichen Vorzeichens durch Klettern und andererseits Schraubenversetzungen durch Quergleiten vernichtet werden können.

K 22 Erhöhung der Kristallenergie durch Gitterfehler

K 221 Spannungsfelder von Versetzungen

Die Verrückungsfelder der Versetzungen (vgl. K 211) sind nach F 2 mit Spannungsfeldern verknüpft, die sich auf Grund der linearen isotropen Kontinuumsmechanik, abgesehen vom unmittelbaren Kernbereich, näherungsweise berechnen lassen.

Für eine gerade Schraubenversetzung parallel zur x_3-Achse erhält man in Zylinderkoordinaten bzw. kartesischen Koordinaten

$$\boldsymbol{\sigma}(r, \vartheta, x_3) = \frac{G\,b}{2\,\pi\,r}\begin{bmatrix} 0 & 0 & 0 \\ 0 & 0 & 1 \\ 0 & 1 & 0 \end{bmatrix}, \quad \boldsymbol{\sigma}(x_1, x_2, x_3) = \frac{Gb}{2\,\pi\,(x_1^2 + x_2^2)}\begin{bmatrix} 0 & 0 & -x_2 \\ 0 & 0 & x_1 \\ -x_2 & x_1 & 0 \end{bmatrix}. \tag{K 6}$$

Dabei muß $r > r_0 \approx b$ bleiben. Die Gesamtspannung ist radialsymmetrisch, wie man der Darstellung in Zylinderkoordinaten entnehmen kann. Für Gleitvorgänge ist es allerdings oft nützlich, kartesische Koordinaten zu benutzen, da hierbei Spannungen in einer *Ebene* interessieren.

Die Spannungsfelder klingen langsam $\sim 1/r$ nach außen ab; man spricht daher von weitreichenden (elastischen) Spannungsfeldern der Versetzungen.

Das Spannungsfeld einer geraden Stufenversetzung besitzt folgende Form (Orientierung des Koordinatensystems s. Abb. K 18):

$$\left.\begin{aligned}
&\boldsymbol{\sigma}(r, \vartheta, x_3) = \\
&\frac{G b}{2\pi(1-\nu) r}\begin{bmatrix} -\sin\vartheta & \cos\vartheta & 0 \\ \cos\vartheta & -\sin\vartheta & 0 \\ 0 & 0 & -2\nu\sin\vartheta \end{bmatrix}, \\
&\boldsymbol{\sigma}(x_1, x_2, x_3) = \\
&\frac{G b}{2\pi(1-\nu)(x_1^2+x_2^2)^2}\begin{bmatrix} -x_2(3x_1^2+x_2^2) & x_1(x_1^2-x_2^2) & 0 \\ x_1(x_1^2-x_2^2) & x_2(x_1^2-x_2^2) & 0 \\ 0 & 0 & -2\nu x_2(x_1^2+x_2^2) \end{bmatrix}.
\end{aligned}\right\} \tag{K 7}$$

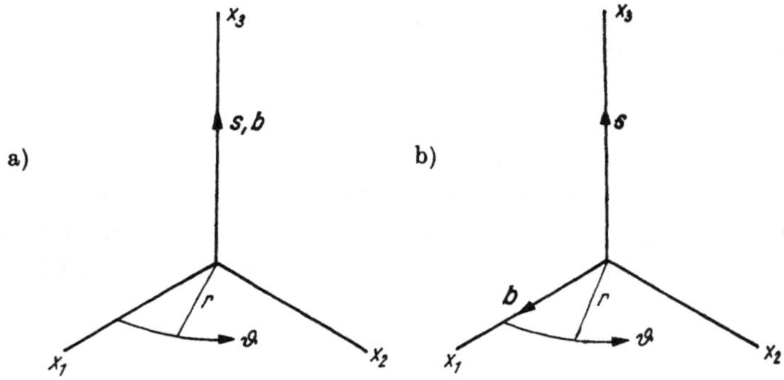

Abb. K 18

Wahl der Koordinaten zur Beschreibung des Spannungsfeldes einer Schraubenversetzung (a) und einer Stufenversetzung (b)

Man erkennt, daß parallele Stufen- und Schraubenversetzungen keine gemeinsamen Spannungskomponenten besitzen, das heißt sich gegenseitig nicht beeinflussen. Daher sind in dieser Näherung Spannungsfelder gemischter Versetzungen durch Addition der Schrauben- und Stufenanteile zu berechnen. In Gleichung (K 6) und (K 7) ist nur b durch $b \cos\gamma$ bzw. $b \sin\gamma$ zu ersetzen, wenn $\boldsymbol{b}$ und $\boldsymbol{s}$ den Winkel γ einschließen.

Der experimentelle Nachweis des räumlichen Verlaufs der Spannungsfelder kann direkt durch Spannungsdoppelbrechung erfolgen. Die Ergebnisse stimmen gut mit den Erwartungen gemäß (K 6) und (K 7) überein.

K 222 Elastische Energie gerader Versetzungen. Kräfte auf Versetzungen

Mit den Spannungsfeldern von K 221 kann nunmehr der elastische Energieinhalt eines Kristalls, der eine Versetzung enthält, angegeben werden. Er beträgt nach (F 32)

$$E_{\text{el}} = \frac{1}{2} \iiint \sum_{i,k} \sigma_{ik}\, \varepsilon_{ik}\, \mathrm{d}V\,,$$

divergiert also mit der Versetzungslänge und wegen der $1/r$-Abhängigkeit von $\boldsymbol{\sigma}$ auch mit dem Kristallvolumen. Es wird daher die elastische Energie, bezogen auf die Versetzungslänge, in einem Hohlzylinder mit dem Innendurchmesser $2\,r_0$ (vgl. K 211 und K 221) und dem Außendurchmesser $2\,r_1$ berechnet. Dabei bedeutet r_1 etwa den kürzesten Abstand zur Kristalloberfläche oder bei Anwesenheit mehrerer Versetzungen den halben kürzesten Abstand zu Nachbarversetzungen (in großer Entfernung kompensieren sich die Spannungsfelder). Man erhält für Schraubenversetzungen

$$\left.\frac{E_{\mathrm{el}}}{L}\right|_{\mathrm{S}} = \int\limits_{r_0}^{r_1} \frac{\sigma_{\vartheta x_3}^2}{2\,G}\, 2\,\pi\, r\, \mathrm{d}r = \frac{G\,b^2}{4\,\pi} \ln \frac{r_1}{r_0} \tag{K 8}$$

und für Stufenversetzungen

$$\left.\frac{E_{\mathrm{el}}}{L}\right|_{\mathrm{St}} = \frac{G\,b^2}{4\,\pi\,(1-\nu)} \ln \frac{r_1}{r_0}\,. \tag{K 9}$$

Der Anteil des bisher nicht berücksichtigten Versetzungskernbereiches $r < r_0$ wird erfahrungsgemäß gut erfaßt, wenn man $r_0 \approx b \cdots b/4$ wählt. Wegen der schwachen logarithmischen Abhängigkeit ist die Unsicherheit in r_0 und r_1 ohne große Bedeutung.

Zur Illustration der Größenordnung sei die Energie einer Stufenversetzung in Kupfer abgeschätzt. Mit $G = 4 \cdot 10^{10}\ \mathrm{N/m^2}$, $\nu = 0{,}34$, $b = 2{,}5 \cdot 10^{-10}\ \mathrm{m}$, $r_0 \approx 10^{-9}\ \mathrm{m}$ und $r_1 \approx 10^{-2}\ \mathrm{m}$ erhält man aus (K 9) $E_{\mathrm{el}}/L = 4{,}8 \cdot 10^{-9}\ \mathrm{J/m} \approx$ $\approx 1\ \mathrm{eV}/b$. Für gemischte Versetzungen hat man wie in K 221 vorzugehen.

Da eine äußere Schubspannung eine Versetzung in Bewegung setzen kann, liegt es nahe, von einer Kraftwirkung zu sprechen. Die quantitative Definition der Kraft auf eine Versetzung kann in üblicher Weise dadurch erfolgen, daß man die Arbeit $\boldsymbol{K} \cdot \mathrm{d}\boldsymbol{l}$, die bei ihrer Verschiebung um $\mathrm{d}\boldsymbol{l}$ zu leisten ist, entgegengesetzt gleich der Änderung der potentiellen Energie $\mathrm{d}U$ des ganzen Kristalls (unter Berücksichtigung der äußeren Spannung, aber nicht des Spannungsfeldes der betrachteten Versetzung) setzt:

$$\boldsymbol{K} = -\frac{\mathrm{d}U}{\mathrm{d}\boldsymbol{l}}\,.$$

Daraus folgt nach PEACH und KOEHLER (1950) als Kraft auf das Linienelement $\mathrm{d}\boldsymbol{s}$

$$\boldsymbol{K} = (\boldsymbol{b} \cdot \boldsymbol{\sigma}) \times \mathrm{d}\boldsymbol{s}\,. \tag{K 10}$$

Die Gesamtkraft ergibt sich durch Integration $\int_{\boldsymbol{s}} (\boldsymbol{b} \cdot \boldsymbol{\sigma}) \times \mathrm{d}\boldsymbol{s}$ über die Versetzungslinie. $\boldsymbol{K}$ steht stets senkrecht auf dem Versetzungslinienelement. Für Gleitprozesse interessiert die Projektion $\tilde{\boldsymbol{K}}$ auf das Gleitsystem. Es gilt

$$\tilde{\boldsymbol{K}} = \boldsymbol{n} \times \mathrm{d}\boldsymbol{s}\,(\boldsymbol{b} \cdot \boldsymbol{\sigma} \cdot \boldsymbol{n}) = (\boldsymbol{n} \times \mathrm{d}\boldsymbol{s})\, b\,\tau$$

(vgl. K 12).

Die Gleichungen (K 8) bis (K 10) gelten für gerade Versetzungslinienstücke. Bei der Verlängerung einer Versetzung hat man den Energiebetrag (K 8) oder

(K 9) aufzuwenden. Man kann jedoch damit den Energiezuwachs bei der Durchbiegung einer Versetzung praktisch nicht berechnen, da Versetzungsstücke entgegengesetzten Vorzeichens so nahe beieinander liegen, daß die zusätzliche elastische Verzerrung nach außen teilweise kompensiert wird und somit der Gesamtenergiezuwachs verhältnismäßig klein ist. Analog zur Oberflächenspannung von Flüssigkeiten führen wir eine *Linienspannung*

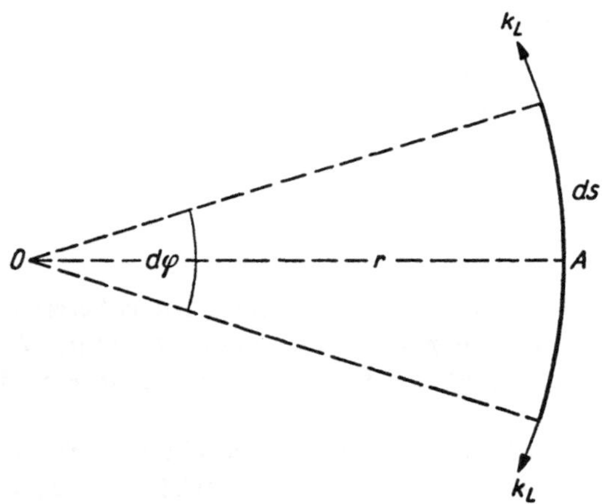

Abb. K 19
Zur Berechnung der Spannung bei gekrümmter Versetzungslinie

$$k_L = \frac{E_{el}}{L} + \frac{1}{L}\frac{\partial^2 E_{el}}{\partial \gamma^2}$$

ein, wobei E_{el}/L aus (K 8) bzw. (K 9) bestimmt werden kann und γ den Winkel zwischen $\boldsymbol{b}$ und $\boldsymbol{s}$ bedeutet. Für Abschätzungen wird oft die Näherung $k_L \approx$ $\approx (1/2)\, G\, b^2$ verwendet.

Berücksichtigt man die Linienspannung, dann ergibt sich für den praktisch sehr wichtigen Fall der Durchbiegung einer Versetzung zwischen zwei festen Punkten unter der Wirkung einer äußeren Schubspannung τ (vgl. z.B. Frank-Read-Quelle K 215) folgende Energiebilanz (vgl. Abb. K 19): Nach (K 10) erhält man für die Kraft auf ein Versetzungslinienelement $K = \tau\, b\, \mathrm{d}s$ $= \tau\, b\, r\, \mathrm{d}\varphi$. Sie muß in Richtung $\overrightarrow{OA}$ wirken, um der in Richtung $\overrightarrow{AO}$ wirkenden Komponenten der Linienspannung $2 \cdot k_L \sin\frac{\mathrm{d}\varphi}{2} \approx k_L\, \mathrm{d}\varphi$ das Gleichgewicht zu halten. Die äußere Spannung muß mithin den Wert $\tau = k_L/r\, b$ $\approx G\, b/2\, r$ besitzen, ist also abhängig vom momentanen Krümmungsradius der Versetzungslinie. Der kleinste auftretende Radius (vgl. Abb. K 16) ist $r_{\min} = l/2$. Damit gilt z.B. für die Arbeitsspannung der Frank-Read-Quelle aus K 215: $\tau_{FR} = \tau(r_{\min}) = 2 \cdot k_L/b\, l \approx G\, b/l$. Da die größten Maschenlängen l des Versetzungsnetzwerks bei 10^{-5} liegen, erhält man (mit $b = 10^{-10}$ m) $\tau_{FR} = 10^{-5}\, G$.

Derartige Quellen können demnach bereits unterhalb der kritischen Schubspannung (vgl. K 31) arbeiten.

K 223 Kräfte zwischen Versetzungen

In K 222 wurden Kräfte auf Versetzungen untersucht, ohne Voraussetzungen über den Ursprung von $\boldsymbol{\sigma}$ bzw. τ zu machen; sie können also auch von anderen Versetzungen herrühren, so daß es zu Kräften zwischen Versetzungen kommt. Die Vorstellung, daß sie die Ursache für das praktisch sehr bedeutsame Phänomen der Verfestigung (vgl. Abb. F 1 und K 31) seien, wurde bereits **1934** von G. I. TAYLOR geäußert und bildet heute einen wesentlichen Gesichtspunkt der Verfestigungstheorien. Wir wollen daher einige wichtige Sonderfälle besprechen.

Der einfachste Fall liegt bei der Wechselwirkung *zweier paralleler Schraubenversetzungen* vor. Wir denken uns eine Versetzung 1 als Spannungsquelle gegeben (sie liege parallel zu x_3) und berechnen die Kraft auf eine zweite im Abstand r_{12} befindliche Linie 2. Ohne Beschränkung der Allgemeinheit (Rotationssymmetrie des Spannungsfeldes!) wählen wir als x_1, x_2-Ebene die von beiden Versetzungslinien aufgespannte Ebene. Die Kraft auf die Versetzung 2 ist nach (K 10) $\boldsymbol{K}_2 = (\boldsymbol{b}_2 \cdot \boldsymbol{\sigma}_1) \times \mathrm{d}\boldsymbol{s}_2$, mit dem Spannungstensor (K 6) wird daraus

$$\boldsymbol{K}_2 = [K_{2,r}, K_{2,\vartheta}, K_{2,x_3}] = \mathrm{d}s\, \alpha\, (G\, b_1\, b_2/2\, \pi\, r_{12})\, [1,\ 0,\ 0]\,,$$

wobei $\alpha = 1$ für gleichnamige und $\alpha = -1$ für ungleichnamige Versetzungen gilt. Die Kraft auf 2 besitzt nur eine Komponente in radialer Richtung, d. h., sie ist eine Zentralkraft. Damit erhält man das Ergebnis (das eine — tatsächlich weitgehende — Analogie zu elektromagnetischen Erscheinungen vermuten läßt): Gleichnamige parallele Schraubenversetzungen stoßen sich ab, ungleichnamige ziehen sich an. Der Betrag der Kraft ist dem Abstand umgekehrt proportional.

Als ein weiteres wichtiges Resultat im Hinblick auf Versetzungsnetzwerke (vgl. K 214) halten wir fest, daß es zwischen zwei parallelen Schraubenversetzungen keine stabile Konfiguration gibt.

Als nächstes Beispiel sei die Wechselwirkung *zweier paralleler Stufenversetzungen* in parallelen Gleitebenen betrachtet. Das Koordinatensystem wählen wir gemäß Abb. K 20a. Einsetzen des Spannungstensors (K 7) in die PEACH-KOEHLER-Gleichung (K 10) liefert in kartesischen Koordinaten

$$\boldsymbol{K}_2 = [K_{2,x_1}, K_{2,x_2}, K_{2,x_3}] = \mathrm{d}s\, \alpha\, \big(G\, b_1\, b_2/\, 2\, \pi\, (1-\nu)\, (x_1^2 + x_2^2)^2\big) \times [x_1\, (x_1^2 - x_2^2), x_2\, (3\, x_1^2 + x_2^2)\ ,\ 0]\,.$$

Da die Versetzung 2 nur in x_1-Richtung gleiten kann, ist die Komponente K_{2,x_1} für das Gleiten und K_{2,x_2} für das Klettern maßgebend. Bei $x_1 = 0$ und $x_1 = x_2$ verschwindet die Kraftwirkung der Gleitkomponente. $|x_1| > |x_2|$ führt je nach

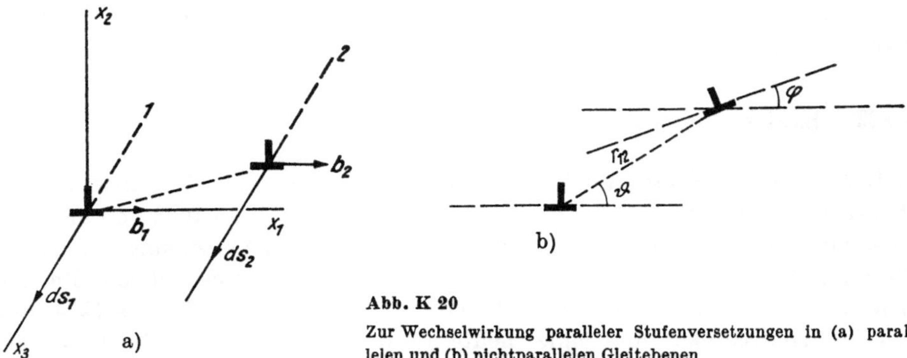

Abb. K 20

Zur Wechselwirkung paralleler Stufenversetzungen in (a) parallelen und (b) nichtparallelen Gleitebenen

Vorzeichen von x_1 und α zu Abstoßung oder Anziehung, für $|x_1| < |x_2|$ kehrt sich die Richtung gegenüber dem vorgenannten Fall um. Die Lagen $x_1 = x_2$ entsprechen bei gleichnamigen Versetzungen metastabilem, die bei $x_1 = 0$ stabilem Gleichgewicht (s. Abb. K 21). Stufenversetzungen können daher stabile Konfigurationen vom Typ eines Polygonisationsnetzwerkes bilden, wie es in K 214 besprochen worden ist. Bei ungleichnamigen Versetzungen sind die Richtungen der Kraftwirkung und damit stabile und metastabile Lagen vertauscht.

Parallele Stufenversetzungen in nichtparallelen Gleitebenen (vgl. Abb. K 20b) üben Kräfte parallel zum Gleitsystem der zweiten Versetzung vom Betrag

$$K_{2(g)} = ds\,\big(G\,b_1\,b_2/2\,\pi\,r_{12}\,(1-\nu)\big)\cos\vartheta\cos\{2\,(\vartheta-\varphi)\}$$

und senkrecht dazu vom Betrag

$$K_{2(k)} = ds\,\big(G\,b_1\,b_2/2\,\pi\,r_{12}\,(1-\nu)\big)\,(\sin\vartheta+\cos\vartheta\sin\{2\,(\vartheta-\varphi)\}$$

aufeinander aus. Die Bedeutung von ϑ und φ geht aus Abb. K 20b hervor.

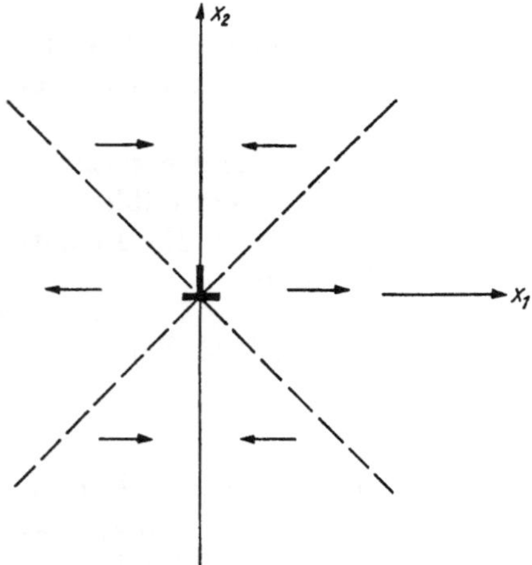

Abb. K 21

Zur Wechselwirkung zweier paralleler gleichnamiger Stufenversetzungen. Die Pfeile geben die Richtung der Kraftwirkung der im Koordinatenursprung befindlichen Versetzung auf eine zweite an. Bei ungleichnamigen Versetzungen sind die Kraftrichtungen umzukehren

Die Verhältnisse bei nichtparallelen Versetzungen sind komplizierter, da die Kraftwirkung im allgemeinen entlang der Versetzungslinie nicht gleichförmig erfolgt, so daß ein Durchbiegen auftritt und die Linienspannung berücksichtigt werden muß.

Allgemein kann festgestellt werden, daß man gewöhnlich in allen unübersichtlichen Fällen auf die Definitionsgleichung $\boldsymbol{K} = -\frac{\mathrm{d}U}{\mathrm{d}\boldsymbol{l}}$ zurückgreift, d. h. zunächst die Wechselwirkungsenergien ausgewählter Konfigurationen ermittelt.

Versetzungsreaktionen

Wenn eine Versetzung $\boldsymbol{s}_1$, $\boldsymbol{b}_1$ in zwei andere $\boldsymbol{s}_2$, $\boldsymbol{b}_2$ und $\boldsymbol{s}_3$, $\boldsymbol{b}_3$ aufspaltet (vgl. K 214), dann werden diese beiden „Reaktionsprodukte" im allgemeinen Kräfte aufeinander ausüben, die die Stabilität bestimmen. Oft ist es zweckmäßig, die Energiebilanz zu betrachten. Im vorliegenden Falle hat man $E_1 = E_2 + E_3 + \Delta E$, d. h., die elastische Energie der Versetzung 1 wird auf 2 und 3 verteilt, wobei jedoch wegen der nunmehr möglichen Wechselwirkung zwischen den Versetzungen und wegen evtl. zusätzlich zu den Reaktionsprodukten auftretender Gitterfehler ein Zusatzterm ΔE angefügt ist. Die Reaktion wird nach rechts oder links ablaufen, je nachdem ob $\Delta E >$ oder < 0 ist. Mit (K 8) und (K 9) erhält man unter Vernachlässigung der geringen Variation des logarithmischen Faktors

$$\Delta E \sim b_1^2/C_1 - b_2^2/C_2 - b_3^2/C_3$$

mit $1/C \equiv \cos^2\gamma + \sin^2\gamma/(1-\nu)$ (γ: Winkel zwischen $\boldsymbol{s}$ und $\boldsymbol{b}$). Für viele Zwecke kann die geringe Orientierungsabhängigkeit von $1/C$ außer Betracht bleiben. Man hat dann zu untersuchen, welches Vorzeichen die Differenz $b_1^2 - (b_2^2 + b_3^2)$ besitzt.

Sind die Versetzungen 2 und 3 unvollständig (vgl. E 4), so spannen sie einen Stapelfehler auf, dessen Breite d aus der Bedingung für das Kräftegleichgewicht

$$G\,\boldsymbol{b}_2 \cdot \boldsymbol{b}_3/2\,\pi\,C'\,d = \gamma'$$

folgt, wobei γ' die Stapelfehlerenergie (= Energie/Fläche) bedeutet. Für ΔE erhält man in diesem Falle $\Delta E = L(G\,\boldsymbol{b}_2 \cdot \boldsymbol{b}_3/2\,\pi\,C')(\ln\{d/r_0\} - 1)$.

Bei kleinen Fehlordnungsenergien γ' ergeben sich beträchtliche Aufspaltungen d, die dann auch elektronenmikroskopisch sichtbar gemacht werden können (z.B. Kupfer: $\gamma' = 40 \cdot 10^{-3}$ J/m²; $d \approx 10$ Atomabstände).

Die Stapelfehlerenergie ist ein wesentlicher Parameter bei der Beschreibung des plastischen Verhaltens von Metallen, weil die Beweglichkeit der Versetzungen empfindlich von der Breite d abhängt. Breite Stapelfehler behindern z.B. Kletter- und Quergleitprozesse erheblich. Tatsächlich zeigen Metalle wie Silber, Kupfer und Messing mit niedriger Stapelfehlerenergie ($20 \cdots 60 \cdot 10^{-3}$ J/m²) z.B. ein deutlich anderes Erholungsverhalten (vgl. K 34) als Vertreter mit hoher Energie, wie z.B. Aluminium ($\gamma' \approx 200 \cdot 10^{-3}$ J/m²).

K 224 Wechselwirkung mit Punktdefekten

Neben Versetzungen können auch z.B. Punktdefekte (vgl. E 4) Quellen für Spannungsfelder sein und über Gleichung (K 10) mit Versetzungen in Wechselwirkung treten.

An einem einfachen Beispiel sei dies erläutert. Im isotropen Kristall sollten die Verrückungen durch einen Punktdefekt radialsymmetrisch erfolgen, nur eine einfache Volumenänderung erzeugen und daher nur mit dem hydrostatischen Anteil des Versetzungsspannungsfeldes wechselwirken. Wenn der Gitterplatz, in den z.B. das Fremdatom eingefügt wird, sich vom Radius R auf $(1 + \varepsilon) R$ ausdehnt, dann beträgt die Volumenänderung näherungsweise $\delta V \approx 4 \pi R^3 \varepsilon$. Unter dem hydrostatischen Druck p der Versetzung beträgt die Wechselwirkungsenergie $E = p \, \delta V = 4 \pi R^3 p \varepsilon$. Nun ist allgemein $p = -\frac{1}{3} \times \mathrm{Sp}\,\{\boldsymbol{\sigma}\}$ (vgl. (F 15)), so daß für die Wechselwirkung Punktdefekt/Stufenversetzung mit $\boldsymbol{\sigma}$ aus (K 7) $E_{\mathrm{St}}/L = 4(1 + \nu)\, G \varepsilon \sin \vartheta\, R^3/3\,(1 - \nu)\, r$ folgt. Für Schraubenversetzungen gilt $p = 0$ in der benutzten Näherung.

Die stärkste Bindung eines Fremdatoms mit $\varepsilon > 0$ liegt bei $\vartheta = 3\pi/2$ vor, d. h., die großen Fremdatome siedeln sich bevorzugt auf dem Ufer an, das der eingeschobenen Halbebene gegenüberliegt. Punktdefekte mit $\varepsilon < 0$ bevorzugen $\vartheta = \pi/2$. Zur Abschätzung von ε kann man die Abhängigkeit der Gitterkonstante a von der Punktdefektkonzentration $\varepsilon \approx (1/a)\,(\mathrm{d}a/\mathrm{d}x_{\mathrm{P}})$ benutzen, für die experimentelle Daten oft verfügbar sind (vgl. C 3).

K 23 Dynamik einzelner Versetzungen

Plastische Verformung erfordert die *Bewegung* der Versetzungen. Die theoretische Analyse ist aufwendig und in vielen Teilen noch nicht abgeschlossen, so daß wir uns auf die Mitteilung einiger experimenteller Ergebnisse beschränken.

Versetzungsgeschwindigkeit

Die mikroskopischen Größen von (K 3) sind im allgemeinen Funktionen der äußeren Schubspannung τ. Abb. K 22a enthält Meßergebnisse $v(\tau)$ für eine Reihe von Metallen. Sie lassen sich überwiegend durch empirische Beziehungen der Form $v = v_0(\tau/\tau_0)^m$ und $v = v_c\, \mathrm{e}^{-D/\tau}$ beschreiben. Dabei sind die Konstanten v_0, τ_0, m, v_c und D unabhängig von τ, z. T. aber abhängig von der Temperatur T, dem Druck p, dem Gehalt an Verunreinigungen usw.

Folgende Gemeinsamkeiten lassen sich feststellen:

1. Die Versetzungsgeschwindigkeiten variieren um zahlreiche Zehnerpotenzen im Spannungsbereich, der für die Aufnahme der Fließkurve verwendet wird.
2. Bei hohen Spannungen mündet die v, τ-Kurve in die zugehörige Schallgeschwindigkeit ($\approx 10^3$ m/s) ein.
3. Die Beweglichkeiten verschiedener Versetzungstypen können verschieden sein.

Abb. K 22

Abhängigkeit der mikroskopischen Größen (Versetzungsdichte und -geschwindigkeit) von der Schubspannung.

(a) Mittlere Geschwindigkeit von Einzelversetzungen in Abhängigkeit von der äußeren Schubspannung τ im Gleitsystem (s. Tab. K 1). Parameter ist die Temperatur. (b) Gemessene Ätzgrubendichte auf Kupfer in Abhängigkeit von der Fließspannung τ (nach LIVINGSTON)

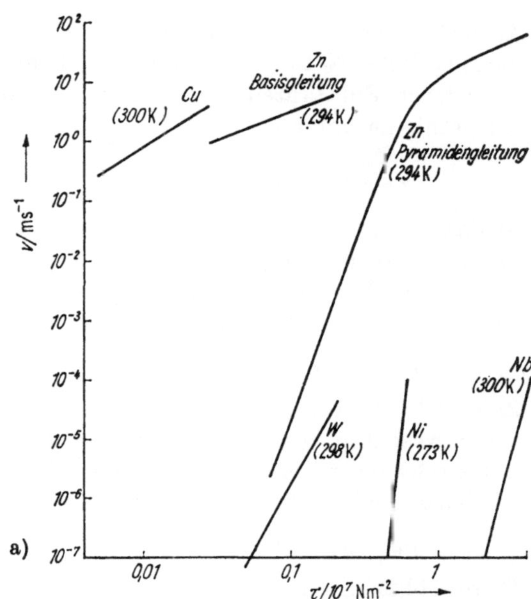

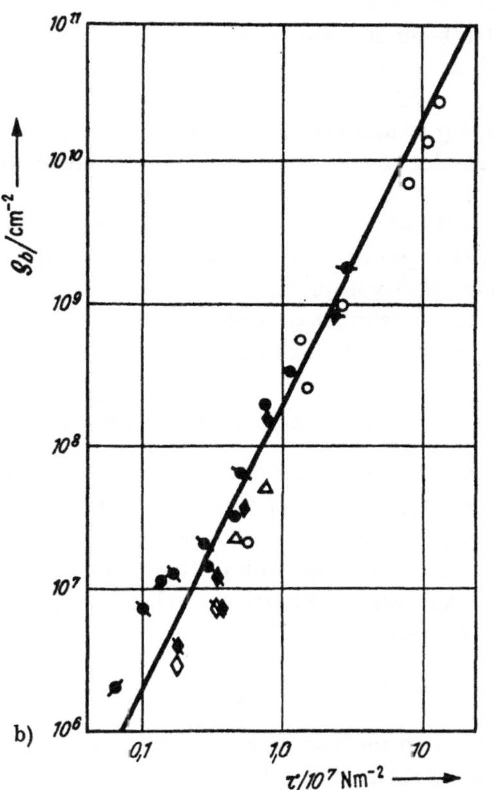

4. Im Bereich der kritischen Schubspannung τ_0 (vgl. K 31) kann die Versetzungsgeschwindigkeit unter die Nachweisgrenze sinken. In vielen anderen Fällen, wie z.B. Wolfram und Kupfer, beobachtet man eine Versetzungsbewegung bereits unterhalb τ_0. In Kupfer z.B. bewegen sich Versetzungen bei $\tau \geqq 0{,}002 \cdot 10^7\ \mathrm{N/m^2}$. Dabei ist bisher ungeklärt, ob dies eine echte Schwellenspannung darstellt.

Zur Temperaturabhängigkeit sei angemerkt, daß in den meisten Experimenten die exponentielle Form

$$v = v_1 \exp\{-\Delta H/kT\} \qquad \text{(K 11)}$$

beobachtet wird. Hierbei bedeutet ΔH eine Energiebarriere, die sogenannte Aktivierungsenthalpie, die durch die Wärmebewegung der

Gitterbausteine überwunden werden kann (sog. thermische Aktivierung). Die physikalische Natur dieser Barriere kann sehr unterschiedlich bei den verschiedenen Substanzen sein. ΔH liegt in der Größenordnung 1 eV/Atom oder nur wenig darunter.

Versetzungsdichte

Während der Verformung ändert sich die Versetzungsdichte in (K 3) entsprechend den Überlegungen von K 215. Falls die Versetzungsdichte so hoch ist, daß die Wechselwirkung der Versetzungen untereinander andere Einflüsse übertrifft, beobachtet man (vgl. Abb. K 22b) in einem weiten Substanzbereich

$$\varrho_b = w^2 \tau^2 / G^2 b^2 \quad \text{mit} \quad w = 3 \cdots 7 . \tag{K 12}$$

Zahlreiche Theorien der Fließspannung unterscheiden sich nur im Zahlenfaktor w, weshalb ihre experimentelle Trennung z. Zt. noch nicht möglich ist.

Bei schwacher Versetzungswechselwirkung ist die momentane Dichte mit der Abgleitung a korreliert. Das Experiment zeigt

$$\varrho_b = \varrho_0 + M\, a . \tag{K 13}$$

Diese Abhängigkeit ist mit den meisten Vervielfachungsmodellen (vgl. K 215) verträglich, wie z. B. der Doppelquergleitung: Die Zahl der pro Zeiteinheit neu entstehenden Versetzungen ist proportional der bereits vorhandenen Anzahl und dem zurückgelegten Weg, d. h. $d\varrho_b = q\, \varrho_b\, v\, dt$ (q: Brutkoeffizient). Mit (K 3) wird daraus $da = \alpha\, d\varrho_b\, b/q$, und somit ergibt sich (K 13) mit einem *Vervielfachungskoeffizienten* $M = q/\alpha\, b$. In der Literatur finden sich für M Werte der Größenordnung $10^{15}\ m^{-2}$, jedoch auch Abweichungen nach oben sowie unten.

An Hand der mikroskopischen Messungen von ϱ_b und v läßt sich, wie zuerst Haasen gezeigt hat, über (K 3) das makroskopische Verformungsverhalten quantitativ voraussagen. Schwierigkeiten treten allerdings dann auf, wenn die wirksame Schubspannung (wie es im Bereich starker Verfestigung der Fall ist, vgl. K 31) starken räumlichen Schwankungen unterworfen ist.

K 3 Verfestigung und Entfestigung

Zur Ermittlung des Festigkeitsverhaltens werden bei Grundlagenuntersuchungen vorzugsweise zwei Methoden verwandt, die dynamische und die statische. Bei der ersten wird τ so gesteigert, daß während der ganzen Verformung $\dot{a}$ = const gilt; die unter dieser Bedingung erhaltene a, τ-Kurve heißt *Verfestigungskurve*. Die zweite arbeitet mit τ = const und liefert a bzw. $\dot{a}$ als Funktion der Zeit (*Kriechkurve*).

K 31 Verfestigungskurve

Abb. K 6 enthält Verfestigungskurven für einen Ein- und Vielkristall des gut untersuchten Kupfers. Beim Vielkristall liegen die Spannungen höher, in erster Linie infolge der Mehrfachgleitung (vgl. K 11). Die im Vielkristall vorliegenden Orientierungsunterschiede der einzelnen Kristallite und die Zwangsbedingungen an den Korngrenzen führen im Hauptgleitsystem zu einem Spektrum von Schubspannungen. Hinzu kommt die Wirksamkeit der Korngrenzen als Quellen bzw. Senken für Versetzungen und ihre mögliche Beteiligung am Deformationsvorgang (Korngrenzengleiten bzw. -fließen).

Die Verformungseigenschaften des Vielkristalls hängen daher in beträchtlichem Maße von der Orientierungsverteilung der Kristallite ab. Abweichungen von der gleichmäßigen Verteilung aller Orientierungen bezeichnet man als Textur. Die in K 11 und Abb. K 7 bereits erwähnte Orientierungsänderung eines einkristallinen Körpers in bezug auf die Richtung der äußeren Spannung während des Gleitvorganges hat zur Folge, daß die Bestandteile des Vielkristalles im Laufe des Verformungsvorganges allmählich eine gemeinsame Orientierung anstreben, die mit zunehmendem Verformungsgrad stärker hervortritt (sog. Verformungstextur). Beispielsweise stellt sich bei vielen kubisch-flächenzentrierten Metallen die [111]-Richtung, bei kubisch-raumzentrierten die [110]-Richtung beim Drahtziehen parallel zur Zugrichtung (Fasertextur), während beim Walzen zwei Richtungen ausgezeichnet sind, nämlich außer der Walzrichtung noch diejenige senkrecht zur Walzebene (vgl. Abb. K 23a).

Eine häufige *Walztextur*, namentlich bei α-Eisen, ist (100) [110], bei der also Würfelebenen so in die Walzebene gedreht werden, daß eine ihrer Flächendiagonalen in der Walzrichtung liegt. Einerseits wird die Erzeugung einer bestimmten Textur zur Erzielung besonderer Eigenschaften angestrebt (vgl. S. 407), andererseits kann ihre Ausbildung technisch auch unerwünscht sein.

Die Bevorzugung bestimmter Kristallitorientierungen in einem Werkstoff mit Textur führt dazu, daß er bei einer Röntgenaufnahme nach dem DEBYE-SCHERRER-Verfahren nicht mehr gleichmäßig geschwärzte Beugungsringe liefert, sondern solche, die typische Intensitätsmaxima und -minima aufweisen (Abb. K 23b, Tafel 11). Darauf beruht die wichtigste Untersuchungsmethode für Texturen. Die Ergebnisse werden meist in *Polfiguren* (Abb. K 23c) dargestellt, aus denen man entnehmen kann, in welchem Ausmaß eine Streuung um die ideale Vorzugsrichtung auftritt.

Einige technische Festigkeitskennwerte für Polykristalle enthält Tabelle K 2.

Wir wenden uns den Ergebnissen an Einkristallen zu. Die Untersuchungen der letzten Jahre an verschiedenen Substanzen haben Ähnlichkeiten und Unterschiede erkennen lassen. Die Gemeinsamkeiten betreffen in erster Linie die Form der a, τ-Kurve. Die ursprünglich an kubisch-flächenzentrierten Metallen (vgl. Abb. K 6) beobachtete Dreiteilung wurde inzwischen auch bei einigen weiteren Strukturtypen angetroffen (mitunter beschränkt auf bestimmte Intervalle der Temperatur und Verformungsgeschwindigkeit), wie z.B. Vertretern vom *A2*-Typ (z.B. hochreines Fe, Mo, Nb, Ta, aber auch Stahl), *A3*-Typ (z.B. Zn, Cd, Mg, Co), *A4*-Typ (z.B. Ge, Si), *B2*-Typ (z.B. FeCo, FeRh), *B3*-Typ (z.B. InSb) und $L1_2$-Typ (z.B. Cu_3Au, Ni_3Fe). Beispiele enthält Abb. K 24.

Tabelle K 2

Festigkeitskennwerte einiger polykristalliner Metalle bei Raumtemperatur *)

Metall	Zusammensetzung/Gew.%	Zugfestigkeit/10^7 N/m²	Dehnung/%	Brinell-Härte
Armco-Eisen, weichgeglüht		27	43–48	67
Stahl, abgeschreckt	0,15 C; 1,0 Si; 2,0 Mn;	50–75	40	130–190
X 12 CrNiTi 18 9	17–19 Cr; 9–11 Ni; ≦0,7 Ti			
Stahl gehärtet	0,8–1,2 C	200	0–1	560
Cu, weichgeglüht		21–25	40–60	40–55
Messing, weichgeglüht, MS 58	57,0–59,5 Cu; 1,0–3,0 Pb, Rest Zink	40	40	95
Al, weichgeglüht	99,99	4–6	25–50	15–20
AlCuMg 2, kalt ausgehärtet	3,8–4,9 Cu; 1,2–1,8 Mg, 0,3–1,1 Mn; 0,5 Si; 0,5 Fe, 0,2 Ti; 0,5 Zn; 0,1 Cr	44–50	10–14	11 –130

*) Die Festigkeitseigenschaften hängen von sehr vielen Parametern ab (z. B. Korngröße, genaue Vorgeschichte, Probendimensionen usw.), die nicht aufgeführt worden sind. Die Werte können nur eine Vorstellung von der Größenordnung einiger Kenndaten und ihrer Veränderung bei Legierungsbildung vermitteln. Sie sind hier wegen ihrer technischen Bedeutung aufgeführt, obwohl sie vom physikalischen Standpunkt noch nicht ausreichend verstanden werden.

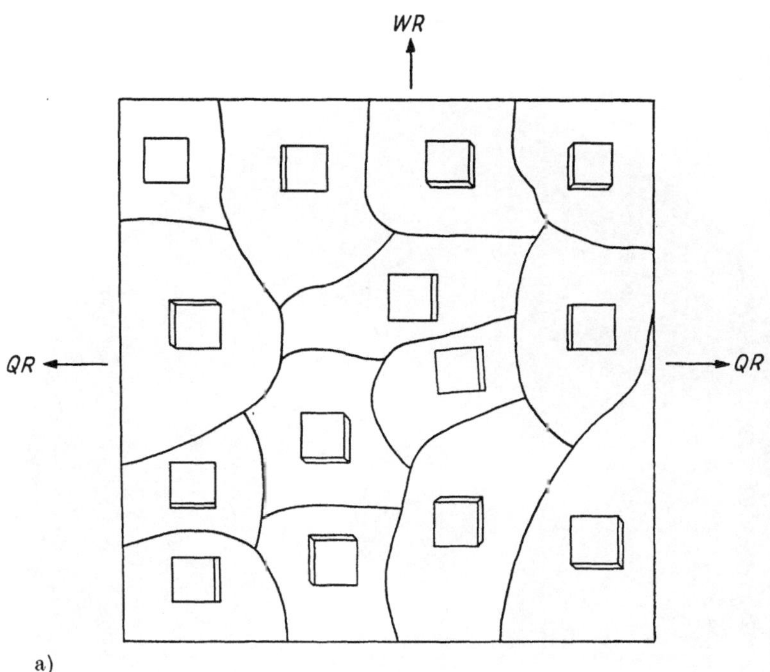

a)

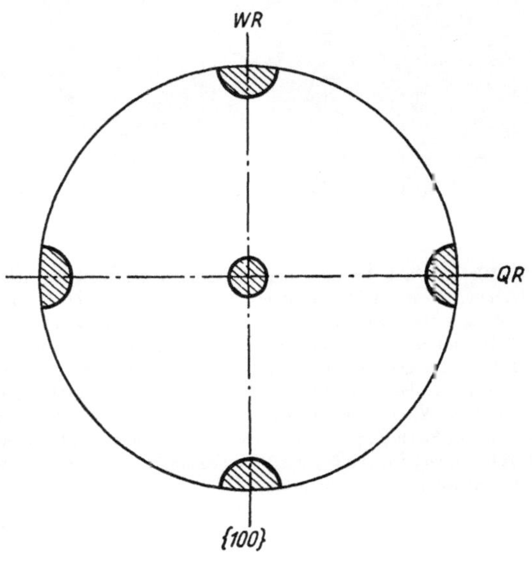

c)

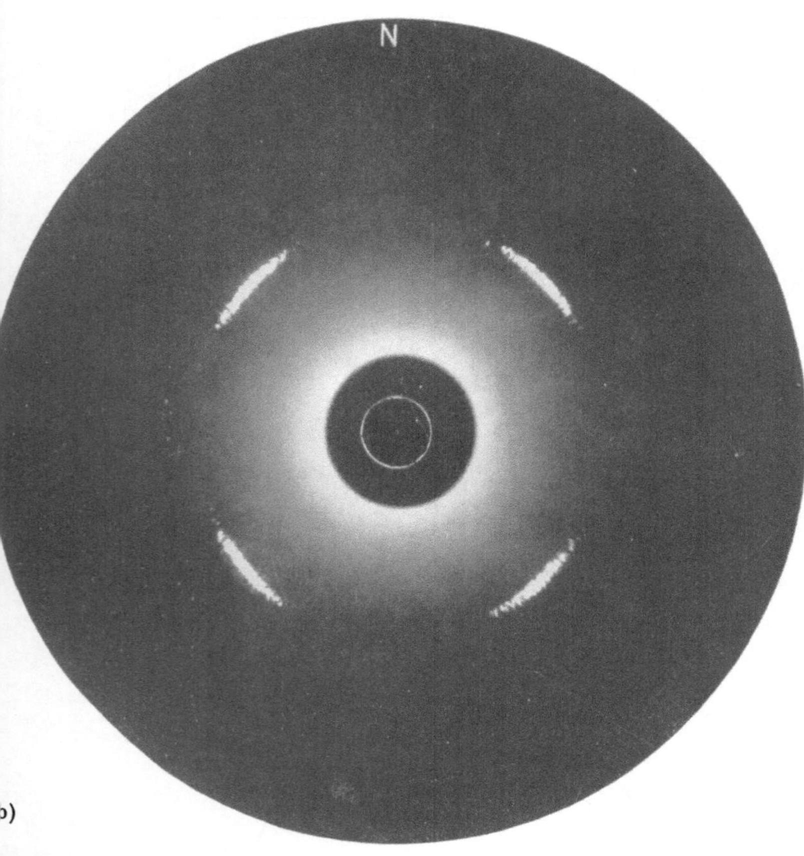

ɔ)

ɔb. K 23

ɛxtur eines Bleches. Die Orientierung der einzelnen Kristallite ist in (a) schematisch durch die
ngezeichneten Elementarzellen für den Fall der (100) [001]-Textur eines kubisch kristallisierenden
etalles angegeben. Abbildung K 23(b) zeigt die durch diese Vorzugslage an einem rekristallisierten
sen–Nickel-Blech (50% Ni) entstandenen Schwärzungsunterschiede längs eines (bei völlig regelloser
ientierungsverteilung gleichmäßig geschwärzten) DEBYE-SCHERRER-Ringes auf einer Rückstrahl-
fnahme. Trägt man die Normalen der {100}-Ebenen aller Kristallite in eine stereographische Pro-
ktion mit der Walzebene als Projektionsebene ein, dann erhält man die {100}-Polfigur der Textur.
(c) ist sie für ein Eisen–Nickel-Blech (50% Ni) nach einer Bestimmung von BURGERS und SNOEK
gegeben. Die schraffierten Bereiche enthalten die Netzebenenpole oberhalb einer vorgegebenen
iufigkeitsgrenze (WR Walzrichtung, QR Querrichtung)

Da eine geschlossene analytische Beschreibung des Gesamtverlaufes bisher noch nicht gelungen ist, kommt diesem Befund erhebliche praktische Bedeutung zu, ermöglicht er doch die Zerlegung der Kurve in charakteristische Zahlenwerte, deren Variation mit Veränderung äußerer Parameter leicht untersucht werden kann. Die wichtigsten praktisch verwendeten Kenngrößen enthält Abb. K 25. Sie sind zum größten Teil von der Kristallorientierung in bezug

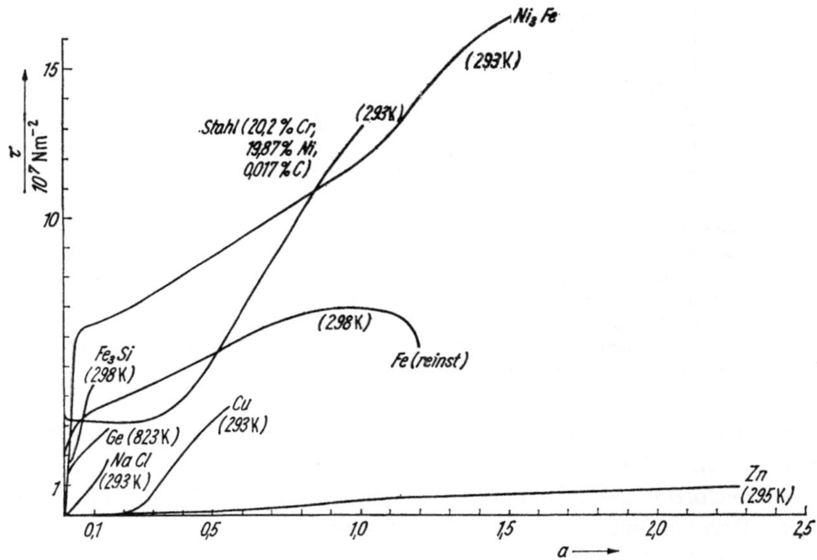

Abb. K 24

τ, a-Kurven für Vertreter verschiedener Strukturtypen

auf die Beanspruchungsrichtung, von der Verformungstemperatur T und -geschwindigkeit $\dot{a}$ sowie von der genauen chemischen Zusammensetzung abhängig. Darin bestehen zwischen den Strukturtypen z. T. erhebliche Unterschiede, die darauf hinweisen, daß die Wechselwirkung der Versetzungen mit dem Gitter und mit anderen Defekten verschieden ist.

Bemerkenswerterweise ist der Parameter $\vartheta_{II} = (d\tau/da)_{\text{Bereich II}}$ praktisch invariant gegen Veränderungen der oben genannten Art und schwankt in einem weiten Substanzbereich nur zwischen $\approx 1{,}5$ und $4{,}5 \cdot 10^{-3}\, G$ (G Schubmodul). Dies bedeutet nach der Theorie von Seeger, daß der Anstieg im Bereich II durch Wechselwirkung von Versetzungen untereinander verursacht wird, die wenig empfindlich gegen die genaue Versetzungsanordnung ist (vgl. K 23).

Abweichungen von der 3-Bereiche-Kurve werden z.B. beobachtet, wenn ein Streckgrenzeneffekt vorliegt (s. Abb. K 26) oder Instabilitäten durch Zwillingsbildung (vgl. K 5) auftreten.

Die mikroskopischen, insbesondere elektronenmikroskopischen Untersuchungen ergaben in den drei Bereichen unterschiedliche typische Versetzungs-

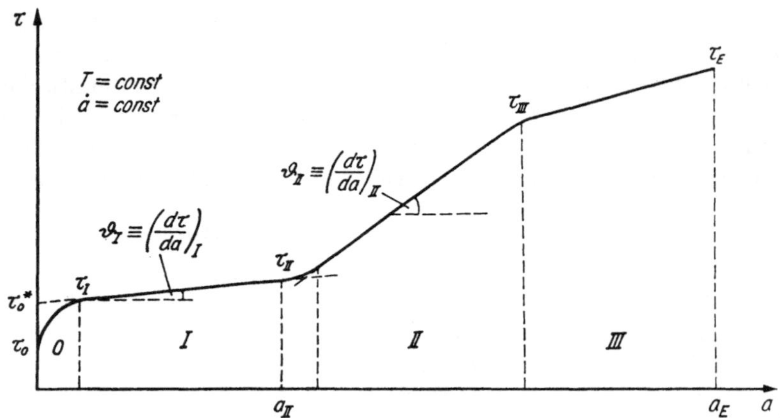

Abb. K 25

Qualitative Standardform der 3-Bereiche-Verfestigungskurve. Der kurze Anfangsteil 0 ist bei kubisch-raumzentrierten Metallen stärker ausgeprägt. Die plastische Verformung setzt bei der kritischen Schubspannung $\tau_0 \approx \tau_0^*$ ein. Der lineare Anfangsteil I mit kleinem Verfestigungskoeffizienten ϑ mündet in einen ebensolchen II mit hohen Werten ein. Im Anschluß an den Bereich III (gegenüber II Entfestigung) tritt bei τ_E Bruch auf. Bei hexagonalen Kristallen hat sich für I, II und III die Bezeichnung *A*, *B* bzw. *C* eingebürgert

anordnungen und -bewegungen. Im Bereich I emittiert eine praktisch verformungsunabhängige Zahl von Quellen Versetzungen im primären Gleitsystem, die an verformungsunabhängigen Hindernissen, wie Kleinwinkelkorngrenzen, aufgehalten werden. Die an der Oberfläche austretenden Versetzungen hinterlassen feine Gleitlinien (sog. homogene Feingleitung, vgl. das Beispiel des Kupfers in Abb. K 27, Tafel 12). Im Innern erkennt man mit elektronenmikroskopischen und röntgentopographischen Hilfsmitteln die bevorzugte Bildung von Dipolen aus Versetzungen entgegengesetzten Vorzeichens, wodurch die weitreichenden Spannungsfelder größtenteils kompensiert werden.

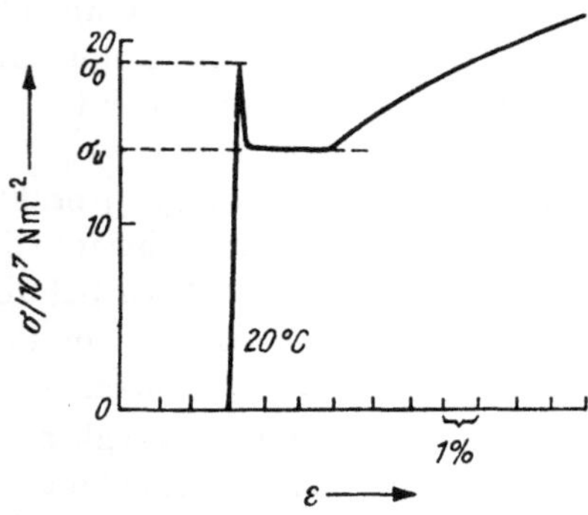

Abb. K 26

Streckgrenzeneffekt bei polykristallinem Eisen (nach DINGLEY und MCLEAN). Er ist dem Anfangsteil der 3-Bereiche-Kurve überlagert und entsteht durch einen Mangel an beweglichen Versetzungen. Dies kann verursacht sein durch deren Blockierung durch Punktdefekte (z. B. Eisen) oder durch zu kleine Anfangsversetzungsdichte (z. B. Germanium) (σ_0 obere, σ_u untere Streckgrenze)

Der Bereich II ist charakterisiert durch starke Betätigung sekundärer Gleit systeme, die für die Bildung wirksamer Versetzungshindernisse durch ihre Reaktion mit den Versetzungen des primären Gleitsystems verantwortlich sind. An diesen Hindernissen werden die Versetzungen aufgehalten. An der Oberfläche erkennt man eine inhomogene Verteilung der Gleitspuren (vgl. Abb. K 28, Tafel 12), im Innern bilden sich deutlich erkennbare Schichten parallel zur primären Gleitebene (vgl. Abb. K 29, Tafel 13) und Wände senkrecht dazu. Die Natur der Hindernisse ist offenbar von der Kristallstruktur abhängig.

Der Bereich III beginnt, wenn die Spannung so hoch ist, daß die Versetzungen die Hindernisse von Bereich II durch Quergleitung (vgl. K 212a) umgehen können. Dies äußert sich an der Oberfläche in markanten Quergleitspuren (vgl. Abb. K 30, Tafel 13). Im Innern verstärkt sich die Bildung versetzungsreicher Wände, die dreidimensionale Bereiche geringer Versetzungsdichte einschließen (Mosaikstruktur). An Hand der Kenngrößen der Verfestigungskurve können den mikroskopischen Vorgängen τ, a-Werte zugeordnet werden, z.B. dem Einsetzen der Quergleitung τ_{III}, a_{III} usw. Die quantitative Behandlung der mikroskopischen Prozesse hat jedoch bisher keine ausreichende Übereinstimmung mit den experimentellen Befunden gebracht, so daß auf eine nähere Besprechung hier verzichtet werden soll.

K 32 Kriechkurve

Bei der Besprechung der Verfestigungskurve war angenommen worden, daß der Zusammenhang zwischen σ und ε eindeutig, insbesondere zeitunabhängig ist. Die Erfahrung zeigt jedoch, daß auch ein unter konstanter Spannung stehender Körper zeitlich veränderliche Gestaltsänderungen erfahren kann. Diese Erscheinung nennt man Kriechen.

Nach der Form der Kriechkurve (vgl. Abb. K 31) unterscheidet man Tieftemperaturkriechen oder logarithmisches Kriechen mit $\varepsilon_\alpha(t) = \varepsilon_0 + \alpha \ln(\tilde{\gamma} t + 1)$

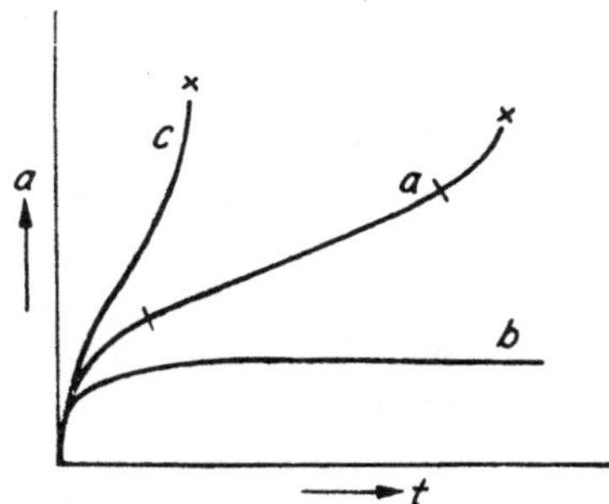

Abb. K 31

Typische Kriechkurven. An Kurve a können 3 Bereiche unterschieden werden: 1. Übergangs- oder primäres Kriechen, während dem die Kriechgeschwindigkeit $\dot{a}$ von sehr großen Werten unmittelbar nach Aufbringen der Last allmählich abnimmt, 2. stationäres oder sekundäres Kriechen mit $\dot{a}$ = const und 3. beschleunigtes oder tertiäres Kriechen, bei dem $\dot{a}$ wächst (bis zum Bruch!). Nicht für alle Werte der Parameter Spannung τ und Temperatur T sind die 3 Stadien gut ausgeprägt. Die Kurven b bzw. c sind typisch für die Grenzfälle niedriger bzw. hoher τ und T

(Abb. K 31b), $\alpha, \tilde{\gamma}$ = const, und Hochtemperaturkriechen oder ANDRADE-Kriechen mit einer 3-Bereiche-Kriechkurve (vgl. Abb. K 31a, c). Für die beiden ersten Bereiche findet man $\varepsilon_\beta = \varepsilon_0 + \beta t^n$ und $\varepsilon_\varkappa = \delta + \varkappa t$ ($\beta, n, \varkappa, \delta$ = const, ε_0: Anfangsdehnung). Für das stationäre Kriechen von z.B. Kupfer bei Raumtemperatur und Spannungen von $\approx 10^6$ N/m² hat man mit $\dot{a} \approx 10^{-5}$ s^{-1} zu rechnen.

Aus den Ergebnissen von Abschnitt K 23 wird erkennbar, wie man bei konstanter äußerer Spannung eine absinkende Dehnungs- oder Abgleitgeschwindigkeit erhält. Im Verlauf der Verformung wächst die Versetzungsdichte und damit das von den Versetzungen hervorgerufene innere Spannungsfeld (vgl. K 221). Dadurch wird die Aktivierungsenthalpie ΔH erhöht. Bei linearer Verfestigung gilt im einfachsten Falle $\Delta H \sim a$, mit (K 3) und (K 11) demnach $\dot{a} \sim \exp\{-a/\text{const}\}$, woraus nach Integration $a \sim \ln\{\gamma t + 1\}$ folgt. Kriechverformung wird durch thermisch aktivierte Versetzungsbewegung ermöglicht und klingt infolge Verfestigungseinfluß ab. Während des stationären Kriechens wird der Verfestigungseffekt durch einen Erholungsmechanismus (vgl. K 34) gerade kompensiert.

Ein Sonderfall des Kriechens soll noch kurz erwähnt werden. Bei Temperaturen $T > 0{,}9\, T_s$ (T_s: Schmelztemperatur) kann in feinkörnigem Material eine Formänderung ohne Versetzungsbewegung allein durch Verlagern großer Mengen von Leerstellen unter äußerer Spannung erfolgen (HERRING-NABARRO-Kriechen). Die Dehnungsgeschwindigkeit ist proportional der äußeren Spannung. Hier erlangt also das für nichtkristallisierte Stoffe typische NEWTONsche Fließgesetz (E 1) auch für kristalline Stoffe Gültigkeit.

K 33 · Wechselverformung. Ermüdung

Die bisherigen Ergebnisse von Festigkeitsuntersuchungen bezogen sich auf einsinnige Verformungsexperimente (Dehnung oder Stauchung). Erfahrungsgemäß werden jedoch die so gewonnenen Festigkeitskennwerte u. U. bei weitem nicht erreicht werden, wenn die Belastung nicht einsinnig erfolgt, sondern etwa Zugperioden und Druckperioden miteinander abwechseln. Im Zustand des Metalles tritt offenbar eine Änderung ein, die zum vorzeitigen Bruch führt und *Ermüdung* genannt wird.

Die Spannungs-Dehnungs-Beziehung bei Wechselbeanspruchung ist in Abb. K 32 dargestellt. Nach der ersten Spannungsumkehr findet man allgemein $|\sigma_2| < |\sigma_1|$, d. h., die Fließspannung am Verformungsbeginn in umgekehrter Richtung ist kleiner als in Vorwärtsrichtung (BAUSCHINGER-Effekt). Dies ist die Folge der Polarität der Versetzungsanhäufungen nach der ersten Verformung. Mit zunehmender Zahl der Lastwechsel (Lastspielzahl) verschwindet diese Asymmetrie. Nach N Zyklen tritt Bruch ein (N heißt Bruchlastspielzahl).

Die Standardmethode der Ermüdungsexperimente besteht darin, eine größere Zahl von Proben mit gleichem Ausgangszustand herzustellen und sie unterschiedlichen Spannungsamplituden S auszusetzen. Trägt man S über N auf,

Abb. K 27

Elektronenmikroskopisches Oberflächenbild ($V = 9000 : 1$) eines verformten Kupfer-Einkristalls im Bereich I der Verfestigungskurve ($a = 9{,}4\%$) (nach MADER)

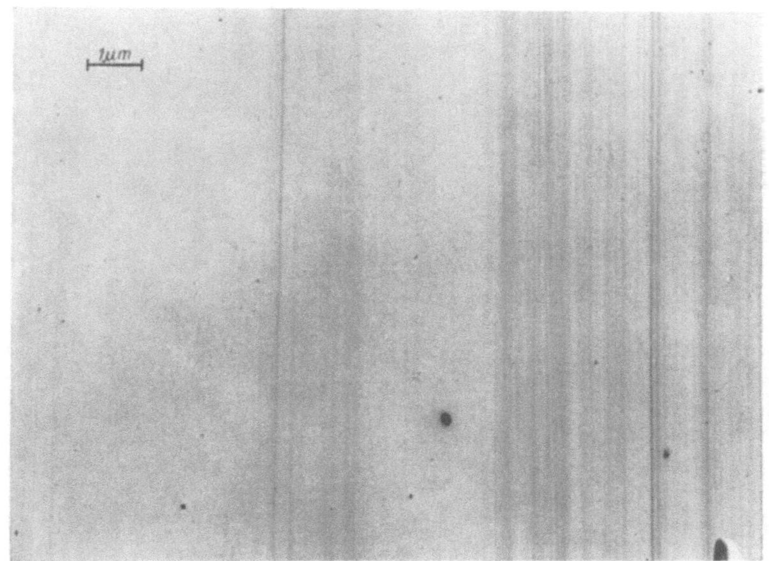

Abb. K 28

Strukturierte Feingleitung im Bereich II der Verfestigungskurve eines Kupfer-Einkristalls ($V = 10\,000:1$). Nach einer von MADER entwickelten Technik wurde die Verformung des Kristalls nach 20% Abgleitung unterbrochen, die Oberfläche poliert und anschließend die Verformung bis $a = 28\%$ fortgesetzt. Das Bild enthält deshalb nur die in diesem Abgleitungsintervall neu entstandenen Gleitlinien (nach MADER)

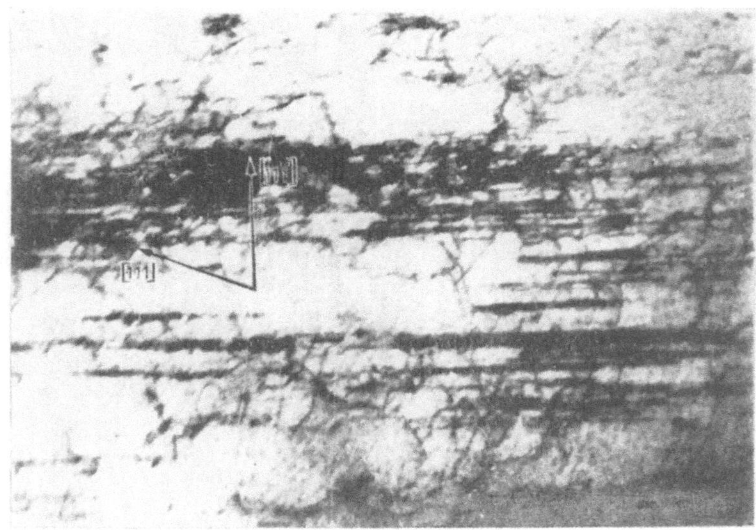

Abb. K 29

Versetzungen im Bereich II eines plastisch verformten Kupfer-Einkristalls (Abgleitung $a = 16\%$). Die Folie ist senkrecht zur Hauptgleitrichtung präpariert (nach MADER) ($V = 24\,000:1$)

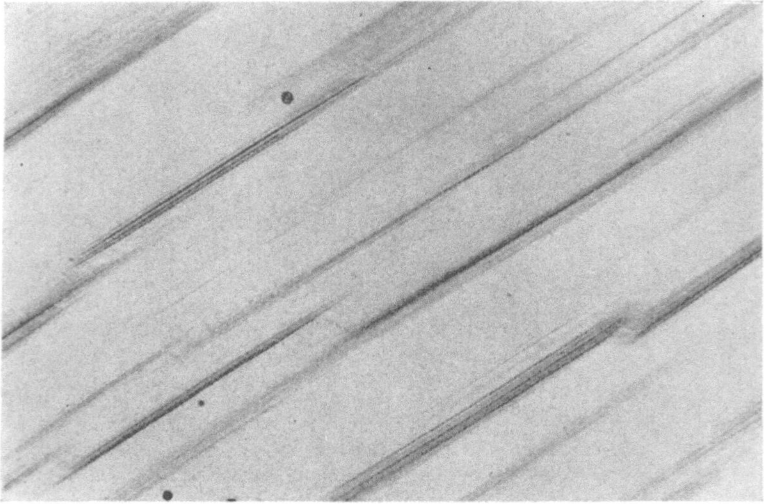

Abb. K 30

Gleitlinien im Bereich III der Verfestigungskurve. Zwischen den Endbereichen benachbarter Gleitbänder erkennt man Spuren von Quergleitung. Dieses Bild stellt, wie Abb. K 28 erläutert, einen Abgleitungszuwachs von 10% dar. Gesamtabgleitung $a = 59\%$, $V = 10\,000:1$ (nach MADER)

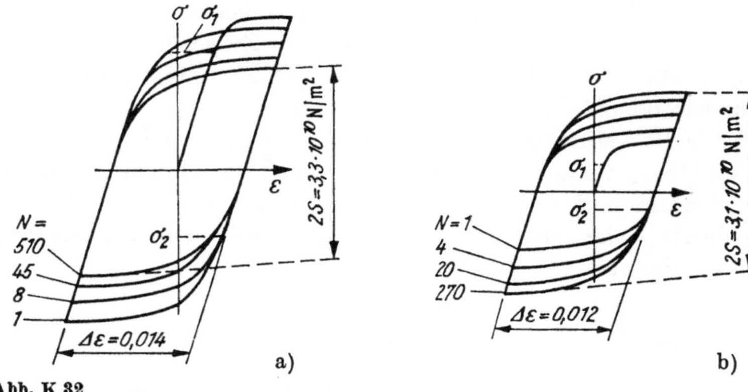

Abb. K 32

Spannungs-Dehnungs-Diagramm von Kupfer bei Wechselverformung (a) nach Kaltverformung um 23%, (b) nach Erholung (vgl. K 34) (nach FELTNER)

so erhält man die sog. WÖHLER-Kurve. In einigen Fällen (speziell für Stähle) hat sie asymptotischen Charakter (vgl. Abb. K 33). Dann kann eine sog. Dauerfestigkeitsgrenze S_0 als diejenige Wechselspannungsamplitude S angegeben werden, unterhalb deren auch bei beliebiger Lastwechselzahl kein Bruch eintritt. In ferritischen Stählen findet man z.B. als Richtwert $S_0/\sigma_B \approx 0{,}5$, d. h., für wechselbeanspruchte Stahlteile sollte die übliche dynamisch ermittelte halbe Zugfestigkeit $0{,}5\,\sigma_B$ nicht überschritten werden (σ_B: Bruchspannung im einsinnigen Versuch). Viele andere Metalle zeigen jedoch einen kontinuierlichen Abfall der WÖHLER-Kurve (Abb. K 33, untere Kurve), so daß als Ermüdungsfestigkeit die Spannungsamplitude bei einer vorgegebenen Zahl N von Lastwechseln angegeben werden muß. An der Oberfläche bilden sich während der Wechselverformung charakteristische Veränderungen (vgl. Abb. K 34, Tafel 14), an denen im weiteren Verlauf der Verformung Rißbildung einsetzt. Unabhängig von der Vorgeschichte tritt im Kristallinnern bei etwa 10^4 Zyklen im Netzwerk eine sogenannte Zellbildung ein, wobei sich dieses Netzwerk von dem im Be-

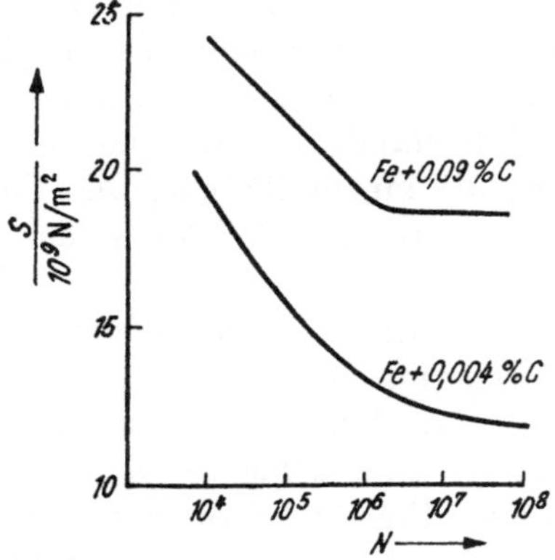

Abb. K 33

WÖHLER-Kurven für Eisen mit verschiedenem Kohlenstoffgehalt (nach SMALLMAN)

reich II der Verfestigungskurve dadurch unterscheidet (vgl. K 31), daß keine weitreichenden Spannungsfelder auftreten. Die Zwischenräume innerhalb der Netze sind praktisch versetzungsfrei, so daß in diesen Gebieten eine Versetzungsbewegung besonders leicht vor sich gehen kann.

Zum Ende der Lebensdauer werden die Kerben an der Oberfläche breiter und entwickeln Risse, die zunächst parallel zu den Versetzungswänden reißen. Im weiteren Verlauf tritt ein ungeordnetes Aufreißen ein. Abb. K 35 (Tafel 14) zeigt die Bruchfläche eines ermüdeten Kristalls mit glattem „Daueranriß" und rauhem „Restbruch".

K 34 Erholung und Rekristallisation

Die Gitterstörungen, die im Verlaufe der Verformung (oder auf andere Weise, wie z. B. durch Bestrahlung mit Teilchen hoher Energie oder durch schnelles Abkühlen von hohen Temperaturen) im Kristall entstehen, befinden sich im allgemeinen nicht im thermodynamischen Gleichgewicht, dennoch können sie lange Zeit beständig sein. Die Ursache besteht in Potentialschwellen zwischen dem vorliegenden und dem Gleichgewichtszustand. Zu ihrer Überwindung muß zunächst Energie aufgebracht werden, bevor der Energiegewinn durch Übergang in den Gleichgewichtszustand realisiert werden kann. Je nach den dabei ablaufenden mikroskopischen Vorgängen unterscheidet man zwei Formen der Annäherung an den Gleichgewichtszustand: Erholung und Rekristallisation.

Während sich bei den Prozessen der Erholung Zahl und Anordnung von Punktdefekten und Einzelversetzungen ändert, ist die Rekristallisation durch die Entstehung und Bewegung (oder nur Bewegung) von Großwinkelkorngrenzen (vgl. E 4 und S. 230) gekennzeichnet. Die erwähnte Energieschwelle wird in den meisten Fällen (Ausnahme z. B. die spannungsinduzierte dynamische Erholung, vgl. K 31) durch thermische Aktivierung überwunden (vgl. K 23). Dazu muß der Kristall mindestens die sog. Erholungs- oder entsprechend die sog. Rekristallisationstemperatur erreicht haben. Normalerweise laufen die für die Erholung maßgebenden Vorgänge bei niedrigeren Temperaturen ab.

Wenn sich ein Kristall erholt, wirkt sich das naturgemäß auf seine physikalischen Eigenschaften sehr verschieden aus. Zum Studium der Erholung werden besonders bevorzugt: der elektrische Widerstand, die Gitterkonstanten, die durch Verformung gespeicherte Energie, die innere Reibung und die Kenngrößen der plastischen Verformung. Aus Raumgründen kann hier nur auf letztere eingegangen werden.

Voraussetzung für die Erholung z. B. der Fließspannung ist der Abbau der inneren Spannungen im Kristall durch Versetzungsumordnung und -vernichtung (vgl. K 215 u. K 223). Das Experiment zeigt, daß alle Metalle mit niedriger Stapelfehlerenergie (vgl. K 223) nur geringe oder keine Erholung aufweisen, während z. B. in Aluminium unter günstigen Umständen die gesamte Verfestigung durch Erholung zum Verschwinden gebracht werden kann. Das weist auf den dominierenden Einfluß des Versetzungskletterns bei der Umordnung des

Netzwerks hin, deren wichtigster Prozeß die schon in K 214 erwähnte Polygonisation ist. Sie besteht darin, daß sich Versetzungen gleichen Vorzeichens so in Wänden (Kleinwinkelkorngrenzen, vgl. E 4) anordnen, daß entsprechend den Ausführungen von K 223 die elastische Energie des Kristalls vermindert wird (Abb. K 36). Ihr Ablauf kann erheblich begünstigt werden, wenn, wie es z.B. beim Kriechen der Fall ist (vgl. K 32), eine kleine äußere Spannung das Klettern fördert, ohne Verfestigung hervorzurufen. Auf diese Weise kann sich ein dreidimensionales Polygonisationsnetzwerk bilden.

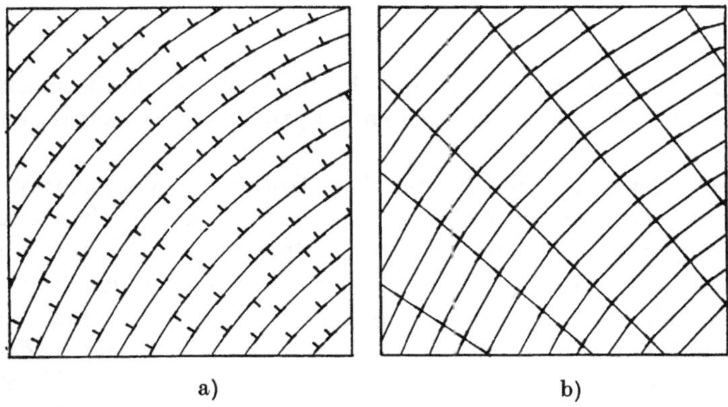

Abb. K 36

Schematische Darstellung der Versetzungsanordnung in einem gebogenen Kristall (a) vor und (b) nach Polygonisation (nach OROWAN und CAHN)

Die Rekristallisation eines Gefüges führt zur Entstehung neuer wesentlich weniger gestörter Kristallite und ermöglicht die vollständige Beseitigung der Folgen einer Deformation. Als zweckmäßig hat sich die Einteilung der vielfältigen Vorgänge nach Gesichtspunkten der Kinetik und der dominierenden Energieanteile erwiesen. Danach unterscheidet man 1. primäre Rekristallisation, 2. Kornwachstum (oder Sammelrekristallisation), 3. sekundäre Rekristallisation und mitunter 4. tertiäre Rekristallisation. Die weitaus umfangreichsten Erfahrungen liegen zur primären Rekristallisation vor, die zweckmäßig als Aufeinanderfolge zweier Teilprozesse analysiert wird: die Keimbildung spannungsfreier Kristallite und deren Wachstum. Einzelheiten der Keimbildung sind noch nicht befriedigend geklärt. Keime bilden sich durch thermische Aktivierung bevorzugt an besonders stark verformten Stellen der Probe. Temperaturerhöhung über eine Schwelle (vgl. Tab. K 3) hinaus, erhöhte Dauer der Wärmebehandlung und Überschreitung eines Mindestverformungsgrades beschleunigen das Entstehen der Keime nach einer Inkubationszeit. Diese wachsen zu makroskopisch sichtbarer Größe heran, bis das verformte Gefüge vollständig aufgebraucht ist. Die dabei entstehende neue Korngröße ergibt sich aus der Bilanz von Keimbildungs- und Kornwachstumsgeschwindigkeit (vgl. auch S. 125). So ist es z.B. zu verstehen, daß Proben mit kleinem Vorverfor-

Tabelle K 3
Rekristallisationstemperaturen

Metall	T/°C	Metall	T/°C
W	1200	Al	150
Ta	1000	Mg	150
Mo	900	Sn	30
Pt	450	Zn	20
Fe	400	Pb	<20
Ag	200	Cd	10
Cu	200		

mungsgrad (d. h. kleiner Keimbildungswahrscheinlichkeit) nach Abschluß der primären Rekristallisation im allgemeinen ein gröberes Korn aufweisen als die mit hohem.

Die empirische Beziehung zwischen mittlerer Korngröße, Vorverformungsgrad und Temperatur wird zur Orientierung für den Praktiker (gröberes Korn bedeutet verminderte Festigkeit!) meist in dreidimensionalen Diagrammen der Form von Abb. K 37 dargestellt. Die Wachstumsgeschwindigkeiten der einzelnen Körner haben sich als stark abhängig von Punktdefekten oder Ausscheidungen und vom Orientierungsunterschied zwischen neuem Korn und Matrix herausgestellt. In Aluminium z.B. wird die maximale Wachstumsgeschwindigkeit (Meßwerte für verschiedene Legierungsgehalte s. Abb. K 38)

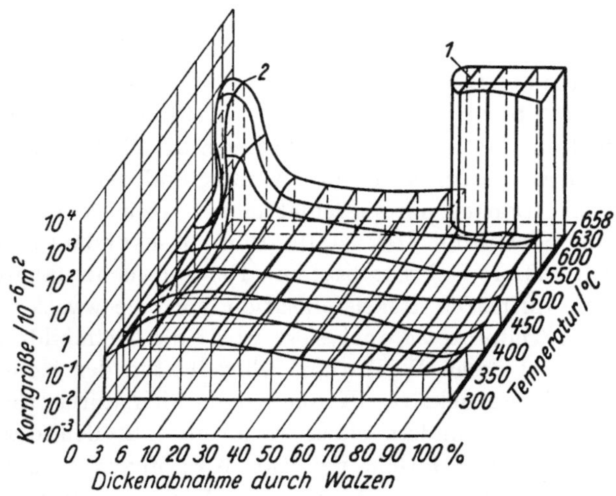

Abb. K 37

Rekristallisationsdiagramm von Aluminium nach Dahl und Pawlek (Glühdauer 2 h). Bei geringen Verformungsgraden und Temperaturen wächst zunächst die Korngröße mit dem Walzgrad, wahrscheinlich infolge unvollständiger Rekristallisation. Nach Wärmebehandlung bei hohen Temperaturen wird eine starke Kornvergrößerung beobachtet. Die Bedingungen in den Gebieten *1* und *2* eignen sich deshalb besonders zur Herstellung spannungsfreier Einkristalle. Im Gebiet *1* spricht man von sekundärer Rekristallisation

a)

b)

Abb. K 34

Intrusionen (Einpressungen) (a) und Extrusionen (Auspressungen) (b) an der Oberfläche eines Kupferkristalls nach Wechselverformung (nach Mc Lean) (Keilschnitt, $V = 20\,000:1$)

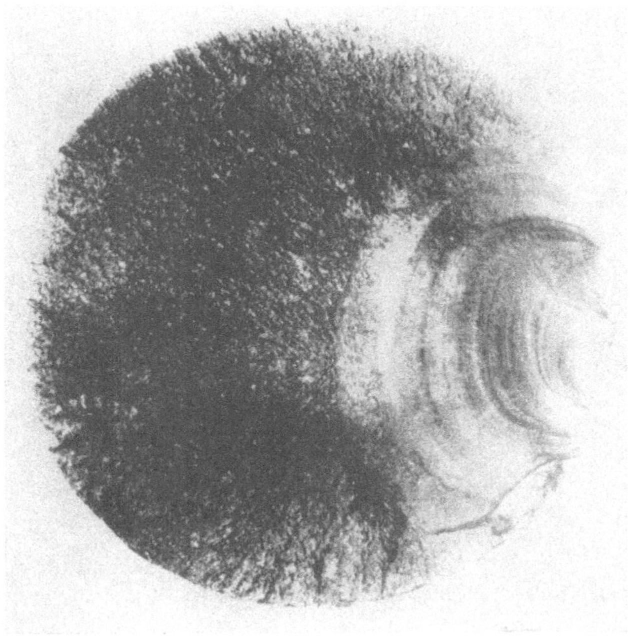

Abb. K 35

Ermüdungsbruch (nach Chalmers)

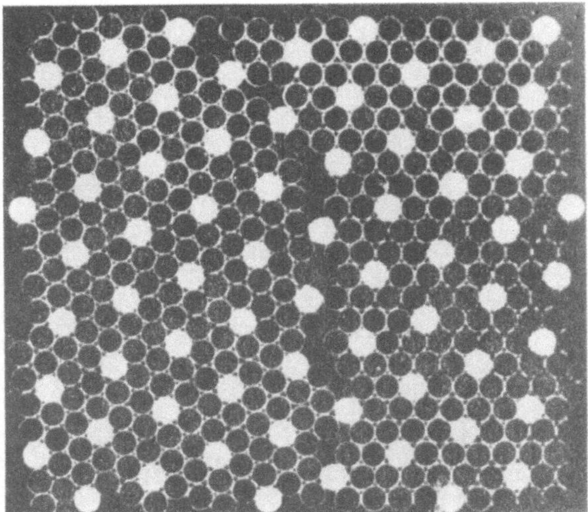

Abb. K 39

Koinzidenzgitter zweier kubisch-flächenzentrierter Kristallite an einer reinen Kippkorngrenze; die beiden Körner können durch Drehung um 38° (bzw. 22°) um die ⟨111⟩-Richtung in identische Lage gebracht werden: Die weiß markierten Gitterpunkte (Koinzidenzgitter) haben über die Korngrenze hinweg exakte Translationssymmetrie und setzen dadurch die Wirkung der Korngrenze als Kristallstörung herab. Als Maß für die Wirksamkeit gilt das Verhältnis der Gitterplätze des Koinzidenzgitters zu deren Gesamtzahl, hier 1:7 (nach KRONBERG und WILSON, 1949)

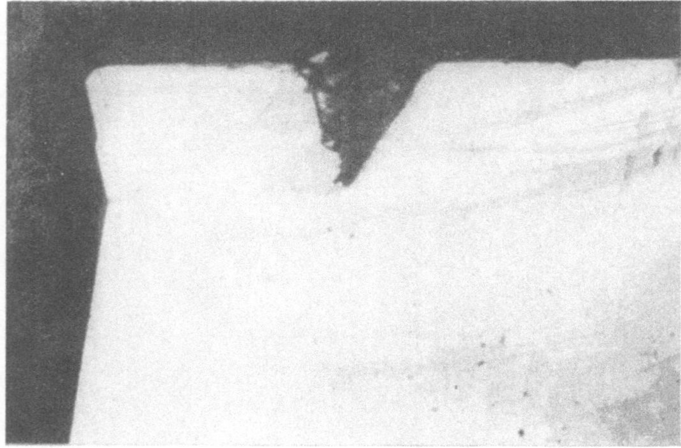

Abb. K 40

Zwilling in Kalkspat, der durch Einpressen einer Messerschneide (Methode BAUMHAUER) erzeugt wurde

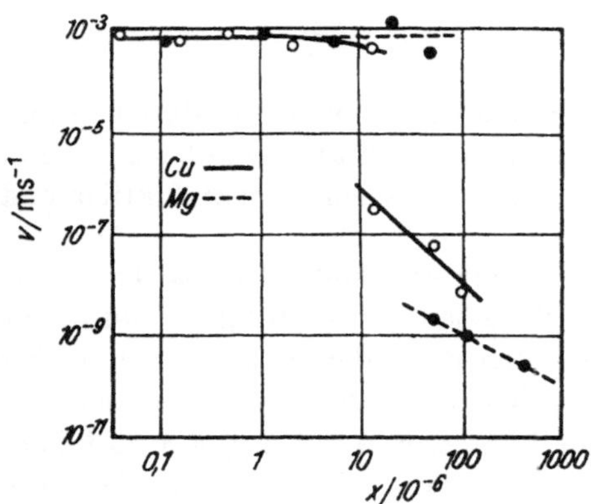

Abb. K 38
Korngrenzenverschiebungsgeschwindigkeit in Aluminiumlegierungen in Abhängigkeit vom Kupfer- bzw. Magnesiumgehalt x bei 130 °C (nach FROIS und DIMITROV)

bei einem Orientierungsunterschied von ≈ 38° beobachtet, für die aus rein geometrischen Gründen (*Koinzidenzgitter*, vgl. Abb. K 39 (Tafel 15)) die Korngrenzenenergie deutlich erniedrigt ist.

Während die primäre Rekristallisation die höhere Energie des verformten gegenüber dem unverformten Gefüge abbaut, wird durch das anschließende Kornwachstum die Korngrenzenenergie herabgesetzt. Durch das Verschwinden der kleinen Körner kann ein (meta-)stabiles grobkörniges Gefüge entstehen.

Thermodynamisch im Gleichgewicht ist die Probe aber erst nach Beseitigung aller Korngrenzen. Dies kann Anlaß zu schnellem, bevorzugtem Wachstum eines Kornes auf Kosten seiner Umgebung, der sekundären Rekristallisation, sein. Die Auswahlprinzipien des favorisierten Kristallits sind noch ungenügend bekannt. Empirische Regeln erlauben aber bereits jetzt die praktische Anwendung für die Einkristallzüchtung (z. B. Aluminium, Blei, Eisen) und die Erzeugung von Rekristallisationstexturen (z. B. Goss-Textur, vgl. N 35).

Die im rekristallisierten Material beobachteten Texturen sind meist von den etwa im verformten Ausgangsmaterial vorhandenen völlig verschieden, wenn auch ein gesetzmäßiger Zusammenhang bestehen kann. Man führt heute die Rekristallisationstexturen, zumindest in der Mehrzahl der untersuchten Fälle, auf die starke Orientierungsabhängigkeit der Korngrenzenwanderungsgeschwindigkeit, d. h. also des Kristallwachstums, zurück, die eine „Wachstumsauslese" der zufällig günstig orientierten Keime bewirkt. Daneben bleibt die Möglichkeit bestehen, daß auch bereits bei der Keimbildung bestimmte Orientierungen bevorzugt sein können. Ob die oben erwähnte Koinzidenz-Grenzen-Vorstellung zur Erklärung der Orientierungsabhängigkeit ausreicht, ist wohl noch nicht endgültig gesichert.

Der Vorgang der tertiären Rekristallisation beruht auf der Anisotropie der Oberflächenenergie der freien Probenoberfläche. Die Gesamtenergie kann erniedrigt werden, wenn Netzebenen geringer Oberflächenenergie die Probe begrenzen.

K 4 Bruch

Sowohl einsinnige als auch mehrsinnige Verformung wird durch Bruch begrenzt (vgl. K 31—K 33). Je nachdem, ob die Elastizitätsgrenze ($\approx \sigma_{0,2}$, vgl. Abb. F 1) vorher überschritten wurde oder nicht, unterscheidet man duktilen und spröden Bruch.

Die begrifflich einfachste Form des letzteren stellt der Spaltbruch dar. Nimmt man mit OROWAN an, daß zwei Netzebenen im Abstand d durch eine Spaltspannung σ_S soweit voneinander entfernt werden, daß die weitere Entfernung unter verminderter Spannung möglich ist, dann erhält man unter vorausgesetzter Gültigkeit des HOOKEschen Gesetzes $\sigma_S = \sqrt{4\, E\, \gamma_S'/d}$, wobei E den YOUNGschen Modul und γ_S' die Oberflächenenergie der erzeugten Spaltflächen bedeuten. Als Bruchbedingung ist dabei die Gleichheit der durch die Spannung σ in den Kristall hineingetragenen elastischen Energie mit der Oberflächenenergie γ_S' benutzt worden. Für die meisten Stoffe gilt $\gamma_S' \approx E\, d/30$, so daß als Spannung zur Erzeugung der Spaltfläche nach diesem einfachen Modell $\sigma_S \approx E/3$ zu erwarten wäre. Die experimentell ermittelten Bruchspannungen sind jedoch mit $E/1000 \cdots E/100$ wesentlich kleiner.

Obwohl die Vorgänge im einzelnen noch nicht vollständig geklärt sind, soll auf eine mögliche Ursache der Diskrepanz kurz hingewiesen werden. Nach GRIFFITH kann nämlich an Mikrorissen auch bei kleiner äußerer Spannung eine hohe lokale Spannung als Folge ihrer Kerbwirkung auftreten. Nimmt man an, daß sich der Riß ausbreitet, wenn im Rißgrund die theoretische Spaltfestigkeit σ_S erreicht ist, so folgt für die makroskopisch meßbare Bruchspannung $\sigma_B = \sqrt{E\, \gamma_S'\, \varrho/c\, d}$ mit der Rißbreite $2\,c$ senkrecht zur angelegten Spannung und dem Krümmungsradius ϱ im Rißgrund. Eine untere Grenze für σ_B sollte durch $\varrho = d$ gegeben sein. Bereits ein Riß von $c = 2 \cdot 10^{-6}$ m liefert $\sigma_B/\sigma_S \approx 1/200$. Kleinste Risse erniedrigen daher die Bruchspannung erheblich, seien sie nun an der Oberfläche oder im Innern angesiedelt.

Tabelle K 4
Beispiele experimentell beobachteter Spaltebenen

Strukturtyp	Vertreter	Spaltebene
A 1	—	keine
A 2	Li, Na, K, Fe, V, Cr, Nb, Mo, W, Ta	{100}
A 3	Be, Mg, Zn, Co	{0001}

Folgende weitere Konsequenzen dieser Vorstellung sind qualitativ bestätigt. Als Spaltebenen treten vorzugsweise Ebenen mit großen d, d. h. niedrigen MILLERschen Indizes (vgl. B 2), auf. Tab. K 4 enthält Beispiele. Stoffe, bei denen im Verlaufe der Deformation die Risse „entschärft" werden können (wie z.B. Gummi, aber auch die kubisch-flächenzentrierten Metalle durch Versetzungsbewegung im Rißgrund), d. h., wo ϱ wächst, weisen eine hohe Bruchspannung auf, die evtl. nicht beobachtet werden kann, da vorher duktiler Bruch eingetreten ist. Falls der Riß plastisch verformt wird, steigt die durch die äußere Spannung am Kristall verrichtete Arbeit (erhöhte Weglänge) stark an, die man für γ_S' einzusetzen hat. Wenn z.B. im Stahl $\sigma_S \approx E/300$ über einen Verformungsweg von $\approx 10^{-5}$ m wirkt, hat man $\gamma_S' = 3 \cdot 10^3\ \mathrm{J/m^2}$ und $\sigma_B \approx 1{,}7 \cdot 10^8\ \mathrm{N/m^2}$ bei 10^{-2} m Rißlänge.

Im Gegensatz dazu ergibt sich für Glas trotz hohem σ_S ($\approx E/10$) wegen überwiegend elastischer Verformung bei gleicher Rißlänge die erheblich kleinere Bruchspannung $\sigma_B \approx 3 \cdot 10^6\ \mathrm{N/m^2}$.

Duktiler Bruch entsteht in reinen Metallen durch stark lokalisiertes Gleiten. Die Probe schnürt sich an einer Stelle ein. Einschnürung ist dann zu erwarten, wenn die homogene Dehnung ε eines Kristalles einen höheren Kraftaufwand erforderte, als wenn die gleiche Längenänderung inhomogen erfolgte. Dies führt zum Einschnürungskriterium

$$\mathrm{d}\ln\sigma/\mathrm{d}\varepsilon = 1\,. \tag{K 14}$$

Die Bruchspannung ist somit eine direkte Folge der Form der Spannungs-Dehnungs-Kurve. Für $\sigma = \vartheta\,\varepsilon$ $\left(\vartheta \equiv \frac{\mathrm{d}\sigma}{\mathrm{d}\varepsilon},\ \text{Verfestigungskoeffizient}\right)$ erhält man daraus $\vartheta/\sigma = 1$, was im allgemeinen erst bei hohen Verformungsgraden erfüllt ist.

Die eingangs erwähnten Mikrorisse können auch im Verlaufe der plastischen Verformung selbst entstehen. Bruch tritt also auch bei sorgfältigster Präparation vor Erreichen der theoretischen Spaltfestigkeit auf. Ursache der Risse sind nach bisherigen Erfahrungen Versetzungsanhäufungen.

K 5 Gitterumwandlungen

K 51 Mechanische Zwillingsbildung

Wie oben (S. 221) bereits ausgeführt, kann durch Gleitprozesse, die eine homogene Scherdeformation geeigneter Größe hervorrufen, mechanische Zwillingsbildung bewirkt werden. Sie läßt sich in verblüffender Weise an Kalkspat dadurch demonstrieren, daß man auf den Kristall in geeigneter Weise einen Druck ausübt, worauf ein Teil von ihm in Zwillingsstellung übergeht, ohne daß der Zusammenhang des Gitters zerstört würde (Abb. K 40, Tafel 15).

Oft reicht die homogene Scherung zur Zwillingserzeugung nicht aus, sondern es müssen noch kleine komplizierte Atombewegungen hinzukommen (vgl. z.B. α-Uran, Abb. E 9). Ein Beispiel ohne solche Komplikationen ist die Zwillingsbildung des α-Eisens, die etwas näher erläutert sei. Die *Zwillingsebene* (S. 127) ist hier (112), die Deformationsrichtung $[\bar{1}\bar{1}1]$. Abb. K 41 zeigt eine $(\bar{1}10)$-Ebene mit den gestrichelten Spuren der (112)-Ebenenschar, diejenige der Zwillingsebene ist stärker gezeichnet. Man beachte, daß hinsichtlich der Zwillingsebene im Gegensatz zu anderen kristallographischen Problemen keine Gleichwertigkeit der einzelnen Ebenen einer Schar besteht. Man erkennt aus der Abbildung, daß das durch schwarze Punkte markierte Gitter des α-Eisens durch eine Verschiebung in der $[\bar{1}\bar{1}1]$-Richtung auf der (112)-Ebene in eine durch leere Kreise gekennzeichnete Zwillingsstellung übergeführt werden kann, die einer Spiegelung an der (112)-Ebene mit der stark gezeichneten Spur entspricht. Dazu ist nach Abb. K 41 offenbar erforderlich, daß die Größe der Verschiebung s dem Abstand von der Spiegelebene proportional ist, nämlich

$$s = n \frac{a}{6} \sqrt{3} ,$$

wenn $n = 0, 1, 2, \ldots$ die Nummer der betrachteten (112)-Ebene ist, von der Spiegelebene ($n = 0$) aus gezählt. (Die Zeichenebene der Abb. K 41 enthält nur Atome von jeder zweiten solchen Ebene.) Da der Abstand der n-ten Parallelebene von der Spiegelebene nach (B 30)

$$d \equiv n\, d_{(112)} = \frac{n\, a}{\sqrt{6}}$$

beträgt, besitzt die betrachtete Deformation eine konstante Abgleitung

$$\frac{s}{d} = \frac{\sqrt{3}}{\sqrt{6}} = 0{,}707 ,$$

stellt also eine homogene Scherung dar, deren Abgleitung durch den Kristallaufbau festgelegt ist.

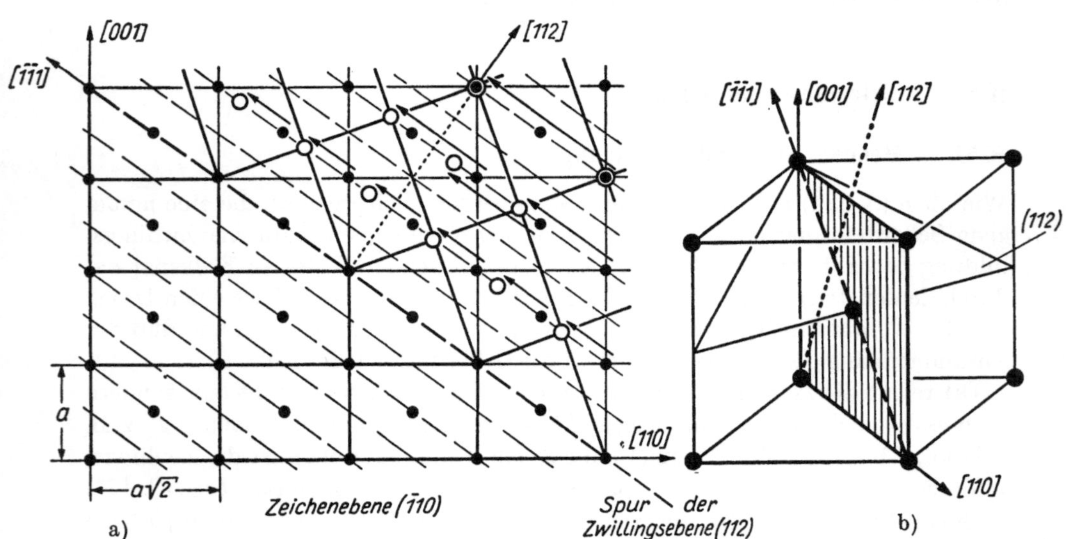

Abb. K 41

(a) Atombewegung in der $(\bar{1}10)$-Ebene bei Zwillingsbildung in α-Eisen.

(b) Lage der Zwillingselemente in der Elementarzelle (Zeichenebene von (a) schraffiert)

Bei der Zwillingsgleitung geht ein kugelförmiges Kristallgebiet in ein ellipsoides über (Abb. K 42). Da das Volumen wie bei jeder plastischen Deformation unverändert bleibt, muß der größte Ellipsoidhalbmesser größer und der kleinste kleiner als der Kugelradius sein. Es treten also bei der Zwillingsgleitung in manchen Richtungen Dehnungen, in anderen Stauchungen ein. Nach dem Prinzip des kleinsten Zwanges kann eine Zugkraft daher eine Zwillingsbildung nur bewirken, wenn der Kristall so orientiert ist, daß dabei eine Dehnung entsteht.

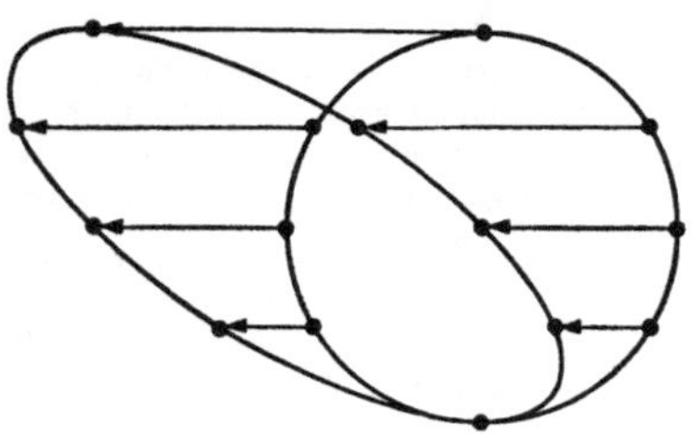

Abb. K 42
Verzerrung eines kugelförmigen Bereiches nach Übergang in die Zwillingsstellung

Versetzungstheoretische Beschreibung der Zwillingsbildung

Hinsichtlich der die mechanische Zwillingsbildung bewirkenden Kräfte besteht die gleiche Situation wie bei der plastischen Verformung. Man wird daher auch hier Versetzungen zur Erklärung heranziehen. Dabei ist zunächst klar, daß zur Erzeugung der Zwillingsgleitung *unvollständige Versetzungen* notwendig sind, damit ein vom ursprünglichen Gitter verschiedenes entstehen kann. Das gegenüber der plastischen Verformung eigentlich neue Problem ist aber die *Erzeugung einer homogenen Scherung*. Da es dazu notwendig ist, auf jeder Gitterebene des Gleitsystems die gleiche Abgleitung hervorzurufen, kann man nicht erwarten, daß dies auf Grund der statistisch über die Gleitebene verteilten Versetzungen erfolgt. Vielmehr nimmt man an, daß eine Versetzung nacheinander über eine Gleitebene nach der anderen streicht und so Ebene für Ebene in die Zwillingsstellung überführt. Speziell für α-Eisen haben Cottrell und Bilby folgendes Modell angegeben.

Man geht von einer in der Zwillingsebene (112) liegenden Einheitsversetzungslinie AO (Abb. K 43) mit dem Burgers-Vektor in Richtung des kürzesten Atomstandes $\frac{a}{2}[\bar{1}\bar{1}\bar{1}]$ aus. Unter Wirkung einer geeigneten äußeren Spannung kann sie aufspalten gemäß

$$\frac{a}{2}[\bar{1}\bar{1}\bar{1}] = \frac{a}{3}[\bar{1}\bar{1}\bar{2}] + \frac{a}{6}[\bar{1}\bar{1}1],$$

wie man sich anhand Abb. K 41 klar machen kann. Dabei ist die erste Teilversetzung nicht gleitfähig, während die zweite nach den obigen Ausführungen gerade eine $\{112\}$-Ebene in die Zwillingsstellung überführt. Ein Linienstück der betrachteten Versetzung, das parallel $[\bar{1}\bar{1}1]$ liegt, hat Schraubencharakter und kann daher auf jeder Ebene, welche die $[\bar{1}\bar{1}1]$-Richtung enthält, gleiten, z.B. auf ($\bar{1}21$). Da der Punkt O verankert ist, besteht diese Bewegung des Linienstückes in einer Rotation um O. Dabei wird die überstrichene ($\bar{1}21$)-Ebene in die Zwillingskonfiguration überführt. Nun besitzt aber die Versetzung AO eine Schraubenkomponente senkrecht zu ($\bar{1}21$) von der Größe $\left|\frac{a}{6}[\bar{1}21]\right|$, d. h. dem Netzebenenabstand der $\{\bar{1}21\}$-Ebenen. Daher gelangt die Versetzung bei ihrer Rotation aus einer ($\bar{1}21$)-Ebene in die nächste und kann so einen dreidimensionalen Zwilling erzeugen. Das für diesen Mechanismus

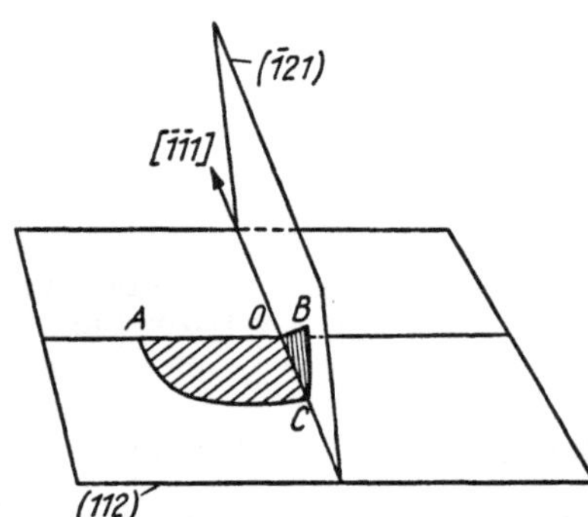

Abb. K 43

Versetzungsmodell für Zwillingsbildung im kubisch-raumzentrierten Gitter nach COTTRELL und BILBY. Eine in der (112)-Ebene liegende Versetzung spaltet zwischen A und O in zwei Teilversetzungen $\frac{a}{3}[\bar{1}\bar{1}\bar{2}]$ und $\frac{a}{6}[\bar{1}\bar{1}1]$ auf, von denen $\frac{a}{6}[\bar{1}\bar{1}1]$ in dieser Ebene beweglich ist und den Stapelfehler ACO begrenzt. Das Stück $\overline{OC}$ der Teilversetzung $\frac{a}{6}[\bar{1}\bar{1}1]$ besitzt Schraubencharakter und kann durch Bewegung in ($\bar{1}21$) um O den Kristall in die Zwillingsstellung überführen

entscheidende Versetzungstück AO nennt man eine *Polversetzung*. In Wirklichkeit werden die Verhältnisse wesentlich komplizierter ablaufen als nach diesem Modell, denn es ist zu erwarten, daß makroskopische Zwillinge durch Bewegung einer Vielzahl von Versetzungen erzeugt werden.

K 52 Kobaltumwandlung

Kobalt gehört zu der nicht geringen Anzahl von Metallen, die sowohl in der kubischen als auch in der hexagonal-dichtesten Kugelpackung auftreten (vgl. Tab. IVa im Anhang), und zwar ist die kubische Phase oberhalb 450 °C stabil. Da beide Packungen aus gleichgebauten, aber verschieden gestapelten Netzebenen bestehen (vgl. S. 65), wird eine Umwandlung durch Gleitprozesse herbeizuführen sein. Wir hatten den Aufbau der beiden Kugelpackungen durch die Stapeloperator-Folgen

$\triangle\ \triangle\ \triangle\ \triangle \cdots$ kubisch

$\triangle\ \nabla\ \triangle\ \nabla \cdots$ hexagonal

gekennzeichnet. Es muß also in jeder zweiten Schicht der Operator $\triangle$ durch ∇ ersetzt werden, was nach (C 5) und (C 6) eine homogene Scherung in einer $\langle 112\rangle$-Richtung bedeutet mit einer Abgleitung

$$\gamma \equiv \tan\delta = \frac{s}{d_{111}} = \frac{\frac{a}{6}\,|[11\bar{2}]|}{\frac{2\,a}{3}\,|[111]|} = 0{,}354$$

bzw. mit einem Scherwinkel $\delta \approx 20°$. Die experimentellen Befunde bestätigen diese Vorstellung: Die kubischen $\{111\}$-Flächen werden bei der Umwandlung zur hexagonalen Basis. Da der Umwandlungsprozeß auf jeder der 4 kubischen Oktaederflächen einsetzen kann, zerfällt bei ihm gewöhnlich ein kubischer Einkristall in eine Vielzahl von hexagonalen Kristallen.

Versetzungsmodell der Umwandlung

Zu dem oben behandelten Fall der Zwillingsbildung besteht zunächst der quantitative Unterschied, daß hier jede zweite Oktaederebene durch die Versetzung in die Konfiguration, die dem neuen Gitter entspricht, umgewandelt werden muß. Sodann — das ist der wesentliche Unterschied — muß die Umwandlung ohne äußere Kräfte bei einer bestimmten Temperatur erfolgen. Beide Eigenschaften besitzt der folgende von SEEGER vorgeschlagene Mechanismus.

Wir betrachten eine in der kubischen (111)-Ebene liegende Einheitsversetzung mit dem BURGERS-Vektor in der Richtung der kürzesten Atomabstände $\frac{a}{2}[\bar{1}10]$, die — wie beim kubisch-flächenzentrierten Gitter üblich — in die Halbversetzungen $\frac{a}{6}[\bar{1}2\bar{1}]$ und $\frac{a}{6}[\bar{2}11]$ aufgespalten ist. Beide Halbversetzungen α und β sind gleitfähig. Infolge ihrer Abstoßung spannen sie nach früheren Überlegungen zwischen sich ein *Stapelfehlerband* mit einer um so größeren Breite auf, je kleiner die *Stapelfehlerenergie* ist. Da diese durch den Unterschied zwischen der freien Enthalpie der kubischen und der hexagonalen Phase bestimmt wird, verschwindet sie am Umwandlungspunkt. Hier werden sich also die beiden Halbversetzungen soweit wie irgend möglich voneinander entfernen. Um die zwischen ihnen durch den Stapelfehler zweidimensional erfolgte Umwandlung in die dritte Dimension fortzusetzen, sind jetzt *zwei Polversetzungen* erforderlich. In dem Verzweigungspunkt der Halbversetzungen seien noch zwei auf (111) senkrechte Versetzungen γ und δ mit den BURGERS-Vektoren $\frac{a}{2}[211]$ und $\frac{a}{2}[121]$ vorhanden (Abb. K 44); dieser Knoten ist als Bestandteil des Versetzungsnetzes der Grundstruktur zu denken. Schreibt man

$$\frac{a}{2}[211] = \frac{2}{3}a\,[111] + \frac{a}{6}[2\bar{1}\bar{1}]$$

und

$$\frac{a}{2}[121] = \frac{2}{3}a\,[111] + \frac{a}{6}[\bar{1}2\bar{1}],$$

so erkennt man, daß zwei Schraubenkomponenten vom Betrage $2\,a/\sqrt{3}$ vorhanden sind; dies ist aber gerade der doppelte Netzebenenabstand der $\{111\}$-Ebenen. Dadurch wird bewirkt, daß die Halbversetzungen nicht nur eine (111)-Ebene mit einem Stapelfehler überziehen, sondern auf einer Schraubenfläche jeweils in die übernächste (111)-Fläche gelangen, den Stapelfehler somit auf jeder zweiten Netzebene herbeiführen und dabei den dreidimensionalen Kristall in die andere Modifikation umwandeln.

In Wirklichkeit wird auch hier der Laufweg einer Versetzung beschränkt sein und die Umwandlung von vielen Stellen des Volumens ausgehend fortschreiten. Es sei noch angemerkt, daß der hier betrachtete Versetzungsknoten nicht in dem Maße verankert ist wie der bei der Zwillingsbildung von α-Eisen besprochene, der durch eine nicht gleitfähige Teilversetzung festgehalten wurde. Hier besitzen die Polversetzungen die Gleitebene $(01\bar{1})$ bzw. $(10\bar{1})$, in denen eine Bewegung zwar nicht unmöglich, aber erschwert ist. Dieser Unterschied ist deshalb berechtigt, weil die Gitterumwandlung im Gegensatz zur Zwillingsbildung ohne Wirksamkeit äußerer Kräfte erfolgen kann.

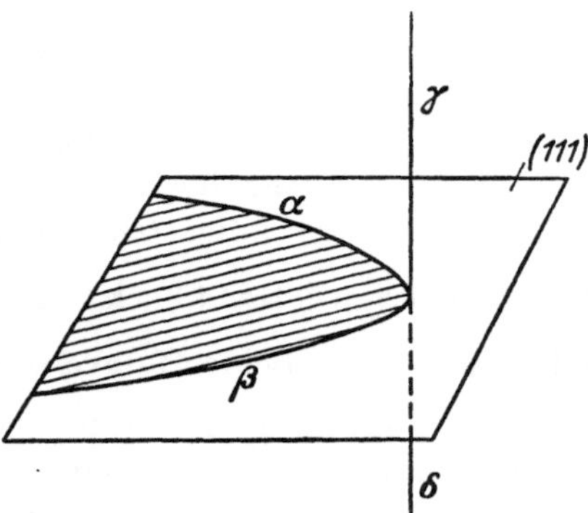

Abb. K 44
Versetzungsmechanismus der Kobaltumwandlung nach SEEGER. Die beiden Halbversetzungen α und β bewegen sich mit entgegengesetztem Drehsinn um γ und δ, wobei das überstrichene Gebiet in die hexagonale Phase übergeht

K 53 Martensitbildung

Der Mechanismus der Kobaltumwandlung ist das einfachste Beispiel einer diffusionslosen und umkehrbaren Phasenumwandlung im festen Zustand. Nach der entsprechenden Phase im Eisen–Kohlenstoff-System (vgl. J 11) werden derartige Gitterumwandlungen als *Martensitumwandlungen* bezeichnet. Sie sind gekennzeichnet durch gekoppelte Atomverschiebungen um gegenüber dem Atomabstand kleine Beträge, wobei eine (auf vorher polierter Oberfläche) sichtbare Formänderung statthat (s. Abb. K 45, Tafel 16).

Die phänomenologische Beschreibung auf der Grundlage des beobachteten Ausgangs- und Endzustandes zerlegt den Vorgang der Umwandlung in 2 Teile (vgl. Abb. K 46), erstens den einer homogenen Scherung (kleine Dehnungen evtl. zugelassen) mit der neuen Phase als Ergebnis und zweitens einer Deformation, die die Gestaltsänderung des ersten Vorganges ohne Änderung der Kristallstruktur kompensieren kann. Letztere kann entweder in einem Gleitvorgang (vgl. Abb. K 46c) oder in einer Zwillingsschiebung (vgl. Abb. K 46e) eines Zwillingssystems des vorher neu entstandenen Gitters bestehen.

Das praktisch wichtigste Beispiel stellt die Umwandlung des kubisch-flächenzentrierten Austenits in den tetragonal-raumzentrierten Martensit beim Abschrecken von Stahl dar. Unterhalb des Martensitpunktes (≈ 200 °C) werden nach diesem Mechanismus einzelne Plättchen des Martensits ohne Änderung der chemischen Zusammensetzung in Zeiträumen der Größenordnung 0,5 bis $5 \cdot 10^{-8}$ s gebildet. Nach einem einfachen Modell von KURDJUMOV und SACHS kann der Übergang z.B. durch zwei aufeinanderfolgende Scherungen des Typs $(111)[\bar{1}\bar{1}2]$ (Austenit) und $(1\bar{1}2)[\bar{1}11]$ (Martensit) erfolgen. Über Einzelheiten der Versetzungsmechanismen, etwa analog denen beim Kobalt, besteht noch keine einheitliche Meinung.

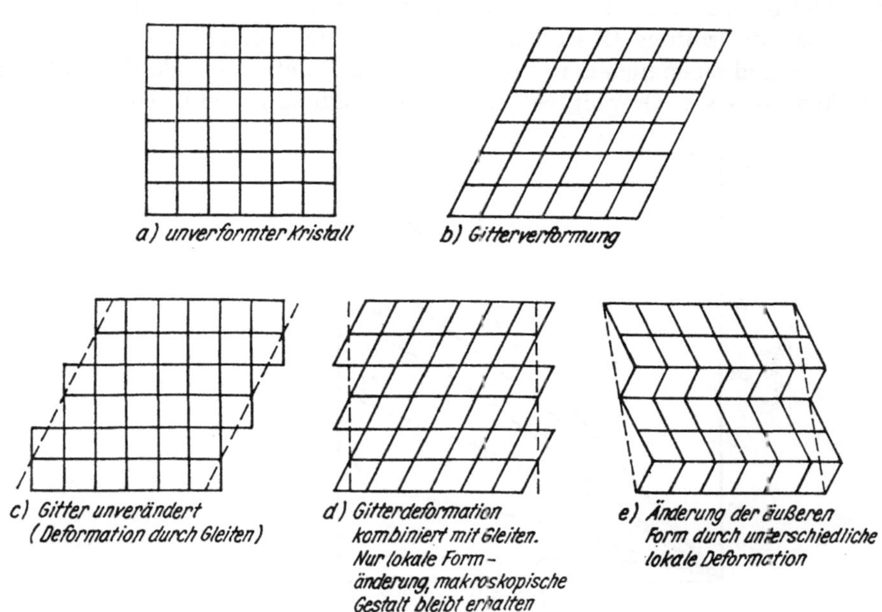

Abb. K 46

Verformungstypen bei der Martensitumwandlung (nach MACKENZIE)

Martensitumwandlungen sind bei zahlreichen weiteren Elementen und Legierungen beobachtet worden, so z.B. an Titan, Uran, Zirkon, Zer, Lithium, Natrium, Eisen–Nickel, Eisen–Mangan und Kupfer–Zink.

K 6 Metallphysikalische Prinzipien zur Verbesserung der mechanischen Eigenschaften von Werkstoffen

Die moderne Technik erfordert eine ständige Erweiterung des Eigenschaftsspektrums der Werkstoffe. Hinsichtlich der mechanischen Eigenschaften stehen die Forderungen nach hoher Festigkeit und/oder hoher Dehnbarkeit bis zum Bruch unter verschiedenen Bedingungen von Temperatur, Druck, Atmosphäre usw. im Vordergrund. Wir wollen im folgenden an einigen Beispielen zeigen, welche Rolle die bisher besprochenen Prinzipien bei Werkstoffen mit hochspezialisierten Festigkeitseigenschaften spielen.

K 61 Verbundwerkstoffe

Die Ergebnisse von K 3 und K 4 haben gezeigt, daß hohe Festigkeit nur dann erreicht werden kann, wenn Versetzungen beseitigt und Mikrorisse vermieden worden sind. Eine Anwendung dieser Erkenntnisse bilden die sogenannten Verbundwerkstoffe, die in einer häufig realisierten Form, den faserverstärkten Werkstoffen, parallel ausgerichtete Fasern vom Durchmesser $10^{-6} \cdots 10^{-5}$ m enthalten, die rißfreie Oberflächen besitzen, keine beweglichen Versetzungen enthalten und einen hohen YOUNGschen Modul E aufweisen (als Fasern können z.B. Whiskers von Graphit, SiC, Al_2O_3 Verwendung finden). Die Fasern sind

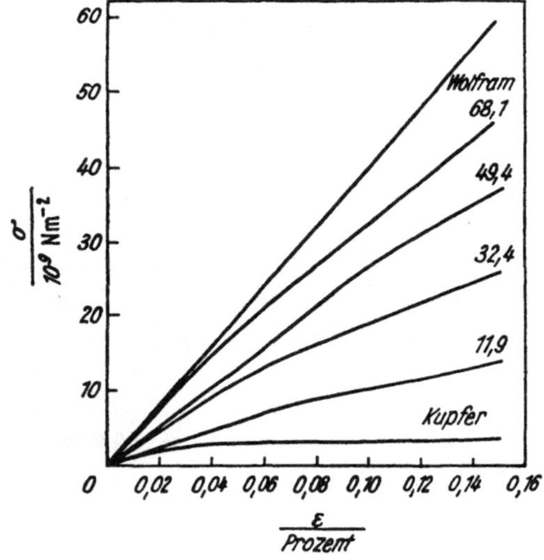

Abb. K 47

Spannungs-Dehnungs-Diagramme eines Verbundwerkstoffes (Matrix: Kupfer-Legierung, Faser: Wolfram; die Zahlen geben die Volumenanteile an Wolframfasern in Prozent an). Die Fasern waren durchgehend, außer bei der Kurve für 32,4% (nach KELLY)

in eine duktile Matrix eingebettet, die die äußeren Kräfte auf die Fasern überträgt. Bei Beanspruchung in Faserrichtung übernehmen die Fasern entsprechend ihrem hohen E-Wert den wesentlichen Teil der Spannung. Im Bereich elastischer Verformung von Matrix und Faser ist der E-Modul des Verbundwerkstoffes näherungsweise durch $E_V = E_F c_F + E_M c_M$ gegeben, wo die Indizes F und M sich auf Faser und Matrix beziehen und c den Volumenanteil angibt. Abb. K 47 zeigt die Spannungs-Dehnungs-Kurve einer durch Wolfram verstärkten Kupferprobe im Bereich elastischer Verformung der Faser.

Risse in der Matrix quer zur Zugrichtung werden bei ihrer Ausbreitung im Werkstoff an den Fasern parallel zu deren Längsachse umgelenkt und damit entschärft. Damit besitzen Verbundwerkstoffe nicht nur eine höhere Zugfestigkeit, sondern auch eine erhöhte Lebensdauer bei Ermüdung (vgl. K 33).

K 62 Dispersionshärtung. Ausforming und Marageing

Die Bewegungsbehinderung der Versetzungen kann auch durch ausgeschiedene Teilchen (vgl. J 12) erfolgen. Meist handelt es sich um intermetallische Verbindungen, die erst bei hohen Temperaturen von den Versetzungen durchschnitten werden können. So wächst z.B. in Aluminium–Magnesium–Zink-Legierungen durch Ausscheidung von $MgZn_2$ die Zugfestigkeit um fast einen Faktor 3 gegenüber dem Mischkristall gleicher Zusammensetzung. Versetzungshindernisse können auch durch Einlagerung von Teilchen hoher Festigkeit z.B. auf dem Wege innerer Oxydation aufgebaut werden. Eine Versetzung, die bei ihrer Bewegung über die Gleitebene auf derartige Hindernisse stößt, wird diese entweder durchschneiden oder umgehen, je nachdem, welcher Vorgang die geringere Energiezufuhr erfordert. Der erstere ist begünstigt, wenn der minimale Krümmungsradius, auf den eine Versetzung unter der Wirkung der äußeren Schubspannung τ gebogen werden kann (vgl. K 222), groß gegen den Teilchenabstand ist. Aufgebracht werden muß die Energie zum Durchschneiden der Teilchen und die der neu entstehenden Grenzflächen. Abb. K 48 (Tafel 16) zeigt das Beispiel einer abgescherten Ausscheidung.

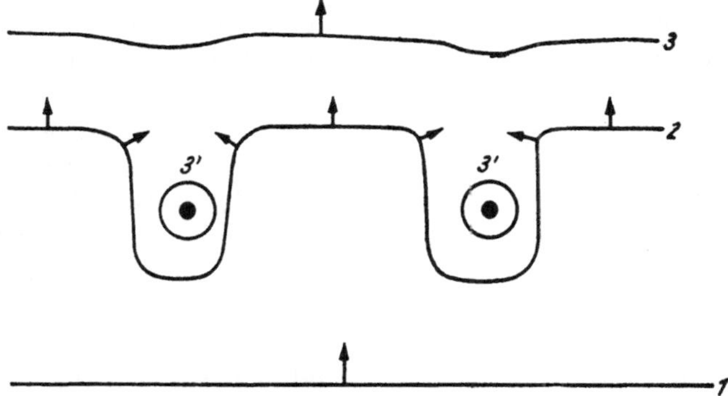

Abb. K 49
Schematische Darstellung zur Wechselwirkung einer Versetzung mit zwei Hindernissen. Die ursprünglich gerade Versetzungslinie (1) umgeht dadurch die Hindernisse und setzt ihre Bewegung in der Gleitebene fort (3), daß sie sich durchbiegt (2) und zwei Ringe (3′) abspaltet

Die Hindernisse können umgangen werden z.B. durch Quergleiten bzw. Klettern (vgl. K 212) oder durch einen Mechanismus, der schematisch in Abb. K 49 dargestellt ist. Er steht in enger Beziehung zum FRANK-READ-Mechanismus (vgl. K 215 u. K 222). Die Hindernisse können bei einer äußeren Spannung $\tau \approx G\,b/l$ passiert werden (l Hindernisabstand). Die Festigkeit nimmt jedoch mit abnehmendem Teilchenabstand l nicht monoton zu wegen des bereits erwähnten Durchschneidungsmechanismus. Für die meisten Legierungen liegt der Teilchenabstand mit maximaler Festigkeitssteigerung in der Größenordnung $100 \cdot 10^{-10}$ m. Für die Verlängerung der Versetzungslinien muß Energie aufgewandt werden (vgl. K 222), darüber hinaus erfordert die Störung der Anpassung zwischen plastisch verformter Matrix und unverformtem Hindernis weitere Energiezufuhr von außen.

Starke Steigerung der Versetzungsdichte wird als Mittel der Festigkeitserhöhung (ohne Versprödung) (vgl. K 23) bei Stählen im „Ausforming"-Prozeß (*austenite* + *deformation* = Austenit + Verformung) angewandt und kann z. B. die Zugfestigkeit um 30—50% steigern. Dazu wird der Stahl im austenitischen Zustand (vgl. Abb. J 2) zwischen 400 und 600 °C stark verformt und anschließend abgekühlt, wobei die Martensit-Umwandlungstemperatur unterschritten wird. Bei dieser letztgenannten Umwandlung (vgl. K 52) bleibt die hohe Versetzungsdichte erhalten. Darüber hinaus fördern die Versetzungen die Diffusion und damit die Karbidausscheidung, so daß eine zusätzliche Blockierung der Versetzungen erfolgt. Der Nachteil des Ausforming, die notwendige Deformation, fällt bei Werkstücken, die bei ihrer Fertigung ohnehin stark verformt werden müssen, nicht ins Gewicht.

Einen Stahl mit hoher Festigkeit bei ausreichender Duktilität ohne Verformung herzustellen, gelingt nach dem Marageing (*martensite* + *ageing* = Martensit + Alterung). Durch Zusatz von Nickel (18—22 At%) wird die Umwandlungstemperatur von Austenit in Ferrit (vgl. Abb. J 2) auf unter 400 °C herabgesetzt und die Gefahr der Bildung des unerwünschten Ferrits (geringe Festigkeit) durch Diffusion auch bei langsamer Abkühlung verringert. Im Gegensatz zum raschen Abkühlen (Abschrecken) kann somit auch über große Querschnitte eines Werkstückes die diffusionslose Martensitumwandlung zwischen 150 und 300 °C (vgl. K 52) vor sich gehen. Wenn der Stahl weniger als 0,03% Kohlenstoff, aber Zusätze von Titan, Aluminium, Kobalt und Molybdän enthält, kann beim anschließenden Erwärmen auf 400 bis 550 °C im Martensit-Gefüge die Ausscheidung von intermetallischen Verbindungen (z. B. Ni_3Mo, Ni_3Ti) erreicht werden, noch bevor der Zerfall des Martensits einsetzt. Durch Ausscheidungs-Härtung nimmt die Festigkeit ungewöhnlich stark zu.

K 63 Superplastizität

Eine wichtige Eigenschaft des in K 32 besprochenen Herring-Nabarro-Kriechens besteht darin, daß es eine Deformation bei niedrigen Spannungen ohne Betätigung von Gleitebenen ermöglicht. Dadurch besteht ähnlich wie beim Ziehen erhitzten Glases nicht die Gefahr der vorzeitigen Einschnürung (vgl. K 4), so daß hohe Verformungsgrade erzielt werden können. Bei einer Reihe von Metallen sind besonders in letzter Zeit tatsächlich Verformungsgrade bis zu 1000% ohne Bruch nachgewiesen worden. Diese Erscheinung nennt man *Superplastizität*. Obwohl sie schon 1920 für eine eutektische Zink–Kupfer–Aluminium-Legierung beschrieben worden ist, findet sie erst neuerdings größeres Interesse.

Nach dem bisherigen Stand der Untersuchungen ist die spannungsinduzierte Leerstellenwanderung aber höchstens ein Teil des komplizierten mikroskopischen Geschehens. Der wesentliche phänomenologische Befund des Fehlens einer Einschnürung bedeutet für ein Metall im Zustand wachsender Verfestigung $\sigma \sim \varepsilon^N$ (N: Verfestigungsindex), daß die Brucheinschnürung (vgl.

Abb. K 45

Martensit-Kristalle in einem Korn teilweise umgewandelter Fe-30% Ni-Legierung. Die Oberfläche wurde vor der Umwandlung poliert und mit parallelen Streifen versehen, um das entstehende Relief sichtbar zu machen (nach BOWLES) (ungeätzt; $V = 150:1$)

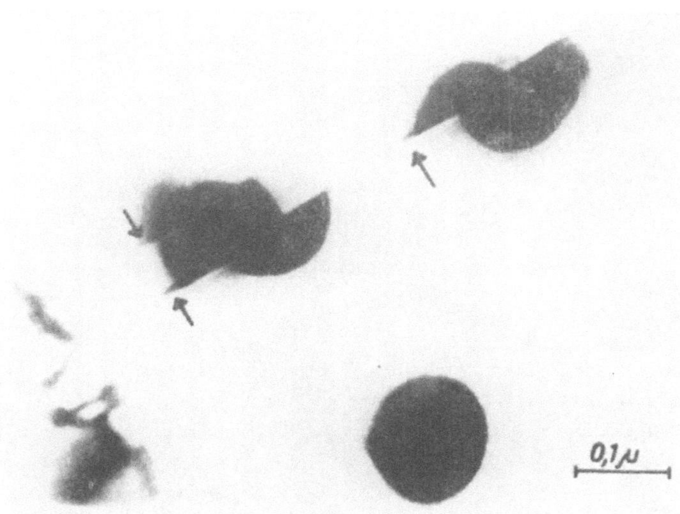

Abb. K 48

Von Versetzungen abgescherte Ni_3Al-Teilchen in einer Nickel–Chrom–Aluminium-Legierung (nach GLEITER)

Einschnürungskriterium (K 14)), die oberhalb $\varepsilon = N$ zu erwarten ist (N besitzt i. allg. Werte $< 0{,}3$, vgl. auch Abb. K 6), nur durch Entlastung und Beseitigung des Verfestigungszustandes (Wärmebehandlung) umgangen werden kann. Falls Verfestigung und Erholung sich jedoch fortlaufend kompensieren (vgl. z. B. K 32), bestimmt die Verformungsgeschwindigkeitsabhängigkeit der Spannung den Einschnürungsvorgang. Aus $\sigma \sim E\,\dot{\varepsilon}^m$ folgt wegen $\dot{\varepsilon} = (1/A)\,\mathrm{d}A/\mathrm{d}t$ und $\sigma = L/A$ (E YOUNGscher Modul, A Probenquerschnitt, L Last) für die zeitliche Änderung des Querschnitts $\mathrm{d}A/\mathrm{d}t \sim -(L/E)^{1/m} A^{(m-1)/m}$. Man erkennt, daß für $m = 1$ (NEWTONsches Fließen, vgl. (E 1)) hohe Deformationsgrade möglich sind, weil $\mathrm{d}A/\mathrm{d}t$ von A unabhängig wird und nur noch von der Last abhängt.

Erfahrungsgemäß findet man m-Werte in der Nähe von 1 (d. h. gegenüber dem normalen Verhalten $\sigma \sim \ln \dot{\varepsilon}$ große Werte, vgl. (K 11) u. (K 3) und beachte $\Delta H \sim \sigma$, $\dot{a} \sim \dot{\varepsilon}$), wenn das Material sehr hohe innere Spannungen aufweist (z. B. durch Phasenumwandlung) und/oder kleine Korngrößen ≈ 1 bis $10 \cdot 10^{-6}$ m vorliegen. Die beste Duktilität ist dabei für mehrphasige Proben zu beobachten. Beispiele enthält Tab. K 5.

Tabelle K 5

Beispiele superplastischer Werkstoffe (nach JOHNSON)

Metall	Temperatur/K	Korngröße/10^{-6} m	m (Maximalwert)
Al-33 Gew.% Cu	715–805	1–2	0,9
Cu-38···50 Zn	725–925	?	?
Mg-6 Zn-0,6 Zr	545–585	0,5	0,5
Ni	1095	8	?
Zn-22 Al	475–535	1–2	0,5

K 7 Übungsaufgaben

K 1. Für einen stabförmigen Einkristall mit vorgegebener Lage des Gleitsystems (λ: Winkel Stabachse/Gleitrichtung $\boldsymbol{b}$; $\varkappa$: Winkel Gleitebenennormale $\boldsymbol{n}$/Stabachse) gebe man die Schubspannung τ im Gleitsystem an, wenn in Achsenrichtung die Spannung σ wirkt (einachsiger Zug- oder Druckversuch)! Da sowohl Orientierung λ, $\varkappa$ als auch Kristallquerschnitt A verformungsabhängig sind, ist für Zug- und Druckversuch τ und a als Funktion der Anfangsorientierung λ_0, $\varkappa_0$ und der Dehnung bzw. Stauchung ε anzugeben!

K 2. Man berechne die Schubspannung σ_{12} einer Versetzungswand, die aus parallelen geraden Stufenversetzungen gleichen Vorzeichens (Abstand h voneinander) in der stabilen Gleichgewichtskonfiguration besteht, in einer Entfernung $\gg h$ von der Wand. Die Versetzungslinien mögen parallel zur x_3-Achse liegen.

K 3. Die Linienenergie einer kreisförmigen Versetzungsschleife (Radius R) beträgt näherungsweise $E_\mathrm{L}/2\pi R = (G\,b^2/8\pi)\,[1 + 1/(1-\nu)] \cdot [\ln(R/r_0) + 2\ln 2/\mathrm{e}]$. Hierbei bedeuten G Schubmodul, ν POISSON-Konstante, r_0 Abschneideradius entsprechend (K 8/9). Man zeige quantitativ, daß sich eine Versetzungsschleife (BURGERS-Vektor in der Schleifenebene) im allgemeinen nach dem Entlasten nicht unter dem Einfluß ihrer eigenen Linienspannung auf einen Punkt zusammenzieht und damit aus dem Kristall verschwindet.

4. HAUPTTEIL

Elektrische und magnetische Eigenschaften

L METALLELEKTRONEN

Im letzten Kapitel der Einleitung war bereits gezeigt worden, daß der größte Teil der Elektronen eines Atoms sich im Metallgitter in nahezu den gleichen Zuständen befindet wie in einem isolierten Atom. Je weiter außen ein Elektron im Atom sitzt, desto weniger gut trifft dies allerdings zu und für größenordnungsmäßig ein Elektron pro Atom gilt es überhaupt nicht, sondern diese Elektronen lassen sich gar nicht mehr einem bestimmten Atom zuschreiben. Sie gehören vielmehr dem Kristall als Ganzem an und können sich in ihm nahezu frei bewegen. Sie bilden das Gas der *Metallelektronen* und ihnen verdankt das Metall seine gute elektrische Leitfähigkeit sowie die anderen typischen Metalleigenschaften. Es hatte sich dabei herausgestellt, daß schon die Behandlung des Elektronengases nach den Gesetzen der klassischen Physik bemerkenswerte Erfolge lieferte, daß es darüber hinaus aber Sachverhalte gab, zu deren Deutung einerseits quantenmechanische Prinzipien und andererseits der Einfluß des Kristallgitters berücksichtigt werden mußten. Eine solche Behandlung des Problems soll in diesem Kapitel durchgeführt werden.

L 1 Die Energiezustände der Metallelektronen

Ein Kristall mit 10^{23} in Wechselwirkung stehenden Teilchen pro Kubikzentimeter stellt ein *Vielkörperproblem* dar, dessen exakte Lösung von vornherein aussichtslos ist, so daß man auf *Näherungsverfahren* angewiesen ist. Deren gibt es viele, weil die Kompliziertheit der Aufgabe dazu zwingt, möglichst weitgehende Vereinfachungen zu treffen und es dabei von dem untersuchten Problem abhängt, welche Vereinfachungen zulässig sind. Um einen Überblick über das gegenseitige Verhältnis einiger Näherungsverfahren zu erhalten, ist es zweckmäßig, zunächst die Aufgabe allgemein zu formulieren.

L 11 Allgemeine Überlegungen

Dazu bietet sich die Aufstellung der HAMILTON-*Funktion* des Kristalls als gekoppeltes System von Atomkernen (Gitterteilchen) und Elektronen an, weil man auf diesem Wege unmittelbar Zugang zur quantenmechanischen Behandlung erhält. Die HAMILTON-Funktion H setzt sich aus der kinetischen Energie der Elektronen $\mathrm{T_E}$ einerseits und derjenigen der Atomkerne $\mathrm{T_A}$ andererseits und der Wechselwirkungsenergie $\mathcal{V}$ aller dieser Teilchen zusammen. Letztere rührt von drei Anteilen her: der Wechselwirkung der Elektronen untereinander, derjenigen zwischen Elektronen und Atomkernen und derjenigen der Kerne untereinander; die ersten beiden, an denen Elektronen beteiligt sind, nennen wir $\mathcal{V}_{\mathrm{E}}$, den dritten $\mathcal{V}_{\mathrm{A}}$. Die HAMILTON-Funktion

$$\mathrm{H}(\boldsymbol{r}) = \mathrm{T}_{\mathrm{E}} + \mathrm{T}_{\mathrm{A}} + \mathcal{V}_{\mathrm{E}} + \mathcal{V}_{\mathrm{A}}\,, \qquad \mathcal{V} = \mathcal{V}_{\mathrm{E}} + \mathcal{V}_{\mathrm{A}}\,, \tag{L 1}$$

ist eine Funktion des Ortsvektors $(\boldsymbol{r})$ nach (B 5) aller Teilchen. Geht man in die *zeitabhängige* SCHRÖDINGER-*Gleichung*

$$\mathcal{H}\,\Psi = i\,\hbar\,\frac{\partial \Psi}{\partial t}\,, \tag{L 2}$$

in der $\mathcal{H}$ den aus H hergeleiteten Operator bedeutet,
mit dem Ansatz

$$\Psi(\boldsymbol{r}, t) = \psi(\boldsymbol{r})\,\mathrm{e}^{-\frac{i}{\hbar}Et}\,, \qquad \frac{E}{\hbar} = \omega\,, \tag{L 3}$$

so erhält man in üblicher Weise die *zeitunabhängige* SCHRÖDINGER-*Gleichung*

$$\mathcal{H}\,\psi = E\,\psi\,, \tag{L 4}$$

welche die Eigenwerte der Gesamtenergie E des Systems bestimmt. Da Atomkerne und Elektronen wegen ihres größenordnungsmäßigen Massenunterschiedes ganz verschiedenes Bewegungsverhalten zeigen werden, kann man hoffen, das Gesamtsystem des Festkörpers in ein *Elektronensystem* und ein *Gittersystem* der Atomkerne aufzuspalten. Man wird zunächst die Bewegung der Gitterteilchen vernachlässigen und dementsprechend $\mathrm{T}_{\mathrm{A}} = \mathcal{V}_{\mathrm{A}} = 0$ in (L 1) setzen. Der Einfluß der Atomkerne besteht dann nur noch in ihrer Wirkung als „Kraftzentren" in $\mathcal{V}_{\mathrm{E}}$. In der sogenannten *statischen Näherung*, die hier betrachtet werden soll, werden die Gitterteilchen in ihren mittleren Lagen (Gleichgewichtslagen) ruhend gedacht. (Die *adiabatische Näherung* legt dagegen die Momentanlagen der Gitterteilchen zugrunde.)

In der statischen Näherung erweist sich die vermutete Aufspaltung des Festkörpersystems in eines aus Gitterteilchen und eines aus Elektronen als tatsächlich durchführbar, d. h., die Energiewerte des Systems lassen sich als Summe eines Elektronen- und eines Gitteranteils, der allerdings vom Elektronenzustand abhängt, berechnen. Für den *Elektronenanteil*, der uns im folgenden allein interessiert, gilt anstelle von (L 4) — natürlich mit neuer Bedeutung von ψ und E —

$$[\mathcal{T}_{\mathrm{E}} + \mathcal{V}_{\mathrm{E}}]\,\psi = E\,\psi\,. \tag{L 5}$$

Dieser Trennung in Elektronen- und Gitteranteil, die für die Rechnung eine wesentliche Vereinfachung bedeutet, entspricht die Erfahrungstatsache (die auch der Gliederung dieses Buches zugrunde liegt), daß es Kristalleigenschaften gibt, die ganz überwiegend Gittereigenschaften sind, und solche, die praktisch nur durch die Elektronenzustände bestimmt werden.

Für die weitere Vereinfachung ist ausschlaggebend, daß man sich für viele Zwecke der *Ein-Elektronen-Näherung* bedienen kann. Dabei greift man ein einziges Elektron im Kristall heraus und studiert sein Verhalten in einem Potential, welches durch die Gitterteilchen und die anderen Elektronen bestimmt wird und bei dem als wesentlichste Gittereigenschaft die Translationsperiodizität des Gitters vorausgesetzt wird. Ist $\boldsymbol{r}$ ein beliebiger Ortsvektor und $\boldsymbol{R}$ ein beliebiger Gittervektor nach (B 1), so gilt also

$$\mathcal{V}(\boldsymbol{r}) = \mathcal{V}(\boldsymbol{r} + \boldsymbol{R}) \,. \tag{L 6}$$

Nach den Ausführungen über das reziproke Gitter (vgl. B 2) besteht mithin auf Grund von (B 41) für das Potential wie für jede Gitterfunktion die FOURIER-Darstellung

$$\mathcal{V}(\boldsymbol{r}) = \sum_{\boldsymbol{H}} \mathcal{V}_{\boldsymbol{H}}\, e^{2\pi i \boldsymbol{H}\cdot\boldsymbol{r}} \tag{L 7}$$

mit dem Vektor $\boldsymbol{H}$ des reziproken Gitters. In der Beziehung (L 6) erschöpft sich der Einfluß des Gitters auf das Elektron, der sich dennoch als von prinzipieller Bedeutung erweisen wird. Für T_E ist jetzt die kinetische Energie des herausgegriffenen einen Elektrons $p^2/2\,m_e$ zu setzen und nach den Regeln der Quantenmechanik durch den Operator

$$-\frac{\hbar^2}{2\,m_e}\frac{\partial^2}{\partial \boldsymbol{r}^2} \equiv -\frac{\hbar^2}{2\,m_e}\nabla^2 \tag{L 8}$$

zu ersetzen. Daher erhält man anstelle von (L 5) als SCHRÖDINGER-*Gleichung des Ein-Teilchen-Problems*

$$\left[-\frac{\hbar^2}{2\,m_e}\nabla^2 + \mathcal{V}(\boldsymbol{r})\right]\psi = E\,\psi \tag{L 9}$$

mit der potentiellen Energie (L 6). Hieraus sind die Eigenwerte E des Elektrons zu bestimmen. Auf diese Eigenwerte werden dann die Elektronen des Systems nach den Gesetzen der Statistik verteilt. Die Wechselwirkung zwischen den Elektronen wird dabei vernachlässigt, soweit sie über das PAULI-Prinzip hinausgeht, das der benutzten FERMI-Statistik zugrunde liegt.

BLOCH*sches Theorem*

Die Eigenschaften des Kristalls gehen nur über $\mathcal{V}(\boldsymbol{r})$ in die SCHRÖDINGER-Gleichung (L 9) ein, und schon dessen Gitterperiodizität (L 6) bestimmt weitgehend den Charakter ihrer Lösungen. Zunächst bleibt der HAMILTON-Operator in (L 9) bei einer Translation $\boldsymbol{r} \to \boldsymbol{r} + \boldsymbol{R}$ invariant, denn neben $\mathcal{V}(\boldsymbol{r})$ ändert sich auch der Differentialoperator ∇ bei Zufügung von konstanten Beträgen zu den Variablen nicht. Daher ist mit $\psi(\boldsymbol{r})$ auch $\psi(\boldsymbol{r} + \boldsymbol{R})$ Lösung von (L 9) zum gleichen Eigenwert. Wenn dieser nicht entartet ist, können sich beide Lösungen nur durch einen konstanten Faktor $\gamma(\boldsymbol{R})$ unterscheiden:

$$\psi(\boldsymbol{r} + \boldsymbol{R}) = \gamma(\boldsymbol{R})\,\psi(\boldsymbol{r}) \,. \tag{L 10}$$

Für γ muß dabei die Funktionalgleichung

$$\gamma(\boldsymbol{R}_1 + \boldsymbol{R}_2) = \gamma(\boldsymbol{R}_1)\,\gamma(\boldsymbol{R}_2) \tag{L 11}$$

gelten, weil zwei hintereinander ausgeführte Translationen $\boldsymbol{R}_1$ und $\boldsymbol{R}_2$ stets durch eine einzige $\boldsymbol{R}_1 + \boldsymbol{R}_2$ dargestellt werden können. Gleichung (L 11) wird offenbar durch

$$\gamma(\boldsymbol{R}) = e^{i\boldsymbol{k}\cdot\boldsymbol{R}} \tag{L 12}$$

befriedigt, wobei $\boldsymbol{k}$ ein *Ausbreitungsvektor* von noch unbestimmter Größe ist. Allerdings muß $\boldsymbol{k}$ bei einem unendlichen idealen Kristallgitter reell sein, da

$$|\gamma| = |e^{i\boldsymbol{k}\cdot\boldsymbol{R}}| = 1 \tag{L 13}$$

gelten muß, weil anderenfalls ψ bei genügend häufiger Wiederholung der Translation $\boldsymbol{R}$ über alle Grenzen wachsen würde. Es sei noch angemerkt, daß $\boldsymbol{k}$ durch (L 12) nicht eindeutig definiert ist; denn man kann $\boldsymbol{k}$ offenbar durch

$$\boldsymbol{k}' = \boldsymbol{k} + 2\pi\boldsymbol{H}, \quad \boldsymbol{H} = H_1\boldsymbol{b}_1 + H_2\boldsymbol{b}_2 + H_3\boldsymbol{b}_3, \tag{L 14}$$

mit einem beliebigen Vektor $\boldsymbol{H}$ des reziproken Gitters ersetzen, weil dabei nach (B 32) der Wert von γ unverändert bleibt. Deshalb wird die Betrachtung auf *reduzierte Wellenvektoren* beschränkt, für die gilt

$$-\pi\boldsymbol{b}_j < \boldsymbol{k}_j \leqq \pi\boldsymbol{b}_j, \quad j = 1, 2, 3. \tag{L 15}$$

Der reduzierte Bereich stellt also ein Parallelepiped mit den Kanten $2\pi\boldsymbol{b}_j$ dar, dessen Volumen unter Berücksichtigung von (B 31)

$$\bar{\bar{V}}_{\text{red}} = (2\pi)^3\,\bar{\bar{V}}_b = \frac{8\pi^3}{V_a} \tag{L 16}$$

beträgt, wobei V_a das Volumen der Elementarzelle des Kristallgitters bedeutet.

Bloch (1928) hat gezeigt, daß man die Lösung von (L 9) in der Gestalt[1])

$$\psi_{\boldsymbol{k}}(\boldsymbol{r}) = e^{i\boldsymbol{k}\cdot\boldsymbol{r}}\,u_{\boldsymbol{k}}(\boldsymbol{r}) \tag{L 17}$$

schreiben kann, die durch den Gedanken nahegelegt wird, daß sie beim Übergang zu $\mathcal{V} = 0$ in die ebenen Wellen $e^{i\boldsymbol{k}\cdot\boldsymbol{r}}$ freier Elektronen übergehen muß, und die überdies einem allgemeinen, schon im vorigen Jahrhundert von Floquet angegebenen mathematischen Theorem entspricht. Dabei ist

$$u(\boldsymbol{r} + \boldsymbol{R}) = u(\boldsymbol{r}), \tag{L 18}$$

d. h., *$u(\boldsymbol{r})$ besitzt Gitterperiodizität.* Denn nach (L 17) gilt

$$u(\boldsymbol{r} + \boldsymbol{R}) = e^{-i\boldsymbol{k}\cdot(\boldsymbol{r}+\boldsymbol{R})}\,\psi(\boldsymbol{r} + \boldsymbol{R}) \tag{L 19}$$

und nach (L 10) mit (L 12)

$$\psi(\boldsymbol{r} + \boldsymbol{R}) = e^{i\boldsymbol{k}\cdot\boldsymbol{R}}\,\psi(\boldsymbol{r}), \tag{L 20}$$

also

$$u(\boldsymbol{r} + \boldsymbol{R}) = e^{-i\boldsymbol{k}\cdot\boldsymbol{r}}\,\psi(\boldsymbol{r}), \tag{L 21}$$

was wegen (L 17) mit der Behauptung (L 18) identisch ist.

[1]) Den Index $\boldsymbol{k}$ unterdrücken wir im folgenden, wenn er entbehrlich ist.

Die Gitterperiodizität von $u(\boldsymbol{r})$ hat die bemerkenswerte Folge, daß auch die durch $\psi\,\psi^*$ gegebene Ladungsdichte diese Periodizität besitzt, denn wegen (L 17) gilt

$$\psi\,\psi^* = u\,u^* \,. \qquad \text{(L 22)}$$

Das betrachtete *Elektron* ist also an den entsprechenden Punkten jeder Elementarzelle mit der gleichen Wahrscheinlichkeit anzutreffen, d. h., es ist nicht lokalisiert in der Umgebung eines bestimmten Gitterteilchens, sondern gehört dem Kristall als Ganzem an. Es ist also *weder völlig frei, noch völlig gebunden*, sondern insofern „quasifrei", als es nicht an ein einzelnes Teilchen gebunden ist, aber auch insofern „quasigebunden", als es dem Kristall angehört. Seine Energie entscheidet darüber, welchem Grenzfall es nähersteht.

Dieser Sachverhalt entspricht der allgemeinen quantenmechanischen Situation, daß der grundsätzliche Unterschied zwischen freien und gebundenen Teilchen durch den *Tunneleffekt* aufgehoben wird. Danach besteht auch für ein Teilchen mit der Energie E eine gewisse Wahrscheinlichkeit, auf die andere Seite eines Potentialberges der Höhe $V > E$ zu gelangen, die um so größer ist, je kleiner dessen Breite und je kleiner $V - E$ ist.

Energiebänder

Geht man mit der Bloch-*Funktion* (L 17) in die Schrödinger-Gleichung (L 9), so erhält man für $u(\boldsymbol{r})$ die Bestimmungsgleichung

$$\nabla^2 u + 2\,i\,(\boldsymbol{k} \cdot \nabla u) + \left[\frac{2\,m_e}{\hbar^2}(E - V) - \boldsymbol{k}^2\right] u = 0\,, \qquad \text{(L 23)}$$

die wie jene bei vorgegebenem $\boldsymbol{k}$ nur für ganz bestimmte Eigenwerte E_n brauchbare Lösungen besitzt. Läßt man nun $\boldsymbol{k}$ alle Werte durchlaufen, die mit (L 15) vereinbar sind, so erhält man Wertebereiche der Energie $E_n(\boldsymbol{k})$, die man *Energiezonen* nennt. Die Wertebereiche der einzelnen Zonen können sich überlappen oder auch durch Lücken nicht auftretender Energiewerte getrennt sein. Im letzten Falle nennt man den Energiebereich zwischen zwei aufeinanderfolgenden Lücken ein *Energieband*[1]), unabhängig davon, ob es sich um eine oder mehrere — sich überlappende — Zonen handelt.

Man kann folgendermaßen einsehen, daß solche Lücken im Energiespektrum wirklich vorhanden sind (für einen eindimensionalen Fall werden wir dies im Abschnitt L 12 durchrechnen): Nach (L 13) sind nur reelle $\boldsymbol{k}$-Werte zulässig; zu ihnen gehören die E-Werte der Bänder. Die Gleichung (L 23) liefert jedoch auch für komplexe $\boldsymbol{k}$-Werte Lösungen, deren zugehörige Energien aber nicht „erlaubt" sind, also nicht in einer Energiezone liegen, weil ihr $\boldsymbol{k}$ (L 13) nicht befriedigt. Die *Ursache* für das Auftreten *von Energielücken* und damit von

[1]) Die Begriffe Energiezone und Energieband werden häufig nicht unterschieden, sondern man spricht schlechthin von Energiebändern.

Bändern besteht also in der *Periodizitäts*forderung, die zu (L 13) führt. Wir ziehen aus (L 23) noch eine später nützliche Folgerung:

$$E_n(\boldsymbol{k}) = E_n(-\boldsymbol{k})\,. \tag{L 24}$$

Ersetzt man nämlich in (L 23) $\boldsymbol{k}$ durch $-\boldsymbol{k}$, so geht sie in die konjugiert komplexe Gleichung über; es gilt also $u_{-\boldsymbol{k}} = u_{\boldsymbol{k}}^*$ und mithin $E(-\boldsymbol{k}) = E^*(\boldsymbol{k})$, was mit (L 24) übereinstimmt, da die E reelle Größen sind.

In einem endlichen Kristall ist $E_n(\boldsymbol{k})$ streng genommen innerhalb einer Energiezone nicht kontinuierlich veränderlich, sondern nur quasikontinuierlich. Es ist dies eine Folge der sogenannten *periodischen Randbedingungen*, die man nach Born und v. Karman einführt, um mit einem endlichen Kristall rechnen und doch zugleich seine charakteristischste Eigenschaft, die Translations-Invarianz, aufrechterhalten zu können. Man denkt sich dabei den endlichen Kristall in Gestalt eines Parallelepipeds mit den Kantenlängen $N_j a_j$ (N_j große ganze Zahl) in jeder $\boldsymbol{a}_j$-Richtung beliebig oft aneinandergereiht, so daß ein unendlicher Kristall entsteht, in welchem eine Translationsperiodizität mit den Perioden $N_j \boldsymbol{a}_j$ vorliegt. Mithin müssen die „periodischen Randbedingungen"

$$\psi(\boldsymbol{r} + N_j \boldsymbol{a}_j) = \psi(\boldsymbol{r})\,, \quad j = 1, 2, 3\,, \tag{L 25}$$

gelten. Nach (L 17) erfüllt ψ diese Bedingung, wenn $e^{i\boldsymbol{k}\cdot\boldsymbol{r}}$ es tut, da $u(\boldsymbol{r})$ sie laut (L 18) ohnehin befriedigt. Es muß also

$$e^{i\boldsymbol{k}\cdot(N_1\boldsymbol{a}_1 + N_2\boldsymbol{a}_2 + N_3\boldsymbol{a}_3)} = 1 \tag{L 26}$$

sein, was nach (B 32) der Fall ist, wenn man setzt

$$\boldsymbol{k} = 2\pi\left(\frac{H_1}{N_1}\boldsymbol{b}_1 + \frac{H_2}{N_2}\boldsymbol{b}_2 + \frac{H_3}{N_3}\boldsymbol{b}_3\right) \tag{L 27}$$

mit ganzen Zahlen H_j. Der Ausbreitungsvektor $\boldsymbol{k}$ ist also nicht kontinuierlich veränderlich, sondern nur diskreter Werte fähig, die allerdings wegen der Größe der N_j sehr dicht liegen, so daß ein Quasikontinuum entsteht. Für rechtwinklige Bezugsachsen $\boldsymbol{a}_j$ ist $b_j = 1/a_j$, und man hat für die Komponenten von $\boldsymbol{k}$ auf Grund von (L 27)

$$k_j = \frac{2\pi}{N_j a_j} H_j\,, \quad j = 1, 2, 3\,, \tag{L 28}$$

wobei wegen (L 15)

$$-\frac{N_j}{2} < H_j \leqq \frac{N_j}{2} \tag{L 29}$$

gilt. Die Beschränkung (L 15) läßt also für jedes H_j nur N_j Werte zu, im ganzen gibt es also nur $N = N_1 N_2 N_3$ reduzierte $\boldsymbol{k}$-Werte, d. h., ebenso viele wie der Kristall Elementarzellen umfaßt (hier kleinstmögliche Zellen, vgl. S. 23 und 31). Da nach dem Pauli-Prinzip in einem Elektronensystem jeder Zustand nur durch ein einziges Elektron besetzt sein kann, sind *in einer Energiezone pro Atom höchstens zwei Elektronen* unterzubringen, die sich dann durch den Spin unterscheiden müssen, den wir noch nicht berücksichtigt hatten.

Dieses Ergebnis, daß in einem Band, genauer in einer Energiezone, nur eine begrenzte Anzahl von Elektronen Platz finden kann, wird sich als von allergrößter Bedeutung erweisen. Es gestattet z.B., das Auftreten von Metallen und Isolatoren zu erklären. Es soll daher noch auf andere Weise formuliert werden.

Da die Anzahl der Zustände Z (ohne Spin-Berücksichtigung) in einem Kristall aus N Elementarzellen gerade $Z = N$ beträgt, gilt für die Anzahl pro Volumeneinheit

$$z \equiv \frac{Z}{V} = \frac{1}{V_a}, \tag{L 30}$$

wenn V_a das Volumen einer Elementarzelle bezeichnet. Nach (B 31) gilt für die Elementarzelle des reziproken Gitters $\tilde{V}_b = 1/V_a$. Ferner unterscheidet sich das Volumen im reziproken und im $\boldsymbol{k}$-Raum nur um den Faktor $(2\pi)^3$. Daher beträgt die auf ein Volumenelement $\mathrm{d}\tilde{V}_k$ des $\boldsymbol{k}$-Raumes entfallende *Anzahl von Zuständen pro Einheitsvolumen* des Kristalls

$$\mathrm{d}z = \frac{2}{8\pi^3}\,\mathrm{d}\tilde{V}_k, \tag{L 31}$$

wobei jetzt der Faktor 2 die beiden möglichen Spin-Zustände berücksichtigt.

Es war oben für den Energieverlauf in einem Band als Funktion des Ausbreitungsvektors die Schreibweise $E_n(\boldsymbol{k})$ benutzt worden, die auch jetzt noch berechtigt erscheint, insofern $E_n(\boldsymbol{k})$ als quasikontinuierlich veränderlich angesehen werden kann. Will man aber die grundsätzlich diskrete Struktur der Eigenwerte betonen, so kann man auch $E_{n\boldsymbol{k}}$ schreiben, wobei E als durch zwei „Quantenzahlen" n und $\boldsymbol{k}$ bestimmt erscheint. Entsprechend kann man auch die zugehörigen Eigenfunktionen mit $\Psi_{n\boldsymbol{k}}$ bezeichnen.

L 12 Quantitative Betrachtungen einfacher Fälle

L 121 Grenzfall freier Elektronen (konstantes Potential)

Nach den vorstehenden allgemeinen Betrachtungen sollen jetzt einige hinreichend einfache Fälle möglichst quantitativ behandelt werden. Zur ersten Orientierung betrachten wir den Grenzfall freier Elektronen, indem wir $\mathcal{V}(\boldsymbol{r}) = 0$ setzen. Offenbar wird dann (L 9) durch in der $\boldsymbol{k}$-Richtung fortschreitende ebene Wellen

$$\psi \sim \mathrm{e}^{i\boldsymbol{k}\cdot\boldsymbol{r}} \tag{L 32}$$

befriedigt, sofern der Betrag $k = 2\pi/\lambda$ des Ausbreitungsvektors $\boldsymbol{k}$ der Welle die Bedingung

$$k^2 = \frac{2\,m_e}{\hbar^2}\,E \tag{L 33}$$

erfüllt, die mit der DE-BROGLIE-Beziehung (A 32) identisch ist, weil für freie Elektronen $E = p^2/2\,m_e$ gilt. Gleichung (L 32) stellt natürlich nur deshalb eine ebene Welle dar, weil nach (L 3) noch der Faktor $\mathrm{e}^{-i\omega t}$ zu ergänzen ist.

Der in (L 32) noch offene Proportionalitätsfaktor ergibt sich aus der Normierungsbedingung

$$\int_V \psi \psi^* \, dV = 1 . \tag{L 34}$$

Da $\psi \psi^* \, dV$ die Wahrscheinlichkeit angibt, das Elektron im Volumenelement dV zu finden, bringt sie zum Ausdruck, daß es mit Sicherheit irgendwo in dem Volumen V des Systems anzutreffen ist. Man erhält nach (L 32) auf Grund (L 34)

$$\psi = \frac{1}{\sqrt{V}} e^{i \boldsymbol{k} \cdot \boldsymbol{r}} . \tag{L 35}$$

Diese Lösungen müssen in üblicher Weise noch den Randbedingungen des Problems unterworfen werden. Benutzt man entsprechend den Ausführungen im vorigen Abschnitt periodische Randbedingungen, so gilt für einen würfelförmigen Kristall kubischer Symmetrie mit Volumen V und Kantenlängen Na auch hier (L 28). Es gibt deshalb entsprechend den dadurch festgelegten diskreten $\boldsymbol{k}$-Werten auch eine Folge — allerdings sehr dicht liegender — Energiestufen, für die nach (L 33) in Verbindung mit (L 28) gilt

$$E = \frac{h^2}{2\, m_e} \frac{1}{V^{2/3}} (H_1^2 + H_2^2 + H_3^2) , \quad H_j = 0, \pm 1, \pm 2, \ldots \tag{L 36}$$

Für die Zustandsdichte

$$g(E) \equiv \frac{dz(E)}{dE} \tag{L 37}$$

mit $z(E)$ als Anzahl der Zustände pro Volumeneinheit mit einer Energie $\leq E$ erhält man aus (L 31) für freie Elektronen die Parabelfunktion (vgl. Abb. L 3b)

$$g(E) = \frac{8 \pi m_e}{h^3} \sqrt{2 m_e E} , \tag{L 38}$$

wenn man für $d\tilde{V}_k$ die Kugelschale $4 \pi k^2 \, dk$ setzt und k mittels (L 33) durch E ausdrückt. Aus $\int_0^{E_F^0} dz(E) = z(E_F^0)$ findet man mit (L 37), (L 39) und $z(E_F^0) = n_e$ für E_F^0 natürlich wieder (A 18).

L 122 Elektronen im Kronig-Penney-Potential

Um die Lösungen von (L 23) bei periodisch veränderlichem Potential in möglichst einfacher Weise gewinnen zu können, beschränken wir uns auf eine Dimension (Koordinate x) und legen ein Potential nach Kronig und Penney (Abb. L 1) zugrunde, das sich periodisch abwechselnd aus konstanten Beträgen der Größe 0 und $V_0 > E$ zusammensetzt. Es hat sich gezeigt, daß auch die Lösungen dieses Spezialfalles die wichtigsten Eigenschaften des allgemeinen Falles besitzen.

Die zu lösenden Gleichungen (L 9) und (L 23) nehmen dann folgende Gestalt an:
wenn $\mathcal{V} = 0$, d. h. für $0 < x < a$ (Abb. L 1),

$$\frac{d^2\psi}{dx^2} + \frac{2\,m_e}{\hbar^2} E\,\psi = 0\,,$$

$$\frac{d^2u}{dx^2} + 2\,i\,k\frac{du}{dx} + \left(\frac{2\,m_e\,E}{\hbar^2} - k^2\right)u = 0\,, \qquad \text{(L 39)}$$

bzw. wenn $\mathcal{V} = \mathcal{V}_0$ d. h. für $-\,b < x < 0$,

$$\frac{d^2\psi}{dx^2} + \frac{2\,m_e}{\hbar^2}(E - \mathcal{V}_0)\,\psi = 0\,,$$

$$\frac{d^2u}{dx^2} + 2\,i\,k\frac{du}{dx} + \left[\frac{2\,m_e}{\hbar^2}(E - \mathcal{V}_0) - k^2\right]u = 0\,. \qquad \text{(L 40)}$$

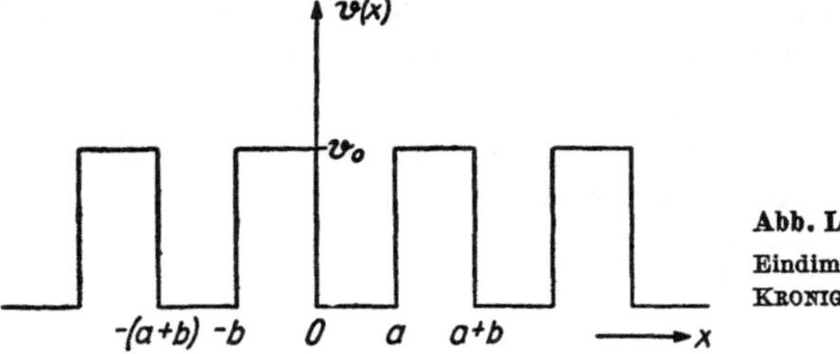

Abb. L 1
Eindimensionales Potential nach KRONIG und PENNEY

Die allgemeine Lösung von (L 39) lautet nach den Ausführungen für freie Elektronen unter Berücksichtigung von (L 17)

$$u_1 = A\,e^{i(\alpha - k)x} + B\,e^{-i(\alpha + k)x}\,, \quad \alpha = \frac{1}{\hbar}\sqrt{2\,m_e E}\,, \qquad \text{(L 41)}$$

diejenige von (L 40)

$$u_2 = C\,e^{(\beta - ik)x} + D\,e^{-(\beta + ik)x}\,, \quad \beta = \frac{1}{\hbar}\sqrt{2\,m_e(\mathcal{V}_0 - E)}\,, \qquad \text{(L 42)}$$

wobei die willkürlichen Konstanten A, B, C, D in üblicher Weise aus der Forderung zu bestimmen sind, daß sowohl u wie $u' = du/dx$ einen kontinuierlichen Verlauf und Gitterperiodizität aufweisen. Dazu müssen z.B. folgende Bedingungen erfüllt sein:
Kontinuität:

$$u_1(0) = u_2(0) \qquad u_1'(0) = u_2'(0)\,; \qquad \text{(L 43)}$$

Periodizität:

$$u_1(a) = u_2(-\,b)\,, \qquad u_1'(a) = u_2'(-\,b)\,. \qquad \text{(L 44)}$$

Mit (L 41) und (L 42) folgt aus (L 43)

$$A + B = C + D \qquad \text{(L 45)}$$

sowie

$$i(\alpha - k) A - i(\alpha + k) B = (\beta - i k) C - (\beta + i k) D \tag{L 46}$$

und aus (L 44)

$$A\, \mathrm{e}^{i(\alpha - k)a} + B\, \mathrm{e}^{-i(\alpha + k)a} = C\, \mathrm{e}^{-(\beta - ik)b} + D\, \mathrm{e}^{(\beta + ik)b} \tag{L 47}$$

sowie

$$\begin{aligned} &i(\alpha - k) A\, \mathrm{e}^{i(\alpha - k)a} - i(\alpha + k) B\, \mathrm{e}^{-i(\alpha + k)a} \\ &\qquad = (\beta - i k) C\, \mathrm{e}^{-(\beta - ik)b} - (\beta + i k) D\, \mathrm{e}^{(\beta + ik)b}\,. \end{aligned} \tag{L 48}$$

Diese vier in A, B, C, D linearen und homogenen Gleichungen sind nur lösbar, wenn die Koeffizientendeterminante verschwindet, d. h., wenn gilt

$$\begin{aligned} &\frac{\beta^2 - \alpha^2}{2\alpha\beta} \sinh(b\beta) \sin(a\alpha) + \cosh(b\beta) \cos(a\alpha) \\ &\qquad = \cos(k[a + b])\,. \end{aligned} \tag{L 49}$$

Um diese transzendente Gleichung handlicher zu machen, geht man von der kastenförmigen $\mathcal{V}$-Funktion zu einer δ-funktionsartigen über, indem man b gegen Null und $\mathcal{V}_0$ gegen unendlich gehen läßt, aber so, daß das Produkt $b\,\mathcal{V}_0$, d. h. der Flächeninhalt der Rechtecke in Abb. L 1, endlich bleibt, und definiert demgemäß eine dimensionslose Größe P,

$$P \equiv \lim_{\substack{b \to 0 \\ \mathcal{V}_0 \to \infty}} \left(\frac{m_e\, a\, b\, \mathcal{V}_0}{\hbar^2} \right). \tag{L 50}$$

Dann geht (L 49) über in

$$f(a\alpha) \equiv P \frac{\sin(a\alpha)}{a\alpha} + \cos(a\alpha) = \cos(a k)\,. \tag{L 51}$$

Die Lösungen dieser transzendenten Gleichung liefern diejenigen Zuordnungen der Energie $E(\alpha)$ zu k, für welche die Schrödinger-Gleichung Lösungen besitzt. Das ist erwartungsgemäß nicht für beliebige Energiebereiche der Fall. Abb. L 2 zeigt z.B. den $f(a\alpha)$-Verlauf für den Spezialfall $P = 3\pi/2$, und man erkennt, daß es $a\alpha$-Bereiche gibt, in denen $|f(a\alpha)| > 1$ ist, also (L 51) nicht erfüllt werden kann. Dazwischen gibt es Bereiche mit $|f(a\alpha)| \leqq 1$, so daß für die zugehörigen Energien die Konstanten A, B, C, D den Bedingungen (L 43) und (L 44) gemäß wählbar sind und damit Lösungen der Schrödinger-Gleichung existieren. Wegen

$$f(n\pi) = (-1)^n \quad \text{und} \quad f'(n\pi) = (-1)^n \frac{P}{n\pi}, \qquad n = \pm 1, \pm 2, \pm 3, \ldots, \tag{L 52}$$

endet (im Sinne von wachsendem $|a\alpha|$) an den Stellen $a\alpha = n\pi$ jeweils ein erlaubter Energiebereich und beginnt ein verbotener. Wir haben damit die schon im vorigen Abschnitt erhaltenen Energiebänder der Festkörperelektronen wenigstens in einem Spezialfall quantitativ aus allgemeinen Gesetzen der Physik (Schrödinger-Gleichung) hergeleitet und als Folge der Gitterperiodizität erkannt.

Bandeigenschaften

Wir fragen zunächst nach der Bandbreite. Die Lage der Anfangspunkte der verbotenen Bereiche ($a\alpha = n\pi$) sind uns schon bekannt, so daß nur noch die Endpunkte zu bestimmen sind. Dazu definieren wir zunächst einen Winkel φ durch

$$\tan\varphi \equiv \frac{P}{a\alpha}, \tag{L 53}$$

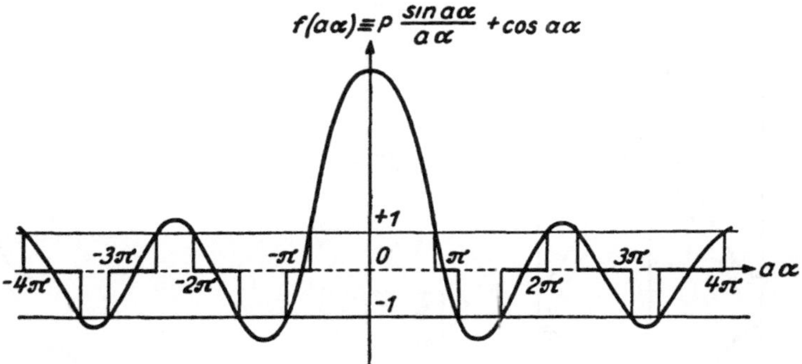

Abb. L 2
Darstellung von $f(a\alpha)$ für den Spezialfall $P = 3\pi/2$.
Die erlaubten Energiewerte erfüllen die Bedingung $|f(a\alpha)| \leqq 1$ (nach Kronig und Penney)

mit dem nach (L 51) für $f(a\alpha)$ auf Grund des Additionstheorems der cos-Funktion gilt

$$f(a\alpha) \equiv \tan\varphi \sin(a\alpha) + \cos(a\alpha) = \frac{\cos(a\alpha - \varphi)}{\cos\varphi}, \tag{L 54}$$

und erkennen, daß $f(a\alpha)$ außer für $a\alpha = n\pi$ auch für $a\alpha = n\pi + 2\varphi$ den Wert ± 1 annimmt. Die verbotenen Bereiche haben also die Breite 2φ, die erlaubten dementsprechend $\pi - 2\varphi$. Letztere sind also wegen (L 41) um so breiter, je größer die Elektronenenergie $E(\alpha)$ ist. Andererseits bewirkt großes P, d. h. starke Bindung der Elektronen, schmale Bänder und breite verbotene Gebiete. Im Grenzfall freier Elektronen ($P = 0$) verschwinden natürlich die verbotenen Bereiche.

Auf Grund (L 51) kann man für jede Wellenzahl die zugehörigen Energiewerte bestimmen. Offenbar kann man sich dabei wegen der Periodizitätseigenschaft der cos-Funktion auf einen Wertebereich des Argumentes $a\,k$ von der Größe 2π beschränken, z.B.

$$-\frac{\pi}{a} < k \leqq \frac{\pi}{a}. \tag{L 55}$$

Diese Möglichkeit der Einführung einer reduzierten Wellenzahl hatten wir im vorigen Abschnitt schon aus allgemeinen Überlegungen gefolgert; (L 55) entspricht demgemäß vollständig (L 15). Wie man aus Abb. L 2 unmittelbar ersieht, gehört zu jeder reduzierten Wellenzahl, d. h. zu jedem $\cos(a\,k)$-Wert, in jedem Band ein anderer α-Wert, wobei dann zu $\pm\,\alpha$ nach (L 41) der gleiche Energiewert gehört, wie dies Abb. L 3a zeigt. Diese Mehrdeutigkeit der Zuordnung (k, E) kann man vermeiden, wenn man statt der reduzierten Wellenzahl k die sogenannte *freie Wellenzahl* $\bar{k}$ verwendet, also die Beschränkung (L 55) fallen läßt (Abb. L 3 b). Freilich bleibt bei Benutzung der freien Wellenzahl an den Sprungstellen

$$\bar{k} = n\frac{\pi}{a}, \quad n = \pm\,1, \ \pm\,2, \pm\,3, \ldots, \tag{L 56}$$

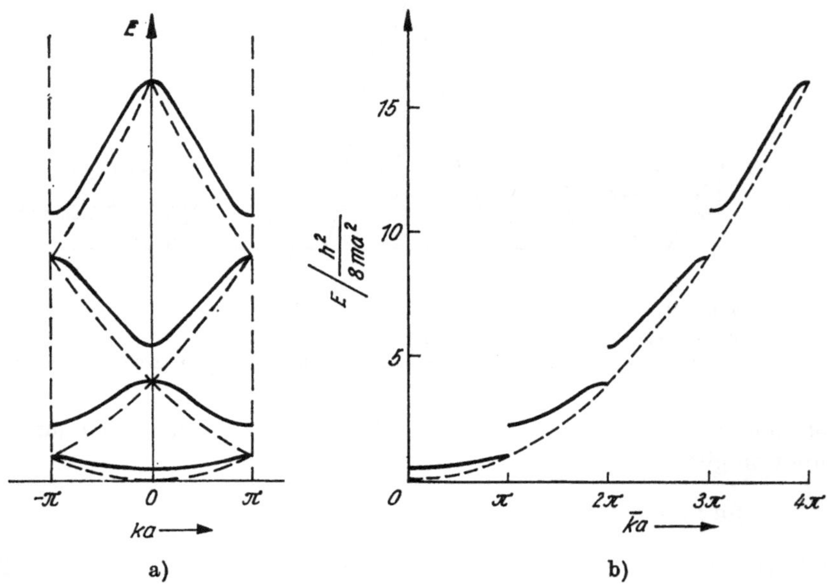

Abb. L 3

$E(k)$ für das KRONIG-PENNEY-Potential mit $P = 3\,\pi/2$ (nach SOMMERFELD und BETHE).
(a) Darstellung mit reduzierter,
(b) mit freier Wellenzahl.
Der Grenzfall freier Elektronen ist zum Vergleich gestrichelt angegeben

eine *Zweideutigkeit der Energiezuordnung* bestehen. Als physikalische Ursache der Sprungstellen hatten wir früher (S. 20) die Ausbildung stehender Wellen infolge BRAGGscher Reflexion an Gitterebenen erkannt. In der Tat stellt (L 56) die BRAGGsche Reflexionsbedingung (A 34) für den betrachteten eindimensionalen Fall dar, da ja $\bar{k} = 2\,\pi/\lambda$ gilt und a wegen des Grenzüberganges $b \to 0$ die Bedeutung der Gitterkonstanten hat.

Das Auftreten zweier Energiewerte an der Sprungstelle beruht darauf, daß, wie eine genauere Betrachtung zeigt, nicht eine, sondern zwei stehende Wellen vorhanden sind, die zwei räumlich verschiedenen Ladungsverteilungen des Elektrons entsprechen und denen daher auch verschiedene Energien zukommen. Man kann sich dies etwa folgendermaßen klarmachen: Bildet man aus zwei entgegengesetzt laufenden Wellen e^{ikx} und e^{-ikx} die stehende cos-Welle $e^{ikx} + e^{-ikx}$, so ist dazu völlig gleichberechtigt die sin-Welle $e^{ikx} - e^{-ikx}$. Die Ladungsdichten sind im ersten Fall durch $\cos^2(kx)$ gegeben, im zweiten durch $\sin^2(kx)$. Jede Welle hat Maxima im Abstand $\lambda/2$, die gegenseitige Verschiebung der Maxima beträgt $\lambda/4$. Ist nun etwa (L 56) mit $n = 1$ erfüllt, d. h., gilt $a = \lambda/2$, so können bei der cos-Welle alle Maxima der Ladungsverteilung auf Atomkerne fallen, während die Maxima der sin-Wellen dann immer genau in der Mitte zwischen zwei Kernen liegen. Offenkundig stellen beide Ladungsverteilungen Zustände ganz verschiedener potentieller Energie dar. Da zu ihnen die gleiche kinetische Energie gehört, ist auch ihre Gesamtenergie verschieden. (Vgl. Rechnung S. 281.)

L 123 *Näherung von freien Elektronen her*

Um die Lage der verbotenen Bereiche noch genauer zu untersuchen, insbesondere ohne Beschränkung auf nur eine Dimension, wollen wir den Einfluß des periodischen Potentials jetzt in der Weise berechnen, daß wir von der Lösung für freie Elektronen ausgehen und das Potential als Störung einführen.

Entsprechend seiner Periodizität schreiben wir für das Potential $\mathcal{V}(\boldsymbol{r})$ unter Bezugnahme auf (L 7)

$$\mathcal{V}(\boldsymbol{r}) = \mathcal{V}^0 + \sum_{\boldsymbol{H}}{}' \mathcal{V}_{\boldsymbol{H}}\, e^{2\pi i \boldsymbol{H}\cdot\boldsymbol{r}} = \mathcal{V}^0 + \mathcal{V}'.^{1)} \qquad \text{(L 57)}$$

Für das ungestörte Problem freier Teilchen ($\mathcal{V} = 0$) lautet nach (L 35) die Lösung der SCHRÖDINGER-Gleichung

$$\psi_{\boldsymbol{k}}^0 = \frac{1}{V^{1/2}}\, e^{i\boldsymbol{k}\cdot\boldsymbol{r}} \qquad \text{(L 58)}$$

mit

$$\boldsymbol{k}^2 = \frac{2\,m_e}{\hbar^2}\, E_{\boldsymbol{k}}^0. \qquad \text{(L 59)}$$

Um die Wirkung des periodischen Potentialanteiles $\mathcal{V}'$ nach der quantenmechanischen *Störungsrechnung* zu bestimmen, bilden wir unter Berücksichtigung von (L 57) und (L 58) das Matrix-Element von $\mathcal{V}'$ im System der $\psi_{\boldsymbol{k}}^0$

$$\mathcal{V}_{\boldsymbol{k}'\boldsymbol{k}} = \int_V \psi_{\boldsymbol{k}'}^{0*}\, \mathcal{V}'\, \psi_{\boldsymbol{k}}^0\, dV = \frac{1}{V} \sum_{\boldsymbol{H}}{}' \mathcal{V}_{\boldsymbol{H}} \int_V e^{i(\boldsymbol{k} - \boldsymbol{k}' + 2\pi\boldsymbol{H})\cdot\boldsymbol{r}}\, dV. \qquad \text{(L 60)}$$

Das Integral verschwindet, sofern nicht

$$2\pi\boldsymbol{H} = \boldsymbol{k}' - \boldsymbol{k}, \qquad \text{(L 61)}$$

und man erhält

$$\mathcal{V}'_{\boldsymbol{k}'\boldsymbol{k}} = \begin{cases} 0, & \text{wenn es kein } \boldsymbol{H} \text{ gemäß (L 61) gibt,} \\ \mathcal{V}_{\boldsymbol{H}}, & \text{wenn es ein solches gibt.} \end{cases} \qquad \text{(L 62)}$$

[1]) Hier und im folgenden bedeutet der Strich am Summenzeichen, daß der Nullvektor von der Summation auszuschließen ist.

Da der Nullvektor gemäß (L 57) für $\boldsymbol{H}$ ausgeschlossen ist, gilt dabei

$$\mathcal{V}'_{\boldsymbol{k}\boldsymbol{k}} = 0\,, \tag{L 63}$$

außerdem nach (L 60)

$$\mathcal{V}'_{\boldsymbol{k}\boldsymbol{k}'} = \mathcal{V}'^{*}_{\boldsymbol{k}'\boldsymbol{k}}\,. \tag{L 64}$$

Nach den Regeln der Störungsrechnung erhalten wir für die Energie-Eigenwerte

$$E_{\boldsymbol{k}} = \frac{\hbar^2\,\boldsymbol{k}^2}{2\,m_e} + \mathcal{V}^0 + \frac{2\,m_e}{\hbar^2}\sum_{\boldsymbol{H}}{}' \frac{|\mathcal{V}_{\boldsymbol{H}}|^2}{\boldsymbol{k}^2 - \boldsymbol{k}'^2}\,. \tag{L 65}$$

Das periodische Potential $\mathcal{V}$ verändert also die Energie zunächst um seinen Mittelwert $\mathcal{V}^0$. In zweiter Näherung tritt sodann ein von $\boldsymbol{k}$ abhängiger Summenterm hinzu, dessen Summanden klein sind, solange $|\mathcal{V}_{\boldsymbol{H}}|^2 \ll \{\boldsymbol{k}^2 - \boldsymbol{k}'^2\}/2\,m_e\,\hbar^{-2}$ ist. Der $E(\boldsymbol{k})$-Verlauf bleibt dann dem parabelförmigen bei freien Elektronen ähnlich.

Ganz andere Verhältnisse treten allerdings auf, wenn der Nenner in (L 65) verschwindet, wenn also gilt

$$|\boldsymbol{k}| = |\boldsymbol{k}'|\,, \quad \text{d. h.} \quad \lambda = \lambda'\,. \tag{L 66}$$

Für diese Streuung mit unveränderter Wellenlänge erhält man aus (L 61)

$$\lambda \cdot \boldsymbol{H} = \frac{\boldsymbol{k}'}{|\boldsymbol{k}'|} - \frac{\boldsymbol{k}}{|\boldsymbol{k}|}\,. \tag{L 67}$$

Für ein eindimensionales Gitter kann (L 66) (bei $H \neq 0$) nur durch $\boldsymbol{k} = -\boldsymbol{k}'$ erfüllt werden; dann folgt aus (L 67) $\boldsymbol{H} = \boldsymbol{k}'/\pi$. Dieser Ausdruck stimmt wegen $|\boldsymbol{H}| = 1/a$ mit den früher ermittelten Bandgrenzen im eindimensionalen Fall (L 56) überein. Im dreidimensionalen ist (L 67), wie es sein muß, identisch mit der Laue*schen Interferenzbedingung* (B 36) für die „Reflexion" einer Welle der Wellenlänge λ und Einfallsrichtung $\boldsymbol{k}/|\boldsymbol{k}|$ an der Gitterebenenschar $\boldsymbol{H}\,(H_1, H_2, H_3)$ in die Richtung $\boldsymbol{k}'/|\boldsymbol{k}'|$. Solange andererseits $\boldsymbol{k}$ die Reflexionsbedingung nicht erfüllt, ist also nach (L 65) mit einem ähnlichen $E(\boldsymbol{k})$-Verlauf zu rechnen wie bei freien Elektronen. Die Reflexion von Elektronenwellen im Kristallgitter spielt also, wie wir im Spezialfalle des eindimensionalen Kronig-Penney-Potentials bereits erkannt hatten, auch allgemein eine bedeutsame Rolle.

Was tritt aber ein, wenn die betrachtete Welle $\boldsymbol{k}$ im Gitter reflektiert wird? Da zu der reflektierten Welle $\boldsymbol{k}'$ nach (L 59) und (L 66) der gleiche Eigenwert $E^0_{\boldsymbol{k}}$ wie zu $\boldsymbol{k}$ gehört, dieser also entartet ist, kann das bisher benutzte *Näherungsverfahren* nicht mehr angewandt werden, sondern es ist dasjenige *für entartete Systeme* heranzuziehen.

Wie wollen uns auf die Betrachtung von nur zwei miteinander entarteten Eigenfunktionen beschränken, beziehen aber den Fall mit ein, daß (L 66) bzw. (L 67) nur näherungsweise erfüllt ist und setzen

$$\delta E^0 \equiv E^0_{\boldsymbol{k}} - E^0_{\boldsymbol{k}'} = \frac{\hbar^2}{2\,m_e}(\boldsymbol{k}^2 - \boldsymbol{k}'^2)\,. \tag{L 68}$$

Dann erhalten wir für den gestörten Eigenwert, indem wir in üblicher Weise die Determinante der Säkulargleichung gleich Null setzen,

$$E_{\boldsymbol{k}} = E^0_{\boldsymbol{k}} + \delta E^0/2 \pm V_{\boldsymbol{H}} \sqrt{1 + \left(\frac{\delta E^0}{2\, V_{\boldsymbol{H}}}\right)^2}\,, \qquad \varepsilon \equiv \frac{\delta E^0}{2\, V_{\boldsymbol{H}}}\,. \tag{L 69}$$

Der Energiewert für freie Elektronen *spaltet* also bei strenger Erfüllung der Interferenzbedingung (d. h. für $\delta E^0 = 0$) *in zwei Werte auf*, die um $2\,V_{\boldsymbol{H}}$ auseinanderliegen. Die dazwischen liegenden Energiewerte treten mithin nicht auf, es entsteht eine *Energielücke*. Dabei sei angemerkt, daß der FOURIER-Koeffizient $V_{\boldsymbol{H}}$ dem sog. *Strukturfaktor* (vgl. S. 319) proportional ist, dessen Quadrat die Intensität der reflektierten Welle bestimmt. Je besser die durch $\boldsymbol{H}(H_1, H_2, H_3)$ gekennzeichnete Netzebene reflektiert, um so größer ist also der Energiesprung bei Erfülltsein von (L 67) und um so besser gilt unsere Näherung (L 69) bei ungenauem Erfülltsein der Reflexionsbedingung. Andererseits kann der Energiesprung aber auch Null sein, wenn der FOURIER-Koeffizient verschwindet. Ist dies der Fall, so ist auch der Reflex der betrachteten Netzebene bei Röntgen- und Elektronenbeugung ausgelöscht (vgl. Aufgabe B 3).

Solange $\varepsilon \ll 1$ ist, kann man die zu $E_{\boldsymbol{k}}$ gehörigen beiden Eigenfunktionen schreiben

$$\left.\begin{aligned} \psi_1 &= \frac{1}{\sqrt{2\,(1+\varepsilon^2)}}\,[(1-\varepsilon)\,\psi^0_{\boldsymbol{k}'} + (1+\varepsilon)\,\psi^0_{\boldsymbol{k}}]\,, \\ \psi_2 &= \frac{1}{\sqrt{2\,(1+\varepsilon^2)}}\,[(1+\varepsilon)\,\psi^0_{\boldsymbol{k}'} - (1-\varepsilon)\,\psi^0_{\boldsymbol{k}}]\,. \end{aligned}\right\} \tag{L 70}$$

Dies geht für $\varepsilon \to 0$, d. h. im Interferenzfall, in zwei Wellen über, die nicht einzeln, sondern nur in gegenseitiger Verknüpfung existenzfähig sind:

$$\psi_1\,(\varepsilon = 0) = \frac{1}{\sqrt{2}}\,(\psi^0_{\boldsymbol{k}'} + \psi^0_{\boldsymbol{k}})\,, \qquad \psi_2\,(\varepsilon = 0) = \frac{1}{\sqrt{2}}\,(\psi^0_{\boldsymbol{k}'} - \psi^0_{\boldsymbol{k}})\,. \tag{L 71}$$

Da im eindimensionalen Fall (L 66) nur durch $\boldsymbol{k}' = -\boldsymbol{k}$ erfüllt werden kann, liefert (L 71) mit (L 58) die stehenden Wellen

$$\left.\begin{aligned} \psi_1(x) &= \frac{1}{\sqrt{2\,L}}\,(\mathrm{e}^{-ikx} + \mathrm{e}^{ikx}) = \frac{2\cos k\,x}{\sqrt{2\,L}}\,, \\ \psi_2(x) &= \frac{1}{\sqrt{2\,L}}\,(\mathrm{e}^{-ikx} - \mathrm{e}^{ikx}) = -\frac{2\,i\sin k\,x}{\sqrt{2\,L}} \end{aligned}\right\} \tag{L 72}$$

und mithin die der Ladungsdichte proportionalen $|\psi|^2$

$$|\psi_1(x)|^2 = \frac{2}{L}\cos^2 k\,x\,, \qquad |\psi_2(x)|^2 = \frac{2}{L}\sin^2 k\,x\,, \tag{L 73}$$

wie auf Seite 279 für einen speziellen eindimensionalen Fall behauptet wurde. (Die Länge L steht hier anstelle des Volumens bei drei Dimensionen.) Im Falle größerer ε, für den die Näherung (L 70) allerdings nicht mehr ausreicht, gehen ψ_1 und ψ_2 dagegen in $\psi^0_{\boldsymbol{k}}$ und $\psi^0_{\boldsymbol{k}'}$ einzeln über.

L 13 Brillouin-Zonen

Während es im allgemeinen recht schwierig ist, die Energien der Metallelektronen numerisch zu berechnen, ist es verhältnismäßig einfach, im Energiespektrum $E(\boldsymbol{k})$ diejenigen $\boldsymbol{k}$-Werte zu bestimmen, bei denen ein Energiesprung auftreten kann. Denn dieses Problem bedeutet nach den Ausführungen des letzten Abschnittes, alle Ausbreitungsvektoren $\boldsymbol{k}$ anzugeben, für die durch Erfüllung von (L 67) Reflexion in dem betrachteten Gitter eintreten kann.

Dies gelingt besonders einfach unter Bezugnahme auf das reziproke Gitter, da der $\boldsymbol{k}$-Raum aus dem reziproken Raum durch eine allseitige Dehnung um den Faktor 2π hervorgeht (einem Vektor $\boldsymbol{H}$ des reziproken Gitters entspricht also ein Vektor $2\pi\boldsymbol{H}$ im $\boldsymbol{k}$-Raum). Nach den Ausführungen auf S. 38/39 bedeutet die Befriedigung von (L 67) nämlich, daß der Vektor $2\pi\boldsymbol{H}$ auf einer Ewaldschen Ausbreitungskugel liegen muß, die jetzt den Radius $|\boldsymbol{k}| = 2\pi/\lambda$ anstelle von $1/\lambda$ besitzt. Diese Bedingung wird bei vorgegebenem $\boldsymbol{H}$ von allen $\boldsymbol{k}$ erfüllt, die, mit der Spitze am Ursprung angeheftet, auf derjenigen Ebene enden, die auf dem Vektor $2\pi\boldsymbol{H}$ senkrecht steht und ihn halbiert. Diese Ebenen stellen also die Orte einer möglichen Energie-Unstetigkeit im $\boldsymbol{k}$-Raum dar und sind daher Begrenzungen der S. 21 eingeführten Brillouin-*Zonen*; speziell wird die erste Brillouin-Zone von denjenigen Ebenen eingeschlossen, die man vom Nullpunkt aus erreichen kann, ohne auf andere zu stoßen.

Innerhalb einer solchen Zone besteht eine stetige Abhängigkeit $E(\boldsymbol{k})$. An der Zonengrenze findet ein Energiesprung statt, sofern der zugehörige Fourier-Koeffizient $V_{\boldsymbol{H}}$ von Null verschieden ist. Läßt man die Grenzflächen, für die er verschwindet, fort, so spricht man von Jones-*Zonen*. Deren Grenzflächen sind also stets Unstetigkeitsflächen im Energieverlauf.

Ebenso, wie man sich auf die Betrachtung des reduzierten Bereiches (L 15) von $\boldsymbol{k}$ beschränken kann, braucht man aus dem gleichen Grunde nur die erste (innerste) Brillouin-Zone zu betrachten. Denn alle $\boldsymbol{k}$-Vektoren, die in höheren Zonen enden, lassen sich wegen (L 14) so um einen Vektor des reziproken Gitters verringern, daß sie gleichfalls in der ersten Zone enden. Alle Zonen haben das gleiche Volumen. Sie enthalten wie eine Energiezone zwei Zustände pro Elementarzelle, die sich durch den Elektronspin unterscheiden müssen (vgl. S. 23).

Beispiele für die Brillouin-Zonen einiger einfacher Raumgitter wurden bereits in Abb. A 11 gezeigt. Im zeichnerisch leichter darzustellenden zweidimensionalen Fall (Abb. A 10) sind die ersten 5 Zonen für ein zweidimensionales Rechteckgitter wiedergegeben.

L 14 Energie-Flächen und Überlappung

Einen anschaulichen Eindruck vom Energieverlauf $E(\boldsymbol{k})$ im $\boldsymbol{k}$-Raum kann man durch Einzeichnung von $E = \text{const}$-Flächen bekommen, wie dies in Abb. L 4 für die ersten beiden Brillouin-Zonen eines zweidimensionalen quadratischen Gitters (vgl. Abb. A 10) geschehen ist. Von besonderem Interesse ist der Verlauf der sogenannten FERMI-Fläche $E = E_F^0$, d. h. der Fläche für die Maximalenergie E_F^0 der Elektronen bei $T = 0$. Für freie Elektronen ist dies nach (A 15) und (A 17) eine Kugel (FERMI-Kugel) mit dem Radius $k_F = p_F/\hbar$, der allein von der Anzahldichte n_e der Metallelektronen abhängt. Der Verlauf der realen FERMI-Flächen ist heute mit verschiedenen Methoden für eine ganze Reihe Metalle experimentell ermittelt worden, worauf wir auf S. 301 zurückkommen.

Da wir gesehen haben, daß der E-Verlauf in einiger Entfernung von den Sprungstellen nahezu derjenige freier Elektronen ist, werden wir unter diesen Bedingungen kugelförmige Energieflächen erwarten. Je mehr die Energie wächst, um so näher wird die Energiekugel an die Begrenzungsfläche der ersten BRILLOUIN-Zone heranrücken und in um so stärkerem Maße sind Abweichungen von der Kugelgestalt zu erwarten und naturgemäß am ehesten dort, wo die Annäherung am weitesten fortgeschritten ist.

Den grundsätzlichen Verlauf der Abweichungen kann man aus unseren bisherigen Überlegungen entnehmen: Nach diesen wächst die Energie der Metallelektronen mit $\boldsymbol{k}$ bei Annäherung an eine Sprungstelle langsamer als bei freien Elektronen (vgl. z. B. Abb. L 3). Die Flächen konstanter Energie werden sich also nach außen auswölben, wie dies Abb. L 4 am zweidimensionalen Beispiel zeigt. Außerdem ist klar, daß die $E =$ const-Flächen sich an den Grenzflächen

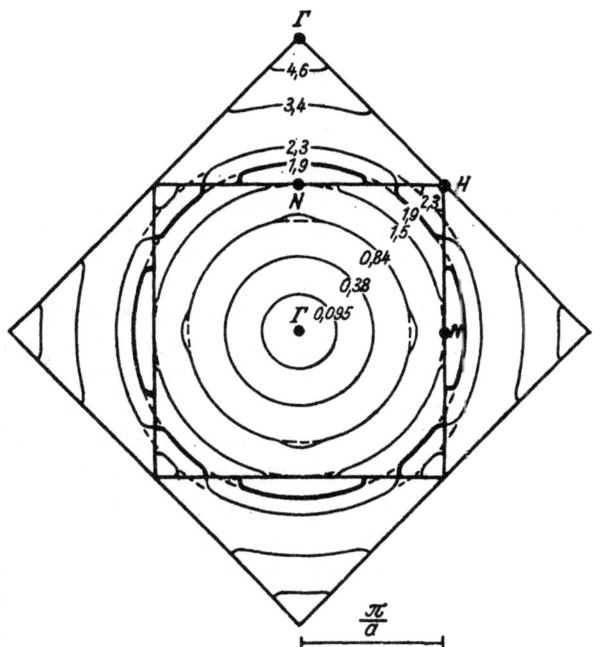

Abb. L 4

Linien konstanter Energie (in eV) für die ersten beiden BRILLOUIN-Zonen eines zweidimensionalen quadratischen Gitters mit $a = 5$ Å (vgl. Abb. A 10). Die Linie für die FERMI-Energie bei zwei Elektronen pro Elementarzelle ist stark gezeichnet. Für freie Elektronen würden alle Linien Kreise sein (teilweise gestrichelt) (nach ALTMANN)

der BRILLOUIN-Zonen unstetig verschieben. Ein dreidimensionales Beispiel für $E = \text{const}$-Flächen (FERMI-Flächen) zeigt Abb. L 18 bei der Besprechung spezieller Metalle.

An Hand von Abb. L 4 kann man sich auch den Begriff der Überlappung klarmachen, d. i. die Tatsache, daß der höchste Energiewert einer BRILLOUIN-Zone (oder auch Energiezone) höher liegen kann als der niedrigste der nächsthöheren Zone. Im Eindimensionalen tritt dieser Effekt nicht auf, spielt aber im Kristallgitter eine große Rolle und ist schon an unserem zweidimensionalen Beispiel zu studieren: Die dick eingezeichnete FERMI-Fläche für 2 Leitungs-

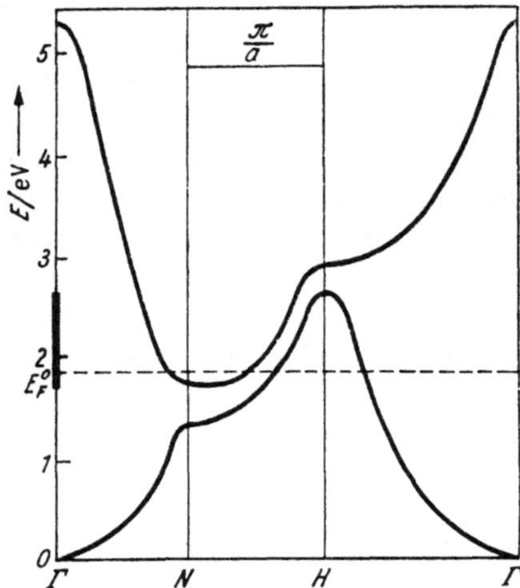

Abb. L 5

Energiebänder für verschiedene Richtungen in dem quadratischen Gitter von Abb. L 4. In dem durch starken Strich hervorgehobenen Energiebereich liegt Überlappung vor. Die horizontale Gerade bezeichnet die FERMI-Energie für 2 Elektronen pro Elementarzelle (nach ALTMANN)

elektronen pro Atom reicht in der Richtung $\Gamma - N$ in die zweite Zone hinein, d. h., die FERMI-Energie — und sogar noch etwas niedrigere Energiewerte — gehören zum Wertebereich der zweiten Zone, während andererseits in der Richtung $\Gamma - H$ schon in der ersten Zone Energiewerte $> E_F^0$ auftreten.

Halbquantitativ kann man sich diesen Sachverhalt an Abb. L 5 nach ALTMANN noch verdeutlichen. Hier ist der $E(\boldsymbol{k})$-Verlauf in den ersten beiden Zonen für die Richtungen $\Gamma - N$, $N - H$ und $H - \Gamma$ auf Grund Abb. L 4 dargestellt, wobei natürlich einige plausible Annahmen zu machen waren. Die Abbildung enthält auch die durch die horizontale Gerade dargestellte FERMI-Grenzenergie für 2 Metallelektronen pro Atom, und man sieht, daß in der unteren Zone wesentlich höhere Energien vorkommen, in der oberen aber auch kleinere, so daß in dem an der Energieskala dick markierten Überlappungsbereich Energieeigenwerte in beiden Zonen zur Verfügung stehen.

Die Überlappung hat eine bemerkenswerte Folge. Hat man eine Substanz mit zwei Valenzelektronen pro Atom und überlappende Zonen, so wird ein Teil der Valenzelektronen beim Auffüllen der Zonen in die tiefsten Zustände der höheren Zone abfließen, weil sie tiefer liegen als die höchsten Zustände der niedrigeren Zone und daher auf diese Weise die Gesamtenergie des Systems verringert wird. Infolge dieser teilweisen Besetzung der höheren Zone kann die tiefere mit der vorgegebenen Elektronenmenge natürlich nicht mehr vollständig besetzt werden, so daß die Überlappung zwei unvollständig besetzte Zonen anstelle einer vollständig besetzten und einer ganz leeren hervorruft. Dies wird sich bei der elektrischen Leitfähigkeit als ausschlaggebend herausstellen (vgl. auch L 23).

Als Anwendungsbeispiel der BRILLOUIN-Zonen-Vorstellung soll schließlich noch eine Rechnung nachgeholt werden in Ergänzung zu der bereits früher mitgeteilten ersten elektronentheoretischen Deutung der von HUME-ROTHERY empirisch gefundenen Valenzelektronenkonzentrationen, bei denen gewisse Kristallgittertypen intermetallischer Phasen instabil werden (HUME-ROTHERY*sche Regel*, C 44). Der Grundgedanke der Rechnung ist schon S. 87 dargelegt worden.

Wird dabei näherungsweise angenommen, daß beim Auffüllen einer BRILLOUIN-Zone durch Hinzulegieren eines höherwertigen Metalles, z. B. Zinks zu Kupfer, die $E =$ const-Flächen Kugeln bleiben, bis der erste Kontakt mit einer BRILLOUIN-Grenze eintritt, so läßt sich die dazu erforderliche Elektronenzahl pro Atom, die Valenzelektronenzahl, leicht ausrechnen. Wir beschränken uns auf die Betrachtung eines einzigen Falles, den des kubisch-raumzentrierten β-Messings. Der größte Netzebenenabstand in diesem Gitter ist $d_{110} = a/\sqrt{2}$, demgemäß ist $(1/2)\,(2\,\pi/d_{110})$ der Abstand derjenigen BRILLOUIN-Grenzfläche, die dem Nullpunkt am nächsten liegt, und mithin der Radius bzw. das Volumen der sie tangierenden Kugel im $\boldsymbol{k}$-Raum

$$k = \frac{1}{2}\,\frac{2\,\pi}{d_{110}} = \frac{\pi\sqrt{2}}{a} \qquad \text{und} \qquad \tilde{V}_{\boldsymbol{k}} = \frac{4\,\pi}{3}\left(\frac{\pi\sqrt{2}}{a}\right)^3. \tag{L 74}$$

Daher beträgt nach (L 31) die Anzahl der vorhandenen Elektronenzustände pro kubisch-raumzentrierte Elementarzelle $Z' = 2\,\pi\sqrt{2}/3$, und man hat bei vollständiger Besetzung dieser Zustände für jedes der beiden Atome in der Zelle $\pi\sqrt{2}/3 = 1{,}48$ Valenzelektronen, wie auf Seite 87 angegeben.

L 2 Die Bewegung der Metallelektronen

L 21 Die Bewegungsgleichung

Bisher haben wir nur stationäre Zustände im Gitter betrachtet. Da aber gerade *zeitabhängige Vorgänge* unter dem Einfluß äußerer Felder von besonderem Interesse sind, z. B. im Hinblick auf den elektrischen Strom, wenden wir uns der Frage zu, wie sich die Metallelektronen in ihrem diesbezüglichen Verhalten von freien Elektronen unterscheiden.

Nach der Quantenmechanik kann man eine Partikel durch ein Wellenpaket, das aus einer Anzahl Wellen mit einem gewissen Wellenzahlbereich d$\boldsymbol{k}$ besteht, beschreiben. Seine Geschwindigkeit ist gleich der *Gruppengeschwindigkeit v*, die nach der Wellenlehre durch

$$v = c - \lambda \frac{\mathrm{d}c}{\mathrm{d}\lambda} \tag{L 75}$$

bestimmt ist und mit der Phasengeschwindigkeit c nur bei verschwindender Dispersion ($\mathrm{d}c/\mathrm{d}\lambda = 0$) übereinstimmt. Wegen $c = \lambda\,\nu$ und $2\,\pi\,\nu = \omega = E/\hbar$ kann man statt (L 75) auch schreiben

$$v = \frac{\mathrm{d}\nu}{\mathrm{d}\left(\frac{1}{\lambda}\right)} = \frac{\mathrm{d}\omega}{\mathrm{d}k} = \frac{1}{\hbar}\frac{\mathrm{d}E}{\mathrm{d}k} \tag{L 76}$$

oder vektoriell für Eigenwerte

$$\boldsymbol{v}_{n\,\boldsymbol{k}} = \frac{1}{\hbar}\frac{\partial}{\partial \boldsymbol{k}} E_{n\,\boldsymbol{k}}\,. \tag{L 77}$$

Die Geschwindigkeitsrichtung ist also durch die Normalen auf den $E(\boldsymbol{k})$ = const-Flächen gegeben und insbesondere durch die Normalen auf der FERMI-Fläche für die am meisten interessierenden Elektronen mit etwa FERMI-Energie. Nur bei Kugelflächen (freie Elektronen) sind mithin $\boldsymbol{v}$ und $\boldsymbol{k}$ stets parallel.

Wir kehren zum eindimensionalen Fall zurück. Zur Bestimmung der Geschwindigkeit benötigen wir den S. 278 erörterten $E(k)$-Verlauf. Er ist in Abb. L 6 wiederholt und liefert nach (L 76) den gleichfalls eingezeichneten v-Verlauf.

An den Rändern des Bandes, d. h. bei $k = 0$ und $k = \pm\,\pi/a$, verschwindet v und erreicht dazwischen einen Extremwert. Es gibt also k-Bereiche, in denen v mit wachsender Energie abnimmt. Das Verschwinden von v folgt für $k = 0$ unmittelbar daraus, daß $E(\boldsymbol{k})$ nach (L 24) eine gerade Funktion ist, mithin gilt

$$\left(\frac{\mathrm{d}E}{\mathrm{d}k}\right)_{-k} = -\left(\frac{\mathrm{d}E}{\mathrm{d}k}\right)_{k}. \tag{L 78}$$

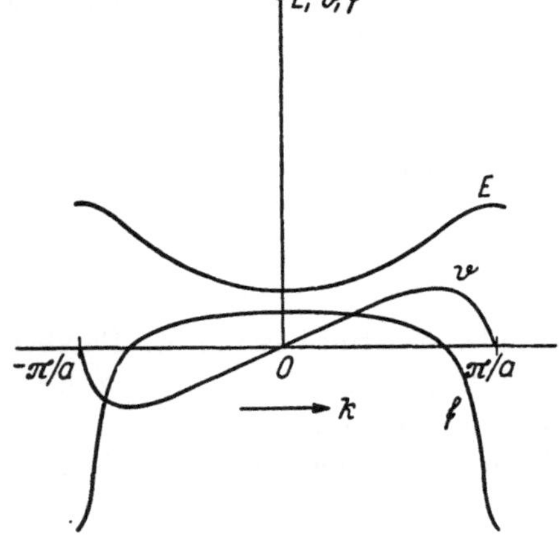

Abb. L 6

Prinzipieller Verlauf der Energie E, Gruppengeschwindigkeit v und Freiheitszahl f (vgl. L 22) von Elektronen im eindimensionalen periodischen Potential in Abhängigkeit von der Wellenzahl k

Für $k = \pm \pi/a$ braucht man zusätzlich die Tatsache der Periodizität von $\mathrm{d}E/\mathrm{d}k$ mit der Periode $2\,\pi/a$:

$$\left(\frac{\mathrm{d}E}{\mathrm{d}k}\right)_{-\pi/a} = \left(\frac{\mathrm{d}E}{\mathrm{d}k}\right)_{\pi/a}. \tag{L 79}$$

Aus (L 76) kann man auch den Betrag von v abschätzen, indem man $\mathrm{d}E/\mathrm{d}k$ durch den Quotienten Bandbreite (≈ 10 eV) durch Intervall-Länge (π/a) mit $a \approx 2 \cdot 10^{-10}$ m annähert. Man findet in Übereinstimmung mit den Überlegungen bei freien Elektronen (S. 14) $v \approx 10^6$ m/s.

Nach (L 76) gilt

$$\int_{-\pi/a}^{+\pi/a} v\,\mathrm{d}k = \frac{E\left(\frac{\pi}{a}\right) - E\left(\frac{-\pi}{a}\right)}{\hbar} = 0\,. \tag{L 80}$$

Das *Integral* von v (über ein *ganzes Band* genommen) verschwindet also. Es verschwindet nach (L 76) auch zwischen zwei symmetrisch zum Ursprung gelegenen k-Werten k_1 und $-k_1$ wegen (L 24), wie auch ein Blick auf Abb. L 6 unmittelbar zeigt. Es gibt daher weder für ein vollbesetztes Band noch für ein unvollständig besetztes (das wegen (L 24) eine zu $k = 0$ symmetrische Besetzung aufweisen wird) einen resultierenden endlichen Wert von v; d. h., ohne äußeres Feld gibt es keinen elektrischen Strom.

Wie ändern sich die Verhältnisse bei *Anlegen* eines *äußeren Feldes* $\boldsymbol{E}$? Während eines Zeitintervalles $\mathrm{d}t$ nimmt ein Elektron die Energie

$$\mathrm{d}E = -e\,|\boldsymbol{E}|\,v\,\mathrm{d}t = -e\,|\boldsymbol{E}|\,\frac{1}{\hbar}\,\frac{\mathrm{d}E}{\mathrm{d}k}\,\mathrm{d}t \tag{L 81}$$

auf, wobei für v der Wert (L 76) eingesetzt und von den Widerstand erzeugenden Prozessen, die später behandelt werden sollen, abgesehen wurde. Es gilt folglich

$$\frac{\mathrm{d}k}{\mathrm{d}t} = -e\,|\boldsymbol{E}|\,\hbar^{-1}\,. \tag{L 82}$$

Alle k-Werte werden also in gleicher Weise durch ein äußeres Feld verändert, d. h., die Gesamtheit der Elektronen eines Bandes verschiebt sich während der Zeit $\mathrm{d}t$ einheitlich entgegen der Feldrichtung um den Betrag $\mathrm{d}k$ (Abb. L 7). War das Band nur *unvollständig besetzt*, so ist damit eine zu $k = 0$ *unsymmetrische Verteilung* entstanden, also die Voraussetzung für einen endlichen v-Wert, d. h. für einen elektrischen Strom. War dagegen das Band vollständig besetzt, so ist ein Teil der Elektronen über seinen Rand hinausgetreten. Da aber nach Seite 270 die $\boldsymbol{k}$-Vektoren nur bis auf das $2\,\pi$-fache beliebiger Vektoren $\boldsymbol{H}$ des reziproken Gitters definiert sind, kann man die aus dem ursprünglichen k-Intervall hinausgelangten Elektronen gerade auf die freigewordenen Plätze übertragen (vgl. Abb. L 7a), so daß das Band voll besetzt und die Symmetrie bezüglich $k = 0$ bestehen bleibt, mithin sein v-Mittelwert verschwindet.

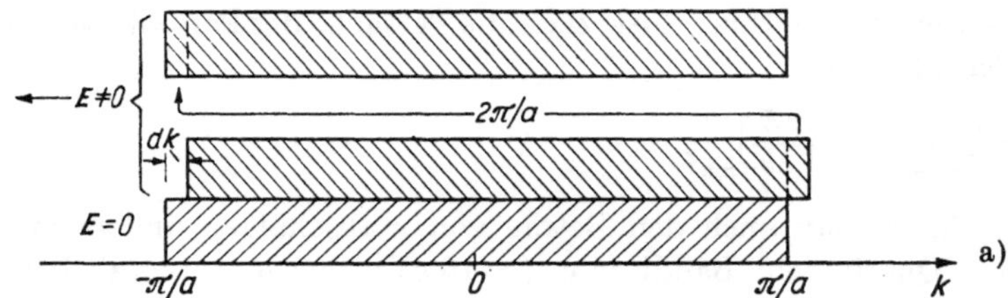

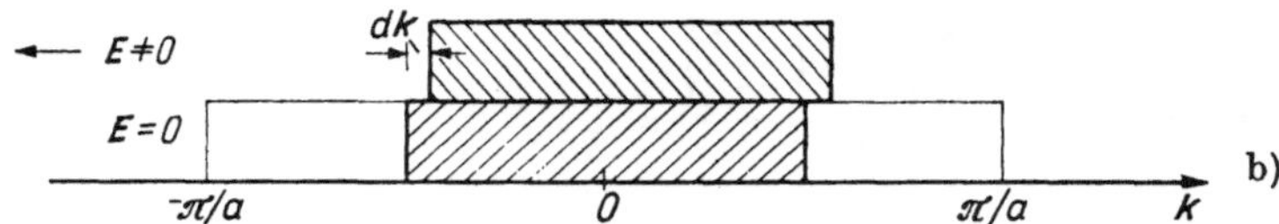

Abb. L 7

Schematische Darstellung der Besetzung eines (a) vollständig und (b) unvollständig gefüllten eindimensionalen Bandes vor und nach Anlegen eines elektrischen Feldes $\boldsymbol{E}$

Mit Hilfe von $\mathrm{d}k/\mathrm{d}t$ erhält man auf Grund von (L 76) die Beschleunigung

$$\frac{\mathrm{d}v}{\mathrm{d}t} = \frac{\mathrm{d}v}{\mathrm{d}k}\,\frac{\mathrm{d}k}{\mathrm{d}t} = \frac{-e\,|\boldsymbol{E}|}{\hbar^2}\,\frac{\mathrm{d}^2E}{\mathrm{d}k^2}\,. \tag{L 83}$$

Vergleicht man dieses Ergebnis mit dem NEWTONschen Grundgesetz $\mathrm{d}v/\mathrm{d}t = -e\,|\boldsymbol{E}|/m_e$, so erkennt man die Möglichkeit, dieses formal aufrechtzuerhalten durch Einführung einer *effektiven Masse* m^* gemäß

$$\frac{1}{m^*} = \frac{1}{\hbar^2}\,\frac{\mathrm{d}^2E}{\mathrm{d}k^2}\,. \tag{L 84}$$

In dreidimensionaler Verallgemeinerung ergibt sich die effektive Masse als *symmetrischer Tensor zweiter Stufe.* Es gilt

$$\left(\frac{1}{m^*}\right)_{ij} = \frac{1}{\hbar^2}\,\frac{\mathrm{d}^2E}{\mathrm{d}k_i\,\mathrm{d}k_j}\,, \quad i, j = 1, 2, 3. \tag{L 85}$$

Auf Grund dieses Zusammenhanges ist die Beschleunigung im Gitter im allgemeinen der äußeren Kraft nicht mehr parallel gerichtet; sie kann sogar entgegengesetzt gerichtet sein, was *negativen Werten* der *effektiven Masse* entspricht, wie sie nach Abb. L 6 z.B. in der Nähe des oberen Bandrandes auftreten.

L 22 Die Konzeption der effektiven Masse

Es ist gut, sich klarzumachen, woher dieses ungewohnte Verhalten der effektiven „Masse" kommt. Die Definition (L 84) erfolgte in dem Wunsche, für ein Metallelektron das NEWTONsche Gesetz formal aufrecht zu erhalten auch für den Fall, daß sich das Elektron zwar unter dem Einfluß des Gitterpotentials und einer äußeren Kraft $-e\boldsymbol{E}$ bewegt, in die Bewegungsgleichung (L 83) aber nur die äußere Kraft eingesetzt wird, weil man das Elektron wie ein freies Elektron beschreiben möchte. Die Tatsache, daß dieses Vorhaben überhaupt durchführbar ist, ist eigentlich erstaunlicher als seine ungewohnten Konsequenzen.

Mit Einführung des Tensors

$$f_{ij} \equiv m_e \left(\frac{1}{m^*}\right)_{ij} = \frac{m_e}{\hbar^2} \frac{d^2E}{dk_i\, dk_j} \tag{L 86}$$

oder, nach Hauptachsentransformation und Mittelwertbildung, einfacher der skalaren Freiheitszahl

$$f \equiv \frac{m_e}{m^*} = \frac{m}{3\,\hbar^2} \cdot \left(\frac{d^2E}{dk_1^2} + \frac{d^2E}{dk_2^2} + \frac{d^2E}{dk_3^2}\right) \tag{L 87}$$

kann man im Sinne dieser Vorstellung schreiben

$$-\frac{e\boldsymbol{E}}{m_e} = \dot{\boldsymbol{v}}_{FE} = \dot{\boldsymbol{v}}/f \quad \text{(Index FE: freie Elektronen).} \tag{L 88}$$

Wirkt die Kraft während des Zeitintervalls Δt, so gilt für die Zusatzgeschwindigkeit von Metall- und freien Elektronen entsprechend

$$\Delta v = f\, \Delta v_{FE}\,. \tag{L 89}$$

Ein äußeres Feld, das bei freien Elektronen einen Geschwindigkeitszuwachs Δv_{FE} bewirkt, führt also im Gitter bei negativem f (und m^*), d. h. nach Abb. L 6 in der Nähe des oberen Bandrandes, zu einer Geschwindigkeits*abnahme* $-|f|\, \Delta v_{FE}$. Die Ursache liegt in der Wechselwirkung der Metallelektronen mit dem Gitter, die von deren k-Wert und damit von ihrer Energie abhängt. Die Abnahme der Geschwindigkeit in einem beschleunigenden Feld bedeutet dann, daß die verstärkte Wechselwirkung die Energieaufnahme aus dem Feld überkompensiert.

Angesichts des ungewohnten Verhaltens von m^*, das ja genau genommen nicht einmal ein Skalar ist, kann man sich fragen, ob es zweckmäßig ist, noch von Masse zu sprechen, zumal zu ihrer Berechnung nach (L 85) die Kenntnis von $E(\boldsymbol{k})$ notwendig ist. Immerhin erklärt die Möglichkeit, das unterschiedliche Verhalten von Gitter- und freien Elektronen allein auf ihre verschiedene effektive Masse zurückzuführen, warum das Modell freier Elektronen besonders erfolgreich ist bei der Deutung von solchen Größen, die nicht von der Masse abhängen, wie etwa die Konstante des WIEDEMANN-FRANZschen Gesetzes (A 14).

Das skalare m^* läßt sich auf verschiedene Weise experimentell ermitteln, z. B. aus dem *Elektronenanteil* der *spezifischen Wärme*, der sich nach der SOMMERFELDschen Theorie in Übereinstimmung mit der Erfahrung als proportional zur absoluten Temperatur ergab, wobei die Konstante γ nach (A 30) in Verbindung mit (A 29) und (A 18) den Wert

$$\gamma = \frac{\pi^2 k^2 L\, m_e}{h^2 \left(\frac{3\, Z'\, n}{8\,\pi}\right)^{2/3}} \tag{L 90}$$

haben sollte, wenn man die Anzahldichte n_e der Metallelektronen durch $Z'\,n$ ausdrückt (n bedeutet die bekannte Atomzahl pro Volumeneinheit).

Nach der geschilderten Methode ist hier m_e durch m^* zu ersetzen, um den Gittereinfluß zu berücksichtigen. Mit einer plausiblen Annahme über die Anzahl Z' der Metallelektronen pro Atom erhält man folgende f-Werte:

	Ag	Al	Cu	K	Na	Pb	Zn
$\gamma_{exp}/10^{-3}$ J K^{-2} mol^{-1}	0,65	1,35	0,70	2,08	1,38	2,98	0,64
Z'	1	2	1	1	1	4	2
$m_e/m^* = f$	1,00	0,47	0,72	0,84	0,81	0,32	0,93

Will man die Anisotropie der diamagnetischen Suszeptibilität von Wismut durch eine Anisotropie von m^* deuten, so erhält man für bestimmte Richtungen Werte für $f = m_e/m^*$ von der Größenordnung 100. Es muß aber darauf hingewiesen werden, daß die nach verschiedenen Methoden erhaltenen m_e/m^*-Werte sehr schwanken (vgl. z.B. S. 318).

L 23 Leiter — Halbleiter — Nichtleiter. Defektelektronen

Durch entsprechende Überlegungen wie bei der Geschwindigkeit v erkennt man, daß auch das über ein *ganzes Band* genommene *Integral von $f = m_e/m^*$ verschwindet.* Ein mit Elektronen voll besetztes Band erhält daher nach (L 89) auch bei Anwesenheit eines äußeren Feldes keinen Zusatzimpuls, so daß es keinen Beitrag zum elektrischen Strom liefert. Wir stellen also fest, daß ein *Leiter*, d. h. ein Kristall, in welchem ein äußeres elektrisches Feld einen Elektronenstrom hervorrufen kann, *unvollständig besetzte Energiebänder* besitzen muß und erkennen hier die Bedeutung der früher besprochenen Tatsache, daß in einer Zone nur eine endliche Anzahl von Elektronenzuständen vorhanden ist, die jeweils mit höchstens zwei Elektronen, die sich dann durch den Spin unterscheiden müssen, besetzt werden dürfen.

In diesem Sinne kann man eine *effektive Anzahl N_e^{eff} freier Elektronen* pro Band durch die Festsetzung

$$N_e^{eff} \equiv \sum_{\substack{\text{besetzte}\\ \text{Zustände}}} f_k \tag{L 91}$$

einführen, wobei angenommen sei, daß das Band von $-k_0$ bis $+k_0$ besetzt ist. Dann gilt unter Ansehung des quasikontinuierlichen Charakters der Bänder für den eindimensionalen Fall

$$N_e^{eff} = \int\limits_{\substack{\text{besetzte}\\ \text{Zustände}}} f(k)\,\mathrm{d}Z = \frac{N\,a}{\pi} \int\limits_{-k_0}^{+k_0} f(k)\,\mathrm{d}k\,. \tag{L 92}$$

Dabei wurde die Anzahl der Zustände dZ im Intervall dk aus (L 28) übernommen und berücksichtigt, daß pro Zustand wegen des Spins zwei Elektronen untergebracht werden können. Aus (L 92) folgt wegen (L 87) und (L 76)

$$N_e^{\mathrm{eff}} = \frac{2\,N\,a\,m_e}{\pi\,\hbar^2} \int_0^{k_0} \frac{\mathrm{d}^2E}{\mathrm{d}k^2}\,\mathrm{d}k = \frac{4\,N\,a\,m_e}{h}\,v(k_0)\,. \tag{L 93}$$

Da $v(k_0)$, wie S. 286 auseinandergesetzt, für $k_0 = 0$ und $= \pi/a$ verschwindet, ist wiederum offenbar, daß eine Elektronenleitung nur bei unvollständig besetzten Bändern möglich und besonders gut ausgeprägt ist in der Nähe des Maximums von $v(k_0)$, also bei etwa halbbesetzten Bändern.

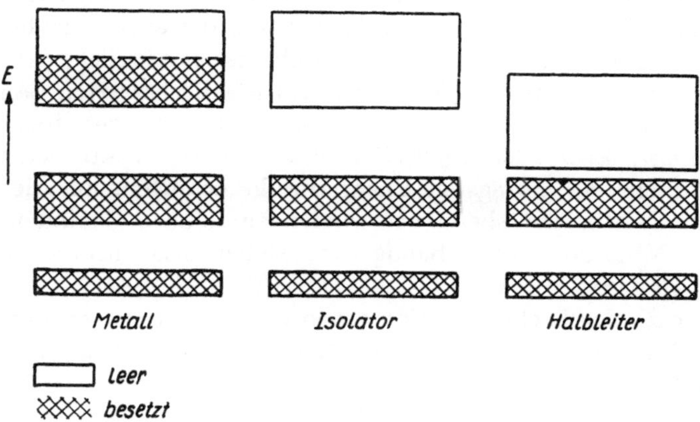

Abb. L 8

Besetzungsverhältnisse der verfügbaren Energiezustände im Metall, Isolator und Halbleiter (Eigenhalbleitung) bei $T = 0$ (schematisch)

Der Unterschied zwischen Leitern und Isolatoren stellt sich hier also ganz anders dar als in der klassischen Elektronentheorie, wo die Elektronenleitfähigkeit auf das Vorhandensein freier Elektronen zurückgeführt wurde. Ein derartiges Ergebnis war grundsätzlich zu erwarten, nachdem wir erkannt hatten, daß nach der Quantenmechanik kein prinzipieller Unterschied zwischen freien und gebundenen Teilchen gemacht werden kann. Wir haben jetzt darüber hinaus erfahren, wodurch sich Leiter und *Isolatoren* unterscheiden: Letztere besitzen nur *vollständig besetzte und völlig leere Bänder* (Abb. L 8), während erstere als oberstes Band ein unvollständig besetztes Band, das sogenannte *Leitfähigkeitsband,* haben (vgl. auch S. 287).

Indessen gibt es bekanntlich eine wichtige Stoffklasse mit einer Mittelstellung, die *Halbleiter.* Wie sieht deren Elektronentermschema aus? Da die elektrische Leitfähigkeit von Halbleitern mit sinkender Temperatur abnimmt, wird man bei $T = 0$ das Termschema eines Isolators erwarten, also eine bestimmte Anzahl vollständig besetzter Bänder. Aber der Abstand zwischen dem obersten besetzten (*Valenzband*) und den folgenden leeren Bändern muß so klein sein, daß mit steigender Temperatur eine wachsende Anzahl von Elektronen dank ihrer thermischen Energie in das leere Band übergehen kann. Dieses wird damit zum Leitungsband, und die Isolatoreigenschaft des Kristalles geht verloren. Solche Halbleiter nennt man *Eigenhalbleiter*. Daneben gibt es Kristalle — und das sind gerade die technisch wichtigsten —, die ihre Halbleitereigenschaften Gitterfehlern verdanken (Störstellen- oder *Fremdleitung*), worauf in L 24 eingegangen wird. Während die maßgebliche Energielücke bei einem typischen Isolator wie Diamant etwa 7 eV beträgt, findet man bei ausgeprägten Halbleitern (Germanium, Silizium) etwa 1 eV.

Wenn aus dem obersten vollbesetzten Band einige Elektronen in das darüberliegende bisher leere treten, wird nicht nur dieses zur Leitfähigkeit beitragen, sondern auch das bisher gefüllte, da es jetzt wegen der ausgeschiedenen Elektronen nicht mehr vollständig besetzt ist. Dabei ist es nützlich, daß man das Verhalten der vielen Elektronen des nahezu vollständig besetzten Bandes ganz adäquat beschreiben kann durch das Verhalten der wenigen freien Plätze, der sogenannten *Löcher* oder *Defektelektronen*. Da die Elektronen nahe der oberen Bandgrenze der geringsten Energiezufuhr bedürfen, um die Energielücke bis zum Leitfähigkeitsband überwinden zu können, befinden sich die Löcher in der Nähe der oberen Bandgrenze, stellen also Zustände mit negativem m^* bzw. f dar.

Zur Erläuterung der Lochkonzeption gehen wir von der Bemerkung aus, daß die klassische Bewegungsgleichung für eine Masse m mit der Ladung q im elektromagnetischen Feld $\boldsymbol{E}, \boldsymbol{B}$

$$m\ddot{\boldsymbol{r}} = q\,(\boldsymbol{E} + \boldsymbol{v} \times \boldsymbol{B}) = \boldsymbol{K} \tag{L 94}$$

unverändert bleibt, wenn man gleichzeitig bei Masse und Ladung das Vorzeichen umkehrt. Allerdings kehrt sich dabei auch das Vorzeichen der Kraft $\boldsymbol{K}$ um und damit zugleich das der Arbeit und der Energie. Diese Aussagen gelten auch bei der quantenmechanischen Bewegungsbeschreibung, wie hier ohne Beweis mitgeteilt sei. Man kann anstatt eines Teilchens mit der Ladung $-q$ und Masse $-m$ ein solches der Ladung $+q$ und Masse $+m$ betrachten, wenn man gleichzeitig für die Energie E_{P} des positiven Teilchens setzt:

$$E_{\mathrm{P}} = -E_{\mathrm{N}}\,. \tag{L 95}$$

In Energiebändern haben wir es stets mit einer Vielzahl von Elektronen zu tun, und es tritt das Problem auf, wie sie sich auf die Zustände des Bandes verteilen. Nach S. 15 wird diese Frage für Elektronen durch die FERMIsche Verteilungsfunktion beantwortet. Danach beträgt die Wahrscheinlichkeit, daß der Zustand E bei der Temperatur T in einem durch die FERMI-Energie $E_{\mathrm{F,N}}$ gekennzeichneten System n i c h t besetzt ist,

$$1 - \mathrm{f}\,\{E_{\mathrm{N}} - E_{\mathrm{F,N}}\} = 1 - \frac{1}{e^{(E_{\mathrm{N}} - E_{\mathrm{F,N}})/kT} + 1}\,.$$

Ersetzen wir hierin gemäß (L 95) E_N durch $-E_P$ und $E_{F,N}$ durch $-E_{F,P}$, so erhalten wir

$$1 - \mathrm{f}\{E_N - E_{F,N}\} = \frac{e^{-(E_P - E_{F,P})/kT}}{e^{-(E_P - E_{F,P})/kT} + 1} = \frac{1}{1 + e^{E_P - E_{F,P})/kT}} =$$

$$= \mathrm{f}\{E_P - E_{F,P}\}.$$

Danach kann man also einen durch Elektronen mit der Ladung $-e$ und der Masse m^* nicht besetzten Zustand der Energie E, d. h. ein Loch oder Defektelektron, durch einen mit einem positiven Elektron der Ladung $+e$, der Masse $-m^*$ und der Energie $-E$ beschreiben. Da wegen des Pauli-Prinzips jeder Zustand nur einfach besetzt oder unbesetzt sein kann, genügt es, das eine oder das andere zu tun.

Diese Überlegungen gelten ganz allgemein, sind insbesondere nicht an das Kristallgitter gebunden. In diesem Falle bringt die Methode, die Defektelektronen zu betrachten, aber besondere Vorteile mit sich. Erstens besitzt $-m^*$ für sie das vertraute positive Vorzeichen der Masse, während das positive der Ladungen von vornherein nicht ungewöhnlich ist. Vor allem ist die Zahl der Löcher klein, und sie sind auf einen schmalen Energiebereich nahe der oberen Bandgrenze beschränkt. Dies bedeutet, daß man mit einer verhältnismäßig geringen Variation von E_k in diesem Bereich rechnen darf und somit keine starke Änderung von m^* zu erwarten hat, während bei der großen Anzahl der normalen Elektronen im Band, mit ihrem viel weiteren E_k-Bereich eine wesentlich stärkere $m^*(k)$-Veränderlichkeit auftreten wird.

L 24 Eigen- und Störstellenhalbleiter

Es kann nicht unsere Aufgabe sein, hier eine ausführliche Besprechung des elektronischen Verhaltens der Halbleiter zu geben, aber es scheint nützlich, wenigstens einige Bemerkungen über ihre elektrische Leitfähigkeit zu machen, nicht nur angesichts des fließenden Überganges zwischen Metallen und Halbleitern, sondern auch wegen des ergänzenden Lichtes, das damit zugleich auf die Verhältnisse bei den Metallen geworfen wird.

Wir betrachten zunächst die *Halbleiter* mit *Eigenhalbleitung*, die bei $T = 0$ ein Isolator-Bandschema besitzen, in welchem aber die energetische Lücke zwischen Valenz- und Leitungsband so klein ist, daß die Elektronen sie mittels thermischer Anregung überwinden können. Die Anzahldichte dieser Elektronen berechnen wir durch Integration über die Zustandsdichte $\mathfrak{g}(E)$ (s. (L 37)) des Leitungsbandes multipliziert mit der durch die Fermi-Verteilung $\mathrm{f}(E)$ nach (A 23) gegebenen Besetzungswahrscheinlichkeit:

$$n_e = \int_{E_C}^{\infty} \mathfrak{g}(E)\,\mathrm{f}(E)\,\mathrm{d}E\,. \qquad \text{(L 96)}$$

Dabei bedeutet E_C den Energiewert des unteren Randes des Leitungsbandes. Setzen wir näherungsweise für $g(E)$ den dem Ausdruck (L 38) für freie Metallelektronen entsprechenden Wert

$$g(E) = \frac{8\pi m_e}{h^3}\sqrt{2 m_e (E - E_C)} \tag{L 97}$$

und für $f(E)$ den bei $E - E_C \gtrsim 4\,kT$ gültigen Näherungswert (MAXWELL-BOLTZMANN-Verteilung)

$$f(E) = e^{-(E - E_F^0)/kT},$$

so liefert die Ausführung des Integrals

$$n_e = \frac{2}{h^3}(2\pi m_e k T)^{3/2} e^{-(E_C - E_F^0)/kT}. \tag{L 98}$$

Für $T = 300$ K hat der Faktor vor der e-Funktion, die *effektive Zustandsdichte* im Leitungsband, ungefähr den Wert $2{,}5 \cdot 10^{25}$ Zustände/m³. Die Tatsache, daß die Elektronen im Leitungsband nicht wirklich frei sind, sondern dem Einfluß des Gitterpotentials unterliegen, kann man wieder durch Ersetzen von m_e durch m^* in (L 98) berücksichtigen. In der e-Funktion kann man auch näherungsweise schreiben

$$E_C - E_F^0 = \frac{\delta E}{2},$$

da E_F^0 etwa in der Mitte der Energielücke zwischen dem oberen Rand des Valenzbandes und dem unteren Rand des Leitungsbandes liegt. Mit dem Zahlenwert $\delta E = 0{,}7$ eV für Germanium liefert (L 98) bei Zimmertemperatur $n_e = 2 \cdot 10^{19}$ Elektronen/m³. Obwohl dieser Wert verschwindend klein gegenüber den uns von den Metallen vertrauten Werten (10^{28}) ist, erzeugt er doch eine Leitfähigkeit von $2{,}2\ \Omega^{-1}\,\text{m}^{-1}$. Andererseits bewirkt er nach (A 18), daß die Halbleiter viel kleinere FERMI-Energien als die Metalle besitzen.

Bei der Ausrechnung der Leitfähigkeit muß man allerdings bedenken, daß jedes *Elektron* im *Leitungsband* ein *Loch* im *Valenzband* zurückläßt, das gleichfalls zur Leitfähigkeit beiträgt. Es gibt also außer den negativen Elektronen noch $p = n_e (\equiv n)$ positive Löcher als Elektrizitätsträger. Demgemäß ist für die Leitfähigkeit in Erweiterung von (A 9) zu schreiben (bezüglich der Vorzeichen vgl. Abb. M 9)

$$\sigma = e\,(p\, b_+^* - n\, b_-^*) \xrightarrow{p=n} e\,n\,(b_+^* - b_-^*).$$

Die Beweglichkeiten sind für Elektronen größer als für Löcher und nehmen mit der Temperatur wegen der zunehmenden Wärmeschwingungen langsam ab. Bei Zimmertemperatur rechnet man bei Germanium mit $b_+^* = 0{,}18$ m²/Vs und $b_-^* = -0{,}38$ m²/Vs.

Technisch viel wichtiger als die *Halbleiter* mit Eigenleitung sind diejenigen mit *Störleitung*, die von künstlichen Dotierungen mit Fremdatomen herrührt. Stellen wir uns etwa einen Germanium-Kristall vor, der geringfügig mit Phosphor oder Bor dotiert ist! Das Kristallgitter des Germaniums, das Diamantgitter (vgl. Abb. B 3), stellt eine ideale räumliche Realisierungsmöglichkeit für die Tetraederbindung vierwertiger Elemente dar. Das fünfte Valenzelektron eines Phosphor-Atoms, das bei geringer Konzentration als substitutionell eingebaut angenommen werden kann, ist in diesem Bindungsschema nicht abzusättigen, es wird verhältnismäßig leicht von „seinem" Atom abspaltbar sein und — da es bei allen anderen Atomen ebenso überflüssig ist — leicht beweglich bleiben, d. h. zur Stromleitung zur Verfügung stehen. Man nennt solche Fremd-Atome, die Elektronen spenden, *Donatoren.*

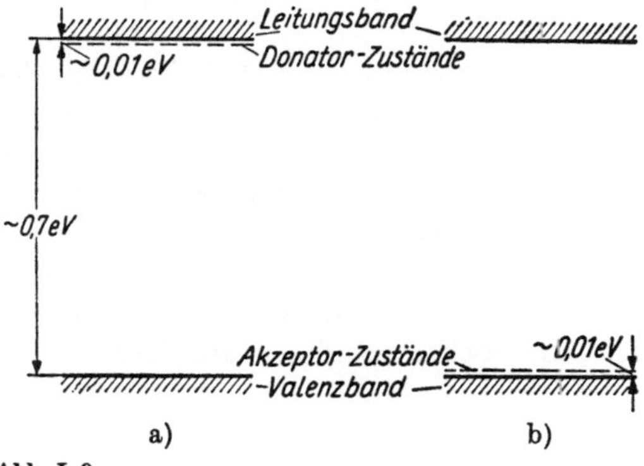

Abb. L 9

Darstellung der diskreten, lokalisierten Zustände im Energieniveauschema, die durch (a) Donator- und (b) Akzeptor-Verunreinigungen entstehen. Die Zahlenbeispiele beziehen sich auf Phosphor bzw. Aluminium in Germanium

Im Bandschema werden diese Zustände durch sogenannte *Donatorzustände* dargestellt, die dicht unterhalb des tiefsten Zustandes des Leitungsbandes liegen (Abb. L 9), bei Germanium z. B. etwa 0,01 eV tiefer. Es bedarf daher nur einer sehr geringen thermischen Anregung, um einen Elektronenübergang vom Donator-Atom ins Leitfähigkeitsband zu bewirken. Man beachte dabei, daß dieser (gestrichelt dargestellte) Term einen *lokalisierten Zustand* darstellt, da das Donator-Atom an einem ganz bestimmten Gitterort fixiert ist. Halbleiter, deren Leitfähigkeit von den ins Leitungsband übergetretenen Elektronen des Donators herrührt, werden n-*Halbleiter* oder *Überschuß-Halbleiter* genannt.

Ist umgekehrt die Wertigkeit des Fremdatoms geringer als diejenige des Wirtsgitters, wie es z. B. beim dreiwertigen Bor der Fall ist, so hat dieses Atom eine sehr starke Tendenz, ein viertes Elektron zur Vervollständigung der Tetraederbindung einzufangen. Man nennt solche Atome *Akzeptoren.* Die Akzeptorterme liegen dementsprechend sehr dicht — auch etwa 0,01 eV — über dem oberen Rande des Valenzbandes, so daß hier der Übergang aus diesem Band zum Akzeptor-Atom mit sehr geringer Anregung erfolgen kann (Abb. L 9b). Durch die dadurch im Valenzband gebildete Lücke entsteht eine Defektelektronenleitfähigkeit, während das zum Akzeptor übergetretene Elektron an ihn ortsfest gebunden bleibt. Man spricht von p- oder *Mangel-Halbleitern.*

Da ein Metall im allgemeinen Donatoren und Akzeptoren enthalten wird, sind die genannten reinen Grenzfälle selten, und gewöhnlich liegen beide Leitungsarten nebeneinander vor. Außerdem ist zu bedenken, daß mit zunehmender Temperatur auch in jedem Störleiter die Eigenleitung zunimmt.

Die Verhältnisse seien an einem Zahlenbeispiel verdeutlicht. Es liege ein Germanium-Kristall mit einer Dotierung von 1 ppm[1]) Arsen vor; pro Kubikmeter sind das ungefähr 10^{28} Germanium-Atome und mithin 10^{22} Arsen-Atome. Dann berechnet man aus der FERMI-Verteilung in ähnlicher Weise wie oben für die Anzahldichte der unbesetzten Donatorzustände und damit auch für diejenige der ins Leitungsband übergetretenen Elektronen bei Zimmertemperatur $n = 10^{22}$ Elektronen/m³.

Andererseits gibt es aber noch eine kleinere Anzahl Elektronen, deren thermische Energie sie befähigt, das Valenzband zu verlassen. Angesichts der Energielücke von 0,7 eV zwischen Valenz- und Leitungsband werden es aber nur vergleichsweise wenige sein. Sie lassen Elektronenlöcher im Valenzband zurück; für deren Anzahldichte findet man unter gleichen Umständen $p = 10^{6}$ Löcher/m³. Es liegt also hier ein n-Halbleiter vor, wenn auch zweierlei Ladungsträger am Strom beteiligt sind. In diesem Fall bezeichnet man die Elektronen als *Majoritätsträger*, die Löcher als *Minoritätsträger*.

L 3 Elektronenstruktur der Metalle

Ebenso wie das chemische Verhalten eines Elementes von den äußersten Elektronen seines Atoms, den Valenzelektronen, festgelegt wird, hängen die elektronisch bestimmten Eigenschaften der Metalle im wesentlichen von den äußeren Elektronen ab, d. h. von den eigentlichen Metallelektronen, und gegebenenfalls — z.B. bei den Übergangsmetallen — ist noch mit einem Anteil der nicht abgeschlossenen Schalen zu rechnen. Die Ermittlung der Elektronenkonfiguration eines Metalles ist also zur Deutung seiner Eigenschaften von ausschlaggebender Bedeutung.

Unter Elektronenstruktur versteht man üblicherweise: Die Bandstruktur $E(\boldsymbol{k})$, die Zustandsdichte $g(E)$ sowie die FERMI-Fläche $E(\boldsymbol{k}) = E_F^0$ und schließlich die ψ-Funktion selbst, die z.B. mit $|\psi|^2$ die räumliche Elektronendichte liefert. Wir besprechen zunächst einige Verfahren zu ihrer Bestimmung und beginnen mit der Skizzierung rechnerischer Methoden. Es folgt eine kurze Darstellung der experimentellen Ermittlung von FERMI-Flächen, während die vielen Möglichkeiten zur Prüfung rechnerischer Ergebnisse an Meßwerten von Eigenschaften, wie elektrischer Widerstand, magnetische Suszeptibilität, spezifische Wärme, optische Konstanten, soweit möglich, bei Besprechung dieser Eigenschaften berücksichtigt werden. Dann wird der Gang der Elektronenstrukturermittlung am Beispiel des Kupfers etwas näher erläutert, und schließlich folgen Ergebnisse für einige weitere Metalle.

[1]) 1 ppm = 1 part per million = 1 Fremdatom auf 10^6 Wirtsatome.

L 31 Rechenverfahren zur Elektronenstrukturbestimmung

L 311 Zellenmethode nach Wigner — Seitz

Die Verfahren zur Berechnung der Elektronenstruktur in der Ein-Elektronen-Näherung gliedern sich in zwei Gruppen: Bei der ersten wird die Schrödinger-Gleichung innerhalb einer Einheitszelle exakt gelöst und die Befriedigung der Translationssymmetrie durch Erfüllung von Stetigkeitsbedingungen an der Zellenoberfläche angestrebt. Bei der zweiten Gruppe wird die Forderung nach Translationssymmetrie streng erfüllt und nicht die Schrödinger-Gleichung selbst gelöst, sondern das ihr äquivalente Extremalprinzip. Die einzelnen Verfahren unterscheiden sich durch die Wahl der Vergleichsfunktionen. Als Beispiel wird die OPW-Methode besprochen werden.

Zunächst behandeln wir als Beispiel der ersten Gruppe die schon 1933 von Wigner und Seitz angegebene Zellenmethode, mit der man z.B. den später benötigten Wert des tiefsten Bandterms $k = 0$ (Grundzustand) des 3 s-Valenzelektrons des Natriums zuverlässig berechnen kann (wir beschränken uns daher auf Alkalimetalle).

Für diesen Zustand muß nach dem Blochschen Theorem (L 17) gelten,

$$\psi_0(\boldsymbol{r}) = u_0(\boldsymbol{r}) \,,$$

d. h. mit u_0 muß auch ψ_0 selbst Gitterperiodizität besitzen. Es genügt daher, ψ_0 in einer Elementarzelle zu kennen. Diese wählt man so, daß sie nur ein Atom, und zwar in ihrer Mitte, enthält. Solche Zellen erhält man, indem man Ebenen in den Mitten der Verbindungslinien zu den Nachbarn errichtet, also die gleiche Konstruktion im Kristallgitter durchführt wie zur Gewinnung der Brillouin-Zonen im $\boldsymbol{k}$-Raum (vgl. S. 282). Das entstehende Polyeder ist also im Falle des kubisch-raumzentrierten Gitters ein Kubooktaeder (vgl. Abb. A 11a). In ihm befindet sich im Mittel ein Metallelektron, da die Alkalimetalle eines pro Atom besitzen. Daher trägt zu dem Potential, in dem es sich bewegt, nur das zentrale Ion bei, und man kann dessen — nach der *self-consistent-field-* oder nach der Hartree-Fockschen Methode berechnetes — kugelsymmetrisches Potential benutzen. Bei einem Potential dieser Symmetrie lassen sich bekanntlich die Variablen r, ϑ, φ in $\psi_0(r, \vartheta, \varphi)$ separieren. Wir benötigen nur $\psi_0(r)$ und erhalten es aus der Schrödinger-Gleichung

$$\frac{1}{r}\frac{\mathrm{d}^2}{\mathrm{d}r^2}\left(r\,\psi_0(r)\right) + \frac{2\,m_e}{\hbar^2}\left(E_0 - V(r)\right)\psi_0(r) = 0 \,. \tag{L 99}$$

Die zur eindeutigen Festlegung der Lösung erforderliche Randbedingung liefert die Überlegung, daß zur Befriedigung der Translationssymmetrie die Tangentialkomponente von $\psi_0(r)$ auf den Zellenwänden verschwinden muß.

Diese Bedingung nimmt eine handlichere Gestalt an, wenn man das Polyeder durch eine Kugel gleichen Volumens ($4\,\pi\,R^3/3 = a^3/2$) annähert, nämlich

$$\left(\frac{\partial\psi_0(r)}{\partial r}\right)_{r=R} = 0 \,. \tag{L 100}$$

Allerdings geht durch diese Vereinfachung der Einfluß des speziellen Kristallgitters verloren und wird durch den des Atomvolumens (im Sinne der Chemiker) ersetzt.

Eine solche Lösung für Natrium (und $k = 0$) ist in Abb. L 10 dargestellt und zeigt, daß $\psi_0(r)$ außerhalb des Ions ($r > 0{,}98 \cdot 10^{-10}$ m) praktisch konstant ist, und zwar endlich; im größten Teil des Gitterraumes gleicht die $\psi_0(r)$-Funktion also einer ebenen Welle. Daher ist einerseits die Ersetzung der wirklichen Randbedingung durch (L 100) unbedenklich, andererseits die zur Bindung erforderliche Überlappung der ψ-Funktionen des 3 s-Zustandes gewährleistet. Der zugehörige Eigenwert der Energie E_0 ist in Abb. L 29 als Funktion von R wiedergegeben.

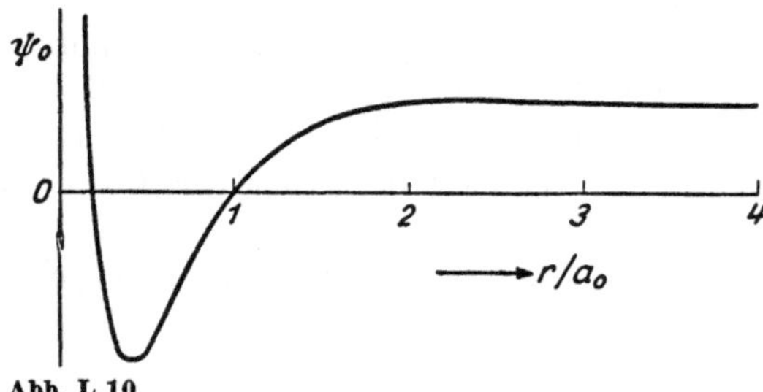

Abb. L 10

Wellenfunktion des Grundzustandes eines Leitungselektrons $\psi_0(r)$ in Natrium mit $R = 3{,}96\ a_0$ ($a_0 = 0{,}529 \cdot 10^{-10}$ m). Die Funktion ist außerhalb des Ionenradius nahezu konstant, d. h. in etwa 90% des Gesamtvolumens. Da das Valenzelektron des freien Atoms sich im 3s-Zustand befindet, hat die Wellenfunktion 2 Knoten

L 312 OPW- und Pseudopotential-Methode

Bei der WIGNER-SEITZ-Methode ergab sich für einen speziellen Fall eine $\psi(r)$-Funktion, die im weitaus größten Gittergebiet vom Charakter ebener Wellen war. Nur im Innern des Atomrumpfes zeigte sich eine starke Veränderlichkeit von $\psi(r)$ mit r, wie man es im Hinblick auf die starken Oszillationen der $\varphi(r)$-Funktionen freier Atome erwarten muß. Daher liegt die Annahme nahe, daß sich die $\psi(r)$-Funktionen der Metallelektronen allgemein aus einem Anteil vom Charakter ebener Wellen einerseits und Wellenfunktionen freier Atome andererseits zusammensetzen lassen werden.

Es gibt sogar Verfahren, die die Ansätze zur Gewinnung der $\psi(r)$-Funktionen für die Gitterelektronen ganz auf den einen oder anderen Grenzfall beschränken: Die älteste Methode von BLOCH (*tight binding*) baut aus den Atomfunktionen $\varphi(r)$ freier Atome Gitterfunktionen unter Berücksichtigung der Translationsbedingung (L 20) auf in der Gestalt $\sum_{\boldsymbol{R}_m} e^{i\boldsymbol{k}\cdot\boldsymbol{R}_m}\,\varphi\,(\boldsymbol{r} - \boldsymbol{R}_m)$, die also die Summe der Funktionen $\varphi(r)$ freier Atome, die sich an den Gitterpunkten $\boldsymbol{R}_m$ befinden, darstellt, versehen mit einem Phasenfaktor $e^{i\boldsymbol{k}\cdot\boldsymbol{R}_m}$. Da jedes Atom in verschieden angeregten Zuständen j vorliegen kann, hat man für jedes eine ganze Serie $\varphi^j(r)$-Funktionen zu berücksichtigen, was durch Linearkombination geschieht

(*Linear Combination of Atomic Orbitals* = LCAO-Methode). Der endgültige Ansatz für $\psi(r)$ lautet also

$$\psi_{\boldsymbol{k}}(r) = \sum_{\boldsymbol{R}_m} \sum_{j} e^{i\boldsymbol{k}\cdot\boldsymbol{R}_m} \beta_j \varphi^j(\boldsymbol{r} - \boldsymbol{R}_m), \tag{L 101}$$

wobei die Koeffizienten β_j der Linearkombination durch Minimalisierung der Energie zu bestimmen sind.

Umgekehrt geht die Methode der Fast-Freien Elektronen (*Nearly Free Electrons* = NFE-Methode) von einer Linearkombination ebener Wellen $e^{i(\boldsymbol{k}+2\pi\boldsymbol{H})\cdot\boldsymbol{r}}$ aus und behandelt den Gittereinfluß als Störung. Dieser Ansatz träfe für völlig freie Elektronen exakt zu, der vorhergehend besprochene dürfte für die inneren Elektronen, die durch die äußeren vom Einfluß der Gitternachbarn abgeschirmt werden, eine gute Näherung sein. Man kann also von der Mischung beider Ansätze brauchbare Näherungslösungen erwarten. Daher bilden wir für die inneren *Rumpfelektronen* aus den Bloch-Funktionen von S. 298 die

$$\Phi_{\boldsymbol{k}}^j(r) = \sum_{\boldsymbol{R}_m} e^{i\boldsymbol{k}\cdot\boldsymbol{R}_m} \varphi^j(\boldsymbol{r} - \boldsymbol{R}_m) \tag{L 102}$$

mit stark lokalisierten Funktionen φ^j. Anstatt nun die ψ-Funktionen für die *äußeren Elektronen* nur durch ebene Wellen zu beschreiben, wird diesen ein solches ,,atomares Glied" hinzugefügt:

$$\chi_{\boldsymbol{k},H}(r) = e^{i(\boldsymbol{k}+2\pi\boldsymbol{H}_H)\cdot\boldsymbol{r}} - \sum_{j} \beta_{j,H} \Phi_{\boldsymbol{k}}^j(r). \tag{L 103}$$

Die Summation ist über alle j-Werte der Rumpfelektronen zu erstrecken. Da die $\chi_{\boldsymbol{k}}$ (für äußere Elektronen) und die $\Phi_{\boldsymbol{k}}$ (für Rumpfelektronen) Eigenfunktionen des gleichen Problems sind, müssen sie auf Grund des Typs der Differentialgleichung (L 99) zueinander orthogonal sein. Die Orthogonalitätsbedingung gestattet, die $\beta_{j,H}$ zu bestimmen, und die so gebildeten χ-Funktionen heißen orthogonalisierte ebene Wellen (*Orthogonalized Plane Wave* = OPW; vgl. Abb. L 11).

Der endgültige Lösungsansatz besteht aus einer Linearkombination solcher OPW

$$\psi_{\boldsymbol{k}}(r) = \sum_{H} \alpha_H \chi_{\boldsymbol{k},H}, \tag{L 104}$$

wobei die Koeffizienten α wieder durch Minimalisierung der Energie erhalten werden.

Die OPW-Methode hat im letzten Jahrzehnt besondere Bedeutung erlangt in einer Weiterentwicklung, die man *Pseudopotential-Methode* nennt. Es läßt sich nämlich durch eine Umformulierung zeigen, daß man die Lösungen für die Gitterelektronen auch durch ebene Wellen gewinnen kann, die aber nicht zu dem eigentlichen (anziehenden) Gitterpotential $\mathcal{V}$ gehören, sondern zu einem Pseudopotential $\mathcal{V}_P = \mathcal{V} + \mathcal{V}_R$, wobei zu $\mathcal{V}_R$ ein *Abstoßungseffekt*, der auf dem Pauli-Prinzip beruht, und ein *Abschirmungseffekt* beitragen (vgl. Abb. L 12). Die abschirmende negative Ladung eines positiven Gitterions befindet sich zwar überwiegend ganz in seiner Nähe, aber interessanterweise klingt die Ladungs-

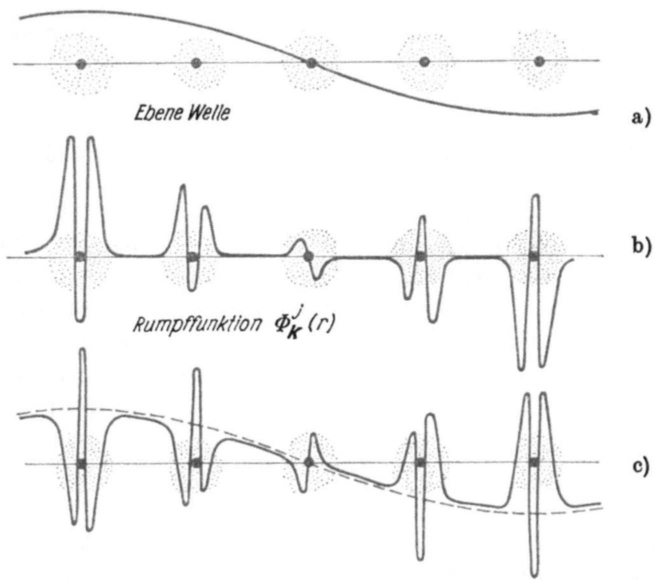

Abb. L 11

Konstruktion von OPW-Funktionen nach ZIMAN. (a) ebene Welle, (b) Rumpffunktion nach (L 102), (c) OPW-Funktion nach (L 103)

dichte periodisch mit $(\cos 2\,k_F\, r)/r^3$ mit der Entfernung ab (FRIEDEL-Oszillation), so daß auch noch in größeren Entfernungen Ladungsmaxima zu erwarten und experimentell bestätigt worden sind (Abb. L 13).

Das wirksame $\mathcal{V}_P$ ist viel kleiner als das Gitterpotential $\mathcal{V}$, und es wird hierdurch verständlich, daß das Modell freier Elektronen für viele Metalle über-

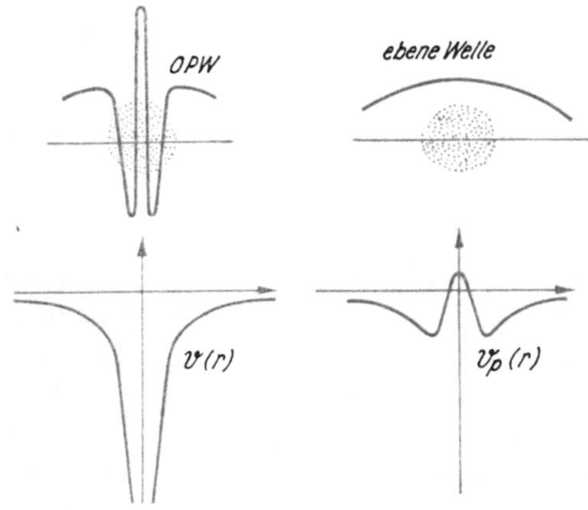

Abb. L 12

Die OPW-Funktion im wirklichen Potential $\mathcal{V}$ kann durch eine ebene Welle im Pseudopotential $\mathcal{V}_P$ ersetzt werden (nach ZIMANN)

raschend brauchbar ist, und zwar für die sogenannten „einfachen" Metalle, d. h. solche, die keine unabgeschlossenen inneren Schalen haben. Die Edelmetalle, Übergangsmetalle und Seltenen-Erd-Metalle gehören also nicht dazu.

Es ist nicht möglich, hier auf die Berechnung der Pseudopotentiale einzugehen, sondern es sei nur erwähnt, daß Berechnungen für viele Metalle vorliegen. Aus ihnen können dann Metalleigenschaften berechnet werden. Wenn dazu eine Genauigkeit des Potentials von 0,1 eV oder besser, die sich bei der Berechnung

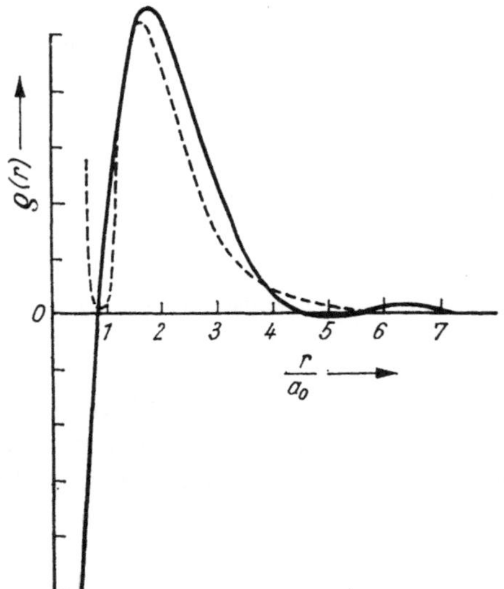

Abb. L 13
Ladungsdichte in der Umgebung eines Aluminiumatoms im Metall (ausgezogen; man beachte die FRIEDEL-Oszillationen) und für ein freies Atom (gestrichelt) (nach HARRISON in [48])

nicht erreichen läßt, erforderlich ist, kann mitunter aus experimentellen Daten, etwa der Gestalt der FERMI-Fläche, ein „beobachtetes" Pseudopotential hinreichender Genauigkeit ermittelt werden und dann für die Berechnung ganz anderer Probleme — z.B. der Gitterstabilität (vgl. L 43) — benutzt werden.

L 32 Experimentelle Bestimmungsmethoden

Für die experimentelle Ermittlung der FERMI-Flächen gibt es eine ganze Reihe von Methoden, von denen nur DE HAAS-VAN ALPHEN-Effekt, Zyklotronresonanz, Widerstandsänderung im Magnetfeld, anomaler Skineffekt, magneto-akustische Dämpfung und die Positronen-Annihilation, die auch bei Legierungen anwendbar ist, genannt seien. Abb. L 14 zeigt schematisch, welche Beiträge die einzelnen Methoden zu leisten vermögen. Verständlicherweise sind zur Lösung einer so komplizierten Aufgabe raffinierte Methoden erforderlich, die auf dem gegebenen Raum leider nicht befriedigend erläutert werden können. Wir beschränken uns daher auf einige, auch sehr kurz behandelte Beispiele: den anomalen Skineffekt, der aber erst im Anschluß an die Hochfrequenz-Leitfähigkeit (vgl. S. 358) besprochen wird, und zwei magnetische Effekte, und zwar die Zyklotron-Resonanz und den DE HAAS-VAN ALPHEN-Effekt.

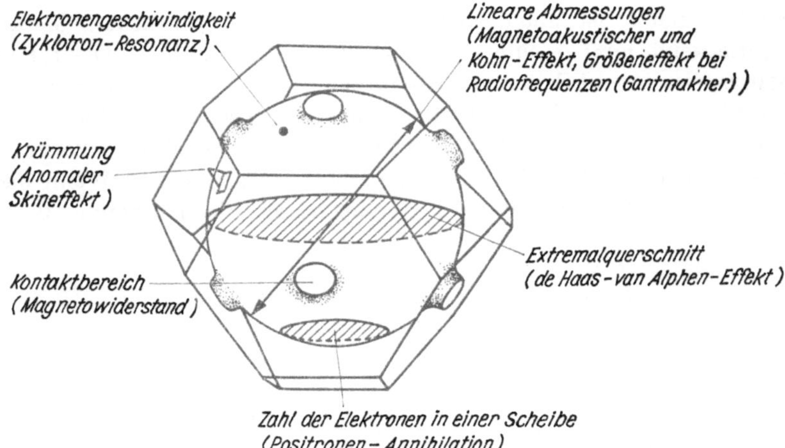

Abb. L 14

Beitrag verschiedener experimenteller Methoden zur Ermittlung von FERMI-Flächen (nach J. A. RAYNE in [48])

Als Vorbereitung erinnern wir an die Bewegung eines Elektrons in einem homogenen Magnetfeld $\boldsymbol{B}$. Setzt man in die Bewegungsgleichung (L 82) den magnetischen Anteil der LORENTZ-Kraft $-e\,\boldsymbol{v} \times \boldsymbol{B}$ ein und drückt $\boldsymbol{v}$ durch (L 77) aus, so erhält man

$$\frac{\mathrm{d}\boldsymbol{k}}{\mathrm{d}t} = -\frac{e}{\hbar^2}\frac{\partial E}{\partial \boldsymbol{k}} \times \boldsymbol{B} \tag{L 105}$$

und erkennt dreierlei: Die Bewegung des Elektrons im $\boldsymbol{k}$-Raum erfolgt 1. auf einer Fläche $E = \text{const}$, 2. senkrecht zu $\boldsymbol{B}$ und 3. mit konstanter Komponente $\boldsymbol{k}_{\boldsymbol{B}}$ in Richtung des Feldes, d. h., die Bahnkurve ist die Schnittkurve einer Ebene $\perp \boldsymbol{B}$ mit einer $E = \text{const}$-Fläche, z. B. der FERMI-Fläche. Ist diese kugelförmig, so erhält man Kreisbahnen.

Im gewöhnlichen Koordinatenraum sind die Bahnen dann Schrauben um die Richtung von $\boldsymbol{B}$, für deren Radialbeschleunigung die kinematische Beziehung $a_r = v^2/r$ gilt. Mit $a_r = e\,v\,B/m^*$ erhält man für die Winkelgeschwindigkeit

$$\omega \equiv v/r = e\,B/m^* \,. \tag{L 106}$$

Zyklotron-Resonanz

Bei der AZBEL'-KANER-Anordnung liegen ein statisches Magnetfeld $\boldsymbol{B}$ und ein radiofrequentes elektrisches Feld $\boldsymbol{E}$ parallel zur Metalloberfläche (Abb. L 15). Letzteres dringt infolge des Skin-Effektes (vgl. M 3) nur so wenig in die Oberfläche ein (z. B. 10^{-5} cm), daß nur ein kleiner Teil der Elektronenbahnen $\left(r \approx 10^{-3}\,\text{cm bei}\, B = 1\,\frac{\text{Wb}}{\text{m}^2}\right)$ von ihm erfaßt wird und das Elektron beschleunigt. Maximale Beschleunigung und damit auch maximale Absorption von $\boldsymbol{E}$ tritt

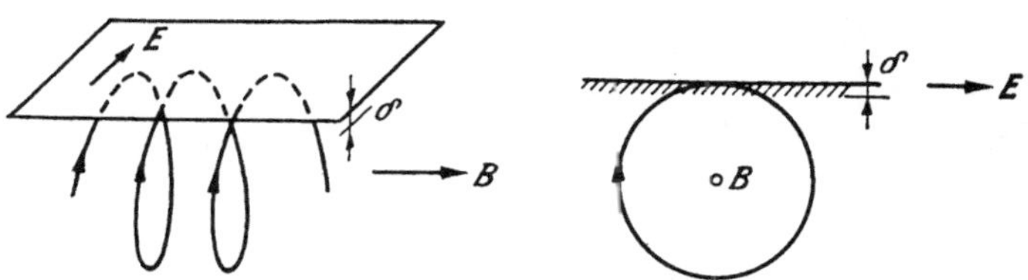

Abb. L 15

Schematische Darstellung der experimentellen Anordnung zur Messung der Zyklotron-Resonanz in einem Metall

ein, wenn die Frequenz des elektrischen Feldes ω_E mit der Elektron-Umlauffrequenz, der Zyklotronfrequenz ω_c, übereinstimmt oder ein ganzzahliges Vielfaches n von ihr beträgt: $\omega_E = n\,\omega_c$. Praktisch variiert man meist ω_c durch Veränderung von B. Man erhält für die Resonanzfeldstärke B_c nach (L 106)

$$B_c = \frac{\omega_E\, m^*}{n\, e} \tag{L 107}$$

und kann daraus die effektive Masse m^* bestimmen. Für Kalium ist z.B. $m^*/m_e = 1{,}24 \pm 0{,}02$ ermittelt worden (in guter Übereinstimmung mit den Werten aus der spezifischen Wärme (S. 290)), und die Messungen haben keine Abweichungen von der Kugelgestalt der FERMI-Fläche größer 1% ergeben. Wenn die FERMI-Fläche keine Kugel ist, werden die Verhältnisse wesentlich komplizierter.

DE HAAS-VAN ALPHEN-Effekt

Beim DE HAAS-VAN ALPHEN-*Effekt* handelt es sich um die Tatsache, daß sich die magnetischen Eigenschaften, z.B. die Suszeptibilität, bei einer Reihe von Stoffen größter Reinheit im Bereich sehr tiefer Temperaturen ($\approx$ 4 K) und sehr großer Induktionen ($\approx$ 10 Wb/m²) periodisch mit dem reziproken Wert der Feldstärke ändern (vgl. Abb. L 16, Tafel 17). Für die Periode P gilt

$$P = \frac{4\,\pi^2\, e}{h\,\bar{A}}, \tag{L 108}$$

wobei $\bar{A}$ der Extrembetrag des Querschnittes der FERMI-Fläche senkrecht zur Feldrichtung ist (vgl. Abb. L 17).

Die Bestimmung der FERMI-Fläche erfolgt im allgemeinen nicht im Geradeaus-Weg, sondern nach trial-and-error-Methoden, indem man sich bestimmte Vorstellungen über die vermutliche Gestalt der FERMI-Fläche bildet und diese experimentell auf ihre Richtigkeit prüft und gegebenenfalls modifiziert, bis eine befriedigende Übereinstimmung erzielt wurde. Trotz aller Schwierigkeiten ist es bei einigen einfachen Metallen gelungen, FERMI-Flächen auszuarbeiten, die durch eine ganze Reihe von Methoden experimentell bestätigt werden konnten. So lieferten DE HAAS-VAN ALPHEN-Messungen eine gute Bestätigung der ursprünglich durch Anomale-Skin-Effekt-Untersuchungen ermittelten FERMI-Fläche von Kupfer, die in Abb. L 18 dargestellt wird.

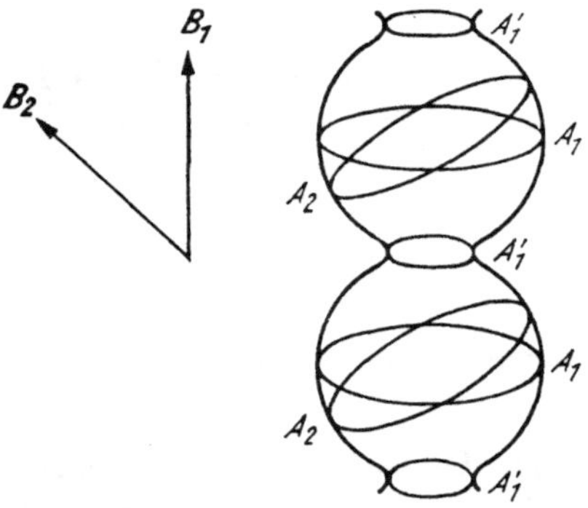

Abb. L 17

Extremalquerschnitte von FERMI-Flächen. A_1 und A_2 sind maximale Querschnitte bezüglich der Feldrichtungen B_1 und B_2, A_1' ist ein Minimalquerschnitt bezüglich B_1

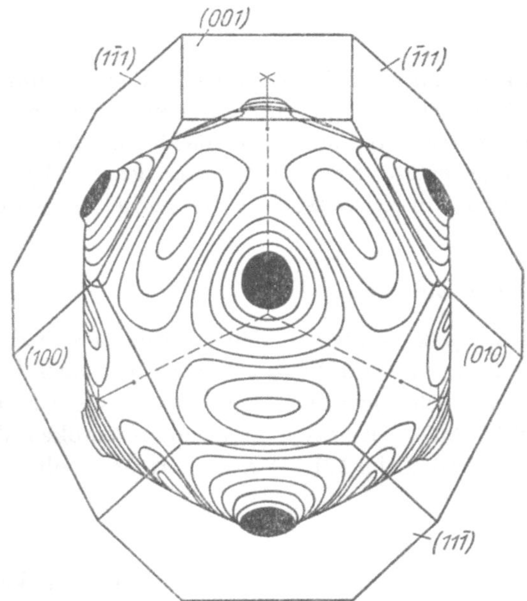

Abb. L 18

FERMI-Fläche von Kupfer nach Messungen von PIPPARD. Sie berührt die {111}-Flächen der BRILLOUIN-Zone am Rande der dunkel gezeichneten Bereiche, deren Durchmesser etwa 18% des Gesamtdurchmessers betragen

L 33 Ermittlung der Elektronenstruktur von Kupfer

Am Beispiel des Kupfers soll die Ermittlung der Elektronenstruktur etwas näher erläutert werden, weil hier eine große Reihe Untersuchungen nach unterschiedlichen Methoden vorliegt.

Die Anomale-Skin-Effekt-Methode hatte PIPPARD zur Ausarbeitung des in Abb. L 18 dargestellten FERMI-Körpers geführt, der wesentlich von einer Kugel

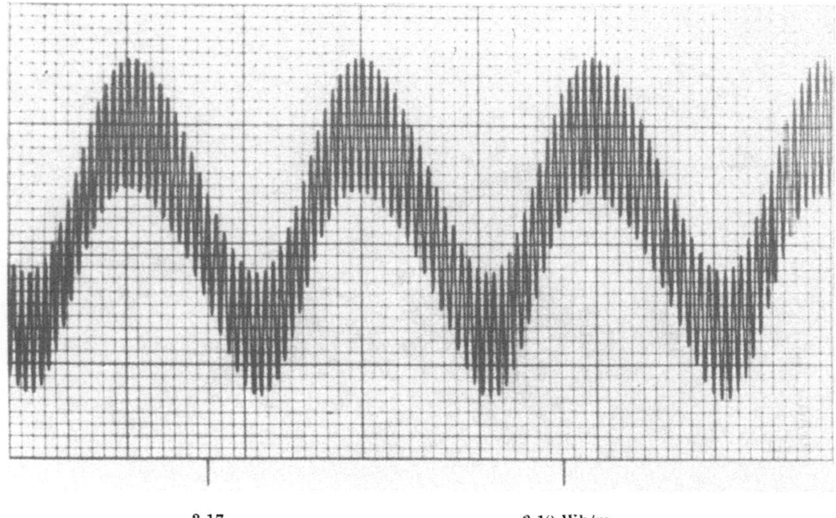

Abb. L 16

De Haas-van Alphen-Effekt bei Gold. Das veränderliche Magnetfeld liegt parallel zur [111]-Richtung an. Für diese Richtung existieren zwei Extremalquerschnitte der Fermi-Fläche: „Bauch" (kleine Periode) und „Hals" (große Periode) (nach I. M. Templeton)

verschieden ist: zwar liegt ein bauchiger, kugelähnlicher Grundkörper vor, aber in den ⟨111⟩-Richtungen sind halsartige Ansätze vorhanden, die die {111}-Flächen der 1. Brillouin-Zone durchstoßen und die Verbindung zu dem benachbarten Fermi-Körper herstellen. Wir wollen zeigen, daß sich dieses Ergebnis, das den ursprünglichen Erwartungen einer Fermi-Kugel bei einem einwertigen, ausgeprägten Metall wie Kupfer widersprach, sowohl bei theoretischen wie experimentellen Nachprüfungen bestens bewährt hat.

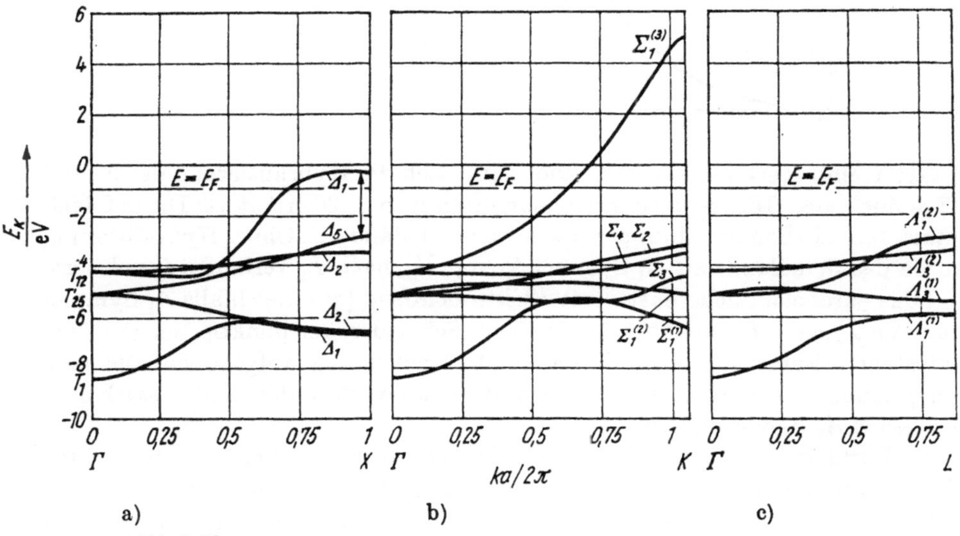

a) b) c)

Abb. L 19

Errechnete Bandstruktur von Kupfer, (a) längs ⟨100⟩, (b) längs ⟨110⟩, (c) längs ⟨111⟩ (Bezüglich der konventionellen Buchstabenbezeichnungen vgl. Abb. L 26b) (nach Bross)

Abb. L 19 zeigt die gerechneten $E(\boldsymbol{k})$-Kurven für Kupfer für verschiedene Richtungen im $\boldsymbol{k}$-Raum. Nach dem Verhalten von Kupfer und wegen der geringen energetischen Trennung des 4 s- und 3 d-Niveaus im Atom muß man damit rechnen, daß nicht nur das eine 4 s-Elektron, sondern auch die zehn 3 d-Elektronen pro Atom (vgl. Tab. I) zum Metallelektronen-Gas beitragen; insgesamt sind also elf Elektronen in den Bändern unterzubringen. Entsprechend findet man im fraglichen Energiebereich 6 Bänder (vgl. Abb. L 19b), die aber aus Symmetriegründen teilweise zusammenfallen können. In diesem Teilbild hat das oberste Band einen nahezu parabelförmigen Verlauf, wie er für freie Elektronen typisch ist. Etwa in der Mitte schneidet es die Fermi-Grenze, so daß es ein Elektron aufnehmen kann, während die anderen 10 Elektronen paarweise in den übrigen 5 Bändern sitzen.

In der ⟨111⟩-Richtung (vgl. Abb. L 19c) wird die Fermi-Grenze überhaupt nicht erreicht, d. h., der Fermi-Körper erstreckt sich — in den Hälsen — durch die {111}-Wände der Brillouin-Zone hindurch in die nächste. Es fällt weiter auf, daß es Bänder gibt, die sehr schmal sind (1—2 eV), wie man es für d-Bänder

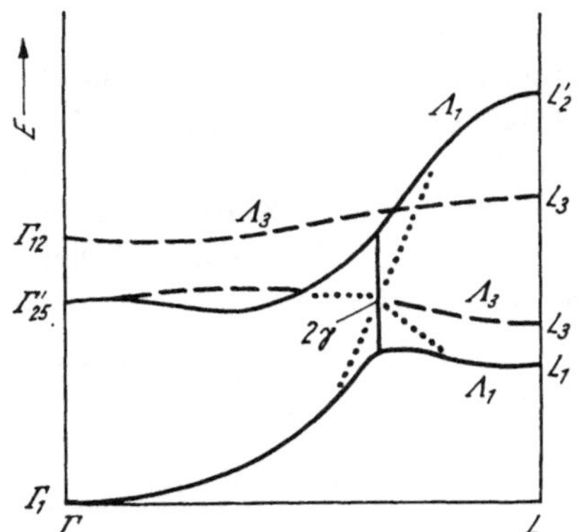

Abb. L 20
Schematische Darstellung der Hybridisierung für die Bandstruktur von Kupfer in ⟨111⟩-Richtung (nach HEINE)

erwartet, und merklich breitere. Hier wirkt sich die Hybridisierung der d- und s-Zustände aus. Dies sei an der schematischen Abb. L 20 erläutert: Die je 2-fach entarteten Λ_3-Bänder sind praktisch reine d-Bänder. Ohne Hybridisierung würde das 5. d-Band mit Λ_1-Symmetrie von Γ_{25}' nach L_1 verlaufen (punktiert) und das parabelähnliche Fast-Freie-Elektronenband (mit gleichfalls Λ_1-Symmetrie) von Γ_1 nach L_2' (punktiert). Die beim Schneiden der punktierten Bereiche eintretende Entartung wird durch die Hybridisierung aufgehoben, die eine Aufspaltung vom Betrage $E = 2\gamma$ bewirkt und damit zu den beiden stark ausgezogenen Λ_1 Bändern führt.

Die Zustandsdichte $g(E)$ kann man bei Vorliegen hinreichend vieler $E(\boldsymbol{k})$-Werte als Histogramm erhalten, indem man den interessierenden Energiebereich in Intervalle teilt und feststellt, wieviel Energiewerte in jedes fallen. Da sich das Verhältnis der Besetzungszahlen bei Steigerung der Gesamtzahl nicht mehr wesentlich ändert, sofern diese genügend groß gewählt worden war, findet man $g(E)$ durch Multiplikation der Intervall-Besetzungszahlen mit einem Faktor, der die richtige Gesamt-Zustandszahl, nämlich zwei pro Elementarzelle, liefert.

Die FERMI-Energie folgt aus der Zustandsdichte-Kurve $g(E)$ (Abb. L 21) auf Grund der Forderung, daß $\int_0^{E_F} g(E)\,\mathrm{d}E$ diejenige Anzahldichte der Elektronen

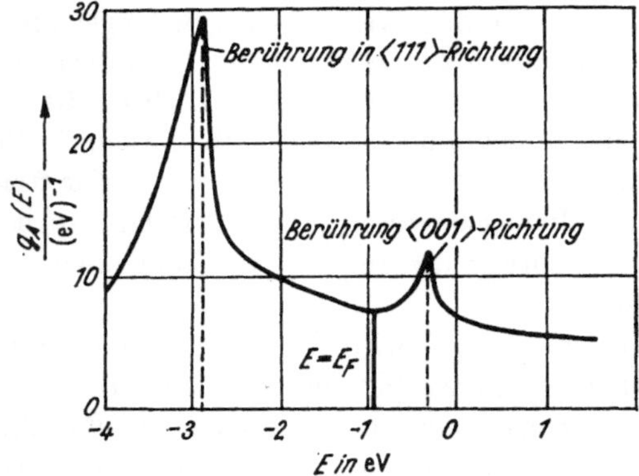

Abb. L 21
Errechnete Zustandsdichte $g_A(E)$ (bezogen auf ein Atom) von Kupfer (nach BROSS)

ergeben muß, die sich aus der bekannten Anzahldichte der Atome und der Annahme von 11 Metallelektronen pro Atom errechnet.

Die FERMI-Fläche läßt sich nun konstruieren, indem man, vom Nullpunkt ausgehend, in verschiedene **k**-Richtungen diejenigen **k**-Werte der obersten Bänder aufträgt, bei denen E_F erreicht wird. Abb. L 22 zeigt einen (110)-Schnitt durch den so erhaltenen FERMI-Körper, der den experimentellen Ermittlungen von PIPPARD (Abb. L 18) entspricht.

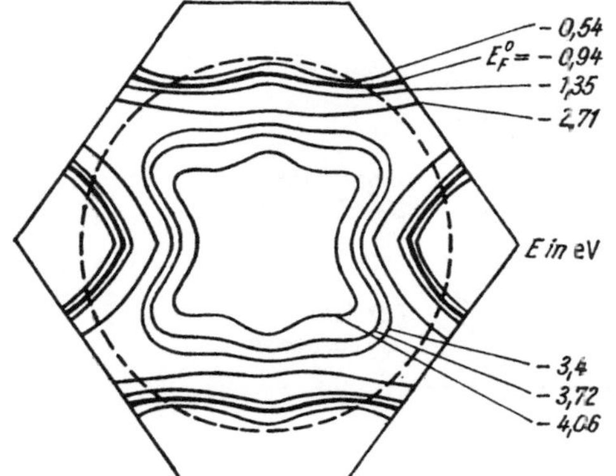

Abb. L 22
Kurven gleicher Energie in der {110}-Ebene für das Leitungsband von Kupfer. Stark hervorgehobene Linie: FERMI-Energie, gestrichelt: FERMI-Kugel (nach BROSS)

In der [111]-Richtung — der Richtung der Hälse — wird die FERMI-Energie überhaupt nicht erreicht, während in [100]-Richtung die Abweichung von der FERMI-Kugel freier Elektronen sehr gering ist; in der [110]-Richtung ist sie auch nicht groß. Im Ganzen übersteigt die Abweichung zwischen Rechnung und Experiment — abgesehen von Gebieten starker Krümmung der FERMI-Fläche — 20% nicht, obwohl die Rechnung keine willkürlich wählbaren Konstanten enthält.

Um eine quantitative Vorstellung von der Abweichung der Kupfer-FERMI-Fläche von der Kugelgestalt zu geben und zugleich die heute erreichte Genauigkeit der experimentellen Bestimmung zu kennzeichnen, seien die extremen radialen Abmessungen für bestimmte Symmetrierichtungen, bezogen auf den Radius der FERMI-Kugel, mitgeteilt: für die [110]-Richtung schwanken die Werte von fünf Autoren zwischen 0,943 und 0,958, für die [100]-Richtung zwischen 1,036 und 1,076. Für den „Hals" in [111]-Richtung schwanken sechs Werte zwischen 0,189 und 0,200.

L 34 Weitere Ergebnisse

L 341 Elemente

Bei den *Alkalimetallen* weichen nach übereinstimmender Aussage von sowohl $E(\boldsymbol{k})$-Berechnungen nach verschiedenen Methoden als auch von experimentellen Untersuchungen die FERMI-Flächen praktisch nicht von der Kugelgestalt ab. Die nahezu freien Metallelektronen werden von den s-Elektronen der äußersten

Atomschale gebildet und füllen das Leitfähigkeitsband zur Hälfte. Die daraus resultierende gute Leitfähigkeit kann quantitativ in Übereinstimmung mit der Erfahrung berechnet werden (vgl. M 13). Die relativ kleine Bandaufspaltung, d. h. die geringe Veränderung der Rumpfzustände im Gitter gegenüber dem freien Atom, selbst bei der äußersten abgeschlossenen Schale, ist aus Abb. L 23 zu ersehen.

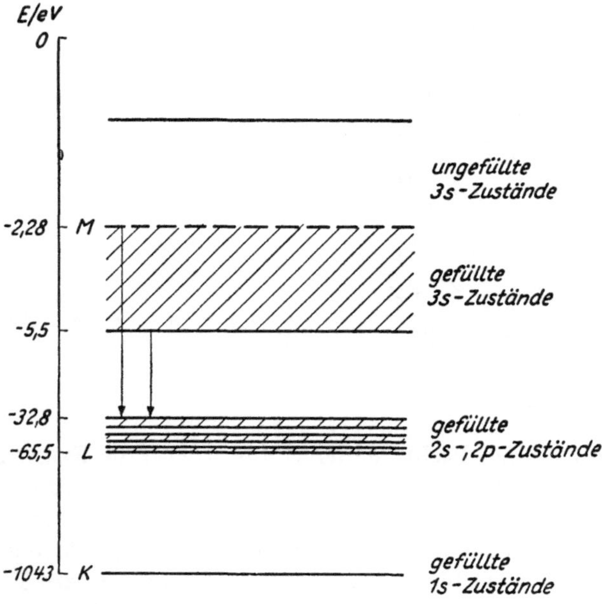

Abb. L 23

Energieniveauschema von Natrium-Metall. Die vertikalen Pfeile deuten die Entstehung der L_{III}-Emissionsbande an. Die Energieangaben sind aus Röntgenemissions- und -absorptionsuntersuchungen sowie aus thermoelektrischen Messungen gewonnen. Gegenüber der Verbreiterung der 3s-Leitungselektronenzustände ist die der 2s-, 2p- und 1s-Zustände klein

Bei den *hexagonalen zweiwertigen Metallen* Beryllium, Magnesium, Zink, Kadmium sind bei den freien Atomen außerhalb der abgeschlossenen Elektronenschalen zwei s-Elektronen vorhanden. Zunächst würde man also ein vollkommen besetztes Band erwarten und damit einen Isolator. Hier treten aber Bandüberlappungen auf, die, wie schon S. 284 auseinandergesetzt, zu zwei unvollständig besetzten Bändern und damit zu Leitfähigkeit führen. Man entnimmt aus Abb. L 5, daß die überlappenden Gebiete mit wachsender Sprunggröße kleiner werden.

Zum experimentellen Nachweis betrachten wir das Röntgen-L-Spektrum von Magnesium, (Abb. L 24). Es handelt sich hier (Ordnungszahl 12) um Übergänge aus dem Leitungsband in die Unterschalen II und III der L-Schalen. Die Intensität I einer Röntgenlinie wird durch das Produkt von Besetzung des Ausgangszustandes, d. h. von seiner Zustandsdichte, und der Übergangswahrscheinlichkeit P in den Endzustand bestimmt:

$$I(E) \sim E \iint\limits_{E\,=\,\mathrm{const}} \frac{P(E, \boldsymbol{k})}{\left|\dfrac{\partial E}{\partial \boldsymbol{k}}\right|} \mathrm{d}\boldsymbol{k}\,. \tag{L 109}$$

$\dfrac{\partial E}{\partial \boldsymbol{k}}$ tritt auf, weil die Zustandsdichte $g(E) \equiv \mathrm{d}z/\mathrm{d}E$ wegen $\mathrm{d}z \sim \mathrm{d}\boldsymbol{k}$ umgekehrt proportional $\mathrm{d}E/\mathrm{d}\boldsymbol{k}$ ist. Aus der berechneten Bandstruktur kann man also bei Kenntnis von P die Intensität $I(E)$ berechnen (Abb. L 25).

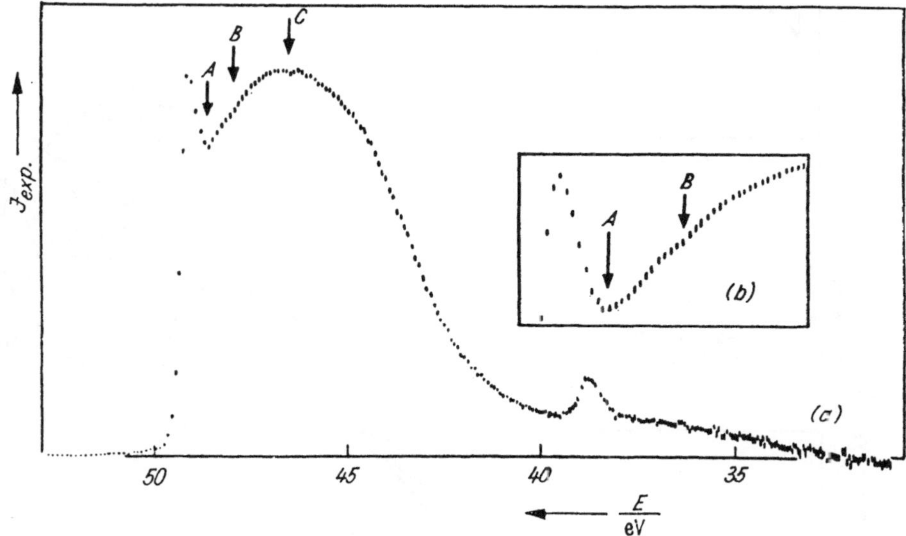

Abb. L 24

Gemessenes Magnesium-$L_{II,\,III}$-Emissionsspektrum (nach FABIAN; [40]). Der vergrößerte Ausschnitt zeigt, daß zwischen A und B ein kleiner Buckel vorhanden ist, wie er der berechneten Intensität nach Modell 2 (Abb. L 25) entspricht

Die Bandstruktur-Berechnungen für die anderen genannten zweiwertigen hexagonalen Metalle haben sehr ähnliche $E(\boldsymbol{k})$-Verläufe ergeben. Die FERMI-Flächen weisen größere Unterschiede auf, weil infolge der verschiedenen Achsenverhältnisse c/a die BRILLOUIN-Zone und damit die Berührungsmöglichkeiten unterschiedlich sind. Außerdem sind sie wesentlich komplizierter gestaltet als bei den Alkali-Metallen.

In der Spalte der *dreiwertigen Elemente* findet man wieder gute Leiter, wie z.B. Aluminium. Hier liegen nach neueren Untersuchungen — im Gegensatz zu früheren Vorstellungen — Verhältnisse vor, die denen bei freien Elektronen sehr nahe kommen. Abb. L 26 zeigt Ergebnisse von Rechnungen für $E(\boldsymbol{k})$ für verschiedene Gitterrichtungen, und man entnimmt, wie geringfügig die Ab-

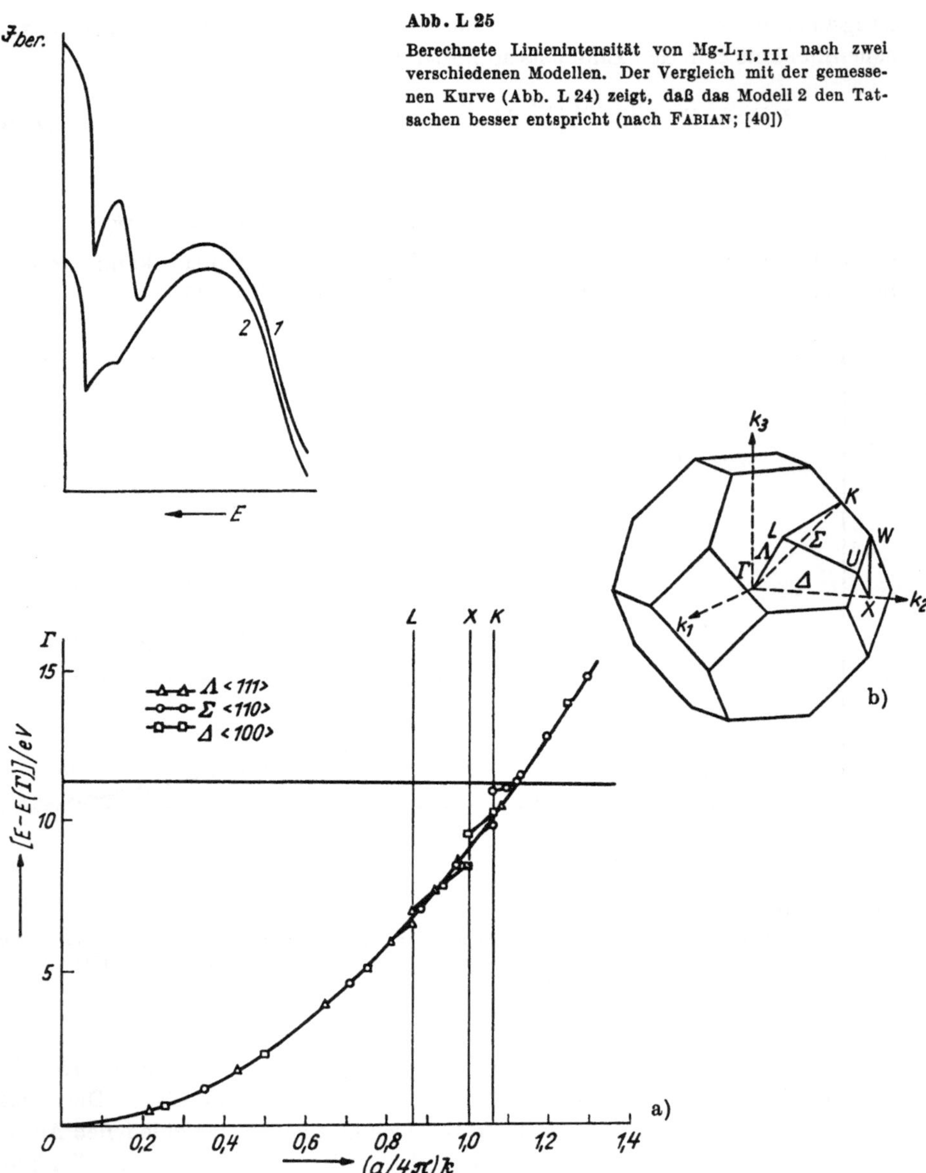

Abb. L 25

Berechnete Linienintensität von Mg-$L_{II,III}$ nach zwei verschiedenen Modellen. Der Vergleich mit der gemessenen Kurve (Abb. L 24) zeigt, daß das Modell 2 den Tatsachen besser entspricht (nach FABIAN; [40])

Abb. L 26

(a) Rechnungen der Leitungsbandenergien von Aluminium nach SEGALL. Die Energien für 3 Richtungen im $\boldsymbol{k}$-Raum sind durch die gleiche Kurve dargestellt, die zugehörigen BRILLOUIN-Zonengrenzen sind durch vertikale Striche markiert. Als Ordinate ist die Differenz zum tiefsten Zustand des Leitungsbandes gewählt. Bis zum FERMI-Niveau bei 11,2 eV treten merkliche Abweichungen vom Verhalten freier Elektronen nur in Nähe der Zonengrenzen auf, dies jedoch mit entgegengesetztem Vorzeichen, so daß die Gesamtenergie davon praktisch nicht beeinflußt wird. (b) BRILLOUIN-Zone des *A1*-Typs mit Angabe einiger Punkte und Richtungen hoher Symmetrie zur Erläuterung der Bezeichnung in (a)

weichungen vom Verhalten freier Elektronen sind. Ähnliches gilt wohl auch für andere mehrwertige Metalle.

Kupfer, Silber und *Gold* stellen die Bindeglieder zu den Übergangsmetallen dar. Die Elektronenstruktur aller drei Metalle ist sehr ähnlich. Wie beim Kupfer (vgl. L 33) sind die s- und d-Zustände hybridisiert, so daß sich das Verhalten des Elektronengases, obwohl es praktisch aus einem Elektron pro Atom besteht, von dem freier Elektronen deutlich unterscheidet, wie es z.B. die Anisotropie der Fermi-Fläche von Kupfer (Abb. L 18) zeigt.

Die augenfälligen Unterschiede der drei Metalle, die sich schon in der Farbe, aber auch im verschiedenen kristallchemischen Verhalten zeigten (vgl. C 31), haben quantitative Ursachen. So wird die rote Farbe des Kupfers durch eine Absorptionsbande mit Maximum bei $0{,}5 \cdot 10^{-6}$ m und langwelliger Grenze bei $0{,}6 \cdot 10^{-6}$ m verursacht. Die Bandstruktur (Abb. L 19) enthält in der Tat einen erlaubten Übergang von 2,3 eV (beobachtet 2,1 eV) bei großer Zustandsdichte, so daß eine starke Intensität zu erwarten ist. Bei Silber liegt die entsprechende Absorptionsbande im Ultravioletten ($\approx$ 3,1 eV).

Das über die Elektronenstruktur der *Übergangsmetalle* vorliegende Material ist so umfangreich, daß seine Besprechung den vorliegenden Rahmen sprengen würde, zumal in vielen Fragen keine einheitliche Meinung erreicht ist. Die Hauptschwierigkeit liegt darin, daß bei Chrom, Mangan, Eisen, Kobalt, Nickel und den entsprechenden Elementen in den höheren Perioden unabgeschlossene d-Schalen vorliegen, deren Elektronen im Metall zwar einerseits nachweislich die Tendenz haben, nicht lokalisierte Zustände in Form von (allerdings schmalen) Bändern zu bilden, während andererseits viele magnetische Eigenschaften für lokalisierte d-Elektronen sprechen. Als Beispiel sei nur das Nickel erwähnt, das einerseits dem Kupfer im Periodensystem der Elemente unmittelbar vorausgeht und andererseits wegen seines Ferromagnetismus besonders interessiert.

Abb. L 27 zeigt die von Slater berechnete Zustandsdichte $g(E)$ für das 3d- und 4s-Band von Nickel.[1]) Von den 28 Elektronen des Nickelatoms sind 2 in der K-Schale, 8 in der L-Schale und weitere 8 im 3s- bzw. 3p-Band der M-Schale untergebracht, so daß 10 für das 3d- und 4s-Band übrigbleiben. Die Zustandsdichte an der Fermi-Grenze für 10 Elektronen zeigt, daß sich im Mittel etwa 0,6 Elektronen im 5 s-Band und 9,4 im 3 d-Band befinden werden. Entsprechend der Hundschen Regel stellt sich die mit dem Pauli-Prinzip vereinbare, größtmögliche Zahl von Spins im d-Band parallel, also 5; die restlichen 4,4 antiparallel, so daß ein resultierendes magnetisches Moment von 0,6 μ_B pro Atom übrigbleibt. Da ein solcher Wert auch aus der Sättigungsmagnetisierung (vgl. N 21) von Nickel folgt, besteht Übereinstimmung, wenn man annimmt, daß die 4s-Elektronen nicht zum magnetischen Moment beitragen.

[1]) Die Bandstrukturen verschiedener Übergangsmetalle gleicher Kristallstruktur sind oft sehr ähnlich, so daß aus der Bandstruktur eines bestimmten Übergangsmetalles bei Beachtung der unterschiedlichen Fermi-Energie Schlüsse für andere Metalle gezogen werden können. Deshalb enthält die Abb. L 27 eine ganze Reihe Fermi-Grenzen.

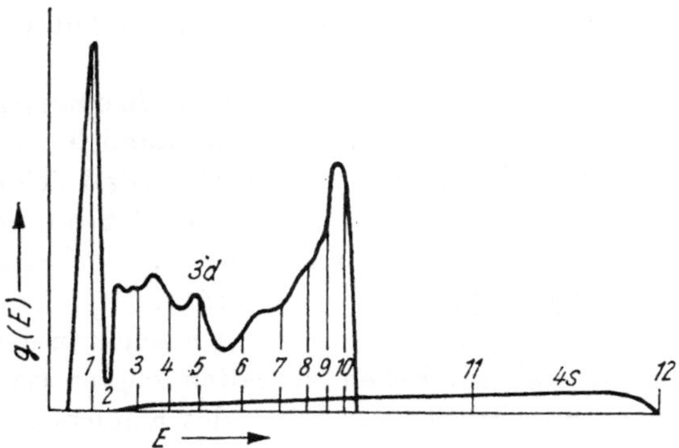

Abb. L 27

Zustandsdichte für das 3d- und 4s-Band von Nickel. Die senkrechten Striche geben die FERMI-Grenzen für den Fall an, daß die daneben geschriebene Anzahl von Metallelektronen vorhanden ist

L 342 Legierungen

Legierungen auf *Substitutions-Mischkristall-Basis* mit geringer Konzentration der zweiten Komponente lassen sich äußerst einfach behandeln auf Grund des sogen. „*rigid band*"-Modells, insbesondere bei Übergangsmetallen. Danach kann man mit der Elektronenstruktur der reinen Matrix rechnen, weil etwaige Extraladungen, z.B. die „überzählige" zweite positive Ladung eines Zink-Rumpfes in einem Kupfer-Kristall, in nächster Nähe abgeschirmt werden, so daß der Kristall als Ganzes praktisch unverändert bleibt. Dies gilt allerdings nur für sehr verdünnte Legierungen, d. h., wenn keine gegenseitige Beeinflussung der gelösten Atome erfolgt und die Änderung der Legierungseigenschaft ihrer Konzentration proportional ist. Dann läßt sich nämlich zeigen (FRIEDELscher Summensatz), daß alle vom „Störatom" herrührenden Elektronen in dessen Abschirmhof, also in seiner unmittelbaren Umgebung, untergebracht werden.

Außerdem treten bei Legierungen höherer Konzentration die schon am Beispiel des Legierens von Kupfer mit Zink besprochenen Effekte des Auffüllens der BRILLOUIN-Zone auf. Wir kommen auf diese Frage bei der erneuten Untersuchung der Gitterstabilität von HUME-ROTHERY-Phasen in L 43 noch einmal zurück.

Auch für intermetallische Verbindungen liegen Elektronenstruktur-Berechnungen vor. So sind z.B. aus den Pseudopotentialen für Magnesium und Zink diejenigen für die LAVES-Phase $MgZn_2$ berechnet worden und daraus sowohl die Bandstruktur und Zustandsdichte als auch das Phononenspektrum. In der Nähe der FERMI-Fläche ergeben sich infolge vieler, eng benachbart liegender Bänder (die Elementarzelle enthält 12 Atome!) auch bei kleinen FOURIER-Komponenten des Pseudopotentials wesentliche Abweichungen vom Verhalten freier Elektronen. Diese Ergebnisse sind in Übereinstimmung mit den — allerdings nicht sehr eingehenden — experimentellen Untersuchungen der FERMI-Fläche.

L 4 Metallische Bindung

L 41 Bindungsenergie und Bindungsarten

Unter der Bindungsenergie E_B eines Kristalles verstehen wir die Energiedifferenz zwischen seiner Gesamtenergie E und derjenigen seiner isolierten neutralen Atome E_A, auf ein Mol und $T = 0$ bezogen,

$$E_B = E - E_A \,. \tag{L 110}$$

Da die Kristallenergie E immer tiefer als E_A liegt, ist E_B stets negativ, doch wird das Vorzeichen bei Zahlenangaben meist unterdrückt, so auch in Tab. L 1.

Tabelle L 1
Bindungsenergien*)

Element	E_B/eV pro Atom	Element	E_B/eV pro Atom
Li	1,58	Ge	3,40
Na	1,13	Sn	3,13
K	0,95	Pb	1,99
Rb	0,89	Fe**)	4,13
Cs	0,81	Co**)	4,4
Be	3,32	Ni**)	3,7
Mg	1,57	V	5,19
Ca	2,0	Nb	7,96
Sr	1,70	W	8,74
Ba	1,81	F	0,77
B	4,17	Cl	1,51
Al	3,20	Br	1,16
Sc	4,01	J	1,19
Y	4,45	O	2,54
La	3,80	S	2,32
C	7,4	Se	2,08
Si	3,78	Te	2,05
Ti	4,86	N	2,39
Zr	5,4	P	3,24
Ce	3,67	As	2,63
Cu	3,51	Sb	2,63
Ag	2,98	Bi	2,15
Au	3,56	He	0,00108
Zn	1,35	Ne	0,0216
Cd	1,16	Ar	0,0796
Hg	0,65	Kr	0,109
Ga	2,88	Xe	0,154
In	2,51	Rn	0,198
Tl	1,86		

*) Nach BROOKS
**) Werte bei Raumtemperatur

Man unterscheidet gewöhnlich *vier Bindungsarten*: 1. Ionen- oder heteropolare Bindungen, 2. kovalente oder homöopolare Bindungen, 3. metallische Bindungen, 4. VAN DER WAALSsche Bindungen. Die Unterscheidung hat sich vom praktischen Standpunkt aus als zweckmäßig erwiesen. Die ersten beiden Arten unterscheiden sich von den letzten beiden z.B. dadurch, daß sie *absättigbar* sind, d. h., ein Atom bindet eine ganz bestimmte Anzahl von Atomen mit etwa der gleichen Energie, weitere aber nicht. Man kann einem Atom daher eine gewisse *Valenz* oder *Wertigkeit* zuschreiben, die jedoch im Fall 1 und 2 nicht übereinzustimmen braucht. Vor allem unterscheiden sich aber diese beiden Bindungen phänomenologisch dadurch, daß bei der kovalenten Bindung im Gegensatz zur Ionenbindung eine ausgeprägte *Richtungsabhängigkeit* vorhanden ist (Tetraeder-Valenzen des Kohlenstoffs!). Bei der metallischen und VAN DER WAALSschen Bindung liegt dagegen keine Absättigbarkeit vor, bei der metallischen besteht zudem Isotropie. Ein Metallatom bindet jedes weitere Atom mit etwa der gleichen Energie; die höchstmögliche Zahl von Bindungen ist durch geometrische Gesichtspunkte beschränkt.

Was die Mechanismen der einzelnen Bindungsarten betrifft, so galten sie zunächst als grundverschieden und waren — abgesehen von der Ionenbindung — mehr oder weniger unklar. Es war einer der großen Erfolge der Quantenmechanik, daß nicht nur das Wesen der kovalenten Bindung gedeutet werden konnte, sondern zugleich die Einsicht gewonnen wurde, daß die aufgezählten Bindungsarten als Spezialfälle eines einheitlichen quantenmechanischen Bindungsmechanismus beschreibbar sind.

Man kann sich schon am *Potentialtopfmodell* klarmachen, daß allein auf Grund unterschiedlicher quantitativer Verhältnisse sehr verschiedenartige Bindungssituationen entstehen können. Wir gehen zunächst davon aus, daß zwei gleiche Atome mit dem in Abb. L 28a dargestellten Potentialverlauf so weit genähert werden, daß sich die Potentialkurven überschneiden und so eine Erniedrigung des Potentials im Gebiet zwischen beiden Atomen entsteht. In der Abb. L 28 sind außerdem die Elektronenterme der Atome eingezeichnet.

Liegt der oberste besetzte Term sehr hoch (Abb. L 28b), wie man es z.B. für *Natrium* auf Grund seiner niedrigen Ionisierungsenergie von 5 eV annehmen kann, so ist damit zu rechnen, daß das gemeinsame Potential tiefer liegt, d. h., daß die Elektronen des obersten Termes im Kristallinnern frei beweglich sind, also ein *Metall* entsteht. Das Zustandekommen der Bindungsenergie wird später näher besprochen werden.

Bei einer mittleren Ionisierungsenergie, wie sie etwa bei *Diamant* (11 eV) auftritt, kann das oberste Niveau schon unterhalb des Maximums des Summenpotentials liegen (Abb. L 28c). Daher gibt es hier keine freien Metallelektronen mehr, wohl aber sorgt der Tunneleffekt dafür, daß ein gewisser Elektronenaustausch von Atom zu Atom stattfinden kann. Durch diesen Elektronenaustausch spalten die Terme der isolierten Atome in zwei auf, von denen der eine um die *Austauschenergie* tiefer liegt als der ursprüngliche, also einen bindenden Zustand darstellt (*kovalente Bindung*).

Bei den sehr hohen Ionisierungsenergien der Edelgase (z. B. Neon 22 eV) hat man mit noch tieferer Lage des obersten Elektronentermes zu rechnen (Abb. L 28d). Der zu durchtunnelnde Potentialberg ist so dick und die darüber liegende Berghöhe so groß, daß die Wahrscheinlichkeit für einen Elektronenaustausch praktisch Null ist. Die Terme bleiben unverändert, es tritt keine merkliche Bindung ein. Tatsächlich kristallisieren die *Edelgase* erst bei sehr tiefen Temperaturen und das Kristallgitter wird nur durch sehr schwache VAN DER WAALS*sche Kräfte* zusammengehalten. Diese beruhen auf Korrelationen zwischen den Elektronenbewegungen benachbarter Schalen infolge COULOMBscher Wechselwirkungen.

Schließlich bleibt noch der Fall zweier ungleicher Atome zu besprechen, wie er bei der *Ionenbindung* stets vorliegt. In den typischen Fällen handelt es sich dabei um ein ausgesprochen elektropositives Element, das also eine niedrige Ionisierungsenergie besitzt (Alkali- oder Erdalkalimetall), und um ein zweites mit großer Elektronenaffinität und dementsprechend großer Ionisierungsenergie wie etwa die Halogene. Die zu erwartende Termlage wird also etwa die in Abb. L 28e dargestellte sein. Da der höhere Term des elektropositiven Partners bereits oberhalb des gemeinsamen Potentialberges liegen wird, kann ein Elektron aus ihm in den tiefer liegenden Term des anderen Partners übertreten. Ein umgekehrter Elektronenübergang kann nicht eintreten, so daß durch den einseitigen Elektronenübertritt eine Aufladung der ursprünglich neutralen Atome eintritt: Das Metallatom wird zum positiven Ion, das Halogenatom zum negativen. Zwischen beiden wirkt jetzt die COULOMB*sche Anziehung* als Bindungskraft.

Die vorstehende Betrachtung ist nicht als Erklärung der Bindungsverhältnisse gedacht, die relative Lage von Termen und Potential wurde ja ad hoc angenommen, wenn auch auf Grund plausibler Rückgriffe auf die Erfahrung.

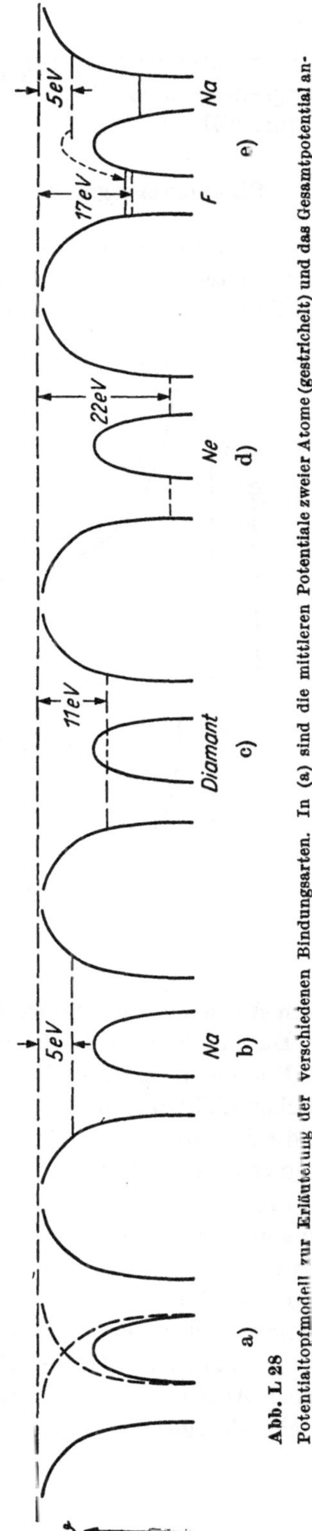

Abb. L 28

Potentialtopfmodell zur Erläuterung der verschiedenen Bindungsarten. In (a) sind die mittleren Potentiale zweier Atome (gestrichelt) und das Gesamtpotential angegeben. Außerdem ist schematisch die Lage der höchsten besetzten Elektronenzustände der freien Atome für metallische (b), kovalente (c), VAN DER WAALSsche (d) und Ionenbindung (e) eingezeichnet, wie sie aus experimentell bestimmten Ionisierungsenergien zu erwarten ist

Eine Betrachtung der quantitativen Verhältnisse, bei der sich zugleich die Bindungsenergien ergeben müssen, wollen wir nur für die metallische Bindung durchführen.

L 42 Bindungsenergie von Natrium

Bei der metallischen Bindung wird die Anziehung durch die Erniedrigung der mittleren potentiellen Energie der Leitungselektronen infolge Überlappung der ψ-Funktionen bewirkt, während die ihr das Gleichgewicht haltende Abstoßung

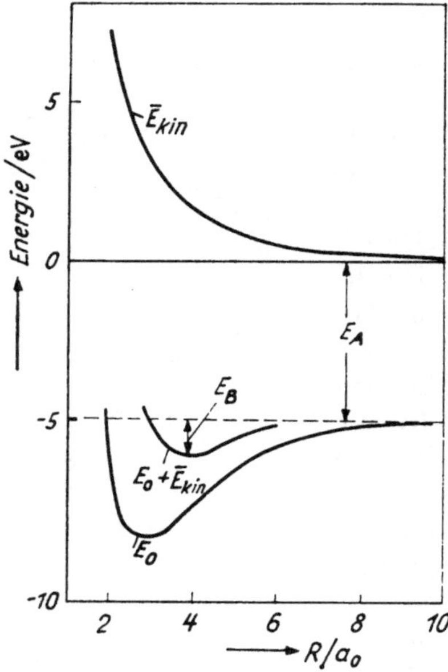

Abb. L 29
Energieeigenwert des Grundzustandes E_0 und kinetische Energie $\bar{E}_{\mathrm{kin}}$ als Funktion des Zellenradius R für Natrium. E_A entspricht der Ionisierungsenergie des freien Atoms. Die Summenkurve E_B und deren Minimum bei R_0 stellen näherungsweise die Bindungsenergie und die Gleichgewichtsgitterkonstante dar

aus dem Anwachsen der kinetischen Energie mit abnehmendem Abstand resultiert. (Die mittlere kinetische Energie des Elektronengases ist nach (A 19) der Fermi-Energie proportional und diese wächst nach (A 18) mit zunehmender räumlicher Elektronendichte).

Um die Bindungsenergie zu erhalten, kann man den anziehenden Term nach der Wigner-Seitz-Methode berechnen (vgl. L 311). Wir hatten dort gefunden (Abb. L 10), daß die ψ-Funktion am Zellenrand noch endlich ist, also sich mit denjenigen der Nachbarzelle überlappt; damit ist die quantenmechanische Grundvoraussetzung für Bindung erfüllt. Weiterhin haben wir dort gezeigt, wie man für Natrium die Energie E_0 am unteren Rand ($k = 0$) des Leitfähigkeitsbandes bestimmen kann; sie ist in Abb. L 29 in Abhängigkeit vom Zellenradius R dargestellt. Da die Zellen elektrisch neutral sind, ist kein elektrostatischer Anteil der Energie zu berücksichtigen. Setzt man für die mittlere kinetische Energie der Elektronen näherungsweise den entsprechenden Betrag bei freien Elektronen nach (A 19) und (A 18) ein, so erhält man mit $n_e = 1/(4\pi R^3/3)$

$$\bar{E}_{\text{kin}} = \frac{3}{10} \frac{\hbar^2}{m_e R^2} \left(\frac{9\pi}{4}\right)^{2/3} . \tag{L 111}$$

$\bar{E}_{\text{kin}}$ und die Summenkurve $E_0 + \bar{E}_{\text{kin}}$ sind gleichfalls in Abb. L 29 dargestellt. Das Minimum der letzteren kennzeichnet den stabilen Zustand mit der Bindungsenergie E_B von etwa 1 eV. Der zugehörige Zellenradius R_0 liefert die Gitterkonstante.

Naturgemäß ist dieses Bild zu roh, um quantitative Ergebnisse zu liefern. Es seien daher jetzt noch eine Reihe von Verbesserungen summarisch besprochen, die insgesamt für Natrium und andere Alkalimetalle zu auch quantitativ befriedigenden Ergebnissen geführt haben. Dabei wird die *Bindungsenergie pro Teilchen* E_B dargestellt durch

$$E_B = E_0 - E_A + E_1 + E_2 + E_3 + E_4 . \tag{L 112}$$

Hier bedeutet $E_0 - E_A$ den Energieunterschied zwischen dem unteren Rand E_0 des Leitungsbandes und der Energie des freien Atoms im Grundzustand. Er beruht, wie wir gesehen haben, auf dem Einfluß des Gitterpotentials. Wegen des PAULI-Prinzips können nur zwei Elektronen die Energie E_0 haben, die übrigen müssen in Zuständen höherer Energie sein. Dadurch erhöht sich die mittlere Elektronenenergie um einen Betrag E_1. Er wird als *mittlere Energie des Elektronengases* berechnet und ergibt sich nach (L 111) bei Berücksichtigung der effektiven Masse zu

$$E_1 = \frac{m_e}{m^*} \frac{30{,}0}{(R/a_0)^2} \text{ eV} . \tag{L 113}$$

Die COULOMBsche Wechselwirkung E_2 der Leitungselektronen läßt sich nach der Zellenmethode leicht berechnen, wenn man die Ladungsdichte ϱ als konstant in dieser Zelle betrachtet und ansetzt

$$\varrho = \frac{-e}{4\pi R^3/3} . \tag{L 114}$$

Die *COULOMBsche Energie* E_2 beträgt dann auf Grund der elektrostatischen Zusammenhänge zwischen Ladung und Potential

$$E_2 = \frac{3}{5} \frac{e^2}{4\pi E_0 R} = \frac{16{,}3}{R/a_0} \text{ eV} . \tag{L 115}$$

Die drei besprochenen Beiträge waren bereits im HARTREE-Verfahren berücksichtigt worden, das sich zwar bei der Untersuchung des Verhaltens eines Elektrons im isolierten Atom sehr bewährt hat, aber beim Kristall noch nicht ausreicht, um befriedigende Übereinstimmung mit der Erfahrung zu erhalten. Zunächst bezog das HARTREE-FOCKsche Verfahren auch die Austauschwechselwirkung zwischen Elektronen gleichen Spins in Form einer *Austauschenergie*

$$E_3 = -\frac{3 e^2}{16\pi E_0} \left(\frac{3 n_e}{\pi}\right)^{1/3} = -\frac{12{,}4}{R/a_0} \text{ eV} \tag{L 116}$$

in die Rechnung ein. Dadurch wird die Wahrscheinlichkeit, in der Nähe eines Elektrons ein zweites mit gleichem Spin zu finden, sehr gering. Es wird also eine gewisse individuelle Elektronenabstoßung, die auf Grund der großen Reichweite der COULOMB-Kräfte zu erwarten, aber in dem vorher genannten Verfahren nicht enthalten ist, berücksichtigt, jedoch nur im Falle gleichen Spins.

Diese nur teilweise Erfassung der gegenseitigen Beeinflussung der Leitungselektronen, der sogenannten *Elektronenkorrelation*, ergibt zwar eine Verbesserung der Übereinstimmung mit der Erfahrung, aber liefert auch noch zu kleine Bindungsenergien. Zu richtigen Werten führt erst die volle Einbeziehung der Korrelation durch eine *Korrelationsenergie*

$$E_4 = -\left(1{,}485 - 0{,}424 \ln\left(\frac{R}{a_0}\right)\right) \mathrm{eV}\,. \tag{L 117}$$

Man versteht darunter die Energie-Differenz zwischen dem HARTREE-FOCKschen Wert und dem nach der Methode von BOHM und PINES, die den Korrelationseffekt berücksichtigt. Dabei zerlegt man das COULOMB-*Potential* in einen *Anteil kurzer und* einen *langer Reichweite.* Die Reichweite des ersteren, den man näherungsweise durch ein abgeschirmtes Potential $\sim \frac{1}{r} \exp\{-c\,r\}$ mit c^{-1} von der Größenordnung der Atomabstände darstellen kann, beträgt etwa $1{,}5\sqrt{R/a_0}$, ist also von der Größe der mittleren Leitungselektronenabstände. Daher werden die kurzreichweitigen COULOMB-Kräfte keine wesentliche gegenseitige Beeinflussung der Elektronenbewegung hervorrufen. Dies rechtfertigt die Anwendung der Einelektronennäherungen. Daneben ist aber ein langreichweitiger Potentialanteil vorhanden, der zu einer korrelierten Bewegung der Gesamtheit der Elektronen führt. Man kann diese Bewegung als Plasmaschwingungen beschreiben, deren Energiespektrum äquidistant ist. Die entsprechenden Schwingungsquanten, die sogenannten *Plasmonen* (vgl. M 3), liegen bei den einzelnen Metallen zwischen etwa 10 und 30 eV. Da sie also wesentlich größer als die FERMI-Energien sind (S. 14), werden sie bei den üblichen Elektronenprozessen kleiner Energie nicht angeregt.

Für *Natrium* seien folgende Zahlen mitgeteilt ($R/a_0 = 3{,}96$, entsprechend $a = 4{,}25$ Å (gemessen 4,29 Å); $m_e/m^* = 1{,}02$):

$$\left.\begin{array}{l} \left.\begin{array}{l} \left.\begin{array}{l} \left.\begin{array}{rl} E_0 - E_A &= -3{,}09\ \mathrm{eV} \\ E_1 &= +1{,}95 \end{array}\right\} -1{,}14 \\ E_2 \;= +4{,}12 \end{array}\right\} +2{,}98 \\ E_3 \;= -3{,}14 \end{array}\right\} -0{,}16 \\ E_4 \;= -0{,}90 \end{array}\right\} -1{,}06\ \mathrm{eV}$$

E_B gemessen $= -1{,}13$ eV.

Man sieht, daß hier die beste Übereinstimmung vorliegt, wenn man nur die ersten beiden Terme $(E_0 - E_A) + E_1 = -1{,}14$ eV betrachtet, also überhaupt keine Wechselwirkungen Elektron–Elektron berücksichtigt. Diese sind recht diffizil zu erfassen, denn sie sind insgesamt gegenüber dem Gitter-Elektron-Anteil klein ($E_2 + E_3 + E_4 = + 0{,}08$ eV), setzen sich aber aus verhältnismäßig großen Summanden verschiedenen Vorzeichens zusammen.

Der Hauptteil der metallischen Bindung rührt also im Falle des Natriums daher, daß die Bewegung der Leitungselektronen im Potential der Atomrümpfe zu einem weit unter dem Wert des freien Atoms E_A liegenden Wert E_0 führt. Allerdings kann dieser tiefste Zustand höchstens von zwei Elektronen besetzt sein, die anderen müssen sich in höherem Energiezustand befinden. Setzt man hierfür einen mittleren Energiezuwachs E_1 in Höhe der mittleren Energie freier Elektronen an, so erhält man praktisch die richtige Bindungsenergie.

L 43 Bindungsenergie und Kristallstruktur

Wenn man die Bindungsenergie hinreichend genau berechnen kann, läßt sich durch Vergleich ihrer Werte für verschiedene denkbare Kristallstrukturen einer bestimmten Substanz begründen, warum die tatsächlich beobachtete Struktur auftritt (vgl. C 11). Leider gilt dieses Problem nach wie vor als eines der undankbarsten der Festkörpertheorie, weil die erforderliche Genauigkeit bisher nur selten zu erreichen ist. Immerhin sind in den letzten Jahren bemerkenswerte Fortschritte in dieser Richtung erzielt worden.

L 431 Einfache zweiwertige hexagonale Metalle

Wir skizzieren zunächst Untersuchungen mittels der Pseudopotential-Methode (vgl. L 31) an den hexagonalen zweiwertigen Metallen Beryllium, Magnesium, Zink, Kadmium. Die Kleinheit des Pseudopotentials läßt seine Berücksichtigung als Störung (vgl. L 31) zu. In *erster Näherung* erhält man für die Gesamtenergie E_1 einen Ausdruck, der nur vom Atomvolumen und nicht von der Atomanordnung abhängt. Erst in *zweiter Näherung* ist ein Einfluß der Kristallstruktur vorhanden:

$$E_2 = E_E + \sum_{\boldsymbol{H}} W(\boldsymbol{H}) \left(\mathrm{V}(\boldsymbol{H})\right)^2 F(\boldsymbol{H}), \tag{L 118}$$

wobei näherungsweise die Summe nur über die $\boldsymbol{H}$-Vektoren $H < k_F/\pi$ erstreckt wird (k_F Radius der FERMI-Kugel). Die $\mathrm{V}(\boldsymbol{H})$ sind die FOURIER-Komponenten des Pseudopotentials und $F(\boldsymbol{H})$ im wesentlichen die Stör-Charakteristiken. Das bandstrukturabhängige Produkt $\mathrm{V}^2 F$ ist in Abb. L 30 dargestellt. $W(\boldsymbol{H}) = \mathcal{Z}\, |S_{\boldsymbol{H}}|^2$ ist ein Gewichtsfaktor für die wichtigsten $\boldsymbol{H}$-Vektoren der Struktur, in dem $S_{\boldsymbol{H}}$ den Strukturfaktor $S_{\boldsymbol{H}} = p^{-1} \sum_{n=1}^{p} e^{2\pi i \boldsymbol{H}\cdot\boldsymbol{R}_n}$ (Summation über alle p Atome der Elementarzelle) und $\mathcal{Z}$ die Häufigkeitszahl von $\boldsymbol{H}$ bedeuten. Schließlich stellt E_E einen sogenannten EWALD-Term dar, der für hochsymmetrische Strukturen vernachlässigbar ist, aber mit sinkender Symmetrie stark anwächst. Der $\mathrm{V}^2 F$-Verlauf über q ($\boldsymbol{q} = 2\pi\,(\xi_1 \boldsymbol{b}_1 + \xi_2 \boldsymbol{b}_2 + \xi_3 \boldsymbol{b}_3)$; bei ganzzahligen ξ_i wird $\boldsymbol{q} = 2\pi \boldsymbol{H}$) zeigt einen Nullwert bei q_0 und einen steilen Anstieg bei $2\,k_F$,

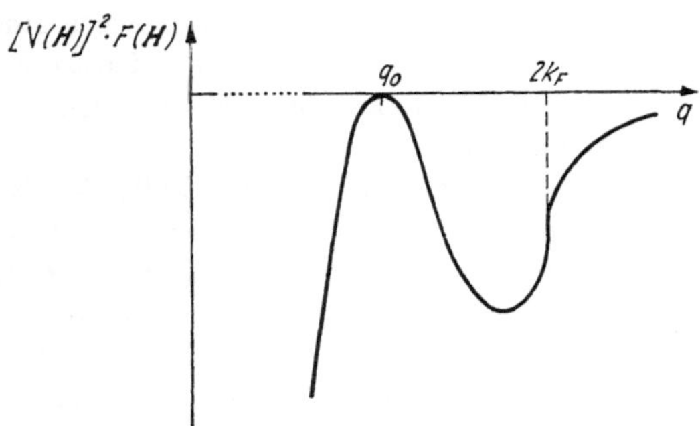

Abb. L 30

Verlauf von $[V(\boldsymbol{H})]^2\ F(\boldsymbol{H})$ über $\boldsymbol{q}$. ($\boldsymbol{q}$ ist ein beliebiger Vektor im $\boldsymbol{k}$-Raum, der sich zu $2\,\pi\,\boldsymbol{H}$ verhält wie $\boldsymbol{r}$ zu $\boldsymbol{R}_m$ (vgl. B 1) (nach HEINE und WEAIRE)

der sich bei vielen Elementen wiederholt, wobei sich q_0 und $\boldsymbol{k}_F$ von Fall zu Fall ändern.

Es ist offenkundig, daß eine Struktur energetisch benachteiligt ist, deren $\boldsymbol{H}$-Vektoren mit maximalen $W(\boldsymbol{H})$ gerade auf q_0 fallen. Abb. L 31 zeigt einerseits die Gewichte $W(\boldsymbol{H})$ für kubisch-flächenzentriertes, kubisch-raumzentriertes sowie hexagonal-dichtestgepacktes Gitter und andererseits die Lage von q_0 für die besprochenen Metalle auf einer einheitlichen q-Skala in Einheiten $2\,\pi/A_0$, wobei A_0 die hypothetische Gitterkonstante der betreffenden Metalle ist, mit der sie bei unveränderten Atomvolumina kubisch-flächenzentriert kristallisieren würden. (Wie früher erwähnt (vgl. C 24, S. 67), bleibt bei Modifikationsänderungen das Atomvolumen mit großer Genauigkeit konstant.)

Man erkennt aus den beiden Abbildungen L 30 und L 31, daß für Beryllium und Magnesium im hexagonalen Gitter die besten energetischen Verhältnisse

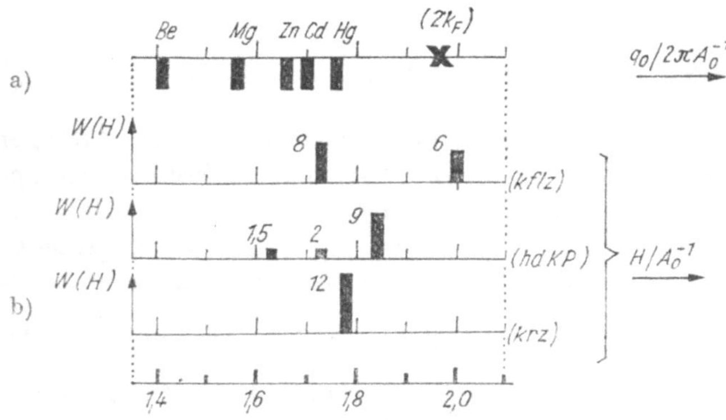

Abb. L 31

(a) q_0-Werte für verschiedene hexagonale Metalle. (b) Gewichtsfaktoren $W(\boldsymbol{H})$ der reziproken Gittervektoren für verschiedene Gittertypen. q_0 und H sind in Einheiten $2\,\pi/A_0$ angegeben (vgl. Text) (nach HEINE und WEAIRE)

zu erwarten sind. Zink und Kadmium liegen mit ihren größeren q_0 dichter bei den größten W, so daß zwar die hexagonale Struktur immer noch am günstigsten ist, aber nur ein geringer Zuwachs an Bindungsenergie aus der Bandstruktur vorliegen würde. Eine Einbeziehung des Achsenverhältnisses c/a in die Diskussion zeigt, daß die vom Idealwert $c/a = 1{,}63$ stark abweichenden Werte bei Zink und Kadmium (1,87 bzw. 1,89) die Stabilität des Gitters verbessern. Ebenso erweisen sich die als leichte Deformationen des kubisch-flächenzentrierten Gitters beschreibbaren Strukturen des Quecksilbers (tetragonal und rhomboedrisch) als energetische Stabilisierung, indem die Symmetrieerniedrigung zu einer Aufspaltung der $\boldsymbol{H}$-Vektor-Gruppen und zu deren Verschiebung gegenüber q_0 führt.

L 432 α- und β-Messing

Es soll noch ein Beispiel für die Erklärung der Kristallstruktur aus der berechneten Bindungsenergie für Legierungen, gleichfalls auf der Pseudopotential-Methode fußend, folgen. Wir hatten in C 44 und L 1 die zunächst verblüffend einfache Erklärung für die Hume-Rotherysche Regel besprochen: Der Strukturumschlag von z.B. α- zu β- oder β- zu γ-Messing wird durch Erreichen derjenigen Valenzelektronen-Konzentration gedeutet, bei der die Fermi-Kugel die entsprechenden Brillouin-Zonen berührt.

Nun tritt dieser Kontakt für die kubisch-flächenzentrierte α-Phase auf der (111)-Fläche der Brillouin-Zone ein. Andererseits hatten wir in L 33 gesehen, daß die wirkliche, experimentell gesicherte Fermi-Fläche von reinem Kupfer von der Kugelgestalt stark abweicht und die (111)-Fläche von vornherein durchsetzt. Die früher gegebene Erklärung für die beobachteten Valenzelektronen-Konzentrationen der Phasengrenzen scheint also nicht mehr ohne weiteres stichhaltig, aber man wird auch ihre Übereinstimmung mit den Konzentrationen, bei denen die Fermi-Kugel die Zonengrenze berührt, nicht für Zufall halten wollen. Diesem Problem ist viel Aufmerksamkeit und Mühe gewidmet worden und, obwohl noch keine einhellige Meinungsbildung erfolgt ist, soll die folgende Lösung, die sich an die Darlegungen des vorigen Abschnitts anschließt, mitgeteilt werden.

In dem Ausdruck (L 118) für die bandstrukturabhängige Energie ist nur die in $F(\boldsymbol{H})$ steckende Störcharakteristik stark von der Zahl der Metallelektronen pro Atom Z' abhängig. Daher wurde $F(\boldsymbol{H}_{111})$ für α- und $F(\boldsymbol{H}_{110})$ für β-Messing berechnet und in Abb. L 32 — mit den statistischen Gewichten der Vektoren versehen — dargestellt. Dabei ist in $E^{(\alpha)}$ über eine freie additive Konstante geeignet verfügt worden. Diese Kurve hat bei etwa $Z' = 1{,}33$ entsprechend $H_{111} = \boldsymbol{k}_F/\pi$ eine „Kink", $E^{(\beta)}$ bei etwa $Z' = 1{,}48$ entsprechend $H_{110} = \boldsymbol{k}_F/\pi$. Die Existenzgrenzen des homogenen α- bzw. β-Bereiches ergeben sich in üblicher Weise durch die Tangentenkonstruktion (vgl. D 2), und sie liegen tatsächlich etwa bei den Z'-Werten, die der Berührung der Fermi-Kugel mit der Brillouin-Zone entsprechen. Die genauere Analyse zeigt, daß diese Übereinstimmung nicht zufälliger Art ist.

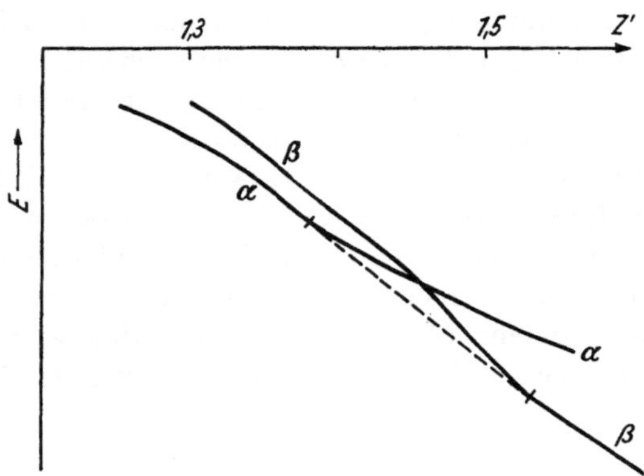

Abb. L 32

Die Energien $E^{(\alpha)}$ und $E^{(\beta)}$ von α- bzw. β-Messing nach (L 118). Die übliche Tangentenkonstruktion (vgl. Abb. D 1) liefert die Phasengrenzen (nach HEINE, aus [140])

L 5 Übungsaufgaben

L 1. Für Kalium und Kalzium bei Raumtemperatur berechne man die FERMI-Energie in der Näherung freier Elektronen!

L 2. Wie genau muß das Magnetfeld von 3 Wb/m² mindestens konstant gehalten werden, wenn damit DE HAAS–VAN ALPHEN-Oszillationen eines Ein-Elektronenmetalles beobachtet werden sollen?

M ELEKTRISCHE EIGENSCHAFTEN

Bevor wir in traditioneller Weise die elektronisch bestimmten Eigenschaften, wie elektrische Leitfähigkeit, optisches Verhalten und magnetische Eigenschaften, getrennt nacheinander behandeln, sei auf das neuerdings stark zunehmende Interesse an Wechselwirkungen zwischen ihnen wenigstens kurz hingewiesen. Da die Substanzen, an denen solche Kopplungen, wie etwa die magnetische Beeinflussung optischer Eigenschaften, bisher gefunden worden sind, zumindest ganz überwiegend halbleitende Oxide, Sulfide, Selenide usw. sind, müssen sie jedoch hier außer Betracht bleiben.

M 1 Elektrische Leitfähigkeit

M 11 Erfahrungstatsachen

Wie bereits im Teil A dieses Buches besprochen wurde, gelangt man zwar auf Grund der Vorstellung freier Leitungselektronen schon im Rahmen der klassischen Physik zu einer phänomenologischen Theorie der Stromleitung mit zwei unbestimmt bleibenden Materialkonstanten (Anzahldichte der Leitungselektronen und ihre Beweglichkeit), aber es tritt eine Reihe von Schwierigkeiten auf, die einerseits die Berücksichtigung des Gittereinflusses und andererseits eine quantenmechanische Behandlung erfordert. Nachdem im vorhergehenden Teil L die Metallelektronen in dieser Weise behandelt worden sind, ist es jetzt unsere Aufgabe, auf dieser Basis die elektrische Leitfähigkeit zu untersuchen. Wir beginnen mit einer Zusammenstellung der wichtigsten Erfahrungstatsachen und knüpfen dabei an die Ausführungen im Teil A an.

In den grundlegenden Gesetzen, dem OHMschen (A 6) und dem JOULEschen (A 11), tritt als Materialkonstante die *elektrische Leitfähigkeit* σ bzw. der spezifische Widerstand ϱ auf. Seine Zahlenwerte liegen in der Größenordnung 10^{-7} Ωm und sind in Tab. VI (hinterer Einsatzbogen) zu finden. Genau genommen sind beide Größen symmetrische Tensoren zweiter Stufe (vgl. B 4). Für eine beliebige Richtung ϑ gegen die Hauptachse gilt[1])

$$\varrho_\vartheta = \varrho_\perp + (\varrho_\parallel - \varrho_\perp)\cos^2\vartheta \tag{M 1}$$

mit z.B. bei Magnesium $\varrho_\parallel = 3{,}5$; $\varrho_\perp = 4{,}2\cdot 10^{-8}\,\Omega$m; die zugehörigen *Temperaturkoeffizienten* betragen $\alpha = 4{,}1$ und $3{,}9\cdot 10^{-3}\,$K^{-1}. Da noch niedrigere Symmetrie bei Metallen sehr selten vorkommt, hat der allgemeine Fall eines

[1]) Diese Beziehung kann man genauso ableiten wie (B 63), nur muß man anstelle von $\boldsymbol{j} = \boldsymbol{\sigma}\boldsymbol{E}$ von $\boldsymbol{E} = \boldsymbol{\rho}\boldsymbol{j}$ ausgehen.

beliebigen Ellipsoids nur geringe Bedeutung. Immerhin sei als Beispiel Gallium mit $\varrho_{\mathrm{I}} = 50{,}5$; $\varrho_{\mathrm{II}} = 16{,}1$; $\varrho_{\mathrm{III}} = 7{,}5 \cdot 10^{-8}\ \Omega\mathrm{m}$ und den entsprechenden Temperaturkoeffizienten $\alpha_{\mathrm{I}} = 3{,}8$; $\alpha_{\mathrm{II}} = 4{,}3$ und $\alpha_{\mathrm{III}} = 4{,}3 \cdot 10^{-3}\ \mathrm{K}^{-1}$, alles für 0 °C, genannt. Die Mehrzahl der Untersuchungen ist jedoch bisher an polykristallinem Material durchgeführt worden, so daß für nichtkubische Metalle meist nur ein Mittelwert bekannt ist.

Man beachte, daß die hohen Werte der Leitfähigkeit von Silber, Kupfer und Gold von keinem anderen Metall erreicht werden, auch von dem bestleitenden Alkalimetall Natrium nicht, das andererseits auch von Aluminium übertroffen wird, aber noch doppelt so gut leitet wie Eisen. Bemerkenswert ist ferner, daß Kohlenstoff in der Kristallform des Graphits etwa die Größenordnung der Leitfähigkeit von flüssigem Quecksilber erreicht. Sieht man von Metallen, die schon einen Übergang zum Halbleiter darstellen, ab, so ist z.B. Barium ein auffallend schlechter Leiter. Für die Abgrenzung zwischen Leitern und Halbleitern ist aber nicht nur der Betrag der Leitfähigkeit heranzuziehen, sondern auch ihr Temperaturgang.

Bei Zahlenangaben des Temperaturkoeffizienten des elektrischen Widerstandes, die eine größere Genauigkeit als 1% beanspruchen, ist darauf zu achten, ob sich die Angaben auf konstantes Volumen oder konstante Masse beziehen. Bei Zimmertemperatur beträgt der Temperaturkoeffizient $\alpha = \frac{1}{\varrho}\frac{\mathrm{d}\varrho}{\mathrm{d}T}$ für typische Metalle ziemlich einheitlich $0{,}004\ \mathrm{K}^{-1}$, wie die angeführten Zahlenbeispiele schon gezeigt haben. Dieser Zahlenwert, zusammen mit der Tatsache, daß der Widerstand linear mit der Temperatur wächst, hat die Elektronen-„Gas"-Vorstellung offenkundig begünstigt. Bei sehr tiefen Temperaturen fällt der Widerstand viel schneller ab, ungefähr mit T^5. Die bei vielen Metallen unterhalb 10 K auftretende sprungartige Verringerung des Widerstandes auf praktisch Null (*Supraleitung*) wird in M 15 besonders besprochen werden.

Trägt man den Widerstand eines Metalls bei sehr tiefen Temperaturen über T auf und extrapoliert auf $T = 0$, so erhält man einen *Restwiderstand* ϱ_0 (Abb. M 1), der in starkem Maße durch Gitterfehler, sowohl chemische (Fremdatome) als auch physikalische (Leerstellen und Versetzungen), bestimmt wird und mit ihrer Konzentration wächst. Er ändert sich mithin von Probe zu Probe, während der temperaturabhängige Teil als materialkennzeichnend gelten kann:

$$\varrho = \varrho_0 + \varrho(T)\,. \tag{M 2}$$

Diese Beziehung (MATTHIESSEN*sche Regel*, 1867) gilt oft auch noch dann, wenn man einem Metall kleine Mengen eines zweiten hinzulegiert. Es bleibt dann die Temperaturabhängigkeit des reinen Metalls bestehen, während der Restwiderstand mit dem Gehalt an Beimengung wächst (Abb. M 2). Aus der entsprechenden Beziehung

$$\left(\frac{\mathrm{d}\varrho}{\mathrm{d}T}\right)_{\text{Legierung}} = \left(\frac{\mathrm{d}\varrho}{\mathrm{d}T}\right)_{\text{Element}} \tag{M 3}$$

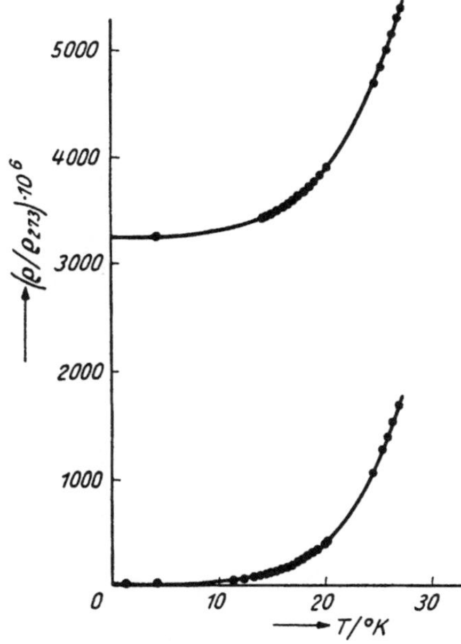

Abb. M 1

Verhältnis von Gesamtwiderstand ϱ bei der Temperatur T zum Gesamtwiderstand bei 273 K für Wolfram. Die obere Kurve entspricht einem Restwiderstandsverhältnis $\varrho_0/\varrho_{273} = 3{,}23 \cdot 10^{-3}$, die untere (zonengeschmolzenes Material) einem solchen von $8 \cdot 10^{-6}$ (nach BERTHEL)

folgt sofort, daß der Temperaturkoeffizient der Legierung

$$\alpha_{\mathrm{Leg.}} = \frac{1}{\varrho_{\mathrm{Leg.}}} \left(\frac{\mathrm{d}\varrho}{\mathrm{d}T}\right)_{\mathrm{El.}} = \frac{\varrho_{\mathrm{El.}}}{\varrho_{\mathrm{Leg.}}} \alpha_{\mathrm{El.}} \tag{M 4}$$

stets kleiner ist als derjenige des Elements.

Die MATTHIESSENsche Regel legt die Vorstellung nahe, daß der Widerstand zwei einigermaßen unabhängige Ursachen habe, die Verunreinigungen und die Wärmeschwingungen des Gitters. In diese Richtung weist auch die Feststellung,

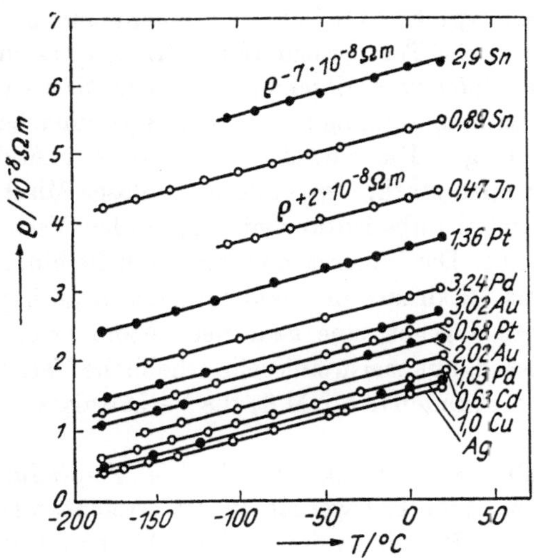

Abb. M 2

Temperaturabhängigkeit des Widerstandes einiger Silber-Legierungen (nach LINDE)

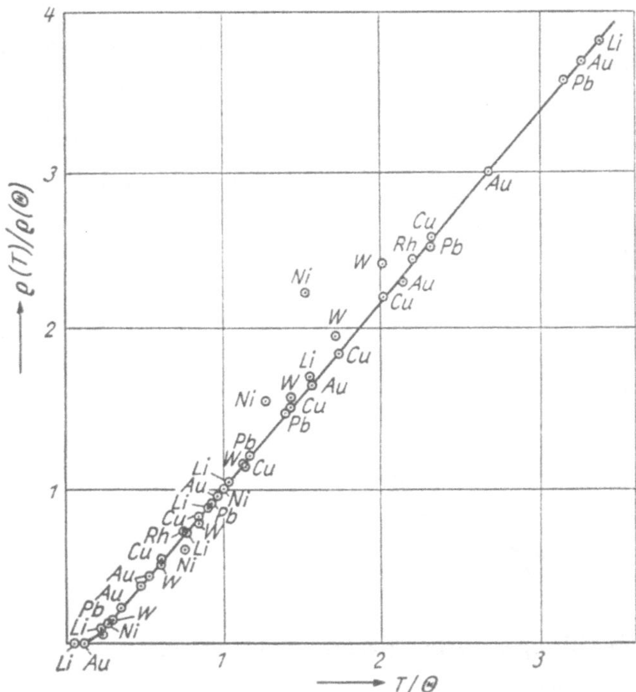

Abb. M 3

Reduzierte Darstellung der Temperaturabhängigkeit des spezifischen Widerstandes $\varrho(T)$ einiger Metalle (nach GRÜNEISEN)

daß man einen einheitlichen $\varrho(T)$-Verlauf für eine ganze Reihe von Reinmetallen erhält (Abb. M 3), wenn man als Abszisse T/Θ wählt, also wieder von der Vorstellung vergleichbarer Zustände (vgl. S. 159) Gebrauch macht, indem man die Temperatur auf die charakteristische Temperatur Θ des Gitters bezieht.

Wie verläuft der *spezifische Widerstand* allgemein in einem *binären System* in Abhängigkeit von dessen Zusammensetzung? Abb. M 4 zeigt zunächst einige Beispiele für mechanische Gemenge. Die Abweichungen von der Additivität sind deutlich, aber doch nicht allzu stark. Im Falle lückenloser Mischbarkeit erhält man bei völlig ungeordneten Substitutionsmischkristallen Verhältnisse, wie sie in Abb. M 5 dargestellt sind. Der Widerstand wird durch die hinzulegierte Komponente stets erhöht. Das Maximum des Widerstandes liegt häufig annähernd bei 50 Atom-%. Tritt dagegen eine geordnete Atomverteilung auf (Überstruktur, vgl. S. 71), so ist damit meist eine sehr erhebliche Verringerung des spezifischen Widerstandes verbunden (Abb. M 6; die Verhältnisse bei $CuAu_3$ sind noch nicht recht geklärt).

Über die elektrische Leitfähigkeit von *intermetallischen Verbindungen* ist verhältnismäßig wenig bekannt. Zum Teil werden Werte erreicht, wie sie bei metallischen Elementen auftreten. Beispielsweise sei die kubische LAVES-Phase

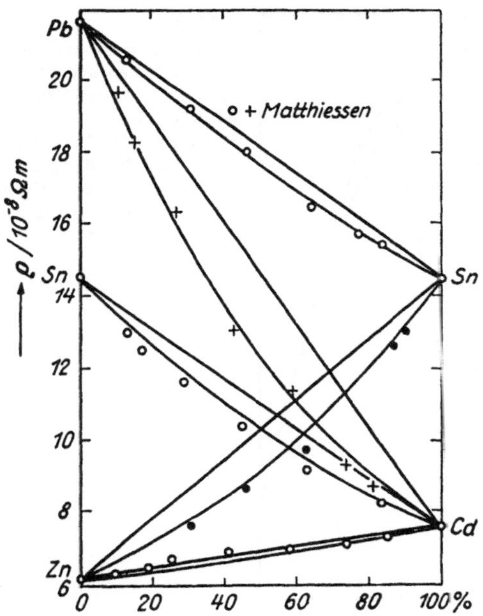

Abb. M 4

Konzentrationsabhängigkeit des Widerstandes in binären Systemen, deren Partner im festen Zustand praktisch unlöslich sind. Die durchhängenden Kurven sind unter der Annahme berechnet, daß sich die Logarithmen der Widerstände addieren; die Geraden entsprechen der Additivität der Widerstände selbst (nach BORELIUS)

$MgCu_2$ angeführt; $\varrho = 4{,}8 \cdot 10^{-8}\,\Omega\mathrm{m}$ (20 °C); $\alpha = 2{,}9 \cdot 10^{-3}\,\mathrm{K}^{-1}$. Dieser Befund steht mit der Vorstellung ganz überwiegend metallischer Bindung in guter Übereinstimmung. Weniger stark ausgeprägte metallische Bindung ist, wie auf S. 78 ausgeführt, bei den intermetallischen Verbindungen im Flußspatgitter (*C 1*-Typ) zu erwarten. Als Beispiele seien Mg_2Pb mit $\varrho = 195 \cdot 10^{-8}\,\Omega\mathrm{m}$ bei 0 °C; $\varrho = 350 \cdot 10^{-8}\,\Omega\mathrm{m}$ bei 500 °C und Mg_2Sn mit $\varrho = 70000 \cdot 10^{-8}\,\Omega\mathrm{m}$ bei 0 °C; $\varrho = 9000 \cdot 10^{-8}\,\Omega\mathrm{m}$ bei 500 °C gegenübergestellt. Während im zweiten Fall nicht nur ein um Zehnerpotenzen größerer Widerstand vorhanden ist, sondern auch Abnahme des Widerstandes mit der Temperatur, also typisches Halbleiterverhalten, vorliegt, sind im ersten Fall noch die Kennzeichen metalli-

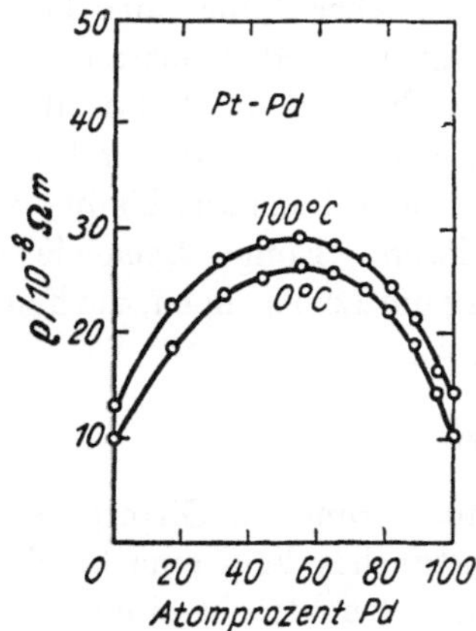

Abb. M 5

Elektrischer Widerstand in Abhängigkeit von der Konzentration für ein System mit lückenloser Mischbarkeit der Komponenten (nach BORELIUS)

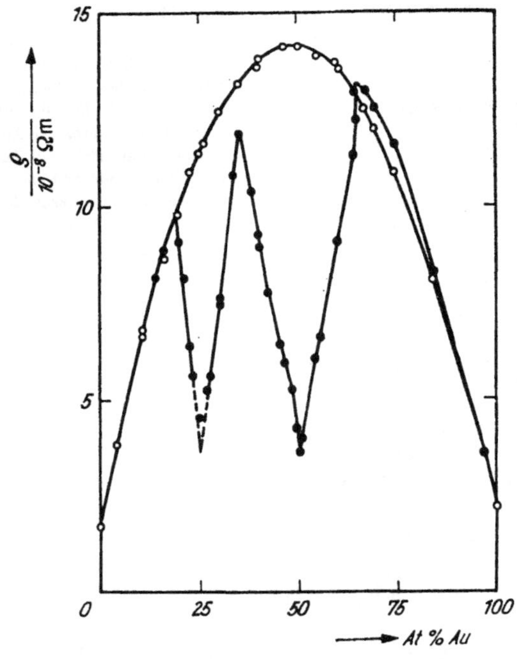

Abb. M 6

Konzentrationsabhängigkeit des elektrischen Widerstandes beim Auftreten geordneter Atomverteilungen im System Au-Cu.

○ : von 650 °C abgeschreckt

● : bei 200 °C getempert; die Minima liegen bei den Überstrukturen $AuCu_3$ und AuCu (nach JOHANSSON und LINDE)

scher Leitfähigkeit deutlich ausgeprägt. Man beachte, daß diese Unterschiede bei gleichem Gittertyp und einer gemeinsamen chemischen Komponente auftreten.

Die Gesetzmäßigkeiten der elektrischen Leitfähigkeit in Legierungen sind für die *technische* Herstellung elektrischer *Widerstände* wichtig. Hier gibt es zwei wesentlich verschiedene Anwendungsbereiche: 1. Widerstände, die zur Wärmeerzeugung dienen, sei es für Heizzwecke oder um die entsprechende elektrische Energie aus Regelungsgründen zu vernichten; sie müssen daher starke Temperaturerhöhungen aushalten. 2. Widerstände für Meß- und Feinregelzwecke, die keiner starken Belastung ausgesetzt werden, aber dafür einen bestimmten Widerstandswert mit größtmöglicher Genauigkeit und Konstanz darstellen sollen. Im Hinblick auf zeitliche Unveränderlichkeit muß darauf geachtet werden, daß das Kristallgefüge des Materials, das ganz überwiegend aus Mischkristallen besteht, über lange Benutzungszeiträume konstant bleibt, was evtl. durch künstliches Altern erreicht werden kann. Einige Beispiele sind in Tab. M 1 aufgeführt. Es handelt sich durchweg um Legierungen, die homogenen Aufbau besitzen.

M 12 Deutung der elektrischen Leitfähigkeit

Wie die Betrachtungen über die Elektronenbewegung im Gitterpotential gezeigt haben (vgl. L 21), ruft ein äußeres elektrisches Feld eine beschleunigte Elektronenbewegung hervor, oder anders ausgedrückt, ein einmal erzeugter

Tabelle M 1

Heizleiter und Widerstandswerkstoffe *)

Heizleiter

Legierung	Zusammensetzung Gew.%	$\varrho/10^{-8}\ \Omega\text{m}$	$\alpha/10^{-5}\ \text{K}^{-1}$	$t/°\text{C}$	$t_{max}/°\text{C}$
Chromnickel	20 Cr, 78 – 80 Ni 0 – 2 Mn	106	14	20	1150
Kanthal A 1	72 Fe, 20 Cr, 5 Al 3 Co	145	6	20	1300
Megapyr I	65 Fe, 30 Cr, 5 Al	140	2,5	20	1350

Widerstandswerkstoffe

Legierung	Zusammensetzung Gew.%	$\varrho/10^{-8}\ \Omega\text{m}$	$\alpha/10^{-5}\ \text{K}^{-1}$	$t/°\text{C}$	$t_{max}/°\text{C}$
Nickelin	67 Cu, 2 – 3 Mn 30 – 31 Ni	40	11	20 – 100	300
Konstantan	54 Cu, 1 Mn, 45 Ni	50	–3	20 – 100	400
Manganin	86 Cu, 12 Mn, 2 Ni	43	2	20	300
Resistin	85 Cu, 15 Mn	51	0,8	20	
Neusilber	60 Cu, 17 Ni, 23 Zn	30	35	20 – 100	

*) Nach LANDOLT-BÖRNSTEIN

t_{max}: maximale Gebrauchstemperatur,

$$\alpha \equiv \frac{1}{\varrho}\frac{d\varrho}{dT}.$$

Strom bleibt auch nach Ausschalten des Feldes bestehen. BLOCH hat zuerst erkannt, daß dieses Ergebnis auf die Annahme strenger Gitterperiodizität zurückzuführen ist, die in wirklichen Kristallen niemals vorliegt. Die tatsächlichen Abweichungen bestehen in den stets vorhandenen Wärmeschwingungen (einschl. Nullpunktsschwingungen) einerseits und den Gitterfehlern andererseits. Demzufolge ist der elektrische Widerstand auf diese beiden Ursachen zurückzuführen, wie es auch der Erfahrungskomplex der MATTHIESSENschen Regel nahelegt; die *Gitterfehler* bestimmen im wesentlichen den Widerstand bei *tiefen Temperaturen*, während bei *hohen Temperaturen* die *Gitterschwingungen* ausschlaggebend sind.

Wir werden uns auf die Behandlung des letztgenannten Teilproblems wegen seiner geringeren Schwierigkeit beschränken; hier gilt $\varrho \sim T$. Es sei aber erwähnt, daß BLOCH bereits 1930 für tiefe Temperaturen ein T^5-Gesetz abgeleitet hat, und daß namentlich in den letzten Jahren erhebliche Fortschritte bei der Berechnung des Widerstandes von Gitterfehlern erzielt worden sind, worauf wir aber nicht eingehen können.

Wir betrachten jetzt den Einfluß, den die Verrückung eines Gitteratoms aus seiner Ruhelage $\boldsymbol{r}_0$ auf die Ausbreitung von Elektronenwellen hat, und denken diese Verrückung im späteren Verlauf der Überlegungen durch Wärmeschwingungen bei höherer Temperatur hervorgerufen; zunächst ist ihre Ursache aber ganz gleichgültig. Wir bedienen uns dabei einer sehr vereinfachten Darstellung, die auf WEISSKOPF zurückgeht.

Wir beschreiben das betrachtete Metallelektron durch eine ebene, unmodulierte Welle

$$\psi_1 = e^{i\boldsymbol{k}_1 \cdot \boldsymbol{r}}, \tag{M 5}$$

die an einem Gitterteilchen, das sich zunächst in seiner Gleichgewichtslage $\boldsymbol{r}_0$ befinden möge, gestreut wird. Dadurch entsteht eine von $\boldsymbol{r}_0$ ausgehende Kugelwelle, die man an einem Punkt $\boldsymbol{r}$ in hinreichend großer Entfernung von $\boldsymbol{r}_0$ als ebene Welle

$$\psi_2 = A\, e^{i\boldsymbol{k}_2 \cdot (\boldsymbol{r} - \boldsymbol{r}_0)}, \quad k_2 = k_1, \tag{M 6}$$

für unsere Zwecke ausreichend annähern kann. Die Amplitude A der Streuwelle wird durch die Primärwelle in $\boldsymbol{r}_0$ bestimmt; wir setzen sie zu $\psi_1(\boldsymbol{r}_0)$ proportional,

$$A = A_0\, \psi_1(\boldsymbol{r}_0), \tag{M 7}$$

und erhalten damit für die am Gitterbaustein $\boldsymbol{r}_0$ gestreute Welle

$$\psi_2(\boldsymbol{r}_0, \boldsymbol{r}) = A_0\, e^{i(\boldsymbol{k}_1 - \boldsymbol{k}_2)\cdot \boldsymbol{r}_0}\, e^{i\boldsymbol{k}_2 \cdot \boldsymbol{r}}. \tag{M 8}$$

In einem Idealkristall setzt sich die Gesamtheit solcher Streuwellen zu einer resultierenden Streuwelle zusammen, die — abgesehen von einem Brechungseffekt — in der Primärstrahlrichtung fortschreitet; denn für alle anderen Richtungen löschen sich die Streuwellen gegenseitig durch Interferenz aus. Die analogen Verhältnisse sind aus der Optik bekannt: Je fehlerfreier ein Kalkspatkristall ist, desto weniger seitliches Streulicht ruft ein Lichtstrahl in ihm hervor.

Nunmehr nehmen wir an, daß der Kristall einen Fehler enthält. Der Gitterbaustein $\boldsymbol{r}_0$ sei um den Vektor $\boldsymbol{s}$ aus seiner Idealposition $\boldsymbol{r}_0$ verschoben und erzeugt daher die Streuwelle $\psi_2(\boldsymbol{r}_0 + \boldsymbol{s})$. Da $\psi_2(\boldsymbol{r}_0)$ so beschaffen war, daß sich die Partialwellen außerhalb der Primärrichtung genau aufhoben, kann dies jetzt nicht mehr zutreffen, sondern es muß eine Streuung auftreten, die durch

$$\psi = \psi_2(\boldsymbol{r}_0 + \boldsymbol{s}) - \psi_2(\boldsymbol{r}_0) \approx \boldsymbol{s} \cdot \operatorname{grad}_{\boldsymbol{r}_0} \psi_2 \tag{M 9}$$

bestimmt sein wird, wobei für die Näherung $|\boldsymbol{s}| \ll \lambda$ vorausgesetzt wird. Mit (M 8) erhält man

$$\psi = i\,(\boldsymbol{k}_1 - \boldsymbol{k}_2) \cdot \boldsymbol{s}\, \psi_2 . \tag{M 10}$$

Da die *Streuquerschnitte* den Amplitudenquadraten der Streuwellen proportional sind, gilt

$$\frac{Q}{Q_0} = \frac{|\psi|^2}{|\psi_2|^2} = [(\boldsymbol{k}_1 - \boldsymbol{k}_2) \cdot \boldsymbol{s}]^2, \tag{M 11}$$

wenn Q_0 der Streuquerschnitt eines isolierten Atoms ist und Q derjenige, der von einem einzigen verschobenen Gitterbaustein eines sonst ungestörten Kristalls herrührt. Mittelt man über alle Lagen von $\boldsymbol{k}_2$ und $\cos^2(\mathbf{s}, (\boldsymbol{k}_1 - \boldsymbol{k}_2))$, so wird aus (M 11)

$$\overline{Q} = \frac{2}{3}\, \boldsymbol{k}^2\, \mathbf{s}^2\, \overline{Q}_0 = \frac{2}{3}\frac{p^2}{\hbar^2}\mathbf{s}^2\, \overline{Q}_0\,, \tag{M 12}$$

wobei $\overline{Q}_0$ nach der kinetischen Gastheorie den Wert πD^2 besitzt (D = Atomdurchmesser).

Von nun an wollen wir voraussetzen, daß die Verrückung $\mathbf{s}$ nicht etwa durch ein Fremdatom oder eine Leerstelle in der Nachbarschaft des betrachteten Atoms hervorgerufen wird, sondern durch thermische Gitterschwingungen. Dann kann der Mittelwert $\overline{\mathbf{s}^2}$ von $\mathbf{s}^2$ der Theorie der Gitterschwingungen entnommen, andererseits aber auch experimentell bestimmt werden, z. B. aus der Temperaturabhängigkeit der Röntgeninterferenzen. Da wir uns auf hohe Temperaturen $T \gg \Theta$ beschränken, gilt im Sinne des Einstein-Modells des festen Körpers für die einheitliche Frequenz aller Atome nach (G 3)

$$\omega = \frac{k\,\Theta}{\hbar} \tag{M 13}$$

und für die Schwingungsenergie nach der klassischen Vorstellung von harmonischen Oszillatoren

$$E = M\,\omega^2\,\overline{\mathbf{s}^2} = 3\,kT\,, \qquad M \text{ Atommasse.} \tag{M 14}$$

Mithin wird

$$\overline{\mathbf{s}^2} = \frac{3\,\hbar^2\,T}{k\,\Theta^2\,M} \tag{M 15}$$

und aus (M 12), wenn man $\mathbf{s}^2$ durch $\overline{\mathbf{s}^2}$ ersetzt,

$$\overline{Q}_\mathrm{F} = \frac{2\,T\,p_\mathrm{F}^2\,\overline{Q}_0}{k\,\Theta^2\,M}\,. \tag{M 16}$$

Dabei haben wir noch für den Elektronenimpuls p den Wert p_F am oberen Ende der Fermi-Verteilung eingesetzt und demgemäß auch Q mit dem Index F versehen, weil infolge $k\,\Theta \ll E_\mathrm{F}^0$ (vgl. S. 15) nur Elektronen aus der Umgebung der Fermi-Grenze eine merkliche Chance haben, durch Wärmeschwingungen in unbesetzte Zustände gestreut zu werden. Auf Grund der gaskinetischen Beziehung

$$n\,l\,Q = 1\,, \quad n \text{ Anzahldichte der Hindernisse mit Querschnitt } Q, \tag{M 17}$$

kann man auch die *mittlere freie Weglänge* l_F für Elektronen mit Fermi-Energie in (M 16) einführen oder noch besser die entsprechende zeitliche Größe, die *mittlere freie Flugzeit*

$$\tau_\mathrm{F} \equiv \frac{l_\mathrm{F}}{v_\mathrm{F}}\,, \tag{M 18}$$

die mit dem Leitungsmechanismus in einem einfachen Zusammenhang steht, und erhält dann

$$\tau_\mathrm{F} = \frac{k\,\Theta^2\,M\,m^*}{2\,n\,T\,p_\mathrm{F}^3\,\overline{Q}_0}\,. \tag{M 19}$$

Um den Zusammenhang zwischen τ_F und der Leitfähigkeit σ zu finden, gehen wir von folgender Überlegung aus: Nach dem NEWTONschen Grundgesetz der Mechanik erfolgt eine Bewegung unter dem Einfluß einer konstanten endlichen Kraft mit konstanter Beschleunigung. Um bei vorgegebenem konstanten elektrischen Feld $\boldsymbol{E}$ eine Elektronenbewegung mit konstanter Driftgeschwindigkeit zu erhalten, wie sie nach (A 5) die Gültigkeit des OHMschen Gesetzes (A 6) fordert, ist eine zusätzliche, geschwindigkeitsabhängige Reibungskraft notwendig, so daß als Bewegungsgleichung angesetzt wird

$$m^* \left(\ddot{\boldsymbol{r}} + \frac{\dot{\boldsymbol{r}}}{\tau} \right) = - e \boldsymbol{E} . \tag{M 20}$$

Die Proportionalitätskonstante im Reibungsglied $1/\tau$ hat die Bedeutung einer reziproken *Relaxationszeit*. Schaltet man nämlich das Feld $\boldsymbol{E}$ zur Zeit $t = 0$ ab, so klingt die in diesem Augenblick vorhandene Driftgeschwindigkeit $\boldsymbol{u}(0) \equiv \dot{\boldsymbol{r}}(0)$ infolge der Reibung gemäß

$$\boldsymbol{u}(t) = \boldsymbol{u}(0) \, \mathrm{e}^{-t/\tau} \tag{M 21}$$

ab, d. h., in der Zeitspanne τ sinkt sie auf den e-ten Teil. Für Kupfer beträgt τ bei Raumtemperatur etwa $2 \cdot 10^{-14}$ s. Das OHMsche Gesetz erhält man aus der Bewegungsgleichung (M 20) für den stationären Fall $\mathrm{d}\boldsymbol{u}/\mathrm{d}t = 0$, nämlich

$$\boldsymbol{u} = - \frac{e \tau}{m^*} \boldsymbol{E} \tag{M 22}$$

und mithin

$$\boldsymbol{j} = n_\mathrm{e} (- e) \, \boldsymbol{u} = \frac{n_\mathrm{e} \, e^2 \tau}{m^*} \boldsymbol{E} \equiv \sigma \boldsymbol{E} . \tag{M 23}$$

Die *Leitfähigkeit* σ beträgt also

$$\sigma = \frac{n_\mathrm{e} \, e^2 \tau}{m^*} . \tag{M 24}$$

Wenn man die Relaxationszeit τ durch die mittlere freie Flugzeit (M 19) ersetzt, wofür wir die Begründung später nachholen werden, erhält man

$$\sigma = \frac{k \, e^2 \, n_\mathrm{e} \, \Theta^2 \, M}{2 \, n \, T \, p_\mathrm{F}^3 \, \overline{Q}_0} . \tag{M 25}$$

Diese Beziehung enthält außer Konstanten und als bekannt anzusehenden Größen (Masse M, Anzahldichte n der Gitterbausteine, ihren Streuquerschnitt $\overline{Q}_0 = \pi D^2$ als freie Atome und die charakteristische Temperatur Θ des Gitters) zwei elektronentheoretische Parameter, die Anzahldichte n_e der Metallelektronen und ihren Impuls p_F. Daher kann aus Leitfähigkeitsmessungen nur einer gewonnen werden, wenn der andere bereits bekannt ist. Gleichung (M 25) gilt entsprechend unseren Voraussetzungen nur für *hohe Temperaturen* und berücksichtigt nur den in diesem Fall allerdings ausschlaggebenden Anteil der Wärmeschwingungen am Zustandekommen des elektrischen Widerstandes. Seine hier gefundene *Proportionalität mit T* entspricht der Erfahrung.

Bei tiefen Temperaturen ist die angewandte Berechnung von $\overline{s^2}$ unzulässig. Außerdem müssen die von Gitterfehlern erzeugten Atomverrückungen erfaßt werden. Dies führt zu einem zweiten Streuquerschnitt für diesen Typ Streuprozesse. Da beide Typen sich näherungsweise ungestört überlagern, gilt nahezu Additivität für Streuquerschnitte und daher für die spezifischen Widerstände, wie es der MATTHIESSENschen Regel entspricht.

Es sei aber noch einmal betont, daß der gesamte *Widerstand* nicht im DRUDEschen Sinne auf Zusammenstößen mit Atomen und Elektronen beruht, sondern von *Störungen des periodischen Gitteraufbaus* — Phononen und Gitterfehlern — herrührt, wie dies z. B. in (M 11) zum Ausdruck kommt: Der Streuquerschnitt Q verschwindet, wenn $\boldsymbol{s} = 0$ wird. Die Wechselwirkung der Elektronen mit dem ungestörten Gitter, die durch das periodische Gitterpotential erfaßt wird, liefert keine Widerstandserscheinung, sondern die Bandstruktur und diejenigen Effekte, die zur Konzeption des Begriffes der effektiven Masse m^* führten.

Wir kommen jetzt auf die Frage der Gleichsetzung der Relaxationszeit τ und der mittleren freien Flugzeit τ_F der Elektronen zurück. Wie aus der kinetischen Gastheorie bekannt ist, beträgt die Wahrscheinlichkeit, daß ein Teilchen die Strecke x oder die Zeit t ohne Zusammenstoß zurücklegt, $e^{-x/l}$ bzw. e^{-t/τ_F}, wenn l bzw. τ_F mittlere freie Weglänge bzw. Flugzeit bedeuten. (Mittelt man die zusammenstoßfrei zurückgelegten Strecken bzw. Zeiten mit den angegebenen e-Funktionen als statistischen Gewichten, so erhält man eben l bzw. τ_F). Man kann auch sagen, l bzw. τ_F sind diejenigen Intervalle, für deren zusammenstoßfreies Durchfliegen die Wahrscheinlichkeit $1/e$ beträgt.

Die Wahrscheinlichkeit für das Auftreten von Zusammenstößen innerhalb dieser Intervalle ist mithin $1 - 1/e$. Setzen wir nun ein einfaches Modell für den *Stoßmechanismus* voraus, in welchem das Elektron bei jedem Zusammenstoß seine ganze Geschwindigkeit verliert, so wird die Driftgeschwindigkeit während des Zeitintervalles von $t = 0$ bis $t = \tau_F$ im Mittel um $(1 - 1/e)\,\boldsymbol{u}$ sinken und daher gelten

$$\frac{|\boldsymbol{u}(\tau_F)|}{|\boldsymbol{u}(0)|} = \left[1 - \left(1 - \frac{1}{e}\right)\right] = \frac{1}{e}\,. \qquad \text{(M 26)}$$

In unserem Modell kann man also im Hinblick auf (M 21) die mittlere Flugzeit τ_F und die Relaxationszeit τ gleichsetzen, während für beliebige Impulsänderungen δp beim Zusammenstoß gilt

$$\frac{\tau_F}{\tau} = \left|\frac{\delta p}{p}\right|. \qquad \text{(M 27)}$$

Damit ist die Berechnung der Leitfähigkeit grundsätzlich durchgeführt.

M 13 Ergebnisse für Alkalimetalle

Naturgemäß berücksichtigen die vorstehenden Betrachtungen viele Einzelheiten nicht, die bei der zahlenmäßigen Berechnung des spezifischen Widerstandes erfaßt werden müssen. Als Beispiel solcher Untersuchungen seien neuere erfolgreiche Rechnungen für die Alkalimetalle mitgeteilt. Für *Natrium* und *Kalium* wurden zunächst nach der *Gittertheorie* die *Schwingungsspektren* berechnet (vgl. G 3) mit derart gewählten Kopplungskonstanten, daß sie die experimentell ermittelten Werte der elastischen Konstanten und der Temperaturabhängigkeit der spezifischen Wärme richtig ergeben. Dabei wurde also die elastische Anisotropie, die namentlich bei Natrium stark ausgeprägt ist, im Gegensatz zu älteren Rechnungen berücksichtigt. Sodann wurde der elektrische Widerstand in Abhängigkeit von der Temperatur bestimmt nach dem Bild freier Elektronen, das bei diesen Metallen nach unseren Darlegungen (vgl. S. 307) heute als weitgehend bestätigt gilt. Erwartungsgemäß ergab sich eine befriedigende Übereinstimmung zwischen Rechnung und Beobachtung.

Noch interessanter sind die Ergebnisse für *Lithium*. Hier trifft die Vorstellung freier Elektronen viel schlechter zu, die Fermi-Flächen nähern sich nämlich in der [110]-Richtung sehr stark den Grenzflächen der ersten Brillouin-Zone. In der Tat war es nicht möglich, in der Näherung freier Elektronen zu ausreichender Übereinstimmung mit der Erfahrung zu gelangen (Abb. M 7).

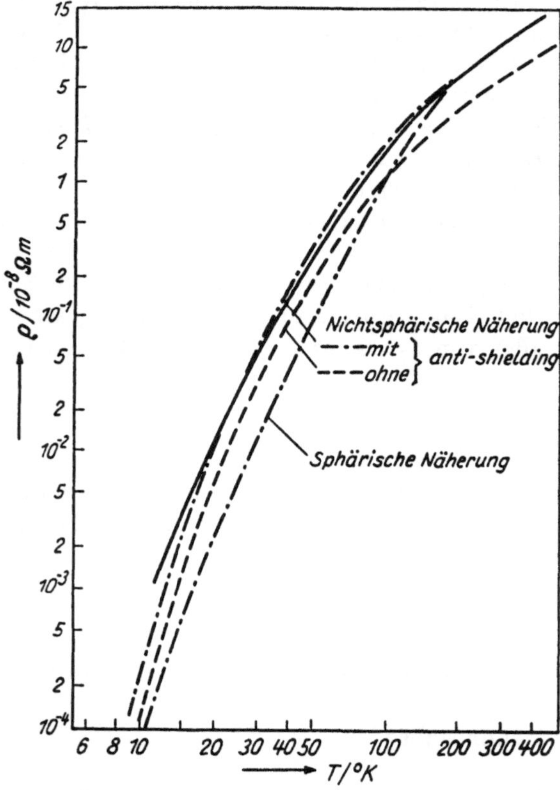

Abb. M 7

Temperaturabhängigkeit des elektrischen Widerstandes von Lithium nach Rechnungen von Bross (gestrichelt und strichpunktiert) und Messungen von Dugdale und Gugan (ausgezogen)

Es genügt auch nicht, die Abweichungen von der Kugelsymmetrie zu berücksichtigen, sondern es mußten außerdem Effekte (anti-shielding) erfaßt werden, die auf Austausch- und Korrelationswirkungen beruhen, also typische *Vielelektroneneffekte* darstellen. Die dann erzielte, allerdings recht befriedigende Übereinstimmung ist um so bemerkenswerter, als kein Parameter an die Experimente angepaßt wurde.

Um abschließend wenigstens eine orientierende Angabe auch über den Einfluß von Gitterfehlern zu machen, sei erwähnt, daß man für die Edelmetalle *Widerstandserhöhungen* von etwa $2 \cdot 10^{-8}\,\Omega\text{m}$ pro Prozent Fehlstelle ermittelt hat, sowohl *für Leerstellen* als auch für *Zwischengitteratome.*

M 14 Hall-Effekt

Als Hall-Effekt bezeichnet man die Erscheinung, daß die Strombahnen der Elektronen bei Anwesenheit eines zur Stromrichtung senkrechten Magnetfeldes (Abb. M 8) senkrecht zur Strom- und Feldrichtung verschoben werden und dadurch ein elektrisches Potentialgefälle in dieser Richtung entsteht. Es wird aber nicht nur das für negative Ladungsträger (Elektronen) zu erwartende

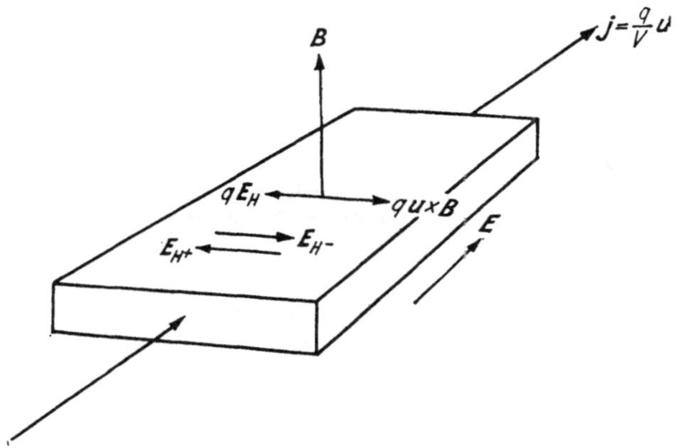

Abb. M 8

Prinzip der Hall-Effekt-Anordnung. Ein elektrisches Feld E ruft in einem bandförmigen Leiter die Stromdichte $j = (q/V)\,u$ hervor. In einem senkrecht darauf stehenden Magnetfeld B erfahren positive und negative Ladungsträger eine Verschiebung, die zu den beobachtbaren Hall-Feldern E_{H+} und E_{H-} führt

Vorzeichen der Potentialdifferenz beobachtet, sondern häufig auch das entgegengesetzte (*anomaler* Hall-*Effekt*); dies weist auf *positive Ladungsträger* hin und stellt damit eine unmittelbare Bestätigung der Vorstellung der Defekt-Elektronenleitung (S. 292) dar. Besonders stark ist der Effekt bei Wismut: Wird z.B. eine 1 mm dicke Wismutplatte von 10 A durchströmt, so erhält man bei einer magnetischen Induktion von 2 Vs/m² eine Hall-Spannung von ungefähr 0,01 V.

Das Grundsätzliche der Deutung kann man aus folgender, stark vereinfachten Darstellung ersehen, bei der zwar nur mit Ladungsträgern einheitlichen Vorzeichens gerechnet wird, jedoch ohne Festlegung auf ein bestimmtes.

Der HALL-Effekt entsteht dadurch, daß die Ladungen q, die unter dem Einfluß eines von außen angelegten elektrischen Feldes $\boldsymbol{E}$ mit der Geschwindigkeit $\boldsymbol{u}$ strömen, von einem Magnetfeld $\boldsymbol{B}$ ($\perp$ $\boldsymbol{u}$, vgl. Abb. M 8) eine Querkraft infolge des magnetischen Anteils der LORENTZ-Kraft

$$\boldsymbol{K}_{\mathrm{L}} = q\,\boldsymbol{u} \times \boldsymbol{B} \tag{M 28}$$

erfahren und daher senkrecht zur Stromrichtung verschoben werden. Die Verschiebungsrichtung ist wie $\boldsymbol{K}_{\mathrm{L}}$ unabhängig vom Vorzeichen von q (z. B. nach rechts in Abb. M 8), da bei vorgegebener $\boldsymbol{E}$-Richtung mit q auch $\boldsymbol{u}$ das Vorzeichen wechselt (Abb. M 9).

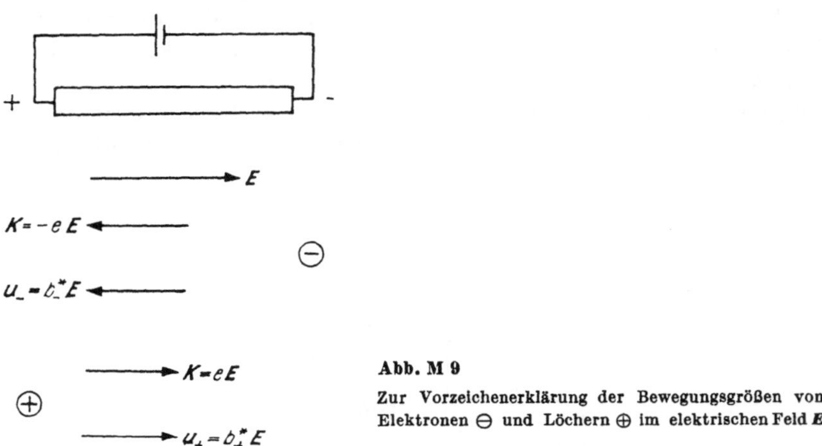

Abb. M 9
Zur Vorzeichenerklärung der Bewegungsgrößen von Elektronen ⊖ und Löchern ⊕ im elektrischen Feld $\boldsymbol{E}$

Die Ladungsverschiebung senkrecht zur Stromrichtung erzeugt ein elektrisches Feld, das HALL-Feld $\boldsymbol{E}_{\mathrm{H}}$, das man durch die ihm entsprechende Potentialdifferenz zwischen den seitlichen Rändern des Metallbandes messen kann. Die Richtung von $\boldsymbol{E}_{\mathrm{H}}$ bzw. das Vorzeichen der HALL-Spannung ist nun offenbar durch das Vorzeichen der Ladungsträger bestimmt: Handelt es sich um Elektronen, so bewirkt ihre Anhäufung am rechten Rand, daß dieser negativ gegenüber dem linken wird; $\boldsymbol{E}_{\mathrm{H}}$ verläuft also von links nach rechts, bei positiven Ladungsträgern entsprechend von rechts nach links. Man sieht, daß die Annahme des Auftretens von Elektrizitätsträgern beiderlei Vorzeichens in Metallen die Beobachtungen von HALL-Spannungen unterschiedlichen Vorzeichens bei verschiedenen Metallen verständlich macht.

Zur weiteren Stützung dieses Gedankens verfolgen wir ihn in quantitativer Richtung. Die HALL-Feldstärke wirkt nach obigem dem Querstrom der Ladungsträger stets entgegen; daher erreicht sie einen stationären Wert, der sich bei Verschwinden des Querstromes j_{quer} einstellt, d. h. sobald für die Querkraft gilt

$$\boldsymbol{K}_{\mathrm{quer}} \equiv \boldsymbol{K}_{\mathrm{L}} + q\,\boldsymbol{E}_{\mathrm{H}} = 0\,. \tag{M 29}$$

Wegen (M 28) folgt daraus

$$\boldsymbol{E}_{\mathrm{H}} = \boldsymbol{B} \times \boldsymbol{u} . \qquad \text{(M 30)}$$

Da nach (A 6) und (A 8)

$$\boldsymbol{u} = \frac{b^* \cdot \boldsymbol{j}}{\sigma} \qquad \text{(M 31)}$$

gilt und da im Versuch $\boldsymbol{u} \perp \boldsymbol{B}$ steht, erhält man für die skalare Feldstärke

$$E_{\mathrm{H}} = \frac{b^*}{\sigma} B j \equiv R_{\mathrm{H}} B j . \qquad \text{(M 32)}$$

Das Vorzeichen der HALL-Konstante $R_{\mathrm{H}} \equiv b^*/\sigma$ ist, da stets $\sigma > 0$ gilt, durch dasjenige der Beweglichkeit b^* festgelegt. Dieses ist nach unserer Definition (A 8) negativ für negative Ladungsträger (Elektronen, *normaler* HALL-Effekt) und positiv für positive Ladungsträger (Löcher, *anomaler* HALL-Effekt). Wir erkennen jetzt, daß die Annahme positiver Ladungsträger für das Auftreten des anomalen HALL-Effekts nicht nur hinreichend, sondern auch notwendig ist. Eine befriedigende Berechnung von R_{H} bei gleichzeitigem Vorliegen von Ladungsträgern beiderlei Vorzeichens, wie dies beim anomalen Effekt stets, beim normalen oft der Fall ist, würde über den hier gegebenen Rahmen hinausgehen.

Tab. M 2 bringt gemessene HALL-Konstanten. Wenn man bei einem bestimmten Metall sicher ist, daß ausschließlich Elektronen zum Strom beitragen, kann man auf Grund der dann mit (A 9) aus (M 32) folgenden Beziehung

$$R_{\mathrm{H}}^{\mathrm{Elektronen}} = -\frac{1}{n_{\mathrm{e}} \cdot e} \qquad \text{(M 33)}$$

die Anzahldichte n_{e} der Leitungselektronen aus der gemessenen HALL-Konstante berechnen.

Tabelle M 2

HALL-Konstanten*)

Metall	$R_{\mathrm{H}}/10^{-10}\ \mathrm{m^3\ C^{-1}}$	Metall	$R_{\mathrm{H}}/10^{-10}\ \mathrm{m^3\ C^{-1}}$
Ag	−0,846	Cu	−0,496
Al	−0,34	Ir	0,318
As	45,2	K	−4,2
Au	−0,697	La	−0,8
Be $\boldsymbol{B} \parallel$ c	7,7	Li	−1,70
Bi $\boldsymbol{B} \perp$ c	−13500	Mg	−0,842
$\parallel$ c	450	Na	−2,1
Ca	−1,78	Rb	−5,92
Cd	0,6	Sb	213
Ce	1,81	Ta	0,971
Cr	3,63	Y	−0,770
Cs	−7,8	Zn $\boldsymbol{B} \parallel$ c	1,44

*) Nach LANDOLT-BÖRNSTEIN. Angaben für Raumtemperatur

Nach den Ausführungen über Defektelektronen (S. 292) spielen diese in Metallen mit nahezu vollständig besetzten Bändern, also bei den zweiwertigen Metallen, eine besondere Rolle. Es ist daher naheliegend, daß sich in solchen Fällen positive R_H-Werte ergeben können, und befriedigend, daß dies nach Tab. M 2 bei Beryllium, Zink und Kadmium (aber auch bei vielen anderen) der Fall ist. Die relative Häufigkeit positiver R_H-Werte, auch in Legierungen, warnt davor, die positiven Ladungsträger in Metallen vorschnell zu vernachlässigen, etwa durch nicht hinreichend begründeten Gebrauch der vereinfachten Gleichung (M 33).

Die gegebene Deutung des Auftretens beider Vorzeichen beim HALL-Effekt hat neben der Vorstellung der Existenz von zweierlei Ladungsträgern nur die einfachsten Vorstellungen der Stromleitung benötigt. Die früheren elektronentheoretischen Betrachtungen wurden nur zur Erklärung des Vorhandenseins von zweierlei Ladungsträgern in Metallen benötigt.

Die eigentliche elektronentheoretische Behandlung des Problems liefert unter vereinfachenden Voraussetzungen für die HALL-Konstante

$$R_H = f_F / e\, n_e^{\text{eff}}\,, \tag{M 34}$$

wobei n_e^{eff} die effektive Dichte freier Elektronen (vgl. (L 92)) bedeutet und f_F den Mittelwert der Freiheitszahl über diejenigen Zustände des Leitungsbandes in der Nähe der FERMI-Energie, deren Besetzung durch das äußere Feld beeinflußt wird. Der Wert von f_F kann nach früheren Überlegungen (vgl. Abb. L 6) *sowohl positiv als auch negativ sein.*

M 15 Supraleitung

M 151 Experimentelles

Grundtatsachen

Im Jahre 1911 entdeckte KAMERLINGH ONNES, daß der elektrische Widerstand von Quecksilber bei 4,2 K (Sprungtemperatur T_c) innerhalb weniger hundertstel Grad auf unmeßbar kleine Werte (Abb. M 10) sinkt: Supraleitung (SL). In der Folgezeit wurde Supraleitung an sehr vielen Reinmetallen, Mischkristallen, intermetallischen Verbindungen und heterogenen Gemengen (vgl. Tab. M 3) festgestellt. Augenblicklich ist $Nb_{12}Al_3Ge$ der Supraleiter mit dem höchsten bekannten Sprungpunkt ($T_c = 20{,}5$ K). Für die Sprungtemperatur verschiedener Isotope (Masse m) ein und desselben Elementes gilt $T_c \sim m^{-\alpha}$ mit konstantem α, dessen Wert meist bei etwa 1/2 liegt. Da die DEBYE-Temperatur $\Theta_D \approx m^{-1/2}$ ist (vgl. Teil G), bedeutet dies $T_c/\Theta_D = \text{const}$ und weist auf einen Zusammenhang der Supraleitung mit dem Gitterschwingungsspektrum hin.

Bisher konnten nur etwa die Hälfte der metallischen Elemente in den Suprazustand übergeführt werden (aber gerade die „besten“ Metalle wie Kupfer, Silber, Gold oder die Alkalimetalle nicht), obwohl die Untersuchungen bis zu Temperaturen von einigen hundertstel Kelvin hinab durchgeführt wurden. In

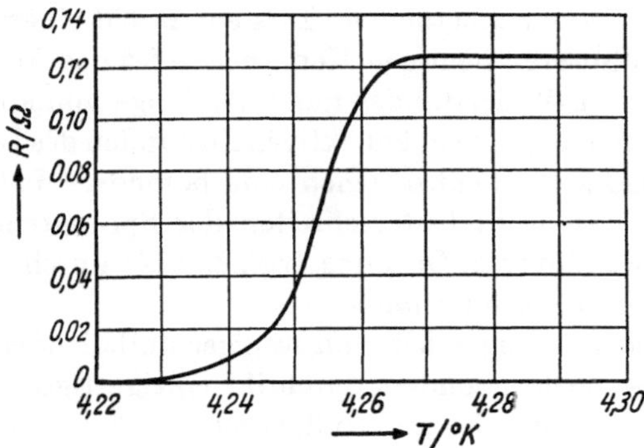

Abb. M 10

Temperaturabhängigkeit des Widerstandes von Quecksilber im Bereich der Sprungtemperatur (nach KAMERLINGH ONNES, 1911)

Tabelle M 3

Sprungpunkte einiger supraleitender Elemente und Verbindungen *)

Element	T_c/K	Element	T_c/K	Element	T_c/K
Al	1,17	Mo	0,92	Tc	9,3
Be	0,02	Nb	8,9	Te	2,39
Bi**	3,9	Os	0,71	Th	1,37
Cd	0,56	Pa	1,4	Ti	0,39
Ce**	1,6	Pb	7,22	Tl	2,39
Ga	1,10	Re	1,70	α−U	0,68
Hf	0,17	Rh	0,9	β−U	1,8
Hg	4,16	Ru	0,47	V	5,03
In	3,40	Sb**	3	W	≦0,011
Ir	0,14	Sn	3,41	Zn	0,85
α−La	4,9	Ta	4,38	Zr	0,55
β−La	6,3				

Verbindung	T_c/K	Verbindung	T_c/K	Verbindung	T_c/K
Pb_2Au	7,0	NbN	16,0	$BaAu_5$	0,4−0,7
Au_2Bi	1,7	$CoSi_2$	1,45	Nb_3Sn	17,95
WC	2,5−4,2	$PbAu_2$	1,18	V_3Si	17,1
TaSi	4,4	$LaAl_2$	3,2	V_3Ge	6,01
MoC	9,26	$PtAl_2$	0,55−0,48	$Nb(C_{0,3}N_{0,7})$	17,8
Mo_2C	2,78	$IrSn_2$	0,65−0,78	$K_{0,5}WO_3$	1,5
MoN	12,0	$CaAu_5$	0,34−0,38	$Nb_{12}Al_3Ge$	20,5

*) Vorwiegend nach WEISS und MATTHIAS

**) Hochdruckphasen

einem aus supraleitenden Material bestehenden Stromkreis kann ein einmal — etwa durch Induktion — erzeugter Strom praktisch beliebig lange fließen. So ist an der supraleitenden, heterogenen Legierung $Nb_{0,75}Zr_{0,25}$ eine Abklingzeit $\gtrsim 10^5$ Jahre ermittelt worden durch äußerst genaue Messung des Magnetfeldes

des Dauerstroms mittels Kernresonanzmethoden. Dies entspricht einem Widerstand $\lesssim 5 \cdot 10^{-24}\,\Omega\mathrm{m}$. Nach unseren heutigen Kenntnissen ist das Verschwinden des elektrischen Gleichstrom-Widerstandes nur eine Folge von speziellen, erst bei sehr tiefen Temperaturen möglichen, kollektiven Zuständen des Leitungselektronensystems (vgl. S. 346). Sie kennzeichnen eine besondere Phase; der Supraleiter macht nach LANDAU beim Unterschreiten der Sprungtemperatur ohne äußeres Feld eine Umwandlung 2. Ordnung (vgl. S. 214) durch, die sich in einem Sprung der spezifischen Wärme äußert.

Die neue Phase zeichnet sich — abgesehen von weniger auffallenden Eigenschaftsänderungen (S. 343) — noch besonders durch ihr einzigartiges magnetisches Verhalten aus: Ein Supraleiter ist ein vollkommener Diamagnet (bzgl. der hier und im folgenden benutzten magnetischen Begriffe vgl. N 1), d. h., die Permeabilität μ und damit die magnetische Induktion $\boldsymbol{B}$ verschwinden im Inneren des Supraleiters (von Oberflächeneffekten der Eindringtiefe λ sehen wir ab):

$$\boldsymbol{B} = \mu_0 \boldsymbol{H} + \boldsymbol{I} \equiv \mu \boldsymbol{H} = 0\,. \tag{M 35}$$

Sogar ein nicht zu starkes Magnetfeld, das den Supraleiter oberhalb T_c durchsetzt hatte, wird beim Übergang in den Supra-Zustand aus ihm herausgedrängt (MEISSNER-OCHSENFELD- oder kurz MEISSNER-Effekt).

Übersteigt das von außen angelegte Feld aber einen bestimmten kritischen Wert H_c, so wird der supraleitende Zustand aufgehoben. Für die Temperaturabhängigkeit von H_c gilt in guter Näherung

$$H_c(T) = H_c(0)\,[1 - (T/T_c)^2]\,, \tag{M 36}$$

wobei die kritische Feldstärke am absoluten Nullpunkt z.B. für Blei $H_c(0) = 63900$ A/m und für Kadmium $H_c(0) = 2390$ A/m beträgt. Die Aufhebung des Suprazustandes kann auch bei Abwesenheit eines äußeren Magnetfeldes durch einen Strom im Supraleiter erfolgen, der an dessen Oberfläche mindestens die kritische Feldstärke H_c erzeugt.

Typ I- und Typ II-Supraleiter

Je nach dem Verlauf des Überganges vom supraleitenden zum normalleitenden Zustand in Abhängigkeit von der magnetischen Feldstärke unterscheidet man heute Typ I-Supraleiter (Quecksilber, Blei, Indium, Zinn, Aluminium) und Typ II-Supraleiter (Niob, Vanadium). Der im Idealzustand reversible $\boldsymbol{I}(\boldsymbol{H})$-Verlauf ist für beide Typen in Abb. M 11 dargestellt. Während bei Typ I die Magnetisierung $\boldsymbol{I}$ (vgl. (M 35)) bei einer scharf definierten kritischen Feldstärke H_c steil abfällt und damit der Supra-Zustand schlagartig in den Normal-Zustand übergeht, erfolgt der Übergang bei Typ II allmählich, indem das Feld bereits von einer Feldstärke $H_{c1} < H_c$ an teilweise in den Supraleiter eindringt, ihn aber erst von einer Feldstärke $H_{c2} > H_c$ an vollständig durchsetzt und damit die Supraleitung aufhebt. Zwischen H_{c1} und H_{c2} besteht also ein heterogener Mischzustand, in dem normal- und supraleitende Gebiete nebeneinander vorliegen

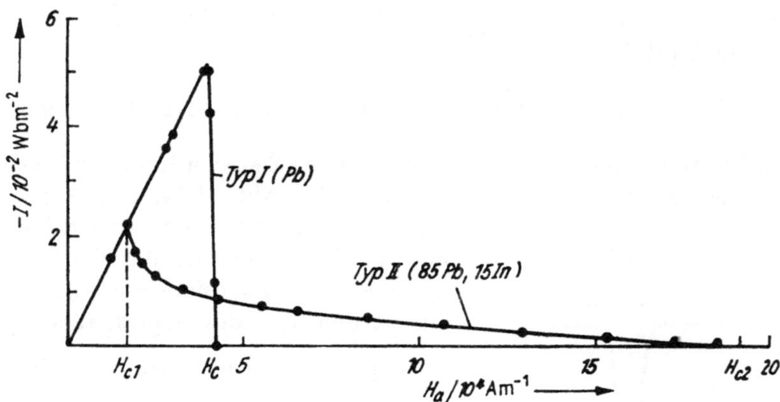

Abb. M 11

Typischer $I(H)$-Verlauf für Supraleiter vom Typ I und II. Als Beispiel für Typ I dient reines Blei, für Typ II Blei mit 15% Indium (T_c = 4,2 K) (nach LIVINGSTON)

(Abb. M 12). Die obere kritische Feldstärke H_{c2} kann den hundertfachen Betrag der nach wie vor auf Grund der thermodynamischen Beziehung (M 47) bestimmbaren Feldstärke H_c erreichen, d. h. einige 10^7 A/m. Daher dienen Typ II-Supraleiter zur Herstellung starker Magnetfelder hoher Konstanz.

Das allmähliche Eindringen des Magnetfeldes in den Supraleiter zwischen H_{c1} und H_{c2} geschieht in räumlich getrennten, schlauchartigen Gebieten (Querschnitt A), deren jedes ein Elementarquantum

$$\Phi_0 = \frac{h}{2e} \approx 2 \cdot 10^{-15}\,\mathrm{Vs} \tag{M 37}$$

des magnetischen Flusses $\Phi = \boldsymbol{B} \cdot \boldsymbol{A}$ aufnimmt. Das von Supra-Elektronen freie Kerngebiet des Schlauches, das also normalleitend ist, habe einen Radius ξ, während die Abklinglänge des Magnetfeldes von der Größe λ sei (für Niob sind ξ

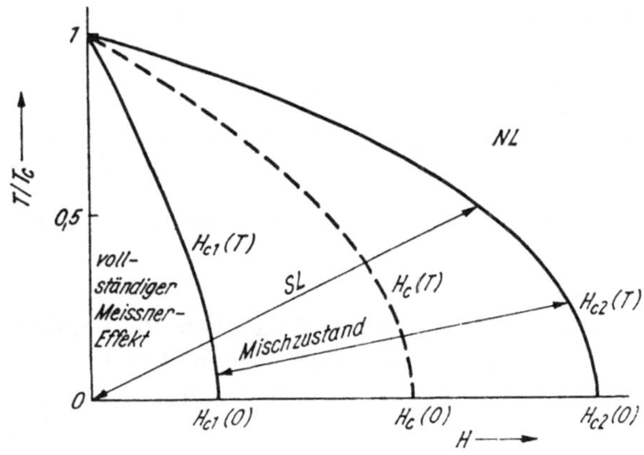

Abb. M 12

Zustandsdiagramm für einen Supraleiter Typ II

und λ von der Größenordnung 500 Å (Abb. M 13)). Mit wachsender Feldstärke nimmt die Zahl der Flußschläuche zu, bis bei

$$H_{c2} = \varkappa \sqrt{2}\, H_c \quad \text{mit} \quad \varkappa = \frac{\lambda}{\xi} \text{ (Ginzburg-Landau-Parameter)} \tag{M 38}$$

eine dichteste Packung erreicht ist, deren Dreiecks-Anordnung auf verschiedene Weise experimentell nachgewiesen worden ist (Abb. M 14, Tafel 18).

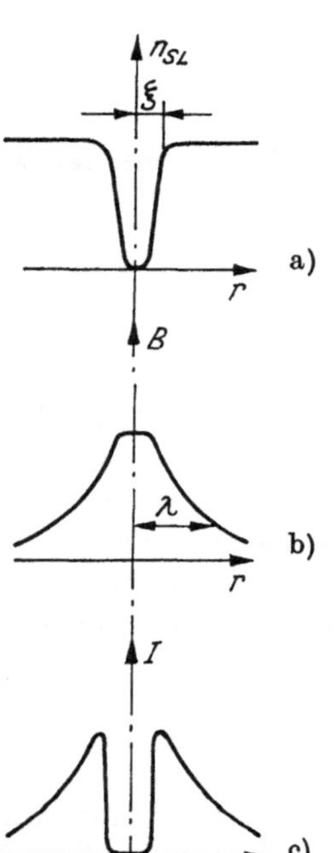

Die charakteristischen Längen λ und ξ treten auch in der Theorie der Typ I-Supraleiter auf, und ihr dimensionsloser Quotient $\varkappa$ bestimmt den Typ des Supraleiters:

$$\begin{aligned} &\text{Typ I: } \varkappa < 1/\sqrt{2}\,, \quad \sigma_{NL,\,SL} > 0 \\ &\text{Typ II: } \varkappa > 1/\sqrt{2}\,, \quad \sigma_{NL,\,SL} < 0 \end{aligned} \tag{M 39}$$

Das stark unterschiedliche phänomenologische Verhalten beider Typen von Supraleitern beruht bei einheitlichem Mechanismus also auf quantitativen Verschiedenheiten, und zwar kommt es entscheidend auf das nach der GLAG-Theorie (vgl. S. 343) durch λ und ξ bestimmte Vorzeichen der Grenzflächenenergie $\sigma_{NL,\,SL}$ zwischen normal- und supraleitenden Bereich an, da ein negativer Wert natürlich den Mischzustand begünstigt.

Abb. M 13

Struktur eines isolierten Flußschlauches. Abhängigkeit (a) der Supraelektronendichte n_{SL}, (b) des Magnetfeldes und (c) der Stromdichte des zirkularen Suprastromes vom Radius

Für $\varkappa$ gilt die experimentell gut bestätigte Goodmansche Gleichung

$$\varkappa = \varkappa_0 + 2{,}4 \cdot 10^6 \sqrt{\frac{\gamma}{V_m}\,\frac{\mathrm{J}}{\mathrm{m^3\,K^2}}}\,\varrho_0\,\frac{1}{\Omega\,\mathrm{m}}\,, \tag{M 40}$$

γ : Koeffizient des Elektronenanteils der Molwärme (vgl. S. 16),
ϱ_0: Restwiderstand (vgl. S. 324).

Für einen reinen Stoff mit dem Restwiderstand $\varrho_0 = 0$ im normal-leitenden Zustand wird also $\varkappa = \varkappa_0 = \dfrac{\lambda_0}{\xi_0}$.

Durch Erhöhung von ϱ_0, gleichgültig wie sie erfolgt, kann man daher den mit $\varkappa$ wachsenden H_{c2}-Wert hochtreiben oder sogar einen Typ I-Supraleiter in einen solchen II. Typs überführen (Abb. M 11). Nach unseren jetzigen Kenntnissen sind Technetium, Niob und Vanadium die einzigen Metalle, die schon im reinen Zustand ein für einen Typ II-Supraleiter ausreichendes $\varkappa_0$ (0,92; 1,1 bzw. 2,2) besitzen.

Für technische Magnete verwendet man sogen. *harte Supraleiter*, d. h. Typ II-Supraleiter, in denen durch absichtlich herbeigeführte Gitterinhomogenitäten die Bewegung der Flußschläuche blockiert worden ist, weil sonst irreversibel Wärme erzeugt werden würde. Der metallkundlich-technologischen Behandlung der Werkstoffe (z.B. Niob–Zirkon- und Niob–Titan-Legierungen; Nb_3Sn) kommt also große Bedeutung zu.

Weitere Eigenschaftsänderungen

Beim Übergang in den Suprazustand ändern sich auch andere Eigenschaften, ein Sprung in der spezifischen Wärme war schon erwähnt worden. Interessanterweise wird anstelle der im Normalzustand auftretenden Proportionalität des Elektronenanteils C_V^{El} mit der Temperatur (vgl. S. 16) im Suprazustand eine exponentielle Abhängigkeit beobachtet:

$$C_{\mathrm{SL}}^{\mathrm{El}} = a\, \mathrm{e}^{-b T_c/T} . \qquad \text{(M 41)}$$

Dieser Sachverhalt deutet auf das Vorhandensein einer Energielücke im Anregungsspektrum der Elektronen hin und wird später theoretisch begründet.

Diese Energielücken hat man mit Hilfe des Tunneleffektes (vgl. S. 271) genau untersuchen können in Kombinationen eines Normal- und eines Supraleiters, getrennt durch eine von den Elektronen zu durchtunnelnde Isolierschicht. Dabei hat sich gezeigt, daß die Breite der Lücke von $\Delta E_g(T_c) = 0$ mit sinkender Temperatur auf einen Wert $\Delta E_g(0)$ der Größenordnung 10^{-4} eV anwächst. Ferner gilt $b = \Delta E_g(0)/2\, kT_c$, so daß b für die meisten Supraleiter etwa 1 bis 2 beträgt.

Außerdem wird eine — allerdings sehr kleine — Abnahme der Entropie, z.B. für Vanadium $\Delta S \approx 10^{-3}\, R$ pro Mol, beim Übergang zur Supraleitung beobachtet. Man wird also im supraleitenden Zustand die größere Ordnung zu erwarten haben. Die ungewöhnliche Kleinheit von ΔS wird so gedeutet, daß sich nur eine geringe Anzahl der Elektronen in der Nähe der FERMI-Fläche an dem Ordnungsvorgang beteiligt.

Die Wärmeleitung verändert sich zwar am Sprungpunkt, aber im Vergleich zur elektrischen Leitfähigkeit wenig; das WIEDEMANN-FRANZsche Gesetz (vgl. S. 12) gilt also nicht mehr. Die Größe ihrer Änderung wird durch die Konkurrenz der abnehmenden Elektronenleitfähigkeit und der wachsenden Gitterleitfähigkeit bestimmt.

Auf die sehr kleinen Änderungen einiger mechanischer Eigenschaften soll nicht eingegangen werden. Es sei nur noch erwähnt, daß bei Vorliegen des vollen MEISSNER-Effektes keine Thermospannung auftritt, was eine experimentelle Bestimmung der absoluten Thermospannung eines Metalls ermöglicht (vgl. S. 353).

M 152 Deutung

Man ist heute überwiegend der Meinung, daß auf Grund der mikroskopischen BCS-Theorie (BARDEEN, COOPER, SCHRIEFFER) und der phänomenologischen GLAG-Theorie (GINZBURG, LANDAU, ABRIKOSOV, GORKOV) ein prinzipielles

Verständnis der Supraleitung erreicht ist, das die wesentlichen Eigenschaften von sowohl Typ I- als auch von Typ II-Supraleitern umfaßt. Deshalb soll versucht werden, ein — wenn auch nur skizzenhaftes — Bild dieser Vorstellungen zu vermitteln. Wir gehen dabei von den älteren phänomenologischen Theorien aus, ohne die recht verschlungene historische Entwicklung nachzuzeichnen, obwohl das auch die großen Schwierigkeiten bei der Lösung des Problems deutlich hervortreten ließe.

Wir beginnen mit thermodynamischen Überlegungen. Die experimentellen Befunde rechtfertigen, den Übergang NL–SL als reversible Phasenumwandlung zu behandeln. Nach den Überlegungen in D 1 und D 2 kann man die Gleichgewichtsbedingung zwischen beiden Phasen mit Hilfe des in magnetischer Hinsicht ergänzten GIBBSschen Potentials (D 8′), das hier zweckmäßig auf die Einheit des Volumens V zu beziehen ist, in der Form $g'_{NL} = g'_{SL}$ $(g' \equiv G/V)$ schreiben. Ferner gilt nach (D 10′) bei reversibler Zustandsänderung und vorgegebenem p und T

$$\mathrm{d}g' = -\frac{\mu}{V}\boldsymbol{m}\cdot\mathrm{d}\boldsymbol{H} = -\boldsymbol{I}\cdot\mathrm{d}\boldsymbol{H}\,. \tag{M 42}$$

Wir beschränken uns auf solche Typ I-Supraleiter, die im Normalzustand keine Magnetisierung aufweisen und die Gestalt eines langgestreckten Zylinders in Feldrichtung besitzen, damit die Entmagnetisierung (vgl. S. 398) keine Rolle spielt. Dann wird g' im Normalzustand durch Einschalten eines äußeren Feldes $\boldsymbol{H}_a$ nicht geändert:

$$g'_{NL}(T, \boldsymbol{H}_a) = g'_{NL}(T, 0) \tag{M 43}$$

Im Suprazustand ist nach (M 35) $\boldsymbol{I} = -\mu_0 \boldsymbol{H}_a$ und daher wegen (M 42) $\mathrm{d}g' = \mu_0 \boldsymbol{H}_a \cdot \mathrm{d}\boldsymbol{H}_a$; mithin

$$g'_{SL}(T, \boldsymbol{H}_a) \equiv g'_{SL}(T, 0) + \frac{\mu_0}{2}\boldsymbol{H}_a^2\,. \tag{M 44}$$

Beim Supraleiter wächst also g' beim Einschalten eines äußeren Feldes.

Man kann daher eine Beziehung für die Gleichgewichtsfeldstärke, d. h. für die kritische Feldstärke H_c, als Funktion von T erhalten, indem man (M 43) und (M 44) für $H_a = H_c$ gleichgesetzt:

$$g'_{NL}(T, 0) - g'_{SL}(T, 0) = \frac{\mu_0}{2} H_c^2(T)\,. \tag{M 45}$$

Auf Grund (D 16) folgt hieraus für den Entropieunterschied der beiden Zustände (pro Volumeneinheit)

$$s'_{SL} - s'_{NL} = \mu_0\, H_c \frac{\partial H_c}{\partial T}\,. \tag{M 46}$$

Nach (M 36) ist dieser Ausdruck bei endlichen Temperaturen $T < T_c$ negativ, d. h., der Suprazustand besitzt die kleinere Entropie und damit einen höheren Ordnungsgrad. Durch die Entropieänderung ΔS ist eine Umwandlungswärme $T\,\Delta S$ bedingt; sie verschwindet bei $T = T_c$, d. h. $H_c = H_a = 0$ (Umwandlung

2. Ordnung) und ist für $0 < T < T_c$, d. h. $H_c = H_a \neq 0$, endlich (Umwandlung 1. Ordnung). Aus (M 46) kann auch die Änderung der spezifischen Wärme berechnet werden durch Differentiation nach T und anschließende Multiplikation mit T. Bei $T = T_c$ erhält man so als Sprung der Molwärme

$$C_{SL} - C_{NL} = V_m \mu_0 T_c \left(\frac{\partial H_c}{\partial T}\right)^2 . \qquad \text{(M 47)}$$

Aus dieser an Typ I-Supraleitern experimentell gut bestätigten Beziehung kann T_c für Typ II-Supraleiter bestimmt werden.

Was kann man aus der gewöhnlichen Elektrodynamik über den Suprazustand folgern? Da die Relaxationszeit τ praktisch unendlich groß ist, muß das Dämpfungsglied in (M 20), das zum OHMschen Gesetz führt, verschwinden. Jedoch ergibt die dämpfungslose Beschleunigungsgleichung im Rahmen der MAXWELLschen Theorie Widersprüche mit dem MEISSNER-Effekt.

Daher wurde von F. und H. LONDON anstelle des OHMschen Gesetzes eine neue Gleichung für die Suprastromdichte $\boldsymbol{j}_{SL}$ (die neben die Stromdichte $\boldsymbol{j}_{NL}$ der normalleitenden Elektronen tritt) postuliert, nämlich

$$\nabla \times \boldsymbol{j}_{SL} = \frac{-\mu_0 n_{SL} e^2}{m_e} \boldsymbol{H} , \qquad \text{(M 48)}$$

die dem MEISSNER-Effekt Rechnung trägt. Hier bedeutet n_{SL} die Anzahldichte der Supraelektronen, die von $n_{SL} = 0$ bei $T = T_c$ auf $n_{SL} = n_e$ bei $T = 0$ anwächst. Aus (M 48) läßt sich mit Hilfe der MAXWELLschen Gleichung $\boldsymbol{j} = \nabla \times \boldsymbol{H}$ eine Differentialgleichung für $\boldsymbol{H}$ gewinnen, nämlich

$$\boldsymbol{H} = \frac{m_e}{\mu_0 n_{SL} e^2} \nabla^2 \boldsymbol{H} \equiv \lambda_0^2 \nabla^2 \boldsymbol{H} , \qquad \text{(M 49)}$$

die offenbar Lösungen der Form

$$\boldsymbol{H} = \boldsymbol{H}_0 \, e^{-x/\lambda_0} \qquad \text{(M 50)}$$

besitzt. Dabei ist das LONDONsche λ_0 ein Maß für die Eindringtiefe des Feldes in den fehlerfreien Supraleiter, die bei 0 K größenordnungsmäßig 500 Å beträgt. Ein Realkristall, dessen NL-Elektronen eine mittlere freie Weglänge l besitzen, hat die Abklinglänge

$$\lambda = 0{,}6 \, \lambda_0 \sqrt{\xi_0 / l} , \qquad \text{(M 51)}$$

sofern $l \ll \xi_0$ und $T \to 0$ gilt. Die PIPPARDsche Kohärenzlänge ξ_0 (Größenordnung 10^4 Å) des reinen Supraleiters ist mit dem S. 341 gleichfalls schon eingeführten ξ eines fehlerbehafteten Materials durch $\xi = 0{,}6 \sqrt{\xi_0 \, l}$ verknüpft und ein Maß für die räumliche Veränderlichkeit des Betrages ΔE_g der Energielücke (vgl. S. 343). Aus ΔE_g und der Elektronengeschwindigkeit an der FERMI-Grenze v_F ergibt sich ξ_0 zu $\xi_0 = h \, v_F / \pi^2 \, \Delta E_g$.

Der Ausgangspunkt der BCS-Theorie ist die Existenz von sog. COOPER-Paaren von Elektronen in einem Supraleiter. Sie bestehen aus Elektronen mit praktisch entgegengesetztem Impuls und gegenseitig abgesättigtem Spin, die sich in einem mittleren Abstand, der Kohärenzlänge, befinden, und sind in den „FERMI-See" der übrigen Elektronen eingebettet. Dieser Grundzustand wird durch die Bindungsenergie der Paare stabilisiert und ist von den angeregten Elektronenzuständen durch eine entsprechende Energielücke ΔE_g getrennt. Die Bindungsenergie wird durch Überkompensation der COULOMBschen Abstoßung zwischen zwei Elektronen durch eine Anziehung geliefert, die entstehen kann, wenn ein Elektron bei Streuung am Gitter ein Phonon emittiert und das zweite Elektron es sofort absorbiert. Durch die Mitwirkung des Gitters wird der Isotopeneffekt verständlich. Aus der Theorie folgt eine Beziehung zwischen T_c und Θ_D, die aber außerdem die Wechselwirkungsenergie und die Elektronenzustandsdichte an der FERMI-Kante enthält, so daß eine quantitative Prüfung schwer ist. Es wurden auch andere Mechanismen der Paar-Bindung diskutiert.

Die Bedeutung von Elektronenpaaren für die Supraleitung spiegelt sich in dem Umstand wider, daß in dem Ausdruck (M 37) für das Elementarquantum des Magnetflusses Φ_0 die *doppelte* Elektronenladung auftritt.

Das Verschwinden des Widerstandes bei der Supraleitung wird dadurch verständlich, daß die Elektronenpaare nicht den Einelektronen-Streuprozessen ausgesetzt sind, die den elektrischen Widerstand verursachen (vgl. M 12). Erst wenn alle Elektronenpaare aufgebrochen sind, also bei Anregungsenergien, die zur Überbrückung der Energielücke ausreichen, bricht die Supraleitung zusammen. (Auf das gelegentliche Auftreten einer Supraleitung ohne Vorhandensein einer Energielücke soll nicht eingegangen werden.)

M 2 Elektronische Grenzflächeneffekte

Bisher haben wir das Verhalten der Metallelektronen im Inneren des Metalles untersucht, jetzt wollen wir uns Erscheinungen zuwenden, bei denen Elektronen das Metall verlassen. Je nachdem, ob sie dabei ins Vakuum oder in andere Körper gelangen, sprechen wir von Elektronenaustritt bzw. -übertritt. Für die Behandlung vieler Probleme dieses Komplexes genügt es, das SOMMERFELDsche Bild freier Elektronen, die nur an den Metallkristall als Ganzes gebunden sind, zu benutzen.

M 21 Elektronenaustritt

Austrittsarbeit

Um ein Elektron aus dem Metall herauszulösen, muß also Arbeit geleistet werden. Daher muß seine potentielle Energie im Außenraum größer sein als im Metallinnern. Man kann sich diesen Potentialunterschied anhand Abb. L 28a klarmachen. Einen sehr stark schematisierten Potentialverlauf, der jedoch für viele Fälle ausreicht, stellt das *Potentialtopfmodell* (Abb. M 15) dar, das wir allerdings gelegentlich werden verfeinern müssen. Das Potential im Außenraum wird konstant angenommen und gewöhnlich gleich Null gesetzt. Im Inneren nimmt man gleichfalls konstantes Potential an, d. h., man denkt die periodischen Schwankungen, die auf der Gitterstruktur beruhen, ausgemittelt. Die Tiefe des Topfes W_0 läßt sich aus Interferenzen langsamer Elektronen ermitteln und ergibt sich zu größenordnungsmäßig 10 eV. Bei $T = 0$ sind alle Niveaus zwischen diesem Grundniveau und der FERMI-Grenze E_F^0 und nur diese besetzt,

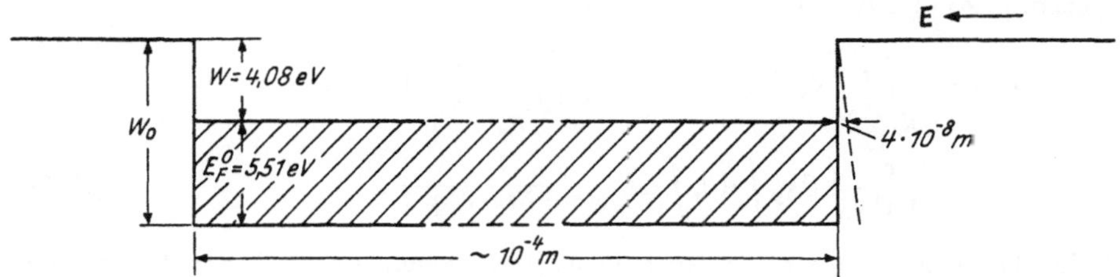

Abb. M 15

Potentialtopfmodell eines Silber-Drahtes ($\approx 10^{-4}$ m Durchmesser). Wirkt ein elektrisches Feld $|\boldsymbol{E}| = 10^8$ V/m auf die Oberfläche des Leiters ein, dann hat die potentielle Energie im Außenraum den gestrichelten Verlauf. In Höhe der FERMI-Grenze beträgt die Dicke des Potentialberges noch $W/e\,|\boldsymbol{E}| \approx 4 \cdot 10^{-8}$ m

bei höheren Temperaturen wird die Besetzung gemäß der FERMIschen Verteilungsfunktion (A 23) aufgelockert. Man liest aus Abb. M 15 ab, daß zur Auslösung eines Elektrons mindestens die *effektive Austrittsarbeit*

$$W = W_0 - E_F \tag{M 52}$$

aufgebracht werden muß (bei Metallen ist E_F nur wenig temperaturabhängig und daher nahezu gleich E_F^0). Da die E_F^0-Werte bei etwa 5 eV liegen, hat man effektive Austrittsarbeiten von einigen eV zu erwarten, was nach Tab. M 4 auch zutrifft. Die zur Auslösung der Elektronen erforderliche Energie kann ihnen in verschiedenster Weise zugeführt werden, z.B. durch Licht (Photoeffekt), Erhitzung (Glühemission) oder elektrische Felder (Feldemission). Die beiden letzten Fälle besprechen wir etwas näher.

Tabelle M 4

Effektive Austrittsarbeiten

Metall	W/eV	Metall	W/eV
Ag	4,08	Pt	5,32
Au	4,42	Rh	4,58
Ca	3,2	Ta	4,19
Cr	4,60	W	4,52
Cs	1,81	Ba auf W	1,56
Fe	4,72	Cs auf W	1,36
Mo	4,3	Th auf W	2,6
Ni	4,61	LaB_6	2,66

Glühemission

Für die Stromdichte gilt auch hier entsprechend (A 5)

$$j = -n_e e v\,, \tag{M 53}$$

wobei für v nur die Komponente v_x senkrecht zur Oberfläche (diese wird als Äquipotentialfläche betrachtet!) zählt. Das ergibt wegen $dn_e = f(E)\,dz$ unter Benutzung von (L 76), (L 31) und (A 23)

$$j = -e \underset{E_x \geqq W_0}{\iiint} v_x \, dn_e = -\frac{e}{4\pi^3 \hbar} \underset{E_x \geqq W_0}{\iiint} \frac{\partial E}{\partial k_x} f(E)\, d\tilde{V}_k$$

$$= -\frac{e}{4\pi^3 \hbar} \int dk_y \int dk_z \int dE \frac{1}{e^{(E - E_F)/kT} + 1}\,. \tag{M 54}$$

Bei der Integration über die Energie ist berücksichtigt, daß nur Elektronen zum Strom beitragen, deren k_x entsprechender Energieanteil E_x gleich oder größer als W_0 ist. Der übrige, k_y und k_z zugeordnete Anteil, kann nach (L 33) berechnet werden, da das Potential längs der Oberfläche als konstant betrachtet wird. Die untere Grenze für die Integration über E ist also $E_1 = W_0 + \hbar^2 (k_y^2 + k_z^2)/2\,m_e$, als obere kann ∞ gewählt werden; dann gilt näherungsweise unter Benutzung von (M 52)

$$\int_{E_1}^{\infty} \frac{dE}{e^{(E - E_F)/kT} + 1} \approx \int_{E_1}^{\infty} e^{-(E - E_F)/kT}\, dE$$

$$= k\,T\, e^{-[W + \hbar(k_y^2 + k_z^2)/2 m_e]/kT}\,, \tag{M 55}$$

weil bei $E > E_1$ stets $E - E_F \gg kT$ ist. Man erhält dann durch Einsetzen in (M 54) und mit den Integrationsgrenzen $-\infty$ bzw. $+\infty$ für k_y und k_z

$$j = \frac{-e\, m_e \cdot (k\,T)^2}{2\pi^2 \hbar^3} e^{-W/kT} \equiv A\, T^2\, e^{-W/kT}\,. \tag{M 56}$$

Dieser Ausdruck stellt mit der Konstanten $|A| = 1{,}2 \cdot 10$ A/m² K² die RICHARDSON*sche Gleichung* dar. Die exponentielle Veränderlichkeit mit T läßt die Richtigkeit des Faktors T^2 schwer prüfen. Auch erweist sich die Konstante nicht als materialunabhängig. Solche Unstimmigkeiten sind auf eine Reihe zu grober Annahmen zurückzuführen. Außer der Vernachlässigung der Elektronenreflexion an der Oberfläche und der Temperaturabhängigkeit der Austrittsarbeit dürfte vor allem die Vernachlässigung der wirklichen Oberflächenverhältnisse (wahre Gestalt, Abhängigkeit der Austrittsarbeit von der Kristallfläche nach S. 349) daran schuld sein.

Die Emission ist nach (M 56) um so größer, je kleiner die Austrittsarbeit und je höher die Temperatur ist. Grundsätzlich ist aber auch bei niedrigen Temperaturen eine Elektronenemission vorhanden, die trotz ihrer Kleinheit, besonders bei Kontaktfragen, wichtig werden kann, wie wir noch sehen werden.

Feldemission und SCHOTTKY-*Effekt*

Grenzt an einen Leiter ein *starkes* homogenes *elektrisches Feld* (Größenordnung 10^8 V/m), dessen Richtung auf ihn hinweist, so ergibt sich im Potentialtopfmodell der in Abb. M 15 gestrichelt eingezeichnete Potentialverlauf. In Höhe des FERMI-Niveaus besitzt der dreieckige Potentialberg dann eine Dicke von der Größenordnung 10^{-8} m. Auf Grund des Tunneleffektes (S. 271) besteht daher eine merkliche Wahrscheinlichkeit, daß ein Elektron mit der Energie E_F^0 den Potentialberg durchtunnelt, also zur Emission gelangt, ohne die nach den Überlegungen des vorigen Abschnittes erforderliche thermische Energie zu besitzen. Bei Anwesenheit solcher Felder muß also eine wesentlich höhere Emission als nach der RICHARDSONschen Gleichung zu erwarten ist, eintreten. Das trifft tatsächlich zu. Für diese klassisch nicht zu verstehende *Feldemission* kann auf Grund der quantenmechanischen Theorie des Tunneleffektes für die *Stromdichte* die Beziehung

$$j = B\,\boldsymbol{E}^2\,\mathrm{e}^{-\beta/|\boldsymbol{E}|} \tag{M 57}$$

mit den die Austrittsarbeit enthaltenden Konstanten B und β hergeleitet werden. Sie entspricht (M 56) im Aufbau, wenn man T durch $|\boldsymbol{E}|$ ersetzt denkt, und wird durch die Erfahrung zumindest qualitativ bestätigt. Auf der Feldemission beruht das schon Seite 191 erwähnte Feldelektronen-Emissionsmikroskop von E. W. MÜLLER. Die Aufnahme des Emissionsbildes einer Wolfram-Einkristall-Spitze (Abb. M 16a, Tafel 18) zeigt deutlich, daß verschiedene Kristallebenen unterschiedliche Emission und daher auch Austrittsarbeiten besitzen. Für Wolfram werden folgende Werte angegeben:

(hkl)	(116)	(013)	(012)	(122)	(111)	(233)	(123)	(112)	(011)
W/eV	4,30	4,31	4,34	4,35	4,39	4,46	4,52	4,65 – 4,88	6,0

Außerdem beobachtet man schon bei wesentlich *niedrigeren Feldstärken* ($|\boldsymbol{E}| = 10^5$ V/m) eine kleinere Erhöhung der Emission gegenüber der RICHARDSONschen Gleichung (SCHOTTKY-Effekt). Sie beruht aber nicht auf dem Tunneleffekt, sondern ist klassisch als Erniedrigung der effektiven Austrittsarbeit W in (M 56) um δW zu verstehen. Die Berechnung von δW gelingt leicht, wenn man das Potentialtopfmodell von Abb. M 15 etwas verfeinert.

Wenn sich ein Elektron der Metalloberfläche allmählich nähert, wird infolge des Eigenfeldes des Elektrons eine zunehmende Wechselwirkung eintreten, die zu einer stetigen Abnahme des Potentials von $\mathcal{V}(\infty) = 0$ auf $\mathcal{V}(0) = -W_0$ führt. Man kann diesen Potentialverlauf bekanntlich berechnen, indem man sich hinter der Grenzfläche im gleichen Abstand x eine Spiegelladung $+e$ denkt und das Potential der COULOMB-Kraft zwischen Elektron und seinem Spiegelbild, der *Bildkraft*, aufschreibt:

$$\mathcal{V}_{\text{Bild}} = \int\limits_{\infty}^{x} \frac{e^2}{4\cdot 4\pi\varepsilon_0 x^2}\,\mathrm{d}x = -\frac{e^2}{16\pi\varepsilon_0 x}. \tag{M 58}$$

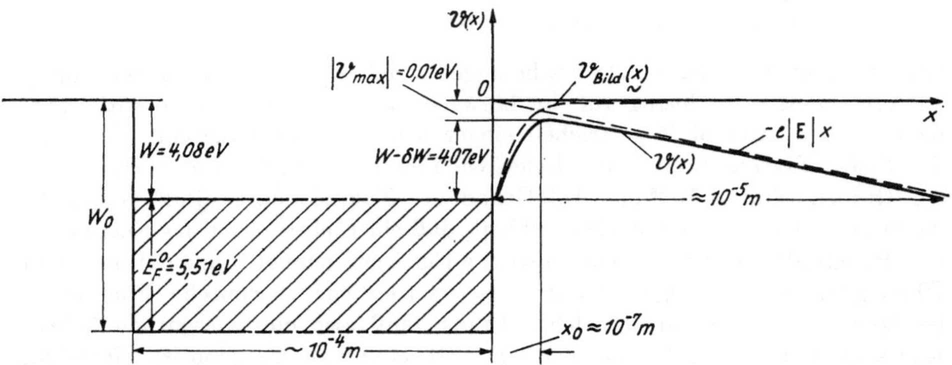

Abb. M 17

Potentialtopfmodell für einen Silber-Draht wie Abb. M 15. Durch die Überlagerung der potentiellen Energie $\mathcal{V}_{\text{Bild}}$ der Raumladungen mit der des äußeren Feldes kann schon bei relativ geringen Feldstärken (z. B. $|\boldsymbol{E}| = 10^5$ V/m) eine Erhöhung der Emissionsstromdichte erzielt werden. Die Erniedrigung δW der effektiven Austrittsarbeit ist zur besseren Übersicht vergrößert dargestellt

Auch dieser Ansatz kann nicht bis an die Oberfläche ($x = 0$) exakt sein, schon weil er $\mathcal{V}_{\text{Bild}}(0) = -\infty$ liefern würde. Eine genauere Betrachtung zeigt indessen, daß er bis zu x-Werten von der Größenordnung der Atomabstände hinab brauchbar ist. In Abb. M 17 ist der Bildkraft-Potentialverlauf in das Topfmodell eingezeichnet. Überlagert man nun ein homogenes Feld $\boldsymbol{E}$, das verabredungsgemäß schwächer als das in Abb. M 15 ist, so erhält man

$$\mathcal{V} = \frac{-e^2}{16\pi\varepsilon_0 x} - e|\boldsymbol{E}|x \tag{M 59}$$

mit einem Maximum vom Betrage

$$\mathcal{V}_{\max} = -e\sqrt{\frac{e|\boldsymbol{E}|}{4\pi\varepsilon_0}} \tag{M 60}$$

bei

$$x_0 = \frac{1}{4}\sqrt{\frac{e}{\pi\varepsilon_0|\boldsymbol{E}|}}\,.$$

Wie ein Blick auf Abb. M 17 zeigt, ist $\mathcal{V}_{\max}$ zugleich die gesuchte Erniedrigung δW der effektiven Austrittsarbeit. Ihre Beträge sind zwar nur gering (z. B. 0,01 eV bei $|\boldsymbol{E}| = 10^5$ V/m), machen sich aber wegen der exponentiellen Abhängigkeit der Emissionsstromdichte von W nach (M 56) doch bemerkbar. Der zugehörige Wert von x_0 beträgt in diesem Beispiel 10^{-7} m. Wir sind also einerseits weit innerhalb der Gültigkeit der Bildkraft-Potentialdarstellung, andererseits folgt aber auch, daß der Tunneleffekt hier gar keine Rolle spielen kann.

M 22 Elektronenübertritt

Volta- *und* Galvani-*Spannung*

Bringt man zwei Metalle in Kontakt, so werden von jedem zum anderen nach (M 56) Emissionsströme übergehen, bis ein Gleichgewichtszustand eingetreten

Abb. M 14

Elektronenmikroskopische Aufnahme eines Abdruckes von kleinen ferromagnetischen Teilchen, die auf die Oberfläche eines Typ II-Supraleiters im Mischzustand aufgedampft wurden (nach ESSMANN und TRÄUBLE)

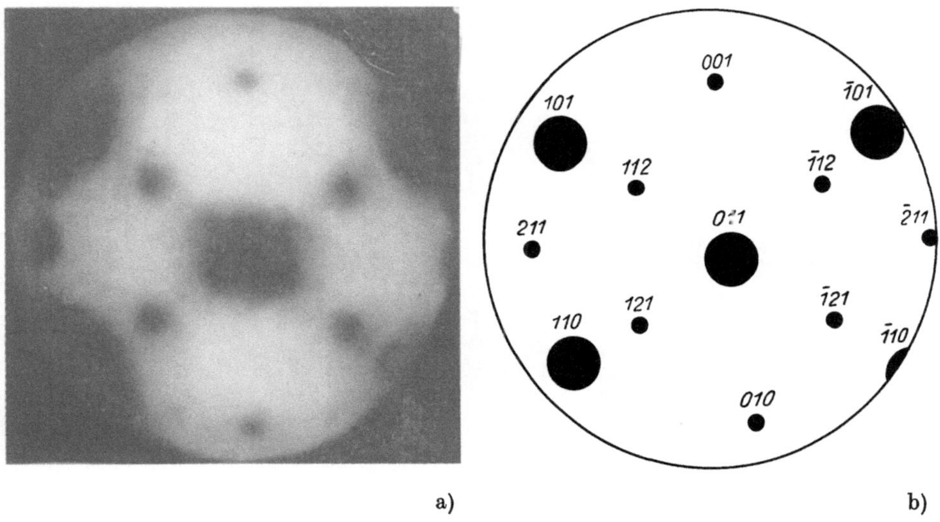

a) b)

Abb. M 16

(a) Feldelektronenmikroskopische Aufnahme einer Wolfram-Einkristall-Spitze.

(b) MILLERsche Indizes der Netzebenennormalen (nach HESSE)

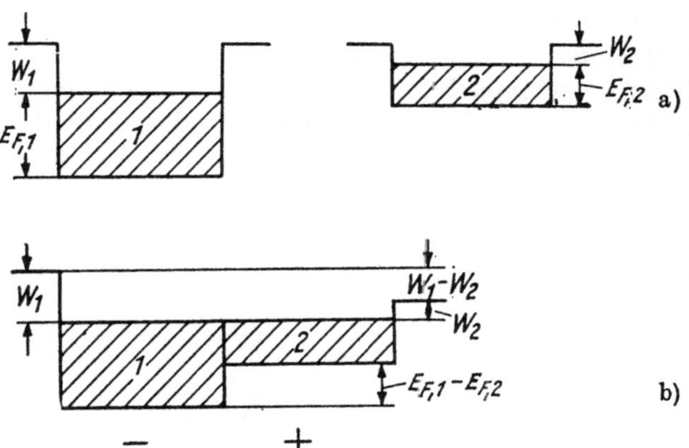

Abb. M 18

Potentialtopfmodell zur VOLTA- und GALVANI-Spannung. Zwei verschiedene Metalle 1 und 2 (vgl. Teilbild a) werden einander so genähert ($\approx 10^{-10}$ m), daß ein Elektronenaustausch möglich ist, der zu einer gegenseitigen Potentialverschiebung vom Betrag $W_1 - W_2$ führt ($(W_1 - W_2)/e$ = VOLTA-Spannung). Die dem Unterschied der FERMI-Energien entsprechende Spannung $(E_{F,1} - E_{F,2})/e$ wird als GALVANI-Spannung bezeichnet (s. Teilbild b)

ist. Dieser ist dadurch gekennzeichnet, daß die FERMI-Grenzen beider Metalle auf gleichem Energieniveau liegen, wie dies in Abb. M 18b dargestellt ist. (Es sei daran erinnert, daß E_F nach (A 24) das thermodynamische Potential der Metallelektronen ist!) Die Einstellung des Gleichgewichts wird durch Elektronenübertritt aus dem Metall mit höherem FERMI-Niveau in das andere eingeleitet, das sich seinerseits dadurch negativ auflädt und somit eine Potentialanhebung gegenüber dem ersten erfährt. Diese Potentialdifferenz ist offenbar gleich der Differenz der effektiven Austrittsarbeiten und führt zu der sogenannten *Berührungs-*, *Kontakt-* oder VOLTA-*Spannung*

$$U_{\text{VOLTA}} = \frac{1}{e}(W_1 - W_2)\,. \tag{M 61}$$

Sie ist direkt meßbar im Gegensatz zu der GALVANI-*Spannung*

$$U_{\text{GALVANI}} = \frac{1}{e}(E_{F,1} - E_{F,2})\,. \tag{M 62}$$

Thermoelektrische Effekte

Die Kontaktspannungen wären in Stromkreisen aus unterschiedlichem Material sehr störend, wenn sie sich nicht gegenseitig aufheben würden; jedoch gilt dies wegen ihrer Temperaturabhängigkeit nur, solange die Kontakte gleiche Temperatur haben. Sonst treten Thermospannungen auf, die allerdings auch noch andere Ursachen haben.

Wir besprechen drei thermoelektrische Effekte, deren innerer Zusammenhang sich in der Zurückführbarkeit ihrer drei charakteristischen Koeffizienten auf einen einzigen zeigen wird.

1. SEEBECK-*Effekt oder Thermoelektrizität.* Besteht zwischen den beiden Kontaktstellen zweier Leiter A und B eines Stromkreises (vgl. Abb. M 19) eine Temperaturdifferenz, so entsteht im stromlosen Zustand eine Thermospannung U_{AB}, die durch den Temperaturunterschied und die differentielle Thermospannung

$$\Sigma_{AB} = \frac{\mathrm{d}U_{AB}}{\mathrm{d}T} \tag{M 63}$$

bestimmt wird.

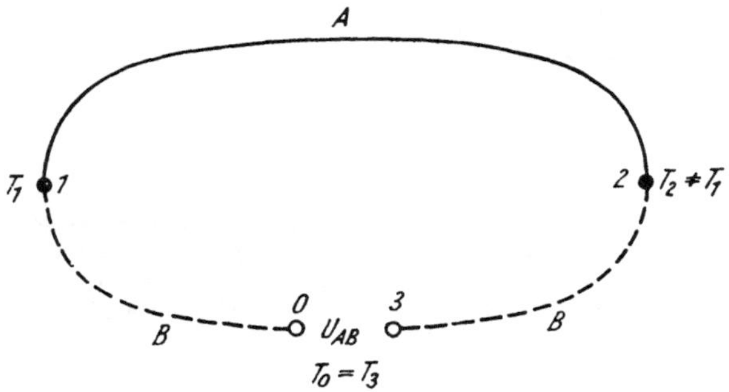

Abb. M 19
Stromkreis, bestehend aus zwei Metallen A und B

2. PELTIER-*Effekt, Umkehrung von 1.* Ein Strom, der durch einen Kreis aus verschiedenen Leitern fließt, ruft an den Kontaktstellen Temperaturdifferenzen hervor. Die entwickelte bzw. absorbierte Wärmemenge q'_P pro Zeit- und Flächeneinheit (PELTIER-Wärme) beträgt

$$q'_P = \Pi_{AB}\,\boldsymbol{j} \tag{M 64}$$

wobei für den PELTIER-Koeffizienten Π_{AB} gilt

$$\Pi_{AB} = \Sigma_{AB} \cdot T\,. \tag{M 65}$$

Er beträgt z.B. für Kupfer–Nickel bei Raumtemperatur $\Pi_{\mathrm{Cu-Ni}} = 8 \cdot 10^{-3}$ V.

3. THOMSON-*Effekt.* In einem homogenen Leiter wird in einem Temperaturgefälle bei Fließen eines elektrischen Stromes eine Wärmemenge pro Zeit- und Volumeneinheit

$$q_T = \tau\,\boldsymbol{j} \cdot \nabla T \tag{M 66}$$

erzeugt, die also — im Gegensatz zur JOULEschen Wärme vgl. (A 11) — j proportional ist. Für den THOMSON-Koeffizienten τ gilt

$$\tau = T\frac{\mathrm{d}\Sigma}{\mathrm{d}T}\,. \tag{M 67}$$

Er ist also ebenso wie der PELTIER-Koeffizient durch Σ darstellbar. Da er an einer Substanz gemessen werden kann, gestattet er die experimentelle Bestimmung von deren absoluter differentieller Thermospannung

$\Sigma = \int \frac{\tau(T)}{T}\, dT$, die theoretisch interessiert (s. u. und Tab. M 5). Andererseits ist eine solche Bestimmung möglich, indem man einen Schenkel des Thermoelementes aus einem Supraleiter macht, da dessen Thermospannung nach S. 343 Null ist.

Tabelle M 5

Absolute differentielle Thermospannungen bei 0 °C (nach LANDOLT-BÖRNSTEIN)

Metall	$\Sigma/10^{-6}$ V K^{-1}
Ag	+1,4
Al	−1,6
Au	+1,1
Bi ‖ c	−100
⊥ c	−53
Co	−18,5
Cu	+1,7
Cu +0,328 At.% Pt	+0,2
+0,660 At.% Pt	−0,6
+0,996 At.% Pt	−0,8
+1,34 At.% Pt	−1,3
Fe	+17,0
K	−15,6
Li	+11,5
Mg ‖ c	+3,3
⊥ c	+3,5
Na	−8,3
Pb	−1,25
Pt	−4,4
Sb ‖ c	+20,6
⊥ c	+46,8
Zn ‖ c	+0,4
⊥ c	+2,1

Folgende Zahlenwerte für den THOMSON-Koeffizienten, gemessen bei 50 °C, seien mitgeteilt: Eisen: $\tau = -15{,}3$; Kupfer: $\tau = 1{,}82 \cdot 10^{-6}$ V/K.

Die Tatsachen legen folgende lineare Ansätze für die elektrische ($\boldsymbol{j}$) und die Wärmestromdichte ($\boldsymbol{q}' \equiv -\lambda \nabla T$) nahe:

$$\begin{aligned} \boldsymbol{j} &= a_1 \boldsymbol{E} + a_2 \nabla T\,, \\ \boldsymbol{q}' &= a_3 \boldsymbol{E} + a_4 \nabla T\,. \end{aligned} \tag{M 68}$$

Dabei besteht zwischen a_2 und a_3 die aus der ONSAGER-Relation der Thermodynamik irreversibler Prozesse folgende Beziehung

$$a_2 = -a_3/T\,. \tag{M 69}$$

Ist die Temperatur im Leiter konstant ($\nabla T = 0$), so liefert (M 68) $\boldsymbol{j} = a_1 \boldsymbol{E}$, d. h., a_1 ist die elektrische Leitfähigkeit

$$a_1 = \sigma\,. \tag{M 70}$$

Andererseits folgt für einen stromlosen Zustand ($j = 0$) aus (M 68)

$$q' = a_3\left(\frac{-a_2 \nabla T}{a_1}\right) + a_4 \nabla T = \left(-\frac{a_2 a_3}{a_1} + a_4\right) \nabla T\,. \tag{M 71}$$

Die Wärmeleitfähigkeit λ beträgt also nicht $-a_4$, sondern

$$\lambda = -\left(a_4 - \frac{a_2 a_3}{a_1}\right). \tag{M 72}$$

Bei $\nabla T \neq 0$ erfordert $j = 0$ eben nach (M 68) nicht $|\boldsymbol{E}| = 0$, sondern ein elektrisches Gegenfeld zur Kompensation des vom Temperaturgefälle hervorgerufenen elektrischen Stromes, und dieses liefert dann auch einen — bei Metallen allerdings kleinen — Beitrag zum Wärmestrom $\boldsymbol{q}'$. Das von ∇T hervorgerufene elektrische Feld beträgt nach (M 68)

$$\boldsymbol{E} = -\frac{a_2}{a_1} \nabla T\,, \qquad -\frac{a_2}{a_1} \equiv \Sigma\,. \tag{M 73}$$

Das Linienintegral der Feldstärke $\boldsymbol{E}$ liefert die stromlos gemessene Thermospannung $U_{\mathrm{AB}} = \int_0^3 \boldsymbol{E}\, \mathrm{d}\boldsymbol{l}$ (vgl. Abb. M 19). Daraus wird wegen $j = 0$ nach (M 73)

$$U_{\mathrm{AB}} = \int_0^3 \Sigma \nabla T \cdot \mathrm{d}\boldsymbol{l} = \int_{T_0}^{T_1} \Sigma_{\mathrm{B}}\, \mathrm{d}T + \int_{T_1}^{T_2} \Sigma_{\mathrm{A}}\, \mathrm{d}T + \int_{T_2}^{T_3 = T_0} \Sigma_{\mathrm{B}}\, \mathrm{d}T = \int_{T_1}^{T_2} (\Sigma_{\mathrm{A}} - \Sigma_{\mathrm{B}})\, \mathrm{d}T\,, \tag{M 74}$$

und es folgt für die differentielle Thermospannung eines Thermopaares nach (M 63) sofort $\Sigma_{AB} = \Sigma_{\mathrm{A}} - \Sigma_{\mathrm{B}}$.

Für die absolute Thermospannung liefert die Elektronentheorie

$$\Sigma = -\frac{\pi^2 k^2 T}{3\,e}\left(\frac{\partial \ln \sigma(E)}{\partial E}\right)_{E = E_{\mathrm{F}}}.$$

Dabei ist unter der Leitfähigkeit $\sigma(E)$ der Wert der Leitfähigkeit eines *gedachten* Metalles mit dem Fermi-Niveau $E_{\mathrm{F}} = E$ zu verstehen. Setzen wir zur Diskussion dieser Gleichung für σ seinen Wert bei freien Elektronen nach (A 9) $\sigma(E) = -n_{\mathrm{e}}(E)\, e\, b^*(E)$, so wird

$$\Sigma = \frac{-\pi^2 k^2 T}{3\,e}\left(\frac{\partial n_{\mathrm{e}}/\partial E}{n_{\mathrm{e}}} + \frac{\partial \ln |b^*|}{\partial E}\right)_{E = E_{\mathrm{F}}}. \tag{M 75}$$

Da die Zustandsdichte der Energien $\partial n_{\mathrm{e}}/\partial E$ und n_{e} ihrem Sinn nach positive Größen sind, ist Σ also negativ, sofern der 2. Klammerterm den ersten nicht überkompensiert. Häufig wird er gleichfalls positiv sein, da im allgemeinen ein energiereicheres Elektron weniger gestreut und daher eine größere Beweglichkeit haben wird. Wie die Tab. M 5 zeigt, treten sowohl negative wie positive Σ-Werte auf. Allerdings sprechen Thermospannungen ungewöhnlich empfindlich auf Verunreinigungen und Gitterfehler an.

M 3 Optische Eigenschaften der Metalle

Wir wollen noch einen kurzen Blick auf die optischen Eigenschaften der Metalle werfen, die zu ihren charakteristischen Eigenschaften gehören und sich wegen der elektromagnetischen Natur des Lichtes unmittelbar aus ihren elektrischen Eigenschaften ergeben müssen.

Das Entscheidende ist, daß es sich bei den Lichtwellen um periodisch veränderliche Feldstärken hoher Frequenz handelt. Setzen wir daher mit DRUDE in der Bewegungsgleichung (M 20) für ein quasifreies Metallelektron die Feldstärke $\boldsymbol{E}$ und die Verrückung $\boldsymbol{s}$ mit einem Zeitfaktor $e^{i\omega t}$ an, so erhält man aus der Bewegungsgleichung (M 20) anstelle von (M 22) für $\boldsymbol{u} = \dot{\boldsymbol{s}}$

$$\boldsymbol{u}\left(i\,\omega + \frac{1}{\tau}\right) = -\frac{e}{m^*}\boldsymbol{E} \qquad \text{(M 76)}$$

und für die Leitfähigkeit anstelle von (M 24)

$$\sigma' = \frac{\sigma}{1 + i\,\omega\tau} = \frac{\sigma\cdot(1 - i\,\omega\tau)}{1 + \omega^2\tau^2}\,. \qquad \text{(M 77)}$$

Zu der bisher betrachteten Leitfähigkeit σ nach (M 24), die für Gleichstrom ($\omega = 0$) gilt, tritt ein komplexer frequenzabhängiger Faktor hinzu (vgl. Abb. M 20). Es liegen also beträchtlich andere Verhältnisse vor, und es ist insbesondere nicht zulässig, die bei statischen Feldern gemessene Leitfähigkeit σ auch als für Lichtfrequenzen gültig anzunehmen.

Indessen kennzeichnet man in der Metalloptik ein Medium meist nicht durch seine elektrische Leitfähigkeit σ und seine relative Dielektrizitätskonstante ε_r, wie es in der Elektrodynamik üblich ist, sondern benutzt zwei andere Material-

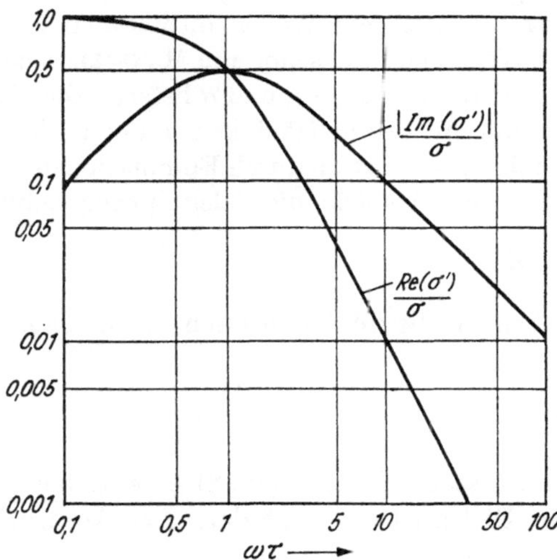

Abb. M 20

Real- und Imaginärteil der Leitfähigkeit σ', bezogen auf die Gleichstromleitfähigkeit σ in Abhängigkeit von $\omega\tau$. Man beachte den doppelt logarithmischen Maßstab (nach KITTEL)

konstanten, den Brechungsindex n und den Absorptionskoeffizienten $\varkappa$. Man faßt diese beiden Größen zu einem komplexen Brechungsindex $\mathfrak{n}$ nach der Vorschrift[1])

$$\mathrm{n} \rightarrow \mathfrak{n} = \mathrm{n} - i\,\varkappa \qquad \text{(M 78)}$$

zusammen und erreicht dadurch eine formal sehr einfache Einbeziehung der Absorption in die Optik, indem man das reelle n in den Formeln der gewöhnlichen Optik nichtabsorbierender Medien durch $\mathfrak{n}$ ersetzt; freilich ist bei quadratischen Ausdrücken Vorsicht geboten.

M 31 Hochfrequenzleitfähigkeit. Skineffekt

Nimmt man die Ersetzung (M 78) in dem Ausdruck für eine in der x-Richtung fortschreitende ebene Welle vor, so entsteht

$$\boldsymbol{E}(x, t) = \boldsymbol{E}_0\, \mathrm{e}^{i\,\omega[t-(\mathrm{n}-i\varkappa)x/c]} = \boldsymbol{E}_0\, \mathrm{e}^{-2\pi\varkappa x/\lambda_0}\, \mathrm{e}^{i\,\omega(t-\mathrm{n}x/c)}\,, \qquad \text{(M 79)}$$

und man erkennt, daß die ebene Welle jetzt gedämpft ist und die Dämpfung durch den Absorptionskoeffizienten $\varkappa$ bestimmt wird (λ_0 ist die Vakuumwellenlänge c/ν). Die sogenannte Eindringtiefe δ_0, bis zu der die Feldstärke auf den e-ten Teil geschwächt wird, beträgt nach (M 79)

$$\delta_0 = \lambda_0/2\,\pi\,\varkappa\,. \qquad \text{(M 80)}$$

Zahlenwerte, wie sie beispielhaft in Abb. M 21 dargestellt sind, zeigen, daß die Eindringtiefe hochfrequenter elektromagnetischer Felder in Metalle äußerst gering ist (*Skineffekt*) und z.B. im sichtbaren Spektralbereich nur etwa 10^{-7} m beträgt. Zu ihrer bequemen Abschätzung ist in Abb. M 21 die nach (M 79) für die Intensitätsschwächung maßgebliche Größe $4\,\pi\,\varkappa/\lambda_0$ mit eingezeichnet[2]).

Die starke Dämpfung elektromagnetischer Wellen in Metallen ist eine unmittelbare Folge von deren Leitfähigkeit, wie schon die MAXWELLsche Theorie zeigt, indem sie einen Zusammenhang zwischen $\varkappa$ und σ liefert. Die MAXWELLschen Gleichungen für ein Medium mit der Leitfähigkeit σ, der Dielektrizitätszahl ε_r und der Permeabilitätszahl $\mu_r = 1$ liefern durch Elimination der magnetischen Feldstärke für die elektrische Feldstärke die Telegraphengleichung

$$\nabla^2 \boldsymbol{E} = \frac{\varepsilon_r}{c^2}\ddot{\boldsymbol{E}} + \frac{\sigma}{\varepsilon_0 \cdot c^2}\dot{\boldsymbol{E}}\,. \qquad \text{(M 81)}$$

Versucht man sie durch die ebene Welle (M 79) zu lösen, so findet man durch Einsetzen die Bedingung

$$\mathfrak{n}^2 = \varepsilon_r - i\,\frac{\sigma}{\omega\,\varepsilon_0} \equiv \varepsilon_r'\,. \qquad \text{(M 82)}$$

Mit der komplexen Dielektrizitätszahl ε_r' stellt (M 82) eine Erweiterung der MAXWELLschen Beziehung für Dielektrika $\varepsilon_r = \mathrm{n}^2$ dar. Der Ausdruck (M 82)

[1]) Man beachte, daß in der Literatur auch häufig die Definition $\mathfrak{n} = \mathrm{n}(1 - i\,\varkappa)$ benutzt wird.

[2]) Wegen $I \sim E^2$ beträgt sie $1/2\,\delta_0$.

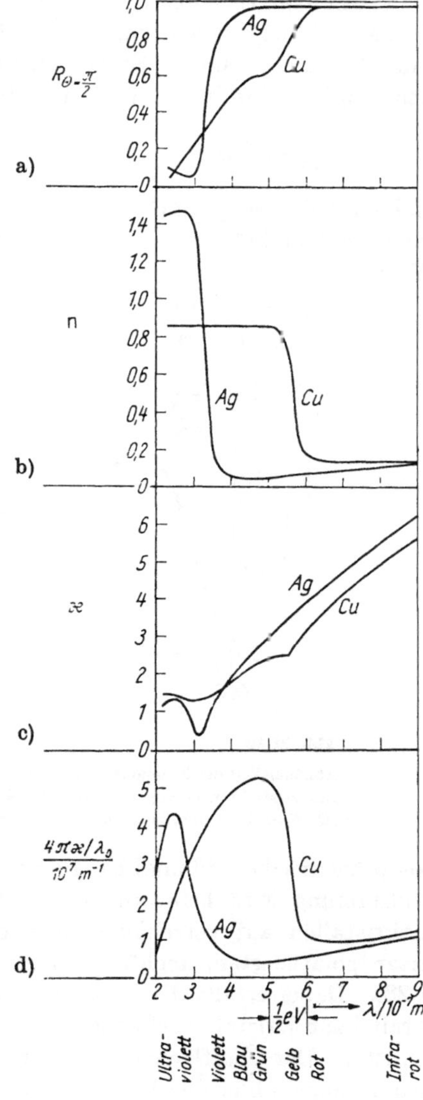

Abb. M 21

Abhängigkeit (a) des Reflexionsvermögens R bei senkrechtem Einfall, (b) des Brechungsindex n, (c) des Absorptionskoeffizienten $\varkappa$ und (d) der reziproken Abklinglänge für Kupfer und Silber von der Wellenlänge nach Messungen von Schulz (teilweise nach Weiss)

enthält zwar explizit die Frequenz ω, trotzdem ist zu bedenken, daß er nicht die volle Frequenzabhängigkeit erfaßt, denn sowohl ε_r wie σ gelten streng nur für statische Felder. Hinsichtlich σ zeigt schon (M 77), daß bei $\omega\tau \gtrapprox 1$ ein nicht zu vernachlässigender, frequenzabhängiger und komplexer Zusatzfaktor auftritt. Ähnlich ist ε_r, das den Anteil der gebundenen Rumpfelektronen beschreibt, durch eine komplexe, frequenzabhängige Größe ε_r'' zu ersetzen, wenn ω nicht mehr klein gegenüber den Eigenfrequenzen der gebundenen Elektronen ist.

Wenn ε_r in (M 82) gegenüber $\sigma/\omega\,\varepsilon_0$ vernachlässigt werden kann (für Kupfer und sichtbares Licht gilt z. B. $\sigma/\omega\,\varepsilon_0 \approx 10^3$), erhält man

$$\mathfrak{n}^2 \approx -i\,\sigma/\omega\varepsilon_0 \qquad \text{(M 83)}$$

und damit

$$\mathrm{n} = \varkappa = \sqrt{\sigma/2\,\omega\,\varepsilon_0}\,. \qquad \text{(M 84)}$$

Daraus folgt nach der klassischen Theorie für die Eindringtiefe δ_0 auf Grund (M 80)

$$\delta_0 = c/\sqrt{\omega\,\sigma/2\,\varepsilon_0}\,. \qquad \text{(M 85)}$$

Wegen Benutzung der Gleichstromleitfähigkeit für σ kann man, wie bereits angedeutet, im allgemeinen keine gute Übereinstimmung mit der Erfahrung erwarten.

Außerdem ist stillschweigend vorausgesetzt worden, daß die freie Weglänge der Elektronen $l \ll \delta_0$ ist. Wenn man jedoch zu extrem tiefen Temperaturen und hochreinen Substanzen übergeht, d. h. möglichst weitgehend die Streuquellen für die Elektronen ausschaltet, ist diese Bedingung nicht mehr erfüllt, und man beobachtet von (M 85) abweichende Eindringtiefen δ (*anomaler Skineffekt*). Um sie abzuschätzen, kann man nach Pippard ganz grob so verfahren, daß man anstelle der wirklichen Elektronendichte n_e eine effektive $n_e^{\mathrm{eff}} = (\delta/l)\,n_e$ setzt mit dem Hinweis, daß Elektronen, deren mittlerer stoßfreier Weg $(= l)$ vollständig in der Eindringtiefe des Hochfrequenzfeldes, d. h. annähernd parallel zur Oberfläche, verläuft, auf dem ganzen Weg beschleunigt werden und daher am meisten zum Strom beitragen. Entsprechend bildet man bei $\omega \tau \ll 1$ eine effektive Leitfähigkeit (ihr Imaginärteil ist also klein gegen den Realteil (vgl. (M 77)))

$$\sigma_{\text{eff}} = \frac{\delta}{l} \sigma \qquad \text{(M 86)}$$

und setzt dieses σ_{eff} in (M 85) ein, um das wahre δ zu erhalten. Eliminiert man aus (M 85) und (M 86) σ_{eff} bzw. δ, so erhält man bei Benutzung von (M 24) und (M 18)

$$\delta = \left(\frac{2\, \varepsilon_0\, c^2\, v_{\text{F}}\, m^*}{n_{\text{e}}\, e^2\, \omega}\right)^{1/3} \quad \text{bzw.} \quad \sigma_{\text{eff}} = \left(\frac{c\, n_{\text{e}}\, e^2}{v_{\text{F}}\, m^* \sqrt{\omega/2\, \varepsilon_0}}\right)^{1/3}. \qquad \text{(M 87)}$$

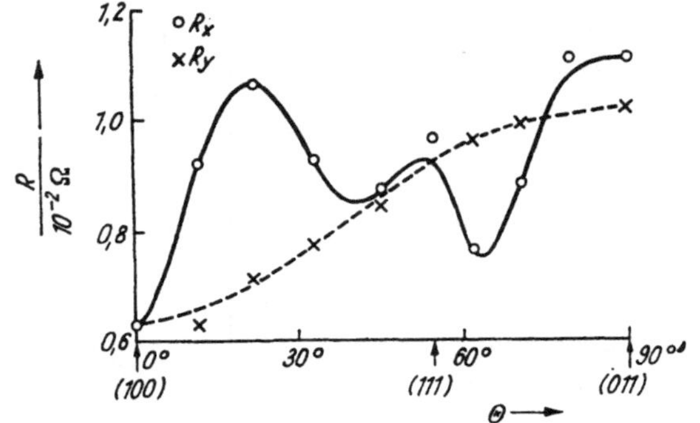

Abb. M 22

Abhängigkeit der Komponenten des Oberflächenwiderstandes R für zwei zueinander senkrechte Polarisationsrichtungen von der kristallographischen Orientierung, gemessen an Kupfer (nach Pippard). (Θ: Winkel der Oberflächennormale zur Würfelkantenrichtung)

Beide Ausdrücke sind unabhängig von der freien Weglänge. Zur Fermi-Flächen-Bestimmung wird beim anomalen Skineffekt der Oberflächenwiderstand von Einkristallen auf verschieden orientierten Oberflächen durch Anlegen eines linear polarisierten, hochfrequenten elektrischen Feldes gemessen (vgl. Abb. M 22). Dabei erfaßt die Messung nur die Elektronen mit Geschwindigkeiten parallel zur Kristalloberfläche, es wird also nicht über die ganze Fermi-Fläche gemittelt. Der Oberflächenwiderstand ist proportional $\{\int |\varrho|\, \mathrm{d}\boldsymbol{k}\}^{1/3}$, wobei ϱ den Krümmungsradius der Schnittkurve der Fermi-Fläche mit einer Ebene, die $\boldsymbol{E}$ und die Oberflächennormale enthält, bedeutet und die Integration um ein Gebiet der Fermi-Fläche erfolgt, in dessen Punkten die Elektronengeschwindigkeiten, die nach (L 77) durch die Flächennormale auf der Fermi-Fläche gegeben sind, parallel zur Probenoberfläche liegen.

M 32 Plasmaschwingungen (Plasmonen)

Wir wollen jetzt in der komplexen Maxwellschen Beziehung (M 82) die frequenzabhängige Leitfähigkeit σ' gemäß (M 77) einführen. Dabei drücken wir gleichzeitig die Gleichstromleitfähigkeit σ durch (M 24) aus und setzen $\varepsilon_r = 1$, wie dies im Hinblick auf die freien Elektronen der Metalle meist geschieht und erhalten damit die „Dielektrizitätszahl" eines Gases freier Metallelektronen

$$\varepsilon_r' = 1 - \frac{n_e \cdot e^2}{\varepsilon_0\, m_e\, (\omega^2 - i\, \omega/\tau)}\,. \tag{M 88}$$

Für $\tau \to \infty$, d. h. bei verschwindender Dämpfung, wird ε_r' reell und insbesondere auch positiv, sofern $\omega^2 > n_e\, e^2/m_e\, \varepsilon_0$. Da sich nach der Elektrodynamik eine Welle nur in einem Medium mit positiver Dielektrizitätszahl fortpflanzen kann, schneidet das Elektronengas also alle Wellen unterhalb

$$\omega_P \equiv (n_e\, e^2/m_e\, \varepsilon_0)^{1/2} \tag{M 89}$$

ab. Die sogenannte Plasmafrequenz (der Name wird sogleich erläutert) liegt für eine relativ kleine Metallelektronendichte von $n_e = 10^{28}\,\mathrm{m}^{-3}$ bei $5{,}7 \cdot 10^{15}\,\mathrm{s}^{-1}$ entsprechend einer Wellenlänge von 3300 Å, d. h. schon im Ultraviolett. Erst für so kurze und kürzere Wellenlängen ist das Elektronengas durchsichtig; für Natrium wird z. B. 2160 Å, für Rubidium 3400 Å beobachtet.

Eine Plasmaschwingung ist ein kollektiver longitudinaler Schwingungszustand des Elektronengases; ihre Energiequanten werden *Plasmonen* genannt. Die Dispersionsbeziehung für Plasmonen lautet

$$\omega(k) \cong \omega_P\, (1 + 3\, k^2\, v_F^2/10\, \omega_P^2 + \cdots)\,. \tag{M 90}$$

Die oben aufgetretene Abschneidefrequenz ω_P erweist sich also als die Plasmaschwingungsfrequenz für den Grenzfall $k \to 0$ (k: Wellenzahl der Plasmonen).

Plasmonen können durch Elektronendurchgang durch dünne Metallschichten oder bei Reflexion an ihnen angeregt werden. Die Energieverluste der Elektronen sind ganze Vielfache der Plasmonen-Energie (vgl. Abb. M 23).

Wir fragen jetzt nach dem allgemeinen Zusammenhang zwischen den optischen Größen n und $\varkappa$ einerseits und den elektronentheoretischen n_e und τ andererseits, den wir bisher nur für den Sonderfall $\omega\tau \ll 1$ gewonnen hatten

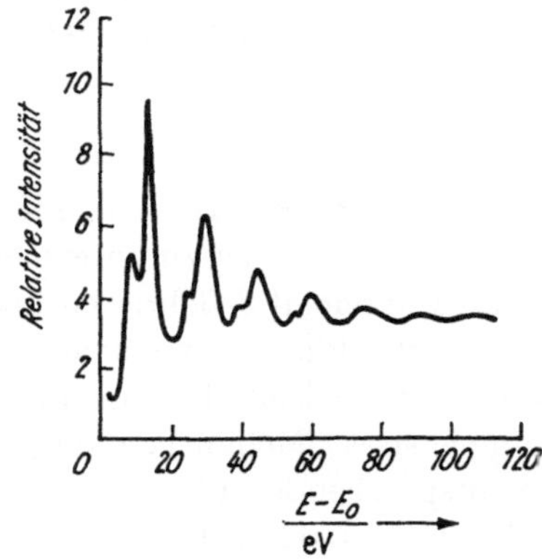

Abb. M 23
Intensität der an einer dünnen Metallschicht-reflektierten Elektronen über dem Energieverlust $E - E_0$ (E_0 = 2020 eV; Primärenergie), gemessen an Aluminium. Es werden Oberflächenplasmonen (erstes Maximum; 10,3 eV) und Volumenplasmonen (zweites Maximum; 15,3 eV) angeregt (nach POWELL und SWAN)

(vgl. (M 84)). Dazu trennen wir in (M 88) mit $\varepsilon_r' \equiv \mathfrak{n}^2 = (\mathrm{n} - i\,\varkappa)^2$ Real- und Imaginärteil:

$$\mathrm{n}^2 - \varkappa^2 = 1 - \frac{n_e\, e^2/m_e\, \varepsilon_0}{\omega^2 + 1/\tau^2} = 1 - \frac{\omega_P^2}{\omega^2 + 1/\tau^2}, \qquad \text{(M 91)}$$

$$n\,\varkappa = \frac{n_e\, e^2\, \tau}{2\, m_e\, \varepsilon_0\, \omega\,(1 + \omega^2 \tau^2)} = \frac{\omega_P^2\, \tau}{2\, \omega\,(1 + \omega^2 \tau^2)}. \qquad \text{(M 92)}$$

Hier tritt wieder die Plasmafrequenz ω_P auf und zeigt ihre grundlegende Bedeutung für metalloptische Erscheinungen. Die Formeln (M 91) und (M 92) enthalten nur den Anteil der freien Elektronen. Sie stellen daher den Gesamteffekt nur so lange dar, wie die an die Atome gebundenen Elektronen keinen merklichen Beitrag liefern. Falls dies eintritt, muß man die Bindungskräfte der Rumpfelektronen berücksichtigen.

M 33 Reflexionsvermögen

Wir betrachten nur den senkrechten Einfall auf eine ebene Metalloberfläche senkrecht zur x-Achse, deren positiver Teil im Metallinnern liege. Wir setzen im Außenraum neben der einfallenden Welle $\boldsymbol{E}_1 \cdot \exp\{i\,\omega\,(t - x/c)\}$ eine reflektierte $\boldsymbol{E}_2 \cdot \exp\{-i\,\omega\,(t - x/c)\}$ an und außerdem im Metall die schon oben benutzte gedämpfte Welle $\boldsymbol{E}_0 \cdot \exp\{i\,\omega\,(t - \mathfrak{n}\,x/c)\}$. Die Grenzbedingungen liefern $\boldsymbol{E}_0 = \boldsymbol{E}_1 + \boldsymbol{E}_2$ und — aus Betrachtung des magnetischen Anteils — $\mathfrak{n}\,\boldsymbol{E}_0 = \boldsymbol{E}_2 - \boldsymbol{E}_1$. Daraus folgt durch Elimination von $\boldsymbol{E}_0$

$$\boldsymbol{E}_2/\boldsymbol{E}_1 = (1 - \mathfrak{n})/(1 + \mathfrak{n}) \qquad \text{(M 93)}$$

und daher für das Reflexionsvermögen, unter Benutzung von $\mathfrak{n} = \mathrm{n} - i\,\varkappa$,

$$R \equiv \frac{|\boldsymbol{E}_2|^2}{|\boldsymbol{E}_1|^2} = \frac{|1 - \mathfrak{n}|^2}{|1 + \mathfrak{n}|^2} = \frac{(\mathrm{n} - 1)^2 + \varkappa^2}{(\mathrm{n} + 1)^2 + \varkappa^2}, \qquad \text{(M 94)}$$

d. i. die BEERsche Formel. Für Metalle erhält man mit den Werten für n und $\varkappa$ aus (M 84)

$$R \approx 1 - 2\sqrt{2\,\varepsilon_0\,\omega/\sigma}\,. \qquad \text{(M 95)}$$

Die Frequenzabhängigkeit ist aus Abb. M 21 zu ersehen. Die dort mitgeteilten Zahlen ergeben ein sichtbares Reflexionsvermögen von nahezu 100%.

Bestimmungsmethode für n *und* $\varkappa$ *nach* DRUDE

Nach DRUDE (Abb. M 24) läßt man einen linear polarisierten Lichtstrahl (Schwingungsrichtung von $\boldsymbol{E}$ gegen Einfallsebene 45°) an der zu untersuchenden Metalloberfläche unter verschiedenen Einfallswinkeln ϑ reflektieren und mißt die reflektierten Intensitäten $I_{\parallel}$ und $I_{\perp}$ sowie die Phasenverschiebung Δ zwischen den $\boldsymbol{E}$-Komponenten parallel und senkrecht zur Einfallsebene, indem man sie durch eine geeignete Kristallplatte kompensiert. Meßkurven sind in Abb. M 25 dargestellt, wobei zum Vergleich die entsprechenden Werte für ein durchsichtiges Medium eingezeichnet sind. Der Einfallswinkel ϑ_0, für den die Phasen-

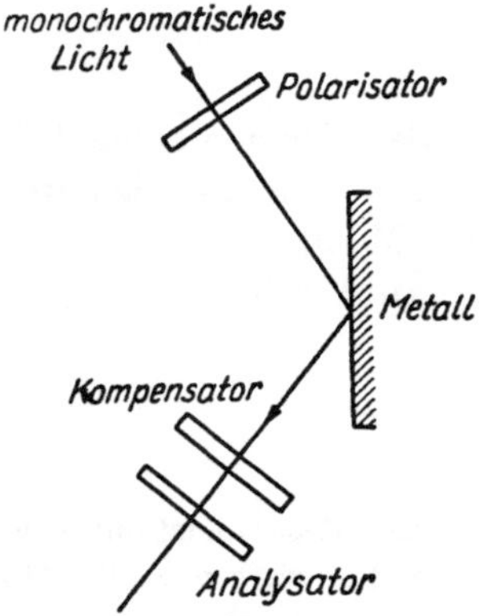

Abb. M 24
Schematische Darstellung der DRUDEschen Anordnung

verschiebung $\Delta = 90°$ wird, heißt der *Haupteinfallswinkel*; er liegt gewöhnlich in der Nähe von 70°. Führt man noch einen Winkel ψ durch

$$\tan\psi = \frac{|E_{\|}|}{|E_{\perp}|} = \sqrt{\frac{I_{\|}}{I_{\perp}}}, \qquad \tan\psi_0 = \left(\sqrt{\frac{I_{\|}}{I_{\perp}}}\right)_{\vartheta=\vartheta_0} \tag{M 96}$$

ein, so gilt

$$n^2 - \varkappa^2 = \sin^2\vartheta\tan^2\vartheta\,\frac{\cos^2 2\psi - \sin^2 2\psi\sin^2\Delta}{(1+\cos\Delta\sin 2\psi)^2} + \sin^2\vartheta \tag{M 97}$$

und

$$n\varkappa = \frac{\sin 2\psi\cos 2\psi\sin\Delta\sin^2\vartheta\tan^2\vartheta}{(1+\cos\Delta\sin 2\psi)^2}. \tag{M 98}$$

Für $\vartheta = \vartheta_0$ vereinfachen sich diese Formeln etwas infolge $\sin\Delta = 1$, $\cos\Delta = 0$. Zur weiteren Vereinfachung ist man auf Näherungen angewiesen. Sehr bekannt sind beispielsweise die schon von CAUCHY angegebenen *Gleichungen*

$$n = \sin\vartheta_0\tan\vartheta_0\cos 2\psi_0 \tag{M 99}$$

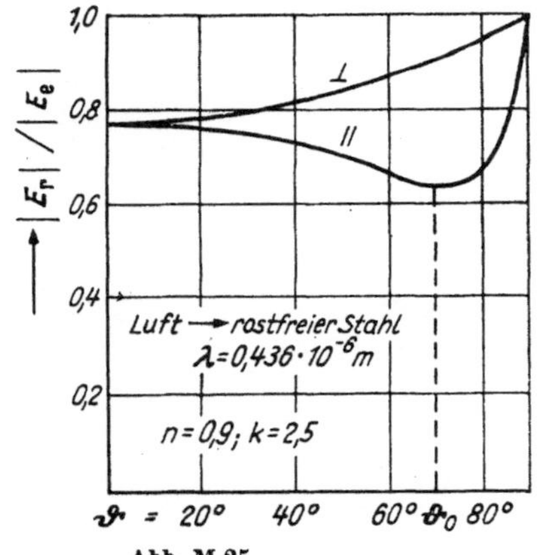

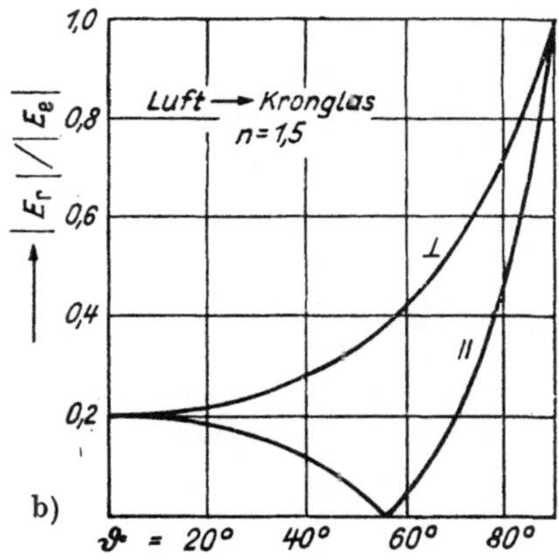

Abb. M 25
Amplitudenverhältnis von reflektierter und einfallender (linear polarisierter) Lichtwelle $|E_r|/|E_e|$ in Abhängigkeit vom Einfallswinkel ϑ parallel (‖) und senkrecht (⊥) zur Einfallsebene.
(a) Übergang Luft–Stahl, (b) Luft–Kronglas (nach POHL)

und

$$\varkappa = \sin \vartheta_0 \tan \vartheta_0 \sin 2\,\psi_0 \,. \qquad \text{(M 100)}$$

Daß es sich hier nur um näherungsweise gültige Beziehungen handelt, kann man schon daraus ersehen, daß der Übergang zu $\varkappa = 0$ Schwierigkeiten macht: Dies erfordert nach (M 100) $\psi_0 = 0$, wofür aus (M 99) $\mathrm{n} = \sin \vartheta_0 \tan \vartheta_0$ folgt, während nach dem Brewster*schen Gesetz* $\mathrm{n} = \tan \vartheta_0$ gilt.

M 4 Übungsaufgaben

M 1. Nach der Nordheimschen Regel variiert der Restwiderstand eines binären Mischkristallsystems entsprechend $\varrho_0(x) \sim x\,(1 - x)$, wo x die Atomkonzentration der Komponente B ist. Man verifiziere dies durch die Annahme, daß auf jedes Elektron der Mittelwert des Potentials der Atompotentiale wirkt. Die Streuung an jedem Atom ist dem Quadrat des (Matrixelements des) lokalen Differenzpotentials proportional.

M 2. Der elektrische Widerstand eines Mehrphasensystems hängt von der räumlichen Anordnung der Phasen ab. Man gebe Berechnungsvorschriften für leicht übersehbare Grenzfälle an!

N MAGNETISCHE EIGENSCHAFTEN

Wie aus der Atomtheorie bekannt ist, besitzen Atome mit abgeschlossenen Elektronenschalen kein resultierendes magnetisches Moment. Stoffe, die nur solche Atome enthalten, sind *diamagnetisch* (relative *Permeabilität*[1]) $\mu_r \equiv |\boldsymbol{B}|/|\mu_0 \boldsymbol{H}| < 1$) und interessieren hier nur am Rande. Bei nichtabgeschlossener Elektronenschale besitzt das Atom ein resultierendes magnetisches Moment. Unser Hauptanliegen ist es jetzt, die magnetischen Wechselwirkungserscheinungen in Stoffen aus solchen Atomen (*para-* und *ferromagnetische* Stoffe, $\mu_r > 1$) zu untersuchen. Außer den Elektronen der Atomhülle können auch die *Atomkerne magnetische Momente* besitzen, die jedoch um einen Faktor 10^3 kleiner als diejenigen der Elektronen sind und daher im allgemeinen außer Betracht bleiben sollen. Sie gestatten aber trotz ihrer Kleinheit die Messung von magnetischen Feldern im Kristallgitter am Ort des Kernes durch Auswertung der Hyperfeinstruktur-Kernspektren mittels MÖSSBAUER-*Effekt* und durch die magnetische *Kernresonanz-Methode*, die bei Metallen eine vom PAULI-Paramagnetismus hervorgerufene Verschiebung der Resonanzlinie (KNIGHT-*Shift*) liefert. Tabelle N 1 bringt magnetische Feldstärken, die für verschiedene Gitter am Ort der angegebenen Atomkerne gemessen worden sind.

N 1 Dia- und Paramagnetismus der freien Atome und des Elektronengases

Die einfachsten Verhältnisse liegen in Gasen vor, die wir daher zuerst kurz betrachten werden. Hier sind die mittleren Atomabstände so groß, daß die Atome keine merklichen Einflüsse aufeinander ausüben und daher nur die Wirkung eines äußeren Magnetfeldes zu untersuchen bleibt. Das eigentlich interessante und daher näher zu besprechende sind jedoch magnetische Erscheinungen im festen Zustand. Die Unterschiede, die man gegenüber einem Gas erwarten kann, lassen sich auf zwei Gruppen von Ursachen zurückführen:

1. *Änderung der Elektronenkonfiguration* der Atome beim Zusammentritt zum Gitter. Hierzu gehört bei Metallen speziell die Bildung des *Metallelektronengases*. Bei Kenntnis des Zusammenhanges zwischen Elektronenkonfiguration und magnetischen Eigenschaften kann man hoffen, umgekehrt durch magnetische Untersuchungen die *Elektronenstruktur* in Festkörpern *aufzuklären*.
2. Magnetische Wechselwirkung der Atome untereinander infolge ihrer regelmäßigen und dichten Anordnung. Es kommt zu *kooperativen magnetischen*

[1]) Außerdem benutzt man die absolute Permeabilität $\mu = \mu_r \cdot \mu_0$.

Tabelle N 1
Magnetfelder am Kernort einiger Isotope in verschiedenen magnetischen Substanzen*)

Kern	Wirtskristall	Feld am Ort**) des Kerns $H/10^6$ Am^{-1}	Temperatur T/K	Methode***)
^{57}Fe	Fe	−27,3	0	M
	Fe	|27,1|	0	NMR
	Fe_3Al	−22,3	78	M
	Fe_2Zr	−15,2 +0,8	293	M
	Fe_2Ti	<0,8	293	M
^{59}Co	α−Co	−18,2	0	NMR
	β−Co	−17,36	0	NMR
^{61}Ni	Ni	−13,6	293	NMR
	Ni	−13,6	293	M
^{119}Sn	Mn_4Sn	− 3,6	0	M
	Mn_2Sn	+16,0	0	M

*) Nach WATSON, FREEMAN und ISHIKAWA
**) $H < 0$ bedeutet, daß inneres Feld und Magnetisierung antiparallel sind
***) M: MÖSSBAUER-Effekt
NMR: magnetische Kernresonanz

Erscheinungen wie Ferromagnetismus und Antiferromagnetismus sowie zu Zwischenstufen, die sowohl physikalisch als auch technisch von allergrößtem Interesse sind.

N 11 Diamagnetismus

Wir beginnen mit einer kurzen Bemerkung über die anschauliche Deutung des Diamagnetismus eines Gases. Eine BOHRsche Elektronenbahn stellt einen stationären Zustand dar, d. h., das Elektron kann seine Bahnbewegung beliebig lange fortsetzen, entspricht also einem Strom in einer verlustlosen Leiterschleife. Wird der sie durchsetzende magnetische Fluß durch Einschalten eines Magnetfeldes geändert, so wird nach der LENZschen Regel eine Spannung induziert, die einen Strom mit entgegengesetzter magnetischer Wirkung auslöst. Im Gegensatz zu den makroskopischen Verhältnissen klingt er nicht schnell ab, sondern dauert an und bewirkt eine konstante Schwächung des Magnetfeldes. Eine quantitative Betrachtung liefert für die *Suszeptibilität* ($\chi = \mu_r - 1$, reine Zahl)

$$\chi_{\text{dia}} = -\frac{n\,Z\,\mu_0\,e^2}{6\,m_e}\overline{r^2} \tag{N 1}$$

(n Atomzahl/Volumen, Z Ordnungszahl, $\overline{r^2}$ mittleres Radiusquadrat der Elektronenwolke, μ_0 Induktionskonstante).

Die diamagnetische Suszeptibilität ist also durch die *räumliche Ladungsverteilung* bestimmt und unabhängig von der Temperatur. Man findet für χ_{dia}

in Übereinstimmung mit der Erfahrung die Größenordnung 10^{-8}. Die vorstehende grobe Betrachtung ist auch insofern richtig, als nach ihr der diamagnetische Effekt bei j e d e m Atom vorhanden sein muß. Handelt es sich jedoch um ein paramagnetisches Atom, so ist dessen positive paramagnetische Suszeptibilität dem Betrage nach viel größer, so daß der diamagnetische Effekt überkompensiert wird, und sich nur in der Verringerung der paramagnetischen Suszeptibilität auswirkt, der wir uns jetzt zuwenden wollen.

N 12 Paramagnetismus

Ein elektrischer Strom i, der eine Kreisfläche (Normalenvektor $\boldsymbol{A}$) umfließt, besitzt ein *magnetisches Moment*

$$\boldsymbol{m} = i \cdot \boldsymbol{A}\,, \tag{N 2}$$

ein auf einer Kreisbahn (r) mit einer Winkelgeschwindigkeit ω umlaufendes Elektron besitzt einen Drehimpuls

$$\boldsymbol{D} = m_e\, r^2 \boldsymbol{\omega} = (m_e\, \omega/\pi)\, \boldsymbol{A} \tag{N 3}$$

und stellt einen Strom

$$i = -\, e \frac{\omega}{2\pi} \tag{N 4}$$

dar. Sein magnetisches Moment beträgt deshalb

$$\boldsymbol{m} = -\frac{e}{2\, m_e} \boldsymbol{D}\,. \tag{N 5}$$

Da der Drehimpuls $\boldsymbol{D}$ nach der Quantentheorie ein ganz- oder halbzahliges Vielfaches von $\hbar$ beträgt, wählt man

$$\mu_B \equiv \frac{e\,\hbar}{2\, m_e} = 9{,}273 \cdot 10^{-24}\ \mathrm{Am}^2\,, \tag{N 6}$$

das Bohr*sche Magneton*, als Einheit atomarer magnetischer Momente.

Besitzt ein Atom den resultierenden *Bahndrehimpuls* $\boldsymbol{L}$[1]) und den resultierenden Spin $\boldsymbol{S}$ (entsprechende Quantenzahlen: L bzw. S), so betragen die diesen zugeordneten magnetischen Momente nach der Quantenmechanik exakt

$$|\boldsymbol{m}_L| = \sqrt{L\,(L+1)}\, \mu_B\,, \qquad |\boldsymbol{m}_S| = 2\sqrt{S\,(S+1)}\, \mu_B\,. \tag{N 7}$$

Hierbei ist das sogenannte magnetische Eigenmoment des Elektrons, das den letzten Wert um etwa $1^0/_{00}$ erhöhen würde, nicht berücksichtigt. Nachdrückliche Beachtung verlangt aber die Tatsache, daß dem Spin (Eigendrehimpuls) ein doppelt so großes magnetisches Moment zukommt wie dem Bahndrehimpuls.

[1]) Die atomaren Drehimpulse werden durch die dimensionslosen Vektoren $\boldsymbol{S}$, $\boldsymbol{L}$ bzw. $\boldsymbol{J}$ gekennzeichnet. Um den Drehimpuls selbst zu erhalten, sind diese Größen jeweils noch mit $\hbar$ zu multiplizieren. Es ist jedoch weitgehend üblich, $\boldsymbol{S}$, $\boldsymbol{L}$ und $\boldsymbol{J}$ allein bereits als Drehimpulse zu bezeichnen. Man beachte, daß der vom Drehimpuls abgespaltene Faktor $\hbar$ dem Bohrschen Magneton zugeschlagen wird, wie ein Vergleich von (N 5) und (N 6) zeigt.

Dadurch ist das resultierende magnetische Moment nicht parallel dem resultierenden Drehimpuls $\boldsymbol{J}$ (Abb. N 1). Jedoch führt es Präzessionsbewegungen um die raumfeste $\boldsymbol{J}$-Richtung (Erhaltung des Gesamtdrehimpulses) aus, so daß nach außen nur die Komponente

$$|\boldsymbol{m}_J| = g\sqrt{J(J+1)}\,\mu_B\,, \quad g\sqrt{J(J+1)} = \textit{effektive Magnetonenzahl}, \qquad \text{(N 8)}$$

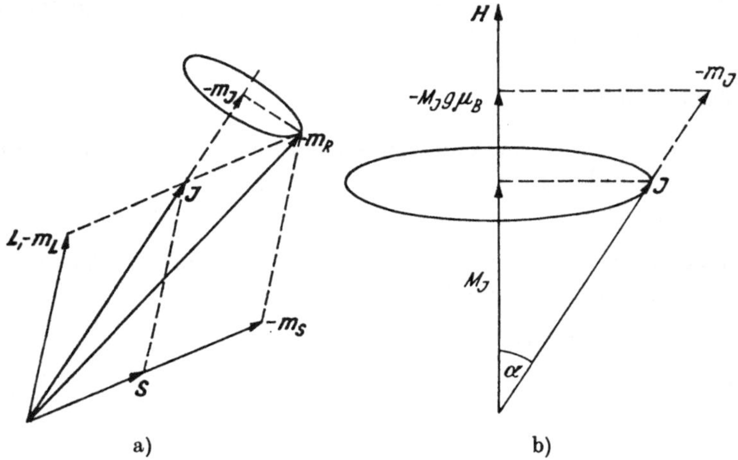

Abb. N 1

Zur Berechnung des mittleren magnetischen Momentes eines Gases. (a) Die Größe des magnetischen Momentes $\boldsymbol{m}_J$ eines paramagnetischen Atoms ergibt sich als Projektion des resultierenden magnetischen Momentes $\boldsymbol{m}_R$ auf die raumfeste Drehimpulsrichtung $\boldsymbol{J}$. (b) Im äußeren Magnetfeld $\boldsymbol{H}$ stellen sich nur solche Winkel α ein, für die die Komponente von $\boldsymbol{J}$ in Feldrichtung gleich M_J ($M_J = J, J-1, \ldots, -J$) ist. Damit beträgt die Komponente des magnetischen Atommomentes in Feldrichtung $M_J\, g\, \mu_B$

mit dem Landé-*Faktor*

$$g = \frac{3}{2} + \frac{S(S+1) - L(L+1)}{2J(J+1)} \qquad \text{(N 9)}$$

wirksam wird.

Wir betrachten nun ein System von Atomen, die untereinander in keinerlei Wechselwirkung stehen (ein „Gas"), in einem äußeren Magnetfeld. Das Feld erstrebt eine Parallelstellung der atomaren magnetischen Momente, die Temperaturbewegung wirkt dagegen, so daß sich ein Gleichgewicht einstellen wird. Nach den quantentheoretischen Vorstellungen können dabei aber im Gegensatz zur klassischen Auffassung nicht beliebige Winkel α zwischen der magnetischen Feldstärke $\boldsymbol{H}$ und den $\boldsymbol{J}$-Richtungen der Atome auftreten, sondern nur solche, für welche die $\boldsymbol{J}$-Komponenten in Feldrichtung ganz- oder halbzahlige Vielfache von $\hbar$ sind, d. h., die „magnetische" *Quantenzahl der Richtungsquantelung* M_J kann nur die Werte $J, J-1, \ldots, -(J-1), -J$ annehmen.

Unter diesem Gesichtspunkt ist jetzt die Berechnung des Mittelwertes des magnetischen Momentes in Feldrichtung durchzuführen; dieser liefert dann, mit der Anzahldichte der Atome n multipliziert, definitionsgemäß die Magnetisierung $\boldsymbol{M} \equiv n\,\overline{\boldsymbol{m}}$, bzw. die im folgenden ausschließlich benutzte magnetische Polarisation $\boldsymbol{I} \equiv \mu_0 \cdot \boldsymbol{M}$ (vgl. (M 35)). Da die magnetische Wechselwirkungsenergie zwischen einem Feld $\boldsymbol{H}$ und einem Moment $\boldsymbol{m}$ durch $-\mu_0\,\boldsymbol{H}\cdot\boldsymbol{m}$ gegeben ist, kommt einer Konfiguration mit einer magnetischen Quantenzahl M_J die Energie $-M_J\,g\,\mu_0\,\mu_B\,H$ zu, und man kann daher der BOLTZMANN-Faktor $\exp\{M_J\,g\,\mu_0\,\mu_B\,H/kT\}$ als statistisches Gewicht für die Mittelbildung verwenden:

$$|\overline{\boldsymbol{m}_J}| = \frac{\sum\limits_{-J}^{+J} M_J\,g\,\mu_B\,e^{M_J\,g\,\mu_0\,\mu_B\,H/kT}}{\sum\limits_{-J}^{+J} e^{M_J\,g\,\mu_0\,\mu_B\,H/kT}}. \tag{N 10}$$

Bei kleinen Feldstärken und/oder hohen Temperaturen gilt $M_J\,g\,\mu_0\,\mu_B\,H/kT \ll 1$. Deshalb läßt sich die e-Funktion durch $1 + M_J\,g\,\mu_0\,\mu_B\,H/kT$ annähern, und man erhält

$$|\overline{\boldsymbol{m}_J}| = \frac{J\,(J+1)}{3}\,g^2\,\mu_0\,\mu_B^2\,H/kT\,. \tag{N 11}$$

Für die Suszeptibilität folgt dann unter Benutzung von (N 8)

$$\chi \equiv \frac{I}{\mu_0\,H} \equiv \frac{n\,|\overline{\boldsymbol{m}_J}|}{H} = \frac{n\,\mu_0\,\boldsymbol{m}_J^2}{3\,kT}. \tag{N 12}$$

Für $n = 10^{25}\ \mathrm{m}^{-3}$ und $|\boldsymbol{m}_J| = \mu_B$ findet man $\chi \approx 2{,}6 \cdot 10^{-5}\ \mathrm{K}/T$. Die Proportionalität mit der reziproken Temperatur wird als *CURIEsches Gesetz des Paramagnetismus* bezeichnet, das sich übrigens in genau derselben Form auch auf klassischer Grundlage herleiten läßt.

Bei hohen Feldstärken und/oder tiefen Temperaturen, wenn $M_J\,g\,\mu_0\,\mu_B\,H/kT \gg 1$ gilt, sind jedoch die Resultate von klassischer und quantentheoretischer Betrachtung verschieden. Letztere ergibt für den Betrag der Magnetisierung

$$I = n\,g\,J\,\mu_0\,\mu_B\,B_J(\alpha)\,, \tag{N 13}$$

wobei $B_J(\alpha)$ die *BRILLOUIN-Funktion*

$$B_J(\alpha) = \frac{J+\frac{1}{2}}{J}\coth\left(\frac{J+\frac{1}{2}}{J}\,\alpha\right) - \frac{1}{2\,J}\coth\left(\frac{\alpha}{2\,J}\right) \tag{N 14}$$

mit dem Argument $\alpha = \dfrac{g\,J\,\mu_0\,\mu_B\,H}{k\,T}$ bedeutet, die in Abb. N 2 dargestellt ist.

Bemerkenswert ist, daß hier eine maximale Magnetisierung

$$I_\infty = n\,g\,J\,\mu_0\,\mu_B \tag{N 15}$$

auftritt, die allerdings selbst mit den höchsten verfügbaren Feldstärken nur bei extrem tiefen Temperaturen erreichbar ist. Man entnimmt der Abb. N 2 z.B., daß Sättigung für $J = 1$ praktisch bei $\alpha = 3$ eintritt; mit $g = 1$ folgt daraus $H/T = 3{,}7 \cdot 10^6$ A/Km. Für große J-Werte, d. h. eine Vielzahl von Einstellmöglichkeiten, nähert sich die BRILLOUIN-Funktion ihrem klassischen Analogon, der *LANGEVIN-Funktion*, erwartungsgemäß an.

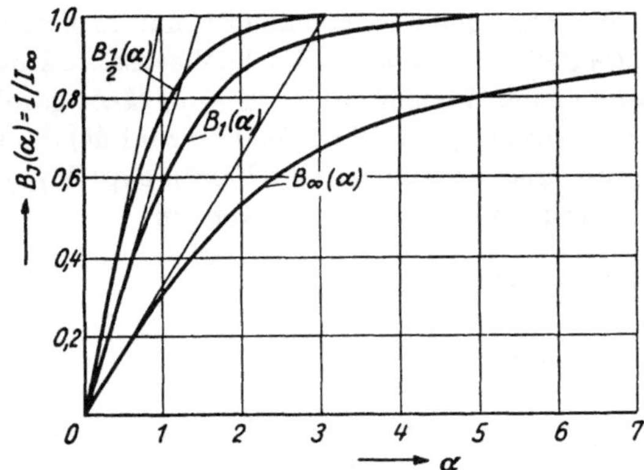

Abb. N 2

BRILLOUIN-Funktion $B_J(\alpha)$ für $J = 1/2$, 1 und ∞. Die Tangenten in $\alpha = 0$ sind ebenfalls angegeben

N 13 PAULI-Paramagnetismus. LANDAU-Diamagnetismus

Ein freies Elektron stellt sich entsprechend seinem Spin entweder parallel oder antiparallel zu einem äußeren Feld ein mit einer Wechselwirkungsenergie $-\mu_0\,\mu_B\,H$ bzw. $+\mu_0\,\mu_B\,H$. Bei $T = 0$ gilt dann

$$E \mp \mu_0\,\mu_B\,H \leqq E_F^0\,, \tag{N 16}$$

und daraus folgt für den Höchstwert der kinetischen Energie E_{kin} bei

$$\left.\begin{array}{ll} \text{Parallelstellung:} & E_{kin}^{\uparrow\uparrow} = E_F^0 + \mu_0\,\mu_B\,H\,, \\ \text{Antiparallelstellung:} & E_{kin}^{\uparrow\downarrow} = E_F^0 - \mu_0\,\mu_B\,H\,. \end{array}\right\} \tag{N 17}$$

Im Bereich der Gesamtenergien $E_F^0 - \mu_0\,\mu_B\,H \ldots E_F^0$ (vgl. Abb. N 3) gibt es also Elektronen beider Orientierungen, so daß sich ihre magnetische Wirkung aufheben wird, wenn man gleiche Anzahlen voraussetzt. Unterhalb $E_F^0 - \mu_0\,\mu_B H$

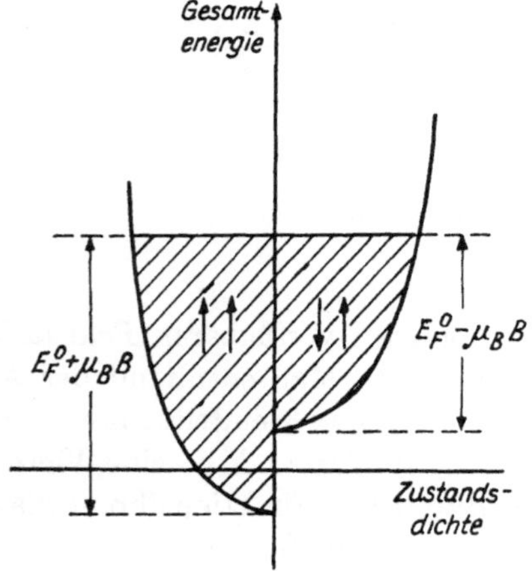

Abb. N 3

Energiemodell zum PAULIschen Paramagnetismus freier Elektronen bei $T = 0$. Die besetzten Zustände sind schraffiert

sind aber nur Elektronen mit zum Feld parallelem Spin vorhanden, so daß sich eine verstärkende Wirkung, d. h. ein paramagnetischer Effekt, ergibt (PAULI, 1927).

Zur Berechnung der zugehörigen Magnetisierung braucht nur die Anzahldichte n_e^0 der Elektronen im Intervall von $E_F^0 - \mu_0 \mu_B H$ bis $E_F^0 + \mu_0 \mu_B H$ ermittelt zu werden. Unter den genannten Voraussetzungen ($T = 0$, sämtliche Elektronen mit gleicher Spinorientierung) ist die Elektronen-Anzahldichte durch die Hälfte der Zustandsdichte $g(E)$ bestimmt und beträgt

$$n_e^0 = \frac{1}{2}\left[\int_0^{E_F^0 + \mu_0 \mu_B H} g(E)\,\mathrm{d}E - \int_0^{E_F^0 - \mu_0 \mu_B H} g(E)\,\mathrm{d}E\right]$$

$$= \frac{1}{2} \int_{E_F^0 - \mu_0 \mu_B H}^{E_F^0 + \mu_0 \mu_B H} g(E)\,\mathrm{d}E \approx \mu_0 \mu_B H\, g(E_F^0)\,, \tag{N 18}$$

wenn man $g(E)$ durch $g(E_F^0)$ ersetzt. Wählt man für $g(E)$ den Ausdruck (L 38) für freie Elektronen und für E_F^0 den Wert (A 18), setzt also $g(E_F^0) = \frac{3\,n_e}{2\,E_F^0}$, so erhält man mit (N 12)

$$\chi_{\mathrm{Pauli}}^{T=0} \equiv \frac{n_e^0 \mu_0 \mu_B}{H} = \frac{3\,n_e \mu_0 \mu_B^2}{2\,E_F^0}\,. \tag{N 19}$$

Hieraus kann man einen Ausdruck für tiefe Temperaturen

$$\chi_{\mathrm{Pauli}}^{T>0} = \frac{3}{2}\,\frac{n_e \mu_0 \mu_B^2}{E_F^0}\left[1 + \frac{\pi^2}{12}\left(\frac{kT}{E_F^0}\right)^2\right] \tag{N 20}$$

durch Benutzung der näherungsweise gültigen Darstellung (A 26) von E_F in der Umgebung von $T = 0$ gewinnen. Man erkennt auf Grund des früher (vgl. S 16) über die Kleinheit des Verhältnisses kT/E_F^0 bei Metallen Gesagten, daß der PAULI-*Paramagnetismus* praktisch *temperaturunabhängig* ist.

Wie LANDAU (1930) gezeigt hat, liefert die Berücksichtigung der Bewegungsänderung im Magnetfeld auch einen *Diamagnetismus der Metallelektronen*; seine Größe beträgt bei freien Elektronen

$$\chi_{\mathrm{Landau}} = -\frac{\chi_{\mathrm{Pauli}}}{3}\,. \tag{N 21}$$

Berücksichtigt man den Einfluß des Gitters auf die Metallelektronen, so werden die Verhältnisse wesentlich komplizierter. Als Beispiel zeigt Abb. N 4 den Wechsel zwischen starkem Paramagnetismus und anomal großem Diamagnetismus der Metallelektronen, wie er in dem System $MgCu_2$–$MgZn_2$ in Abhängigkeit von der Valenzelektronen-Konzentration, also von dem Auffüllungsgrad der BRILLOUIN-Zonen, auftritt.

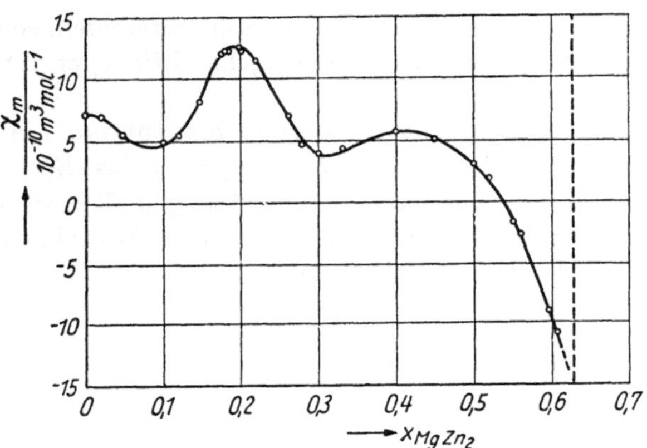

Abb. N 4

Magnetische Suszeptibilität (bezogen auf das Molvolumen; $\chi_m = \chi / V_m$) der Metallelektronen (= Differenz zwischen Gesamtsuszeptibilität und diamagnetischem Ionenanteil) im System $MgCu_2$–$MgZn_2$ zwischen 0 und 60 Mol% $MgZn_2$ bei Zimmertemperatur. Im gesamten Meßbereich besitzt die Phase $MgCu_2$-Struktur (Phasengrenze gestrichelt) (nach MOELLER und WITTE)

N 2 Magnetismus im festen Zustand

Der eben besprochene Beitrag des Elektronengases zum Magnetismus von Metallen stellt einen der Effekte dar, die beim Zusammenfügen der Einzelatome zum Kristall infolge Änderung ihrer Elektronenkonfiguration eintreten. Leider ergeben sich bisher erhebliche Schwierigkeiten bei dem Versuch, die Suszeptibilität der Metalle aus ihren einzelnen Anteilen zu berechnen, während es bei Salzen durchaus gelingt. Für metallisches *Natrium* mißt man z. B. $\chi/10^{-6} = 8{,}4$. Den vollen Paramagnetismus der Metallelektronen bestimmt man nach der Resonanzmethode zu 11,8. Demnach ist also ein diamagnetischer Anteil von $8{,}4 - 11{,}8 = -3{,}4$ vorhanden. Da die Ionensuszeptibilität für Natrium $-2{,}6$ beträgt, bleibt für den Elektronendiamagnetismus in Widerspruch zu (N 21) nur $-3{,}4 - (-2{,}6) = -0{,}8$ übrig. Die *Edelmetalle* Kupfer, Silber, Gold sind diamagnetisch mit folgenden Suszeptibilitäten:

	Kupfer	Silber	Gold
$\chi_{Metall}/10^{-6}$	− 9,6	−25,2	−34,4
$\chi_{Ion}/10^{-6}$	−26,4	−31,4	−52,8

(bezüglich weiterer Zahlenwerte vgl. Tab. N 2). Gegenüber den Ionenwerten ist der Diamagnetismus im Metallgitter also wesentlich verringert. Im freien Zustand sind die genannten Atome paramagnetisch: Der STERN-GERLACH-*Versuch*, mit dem die Richtungsquantelung aufgefunden wurde, erfolgte bekanntlich mit Silberdampf-Strahlen. Aber beim Zusammentritt von Atomen

Tabelle N 2
Suszeptibilitäten einiger nicht ferromagnetischer Elemente (bezogen auf die Massendichte) (nach LANDOLT-BÖRNSTEIN)

Element	$\frac{T}{K}$	$\frac{\chi/\varrho}{10^{-8}\ m^3\ kg^{-1}}$	Element	$\frac{T}{K}$	$\frac{\chi/\varrho}{10^{-8}\ m^3\ kg^{-1}}$
Bi ∥	294	−1,32	Li	293	4,5
⊥		−1,86	Mn	300	11,1
Al	293	0,77	Mg	291	0,33
Ag	293	−0,241	Pd	293	6,57
Au	296	−0,178	Pb	289	−0,139
Cd ∥c	293	−0,305	Rb	293	0,287
⊥c		−0,178	Re	298	0,46
Cr	293	3,98	Rh	293	1,24
Cs	293	0,284	Ru	298	0,536
Cu	296	−0,108	Si	297	−0,139
Ga ∥a	290	−0,188	α−Sn	289	−0,31
∥b		−0,636	β−Sn ∥c	293	0,0303
∥c		−0,349	⊥c		0,0339
Ge	298	−0,133	Ta	298	1,039
Hf	295	0,53	Ti	293	4,01
Hg ∥	80	−0,141	V	298	6,3
⊥		−0,152	W	298	0,40
In ∥c	293	−0,152	Y	292	2,7
⊥c		−0,068	Zn ∥c	293	−0,212
Ir	298	0,167	⊥c		−0,124
K	293	0,669	Zr	293	1,68

zum Gitter, oder auch schon zum Molekül, kompensieren sich die Momente oft gegenseitig.

Im festen Zustand hat man daher resultierende Atommomente in erster Linie bei den *Übergangsmetallen* mit unabgeschlossener 3d-Schale und den *Selten-Erd-Metallen* mit der unaufgefüllten 4f-Schale. Letztere liegt so tief unter der Atomoberfläche, daß sie durch die chemische Bindung nicht beeinflußt wird. Bei den Selten-Erd-Salzen findet man daher weitgehend die gleichen magnetischen Verhältnisse beim freien Atom und im festen Zustand. Bei den Übergangsmetallen mit den dicht an der Oberfläche liegenden unabgeschlossenen 3d-Schalen werden im festen Zustand die Bahnmomente zum großen Teil „ausgelöscht", so daß die Spins ganz überwiegend für den Paramagnetismus verantwortlich sind.

Wir wollen uns jedoch nicht mit diesen von Stoff zu Stoff zu diskutierenden Fragen der Änderung der Elektronenkonfiguration befassen, sondern unsere Aufmerksamkeit den kooperativen Erscheinungen zuwenden, die auf Wechselwirkungen der Atome im Gitter beruhen, und zu Ferromagnetismus, Antiferromagnetismus, Ferrimagnetismus und ähnlichem führen. Zunächst soll ein kurzer Überblick über die verschiedenen Erscheinungen gegeben werden. Dabei soll der Ferromagnetismus, wie er bei Metallen auftritt, ganz im Vordergrund stehen, wenn in letzter Zeit auch bekannt geworden ist, daß sich ferromagnetische Eigenschaften auch in Nichtleitern (z. B. EuO, AgF_2) und sogar im amorphen Zustand, z. B. in dünnen Schichten amorphen Eisens oder Kobalts, ausbilden können, sofern eine gewisse Nahordnung vorhanden ist.

N 21 Arten des Festkörpermagnetismus

Ferromagnetismus

Wir haben bei der Besprechung des Paramagnetismus darauf hingewiesen, daß man sich — von tiefsten Temperaturen abgesehen — stets im linearen Teil der Magnetisierungskurve (N 13) (vgl. Abb. N 2) befindet und daher einen von der magnetischen Feldstärke unabhängigen Wert der Suszeptibilität

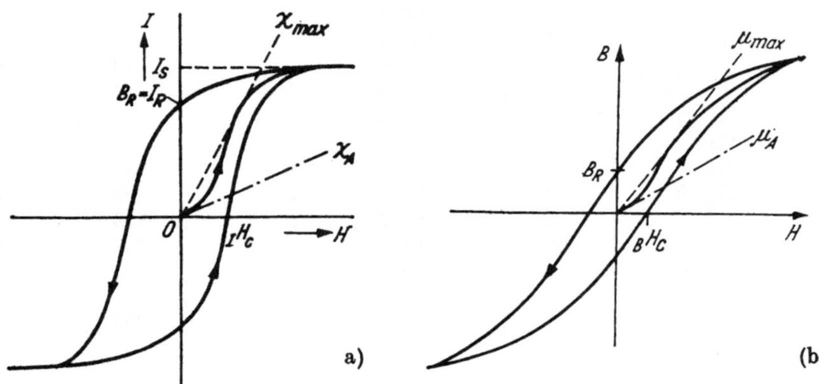

Abb. N 5

Schematische Darstellung der Magnetisierungskurven eines ferromagnetischen Stoffes. Ausgehend vom Zustand $I = 0$ (bzw. $B = 0$) und $H = 0$ wird beim Anlegen eines Feldes H zunächst die sogenannte Neukurve bis zur Sättigung und bei Feldumkehr eine Hystereseschleife in Pfeilrichtung durchlaufen. Als Kenngrößen der Magnetisierungskurven werden benutzt:

(a) im $I - H$-Diagramm:

Anfangssuszeptibilität $\chi_A = \left.\dfrac{1}{\mu_0}\dfrac{dI}{dH}\right|_{H = 0,\ \text{Neukurve}}$,

der Höchstwert der totalen Suszeptibilität $\chi_{max} = \left.\dfrac{I}{\mu_0 H}\right|_{\text{max, Neukurve}}$,

differentielle Suszeptibilität $\chi_{diff} = \dfrac{1}{\mu_0}\dfrac{dI}{dH}$,

Sättigungsmagnetisierung I_S, remanente Magnetisierung I_R und Koerzitivfeldstärke $_IH_c$ $(= H_c(I = 0))$.

(b) Analog im $B - H$-Diagramm (wegen $B = \mu_0 H + I$ tritt hier streng genommen keine Sättigung auf):

Anfangspermeabilität $\mu_A = \left.\dfrac{dB}{dH}\right|_{H = 0,\ \text{Neukurve}}$,

maximale Permeabilität $\mu_{max} = \left.\dfrac{B}{H}\right|_{\text{max, Neukurve}}$,

differentielle Permeabilität $\mu_{diff} = \dfrac{dB}{dH}$,

Remanenz B_R sowie $_BH_c$ (Koerzitivfeldstärke bei $B = 0$). Als Qualitätsmaß für Dauermagnetwerkstoffe dient das maximale Energieprodukt $(BH)_{max}$ der Magnetisierungskurve im II. Quadranten

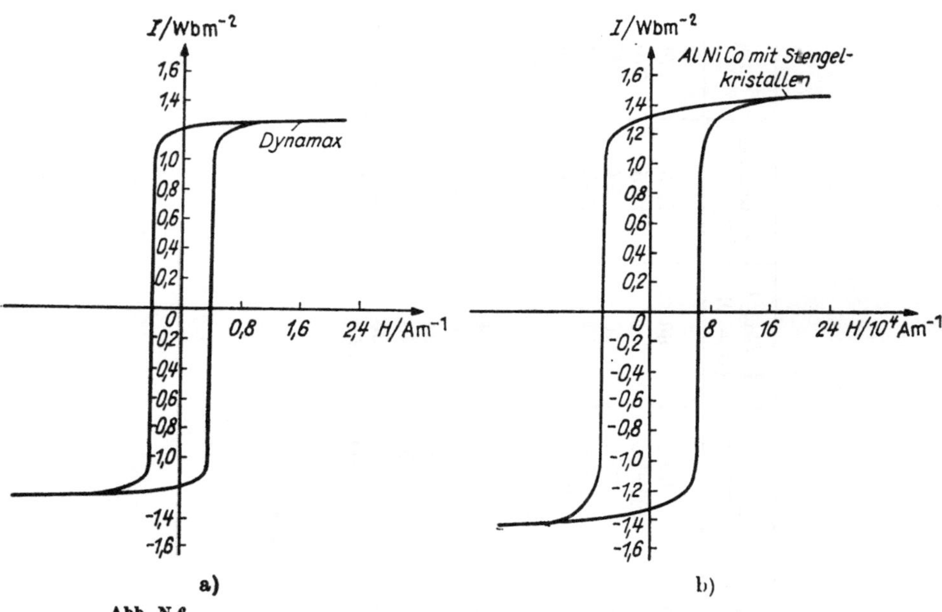

Abb. N 6

Hystereseschleifen zweier Werkstoffe mit extrem weich- (a) und hartmagnetischem (b) Verhalten (nach Reinboth). Man beachte die starke Verschiedenheit der Abszissenmaßstäbe

$\chi = (1/\mu_0)\, \mathrm{d}I/\mathrm{d}H$ erhält. Bei den ferromagnetischen Stoffen, zu deren wichtigsten Vertretern Eisen, Kobalt, Nickel und viele ihrer Legierungen gehören, ist dies jedoch nicht der Fall, sondern der Zusammenhang zwischen I und H ist sehr kompliziert und wird durch eine *Magnetisierungskurve* gekennzeichnet, wie sie in Abb. N 5a schematisch dargestellt ist. Oft wird aus experimentellen Gründen auch $B = B(H)$ aufgetragen, beide Möglichkeiten sind wohl zu unterscheiden (vgl. Abb. 5b). Manche Ferromagnetika erreichen auffälligerweise selbst bei Zimmertemperatur schon für sehr kleine Feldstärken *Sättigung*, wie das Beispiel in Abb. N 6a zeigt. Die Größe des Sättigungswertes der Magnetisierung nimmt mit wachsender Temperatur stark ab, um bei der sogenannten Curie-*Temperatur* T_C (z. B. 770 °C für Eisen; weitere Werte Tab. N 3) Null zu werden.

Oberhalb dieser Temperatur verhalten sich Ferromagnetika wie paramagnetische Stoffe. Hinsichtlich der Temperaturabhängigkeit ihrer magnetischen Eigenschaften kann man ferromagnetische Stoffe durch das in Abb. N 7 unter (b) dargestellte Schaubild kennzeichnen, während (a) einen paramagnetischen Stoff darstellt; durch das dort hinzugefügte Ensemble von Pfeilen soll die atomistische Ursache der verschiedenen Arten des Magnetismus symbolisiert werden: völlige Unordnung der atomaren magnetischen Momente beim Paramagnetismus, vollständige Parallelisierung beim Ferromagnetismus. Der Übergang von letzterem zu ersterem bei wachsender Temperatur stellt also einen Ordnungs/Unordnungsvorgang (vgl. S. 209) dar.

Tabelle N 3

Einige Eigenschaften weichmagnetischer Materialien *)

Material	Zusammensetzung Gew.%	Wärmebehandlung **) °C	μ_A/μ_0	μ_{max}/μ_0	H_c/Am^{-1} $(B = 0)$	I_S/Wbm^{-2}	$T_C/°C$
Eisen	99,8	950	150	5000	80	2,15	770
Eisen (gerein.)	99,95	1480 (H_2); 880	10000	200000	4	2,15	770
Silizium–Eisen	4 Si	800	500***)	7000	40	1,97	690
Alperm	16 Al	600 (A)	3000	55000	3,2	0,80	400
78 Permalloy	78,5 Ni	1050; 600 (A)	8000	100000	4	1,08	600
Supermalloy	5 Mo, 79 Ni	1300 (H_2, K)	100000	1000000	0,16	0,79	400
Mu-Metall	5 Cu, 2 Cr, 77 Ni	1175 (H_2)	20000	100000	4	0,65	
Hipernik	50 Ni	1200 (H_2)	4000	70000	4	1,60	500
Permendur	50 Co	800	800	5000	160	2,45	980
45–25 Perminvar	25 Co, 45 Ni	1000; 400	400	2000	95	1,55	715
7–70 Perminvar	7 Co, 70 Ni	1000; 425	850	4000	48	1,25	650
Co	99 Co	1000	70	250	796	1,79	1120
Ni	99 Ni	1000	110	600	56	0,61	358

*) Nach BOZORTH; bezüglich hartmagnetischer Materialien vgl. Tab. N 4

**) A: abgeschreckt; H_2: getempert in reinem Wasserstoff; K: kontrollierte Abkühlungsgeschwindigkeit

***) $B = 2 \cdot 10^{-3}$ Wb/m²

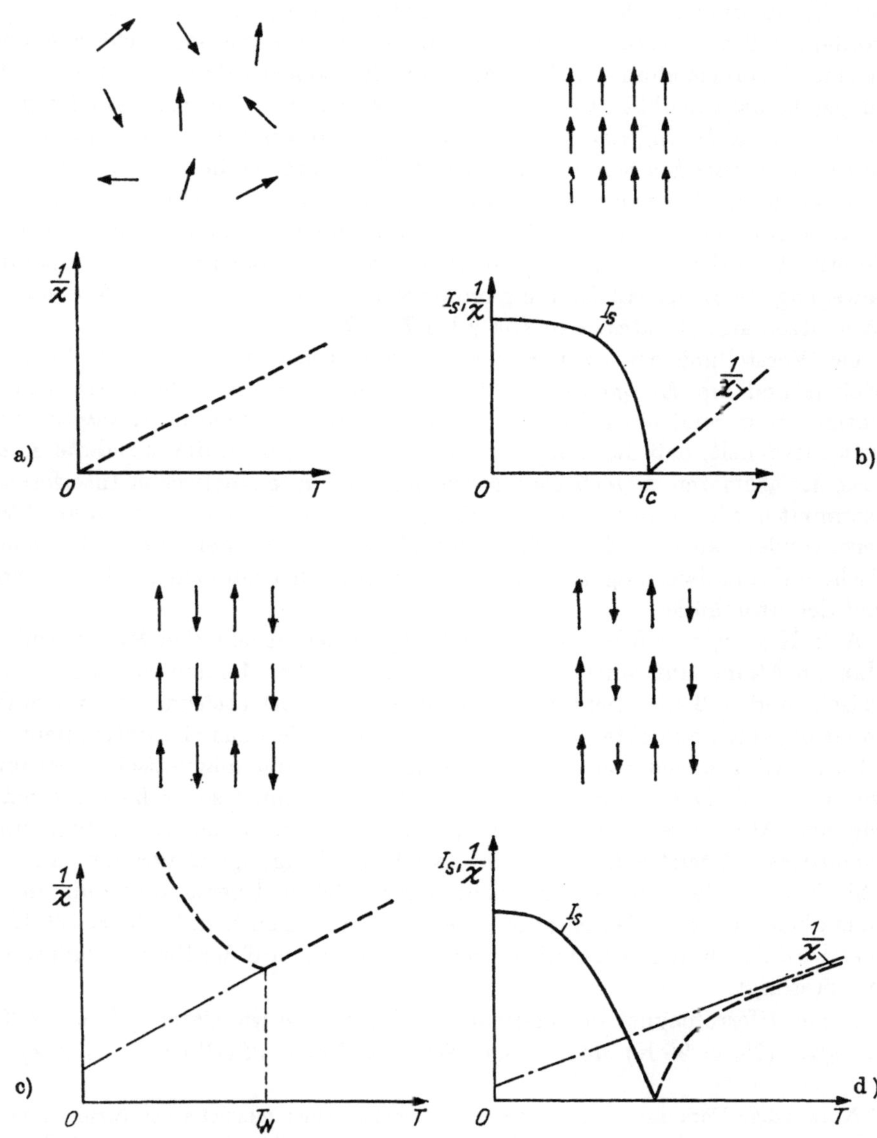

Abb. N 7

Temperaturabhängigkeit der reziproken Suszeptibilität und der Sättigungsmagnetisierung für einige Arten magnetischer Wechselwirkung. In (c) und (d) ist die paramagnetische Suszeptibilität von hohen Temperaturen auf tiefe extrapoliert worden (strichpunktiert)

Antiferromagnetismus. Metamagnetismus

Bei der Erörterung der Ordnungs/Unordnungsvorgänge war schon erwähnt worden, daß ein Zustand völliger Ordnung der Orientierung nicht notwendig in einer Parallelstellung zu bestehen braucht, sondern daß auch andere Ordnungsschemata denkbar sind, z. B. eine abwechselnde *Antiparallelstellung*, wie sie in Abb. N 7c angedeutet ist. Derartige Anordnungen sind tatsächlich in *antiferromagnetischen Stoffen* verwirklicht. Da bei ihnen die antiparallele Kopplung wiederum bei einer bestimmten Temperatur, der NÉEL-*Temperatur* T_N, zusammenbricht, befolgen auch sie oberhalb dieser Temperatur das CURIEsche Gesetz. Unterhalb T_N sinkt χ ebenfalls, weil mit abnehmender Temperaturbewegung die Antiparallelstellung immer vollkommener wird. *Antiferromagnetika* besitzen also ein *Maximum von* χ bei $T = T_N$.

Die Vorstellung des Antiferromagnetismus wurde von NÉEL ab 1932 entwickelt und am *Manganoxid* MnO zuerst durch magnetische Messungen bestätigt. Erst rund ein Jahrzehnt später war die *Neutronenbeugungstechnik* so weit entwickelt, daß die „magnetische Struktur“[1]), d. h. die *räumliche Anordnung der* atomaren *magnetischen Momente*, aus den magnetischen Interferenzen bestimmt werden konnte. Sie entstehen, weil die Neutronen nicht nur am Atomkern, sondern auch an der Elektronenhülle gestreut werden infolge der magnetischen Wechselwirkung zwischen den magnetischen Momenten des Neutrons und der Atomhülle.

Abb. N 8 zeigt, daß bei dem im NaCl-Typ kristallisierenden MnO jeweils die Mangan-Atome auf einer (111)-Ebene einheitliche Momentorientierung aufweisen, und daß die Richtung der gemeinsamen Orientierung in zwei aufeinanderfolgenden Schichten entgegengesetzt ist, so daß das Gesamtmoment verschwindet. Infolgedessen hat die Elementarzelle der magnetischen Struktur, wie man Abb. N 8 unmittelbar entnimmt, eine doppelt so große Kantenlänge wie das Atomgitter, und es treten daher unterhalb der NÉEL-Temperatur *magnetische Überstrukturlinien* im Neutronenbeugungs-Diagramm auf. In Abb. N 9 ist der Intensitätsverlauf einer solchen Überstrukturlinie in Abhängigkeit von der Temperatur gezeigt. Man erkennt, daß $T_N = 120$ K ist. Dies wird durch den gleichfalls eingezeichneten Verlauf der Suszeptibilität vollauf bestätigt.

Der Antiferromagnetismus tritt auch bei Metallen wie *Chrom* ($T_N = 38$ °C)[2]), *Mangan* ($T_N = 95$ K) und vielen *Seltenen Erden* (T_N-Werte s. S. 378) auf,

[1]) Notwendige Voraussetzung für die Erkennbarkeit einer magnetischen Struktur mittels Neutronenstrahl-Raumgitterinterferenzen ist offenbar, daß die magnetischen Momente der Atome eine feste räumliche Anordnung über Zeiten hinweg besitzen, die groß gegen die Wechselwirkungszeit zwischen einem Atom und einem vorbeifliegenden Neutron sind. Anderenfalls können die Neutronen keine einheitliche Momentorientierung wahrnehmen (vgl. das S. 394 zitierte Beispiel von $ZrZn_2$).

[2]) Dieser Wert beruht auf Neutronenbeugungsuntersuchungen an sehr reinen Einkristallen. In der Literatur finden sich auch wesentlich andere Werte, so z. B. $T_N = 1673$ K aus χ-Messungen.

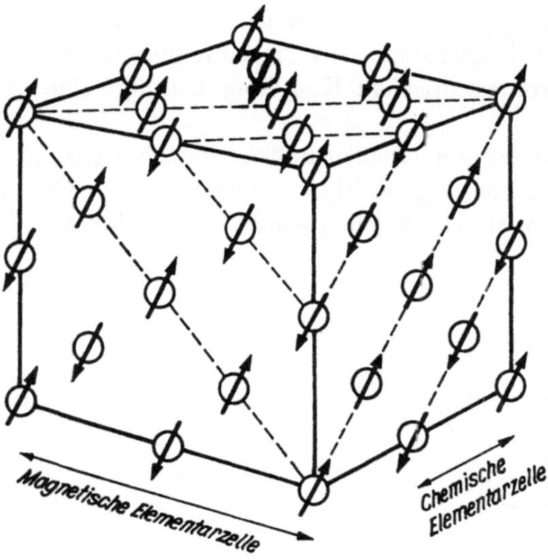

Abb. N 8

Magnetische Struktur der Mangan-Ionen in MnO nach Ergebnissen der Neutronenbeugung Die chemische Struktur ist die des NaCl (die Sauerstoffatome sind nicht eingezeichnet)

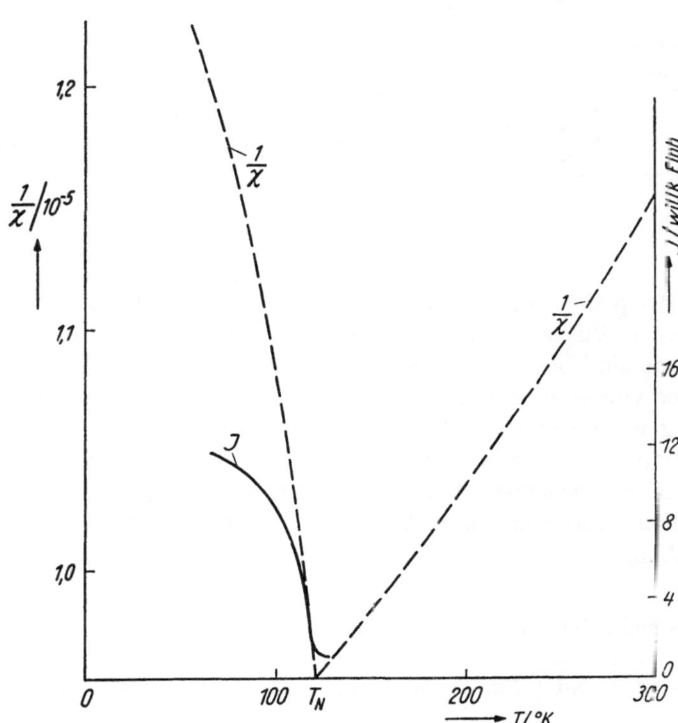

Abb. N 9

Temperaturabhängigkeit der Intensität J des magnetischen (111)-Reflexes und der reziproken Suszeptibilität bei $H = 4 \cdot 10^5$ A/m für MnO (nach Messungen von SHULL, STRAUSER, WOLLAN, BIZETTE, SQUIRE und TSI) wenn auch weniger ausgeprägt als bei salzartigen Verbindungen. Dieser Unterschied wird darauf zurückgeführt, daß die Anionen der Salze am Zustandekommen der antiferromagnetischen Kopplung beteiligt sind (Superaustausch).

Die magnetischen Neutroneninterferenzen haben weiterhin gezeigt, daß geordnete Momentanordnungen mit gegenseitiger Kompensation nicht nur durch kollineare Anordnungen verwirklicht werden, sondern auch durch viel kompliziertere.

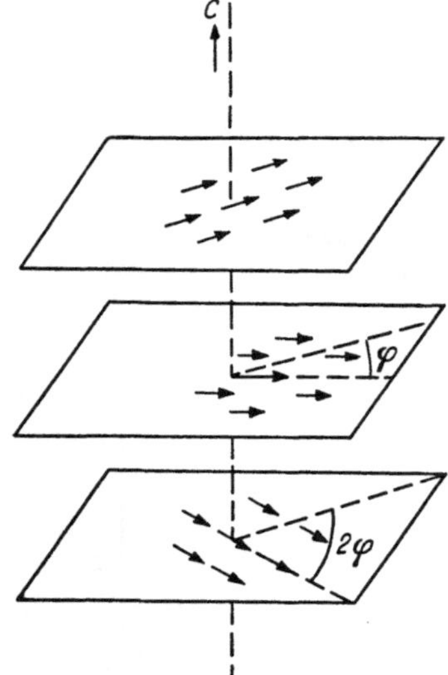

Abb. N 10
Schraubenförmige Anordnung der magnetischen Momente (in Dysprosium)

ziertere. Als Beispiel sei die *Spiralstruktur* genannt, wie sie u. a. in der antiferromagnetischen Phase des *Dysprosiums* auftritt (Abb. N 10): Die magnetischen Momente sind bei allen Atomen der gleichen Netzebene (0001) parallel gekoppelt, aber von einer zur nächsten (0001)-Ebene ändert sich die gemeinsame Richtung um einen bestimmten Winkel φ, dessen Größe mit der Temperatur variiert, und zwar bei Dysprosium von $\varphi = 26°$ bei 90 K bis zu $\varphi = 43°$ bei 180 K anwächst. Bei $T_N = 180$ K erfolgt der Übergang in den paramagnetischen Zustand, unterhalb $T_C = 90$ K ist Dysprosium ferromagnetisch. Ähnliches Verhalten zeigen viele Selten-Erd-Metalle:

Curie- und Néel-Punkte von Selten-Erd-Metallen

	Ce	Pr	Nd	Sm	Eu	Gd	Tb	Dy	Ho	Er	Tm
$\frac{T_N}{K}$	125	$<1{,}5$	7,5	15	87	–	229	178,5	132	85	51–60
$\frac{T_C}{K}$						293,2	221	85	20	19,6	22(?)

Die hier auftretende Folge Ferromagnetismus, Antiferromagnetismus, Paramagnetismus bei steigender Temperatur ist nicht allgemeingültig; bei der geordneten kubisch-raumzentrierten Phase FeRh ist z. B. $T_N = 350$ K und $T_C = 675$ K.

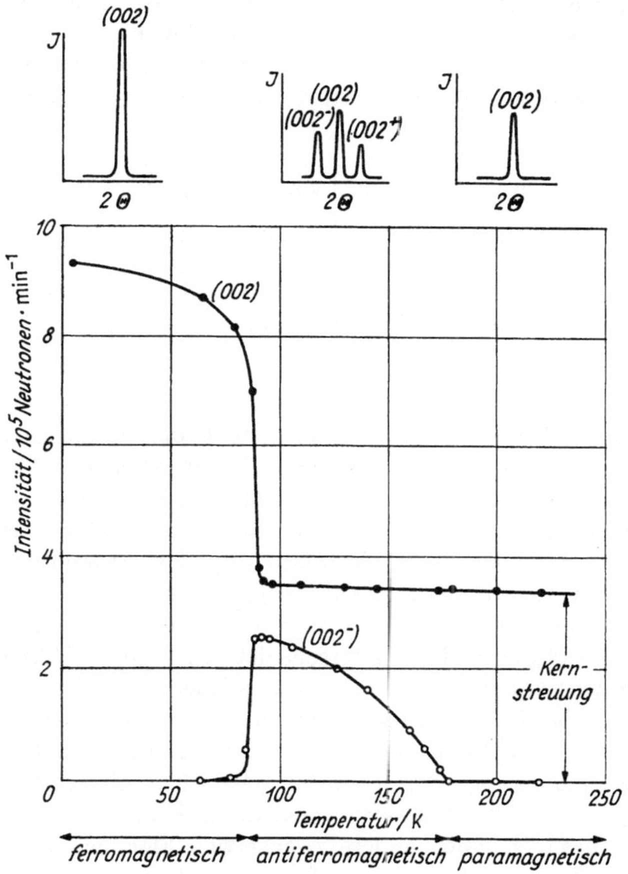

Abb. N 11

Temperaturabhängigkeit der Neutronenstreuintensitäten von Dysprosium (nach WILKINSON, KOEHLER, WOLLAN und CABLE)

Zur Illustration der Verhältnisse bei den Seltenen Erden ist in Abb. N 11 die Intensität der (002)-Interferenz von Dysprosium als Funktion der Temperatur dargestellt: Im paramagnetischen Bereich ($T > T_N$) liefert die magnetische Streuung infolge der regellosen Orientierung der Momente nur einen inkohärenten Anteil, die Interferenz kommt also allein durch Kernstreuung zustande. Im ferromagnetischen Bereich ($T < T_C$) liefert die magnetische Streuung infolge der Parallelstellung der magnetischen Momente auch einen kohärenten Anteil, der zu Interferenzen führt. Da die Elementarzelle der magnetischen Struktur hier die gleiche wie die des Atomgitters ist, fallen Kerninterferenzen und magnetische Interferenzen zusammen, so daß eine Intensitätserhöhung beobachtet wird. Im mittleren, antiferromagnetischen Bereich ($T_C < T < T_N$) endlich bleibt der Kernreflex unverändert, aber die magnetische Spiralstruktur erzeugt zwei Satelliten (Abb. N 11, ob. Teil; der Intensitätsverlauf des einen ist Abb. N 11 gleichfalls zu entnehmen).

Der Übergang vom ferromagnetischen zum antiferromagnetischen Zustand kann bei Dysprosium durch ein Magnetfeld zu höheren Temperaturen verschoben werden:

H/Am^{-1}	0	$1{,}6 \cdot 10^5$	$4{,}8 \cdot 10^5$	$8 \cdot 10^5$	
T/K	$90\,(= T_C)$	100	130	160	$180\,(= T_N)$

Diese Erscheinung, die auch bei anderen Stoffen wie z. B. $MnAu_2$ auftritt, wird nach NÉEL (1957) *Metamagnetismus* genannt.

Ferrimagnetismus

Schließlich braucht es bei einer Antiparallelstellung der Momente nicht zu einer gegenseitigen Kompensation zu kommen, sofern verschiedene Atomsorten vorhanden sind, deren Momente zwar antiparallel stehen, aber nicht vom gleichen Betrage sind, oder wenn selbst dies der Fall ist, in verschiedener Anzahl vorliegen. Es bleibt dann ein — im Verhältnis zu den Atommomenten — kleines resultierendes magnetisches Moment übrig, das zu einer Art schwachem Ferromagnetismus Anlaß gibt, der sich aber von dem eigentlichen Ferromagnetismus in seinen Eigenschaften unterscheidet. Er trägt nach NÉEL (1948) den Namen *Ferrimagnetismus*, weil er bei der Stoffklasse der *Ferrite* vorliegt, die seit einiger Zeit in der Hochfrequenztechnik große Bedeutung erlangt haben, vielfach wegen ihrer durch die geringe Leitfähigkeit bedingten kleinen Verluste. Zu ihnen gehört auch der schon im klassischen Altertum bekannte *Magnetit* $FeO \cdot Fe_2O_3$. Anstelle des zweiwertigen Eisens können in den Ferriten, die Spinellstruktur besitzen, auch andere zweiwertige Elemente mit kleinem Ionenradius treten, wie z. B. Magnesium, Mangan, Kobalt, Nickel oder Zink. Die typische Temperaturabhängigkeit des magnetischen Verhaltens von Ferriten ist in Abb. N 7d schematisch dargestellt. Auf die Ferrite als Nichtmetalle soll hier aber nicht näher eingegangen werden.

N 22 Phänomenologische Theorie des Ferro- und Antiferromagnetismus

Spontane Magnetisierung

Der Vergleich der kleinen Feldstärken, die bei einem Ferromagnetikum zur Erzielung der Sättigung ausreichen können (Abb. N 6a), mit den um viele Größenordnungen stärkeren Feldern, die beim Paramagnetismus dazu erforderlich sind, führt zu der Vorstellung, daß in einem ferromagnetischen Stoff bereits von vornherein eine weitgehende *spontane Magnetisierung* vorliegt (WEISS, 1907). Daß ein solcher Körper nicht stets makroskopisch eine Magnetisierung zeigt, deutete WEISS durch die Annahme, daß die spontane Magnetisierung sich nicht einheitlich über den ganzen Körper erstreckt, sondern daß dieser in *Bereiche* (auch *Domänen* oder WEISSsche Bezirke genannt) aufgeteilt ist. Sie besitzen zwar jede für sich parallelisierte Momente, aber die Vorzugsrichtung wechselt von Domäne zu Domäne (Abb. N 12). Auch in Einkristallen

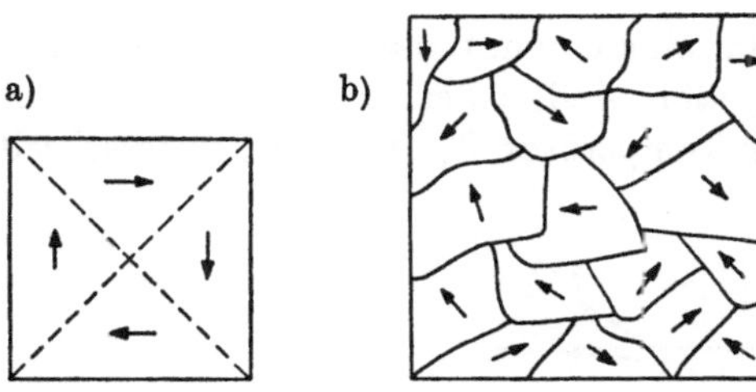

Abb. N 12
Schematische Darstellung der Domänenanordnung in einem Ein- (a) und Polykristall (b). Das resultierende magnetische Moment verschwindet. Im allgemeinen fallen Korn- und Domänengrenzen nicht zusammen

liegt gewöhnlich eine solche Domänenstruktur vor. Umgekehrt können die Bereiche bei geringen Orientierungs-Unterschieden der Kristallkörner über deren Korngrenzen hinweggehen. Als Ursache dieser spontanen Parallelkopplung führte WEISS formal ein *inneres Feld* $\boldsymbol{H}_\mathrm{i}$ unbekannter Natur ein, das er proportional zur Magnetisierung $\boldsymbol{I}$ ansetzte. Am einzelnen Atom greift also nicht nur das äußere Feld $\boldsymbol{H}$ an, sondern das *wirksame Feld*

$$\boldsymbol{H}_\mathrm{w} = \boldsymbol{H} + \boldsymbol{H}_\mathrm{i} \equiv \boldsymbol{H} + \gamma\, \boldsymbol{I} \tag{N 22}$$

mit einer temperaturunabhängigen, sonst aber unbestimmten Konstanten γ.

Zur Abschätzung der Größenordnung von γ benutzt man die Überlegung, daß bei der CURIE-Temperatur die thermische Energie kT_C etwa gleich der magnetischen $\mu_0\, \mu_\mathrm{B}\, H_\mathrm{i}$ sein muß und erhält daraus

$$H_\mathrm{i} \approx 10^9\ \mathrm{A/m}\,. \tag{N 23}$$

So große Feldstärken stehen einerseits technisch nicht zur Verfügung, können andererseits aber auch nicht durch die magnetischen Dipolkräfte der Nachbaratome erzeugt werden. Denn ein BOHRsches Magneton liefert in der Entfernung eines mittleren Atomabstandes eine magnetische Feldstärke von etwa

$$H \approx \frac{\mu_\mathrm{B}}{4\pi r^3} \approx 10^6\, \frac{\mathrm{A}}{\mathrm{m}} \tag{N 24}$$

(vgl. auch Tab. N 1). Die Ursache des inneren Feldes blieb zunächst ungeklärt und wurde erst zwei Jahrzehnte später durch HEISENBERG (1928) in den quantenmechanischen Austauschkräften gefunden, worauf wir Seite 387 zurückkommen.

Zunächst setzen wir, dem Beispiel WEISS' folgend, den Wert (N 22) für $\boldsymbol{H}$ in das Argument der BRILLOUIN-Funktion (N 14) ein, erhalten dann nach (N 13) und (N 15)

$$\frac{I}{I_\infty} = B_J\left(\frac{g\, J\, \mu_0\, \mu_\mathrm{B}\,(H + \gamma\, I)}{kT}\right) \equiv B_J(x) \tag{N 25}$$

und finden die *spontane Magnetisierung* I_{sp} als Lösung dieser transzendenten Gleichung bei $H = 0$, indem wir die Kurve

$$I = I_\infty B_J(x) \tag{N 26}$$

und das Geradenbüschel (Parameter T)

$$I = \frac{x\,k\,T}{\gamma\,g\,J\,\mu_0\,\mu_B} \tag{N 27}$$

zum Schnitt bringen (Abb. N 13). Man erkennt, daß Lösungen für eine endliche spontane Magnetisierung vorhanden sind, sofern die Temperatur einen bestimmten Wert, der die CURIE-Temperatur T_C darstellt, unterschreitet. Bei

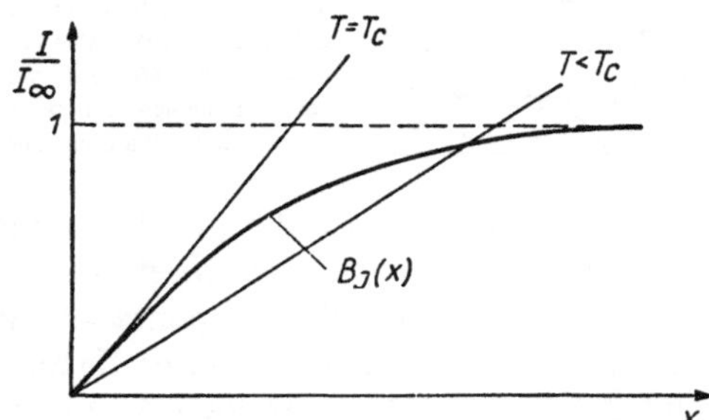

Abb. N 13
Zur graphischen Lösung des Gleichungssystems (N26)/(N27) für $H = 0$ mit $T = T_C$ und $T < T_C$

sehr tiefen Temperaturen ist $I_{sp} = I_\infty$ und sinkt dann bis auf Null bei $T = T_C$. Der CURIE-Temperatur T_C ist offenbar diejenige Gerade (N 27) zugeordnet, die Tangente an (N 26) im Nullpunkt ist. Infolgedessen können wir nach den Ausführungen beim Paramagnetismus $B(x)$ durch

$$B_J(x) \approx \frac{J+1}{3\,J}\,x \tag{N 28}$$

annähern, und das Gleichsetzen der Steigungen von (N 26) und (N 27) liefert

$$\frac{J+1}{3\,J}\,I_\infty = \frac{k\,T_C}{\gamma\,g\,J\,\mu_0\,\mu_B}\,. \tag{N 29}$$

Daraus folgt mit (N 15) und (N 8) die quantitative Beziehung

$$k\,T_C = \frac{n\,\gamma\,\mu_0^2 m_J^2}{3} \tag{N 30}$$

zwischen der CURIE-Temperatur und der Konstanten γ des inneren Feldes.

Was erhalten wir als Suszeptibilität im paramagnetischen Bereich, also oberhalb T_C? Die allgemeine Formel (N 25) mit der in diesem Fall erst recht gültigen Näherung (N 28) liefert

$$\frac{I}{I_\infty} = \frac{J+1}{3\,J}\,\frac{g\,J\,\mu_0\,\mu_B\,(H+\gamma\,I)}{k\,T}\,. \tag{N 31}$$

Hieraus kann man natürlich nur bei endlichem H ein I bestimmen und erhält dann als Suszeptibilität

$$\chi \equiv \frac{I}{\mu_0 H} \frac{n \mu_0 m_J^2}{3k\left(T - \frac{\gamma n \mu_0^2 m_J^2}{3k}\right)} \equiv \frac{C}{T - \Theta}. \qquad \text{(N 32)}$$

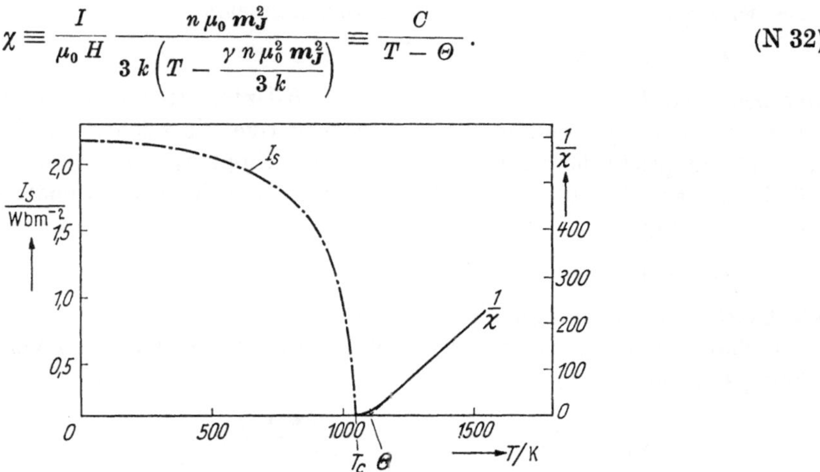

Abb. N 14

Temperaturabhängigkeit der Sättigungsmagnetisierung I_S (strichpunktiert) und der reziproken Suszeptibilität (ausgezogen) für Eisen (nach BOZORTH). Der Schnittpunkt der extrapolierten $1/\chi$-Kurve (gestrichelt) mit der T-Achse stellt den paramagnetischen CURIE-Punkt $\Theta = 1093$ K dar, der vom ferromagnetischen $T_C = 1043$ K verschieden ist.

Diese Beziehung wird CURIE-WEISSsches Gesetz genannt. Man bemerke, daß nach WEISS die Temperatur Θ, die den Schnittpunkt der $1/\chi$-Kurve mit der T-Achse angibt, nach (N 30) gleich T_C ist. Tatsächlich beobachtet man ein etwas anderes Verhalten, wie es in Abb. N 14 dargestellt ist. Man unterscheidet daher den *ferromagnetischen* CURIE-*Punkt* T_C und den *paramagnetischen* Θ, die beide etwas verschieden sind:

	Eisen	Kobalt	Nickel
T_C/K	1043	1393	631
Θ/K	1093	1428	650

Diese Feinheiten sind in den schematischen Darstellungen der Abb. N 7 nicht berücksichtigt worden.

Untergittermodell des Antiferromagnetismus

Wir betrachten zur Durchführung einer *phänomenologischen Theorie* auf Grund der WEISSschen Vorstellungen einen besonders einfachen Fall, nämlich ein Gitter der Zusammensetzung AB, bei dem die A-Plätze als nächste Nachbarn nur B-Plätze haben, wie es z. B. im CsCl-Typ vorliegt. Auf dem A-Untergitter sitzen Atome mit einer einheitlichen Momentorientierung (+), auf dem B-Gitter

Atome mit gleichfalls einheitlicher, jedoch antiparalleler Stellung (—) zu den (+)-Atomen: (+)- und (—)-Atome sollen chemisch gleich sein.

Das wirksame Feld an einem A-Platz wird angesetzt

$$H_+ = H - \alpha I_+ - \beta I_- . \tag{N 33}$$

Hier bedeuten I_+ und I_- die vom A- bzw. B-Untergitter erzeugten Polarisationen und α und β Feldkonstanten; das negative Vorzeichen im Gegensatz zu (N 22) entspricht der antiferromagnetischen Kopplung, die, wie das Ergebnis S. 385 zeigt, sowohl zwischen Nachbarn erster als auch zweiter Sphäre auftritt. Entsprechend gilt

$$H_- = H - \beta I_+ - \alpha I_- . \tag{N 34}$$

Wir diskutieren die einzelnen Temperaturbereiche.

1. Oberhalb des Néel-Punktes hat man ganz analog zu (N 31) in Verbindung mit (N 15) und (N 8)

$$I_+ = \frac{n \mu_0^2 m_J^2}{3 k T} H_+ \quad \text{und} \quad I_- = \frac{n \mu_0^2 m_J^2}{3 k T} H_- , \tag{N 35}$$

so daß aus (N 33) und (N 34) folgt

$$I = I_+ + I_- = \frac{n \mu_0^2 m_J^2}{3 k T} [2 H - (\alpha + \beta) I] . \tag{N 36}$$

Mithin gilt

$$\chi \equiv \frac{I}{\mu_0 H} = \frac{2 n \mu_0 m_J^2}{3 k \left(T + (\alpha + \beta) \dfrac{n \mu_0^2 m_J^2}{3 k}\right)} = \frac{C'}{T - \vartheta} . \tag{N 37}$$

Wir erhalten also formal das Curie-Weiss*sche Gesetz* (N 32), jedoch mit folgenden Unterschieden: Die Konstante C' ist doppelt so groß wie C in (N 32). Vor allem aber ist die Konstante ϑ, abgesehen von der Ersetzung der Feldkonstanten γ durch die Summe $\alpha + \beta$, negativ, wie auch aus Abb. N 7c hervorgeht. Ihr Betrag ist gleich der *paramagnetischen* Néel-*Temperatur*.

2. Nun berechnen wir die Néel-Temperatur T_N, wobei wir wie beim Ferromagnetismus weiterhin die Näherung (N 35) benutzen, in (N 33) und (N 34) aber wiederum das äußere Feld $H = 0$ setzen und nach endlichen Lösungen für I_+ und I_- fragen. Wir müssen offenbar das homogene Gleichungssystem

$$I_+ = - \frac{n \mu_0^2 m_J^2}{3 k T_N} (\alpha I_+ + \beta I_-) \qquad I_- = - \frac{n \mu_0^2 m_J^2}{3 k T_N} (\beta I_+ + \alpha I_-) \tag{N 38}$$

oder

$$\left.\begin{aligned} \left(1 + \frac{n \mu_0^2 m_J^2 \alpha}{3 k T_N}\right) I_+ + \frac{n \mu_0^2 m_J^2 \beta}{3 k T_N} I_- = 0 , \\ \frac{n \mu_0^2 m_J^2 \beta}{3 k T_N} I_+ + \left(1 + \frac{n \mu_0^2 m_J^2 \alpha}{3 k T_N}\right) I_- = 0 \end{aligned}\right\} \tag{N 39}$$

lösen. Nullsetzen der Koeffizienten-Determinante liefert

$$\frac{3\,k\,T_{\mathrm{N}}}{n\,\mu_0^2\,m_J^2} = \beta - \alpha\,, \tag{N 40}$$

d. h.

$$T_{\mathrm{N}} = (\beta - \alpha)\,\frac{n\,\mu_0^2\,m_J^2}{3\,k} \tag{N 41}$$

oder, unter Benutzung von (N 37),

$$\frac{T_{\mathrm{N}}}{|\vartheta|} = \frac{\beta - \alpha}{\beta + \alpha}\,. \tag{N 42}$$

Die antiferromagnetische und die paramagnetische NÉEL-Temperatur sind also nur dem Betrage nach gleich, falls $\alpha = 0$ ist, d. h., falls keine Wechselwirkungen zwischen gleichen Atomen vorliegen. Die Tatsache, daß sich beide Temperaturen dem Betrage nach doch unterscheiden, zeigt, daß diese Wechselwirkungen durchaus vorhanden sind. In den meisten Fällen ist der beobachtete Wert des Quotienten $T_{\mathrm{N}}/|\vartheta| < 1$ und zeigt damit, daß auch in 2. Sphäre die Kopplung antiferromagnetisch ist.

3. Hinsichtlich der Verhältnisse bei sehr tiefen Temperaturen wollen wir nur zeigen, daß auch bei $T = 0$ eine endliche Suszeptibilität antiferromagnetischer Stoffe vorliegt, sofern das äußere Feld eine Komponente senkrecht zur Richtung der spontanen Magnetisierung der Untergitter besitzt. Im feldfreien Zustand kompensieren sich die antiparallel geordneten magnetischen Momente vollkommen, so daß die endliche Suszeptibilität auf einer Störung dieser Kompensation beruhen muß. Bei Berechnung der Suszeptibilität χ unterscheiden wir $\chi_\perp$ (bei Lage des äußeren Feldes senkrecht zu den Polarisationen $\boldsymbol{I}_+$ und $\boldsymbol{I}_-$) und $\chi_{||}$ und beschränken uns auf die Betrachtung von $\chi_\perp$, die mittels klassischer Methoden erfolgen kann.

Ein äußeres Feld liege also senkrecht zu $\boldsymbol{I}_+$ und $\boldsymbol{I}_-$ (Abb. N 15). Das Feld ist bestrebt, die antiparallel gekoppelten Momente $\boldsymbol{I}_+$ und $\boldsymbol{I}_-$, die voraussetzungsgemäß vom gleichen Betrage sind, in die Feldrichtung zu bringen, so daß sich ein Gleichgewicht einstellt. Seine Lage (Winkel φ) folgt aus der Bedingung, daß die Summe der vom inneren und vom äußeren Feld ausgeübten Drehmomente verschwindet, also gilt z. B. für $\boldsymbol{I}_+$

$$\boldsymbol{I}_+ \times \boldsymbol{H}_+ = 0\,. \tag{N 43}$$

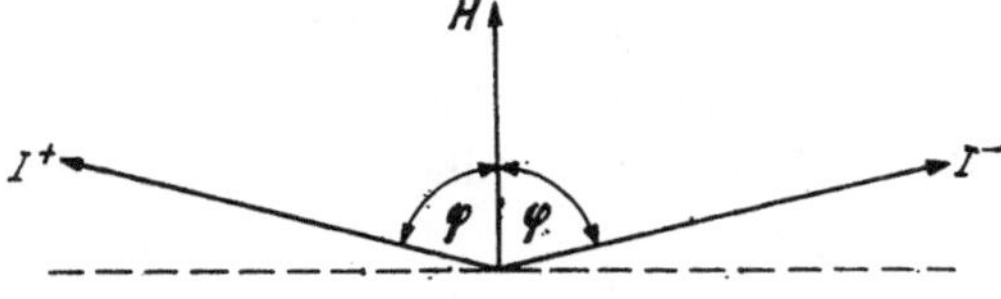

Abb. N 15

Zur Berechnung von $\chi_\perp$ für zwei antiferromagnetisch gekoppelte Dipole $\boldsymbol{I}_+$ und $\boldsymbol{I}_-$. Nach Anlegen eines äußeren Feldes $\boldsymbol{H}$ senkrecht zur Ausgangslage (gestrichelt) bilden sie den Winkel φ mit $\boldsymbol{H}$

Führt man für $\boldsymbol{H}_+$ den Wert (N 33) ein und setzt dabei $\alpha = 0$, was das Resultat nicht beeinflußt, so erhält man

$$I_+ \, H \sin \varphi = \beta \, I_+ \, I_- \sin 2\varphi \tag{N 44}$$

oder

$$2 \, I_- \cos \varphi = \frac{H}{\beta} \, . \tag{N 45}$$

Da die linke Seite die Komponente der Gesamtmagnetisierung in Feldrichtung darstellt, gilt mithin

$$\chi_\perp = \frac{1}{\mu_0 \, \beta} \, , \tag{N 46}$$

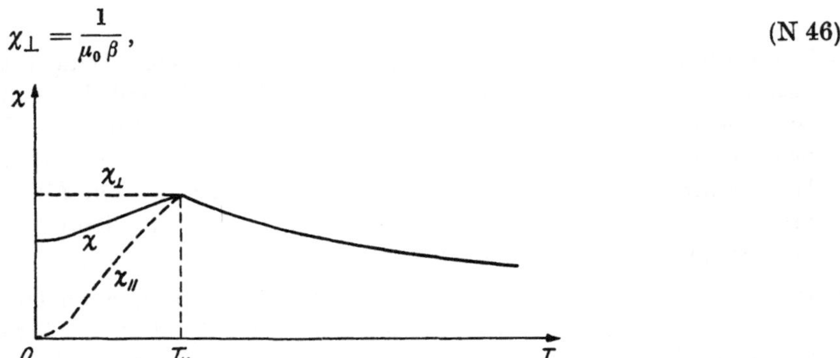

Abb. N 16

Temperaturabhängigkeit der Suszeptibilität bei antiferromagnetischen Substanzen. Unterhalb der Néel-Temperatur T_N ist der Verlauf für Einkristalle mit Feldrichtung senkrecht ($\chi_\perp$) und parallel ($\chi_{||}$) zur Richtung der spontanen Magnetisierung der Untergitter sowie für Polykristalle mit gleichmäßiger Verteilung der Vorzugsrichtungen angegeben

ein Ausdruck, der wie β unabhängig von der Temperatur und daher im antiferromagnetischen Bereich konstant ist. Die kompliziertere Berechnung von $\chi_{||}$, deren Ergebnisse in Abb. N 16 dargestellt sind, liefert dagegen $\chi_{||} = 0$ bei $T = 0$. Bei polykristallinem Material ergibt sich wegen (N 46) stets ein endlicher Wert

$$\chi = \frac{\chi_{||}}{3} + \frac{2}{3} \chi_\perp \, . \tag{N 47}$$

N 3 Atomistische Vorstellungen zum Ferromagnetismus

Die vorstehenden Ausführungen haben gezeigt, daß die Weisssche Vorstellung der spontanen Magnetisierung zwar wesentliche Züge der ferromagnetischen Erscheinungen richtig beschreibt, daß aber eine Reihe von Fragen offenbleibt:

1. Wie kommt das innere Feld zustande ?
2. Wodurch ist die Richtung der spontanen Magnetisierung festgelegt ?
3. Warum wechselt diese von Domäne zu Domäne, d. h., welche Ursache hat die Unterteilung eines Einkristalles in Domänen ?

4. Wie erfolgt die Einstellung der spontanen Magnetisierung in die Richtung des äußeren Feldes beim Magnetisierungsvorgang ?

Diese Fragen wollen wir im folgenden der Reihe nach besprechen.

N 31 Austauschkräfte als Ursache des inneren Feldes

N 311 HEISENBERG-Modell

Nach (N 7) ist das einem Drehimpuls $\boldsymbol{D}$ zugeordnete magnetische Moment $\boldsymbol{m}$ beim Spin doppelt so groß wie beim Bahnimpuls. Durch experimentelle Bestimmung von $|\boldsymbol{m}|/|\boldsymbol{D}|$, dem *magnetomechanischen Verhältnis*, kann man also feststellen, inwieweit magnetische Momente auf Bahn- oder Spinmomenten beruhen. Die klassischen Methoden dazu sind die gyromagnetischen Verfahren nach BARNETT oder EINSTEIN–DE HAAS und neuerdings *Elektronenspinresonanzen* im Mikrowellenbereich. Bei allen metallischen Ferromagnetika (Elemente, Legierungen und Verbindungen) der 3d-Übergangsmetalle ist nach solchen Untersuchungen ganz überwiegend der Elektronenspin die Quelle der magnetischen Erscheinungen.

Nach HEISENBERG wird die Parallelstellung der atomaren Spins durch quantenmechanische *Austauschkräfte* stabilisiert, die trotz ihres elektrostatischen Ursprungs klassisch nicht beschreibbar sind. In ihnen hat man also die Ursache des WEISSschen inneren Feldes zu sehen. Der Austauschkraft entspricht eine Wechselwirkungsenergie zwischen zwei Atomen i und j mit Spin $\boldsymbol{S}_i$ und $\boldsymbol{S}_j$, die *Austauschenergie*

$$E_{ij}^{\mathrm{A}} = -2\,A\,\boldsymbol{S}_i \cdot \boldsymbol{S}_j\,. \tag{N 48}$$

Hier ist A das sogenannte *Austauschintegral*, das von der gegenseitigen Überlappung der Ladungswolken abhängt und den Unterschied in der mittleren COULOMB-Energie bei paralleler und antiparalleler Spinkonfiguration mißt.

Um einen Zusammenhang zwischen dem Austauschintegral und dem WEISSschen inneren Feld herstellen zu können, folgen wir einer vereinfachenden Darstellung von STONER und nehmen an, daß die Austauschwechselwirkungen des i-ten Atomes mit seinen Nachbarn höherer als erster Sphäre vernachlässigt werden können, und daß das Austauschintegral A für alle $\mathcal{K}$ nächsten Nachbarn gleich groß ist. Dann gilt für die gesamte Austauschenergie des i-ten Atomes

$$E_i^{\mathrm{A}} = -2\,A \sum_{j=1}^{\mathcal{K}} \boldsymbol{S}_i \cdot \boldsymbol{S}_j\,. \tag{N 49}$$

Nach STONER kann man die Momentanwerte der Nachbarspins durch ihre zeitlichen Mittelwerte ersetzen und erhält

$$E_i^{\mathrm{A}} = -2\,\mathcal{K}\,A\,(S_{i x_1}\overline{S}_{j x_1} + S_{i x_2}\overline{S}_{j x_2} + S_{i x_3}\overline{S}_{j x_3})\,. \tag{N 50}$$

Wählt man die Richtung der spontanen Magnetisierung als x_3, so gilt

$$\overline{S}_{j\,x_1} = \overline{S}_{j\,x_2} = 0\,, \qquad \overline{S}_{j\,x_3} = \frac{I}{n\,g\,\mu_0\,\mu_{\mathrm{B}}}\,, \tag{N 51}$$

also

$$E_i^{\mathrm{A}} = -2\,\mathcal{K}\,A\,S_{i\,x_3}\frac{I}{n\,g\,\mu_0\,\mu_{\mathrm{B}}}\,. \tag{N 52}$$

Diesen Ausdruck setzen wir der Wechselwirkungsenergie $-g\,S_{i x_3}\,\mu_0\,\mu_{\mathrm{B}}\,\gamma\,I$ des i-ten Atomes mit dem WEISSschen inneren Feld $H_1 = \gamma\,I$ gleich und erhalten als Zusammenhang zwischen der WEISSschen Feldkonstanten γ und dem Austauschintegral A

$$\gamma = \frac{2\,\mathcal{K}\,A}{n\,g^2\,\mu_0^2\,\mu_{\mathrm{B}}^2}\,. \tag{N 53}$$

Wir wollen diese Betrachtungen nicht fortsetzen, weil über die grundsätzliche Erkenntnis hinaus, daß die Austauschkräfte für das Zustandekommen des Ferromagnetismus entscheidend sind, noch sehr viele offene Fragen bestehen.

N 312 Spinwellen

Nach den bisherigen Überlegungen sind im Grundzustand ($T = 0$) eines Ferromagnetikums alle Spins parallel gerichtet. Für die Temperaturabhängigkeit der Erscheinungen im Bereich tiefer Temperaturen muß man auch die angeregten Zustände, insbesondere die niedrigsten, kennen. Da der Spin (Drehimpuls) Quantenbedingungen unterworfen ist, kann sich der Gesamtspin NS eines gekoppelten Systems von N Spins nur ganzzahlig ändern. Man könnte erwarten, daß der energetisch niedrigste Anregungszustand durch Umklappen eines der N Spins entsteht. BLOCH konnte aber schon 1931 zeigen, daß es noch tiefer liegende Anregungszustände geben kann, wenn sich nämlich die Spinänderung vom Betrage 1 auf alle N Spins des Systems verteilt (*Spinwellen*). Aber erst in neuerer Zeit, namentlich nachdem die Spinwellen (*Magnonen*) ebenso wie Phononen durch inelastische Neutronenstreuung experimentell faßbar waren (vgl. z. B. Abb. N 18), hat die Spinwellentheorie einen großen Aufschwung genommen.

Wir betrachten eine geschlossene Kette von N gleichgroßen Spins $\boldsymbol{S}_j$ mit gleichem Abstand a (j kennzeichnet den Ort des einzelnen Spins), bei denen die Wechselwirkung auf nächste Nachbarn beschränkt sei. Dann liefert (N 49) als Austauschenergie

$$E^{\mathrm{A}} = -(N/2)\,2\,A\,(\boldsymbol{S}_j\cdot\boldsymbol{S}_{j+1} + \boldsymbol{S}_j\cdot\boldsymbol{S}_{j-1}) \xrightarrow{T=0} -2\,N\,A\,S^2 \tag{N 54}$$

Umklappen e i n e s Spins erhöht sie um

$$\delta E^{\mathrm{A}} = 8\,A\,S^2\,. \tag{N 55}$$

Den gleichen Betrag für die Energie wie in (N 54) erhält man offenbar, wenn man am Ort des Spins $\boldsymbol{S}_j$ im Sinne der obigen Betrachtungen ein von der Austauschenergie abhängendes Feld

$$\boldsymbol{H}_j^{\mathrm{A}} = -\frac{2\,A}{g\,\mu_0\,\mu_{\mathrm{B}}}(\boldsymbol{S}_{j-1} + \boldsymbol{S}_{j+1})$$

einführt und die (klassische) Wechselwirkungsenergie $E = -\mu_0 \boldsymbol{m}_j \cdot \boldsymbol{H}_j^{\mathrm{A}}$ des dem Spin zugeordneten magnetischen Momentes $\boldsymbol{m}_j = -g\,\mu_{\mathrm{B}}\,\boldsymbol{S}_j$ mit diesem Feld berechnet.

Um zu zeigen, daß es angeregte Zustände mit kleinerer Zusatzenergie als (N 55) gibt, bedienen wir uns der Anschaulichkeit halber einer halbklassischen Betrachtungsweise, indem wir die oben genannten Größen in die klassische Bewegungsgleichung einsetzen:

$$\hbar\,\dot{\boldsymbol{S}}_j = \mu_0\,\boldsymbol{m}_j \times \boldsymbol{H}_j^{\mathrm{A}} = 2\,A\,\boldsymbol{S}_j \times (\boldsymbol{S}_{j-1} + \boldsymbol{S}_{j+1}) \qquad \text{(N 56)}$$

oder in Komponentenschreibweise

$$\left.\begin{aligned} \dot{S}_j^{(x)} &= \frac{2\,A}{\hbar}\,[S_j^{(y)}\,(S_{j-1}^{(z)} + S_{j+1}^{(z)}) - S_j^{(z)}\,(S_{j-1}^{(y)} + S_{j+1}^{(y)})]\,, \\ \dot{S}_j^{(y)} &= \cdots, \qquad \dot{S}_j^{(z)} = \cdots. \end{aligned}\right\} \qquad \text{(N 57)}$$

Diese in den Spinkomponenten quadratischen Gleichungen werden zur Erleichterung der weiteren Behandlung linearisiert, indem man sich auf kleine Anregungen (d. h. Temperaturen $T \approx 0$) beschränkt: $S_j^{(x)}, S_j^{(y)} \ll S$, also $S_j^{(z)} \approx S$. Vernachlässigt man noch die Terme mit Produkten $S^{(x)} \cdot S^{(y)}$, so erhält man

$$\left.\begin{aligned} \dot{S}_j^{(x)} &= \frac{2\,A\,S}{\hbar}\,(2\,S_j^{(y)} - S_{j-1}^{(y)} - S_{j+1}^{(y)})\,, \\ \dot{S}_j^{(y)} &= -\frac{2\,A\,S}{\hbar}\,(2\,S_j^{(x)} - S_{j-1}^{(x)} - S_{j+1}^{(x)})\,, \\ \dot{S}_j^{(z)} &= 0\,. \end{aligned}\right\} \qquad \text{(N 58)}$$

Die ersten beiden Gleichungen ähneln der Bewegungsgleichung (G 34) für Gitterteilchen, man wird also den Phononen ähnliche Lösungen erwarten und versuchsweise den Ansatz laufender Wellen machen:

$$S_j^{(x)} = u\,\mathrm{e}^{-i(\omega t - k j a)} \quad \text{und} \quad S_j^{(y)} = v\,\mathrm{e}^{-i(\omega t - k j a)}$$

($j\,a$ = Ortskoordinate).

Die durch Einsetzen in die Bewegungsgleichungen entstehenden Gleichungen für u und v

$$-i\,\omega\,u = \frac{2\,A\,S}{\hbar}(2 - \mathrm{e}^{-ika} - \mathrm{e}^{+ika})\,v = \frac{4\,A\,S}{\hbar}(1 - \cos k\,a)\,v$$

und

$$-i\,\omega\,v = \frac{-2\,A\,S}{\hbar}(2 - \mathrm{e}^{-ika} - \mathrm{e}^{+ika})\,u = \frac{-4\,A\,S}{\hbar}(1 - \cos k\,a)\,u\,,$$

aus denen $u/v = -v/u$, d. h. $v = -i\,u$ hervorgeht, sind nur lösbar, wenn

$$\begin{vmatrix} i\,\omega & \dfrac{4\,A\,S}{\hbar}(1 - \cos k\,a) \\ \dfrac{4\,A\,S}{\hbar}(1 - \cos k\,a) & i\,\omega \end{vmatrix} = 0\,,$$

wenn also gilt

$$\hbar\,\omega = 4\,A\,S\,(1 - \cos k\,a) \tag{N 59}$$

(Dispersionsbeziehung). Die Spins präzedieren mit einer Frequenz ω auf Kegelmänteln um die z-Achse (vgl. Abb. N 17a), denn wegen $v = -i\,u$ wird

$$\mathrm{Re}\,\{S_j^{(x)}\} = u\cos(\omega\,t - k\,j\,a) \text{ und } \mathrm{Re}\,\{S_j^{(y)}\} = -u\sin(\omega\,t - k\,j\,a)\,,$$

also

$$\mathrm{Re}^2\,\{S_j^{(x)}\} + \mathrm{Re}^2\,\{S_j^{(y)}\} = u^2 \tag{N 60}$$

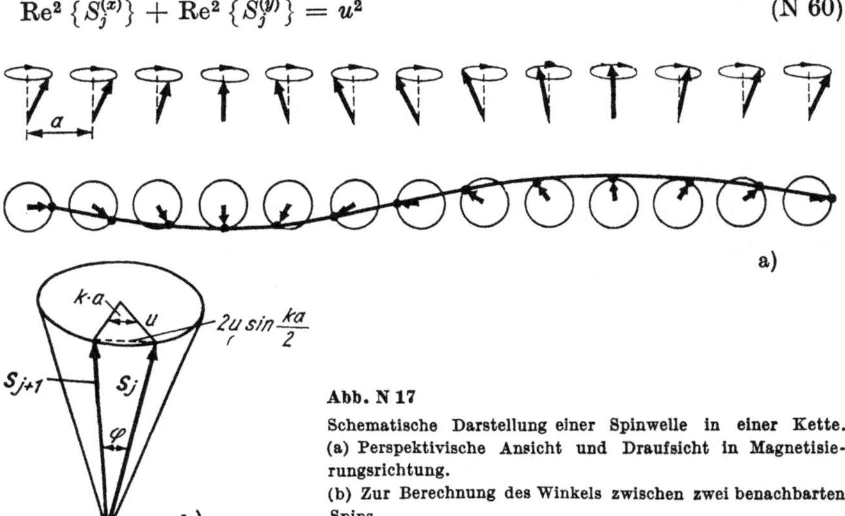

Abb. N 17

Schematische Darstellung einer Spinwelle in einer Kette. (a) Perspektivische Ansicht und Draufsicht in Magnetisierungsrichtung. (b) Zur Berechnung des Winkels zwischen zwei benachbarten Spins

(Kreisgleichung). Daß $S_j^{(z)}$ konstant ist, kann man bereits aus der 3. Gleichung von (N 58) ablesen.

Bei großen Wellenlängen, d. h. $k\,a \ll 1$ und damit $(1 - \cos k\,a) \cong (k\,a)^2/2$, erhalten wir als Dispersionsgesetz anstelle (N 59)

$$\hbar\,\omega = 2\,A\,S\,a^2\,k^2\,. \tag{N 61}$$

In diesem Grenzfall hängt ω also quadratisch von der Wellenzahl k ab (vgl. Abb. N 18). (Im analogen Fall für Phononen erhielten wir ein lineares Dispersionsgesetz; vgl. Abb. G 9).

Diese für eine lineare Kette abgeleitete Beziehung gilt bei $k\,a \ll 1$ auch für kubisch-einfache, -flächenzentrierte und -raumzentrierte Gitter.

Die Anregung einer Spinwelle, gleichgültig welcher Frequenz, verkleinert den ursprünglichen Betrag S eines einzelnen Spins parallel zur Magnetisierungsrichtung auf $S^{(z)}$. Für kleine Amplituden ($u \ll S$) gilt auf Grund (N 60)

$$S^{(z)} = \sqrt{S^2 - u^2} \approx S\,(1 - u^2/\,2\,S^2) = S - u^2/2\,S\,.$$

Der Gesamtspin NS des Systems kann sich nur ganzzahlig ändern. Es gilt also

$$NS - NS^{(z)} = Nu^2/2\,S = \mathrm{n}\,, \tag{N 62}$$

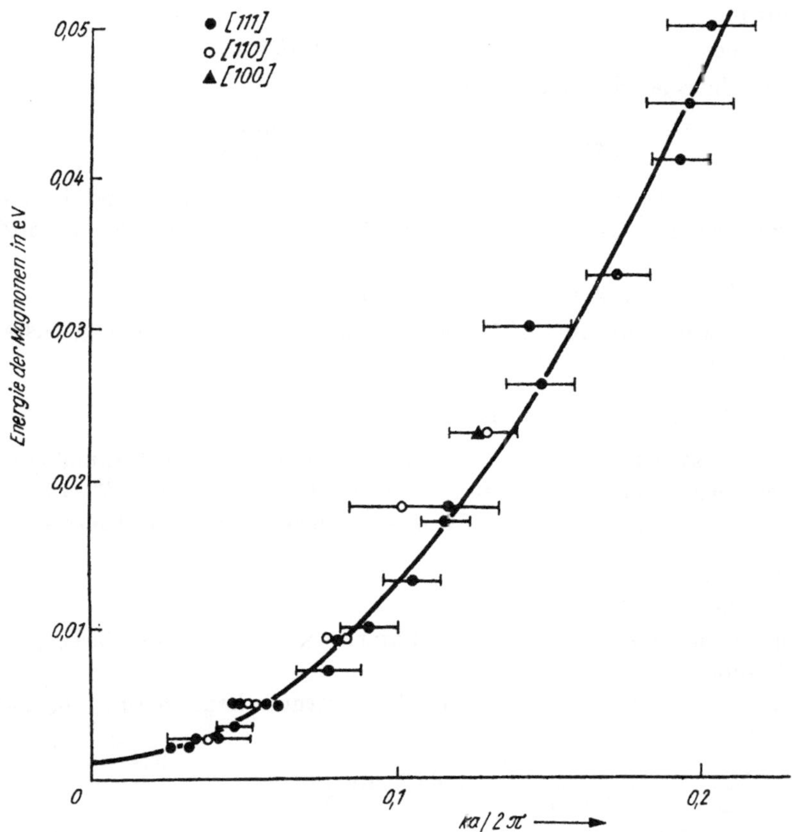

Abb. N 18

Gemessenes Magnonenspektrum einer kubisch-flächenzentrierten Kobaltlegierung (nach Sinclair und Brockhouse)

wobei n eine ganze Zahl sein muß. Man sieht hieraus, daß bei einer vorgegebenen Anzahl n von Magnonen $u \sim 1/\sqrt{N}$ ist.

Die Energie eines Magnons hängt von der Präzessionsfrequenz ω ab, und zwar wollen wir zeigen, daß einem Magnon gerade ein Energiequant

$$E_k = \hbar\, \omega_k \tag{N 63}$$

zukommt, wobei durch k, das man entsprechend den Ausführungen auf S. 282 auf die 1. Brillouin-Zone beschränken kann, eine bestimmte Frequenz gemäß (N 59) festgelegt wird.

Zur Energieberechnung nach (N 54) benötigen wir den Winkel φ zwischen zwei benachbarten Spins. Aus Abb. N 17b liest man ab

$$S \cdot \sin \varphi/2 = u \sin (k\, a/2), \text{ oder, für } u/S \ll 1$$

$$\varphi/2 = (u/S) \sin (k\, a/2)\,.$$

Daraus folgt

$$\cos\varphi \cong 1 - \varphi^2/2 = 1 - 2\,(u/S)^2 \sin^2(k\,a/2)\,, \tag{N 64}$$

und die Energie wird nach (N 54)

$$\begin{aligned} E^{\mathrm{A}} &= -\,2\,N\,A\,S^2 + 4\,N\,A\,u^2 \sin^2(k\,a/2) \\ &= -\,2\,N\,A\,S^2 + 2\,N\,A\,u^2(1 - \cos k\,a)\,. \end{aligned} \tag{N 65}$$

Hier ist der erste Summand die Energie des Grundzustandes und der zweite die Anregungsenergie δE^{A} der Spinwelle. Mit (N 59) und (N 62) nimmt sie die Gestalt

$$\delta E^{\mathrm{A}} = 4\,A\,S\,\mathrm{n}\,(1 - \cos k\,a) = \mathrm{n}\,\hbar\,\omega \tag{N 66}$$

in Übereinstimmung mit (N 63) an und liefert tiefere Anregungszustände als (N 55) für $(1 - \cos k\,a) < 2$.

Blochsches $T^{3/2}$-Gesetz

Aus den vorstehenden Betrachtungen läßt sich die Temperaturabhängigkeit der Magnetisierung bei tiefen Temperaturen ermitteln. Da der bei $T = 0$ vorliegende Gesamtspin NS beträgt, gilt für eine endliche, aber kleine Temperatur

$$\frac{\Delta I}{I(0)} = \frac{\sum\limits_k \mathrm{n}_k}{N\,S}\,. \tag{N 67}$$

Dabei ist über alle k-Werte der 1. Brillouin-Zone zu summieren (n_k = Zahl der Magnonen mit Wellenzahl k).

Wegen des quasikontinuierlichen k-Spektrums kann man $\sum\limits_k \mathrm{n}_k$ durch ein Integral ersetzen:

$$\sum_k \mathrm{n}_k = \int\limits_{\text{1. Brillouin-Zone}} \bar{\mathrm{n}}_k\,\mathrm{d}Z_k = \int\limits_0^{\omega_{\max}} \bar{\mathrm{n}}_k \frac{\mathrm{d}Z(k)}{\mathrm{d}k}\frac{\mathrm{d}k}{\mathrm{d}\omega}\,\mathrm{d}\omega \tag{N 68}$$

($\mathrm{d}Z(k)$ = Anzahl der k-Werte im Intervall $k \cdots k + \mathrm{d}k$). Für einen kubischen Kristall des Volumens $V = N\,a^3/p$ (p = Zahl der Atome pro Bravais-Zelle) gilt

$$Z(k) = \frac{N\,a^3}{p}\,\frac{4\,\pi}{3}\left(\frac{k}{2\,\pi}\right)^3. \tag{N 69}$$

Da die Magnonen der Bose-Statistik gehorchen, ergibt sich im thermodynamischen Gleichgewicht bei der Temperatur T für den Mittelwert $\bar{\mathrm{n}}_k$ der Magnonenzahl im Intervall $k \cdots k + \mathrm{d}k$

$$\bar{\mathrm{n}}_k = \bar{\mathrm{n}}(\omega_k) = \frac{1}{\mathrm{e}^{\hbar\,\omega_k/k\,T} - 1}\,. \tag{N 70}$$

Mit (N 68), (N 69) und (N 61) folgt daraus

$$\begin{aligned} \sum_k \mathrm{n}_k &= \frac{1}{4\,\pi^2}\,\frac{N}{p}\left(\frac{\hbar}{2\,A\,S}\right)^{3/2} \int\limits_0^{\omega_{\max}} \frac{\sqrt{\omega}}{\mathrm{e}^{\hbar\,\omega/k\,T} - 1}\,\mathrm{d}\omega \\ &= \frac{1}{4\,\pi^2}\,\frac{N}{p}\left(\frac{k\,T}{2\,A\,S}\right)^{3/2} \int\limits_0^{\infty} \frac{\sqrt{x}}{\mathrm{e}^x - 1}\,\mathrm{d}x\,. \end{aligned} \tag{N 71}$$

(Wegen der schnellen Konvergenz kann die Integration auf ∞ ausgedehnt werden). Da das bestimmte Integral den Wert $0{,}0587 \cdot 4\,\pi^2$ besitzt, ergibt sich für die relative Magnetisierungsabnahme bei sehr tiefen Temperaturen das BLOCHsche $T^{3/2}$-Gesetz

$$\frac{\Delta I}{I(0)} = \frac{\sum\limits_k n_k}{N S} = \frac{0{,}0587}{p S} \left(\frac{k T}{2 A S}\right)^{3/2}, \tag{N 72}$$

das die experimentellen Befunde in guter Näherung beschreibt (vgl. Abb. N 19). (Man bedenke, daß bei der Ableitung z. B. die magnetische Wechselwirkung sowie die Wechselwirkung der Magnonen untereinander vernachlässigt wurden.)

Es gibt eine ganze Reihe weiterer theoretischer Vorstellungen, um die experimentell gefundenen ferromagnetischen Sachverhalte erklären zu können. Jedoch ist eine einheitliche Theorie noch nicht erreicht worden.

Die Schwierigkeit der Aufgabe, das Auftreten des Ferromagnetismus zu erklären, sei dadurch gekennzeichnet, daß es im System *Scandium-Indium* eine ferromagnetische Mischkristall-Phase mit einem CURIE-Punkt von $T_C = 6$ K gibt, deren Existenz auf ein Intervall von 0,4 Atom-% beschränkt ist, nämlich von $Sc_{0,762}\ In_{0,238}$ bis $Sc_{0,758}\ In_{0,242}$! Auch bei *intermetallischen Ver-*

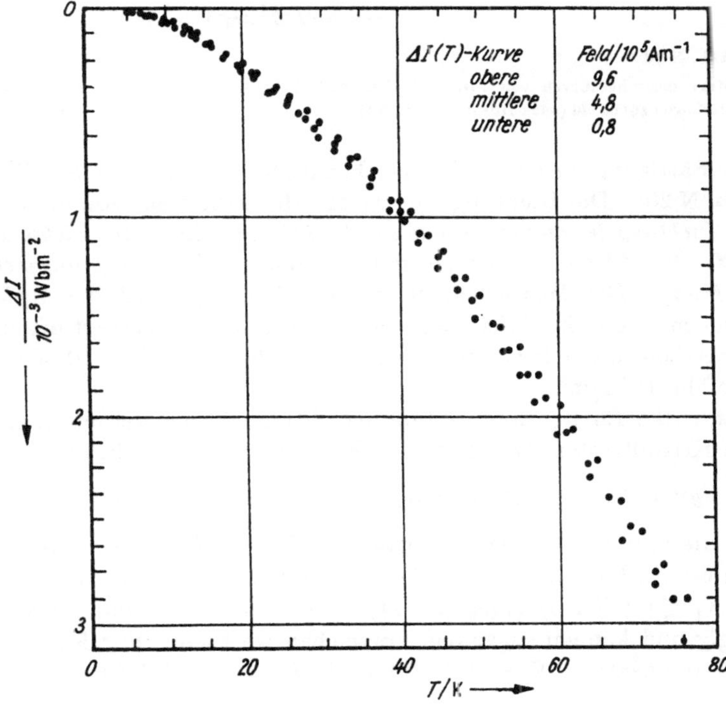

Abb. N 19

Abnahme der Sättigungsmagnetisierung $I_S(T) - I_S(0)$ mit der Temperatur, gemessen an Nickel bei verschiedenen Feldstärken (nach ARGYLE, CHARAP und PUGH)

bindungen aus nichtferromagnetischen Komponenten wird bisweilen Ferromagnetismus beobachtet, z. B. bei $ZrZn_2$ ($T_C = 35$ K) [1]) und bei Au_4 V.

N 32 Entstehung der Vorzugslage

Wodurch ist die Richtung der spontanen Magnetisierung bestimmt? Offenbar muß die freie Energie für diese Richtung ein Minimum annehmen, und es fragt sich, welche Energiebeiträge hier zu berücksichtigen sind. Zunächst hängt nach (N 48) die Austauschenergie zwar von den Spinrichtungen, nicht aber von den Kristallachsen ab. Ferner variiert die Magnetisierungsarbeit, die zur Erreichung der Sättigung zu leisten ist, bei Einkristallen stark mit der Gitterrichtung (Abb. N 20). Die Richtung, für welche die Arbeit ein Minimum beträgt, heißt die *Richtung leichtester Magnetisierbarkeit* oder kurz die *leichte Richtung* (z. B. ⟨100⟩ bei Eisen), diejenige mit maximaler Magnetisierungsarbeit die *harte Richtung*. Die Mehrarbeit in harter Richtung wird die *Anisotropieenergie* oder magnetische Kristallenergie u_K genannt. Sie beträgt oft ein Mehrfaches der Arbeit in der leichten Richtung, z. B. bei Eisen $1{,}4 \cdot 10^4$ J/m³ gegenüber ungefähr 10^3 J/m³.

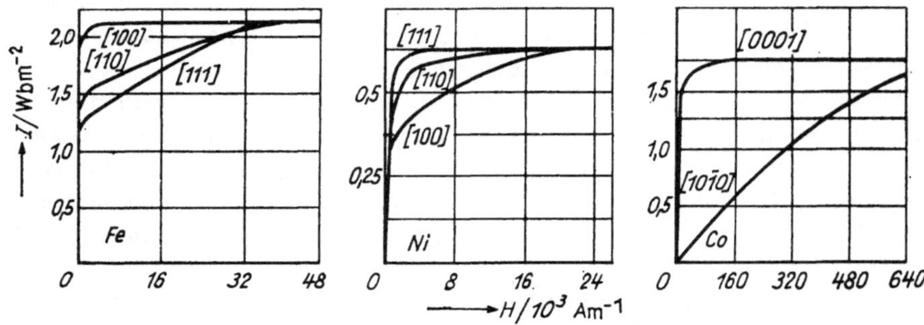

Abb. N 20

Magnetisierungskurven von Eisen-, Nickel- und Kobalt-Einkristallen mit verschiedenen Orientierungen zum Feld (nach HONDA und KAYA)

Die Ausdrücke für u_K als Funktion der Gitterrichtung werden in einer dem jeweiligen Kristallsystem angemessenen Form angegeben, z. B. im

kubischen System $u_K = K_1 (\alpha_1^2 \alpha_2^2 + \alpha_2^2 \alpha_3^2 + \alpha_3^2 \alpha_1^2) + K_2 \alpha_1^2 \alpha_2^2 \alpha_3^2$.

Hier sind die α_i die Richtungskosinusse der Magnetisierungsrichtung in bezug auf die kubischen Kristallachsen. Für $K_1 > 0$ (Eisen) ist ⟨100⟩ die leichte Richtung, für $K_1 < 0$ (Nickel) dagegen ⟨111⟩. Die Konstanten sind stark temperaturabhängig und können sogar das Vorzeichen wechseln. Für Eisen gilt z. B. bei Zimmertemperatur: $K_1 = 4{,}2 \cdot 10^4$ J/m³; $K_2 = 1{,}5 \cdot 10^4$ J/m³.

hexagonalen System $u_K = K_1' \sin^2 \vartheta + K_2' \sin^4 \vartheta$. (N 73)

[1]) Es ist bisher in diesem Fall nicht gelungen, ihn auf lokalisierte Momente zurückzuführen.

Hier bedeutet ϑ den Winkel der Magnetisierungsrichtung gegen die hexagonale Richtung. Für Kobalt gilt bei Zimmertemperatur: $K_1' = 4{,}1 \cdot 10^5$ J/m³, $K_2' = 1{,}0 \cdot 10^5$ J/m³.

Die Ursache der Anisotropie ist noch nicht befriedigend geklärt. Sie wird in einer Spin-Bahn-Wechselwirkung gesehen, da die Bahnmomente, im Gegensatz zu den Spinmomenten, mit dem Gitter gekoppelt sind.

N 321 Magnetoelastische Energie. Magnetostriktion

Im idealen Kristall ist der Gleichgewichtszustand beim Fehlen äußerer Spannungen verzerrungsfrei (vgl. Kapitel F 2). Bei einem Ferromagnetikum tritt jedoch eine *spontane Verzerrung* als Folge der spontanen Magnetisierung auf, denn beim Unterschreiten der CURIE-Temperatur erfolgen richtungsabhängige Längenänderungen (***Magnetostriktion***). Außerdem erzeugt jede Änderung der Magnetisierung eine erzwungene Magnetostriktion. Umgekehrt beeinflussen äußere Spannungen den Magnetisierungsvorgang (Abb. N 21).

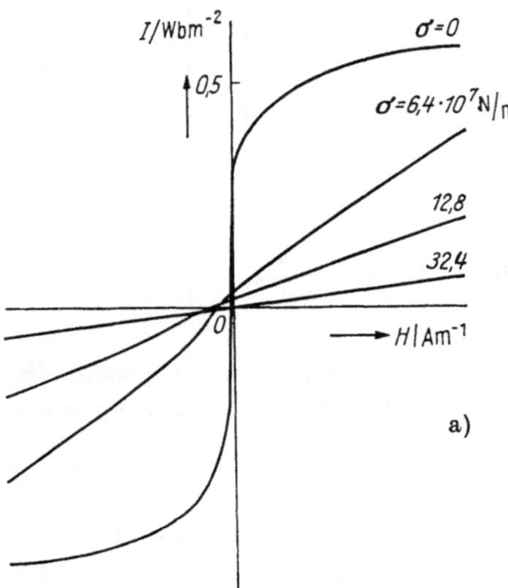

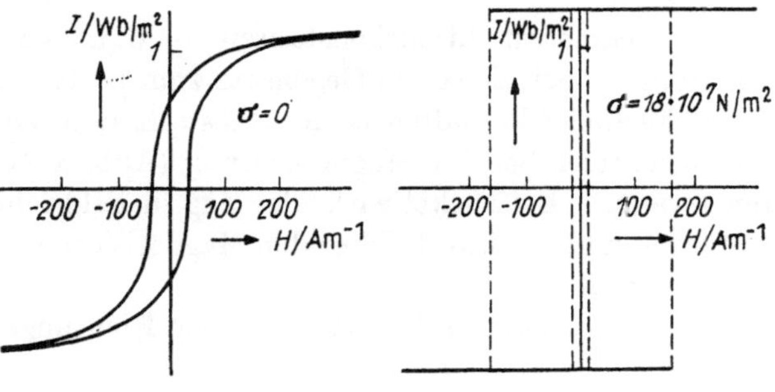

Abb. N 21

Einfluß einer äußeren Zugspannung auf die Form der Magnetisierungskurve ($\sigma \| \boldsymbol{H}$) von Nickel- (a) und Permalloydraht (b) (nach BECKER, KERSTEN und PREISACH). In Teilbild (a) ist nur die obere Hälfte der Hystereseschleifen dargestellt. Das unterschiedliche Verhalten von Nickel und Permalloy ist darauf zurückzuführen, daß bei Nickel die Magnetostriktionskonstante $\lambda < 0$ (Verkürzung in Feldrichtung), bei Permalloy dagegen $\lambda > 0$ (Verlängerung in Feldrichtung) beobachtet wird. Die Anisotropie der Magnetostriktionskonstante, die für Nickel und Permalloy gering ist, kann dazu führen, daß an einem Stoff in verschiedenen Richtungen Kurven vom Typ (a) und (b) gemessen werden

Unter der ***Magnetostriktionskonstanten*** λ versteht man die relative Längenänderung, die an einer bis zur Sättigung magnetisierten Probe in Feldrichtung auftritt. Sie hängt bei Einkristallen von der Feldrichtung in bezug auf die Kristallachsen (Richtungskosinusse α_i) ab. Die Magnetostriktion ruft zusätzlich zu etwa vorhandenen elastischen Dehnungen ε_{ij} *magnetostriktive Extradehnungen* ε_{ij}^{M} hervor, die wie die ε_{ij} näherungsweise durch einen Tensor 2. Stufe dargestellt werden können:

$$\varepsilon_{ij}^{M} = \sum_{k,l} \lambda_{ijkl} \alpha_k \alpha_l \,. \tag{N 74}$$

Bei kubischer Symmetrie reduziert sich der Tensor $\boldsymbol{\lambda}$ auf 2 unabhängige Komponenten, $\lambda_{[100]}$ und $\lambda_{[111]}$, wegen $\Sigma \alpha_k^2 = 1$. In VOIGTscher Darstellungsweise (vgl. S. 144) läßt sich $\boldsymbol{\lambda}$ dann durch die Matrix (Näheres siehe z. B. in [110])

$$\begin{pmatrix} \lambda_{[100]} & \frac{-\lambda_{[100]}}{2} & \frac{-\lambda_{[100]}}{2} & 0 & 0 & 0 \\ \frac{-\lambda_{[100]}}{2} & \lambda_{[100]} & \frac{-\lambda_{[100]}}{2} & 0 & 0 & 0 \\ \frac{-\lambda_{[100]}}{2} & \frac{-\lambda_{[100]}}{2} & \lambda_{[100]} & 0 & 0 & 0 \\ 0 & 0 & 0 & \frac{3}{4}\lambda_{[111]} & 0 & 0 \\ 0 & 0 & 0 & 0 & \frac{3}{4}\lambda_{[111]} & 0 \\ 0 & 0 & 0 & 0 & 0 & \frac{3}{4}\lambda_{[111]} \end{pmatrix} \tag{N 75}$$

darstellen. Im Falle $\lambda_{[100]} = \lambda_{[111]} = \lambda$ spricht man von *isotroper Magnetostriktion*, wie sie im polykristallinen Material vorliegt. Oft setzt man näherungsweise

$$\lambda = \frac{2\,\lambda_{[100]} + 3\,\lambda_{]111]}}{5} \,. \tag{N 76}$$

Bei *Eisen* wurde z.B. mit $\lambda_{[100]} = 19{,}5 \cdot 10^{-6}$ und $\lambda_{[111]} = -18{,}8 \cdot 10^{-6}$ für $\lambda = -3{,}48 \cdot 10^{-6}$, bei Nickel mit $\lambda_{[100]} = -45{,}9 \cdot 10^{-6}$ und $\lambda_{[111]} = -24{,}3 \times 10^{-6}$ für $\lambda = -32{,}9 \cdot 10^{-6}$ erhalten.

Das negative Vorzeichen der Magnetostriktionskonstanten — d. h. Verkürzung in Magnetisierungsrichtung — bei *Nickel* im Gegensatz zum positiven bei *Permalloy* erklärt das unterschiedliche Verhalten beider Substanzen gegenüber Zugbeanspruchung in Feldrichtung bei der Magnetisierung (Abb. N 21) aus dem Prinzip des kleinsten Zwanges: Bei Nickel wirkt der Zug in Feldrichtung der Magnetostriktion entgegen und erschwert daher den Magnetisierungsvorgang, bei Permalloy unterstützt er ihn.

Die relative Längenänderung in einer beliebigen Richtung mit den Richtungskosinussen β_i beträgt

$$\frac{\delta l}{l} = \sum \beta_i \beta_j \lambda_{ijkl} \alpha_k \alpha_l \tag{N 77}$$

oder bei isotroper Magnetostriktion einfach

$$\frac{\delta l}{l} = \frac{3}{2}\lambda\left(\cos^2\vartheta - \frac{1}{3}\right), \qquad \cos\vartheta = \alpha_1\beta_1 + \alpha_2\beta_2 + \alpha_3\beta_3\,, \tag{N 78}$$

wobei ϑ der Winkel zwischen Feldrichtung und Richtung der Längenänderung ist. Bei Vorhandensein einer äußeren Spannung σ_{ij} tritt eine *magnetoelastische Kopplungsenergie*

$$u_\lambda = -\sum \sigma_{ij}\,\varepsilon_{ij}^{\mathrm{M}} \tag{N 79}$$

auf, die bei isotroper Magnetostriktion die Gestalt

$$u_\lambda = -\frac{3}{2}\lambda\,(\alpha_1^2\sigma_{11} + \alpha_2^2\sigma_{22} + \alpha_3^2\sigma_{33} + 2\,\sigma_{12}\alpha_1\alpha_2 + 2\,\sigma_{23}\alpha_2\alpha_3 + 2\,\sigma_{31}\alpha_3\alpha_1) \tag{N 80}$$

annimmt und sich für eine einfache Zugspannung in der Richtung γ_i zu

$$u_\lambda = -\frac{3}{2}\lambda\,\sigma\cos^2\varphi\,, \qquad \cos\varphi = \alpha_1\gamma_1 + \alpha_2\gamma_2 + \alpha_3\gamma_3 \tag{N 81}$$

weiter vereinfacht.

N 322 Die Energiebilanz. Feldenergie

Zu den beiden betrachteten richtungsabhängigen Energieanteilen (Kristall- und Spannungsenergie) kommt als dritter noch der vom äußeren Feld erzeugte

$$u_{\boldsymbol{H}} = -\boldsymbol{I}\cdot\boldsymbol{H} \tag{N 82}$$

hinzu. Nach den Bemerkungen am Anfang von N 32 muß also die *Vorzugslage* der spontanen Magnetisierung *durch* das *Minimum von* $u_{\mathrm{K}} + u_\lambda + u_{\boldsymbol{H}}$ *gegeben* sein. Auf Grund der Gittersymmetrie gibt es bei den zur Diskussion stehenden hochsymmetrischen Kristallen stets eine Reihe gleichwertiger Vorzugslagen von u_{K} allein. Bei Eisen sind es z.B. die 6 ⟨100⟩-Richtungen. Bei kleinen Zugspannungen oder äußeren magnetischen Feldern wird sich daran grundsätzlich nichts ändern, wenn auch die Tiefe der Minima und ihre genaue Lage etwas beeinflußt werden. Selbst wenn der Zug groß wird, gibt es noch mindestens zwei gleichwertige Vorzugslagen mit entgegengesetztem Richtungssinn. Nur wenn die Feldenergie die beiden anderen Energieanteile merklich überwiegt, ist eine einzige Vorzugsrichtung eindeutig ausgezeichnet, und die Magnetisierung nimmt diese Richtung an, d. h., der Magnetisierungsvorgang läuft ab.

Grundsätzlich reicht ein schwaches äußeres Feld schon aus, um eines der im feldfreien Zustand genau gleich tiefen Energieminima zum absolut tiefsten zu machen. Trotzdem braucht sich der Magnetisierungsvorgang nicht abspielen zu können, weil keine für die Überwindung der Potentialschwelle ausreichende Energie zur Verfügung steht.

N 33 Entstehung der Domänenstruktur. Bloch-Wände

Die Energiebetrachtungen führen auch zur Erklärung des Auftretens der *Domänenstruktur*. Wir zeigen zunächst, daß die magnetostatische Energie abnimmt, wenn man ein gegebenes Volumen nicht einheitlich magnetisiert, sondern in Domänen entgegengesetzter Magnetisierungsrichtung aufteilt. Freilich ändern sich auch andere Energieanteile bei diesem Prozeß, so daß es ein Optimum geben wird, welches die tatsächlich auftretende Domänenstruktur bestimmt.

Wir gehen von dem Ausdruck (N 82) für die magnetostatische Energie aus. Will man ihn auf einen Magneten mit der Polarisation $\boldsymbol{I}$ in seinem eigenen Feld $\boldsymbol{H}$ anwenden, so tritt ein Faktor 1/2 hinzu, weil sonst jeder Dipol doppelt — einmal als Felderzeuger und einmal als Magnet im Feld — gezählt würde. Das Eigenfeld wird außer durch $\boldsymbol{I}$ durch einen Entmagnetisierungsfaktor $\mathcal{N}$ be-

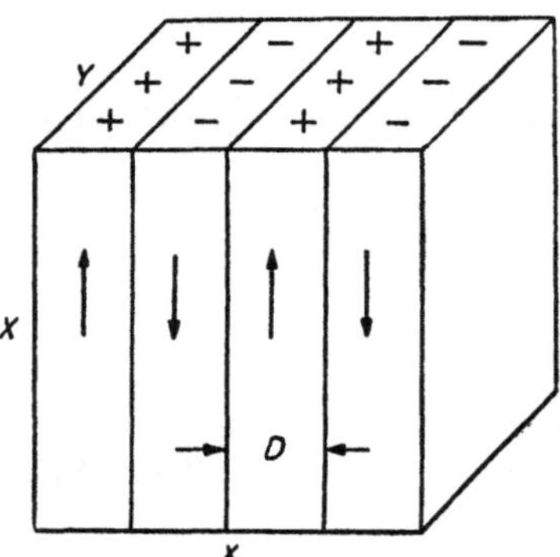

Abb. N 22
Zur Berechnung der Domänenstruktur

stimmt, der von der Gestalt des Magneten abhängt. Für ein Ellipsoid mit homogener Magnetisierung in einer Hauptachsenrichtung gilt $H = -\mathcal{N}\, I/\mu_0$, so daß man als *magnetostatische Selbstenergie* erhält

$$u_M = \frac{\mathcal{N}}{2\mu_0} I^2 . \tag{N 83}$$

Wir betrachten jetzt den in Abb. N 22 dargestellten Fall der Unterteilung eines ferromagnetischen Quaders in gleich dicke Scheiben (Dicke $= D$) entgegengesetzter Magnetisierungsrichtung. Die magnetostatische Energie beträgt hier näherungsweise, auf die Einheit der Polfläche bezogen,

$$\sigma_M \approx \frac{2 I^2 D}{\pi^3 \mu_0} , \tag{N 84}$$

oder pro Volumeneinheit

$$u_M \equiv \frac{2 \sigma_M X Y}{X^2 Y} = \frac{4 I^2}{\pi^3 \mu_0 N} , \tag{N 85}$$

wenn $N = X/D$ die Anzahl der Scheiben bedeutet. In dieser Näherung nimmt also die magnetostatische Energie umgekehrt proportional der Scheibenzahl ab. Anschaulich läßt sich dies durch die Verringerung der Streufeldverluste deuten (Abb. N 23).

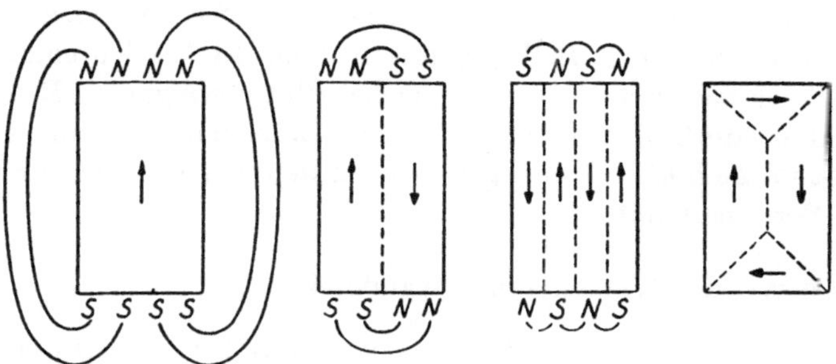

Abb. N 23

Verringerung der Streufeldverluste durch Einteilung in Domänen

N 331 Optimale Domänengröße

Bei zunehmender Unterteilung des Körpers in Domänen wächst aber die Summe der Wandflächen zwischen den Domänen. Da an den Wänden Bereiche verschiedener Momentorientierung zusammenstoßen, hier also gegen die parallelisierenden Austauschkräfte Arbeit geleistet worden ist, stellen die Wände Orte erhöhten Energieinhalts dar. Wir nennen diese Zusatzenergie, auf die Flächeneinheit der Wand bezogen, die *Oberflächenenergie der Wand* σ_0; den Energiebetrag, der auf die pro Flächeneinheit der Polfläche vorhandene Wandfläche entfällt, bezeichnen wir als *Wandenergie* σ_W. Wenn wir von anderen durch die Domänenstruktur betroffenen Energieanteilen absehen, wird also die optimale Schichtdicke D_0 in dem Quader (Abb. N 22) durch das Minimum von

$$2\,\sigma_M + \sigma_W \equiv \frac{2 \cdot 2\,I^2\,D}{\pi^3\,\mu_0} + \frac{\sigma_0\,X}{D} \qquad \text{(N 86)}$$

bestimmt sein. Sie beträgt

$$D_0 = \sqrt{\frac{\pi^3\,\mu_0\,X\,\sigma_0}{4\,I^2}}\,. \qquad \text{(N 87)}$$

Bei *Eisen* erhält man mit der Sättigungsmagnetisierung $I_S = 2{,}15\ \mathrm{Wb/m^2}$, $\sigma_0 = 1{,}8 \cdot 10^{-3}\ \mathrm{J/m^2}$ und $X = 10^{-2}$ m für $D_0 \approx 6 \cdot 10^{-6}$ m. Die Gesamtenergie pro Flächeneinheit ergibt sich in diesem Fall zu $6\ \mathrm{J/m^2}$. Ohne Bereichsstruktur würde man auf Grund von (N 83) die Größenordnung $10^4\ \mathrm{J/m^2}$ finden. Der Energiegewinn durch die Domänenunterteilung ist hier also sehr erheblich. Man beachte aber, daß er sehr stark von den Abmessungen X des Präparates abhängt. Für $X = 10^{-8}$ m werden die Gesamtenergien mit und ohne Domänenstruktur von gleicher Größe, daher sind Teilchen mit noch kleineren Abmessungen *Ein-Domänen-Teilchen.* Schon dieser Sachverhalt zeigt, daß die *Domänengröße keine Materialkonstante* ist, sondern durch die Eigenschaften der speziellen Probe mitbestimmt wird.

Obwohl die Domänenstruktur schon von Weiss hypothetisch angenommen worden war, ist ihre energetische Notwendigkeit erst von Landau und Lifschitz (1935) erkannt worden. Die überzeugende *Sichtbarmachung* gelang erst noch ein Jahrzehnt später durch Absetzenlassen von Suspensionen ferri- oder ferromagnetischer Teilchen (z.B. Fe_3O_4 mit 10^{-8} bis 10^{-7} m Durchmesser) auf einer elektrolytisch polierten Probenoberfläche. Unter geeigneten Bedingungen sammeln sich dabei die Teilchen im Streufeld der Domänenwände an. Abb. N 24 (Tafel 19) zeigt solche Bilder. Heute gibt es noch weitere Methoden zur Sichtbarmachung der Bereichsstruktur.

N 332 Bloch-Wände. Wandenergie. Wanddicke

Es bleibt noch die oben eingeführte Wandenergie näher zu erläutern und zu berechnen. Bloch (1932) hat zuerst erkannt, daß die *Grenze* zwischen zwei Bezirken aus energetischen Gründen eine *endliche Dicke* (100—1000 Atomab-

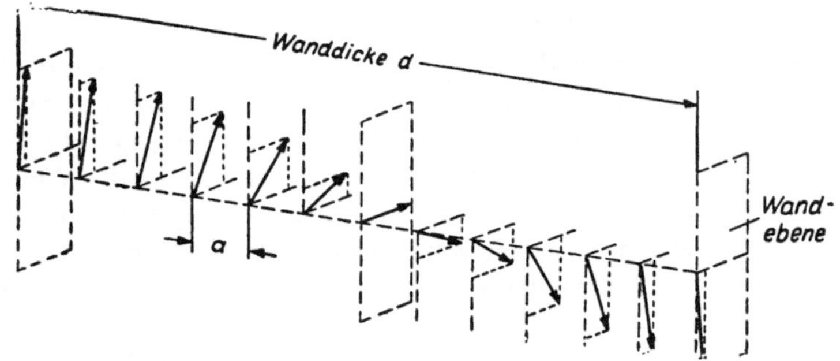

Abb. N 25

Anordnung der magnetischen Momente in einer 180°-Wand. Die Wanddicken variieren zwischen 50 und 5000 Atomabständen *a*

stände) haben muß. Denn dadurch ist ein Gewinn an Austauschenergie zu erzielen, weil nunmehr zwischen benachbarten Spins der Winkel z.B. nicht 180° sondern nur $180°/N$ zu betragen braucht, wenn die Wanddicke N Atomabstände mißt. In Abb. N 25 ist eine Bloch-Wand schematisch dargestellt, und zwar eine sogenannte *180°-Wand*, d. h., der Winkel zwischen den Spinrichtungen in den angrenzenden Domänen beträgt 180°. Bei kubischen Stoffen mit $\langle 100 \rangle$ als leichter Magnetisierungs-Richtung treten außerdem *90°-Wände* auf, bei solchen mit $\langle 111 \rangle$ als leichter Richtung 70,5°- und 109,5°-Wände, die man meist mit zu den 90°-Wänden rechnet. Der Übergang von einer $\boldsymbol{I}$-Richtung in die andere folgt in Bloch-Wänden durch Drehung in der Ebene der Wandfläche, wie dies in Abb. N 25 dargestellt ist, weil dadurch die Entstehung freier Pole auf der Bloch-Wand-Oberfläche und eines entsprechenden magnetostatischen Energiebeitrages vermieden wird. Nur wenn die Ausdehnung der Wandfläche mit der Wanddicke vergleichbar wird, z.B. in sehr dünnen Schichten, kann die Umorientierung in der Ebene senkrecht zur Wandoberfläche auf Grund des gleichen Prinzipes günstiger sein. Man spricht dann von *Néel-Wänden*, auf die wir aber nicht eingehen wollen.

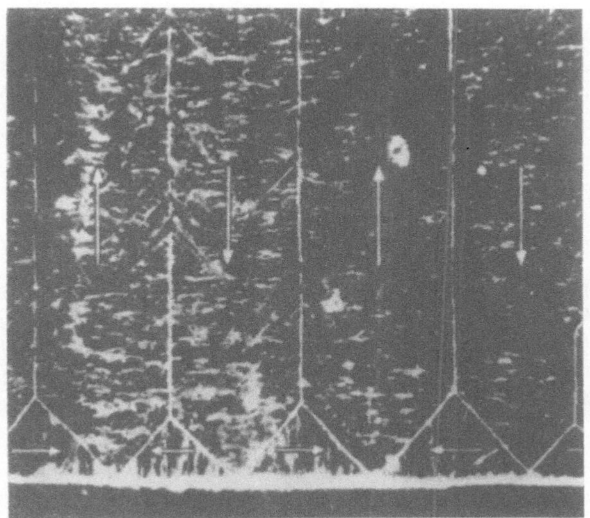

Abb. N 24

Domäneneinteilung auf einer (100)-Fläche von Eisen-Silizium. Die Magnetisierung (durch Pfeile angedeutet) liegt parallel zu ⟨100⟩-Richtungen (nach BOZORTH)

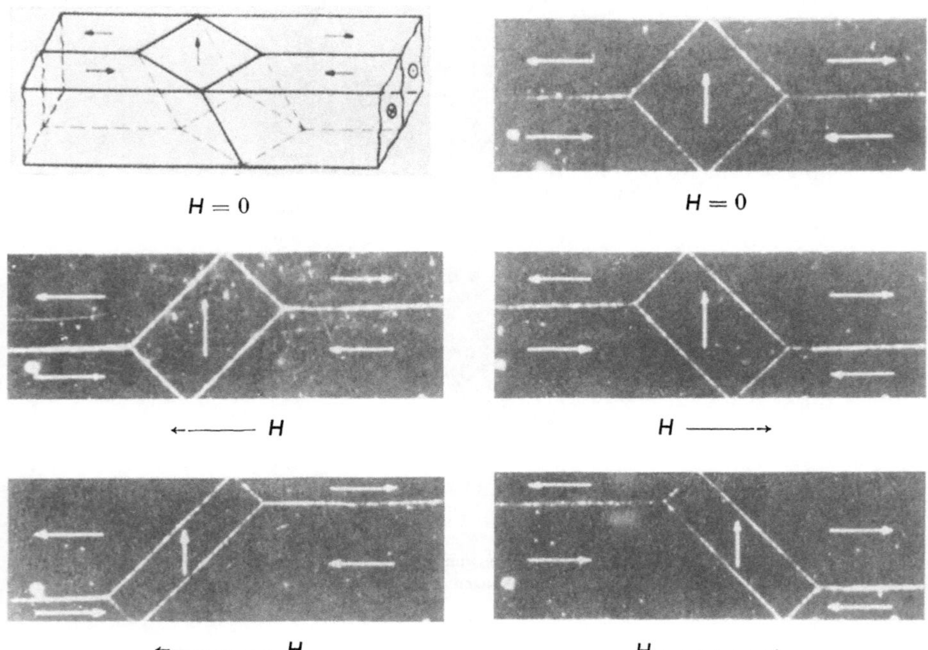

Abb. N 27

Verschiebung von BLOCH-Wänden in einem Eisenkristall bei verschieden starkem und gerichtetem äußeren Feld. Die Magnetisierungsrichtungen innerhalb der Domänen sind durch Pfeile gekennzeichnet (entnommen aus KITTEL, [71])

Zur überschlagsmäßigen Berechnung der Wandenergie und -dicke gehen wir von dem Ausdruck (N 48) für die Austauschenergie aus. Ist der Winkel φ zwischen $\boldsymbol{S}_i$ und $\boldsymbol{S}_j$ klein, so gilt bei $|\boldsymbol{S}_i| = |\boldsymbol{S}_j| = S$ wegen

$$\boldsymbol{S}_i \cdot \boldsymbol{S}_j = S^2 \cdot \cos\varphi \approx S^2 \left(1 - \frac{\varphi^2}{2}\right) \qquad \text{(N 88)}$$

für den Austauschenergie-Zuwachs gegenüber der Parallelstellung ($\varphi = 0$)

$$\delta E^{\mathrm{A}} \approx S^2 A\, \varphi^2 \,. \qquad \text{(N 89)}$$

Erfolgt nun die Umorientierung um φ_0 in N gleichen Schritten vom Betrage $\varphi = \varphi_0/N$, so beträgt die Austauschenergie für eine solche Atomkette

$$N\, \delta E^{\mathrm{A}} = N\, S^2 A \left(\frac{\varphi_0}{N}\right)^2 , \qquad \text{(N 90)}$$

nimmt also mit wachsender Kettenlänge N, d. h. Wanddicke, ab. Beziehen wir die *Austauschenergie* wieder auf die *Flächeneinheit*, so erhalten wir

$$\sigma_{\mathrm{A}} = \frac{N\, \delta E^{\mathrm{A}}}{a^2} = \frac{S^2 A\, \varphi_0^2}{N\, a^2} \,. \qquad \text{(N 91)}$$

Andererseits bedeutet das Herausdrehen der Spinmomente aus der leichten Richtung eine Erhöhung der Kristallenergie, die im einfachsten Fall der Anisotropiekonstanten K_1 (vgl. S. 394) proportional ist: Pro Flächeneinheit wird angesetzt

$$\sigma_{\mathrm{K}} = K_1\, N\, a \,. \qquad \text{(N 92)}$$

Bei Vernachlässigung anderer Energieanteile ergibt sich der Gleichgewichtswert N_0 aus

$$\frac{\mathrm{d}\,(\sigma_{\mathrm{A}} + \sigma_{\mathrm{K}})}{\mathrm{d}N} = 0 \qquad \text{(N 93)}$$

zu

$$N_0 = \varphi_0\, S \sqrt{\frac{A}{K_1\, a^3}} \quad \text{bzw.} \quad d \equiv N_0\, a = \varphi_0\, S \sqrt{\frac{A}{K_1\, a}} \qquad \text{(N 94)}$$

für die *Dicke der* BLOCH-*Wand.* Mit diesem Wert erhält man aus (N 91) und (N 92) als *Oberflächenenergie* der BLOCH-Wand

$$\sigma_0 = 2\, \varphi_0\, S \sqrt{\frac{A\, K_1}{a}} \,. \qquad \text{(N 95)}$$

Wählen wir wiederum *Eisen* als Beispiel, so erhalten wir für eine 180°-Wand ($\varphi_0 = \pi$) mit $S = 1$, $A/a = 1 \cdot 10^{-11}$ J/m und $K_1 = 4 \cdot 10^4$ J/m³

$$\sigma_0 \approx 4 \cdot 10^{-3}\ \mathrm{J/m^2}\,, \qquad d \approx 4 \cdot 10^{-8}\ \mathrm{m}\,.$$

Trotz der starken Vereinfachungen liefert unsere Rechnung für σ_0 also einen Wert in der Größenordnung des auf genaueren Rechnungen beruhenden Wertes $\sigma_0 = 1{,}8 \cdot 10^{-3}$ J/m², den wir auf S. 399 benutzt hatten.

N 34 Der Vorgang der Magnetisierung. Koerzitivfeldstärke. Remanenz

Solange kein äußeres Feld $\boldsymbol{H}$ vorhanden ist, sind die Magnetisierungsrichtungen der einzelnen Domänen statistisch über die gleichwertigen Vorzugslagen (vgl. N 32) verteilt, in Eisen also z.B. über die 6 Würfelkantenrichtungen. Der Magnetisierungsvorgang besteht in dem Übergang dieser Richtungsmannigfaltigkeit in die Richtung des äußeren Feldes. Dabei treten nach Becker zwei wesentlich verschiedene Prozesse auf: *Wandverschiebungen* und *Drehprozesse* (Abb. N 26).

Durch Wandverschiebung wachsen günstig zur Feldrichtung orientierte Bereiche auf Kosten ungünstig gelegener, wie durch Abb. N 27 (Tafel 20) unmittelbar belegt wird. Bei kleinen Feldstärken erfolgen gewöhnlich zunächst Wandverschiebungen, weil dazu der hohe Energieaufwand, der zur Drehung der Magnetisierung einer ganzen Domäne erforderlich wäre, nicht notwendig ist. Das Auftreten der Hystereseschleife zeigt, daß mindestens ein Teil der Wandverschiebungs- und Drehprozesse irreversibel verlaufen muß.

Die Ursachen der *Hysterese* sind in reinen Metallen und homogenen Legierungen in erster Linie die Eigenspannungen mit ihren örtlichen Schwankungen,

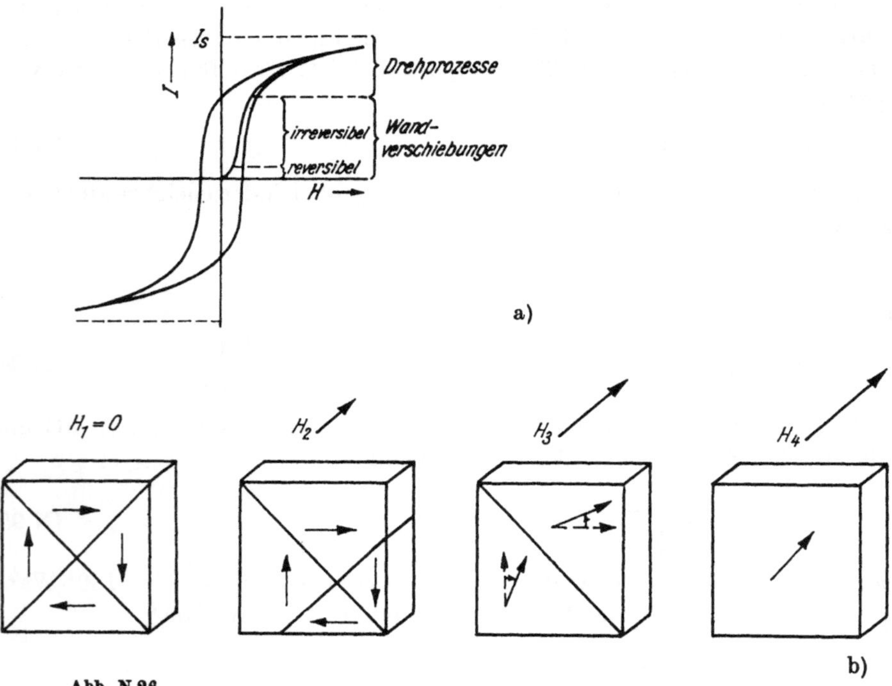

Abb. N 26

Magnetisierungsprozesse längs der Neukurve.
(a) Typische Magnetisierungskurve mit Unterteilung in die verschiedenen Bereiche.
(b) Schematische Darstellung der Magnetisierungsprozesse bei wachsender Feldstärke (Die Feldstärke liegt in jedem Falle parallel zur Flächendiagonale)

aber auch andere *Gitterstörungen*, wie z.B. Einschlüsse unmagnetischer Fremdstoffe. Um diesem Umstand Rechnung zu tragen, müssen wir die magnetischen Energieanteile in Realkristallen als örtlich veränderlich, und zwar in unregelmäßiger Weise, ansehen. Wir betrachten zunächst die energetischen Verhältnisse bei der Verschiebung einer 180°-Wand mit der Fläche F etwas näher (Abb. N 28). In dem von der Fläche überstrichenen Volumen $F\,\delta x$ beträgt die Änderung der potentiellen Energie pro Flächeneinheit im äußeren Feld $\delta\sigma_H = -2\,H\,I_S \cos\vartheta\,\delta x$, im Gleichgewicht muß sie der Änderung der feldunabhängigen Energieanteile $\delta\sigma$[1]) entgegengesetzt gleich sein:

$$\delta\sigma = 2\,H\,I_S \cos\vartheta\,\delta x\,. \tag{N 96}$$

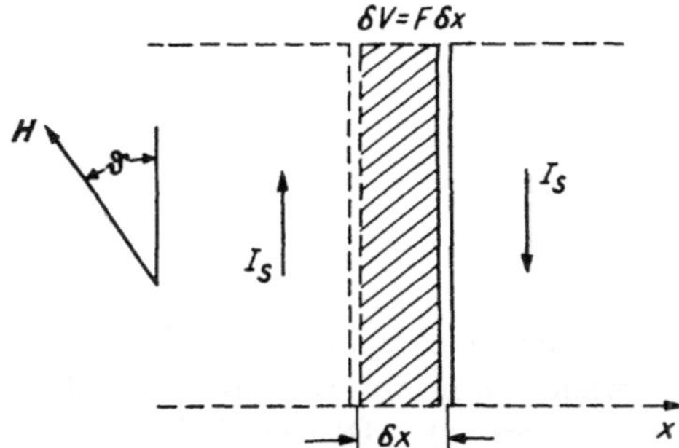

Abb. N 28
Zur Energieänderung bei Wandverschiebung

Die Feldstärke $H(x)$, welche die Wand an der Stelle x im Gleichgewicht hält, ist demnach

$$H(x) = \frac{1}{2\,I_S \cos\vartheta}\left(\frac{\partial\sigma}{\partial x}\right). \tag{N 97}$$

Die Verhältnisse werden also durch den räumlichen Gradienten von $\sigma(x)$ bestimmt. Da er durch die Realstruktur der Probe gegeben ist, diskutieren wir einen willkürlich angenommenen Verlauf (Abb. N 29). Es sei aber angemerkt, daß es in Einzelfällen, z.B. an *Nickel*einkristallen, gelungen ist, auf Grund der aus elektronenmikroskopischen Aufnahmen ermittelten Spannungsverhältnisse die magnetischen Messungen im *Einmündungs*bereich *in die Sättigung* ohne Anpassung verfügbarer Parameter quantitativ zu deuten.

In Abb. N 29 liegt bei der äußeren Feldstärke $H = 0$ die Wand nach (N 97) in einer Energiemulde ($\partial\sigma/\partial x = 0$) bei x_1. Mit wachsendem H verschiebt sie sich reversibel bis x_3, d. h., jeder Punkt x mit $x_1 < x < x_3$ stellt eine stabile Wandlage dar, sofern (N 97) erfüllt ist. Bei x_3 erreicht der Gradient ein Maximum, $\partial^2\sigma/\partial x^2$ wird negativ, die Lagen bis x_5 sind instabil, so daß die Wand ohne

[1]) $\delta\sigma = \delta\,(\sigma_\lambda + \sigma_M + \sigma_W + \sigma_A + \sigma_K)$, wobei die einzelnen Beiträge die aus (N 79), (N 83), (N 86), (N 91) und (N 92) ersichtliche Bedeutung besitzen, hier jedoch stets auf die Flächeneinheit bezogen.

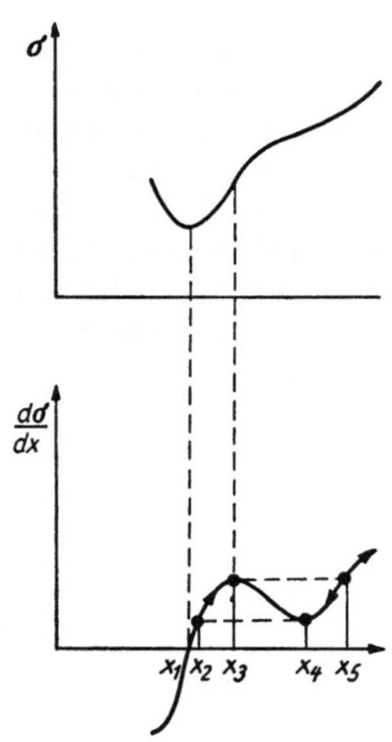

Abb. N 29

Beispiel des Energieverlaufs $\sigma(x)$ und seines Gradienten $d\sigma/dx$ in Abhängigkeit von der Ortskoordinate x bei BLOCH-Wand-Verschiebung

Erhöhung der Feldstärke irreversibel von x_3 nach x_5 übergeht. Der einem solchen Sprung entsprechende Induktionseffekt kann im Lautsprecher als Knacken nachgewiesen werden (BARKHAUSEN-*Sprung*). Gelegentlich können solche Sprünge so groß werden, daß sie direkt in der Magnetisierungskurve zu sehen sind (Abb. N 30). Bei Abschalten des Feldes in x_5 erfolgt die Rückkehr von x_5 bis x_4 und x_2 bis x_1 reversibel, von x_4 bis x_2 dagegen ist sie nur irreversibel möglich.

Die zu einem Maximum des Gradienten, z.B. in x_3, gehörige Feldstärke

$$H_0(x) = \frac{1}{2\, I_S \cos\vartheta} \left(\frac{\partial\sigma}{\partial x}\right)_{\max} \tag{N 98}$$

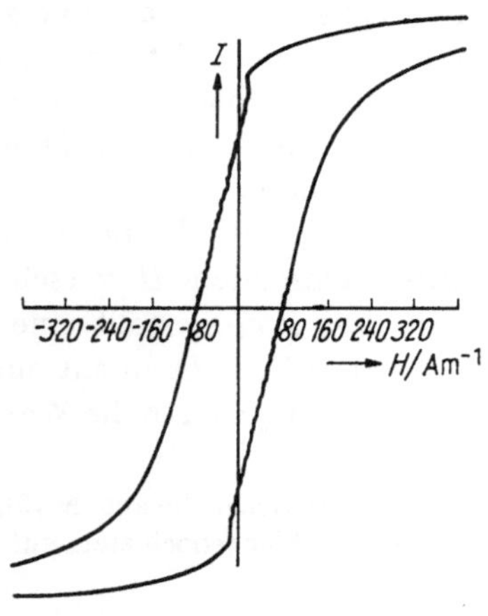

Abb. N 30

Hystereseschleife, bei der die BARKHAUSEN-Sprünge oszillographisch sichtbar gemacht worden sind (nach FORRER und MARTAK) wird *Grenzfeldstärke* genannt. Ihr Maximalwert in einer Domäne bestimmt die *Koerzitivfeldstärke*. Für die gesamte Probe gilt dann der Mittelwert, also

$$ {}_I H_c = \sqrt{\overline{H_{0\,\max}^2}} \,. \tag{N 99}$$

Zur Berechnung der Koerzitivfeldstärke ist mithin die Kenntnis des durch die Realstruktur bestimmten Verlaufes von $\sigma(x)$ notwendig. Infolgedessen können solche Berechnungen nur für sehr vereinfachte schematische Modelle ausgeführt werden. So gibt es verschiedene Theorien, die entweder die Eigenspannung (KONDORSKY, KERSTEN), die Einschlüsse (KERSTEN) oder die entmagnetisierende Wirkung von Inhomogenitäten (NÉEL) studieren, worauf wir aber nicht näher eingehen wollen.

Es sei noch angemerkt, daß die Koerzitivfeldstärke als strukturempfindliche Größe im Bereich von 6 Zehnerpotenzen variiert, während sich die Sättigungsmagnetisierung als wesentlich atomare Größe nur um etwa eine Zehnerpotenz verändert.

Hinsichtlich der Koerzitivfeldstärke treten bei sehr kleinen Teilchen noch Besonderheiten auf. Da die Wandenergie wie jeder Oberflächeneffekt mit abnehmender Teilchengröße an Einfluß gewinnt, bringt die Domänenstruktur von einer kritischen Teilchengröße an keinen Energiegewinn mehr. Bei Eisen beträgt der kritische Radius etwa 10^{-8} m (vgl. auch S. 399). Unterhalb dieser Größe liegende Teilchen sind daher Ein-Domänen-Teilchen. Infolgedessen stehen zu ihrer Ummagnetisierung nur die energieaufwendigen Drehprozesse zur Verfügung, was hohe Koerzitivfeldstärken bewirkt. Dieser Gesichtspunkt ist von erheblicher technischer Bedeutung, weil man bei der Herstellung von Permanentmagneten hohe Koerzitivfeldstärken anstrebt. In diesem Sinne interessiert es auch, daß man die Koerzitivfeldstärke durch Erhöhung der *Teilchenanisotropie* steigern kann.

Ein-Domänen-Teilchen zeigen auch in anderer Hinsicht ungewöhnliches Verhalten. So können sich fein verteilte ferromagnetische Ausscheidungen bei höheren Temperaturen wie ein Paramagnetikum verhalten, dessen Teilchen Momente von $\approx 10^5$ Atommomenten besitzen (*Superparamagnetismus*).

Neben der Koerzitivfeldstärke H_c bestimmt auch die Remanenz B_R bzw. I_R das magnetische Verhalten eines Ferromagnetikums. Dem Wunsch, es durch einen einzigen Parameter zu kennzeichnen, kann in gewissem Umfang durch Angabe des Maximalwertes $(B\,H)_{max}$ entsprochen werden, weil die magnetische Energiedichte $B\,H/2$ für viele Anwendungen maßgebend ist.

Die Remanenz gehört wie die Koerzitivfeldstärke, aber im Gegensatz zur Sättigungsmagnetisierung I_S zu den strukturempfindlichen Eigenschaften. Ihre Grenzwerte sind 0 und I_S, und man gibt häufig die relative Remanenz $r \equiv I_R/I_S = B_R/I_S$ an. Sie beträgt

$$ r = \sum_i \frac{V_i}{V} \cos \varphi_i \,, \tag{N 100}$$

wobei φ_i den Winkel zwischen der Magnetisierung im remanenten und gesättigten Zustand im Teilvolumen V_i bedeutet.

Für isotrope Werkstoffe bei völlig regelloser Verteilung der magnetischen Vorzugslagen gilt $r = 1/2$, wenn keine Magnetisierungsrichtungen mit Komponenten entgegen der Sättigungsmagnetisierung vorliegen, d. h., wenn bei der Entmagnetisierung keine 180°-Wandverschiebungen auftreten.

Zur Verwirklichung der Grenzfälle $r = 0$ und $r = 1$ muß eine im ganzen Körper einheitliche Lage der Vorzugsrichtungen bestehen. Bei Magnetisierung in Richtung einer solchen erhält man dann offenbar $r = 1$, bei dazu senkrechter Magnetisierung $r = 0$. Die Vorzugsorientierungen können z.B. durch Texturerzeugung (vgl. S. 407) oder durch Anlegen von mechanischen Spannungen auf Grund der Magnetostriktion (vgl. S. 395) hergestellt werden.

N 35 Übersicht über die metallischen magnetischen Werkstoffe vom physikalischen Standpunkt

Tatsächlich haben sich die in N 34 angeführten Gesichtspunkte bei der Entwicklung von Spezialwerkstoffen höchster Koerzitivfeldstärken bewährt, wie überhaupt die große Mannigfaltigkeit magnetischer Spezialwerkstoffe in ihrem Aufbau vom metallphysikalischen Standpunkt gut zu verstehen ist.

Die technisch wichtigsten Eigenschaften, die man aus der Magnetisierungskurve entnehmen kann (Abb. N 5), sind die Anfangspermeabilität, die Maximalpermeabilität, die Sättigungsmagnetisierung, die Remanenz, die Koerzitivfeldstärke, Energiedichte und Ummagnetisierungsverluste.

Trägt man die Anfangspermeabilitäten über den Koerzitivfeldstärken gebräuchlicher Werkstoffe auf (Abb. N 31), so erhält man in einem Bereich über viele Zehnerpotenzen einen nahezu linearen Zusammenhang, der auf die gleiche Ursache beider Größen hinweist: Die Koerzitivfeldstärke ist nach den obigen Darlegungen um so größer, je größer $(\partial\sigma/\partial x)_{\max}$ ist. Andererseits ist der endliche

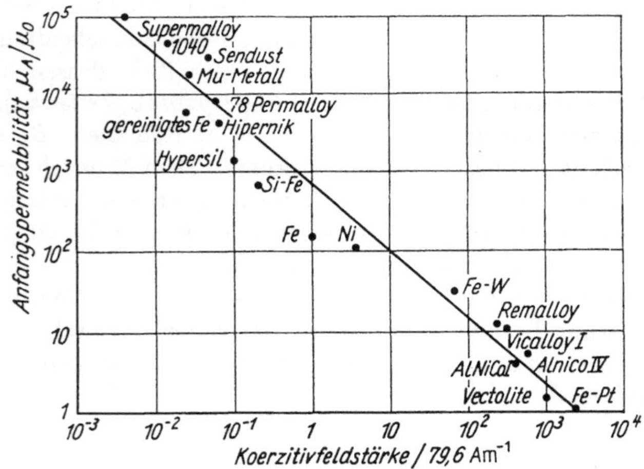

Abb. N 31

Beziehung zwischen (relativer) Anfangspermeabilität und Koerzitivfeldstärke einiger magnetischer Werkstoffe (nach Kittel)

Wert des Gradienten von σ auch der Grund, warum überhaupt Arbeit zur Verschiebung der BLOCH-Wände zu leisten ist, d. h., warum die Permeabilität nicht unendlich groß ist. Sie wird also um so größer sein, je kleiner $\partial\sigma/\partial x$ ist.

Man entnimmt aus Abb. N 31, daß sich die Werkstoffe in zwei große Gruppen gliedern, die sogenannten *weichmagnetischen* mit hoher Permeabilität und kleiner Koerzitivfeldstärke und die *hartmagnetischen* mit kleiner Permeabilität und hoher Koerzitivfeldstärke. Mengenmäßig ist die erste Gruppe die bedeutendere, denn zu ihr gehören alle magnetischen Werkstoffe für Geräte, in denen in irgendeiner Weise elektrische Energie umgeformt wird, (Transformatoren, Generatoren, Motoren). Es handelt sich dabei durchweg um *homogen aufgebaute Werkstoffe*, wobei reines Eisen, Eisen–Silizium- und Eisen–Aluminium-Legierungen die Hauptrolle spielen. Für Spezialzwecke werden auch teure Legierungen wie Permalloy und Supermalloy (vgl. Tab. N 3) angewendet.

Es war darauf hingewiesen worden (vgl. S. 394), daß die Magnetisierungsarbeit von der Richtung des Feldes bezüglich der Kristallachsen stark abhängen kann. Nach unseren Überlegungen bieten sich zwei Wege an, um die Ummagnetisierungsverluste möglichst klein zu halten: 1. Die Magnetisierung in günstiger Richtung, d. h. in einer leichten, vorzunehmen, 2. die Bevorzugung einer Richtung, also die Anisotropie, möglichst herabzusetzen. Von beiden Möglichkeiten wird technisch Gebrauch gemacht.

Bei Transformatorblechen wird durch eine geeignete Technologie des Walzprozesses erreicht, daß sich die Kristallite mit einer Dodekaederfläche parallel zur Walzebene legen ((110) [001]-Textur od. Goss-*Textur*; vgl. S. 241). Noch günstigere Verhältnisse sollte man von einer (100) [001]-Textur erwarten, die jedoch technisch noch nicht realisiert zu sein scheint. Durch geeignete Konstruktion der Geräte kann man also den magnetischen Fluß in eine Vorzugsrichtung legen und erreicht damit unter Umständen B_R/I_S-Werte von nahezu 1, während dieses Verhältnis bei regelloser Kristallitorientierung nur etwa die Hälfte betragen kann.

Die Anisotropie wird, wie in N 32 erläutert, durch die Kristallenergiekonstante K und die Magnetostriktionskonstante λ bestimmt. Beide können sowohl positiv wie negativ sein und daher durch geeignete Zusammensetzung der Legierung auch zu Null gemacht werden. Nach Abb. N 32 trifft dies für die Legierung *Sendust* (Fe mit 9,5 Gew.% Si und 5,5 Gew.% Al) zu, die sich durch eine *hohe Anfangspermeabilität* ($\mu_A/\mu_0 > 30000$) auszeichnet, sowie durch große mechanische Härte.

Die zweite Gruppe der magnetisch harten Werkstoffe (vgl. Tab. N 4) dient besonders der Herstellung permanenter Magnete, wobei neben *großer Energiedichte* $(BH)_{max}$ (im 2. Quadranten) eine *hohe Koerzitivfeldstärke* erwünscht ist. Diese erfordert ein *heterogenes Gefüge* mit kleinen *Ein-Domänen-Teilchen* möglichst *großer Anisotropie* in einer unmagnetischen Matrix. Diese Gesichtspunkte können technisch auf verschiedene Weise realisiert werden: schmelzmetallurgisch durch Ausscheidungsvorgänge, Gitterumwandlungen oder Überstrukturbildung oder in zunehmendem Maße auch pulvermetallurgisch. Die bei einer Reihe von

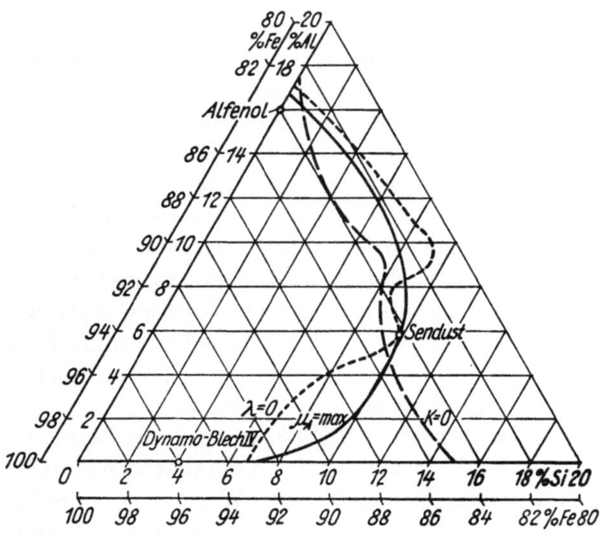

Abb. N 32

Linien maximaler Anfangspermeabilität μ_A und verschwindender Magnetostriktions- und Anisotropiekonstante λ und K im ternären System Eisen–Aluminium–Silizium (nach ZAIMOVSKY und SELISSKY)

Werkstoffen auf den verschiedenen Wegen erzielten Kennwerte sind aus Tab. N 4 zu ersehen.

In jüngster Zeit sind in den intermetallischen Verbindungen $R\,Co_5$ (R = S.E.-Metall) vom $CaZn_5$-Strukturtyp (D_{2f}) Stoffe gefunden worden, deren beste mit einem Schlage alle bisher bekannten Werkstoffe für permanente Magnete in ihren Kennwerten weit übertreffen, wie dies Abb. N 33 zeigt (vgl. auch betr.

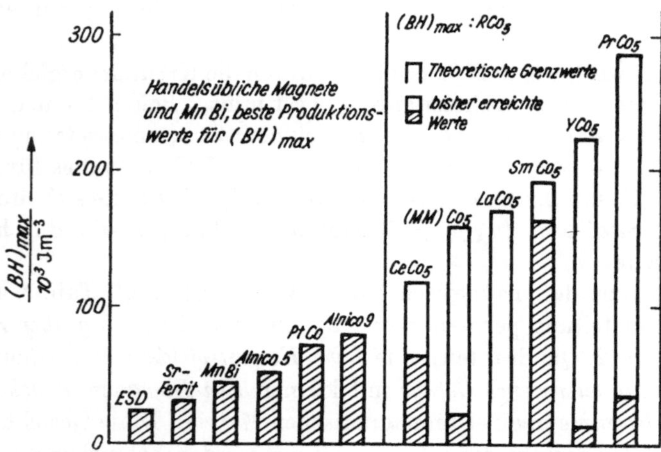

Abb. N 33

Vergleich der $(BH)_{max}$-Werte der besten handelsüblichen Magnete und der RCo_5-Verbindungen ((MM): Mischkristall mit ca. 55% Ce und anderem S.E.-Metall) (nach HOFER)

Tabelle N 4
Magnetische Eigenschaften hartmagnetischer Werkstoffe *)

Material	Zusammensetzung Gew.%	Wärmebehandlung **) °C	B_R/Wbm^{-2}	$H_c/10^2$ Am^{-1} ($B = 0$)	$\frac{1}{2}(BH)_{max}/10^3$Jm^{-3}
Kohlenstoffstahl	0,9 C, 1 Mn	800 (A)	1,0	40	0,8
Wolframstahl	6 W, 0,7 C, 0,3 Cr	850 (A)	1,0	56	1,2
3,5% Cr-Stahl	0,9 C, 0,35 Cr	830 (A)	0,98	48	1,1
15% Co-Stahl	1,0 C, 7 Cr, 0,5 Mo, 15 Co	1150 (AL), 780 (AO), 100(A)	0,82	143	2,4
KS-Stahl	0,9 C, 3 Cr, 4 W, 35 Co		0,90	200	4,0
MT-Stahl	2,0 C, 8,0 Al		0,60	160	1,8
Vicalloy	52 Co, 14 V	600 (G)	1,0	360	12
MK-Stahl	16 Ni, 10 Al, 12 Co, 6 Cu		0,8	446	6,4
Alnico 5	14 Ni, 24 Co, 8 Al, 3 Cu	1300 (AF), 600 (G)	1,2	438	20
Cunife	60 Cu, 20 Ni		0,54	438	6,0
Pt–Fe	78 Pt		0,58	1250	12
Ba-Ferrit	$BaO \cdot 6 Fe_2O_3$		0,20	1200	4,0
MnBi	20 Mn, 80 Bi		0,42	2630	16,7
Eisenpulver	100 Fe		0,40	400	3,0
Fe–Co-Pulver	55 Fe, 45 Co		1,02	630	18
$SmCo_5$			0,9	7160	80

*) größtenteils nach Bozorth und Chikazumi; bezüglich weichmagnetischer Materialien vgl. Tab. N 3
**) A: abgeschreckt; AL: abgeschreckt in Luft; AO: im Ofen abgekühlt; AF: im Magnetfeld abgekühlt; G: geglüht

$SmCo_5$ Tab. N 4). Allerdings sind auch hier wegen der Sprödigkeit der intermetallischen Verbindungen große technologische Schwierigkeiten zu überwinden.

Die Ursache für die günstigen magnetischen Eigenschaften liegt einerseits in der großen Sättigungsmagnetisierung, andererseits vor allem in der ungewöhnlich großen Koerzitivfeldstärke auf Grund der außerordentlich starken Kristallanisotropie (die der Anisotropie-Energie u_K (vgl. S. 394) durch $H_K = K/n\, g\, \mu_B\, J$ zugeordnete Anisotropie-Feldstärke beträgt für $SmCo_5$ $H_K = 2 \cdot 10^7$ A/m, für Eisen dagegen nur den tausendsten Teil). Die Herstellung von $SmCo_5$-Magneten erfolgt aus Pulver, dessen Teilchen in einem starken Magnetfeld ($2 \cdot 10^6$ A/m) ausgerichtet werden und das dann nach raffinierten Technologien zu einem möglichst kompakten Material verpreßt wird.

Dies ist ein Musterbeispiel für die gar nicht zu übersehenden Möglichkeiten, die in den intermetallischen Verbindungen als Werkstoffe mit äußerst interessanten Eigenschaften — bisher noch wenig beachtet — liegen.

N 4 Übungsaufgaben

N 1. Beim MÖSSBAUER-Effekt beobachtet man γ-Quanten-Übergänge zwischen zwei Kernniveaus, von denen jedes im äußeren Magnetfeld eine Hyperfeinstrukturaufspaltung erfahren kann. Die Energieniveaus sind durch $E_m = g/\mu_N\, H\, M_J$ gegeben ($g = |\boldsymbol{m}|/J\, \mu_N$ Kern-LANDÉfaktor, $\mu_N = 5{,}05 \cdot 10^{-27}\, JT^{-1}$, Kernmagneton, J Kernspin, $M_J = J, J-1, \ldots -J$). Man berechne die in Fe^{57}-Kernen auftretenden Energien für erlaubte Übergänge zwischen $J = 3/2$ und $J = 1/2$ im Feld $H = 0{,}8 \cdot 10^6$ A/m und beachte dabei, daß im Grundzustand $|\boldsymbol{m}|/J < 0$, im angeregten dagegen >0 ist. ($|\boldsymbol{m}_{Fe}| = 0{,}0903\, \mu_N$).

N 2. Wie stark muß das Magnetfeld sein, um eine Eisenkugel bei $T = 0$ bis zur Sättigung zu magnetisieren?

N 3. Man zeige, daß in einem zweidimensionalen Kristall (quadratisches Netz) nach dem in N 312 benutzten Spinwellenmodell kein Ferromagnetismus auftritt!

0 HINWEISE ZUR LÖSUNG DER ÜBUNGSAUFGABEN

A 1. a) Hohe elektrische Leitfähigkeit
(Große Zahl freier Leitungselektronen, im äußeren elektrischen Feld leicht verschiebbar);

b) gute plastische Verformbarkeit
(Wegen Fehlens gerichteter Bindungen zwischen den Ionen sind diese mit geringem Kraftaufwand gegeneinander verschiebbar);

c) niedrige Ionisierungsenergien
(Bestandteile des Elektronengases sind frei beweglich im Innern des Metalls, daher leicht abtrennbar. Photoeffekt, RICHARDSON-Effekt);

d) gute Wärmeleitfähigkeit
(hoher Elektronenanteil wegen leichter Verschiebbarkeit der freien Elektronen, die den Transport kinetischer Energie übernehmen.);

e) metallischer Glanz
(unter dem Einfluß des äußeren elektrischen Wechselfeldes führen die Elektronen eine gedämpfte periodische Bewegung aus, wobei wegen der geringen Dämpfung (gute elektrische Leitfähigkeit) die Elektronen in Gegenphase mit dem anregenden Feld schwingen. Das hat eine hohes Reflexionsvermögen zur Folge.).

Zahlenwerte: zu a) und d): Tab. VI, zu e): Abb. M 21, zu b): Abb. K 24.

A 2. a) *A1*-Typ oder Kupfer-Typ, kubisch-flächenzentriert (vgl. Abb. A 2).
Vertreter: vgl. Tabelle IV a im Anhang

n_A = (Anzahl der Atome pro Volumen) $= \left(8 \cdot \frac{1}{8} + 6 \cdot \frac{1}{2}\right)/a^3 = 4/a^3$
(a = Gitterkonstante).

b) *A2*-Typ oder Wolfram-Typ, kubisch-raumzentriert (vgl. Abb. A 1).
Vertreter: vgl. Tabelle IV a im Anhang,

$$n_A = \left(8 \cdot \frac{1}{8} + 1\right)/a^3 = 2/a^3 .$$

c) *A3*-Typ oder Magnesium-Typ, hexagonal-dichteste Kugelpackung. (vgl. Abb. A 3)
Vertreter: vgl. Tabelle IV a im Anhang,

$$n_A = \left(8 \cdot \frac{1}{8} + 1\right)/a^2\, c\, (\sqrt{3}/2) = 4/\sqrt{3}\, a^2\, c .$$

Kalziumwürfel bei Raumtemperatur: *A1*-Typ, d. h. $5{,}33 \cdot 10^7$ Elementarzellen in einer Kantenrichtung. Mit $a = 5{,}582 \cdot 10^{-10}$ m (vgl. Tab. IV a) also Kantenlänge 2,97 cm.

A 3. Stabile Phasen: Mg_2Pb ($33\frac{1}{3}$ At.% Pb) und Blei-Mischkristall (mit 3,5 At.% Mg).
Mit der Bezeichnung $N^{(\alpha)}$ bzw. $N^{(\beta)}$ für die Zahl der Atome in der Verbindung Mg_2Pb bzw. im Mischkristall und X, $x^{(\alpha)}$, $x^{(\beta)}$ für den Mengenanteil der Bleiatome in dem gesamten System, in Mg_2Pb bzw. im Mischkristall erhält man (Hebelbeziehung):

$$\frac{N^{(\alpha)}}{N^{(\beta)}} = \frac{x^{(\beta)} - X}{X - x^{(\alpha)}} = \frac{0{,}965 - 0{,}4}{0{,}4 - 0{,}33} = 8{,}08 \,.$$

Damit sind 89% aller Atome in Mg_2Pb kristallisiert. *Gewichts*anteile im gesamten System: 77,7 Gew.% Mg_2Pb und 22,3 Gew.-% Blei-Mischkristall (die benötigten Atommassen entnehme man aus Tab. II).

A 4. $M = \frac{j\,A\,t}{e} m_e = 1{,}23 \cdot 10^{-4}\,\mathrm{g}\,.$

Es tritt zwar wegen der von Null verschiedenen Masse der Elektronen ein Massefluß auf, es wird dem Leiter aber genau so viel Masse (und Ladung natürlich) zu- wie abgeführt.
Beim Elektrolyten tritt im Gegensatz zum Metall ein Wechsel des Ladungsträgertyps (und damit dessen Masse) an den Elektroden auf. Die zugeführte Ladung an einer Elektrode ist zwar weiterhin gleich der abgeführten, die zugeführte Masse aber nicht. Metalle „verbrauchen" sich im Gegensatz zu Elektrolyten nicht.

B 1. Bezüglich des kubischen Achsenkreuzes: $\left[\frac{3}{2}\;1\;0\right]$, also [320].
Bezüglich des primitiven Tripels:
Das Gleichungssystem $\mathbf{A}''\,\mathbf{m}'' = a\,\mathbf{m}$ ist zu lösen mit

$\mathbf{m} = \begin{pmatrix}3\\2\\0\end{pmatrix}$ und $\mathbf{A}''$ gemäß (B 14). Daraus folgt $\mathbf{m}'' = \begin{pmatrix}-1\\1\\5\end{pmatrix}$.

Die Gitterrichtung lautet im primitiven Tripel also $[\bar{1}15]$.

B 2.

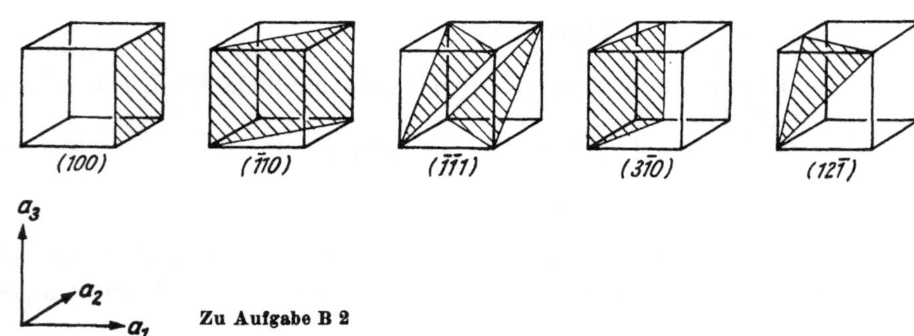

Zu Aufgabe B 2

B 3. Die Elementarzelle, auf die sich die Indizierung bezieht, enthält 4 Atome: $[0\ 0\ 0]$, $\left[0\ \frac{1}{2}\ \frac{1}{2}\right]$, $\left[\frac{1}{2}\ 0\ \frac{1}{2}\right]$, $\left[\frac{1}{2}\ \frac{1}{2}\ 0\right]$.
Über diese Vektoren $\boldsymbol{R}_n$ (vgl. S. 29) wird bei der Berechnung des Strukturfaktors $S_{\boldsymbol{H}} = \frac{1}{p} \sum_{n=1}^{p} e^{2\pi i \boldsymbol{H}\cdot\boldsymbol{R}_n}$ summiert. Das ergibt $S_{100} = (1/4)$ $(e^0 + e^0 + e^{\pi i} + e^{\pi i}) = 0$; $S_{200} = 1$; $S_{111} = 1$; $S_{211} = 0$. Die Strukturfaktoren sind Gewichte, die den Vektoren im reziproken Gitter, und damit den durch sie dargestellten Netzebenen, bei nichtprimitiver Beschreibung des Gitters zuzuordnen sind. $S_{\boldsymbol{H}} = 0$ bedeutet Auslöschung. Durch die flächenzentrierenden Atome werden z. B. zwischen den (100)-Ebenen gegenüber dem einfach-kubischen Gitter neue Ebenen eingeschoben, so daß sich der Netzebenenabstand halbiert. Eine Schar mit $d_{100} = a$ existiert also nicht ($S_{100} = 0$), wohl aber eine mit $d = a/2$ $\equiv d_{200}$ ($S_{200} = 1$).

B 4. Bravais-Zelle: rhombisch-einseitig-flächenzentriert. Wir gehen von einer primitiven Basis aus (vgl. Bild a):

$$\mathbf{A}' = a \begin{pmatrix} 1 & 0 & \frac{1}{2} \\ 0 & 1 & 0 \\ 0 & 0 & \frac{3}{2} \end{pmatrix}. \quad \text{Daraus folgt } \mathbf{B}' = (\mathbf{A}')^{-1} = \frac{1}{a} \begin{pmatrix} 1 & 0 & -\frac{1}{3} \\ 0 & 1 & 0 \\ 0 & 0 & \frac{2}{3} \end{pmatrix}.$$

Bild b zeigt das reziproke Gitter (mit $a \equiv 1$). Die von den $\boldsymbol{b}_i$ aufgespannte Zelle ist gestrichelt dargestellt. Dasselbe reziproke Gitter

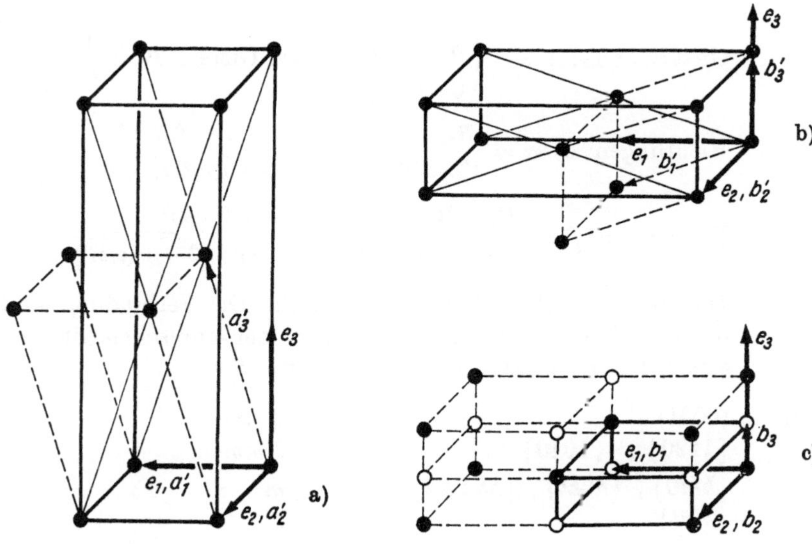

Zu Aufgabe B 4

erhält man, wenn man von einer nichtprimitiven Zelle ausgeht: $\boldsymbol{a}_1 = a\,\boldsymbol{e}_1$, $\boldsymbol{a}_2 = a\,\boldsymbol{e}_2$, $\boldsymbol{a}_3 = 3\,a\,\boldsymbol{e}_3$. Daraus folgt das reziproke Tripel $\boldsymbol{b}_1 = (1/a)\,\boldsymbol{e}_1$, $\boldsymbol{b}_2 = (1/a)\,\boldsymbol{e}_2$, $\boldsymbol{b}_3 = (1/3\,a)\,\boldsymbol{e}_3$ (Bild c). Die Punkte dieses reziproken Gitters müssen noch mit Gewichten versehen werden (vgl. Aufg. B 3.). Besetzung der Raumgitterzelle ($p = 2$): $[0\,0\,0]$, $\left[\frac{1}{2}\,0\,\frac{1}{2}\right]$. Alle Punkte mit gemischtzahligen H_1, H_2 (gerade und ungerade) werden ausgelöscht (leere Kreise in Bild c).

B 5. Der Normalenvektor der Ebenenschar lautet $\boldsymbol{H}_{123} = 1\,\boldsymbol{b}_1 + 2\,\boldsymbol{b}_2 + 3\,\boldsymbol{b}_3 = (1/a)\,\boldsymbol{e}_1 + (2/a)\,\boldsymbol{e}_2 + (3/a)\,\boldsymbol{e}_3$. Nach (B 16) errechnet man daraus einen Netzebenenabstand $d_{123} = 1/|\boldsymbol{H}_{123}| = a/\sqrt{14}$. (B 16) gilt ohne Einschränkung jedoch nur für primitive Beschreibungen des Gitters. Für das k.fl.z.-Gitter ist die Würfelzelle, auf die sich die Indizierung von Ebenen stets bezieht, nicht primitiv. Es muß daher geprüft werden, ob der Vektor $\boldsymbol{H}_{123}$ existiert. Dies kann durch Berechnung des Strukturfaktors (vgl. Aufg. B 3) geschehen oder indem wir auf die primitive Beschreibung (B 14) zurückgreifen. Die Koordinaten des Vektors $\boldsymbol{H}_{123}$ bezüglich der $\boldsymbol{b}_i$ erhalten wir aus $(H_1''\,H_2''\,H_3'') = (1/a)$ $(1\;\;2\;\;3)\,(\mathrm{B}'')^{-1} = \left(\frac{5}{2}\;\;2\;\;\frac{3}{2}\right)$ (mit B″ aus (B 23)). Die MILLERschen Indizes der Ebenen im Achsenkreuz (B 14) lauten also (5 4 3). Daraus erhält man $d = a/2\sqrt{14}$. In kubischen Koordinaten entspricht das einem Vektor $\boldsymbol{H}_{246}$ ($\boldsymbol{H}_{123}$ ist ausgelöscht).

B 6. Zur Berechnung der Winkel können wir ohne Beschränkung der Allgemeinheit vom primitiven tetragonalen Gitter ausgehen.

$$\text{Gittermatrix: } \mathrm{A} = a\begin{pmatrix}1 & 0 & 0\\ 0 & 1 & 0\\ 0 & 0 & c/a\end{pmatrix}, \text{ rez. Gitter: } \mathrm{B} = \frac{1}{a}\begin{pmatrix}1 & 0 & 0\\ 0 & 1 & 0\\ 0 & 0 & a/c\end{pmatrix}.$$

$$\text{Richtungen: } \cos\alpha = \frac{\boldsymbol{R}_{102}\cdot\boldsymbol{R}_{113}}{|\boldsymbol{R}_{102}|\,|\boldsymbol{R}_{113}|} = \frac{1 + 6\,(c/a)^2}{\sqrt{(1 + 4\,(c/a)^2)\,(2 + 9\,(c/a)^2)}},$$

$$\text{Ebenen: } \cos\beta = \frac{\boldsymbol{H}_{102}\cdot\boldsymbol{H}_{113}}{|\boldsymbol{H}_{102}|\,|\boldsymbol{H}_{113}|} = \frac{1 + 6\,(a/c)^2}{\sqrt{(1 + 4\,(a/c)^2)\;(2 + 9\,(a/c)^2)}}.$$

B 7. Die BRAVAIS-Zelle ist einfach-kubisch. Die Verbindung besteht aus 5 ineinandergestellten, kongruenten einfach-kubischen Gittern: 1 Titangitter, 1 Bariumgitter und 3 Sauerstoffgitter.

B 8.

(0001)	: $6mm$
$\{11\bar{2}0\}$, $\{10\bar{1}0\}$	: $2mm$
$\{hki0\}$, $\{h0\bar{h}l\}$, $\{hh\,2\bar{h}\,l\}$	: m
$\{hkil\}$	: 1

(vgl. nebenstehende Skizze bezüglich der Lage der Ebenen!)

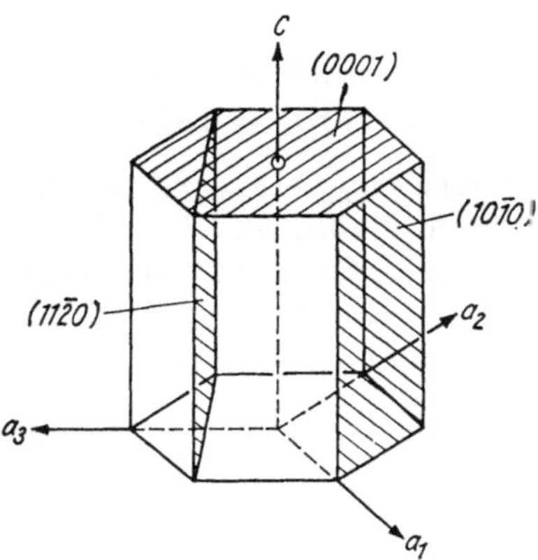

Zu Aufgabe B 8

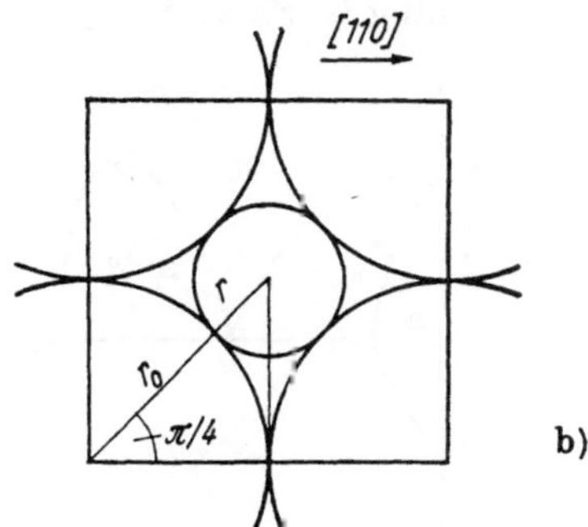

Zu Aufgabe C 2

C 1. Mit den Zahlenwerten von Tabellen IV a, II und V erhält man folgende Dichten: Kupfer: 8,93 (gemessen nach Tabelle VI 8,93), Eisen: $7{,}87_7$. (gemessen 7,86) und Germanium: $5{,}32_6$ (gemessen 5,32) $\cdot\, 10^3$ kg/m^3 Abweichungen der Meßwerte von den berechneten deuten auf Gitterfehler (insbesondere Punktfehler) hin.

C 2. a) tetraedrische Lücken:

Wir betrachten einen Oktanten in der Elementarzelle (Abb. A 2). Skizze (a) zeigt einen $\{110\}$-Schnitt durch die Mitte des Oktanten, in dessen Zentrum sich die tetraedrische Lücke befindet. (Die Atommitten sind Eckpunkte eines Tetraeders, seine Flächen sind $\{111\}$-Ebenen.) Die Flächen bilden einen Winkel,

$$\cos\varphi = \frac{[111]\,[11\bar{1}]}{\sqrt{3}\,\sqrt{3}} = \frac{1}{3}\,.$$

Man liest aus der Skizze

$$\frac{r}{r_0} = \frac{1-\cos(\varphi/2)}{\cos(\varphi/2)} = 0{,}225$$

ab.

b) oktaedrische Lücken:
Akizze (b) zeigt einen {100}-Schnitt durch die Mitte der Elementarzelle. Man erhält $(r_0 + r)/r_0 = 2$, d. h. $r/r_0 = 0{,}414$.

C 3. Tab. C 2: relative Radiendifferenz $(r_{Ag} - r_{Pd})/r_{Ag} = 0{,}04 < 10\%$; Tab. IV a: Strukturtypen sind gleich. Damit sind 2 der 3 Bedingungen von S. 69 erfüllt. (Über die chemische Affinität läßt sich ohne weiteres keine Aussage machen.) Man kann also Mischbarkeit erwarten. — Silber und Palladium sind tatsächlich lückenlos mischbar.

D 1. Beim Punkt *M* (s. Skizze) findet die angegebene monotektische Reaktion statt.
Beispiel: Fe–Sn, K–Pb, Li–Na.

D 2. Legierungen zwischen *A* und *M* erfahren eine peritektische Umwandlung (s. Skizze). Vgl. auch δ-Phase in Abb. D 13.

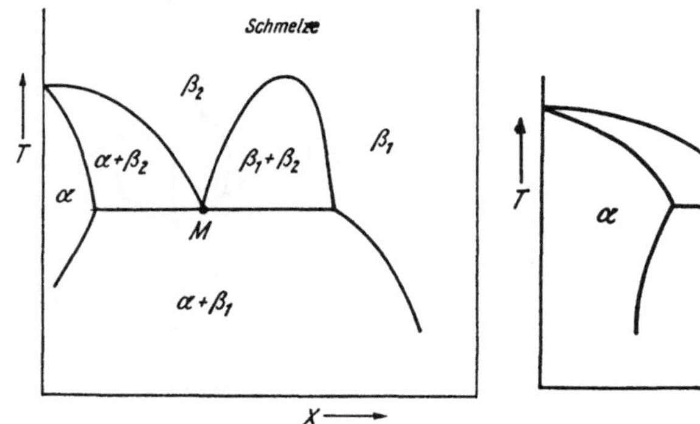

Zu Aufgabe D 1 **Zu Aufgabe D 2**

D 3. Bei ca. 750 °C beginnt Bildung einer festen Phase (γ; $x^{(\gamma)} = 0{,}67$). 750 — 700 °C: Anteil an γ-Phase wächst, ihre Zinkkonzentration steigt bis auf 0,69. Schmelze wird ebenfalls zinkreicher (0,75 · · · 0,8);
700 °C: peritektische Reaktion γ + Schmelze $\rightarrow \delta$ + Schmelze;
700 — 625 °C: δ-Phase und Schmelze im Gleichgewicht, Anteil an Schmelze verringert sich (unter Erhöhung ihres Zinkgehaltes bis auf 0,85), bis bei etwa 625 °C reine δ-Phase vorliegt;
625 — 580 °C: reine δ-Phase;
580 °C: Ausscheidung von ε-Phase beginnt ($x^{(\varepsilon)} \cong$ const. $= 0{,}78$);
580 — 558 °C: Reaktion im festen Zustand $\delta + \varepsilon \rightarrow \gamma + \varepsilon$;
ab 558 °C: γ- und ε-Phase im Gleichgewicht.

D 4. Die Umwandlung flüssig $\leftrightarrow$ fest eines Einkomponenten-Systems verläuft isotherm. Solange ein Zweiphasengemisch vorliegt, bleibt die Temperatur konstant. Freiwerdende Schmelzwärme, die nicht nach außen abfließt, wird zum nochmaligen Aufschmelzen bereits festgewordener Bestandteile wieder verbraucht.

E 1. Sie bilden eine Rechtsschraube.

E 2. Gestörter und ungestörter Kristall unterscheiden sich im Energieinhalt unter dieser Voraussetzung durch die Schmelzwärme. Nach Tab. VI beträgt sie für Gold 12,8 kJ/mol $\approx 2 \cdot 10^{-20}$ J/Atom.
Auf einem m² liegen bei dichter Packung rund 10^{19} Atome (vgl. Tab. C 2), deren gesamte Schmelzenergie 0,2 J beträgt. Die gestörte Kristallschicht ist daher etwa 2 Atomlagen dick.

E 3. Der entstehende Zustand entspricht im Falle a 1) einer Aufhebung der beiden Versetzungen, im Fall a 2) der Bildung einer Leerstellenkette, im Fall a 3) der Bildung von zwei Leerstellenketten und im Fall b) der Bildung einer Kette von Zwischengitteratomen.

F 1. Wenn sich die Koordinaten entsprechend

$$x'_i = \sum_j a_{ij}\, x_j \text{ (mit } \sum_l a_{il}\, a_{jl} = \delta_{ij})$$

transformieren, erhält man die elastischen Moduln im gestrichenen Koordinatensystem nach den Regeln der Tensortransformation aus

$$C'_{ijkl} = \sum_{\substack{g,h\\m,n}} a_{ig}\, a_{jh}\, C_{ghmn}\, a_{km}\, a_{ln}\,.$$

Der effektive Schubmodul wird damit $G \equiv \sigma'_4/\varepsilon'_4 \approx c'_{44} = C'_{2323}$

$$= \sum_{\substack{g,h\\m,n}} a_{2g}\, a_{3h}\, C_{ghmn}\, a_{2m}\, a_{3n}$$

$$\begin{aligned} &= c_{11}\,(a_{21}^2\, a_{31}^2 + a_{22}^2\, a_{32}^2 + a_{23}^2\, a_{33}^2) \\ &\quad + c_{12}\,(a_{21}\, a_{22}\, a_{31}\, a_{32} + a_{21}\, a_{23}\, a_{31}\, a_{33} + a_{22}\, a_{23}\, a_{32}\, a_{33} \\ &\qquad + a_{21}\, a_{22}\, a_{31}\, a_{32} + a_{21}\, a_{23}\, a_{31}\, a_{33} + a_{22}\, a_{23}\, a_{32}\, a_{33}) \\ &\quad + c_{44}\,(a_{22}^2\, a_{33}^2 + a_{21}^2\, a_{33}^2 + a_{21}^2\, a_{32}^2 + a_{21}\, a_{22}\, a_{31}\, a_{32} + a_{21}\, a_{22}\, a_{31}\, a_{32} \\ &\qquad + a_{21}\, a_{23}\, a_{31}\, a_{33} + a_{22}^2\, a_{31}^2 + a_{21}\, a_{23}\, a_{31}\, a_{33} + a_{23}^2\, a_{31}^2 \\ &\qquad + a_{22}\, a_{23}\, a_{32}\, a_{33} + a_{23}^2\, a_{32}^2 + a_{22}\, a_{23}\, a_{32}\, a_{33})\,. \end{aligned}$$

Für die angegebenen Orientierungen erhält man daraus

a) $G \approx (c_{11} - c_{12} + c_{44})/3$, b) $G = (c_{11} - c_{12})/2$, c) $G = c_{44}$.

F 2. Aus dem II. Hauptsatz folgt die allgemeinen Beziehung $p = T(\partial p/\partial T)_V - (\partial U/\partial V)_T$. Der Prozeß verläuft isotherm ($\mathrm{d}T = 0$, Zimmertemperatur); daraus folgt wegen $U = U(V, T)$ $\mathrm{d}U = \big(T(\partial p/\partial T)_V - p\big)\,\mathrm{d}V \xrightarrow[\text{(I. Hauptsatz)}]{} Q = T(\partial p/\partial T)_V\,\mathrm{d}V$. Weiterhin gilt $(\partial p/\partial T)_V = = \frac{-(\partial V/\partial T)_p}{(\partial V/\partial p)_T} = \alpha/\chi$ (α: Ausdehnungskoeffizient; χ: Kompressibilität). Es folgt also $\delta Q/\delta A = \frac{T(\alpha/\chi)\,\mathrm{d}V}{-p\,\mathrm{d}V}$ oder für den integralen Wert $Q/A = -2\,\alpha\, T/\chi\, p_{\max}$. Mit den Zahlenwerten nach Tabellen G 1, III c und VI ergibt sich $Q/A = -3 \cdot 10^3$ bzw. $U/A = Q/A + 1 = 3 \cdot 10^3 + 1$.

Der Körper gibt bei der Kompression eine Wärmemenge ab, die 3000 mal größer ist als die zugeführte Arbeit! Wie man sieht, geht diese Abgabe ausschließlich auf Kosten der inneren Energie. Es ist gerade derjenige Betrag, den der Körper hätte aufbringen müssen, wenn er sich bei $p = p_{max}$ thermisch ausgedehnt hätte (von $T = 0$ bis Zimmertemperatur). Der Wert für die entsprechende Temperaturerhöhung zeigt, daß es sich um einen sehr schwachen Effekt handelt ($\Delta T = 8{,}5 \cdot 10^{-3}$ K).

F 3. Wir gehen von orthogonalen $\boldsymbol{r}_i$ (parallel zu den Koordinatenachsen) aus. Die Änderung δ_{ij} des Winkels zwischen i- und j-Achse durch die Deformation (vgl. Skizze) ist gegeben durch

$$\cos(\pi/2 - \delta_{ij}) = \sin \delta_{ij} = \frac{\boldsymbol{r}_i' \cdot \boldsymbol{r}_j'}{|\boldsymbol{r}_i'|\,|\boldsymbol{r}_j'|}\,.$$

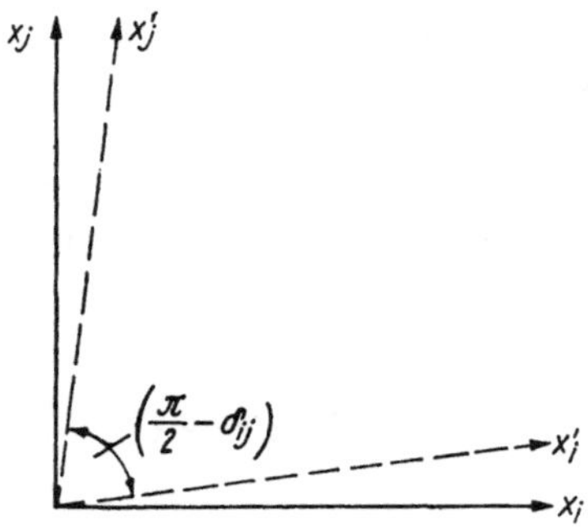

Zu Aufgabe F 3

Wir setzen $x_i = x_j = 1$ und erhalten aus (F 9)

$$\boldsymbol{r}_1' \cdot \boldsymbol{r}_2' = (1 + \varepsilon_{11})\,\varepsilon_{12} + \varepsilon_{21}\,(1 + \varepsilon_{22}) + \varepsilon_{31}\,\varepsilon_{32} \approx \varepsilon_{12} + \varepsilon_{21}$$

(Glieder zweiter Ordnung werden vernachlässigt) und

$$|\boldsymbol{r}_1'| \cdot |\boldsymbol{r}_2'| = (1 + 2\,\varepsilon_{11} + \varepsilon_{11}^2 + \varepsilon_{21}^2 + \varepsilon_{31}^2)\,(\varepsilon_{12}^2 + 1 + 2\,\varepsilon_{22} + \varepsilon_{22}^2 + \varepsilon_{32}^2)$$
$$\approx 1 + 2\,\varepsilon_{22} + 2\,\varepsilon_{11} \approx 1 \qquad (\varepsilon_{ij} \ll 1)\,.$$

Daraus folgt $\sin \delta_{ij} \approx \delta_{ij} = 2\,\varepsilon_{ij}$, was zu zeigen war.

F 4. Wegen $\mathrm{Sp}\,(\boldsymbol{\sigma}) = 0$ ist die gewünschte Transformation möglich. Die x_3-Achse ist im vorliegenden Fall ausgezeichnet. Wir führen eine Transformation $\boldsymbol{\Gamma}^{-1} \cdot \boldsymbol{\sigma} \cdot \boldsymbol{\Gamma}$ aus mit $\boldsymbol{\Gamma}$ nach (B 50) (Drehung um x_3-Achse). Es entsteht

$$\boldsymbol{\sigma}' = \boldsymbol{\Gamma}^{-1} \cdot \boldsymbol{\sigma} \cdot \boldsymbol{\Gamma} = \begin{bmatrix} \sigma(\cos^2\varphi - \sin^2\varphi) & -2\,\sigma\cos\varphi\cdot\sin\varphi & 0 \\ -2\,\sigma(\cos\varphi\cdot\sin\varphi) & (\sin^2\varphi - \cos^2\varphi) & a \\ 0 & 0 & 0 \end{bmatrix}.$$

Die gesuchte Form entsteht mit $\varphi = 45°$, $135°$, $225°$ und $315°$:

$$\boldsymbol{\sigma}' = \begin{bmatrix} 0 & -\sigma & 0 \\ -\sigma & 0 & 0 \\ 0 & 0 & 0 \end{bmatrix}, \quad \text{bzw.} \quad \begin{bmatrix} 0 & \sigma & 0 \\ \sigma & 0 & 0 \\ 0 & 0 & 0 \end{bmatrix}.$$

Die nebenstehende Skizze macht den Sachverhalt noch einmal deutlich.

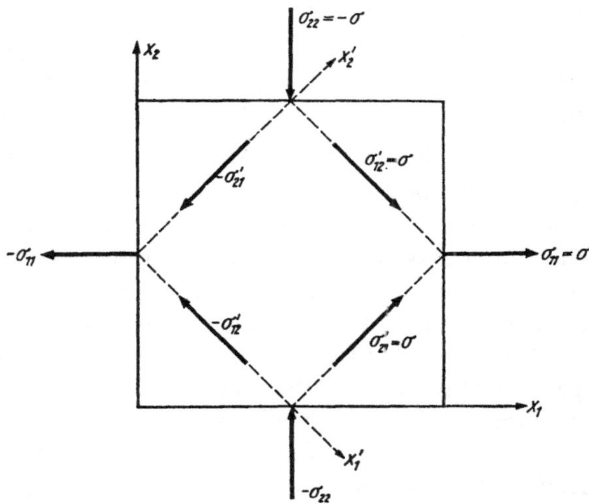

Zu Aufgabe F 4

G 1. Einatomige Kette nach (G 23): $\omega^2 = (4\,\alpha/m)\sin^2(k\,a/2)$, zweiatomige Kette mit $M = m$ nach (G 38):

$$\omega^2 = (2\,\alpha/m)(1 \pm |\cos k\,a|) = \begin{cases} (4\,\alpha/m)\cos^2(k\,a/2) \\ (4\,\alpha/m)\sin^2(k\,a/2)\,. \end{cases}$$

Im ersten Fall existiert nur ein akustischer Zweig mit der Periode $2\,\pi/a$, im zweiten bestehen zunächst wieder optischer und akustischer Zweig, die jedoch nicht durch eine Lücke getrennt sind, sondern stetig ineinander übergehen und sich in zwei gleiche, um $\pi/2\,a$ gegeneinander verschobene, akustische Zweige auflösen lassen (zweites Gleichheitszeichen). Dadurch verkürzt sich die Periodenlänge auf der k-Achse auf π/a, so daß die Zahl der Zustände pro Periode (Brillouin-Zone) die gleiche ist wie bei der einatomigen Kette. Die Ursache für diese formalen Unterschiede ist die doppelte Elementarzelle, die nach dem Grenzübergang bei der zweiatomigen Kette zugrunde liegt.

G 2. Nach Tab. IVa kristallisiert Zer im Falle a) im *A1*-Typ, bei b) im *A3*-Typ. Wenn eine Struktur p ungleichwertige Gitterplätze besitzt, d. h. p Atome in der kleinstmöglichen Elementarzelle enthält, spaltet das Spektrum $3\,p$-fach auf (vgl. S. 172). a) $p = 1$; 3 akustische Zweige, b) $p = 2$; 3 akustische und 3 optische Zweige. Obwohl die Atome in beiden Fällen dichtgepackt sind (vgl. C 2), kann nur die Tieftemperaturmodifikation optische Schwingungen ausführen.

G 3. Nach dem I. Hauptsatz hat man $C_p \equiv (\delta Q/\partial T)_p = p(\partial V/\partial T)_p + (\partial U/\partial T)_p$. Aus $C_V \equiv (\partial U/\partial T)_V$ wird unter Verwendung von $\mathrm{d}U = (\partial U/\partial V)_T\,\mathrm{d}V + (\partial U/\partial T)_V\,\mathrm{d}T$ daraus $C_p - C_V = [p + (\partial U/\partial V)_T]\,(\partial V/\partial T)_p$.

Dies läßt sich mit Hilfe der Beziehung $p = T(\partial p/\partial T)_V - (\partial U/\partial V)_T$ (vgl. Aufgabe F 2) und wegen $T(\partial p/\partial T)_V = -T(\partial V/\partial T)_p/(\partial V/\partial p)_T$ umformen zu $C_p - C_V = -T(\partial V/\partial T)_p^2/(\partial V/\partial T)_T$, was mit den angegebenen Definitionen für α und χ die gesuchte Beziehung ergibt.

H 1. Die Homogenisierung erfolgt durch Diffusion. Die mittlere Eindringtiefe $\sqrt{\overline{x^2}}$ muß dazu die Größenordnung der „Wellenlänge" vorhandener Konzentrationsschwankungen besitzen (bei Pulver z.B. wird man im allg. den Teilchendurchmesser wählen). Wegen (H 13) und (H 14) ist $\overline{x^2} = 2\,t\,D_0\,e^{-Q/RT}$. Bei der Wahl von t und T ist zu prüfen, bei welchen Temperaturen T_i Phasenumwandlungen und Rekristallisation eintreten, und zu überlegen, ob diese vermieden werden müssen. Die Diffusionstemperatur ist dann unter Berücksichtigung der T_i möglichst klein zu wählen, damit die stets vorhandene Kontamination durch die Umgebung der Probe (geeignet wählen!) möglichst gering gehalten wird. Andererseits soll T nur so klein sein, daß noch erträgliche Versuchszeiten resultieren.

H 2. Die mittlere quadratische Sprungweite $\overline{x^2}$ (= Mittelwert von x^2 für viele Atome, die je n Sprünge ausführen) erhält man durch Mittelung von

$$x^2 = \left(\sum_1^n d_i\right)^2 = d_1^2 + d_2^2 + \cdots + d_n^2 + 2\,d_1\,d_2 + \cdots + 2\,d_{n-1}\,d_n\,.$$

Wegen $|d_1| = |d_2| = \cdots \mathrm{T} = |d_n| = d$ und $\overline{d_1\,d_2}, \ldots = 0$ (Gleichberechtigung von Vorwärts- und Rückwärtsbewegung) wird daraus $\overline{x^2} = n\,d^2$. Da $n = \nu\,t$ (ν: Sprungfrequenz, t: Zeit), hat man $\overline{x^2} = \nu\,t\,d^2$ oder bei Verwendung der Diffusionskonstante (H 13). Im Dreidimensionalen mit $\overline{r^2} = \overline{x^2} + \overline{y^2} + \overline{z^2}$ erhält man analog $\overline{r^2} = \nu\,t\,d^2$. Da in praktischen Fällen meist nur die Bewegungskomponente in einer Richtung interessiert, aus Symmetriegründen jedoch $\overline{x^2} = \overline{y^2} = \overline{z^2}$ gilt, wird daraus $\overline{x^2} = \nu\,t\,d^2/3$.

J 1. Die Zahl der A-Atome auf α-Plätzen bzw. β-Plätzen beträgt $(N/2)x_A \times (1 + s)$ bzw. $(N/2)\,x_A\,(1 - s)$, während die Zahl der B-Atome auf α- bzw. β-Plätzen durch $(N/2)\,(x_B - x_A\,s)$ bzw. $(N/2)\,(x_B + x_A\,s)$ gegeben ist. Analog wird damit

$$E = -(N\,\mathcal{K}/2)\,(x_A^2\,V_{AA} + 2\,x_A\,x_B\,V_{AB} + x_B^2\,V_{BB}) - N\,x_A^2\,\mathcal{K}\,V_0\,s^2\,.$$

Die kritische Temperatur der Umwandlung wird dann $T_0 = 2\,x_A\,x_B\,\mathcal{K}\,V_0/k$.

J 2. Das System weist 35 Bindungen nächster Nachbarn auf, davon 26 zwischen ungleichen Teilchen, d. h. $q = 26/35 = 0{,}74$. Da gleichviel schwarze und weiße Teilchen auftreten, ist $q_m = 1$ und $q_u = 1/2$, und man erhält für den Nahordnungsparameter $\sigma = 0{,}48$ trotz verschwindender Fernordnung.

K 1. $\sigma_{11} = \sigma$, $\sigma_{ik} = 0$ $(i, k \neq 1)$. Also $\tau = \sigma \cos\lambda \cos\varkappa \equiv \sigma\mu$ (μ: sogenannter Orientierungsfaktor). $\sigma = K/A(\varepsilon)$. Während der plastischen Verformung bleibt Volumen V konstant: $V = V_0 = A_0\, l_0$ (l_0: Anfangslänge). Im Zugversuch hat man wegen des konstanten Abstandes der Gleitebenen während der Verformung (vgl. Abb. K 3) $l_0 \cos\varkappa_0 = l\cos\varkappa$, $l_0 \sin\lambda_0 = l \sin\lambda$ und somit $\tau = K \cos\varkappa_0 \sqrt{(1+\varepsilon_z)^2 - \sin^2\lambda_0}/A_0 \times (1+\varepsilon_z)$. Im Druckversuch ist aus dem gleichen Grunde $l_0/\sin\varkappa_0 = l/\sin\varkappa$, $l_0/\cos\lambda_0 = l/\cos\lambda$, wobei hier jedoch $\varkappa$ und λ die Winkel zwischen $\boldsymbol{n}$ bzw. $\boldsymbol{b}$ und der Endflächennormale des Kristalls bedeuten! Damit wird $\tau = K\cos\lambda_0\,(1-\varepsilon_d)^2 \sqrt{1-(1-\varepsilon_d)^2 \sin^2\varkappa_0}/A_0$, wobei $\varepsilon_z = (l/l_0) - 1$ und $\varepsilon_d = -\varepsilon_z$ gilt. Für die Abgleitungen ergibt sich analog im Zugversuch $a_z = (l \cdot \sin(\lambda_0 - \lambda)/\sin\lambda_0)/l_0 \cos\varkappa_0 = (\sqrt{\varepsilon_z^2 - \sin^2\lambda_0} - \cos\lambda_0)/\cos\varkappa_0$ und im Druckversuch $a_d = (\sqrt{1/(1-\varepsilon_d)^2 - \sin^2\varkappa_0} - \cos\varkappa_0)/\cos\lambda_0$. Auch hier ist die Bedeutung von $\varkappa_0$ und λ_0 bei Zug und Druck zu unterscheiden!

K 2. Die Schubspannung im Aufpunkt (x_1, x_2, x_3) ergibt sich nach (K 7) als Summe aller Anteile der Einzelversetzungen, also zu $\sigma_{12}(x_1, x_2) = [G\,b\,x_1/2\pi(1-\nu)] \sum_{n=-\infty}^{+\infty} [x_1^2 - (x_2 - n\,h)^2]/[x_1^2 + (x_2 - n\,h)^2]^2$. Zur Auswertung der Summe führen wir zunächst die Abkürzung $\sum_{n=-\infty}^{+\infty} 1/[p^2 + (q-n)^2] \equiv S(p, q)$ mit $p \equiv x_1/h$ und $q \equiv x_2/h$ ein und erhalten $\sigma_{12} = -[G\,b\,p/2\pi(1-\nu)\,h] \cdot [S(p,q) + p\,\partial S/\partial p]$. Mit der Poissonschen Formel erhält man andererseits $S(p, q) = \pi/p + (2\pi/p) \sum_{k=1}^{\infty} \exp\{-2\pi k p\} \cos 2\pi k q$. Da im vorliegenden Falle $p = x_1/h \gg 1$, braucht in der Summe nur das erste Glied berücksichtigt zu werden, woraus $\sigma_{12} = [2\pi B\,b\,x_1/(1-\nu)\,h^2 \exp\{-2\pi x_1/h\} \cos(2\pi x_2/h)$ folgt. Die Spannung klingt sehr rasch mit dem Abstand von der Wand ab.

K 3. Zur Vergrößerung der Schleife von 0 auf R wird die äußere Schubspannung τ benötigt, die am Kristall die Arbeit $E_S = \pi R^2 b\,\tau$ verrichtet. Für einen kritischen Schleifenradius R_k wird die Gesamtenergie $E = E_L - E_S$ des Kristalls maximal. Mit $R \equiv n\,b$; $r_0 \approx b$ und $8\pi(1-\nu)/(2-\nu) \approx 10$ findet man R_k aus $\ln n = 10\,n\,\tau/G - 0{,}3862$ durch graphische Lösung: Für $\tau/G = 10^{-2}$; 10^{-3}; 10^{-4} und 10^{-5} wird $R_k = 41\,b$; $700\,b$; $9600\,b$ und $121\,000\,b$. Ähnliche Überlegungen waren in K 222 zur Frank-Read-Quelle angestellt worden, d. h., für die auf diese Weise erzeugten Versetzungen ist $R > R_k$.

L 1. Kalium: *A2*-Typ, $a = 5{,}32 \cdot 10^{-10}$ m (vgl. Tab. IVa); 1 Metallelektron pro Atom (vgl. Tab. I). Eine Brillouin-Zone kann 2 Elektronen pro (kleinstmögliche) Elementarzelle aufnehmen. Die FERMI-Kugel beansprucht beim Kalium also das halbe Phasenvolumen einer B.-Z.: $(4/3)\,\pi\,k_F^3 = (1/2)\,(2\,\pi)^3\,(2/a^3)$. Daraus folgt $E_F^0 = (\hbar/2\,m_e\,a^2)\,(6\,\pi^2)^{2/}$ $= 4{,}1$ eV. Kalzium: *A1*-Typ, $a = 5{,}59 \cdot 10^{-10}$ m, 2 Metallelektronen pro Atom. $(4/3)\,\pi\,k_F^3 = (2\,\pi)^3\,(4/a^3)$; $E_F^0 = 4{,}7$ eV. Nach (A 26) gilt $E_F \cong E_F^0$.

L 2. Für ein Ein-Elektronen-Metall wird der Extremalquerschnitt $\tilde{A}$ von der Größenordnung der Abmessungen der 1. B.-Z. sein: $\tilde{A} \approx (2\,\pi\,\boldsymbol{H}_{100})^2$ $= (2\,\pi/a)^2$; mit $a \approx 3{,}6 \cdot 10^{-10}$ m für Kupfer $\tilde{A} \approx 3 \cdot 10^{20}$ m^{-2}. Nach Gleichung (L 108) wird $P \equiv \Delta(1/B) \approx 3 \cdot 10^{-5}$ m^2/Vs. Andererseits ist $\Delta(1/B) = 1/B - 1/(B + \delta B) \approx \delta B/B^2$ der Abstand benachbarter Extremwerte der Suszeptibilität bei einer Feldänderung δB. Im vorliegenden Falle muß das Feld auf mindestens $3 \cdot 10^{-4}$ Vs/m^2 konstant gehalten werden können, was beträchtlichen Aufwand erfordert (vgl. auch Abb. L 16, Tafel 17).

M 1. Das mittlere Potential sei definiert durch $\overline{U} = (1 - x)\,U_A + x\,U_B$. Auf *A*-Plätzen finden die Elektronen somit eine Potentialabweichung $U_A - \overline{U} = x\,(U_A - U_B)$ vor, auf *B*-Plätzen entsprechend $U_B - \overline{U}$ $= x\,(U_A - U_B) - 1$. Für *A*- bzw. *B*-Plätze ist dann das Streuvermögen $x^2\,\mathrm{f}\,(U_A - U_B)$ bzw. $(1 - x)^2\,\mathrm{f}\,(U_A - U_B)$ mit $\mathrm{f}\,(U_A - U_B)$ als (hier nicht weiter interessierendem) Quadrat des Matrixelementes. Die Beiträge von *A*- und *B*-Atomen zum Gesamtstreuquerschnitt addieren sich entsprechend ihrer Konzentration, somit hat man $[x^2\,(1 - x)$ $+ (1 - x)^2\,x]\,\mathrm{f}\,(U_A - U_B) = x\,(1 - x)\,\mathrm{f}\,(U_A - U_B)$. In vielen Fällen wird diese Form experimentell bestätigt (vgl. z. B. auch Abb. M 5); insbesondere bei Übergangsmetallen muß man jedoch mit Abweichungen in der Additivität der Potentiale rechnen.

M 2. Sind die Bestandteile hintereinandergeschaltet, addieren sich die Widerstände, liegen sie parallel, dann addieren sich die Leitfähigkeiten. Da die elektrischen Kenngrößen auf das Volumen bezogen sind, empfiehlt es sich, von der Volumenkonzentration der Phasen auszugehen. In praxi wird weder der eine, noch der andere Grenzfall realisiert sein. Im allg. stellt die Additivität der Leitfähigkeiten eine bessere Näherung dar, da für den Stromdurchgang die besser leitende Phase bevorzugt wird.

N 1. Aus den angegebenen Beziehungen folgt $E_\mathrm{m} = |\boldsymbol{m}|\,B\,M_J/J$. Entsprechend den Auswahlregeln beim ZEEMAN-Effekt entstehen 6 verschiedene Übergänge (Spektrallinien zur Energie E) zwischen den Zuständen $J = 3/2\,(E_1)$ und $J = 1/2\,(E_0)$

$$-2\,|\boldsymbol{m}|\,B\,, \quad -4/3\,|\boldsymbol{m}|\,B\,, \quad -2/3\,|\boldsymbol{m}|\,B\,, \quad +2/3\,|\boldsymbol{m}|\,B\,,$$
$$+4/3\,|\boldsymbol{m}|\,B\,, \quad +2\,|\boldsymbol{m}|\,B\,.$$

Obwohl $E_1 - E_0 = 14{,}4$ keV sehr groß gegen $|m|\,B = 2{,}85 \cdot 10^{-12}$ keV ist, kann die Aufspaltung im Mössbauer-Experiment beobachtet werden!

N 2. Um die Sättigungsmagnetisierung $I_S = 2{,}15$ Wb/m² (vgl. Tab. N 2 und Abb. N 19) zu erreichen, muß das Entmagnetisierungsfeld H_E übertroffen werden, da das effektive Feld H_i im Metallinnern durch dessen Einfluß geschwächt wird:

$$H_i = H_a - H_E = H_a - \mathcal{N}\, I/\mu_0 \qquad (H_a\text{: angelegtes Feld})$$

(vgl. N 33). Mit $\mathcal{N} = 1/3$ (Kugel) und $I = I_S$ erhält man mit $5{,}62 \cdot 10^5$ A/m ein Feld, das die Koerzitivfeldstärke um Größenordnungen übertrifft.

N 3. (N 69) lautet in einem quadratischen Spingitter: $Z(k) = N\, a^2\, \pi (k/2\,\pi)^2$. Für die Zahl der Magnonen ergibt sich

$$\sum_k n_k = \frac{N\,\hbar}{8\,\pi\,A\,S} \int_0^\infty \frac{1}{e^{\hbar\omega/kT} - 1}\, d\omega = \frac{N\,kT}{8\,\pi\,A\,S} \int_0^\infty \frac{1}{e^x - 1}\, dx\,.$$

Das Integral divergiert an der unteren Grenze, so daß bereits bei kleinsten Temperaturen die größtmögliche Zahl von Störungen (Magnonen) im Gitter ist. Es gibt also keine spontane Magnetisierung und damit keinen Ferromagnetismus.

Anhang

P TABELLEN I BIS IV

Metalloide

								2 He $1s^2$
		4 Be $2s^2$	5 B $2s^2\ 2p^1$	6 C $2s^2\ 2p^2$	7 N $2s^2\ 2p^3$	8 O $2s^2\ 2p^4$	9 F $2s^2\ 2p^5$	10 Ne $2p^6$
	Edle Metalle	12 Mg $3s^2$	13 Al $3s^2\ 3p^1$	14 Si $3s^2\ 3p^2$	15 P $3s^2\ 3p^3$	16 S $3s^2\ 3p^4$	17 Cl $3s^2\ 3p^5$	18 Ar $3p^6$
$4s^2$	29 Cu $3d^{10}\ 4s^1$	30 Zn $3d^{10}\ 4s^2$	31 Ga $4s^2\ 4p^1$	32 Ge $4s^2\ 4p^2$	33 As $4s^2\ 4p^3$	34 Se $4s^2\ 4p^4$	35 Br $4s^2\ 4p^5$	36 Kr $4p^6$
d	47 Ag $4d^{10}\ 5s^1$	48 Cd $4d^{10}\ 5s^2$	49 In $5s^2\ 5p^1$	50 Sn $5s^2\ 5p^2$	51 Sb $5s^2\ 5p^3$	52 Te $5s^2\ 5p^4$	53 J $5s^2\ 5p^5$	54 Xe $5p^6$

Metalle II. Art
(B-Metalle)

ZINTL-Grenze

$6 s^2$	65 Tb $4 f^9$ $6 s^2$	66 Dy $4 f^{10}$ $6 s^2$	67 Ho $4 f^{11}$ $6 s^2$	68 Er $4 f^{12}$ $6 s^2$	69 Tm $4 f^{13}$ $6 s^2$	70 Yb $4 f^{14}$ $6 s^2$	71 Lu $4 f^{14}$ $5 d^1$ $6 s^2$
$7 s^2$)	97 Bk* ($5 f^8$ $6 d^1$ $7 s^2$)	98 Cf* ($5 f^9$ $6 d^1$ $7 s^2$)	99 Es* ($5 f^{11}$ $7 s^2$)	100 Fm* ($5 f^{12}$ $7 s^2$)	101 Md* ($5 f^{13}$ $7 s^2$)	102 No* ($5 f^{14}$ $7 s^2$)	103 Lw* ($5 f^{14}$ $6 d^1$ $7 s^2$

Fällen die der letzten vollständig gefüllten).
e wurden mit * bezeichnet

← Metalle →

← Übergangs-(T-) Metalle →

1 H 1 s^1									
3 Li 2 s^1									
11 Na 3 s^1									
19 K 4 s^1	20 Ca 4 s^2	21 Sc 3 d^1 4 s^2	22 Ti 3 d^2 4 s^2	23 V 3 d^3 4 s^2	24 Cr 3 d^5 4 s^1	25 Mn 3 d^5 4 s^2	26 Fe 3 d^6 4 s^2	27 Co 3 d^7 4 s^2	2[illegible] 3
37 Rb 5 s^1	38 Sr 5 s^2	39 Y 4 d^1 5 s^2	40 Zr 4 d^2 5 s^2	41 Nb 4 d^4 5 s^1	42 Mo 4 d^5 5 s^1	43 Tc 4 d^5 5 s^2	44 Ru 4 d^7 5 s^1	45 Rh 4 d^8 5 s^1	4[illegible] 4

87 Fr $7s^1$	88 Ra $7s^2$	89 Ac $6d^1$ $7s^2$

← Metalle I. Art —

stark unedle Metalle
(A-Metalle)

Seltene Erden	58 Ce $4f^2$ $6s^2$	59 Pr $4f^3$ $6s^2$	60 Nd $4f^4$ $6s^2$	61 Pm* $4f^5$ $6s^2$	62 Sm $4f^6$ $6s^2$	63 Eu $4f^7$ $6s^2$	64 Gd $4f^7$ $5d^1$
Aktiniden	90 Th $6d^2$ $7s^2$	91 Pa $5f^2$ $6d^1$ $7s^2$	92 U $5f^3$ $6d^1$ $7s^2$	93 Np* $5f^4$ $6d^1$ $7s^2$	94 Pu* $5f^5$ $6d^1$ $7s^2$	95 Am* $5f^7$ $7s^2$	96 Cm* ($5f^7$ $6d^1$

*) Die Tabelle enthält das Symbol für das Element und die Elektronenkonfiguration der unvollständig gefüllt en äußeren Schalen (und dazu in einige
Letztere Angaben beziehen sich auf die neutralen (unionisierten) Atome im Gaszustand. In Klammern sind Voraussagen angegeben. Künstliche Elemen

Tabelle II

Relative Atommassen*)

Symbol	Trivialname	O.Z.	rel. Atommasse	Symbol	Trivialname	O.Z.	rel. Atommasse
Ac	Aktinium	89	(227)	Mn	Mangan	25	54,9380
Ag	Silber	47	107,868	Mo	Molybdän	42	95,94
Al	Aluminium	13	26,9815	N	Stickstoff	7	14,0067
Am	Amerizium	95	(243)	Na	Natrium	11	22,9898
Ar	Argon	18	39,948	Nb	Niob	41	92,906
As	Arsen	33	74,9216	Nd	Neodym	60	144,24
At	Astatin	85	(211)	Ne	Neon	10	20,183
Au	Gold	79	196,967	Ni	Nickel	28	58,71
B	Bor	5	10,811	No	Nobelium	102	(254)
Ba	Barium	56	137,34	Np	Neptunium	93	237,0481
Be	Beryllium	4	9,0122	O	Sauerstoff	8	15,9994
Bi	Wismut	83	208,980	Os	Osmium	76	190,2
Bk	Berkelium	97	(245)	P	Phosphor	15	30,9738
Br	Brom	35	79,909	Pa	Protaktinium	91	231,0359
C	Kohlenstoff	6	12,01115	Pb	Blei	82	207,19
Ca	Kalzium	20	40,08	Pd	Palladium	46	106,4
Cd	Kadmium	48	112,40	Pm	Promethium	61	(145)
Ce	Zer	58	140,12	Po	Polonium	84	209,98288
Cf	Kalifornium	98	(245)	Pr	Praseodym	59	140,907
Cl	Chlor	17	35,453	Pt	Platin	78	195,09
Cm	Curium	96	(244)	Pu	Plutonium	94	(242)
Co	Kobalt	27	58,9332	Ra	Radium	88	(226)
Cr	Chrom	24	51,996	Rb	Rubidium	37	85,47
Cs	Zäsium	55	132,905	Re	Rhenium	75	186,2
Cu	Kupfer	29	63,546	Rh	Rhodium	45	102,905
Dy	Dysprosium	66	162,50	Rn	Radon	86	(222)
Es	Einsteinium	99	(253)	Ru	Ruthenium	44	101,07
Er	Erbium	68	167,26	S	Schwefel	16	32,064
Eu	Europium	63	151,96	Sb	Antimon	51	121,75
F	Fluor	9	18,9984	Sc	Skandium	21	44,956
Fe	Eisen	26	55,847	Se	Selen	34	78,96
Fm	Fermium	100	(255)	Si	Silizium	14	28,086
Fr	Franzium	87	(223)	Sm	Samarium	62	150,35
Ga	Gallium	31	69,72	Sn	Zinn	50	118,69
Gd	Gadolinium	64	157,25	Sr	Strontium	38	87,62
Ge	Germanium	32	72,59	Ta	Tantal	73	180,948
H	Wasserstoff	1	1,00797	Tb	Terbium	65	158,924
He	Helium	2	4,0026	Tc	Technetium	43	98,90625
Hf	Hafnium	72	178,49	Te	Tellur	52	127,60
Hg	Quecksilber	80	200,59	Th	Thorium	90	232,038
Ho	Holmium	67	164,930	Ti	Titan	22	47,90
In	Indium	49	114,82	Tl	Thallium	81	204,37
Ir	Iridium	77	192,2	Tm	Thulium	69	168,934
J	Jod	53	126,9044	U	Uran	92	238,03
K	Kalium	19	39,102	V	Vanadin	23	50,942
Kr	Krypton	36	83,80	W	Wolfram	74	183,85
La	Lanthan	57	138,91	Xe	Xenon	54	131,30
Li	Lithium	3	6,939	Y	Yttrium	39	88,905
Lu	Lutetium	71	174,97	Yb	Ytterbium	70	173,04
Lw	Lawrencium	103	(257)	Zn	Zink	30	65,37
Md	Mendelevium	101	(256)	Zr	Zirkon	40	91,22
Mg	Magnesium	12	24,312				

*) Bezogen auf ^{12}C. Eingeklammerte Werte sind berechnet bzw. gelten nur für ein Isotop

Tabelle III a

Verallgemeinerte Elastizitätsmoduln und -konstanten (nach NYE)

Im folgenden ist die Form der c_{ij}-Matrix für die 32 Kristallklassen und den isotropen Körper angegeben. Die in allen Fällen zur Hauptdiagonale symmetrischen Elemente sind fortgelassen. Rechts neben jeder Matrix ist die Zahl der unabhängigen Koeffizienten vermerkt.
Erläuterung der Bezeichnung:

•	Komponente verschwindet
●	Komponente von Null verschieden
●—●	Komponenten gleich
●—○	Komponenten dem Betrage nach gleich, mit entgegengesetztem Vorzeichen
×	für c_{ij}: $\frac{1}{2}(c_{11} - c_{12})$; für s_{ij}: $2(s_{11} - s_{12})$
◉	Komponente derjenigen mit ● bezeichneten gleich (für c_{ij}) bzw. gleich ihrem doppelten Wert (für s_{ij}), mit der sie durch einen Strich verbunden ist.

Triklines System
Klassen 1, $\bar{1}$

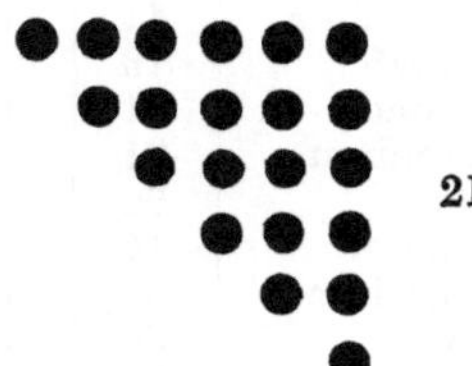

Monoklines System
Klassen 2, m, 2/m

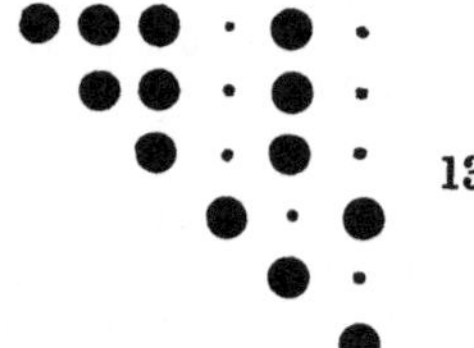

Rhombisches System
Klassen 222, mm2, mmm

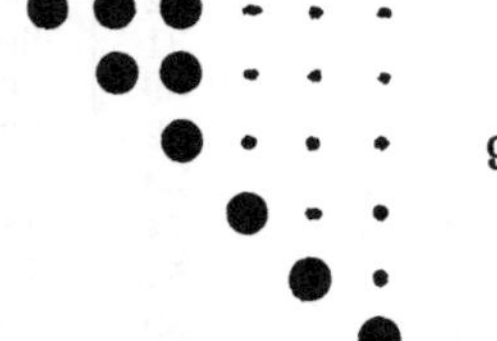

Trigonales System
Klassen 3, $\bar{3}$

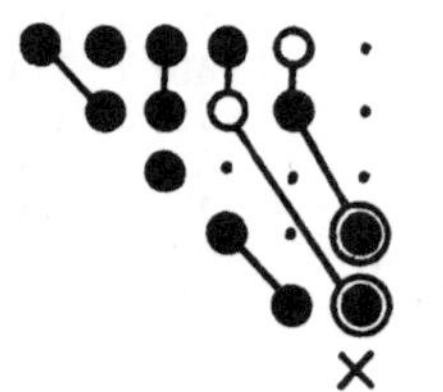

Tabelle IIIa (Fortsetzung)

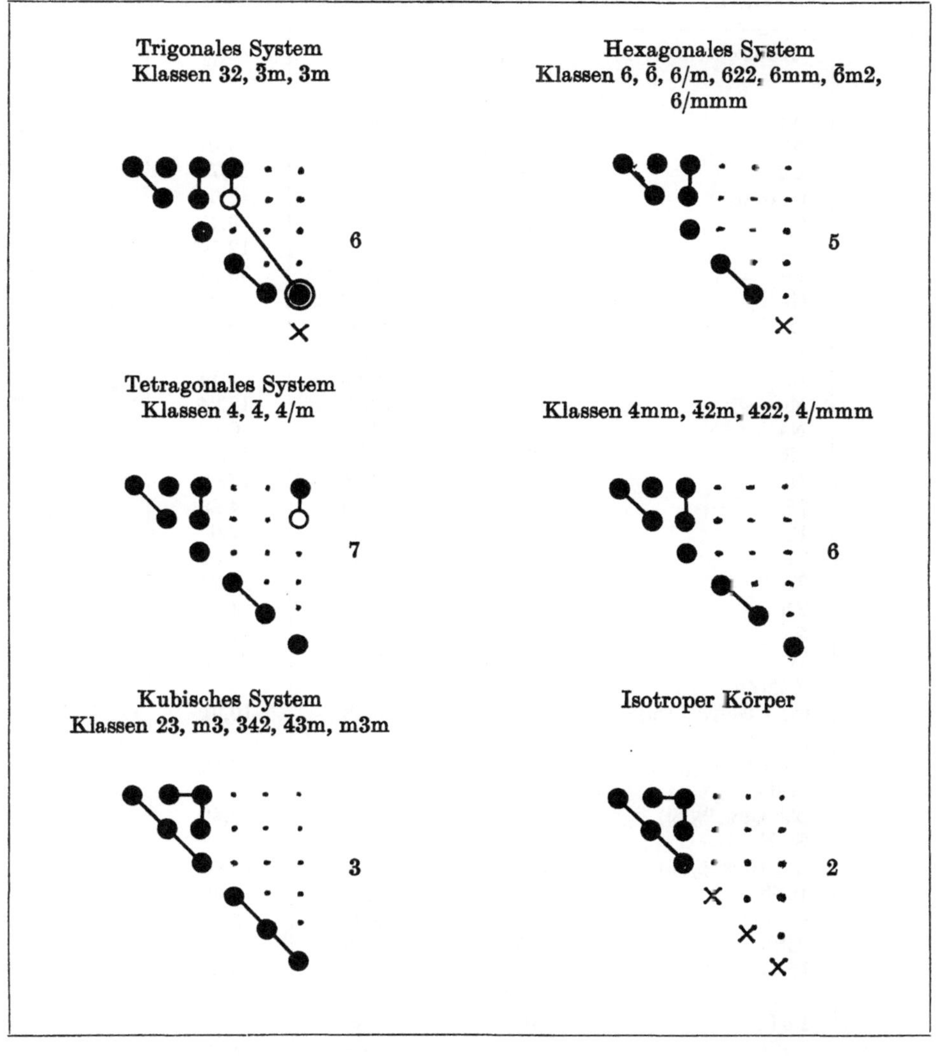

Tabelle IIIb

Adiabatische Elastizitätsmoduln bei Raumtemperatur (in 10^{10} N/m²)

Kubisches System	c_{11}	c_{44}	c_{12}
Ag	12,40	4,61	9,34
Al	10,68	2,82	6,07
Au	18,6	4,20	15,7
C (Diam.)	107,6	57,6	12,5
Cr	35,00	10,08	6,78
Cu	16,84	7,54	12,14
Fe	23,31	11,78	13,54
Ge	12,84	6,67	4,83
Ir	60	27,0	26
K	0,370	0,188	0,314
Li	1,35	0,88	1,14
Mo	44,08	12,17	17,24
Na	0,73	0,42	0,63
Nb	24,6	2,87	13,4
Ni	25,08	12,35	15,00
Pb	4,95	1,49	4,23
Pd	22,7	7,2	17,6
Si	16,57	7,96	6,39
Ta	26,09	8,18	15,74
Th	7,53	4,78	4,89
V	22,8	4,26	11,9
W	52,33	16,07	20,45
β-CuZn (51,1 Gew.% Cu)	12,79	8,22	10,91
β-CuZn (54,4 Gew.% Cu)	11,90	7,44	10,23
Si–Fe (2,5 Gew.% Si)	21,98	12,22	13,46
Si–Fe (3,1 Gew.% Si)	21,86	12,15	13,60
InSb	6,72	3,02	3,67
GaAs	11,88	5,94	5,38
AlSb	8,94	4,15	4,42
InAs	8,33	3,96	4,53
ZnS	9,76	4,51	5,90
PbTe	10,72	1,30	0,77
GaSb	8,97	4,48	4,12
Mg_2Ge	11,8	4,7	2,3
Mg_2Si	12,1	4,64	2,2
Cu_3Au	19,07	6,63	13,83
TiC	38,9	20,3	4,3

Tabelle IIIb (Fortsetzung)

hexagonales System	c_{11}	c_{33}	c_{44}	c_{12}	c_{13}
Be	29,23	33,64	16,25	2,67	1,4
C (Graph.)	116	4,7	0,23	29,0	10,9
Cd	11,52	5,12	2,03	3,97	4,05
Co	30,7	35,81	7,53	16,5	10,3
Hf	18,11	19,69	5,57	7,72	6,61
Mg	5,85	6,10	1,66	2,50	2,08
Re	61,26	68,27	16,25	27,0	20,6
Ti	16,24	18,07	4,67	9,20	6,90
Tl	4,08	5,28	0,73	3,54	2,9
Y	7,79	7,69	2,43	2,85	2,1
Zn	16,1	6,10	3,83	3,42	5,01
Zr	14,34	16,48	3,20	7,28	6,53
$CaMg_2$	5,625	6,163	1,805	1,59	1,5

tetragonales System	c_{11}	c_{33}	c_{44}	c_{66}	c_{12}	c_{13}
In	4,54	4,52	0,65	1,21	4,01	4,15
Sn	7,35	8,7	2,2	2,27	2,34	2,8

trigonales System	c_{11}	c_{33}	c_{44}	c_{12}	c_{13}	c_{14}
Bi	6,37	3,82	1,12	2,49	2,47	0,717
Sb	7,92	4,27	2,85	2,48	2,31	1,05
Te	4,26	8,48	3,98	0,99	3,27	1,62

rhombisches System	c_{11}	c_{22}	c_{33}	c_{44}	c_{55}	c_{66}	c_{12}	c_{13}	c_{23}
α U	21,47	19,86	26,71	12,44	7,34	7,43	4,65	2,18	10,76
Ga (0 °C)	9,8	8,76	13,3	3,42	4,2	3,92	3,3	2,8	4,2

Tabelle IIIc

Elastische Eigenschaften einiger polykristalliner Metalle bei 20 °C
(nach SMITHELLS)

Metall	$E/10^{10}$ Nm^{-2}	$G/10^{10}$ Nm^{-2}	$\chi^{-1}/10^{-10}$ Nm^{-2}	ν
Ag	8,27	3,03	10,36	0,367
Al	7,06	2,62	7,52	0,345
Cr	27,90	11,53	16,02	0,210
Cu	12,98	4,83	13,78	0,343
Cu + 30% Zn*)	10,06	3,73	11,18	0,350
Fe	21,14	8,16	16,98	0,293
Fe + 0,2% C, 0,5% Si, 0,7% Mn, 2,0% Ni, 18,0% Cr	21,53	8,39	16,6	0,283
Mg	4,47	1,73	3,56	0,291
Mo	32,48	12,56	26,12	0,293
Ni	19,95	7,60	17,73	0,312
Nb	10,49	3,75	17,03	0,397
Pb	1,61	0,559	4,58	0,44
Sn	4,99	1,84	5,82	0,357
Ta	18,57	6,92	19,63	0,342
Ti	12,02	4,56	10,84	0,361
V	12,76	4,67	15,80	0,365
W	41,10	16,06	31,10	0,280
Zn	10,45	4,19	6,94	0,249

*) Sämtliche Angaben in Gew.%

Tabelle IV a

Strukturen der Elemente*)

Element	O.Z.	Phase	Strukturtyp	Gitterkonstanten/10^{-10} m				T/°C	Umwandlungs-temperaturen
				a	b	c	α oder β		
Ac	89		*A 1*	5,311					
Ag	47		*A 1*	4,086					
Al	13		*A 1*	4,049					
Am	95		*A 1*	4,894					
			hexag.	3,642		11,76			
Ar	18		*A 1*	5,256				−268,95	
As	33		*A 7*	3,760		10,548		26	
Au	79		*A 1*	4,078					
B	5		tetrag.	8,73		5,03		25	
			hexag.	4,908		12,567			
Ba	56		*A 2*	5,025					
Be	4	α	*A 3*	2,286		3,584			
		β	*A 2*	2,549				1250	
Bi	83		*A 7*	4,7459			57°14,2′		
Br	35		rhomb.	6,67	8,72	4,48		−150	
C	6	Diamant	*A 4*	3,567					
		Graphit	*A 9*	2,4612		6,708		20	
			rhomboedr.	3,642			39°30′	20	
			hexag.	8,948		14,08			
Ca	20	α	*A 1*	5,582					$\alpha \overset{464° C}{\rightleftarrows} \gamma$
		γ	*A 2*	4,477				500	
Cd	48		*A 3*	2,979		5,617			
Ce	58	γ	*A 1*	5,161					
		α	*A 1*	4,85				−189	
		β	doppelt *A 3*	3,68		11,92			
		δ	*A 2*	4,11				—	$\alpha \overset{-150° C}{\rightleftarrows} \beta \overset{-10 °C}{\rightleftarrows} \gamma \overset{730° C}{\rightleftarrows} \delta$
Cl	17		rhomb.	6,24	8,26	4,48		−160	

*) Nach International Tables und WYCKOFF. Falls nicht anders angegeben, beziehen sich die Gitterkonstanten auf Raumtemperatur. Bezüglich Hochdruckphasen vgl. Tab. C 1

Tabelle IV a (Fortsetzung)

Element	O.Z.	Phase	Strukturtyp	Gitterkonstanten/10^{-10} m				T/°C	Umwandlungs-temperaturen
				a	b	c	α oder β		
Cm	96		hexag.	3,496		11,331			
Co	27	α	*A 3*	2,507		4,069			
		β	*A 1*	3,544				18	$\alpha \xrightarrow{450\ °C} \beta$
Cr	24		*A 2*	2,884					
Cs	55		*A 2*	6,14				−10	
Cu	29		*A 1*	3,615					
Dy	66		*A 3*	3,590		5,647			
Er	68		*A 3*	3,559		5,587			
Eu	63		*A 2*	4,582					
Fe	26	α	*A 2*	2,866					
		γ	*A 1*	3,647				916	
		δ	*A 2*	2,932				1390	$\alpha \underset{\leftarrow}{\xrightarrow{909\ °C}} \gamma \underset{\leftarrow}{\xrightarrow{1388\ °C}} \delta$
Fr	87		*A 2* ?						
Ga	31		rhomb.	4,520	7,661	4,526		20	
Gd	64	α	Sm	3,636		5,782			
		β	*A 2*	4,06				—	$\alpha \underset{\leftarrow}{\xrightarrow{1262\ °C}} \beta$
Ge	32		*A 4*	5,657					
H	1		einf. tetrag.	4,42		3,75		—	
			A 3	3,75		6,49		—	
He	2		*A 3*	3,57		5,83		−271	
Hf	72	α	*A 3*	3,195		5,058			
		β	*A 2*	3,52				extrap. auf 23	$\alpha \underset{\leftarrow}{\xrightarrow{1950\ °C}} \beta$
Hg	80		*A 10*	3,005			70°32′	−46	
Ho	67		*A 3*	3,577		5,616			
In	49		*A 6*	3,251		4,947		20	
Ir	77		*A 1*	3,839					
J	53		rhomb.	7,270	9,793	4,790		26	
K	19		*A 2*	5,32					
Kr	36		*A 1*	5,721				−215,15	

Tabelle IV 1 (Fortsetzung)

Element	O. Z.	Phase	Strukturtyp	Gitterkonstanten/10^{-10} m				T/°C	Umwandlungs-temperaturen
				a	b	c	α oder β		
La	57	α	doppelt $A3$	3,770		12,159			
		β	$A\,1$	5,304				—	$\alpha \overset{310\ °C}{\rightleftarrows} \beta \overset{868\ °C}{\rightleftarrows} \gamma$
		γ	$A\,2$	4,26				—	
Li	3	α	$A\,2$	3,509					
		β	$A\,3$	3,111		5,093		< -195	
			$A\,1$	4,36 – 4,43				n. Verformg. $T < -195$	
Lu	71		$A\,3$	3,503		5,551			
Mg	12		$A\,3$	3,209		5,210			
Mn	25	α	$A\,12$	8,914				25	
		β	$A\,13$	6,470				750	
		γ	$A\,1$	3,862				1095	
		δ	$A\,2$	3,081				1134	$\alpha \overset{727\ °C}{\rightleftarrows} \beta \overset{1095\ °C}{\rightleftarrows} \gamma \overset{1133\ °C}{\rightleftarrows} \delta$
Mo	42		$A\,2$	3,147					
N	7	β	hexag.	4,039		6,670		~ -238	
		α	kub.	5,644				$-268,95$	$\alpha \overset{35\ K}{\rightleftarrows} \beta$
Na	11		$A\,2$	4,291					
			$A\,3$	3,767		6,154		$-268,15$	
Nb	41		$A\,2$	3,301					
Nd	60	α	doppelt $A\,3$	3,658		11,799			
		β	$A\,2$	4,13				—	$\alpha \overset{868\ °C}{\rightleftarrows} \beta$
Ne	10		$A\,1$	4,429				$-268,95$	
Ni	28		$A\,1$	3,524					
Np	93	α	rhomb.	4,723	4,887	6,663		20	
		β	tetrag.	4,897		3,388		313	
		γ	$A\,2$	3,52				600	$\alpha \overset{278\ °C}{\rightleftarrows} \beta \overset{540\ °C}{\rightleftarrows} \gamma$
O	8	α	rhomb.	5,50	3,82	3,44		—	
		β	rhomboedr.	3,307		11,256		-245	
		γ	kub. ?	6,83				$-223,15$	$\alpha \overset{23,5\ K}{\rightleftarrows} \beta \overset{43,4\ K}{\rightleftarrows} \gamma$

Tabelle IV a (Fortsetzung)

Element	O.Z.	Phase	Strukturtyp	Gitterkonstanten/10^{-10} m				T/°C	Umwandlungs-temperaturen
				a	b	c	α oder β		
Os	76		*A 3*	2,735		4,319			
P	15	(weiß)	kub.	18,8					
		(rot)	kub.	11,31					
			kub.	7,18				−35	
		(schwarz)	*A 16*	3,32	4,39	10,52			
Pa	91		tetrag.r.z.	3,92		3,24			$\alpha \xrightarrow[\leftarrow]{1170\,°C} \beta$
		β ?	*A 2* ?						
Pb	82		*A 1*	4,950					
Pd	46		*A 1*	3,890					
Pm	61		doppelt *A 3*	3,65		11,65			
Po	84	α	einf. kub.	3,352				∼10	
		β	rhomboedr.	3,36			98°13′	∼75	
Pr	59	α	doppelt *A 3*	3,672		11,835			$\alpha \xrightarrow[\leftarrow]{798\,°C} \beta$
		β	*A 2*	4,13				—	
Pt	78		*A 1*	3,923					
Pu	94	α	monoklin	6,183	4,824	10,973	β=101,81°	21	
		β	monoklin	9,284	10,463	7,859	β= 92,13°	190	
		γ	rhomb.	3,158	5,768	10,162		236	
		δ	*A 1*	4,637				320	
		δ'	tetrag. fl. z.	4,701		4,489		465	
		ε	*A 2*	3,636				490	$\alpha \xrightarrow[\leftarrow]{122\,°C} \beta \xrightarrow[\leftarrow]{206\,°C} \gamma \xrightarrow[\leftarrow]{319\,°C} \delta$
									$\delta \xrightarrow[\leftarrow]{451\,°C} \delta' \xrightarrow[\leftarrow]{485\,°C} \varepsilon$
Ra	88		*A 2* ?						
Rb	37		*A 2*	5,70					
Re	75		*A 3*	2,760		4,450			
Rh	45		*A 1*	3,804					
Ru	44		*A 3*	2,706		4,282			
S	16	α	*A 17*	10,437	12,845	24,369			
		β	monoklin	10,92	10,98	11,04	β =83°16′		
		ε	rhomboedr.	6,46			α=115°18′		

Tabelle IV a (Fortsetzung)

Element	O.Z.	Phase	Strukturtyp	Gitterkonstanten/10^{-10} m				T/°C	Umwandlungs-temperaturen
				a	b	c	α oder β		
Sb	51		*A 7*	4,307		11,273		26	
Sc	21		*A 3*	3,308		5,265			
Se	34		*A 8*	4,364		4,959		20	
		β	monoklin	12,85	8,07	9,31	β=93°8′		
		α	monoklin	9,05	9,07	11,61	β=90°46′		
Si	14		*A 4*	5,430					
Sm	62	α	hexag.	3,621		26,25			
		β	*A 2*	4,07				—	$\alpha \xrightleftharpoons{917\ °C} \beta$
Sn	50	β	*A 5*	5,831		3,181		25	
		α	*A 4*	6,489				20	$\alpha \xrightleftharpoons{13,2\ °C} \beta$
Sr	38	α	*A 1*	6,085					
		β	*A 3*	4,32		7,06		248	
		γ	*A 2*	4,85				614	$\alpha \xrightleftharpoons{225\ °C} \beta \xrightleftharpoons{570\ °C} \gamma$
Ta	73		*A 2*	3,303					
Tb	65		*A 3*	3,601		5,693			
Tc	43		*A 3*	2,735		4,388			
Te	52		*A 8*	4,4566		5,9268		25	
Th	90	α	*A 1*	5,084					
		β	*A 2*	4,11				1450	$\alpha \xrightleftharpoons{1400\ °C} \beta$
Ti	22	α	*A 3*	2,950		4,679			
		β	*A 2*	3,307				900	$\alpha \xrightleftharpoons{882\ °C} \beta$
Tl	81	α	*A 3*	3,456		5,525			
		β	*A 2*	3,882				262	$\alpha \xrightleftharpoons{230\ °C} \beta$
Tm	69		*A 3*	3,537		5,554			
U	92	α	*A 20*	2,858	5,877	4,945		25	
		β	tetrag.	10,759		5,656		720	
		γ	*A 2*	3,534				800	$\alpha \xrightleftharpoons{662\ °C} \beta \xrightleftharpoons{775\ °C} \gamma$
V	23		*A 2*	3,028					
W	74		*A 2*	3,165					

Tabelle IV a (Fortsetzung)

Element	O.Z.	Phase	Strukturtyp	Gitterkonstanten/10^{-10} m				T/°C	Umwandlungs-temperaturen
				a	b	c	α oder β		
Xe	54		*A 1*	6,197				−215,15	
Y	39	α	*A 3*	3,645		5,730			
		β	*A 2*	4,11				—	$\alpha \xrightleftharpoons{1460\ °C} \beta$
Yb	70	α	*A 1*	5,486					
		β	*A 2*	4,45				—	$\alpha \xrightleftharpoons{798\ °C} \beta$
Zn	30		*A 3*	2,665		4,947			
Zr	40	α	*A 3*	3,231		5,147			
		β	*A 2*	3,609				862	$\alpha \xrightleftharpoons{862\ °C} \beta$

Tabelle IV b

Baupläne wichtiger Strukturtypen intermetallischer Verbindungen

Strukturtyp	Bauplan			
A 15	Cr		4g12	Si
(Cr_3Si-Typ)	2K oder	10G		8G
	0,89	0,89(2)		1,55
		1,09(80)		
B 1	Na	6g6	Cl	
(NaCl-Typ)	12G		12G	
	1,41		1,41	
B 2	Cs	8g8	Cl	
(CsCl-Typ)	6G		6G	
	1,15		1,15	
			(vgl. Abb. C 6_{II})	
B 3	Zn	4g4	S	
(Zinkblende-Typ)	12G		12G	
	1,63		1,63	
B 8_1	Ni	6g6	As	
(NiAs-Typ)	2K		12G	
	1,04		1,35(6)	
			1,49(6)	
B 19	Au	8g8	Cd	
(AuCd-Typ)	6G		6G	
	1,03(2)		1,03(2)	
	1,08(2)		1,08(2)	
	1,33(2)		1,33(2)	
B 32	Na	4g4	Tl	
(NaTl-Typ)	4G		4G	
	1,00		1,00	
C 1	Ca	8g4	F	
(CaF_2-Typ)	12G		6G	
	1,63		1,15	
C 14	Mg	12g6	Zn	
($MgZn_2$-Typ)	4G		6G	
	1,05		0,86	
C 15	Mg	12g6	Cu	
($MgCu_2$-Typ)	4G		6G	
	1,04		0,85	
			(vgl. Abb. C 15)	
C 16	Cu	8g4	Al	
($CuAl_2$-Typ)	2K		1J oder	11G
	0,95		1,05	1,05(1)
				1,12(2)
				1,20(4)
				1,25(4)

Tabelle IV b (Fortsetzung)

Strukturtyp	Bauplan		
C 32 (AlB_2-Typ)	(vgl. Text S. 61 sowie Abb. C 1)		
D 0$_{19}$ (Ni_3Sn-Typ)	Ni 8G 1,00	4g12	Sn 6G 1,45 (vgl. Abb. C 11)
L 1$_0$ (CuAu-Typ)	Cu 4N 1,02	8g8	Au 4N 1,02 (vgl. Abb. C 9a)
L 1$_2$ (Cu_3Au-Typ)	Cu 8G 1,00	4g12	Au 6G 1,41 (vgl. Abb. C 8)

Q SYMBOLVERZEICHNIS

In der folgenden Zusammenstellung sind die Bedeutungen der verwendeten Symbole aufgeführt, soweit sie im Text häufiger auftreten. In einigen Fällen bezeichnet das gleiche Symbol verschiedene Größen in getrennten Teilgebieten der Metallphysik, so daß kaum Verwechslungen auftreten dürften.

Vektoren werden durch halbfette kursive Buchstaben, ihre Beträge durch die entsprechenden normalen kursiven Buchstaben dargestellt. Ausnahmen sind angegeben. Matrizen erscheinen im Druck halbfett steil. Tritt neben einer Größe noch die auf Masse, Volumen oder Teilchenzahl bezogene auf, so ist für die letztere bevorzugt der zugehörige kleine Buchstabe benutzt worden.

A, $\boldsymbol{A}$	Fläche (skalar und vektoriell)
$\mathbf{A}$	Matrix der a_{ji} (Gittermatrix)
A	Austauschintegral
$\tilde{A}$	„Fläche" im reziproken Raum
a_i, $\boldsymbol{a}_i$	Translationsperioden des Gitters (skalar und vektoriell)
a_{ij}	Komponenten der $\boldsymbol{a}_i$ bezüglich eines kartesischen Systems
a_0	BOHRscher Radius
a	Abgleitung
a	Arbeit/Volumen
a	Beschleunigung
a	Gitterkonstante
B, $\boldsymbol{B}$	magnetische Induktion (skalar und vektoriell)
$\mathbf{B}$	Matrix der b_{ij} (Matrix des reziproken Gitters)
B_R	Remanenz
b_i, $\boldsymbol{b}_i$	Translationsperioden des reziproken Gitters (skalar und vektoriell)
b_{ij}	Komponenten der $\boldsymbol{b}_i$ bezüglich eines kartesischen Systems
b, $\boldsymbol{b}$	BURGERS-Vektor
b	Beweglichkeit: Geschwindigkeit/elektrische Feldstärke
b^*	Beweglichkeit: Geschwindigkeit/Kraft
C_V, C_p	Molwärmen
C_V^{El}	Molwärme, Elektronenanteil

C_{ijkl}	Elastizitätsmoduln
c_{ij}	verallgemeinerte (VOIGTsche) Moduln
c	Teilchenzahl/Volumen
c	Lichtgeschwindigkeit
D, $\boldsymbol{D}$	Drehimpuls (skalar und vektoriell)
D	Diffusionskonstante
D_0	Frequenzfaktor
d	Netzebenenabstand
E, $\boldsymbol{E}$	elektrisches Feld (skalar und vektoriell)
E_{H}	HALL-Feld
E	Elastizitätsmodul
E	Energie
E^{A}	Austauschenergie
$E_n(\boldsymbol{k})$	Dispersionsbeziehung für Metallelektronen (Bandstruktur)
$E_{n,k}$	Eigenwerte der Energie
E_{F}	FERMI-Energie
E_{F}^0	FERMI-Grenze
$\boldsymbol{e}_i$	orthogonale Einheitsvektoren
e	Elementarladung
F	Fläche
F	freie Energie
F	FARADAYsche Konstante
$[f_{ij}]$, f	Freiheitszahl (tensoriell und skalar)
f	FERMI-Funktion
G	freie Enthalpie
G	Schubmodul
$\mathrm{g}(\omega)$, $\mathrm{g}(E)$	Zustandsdichten (spektrale Verteilungsfunktionen)
g	molare freie Enthalpie eines Systems
g'	freie Enthalpie/Volumen (nur S. 344)
g	LANDÉ-Faktor
H, $\boldsymbol{H}$	Magnetfeld (skalar und vektoriell)
H, $\boldsymbol{H}$	Vektor des reziproken Gitters
$\mathbf{H}$	Matrix der H_i
H_i	Komponenten der $\boldsymbol{H}$ bezüglich $\boldsymbol{b}_i$
H	Kurzzeichen für $H_1\,H_2\,H_3$
H	Enthalpie
H	HAMILTON-Funktion
$\mathcal{H}$	HAMILTON-Operator

H_c	kritische Feldstärke
H_c, ${}_IH_c$, ${}_BH_c$	Koerzitivfeldstärken
$\boldsymbol{h}$, h	Vektor des reziproken Gitters als Repräsentant der Ebene $(h_1h_2h_3)$
$(h_1h_2h_3)$	MILLERsche Indizes, Koordinaten von $\boldsymbol{h}$
h	molare Enthalpie
h, $\hbar$	PLANCKsche Konstante
I, $\boldsymbol{I}$	magnetische Polarisation (skalar und vektoriell)
I_R	Remanenz
I_S	Sättigungsmagnetisierung
i	elektrischer Strom
i	Symmetriezentrum
J, $\boldsymbol{J}$	atomarer Gesamtdrehimpuls (Quantenzahl und Vektor)
j	elektrische Stromdichte
j	Teilchenstromdichte
$\boldsymbol{j}$	Vektor eines Versetzungssprunges
K, $\boldsymbol{K}$	Kraft (skalar und vektoriell)
$\mathcal{K}$	Koordinationszahl (erster Sphäre)
$\mathcal{K}_i$	Koordinationszahl i-ter Sphäre
$\mathcal{K}^*$	gewogene Koordinationszahl
K	Anzahl der Komponenten in einem System
k, $\boldsymbol{k}$	Wellenzahl $2\pi/\lambda$ (skalar und vektoriell)
$\underline{k}$, $\boldsymbol{k}$	Wellenzahl $1/\lambda$ (nur in G2)
$\bar{k}$	freie Wellenzahl
k_F	FERMI-Impuls
k_L	Linienspannung einer Versetzung
k	BOLTZMANNsche Konstante
L, $\boldsymbol{L}$	Bahndrehimpuls (Quantenzahl und Vektor)
L	AVOGADROsche Konstante
L	Länge, Laufweg
l	Länge
l	mittlere freie Weglänge
l_F	mittlere freie Weglänge für Elektronen mit FERMI-Energie
M, $\boldsymbol{M}$	Magnetisierung (skalar und vektoriell)
M	Masse
M_J	magnetische Quantenzahl
$\boldsymbol{m}$	Gleitrichtung

m, $\boldsymbol{m}$	magnetisches Moment (skalar und vektoriell)
m_i	Komponenten von $\boldsymbol{R}_m$ bezüglich $\boldsymbol{a}_i$
$\mathfrak{m}$	Matrix der m_i
m	Kurzzeichen für $m_1m_2m_3$
m	Masse
m	Spiegelebene
m_e	Elektronenmasse
m^*	effektive Masse
$\boldsymbol{m}_L$, $\boldsymbol{m}_S$, $\boldsymbol{m}_J$	atomare magnetische Momente (Bahn-, Spin-, Gesamtmoment)
N	Teilchenzahl, Molzahl, Menge
N_e	Menge der Metallelektronen
N_k	Menge der Komponente k im System
$N^{(\varphi)}$	Menge der Phase φ im System
$N_k^{(\varphi)}$	Menge der Komponente k in der Phase φ
$\mathcal{N}$	Entmagnetisierungsfaktor
$\boldsymbol{n}_0$	Normaleneinheitsvektor
n, $\mathfrak{n}$	Brechungsindex (skalar und komplex)
n	Menge/Volumen
n_e	N_e/Volumen
n	Symbol für n-zählige Drehachse
$\bar{n}$	Symbol für n-zählige Drehinversionsachse
p, $\boldsymbol{p}$	Impuls (skalar und vektoriell)
p_F	Impuls der Elektronen mit Fermi-Energie
p	hydrostatischer Druck
p	Ordnungsgröße (Fernordnung)
p	Anzahl der Atome pro Elementarzelle
Q	Streuquerschnitt
Q	Aktivierungsenergie
$\boldsymbol{q}$, q	Vektor im reziproken Raum
q	Ladung
q_J	Joulesche Wärme (pro Zeit und Volumen)
q_T	Thomson-Wärme (pro Zeit und Volumen)
q'_P	Peltier-Wärme (pro Zeit und Fläche)
$\boldsymbol{R}_m$	Gittervektor
$\boldsymbol{R}_n$	Gitterbasisvektor
R	Raumerfüllung
R	Reflexionsvermögen
R	Gaskonstante

R_H	HALL-Konstante
$\boldsymbol{r}$	Vektor im Ortsraum
r	Radius
S, $\boldsymbol{S}$	Spin (Quantenzahl und Vektor)
$\mathbf{S}$	Ablenkungsvektor
S	Entropie
S	Strukturfaktor
S_{ijkl}	Elastizitätskonstanten
s_{ij}	verallgemeinerte (VOIGTsche) Elastizitätskonstanten
$\boldsymbol{s}$	Linienvektor einer Versetzung
s	Fernordnungsparameter
s	Spinquantenzahl für ein Elektron
s	molare Entropie
s	Entropie/Volumen (nur S. 344)
T	Temperatur (absolute)
T_s	Schmelztemperatur
T_c	Sprungpunkt von Supraleitern
T_C	CURIE-Temperatur
T_N	NÉEL-Temperatur
t	Temperatur (in CELSIUS-Skala)
U	Energie (eines Systems)
U_{AB}	Thermospannung zwischen zwei Metallen A und B
u, $\boldsymbol{u}$	Driftgeschwindigkeit (skalar und vektoriell)
u, $\boldsymbol{u}$	Verrückung (skalar und vektoriell)
u	molare Energie
u	Energie/Volumen (nur Teil N)
u_k	Anisotropieenergie
V	Volumen
V_m	Molvolumen
V_a	von den $\boldsymbol{a}_i$ aufgespanntes Volumen (Volumen der Elementarzelle)
$\tilde{V}_b$	Phasenvolumen, das von den $\boldsymbol{b}_i$ aufgespannt wird
$\mathcal{V}$	Potential, insbesondere Gitterpotential
$\mathcal{V}_P$	Pseudopotential
$\mathcal{V}_H$	FOURIER-Koeffizienten des Gitterpotentials
v	Potential/Volumen
W	BOLTZMANNsche Wahrscheinlichkeit

W	Arbeit, Energie, Austrittsarbeit
w	molare Energie
x	Weg
x_i	Komponenten eines Vektors $\boldsymbol{r}$ bezüglich eines kartesischen Systems
x	Molenbruch, molare Konzentration
$x_k^{(\varphi)}$	molare Konzentration der Komponente k in der Phase φ
X_k	molare Konzentration der Komponente k im System
x	molare Konzentration der Komponente B im binären System
Z	Zahl der Freiheitsgrade eines Systems
Z	Ordnungszahl
Z	Ionenwertigkeit
Z	Zahl der Zustände (Eigenwerte)
z	Zahl der Zustände/Volumen
Z'	Valenzelektronenkonzentration
α, $\boldsymbol{\alpha}$	Wärmeausdehnung (skalar und tensoriell)
α	Temperaturkoeffizient des elektrischen Widerstandes
α_i	Richtungskosinusse
$\boldsymbol{\Gamma}$	Drehmatrix
$\overline{\boldsymbol{\Gamma}}$	Drehinversionsmatrix
γ	Elektronenanteil der Molwärme C_V^{El}/T
γ	Scherung
γ'	Stapelfehlerenergie
δ	Eindringtiefe (Skineffekt)
$[\varepsilon_{ij}]$, $\boldsymbol{\epsilon}$	Verzerrungstensor
ε	Dehnung
ε_{i}	VOIGTsche Dehnungskomponente
ε_{r}	Dielektrizitätszahl
ε_0	Dielektrizitätskonstante
ε	Dielektrizität
ζ	molare freie Enthalpie einer Phase
η	Zähigkeit

Θ	charakteristische Temperatur
Θ_D	Debye-Temperatur
Θ	paramagnetische Curie-Temperatur
ϑ	Glanzwinkel
ϑ	Verfestigungskoeffizient
$\varkappa$	Absorptionskoeffizient
$\varkappa$	Ginzburg-Landau-Parameter
$[\sigma_{ij}]$, $\boldsymbol{\sigma}$	Spannungstensor
σ	elastische Spannung (skalar)
σ_i	Voigtsche Spannungskomponenten
σ	Nahordnungsparameter
σ	Grenzflächenenergie
τ	Schubspannung
τ	Relaxationszeit
τ	mittlere freie Flugzeit
τ_F	mittlere freie Flugzeit für Elektronen mit Fermi-Energie
τ	Thomson-Koeffizient
Φ	Anzahl der Phasen in einem System
Φ	magnetischer Fluß
φ	Phasenindex
χ	Kompressibilität
χ	magnetische Suszeptibilität
Ψ	zeitabhängige Wellenfunktion
ψ	zeitunabhängige Wellenfunktion
ω	Frequenz
ω_p	Plasmafrequenz
λ	Wärmeleitfähigkeit
λ	Wellenlänge
λ	Eindringtiefe (Meissner-Effekt)
λ	Magnetostriktionskonstante
μ_r	Permeabilitätszahl
μ	Permeabilität
μ_0	Induktionskonstante
$\mu_k^{(\varphi)}$	chemisches Potential der Komponente k in der Phase φ

$\mu^{(k)}$	chemisches Potential der Komponente k im reinen Zustand
μ	Orientierungsfaktor
μ_B	BOHRsches Magneton
ν	Frequenz
ν	POISSON-Konstante
$\xi_i^{(n)}$	Komponenten von $\boldsymbol{R}_n$ bezüglich $\boldsymbol{a}_i$
ξ_i	Komponenten von $\boldsymbol{r}$ bezüglich $\boldsymbol{a}_i$
ξ	Ortskoordinate
ξ_0	PIPPARDsche Kohärenzlänge
Π	PELTIER-Koeffizient
ϱ	Massendichte
ϱ	Versetzungsdichte
ϱ	spezifischer elektrischer Widerstand
ϱ_0	Restwiderstand
Σ_{AB}	differentielle Thermospannung
$\sigma, \boldsymbol{\sigma}$	elektrische Leitfähigkeit (skalar und tensoriell)
∇	Nabla-Operator
∇^2	LAPLACE-Operator

R LITERATURVERZEICHNIS

Die folgende Zusammenstellung enthält neben wichtigen Handbüchern, Sammel- und Tabellenwerken (römische Ziffern) Literaturangaben für weiterführende Studien in alphabetischer Reihenfolge (arabische Ziffern). Im Anschluß daran ist angegeben, welche der vorstehenden Zitate beim Studium der einzelnen Teile des Buches mit besonderem Vorteil zu Rate gezogen werden können.

[I] Handbuch der Physik; herausgeg. von S. Flügge; Springer-Verlag, Berlin/Heidelberg/New York 1955ff.

[II] Handbuch der Physik, Bde. XXII–XXIV, 2. Auflage; herausgegeben von H. Geiger und K. Scheel; Springer-Verlag, Berlin 1933.

[III] Landolt-Börnstein, Zahlenwerte und Funktionen; 6. Auflage, I. Band: Atom- und Molekularphysik, Band II–IV und Neue Serie; Springer-Verlag, Berlin/Heidelberg/New York 1950ff.

[IV] Internationale Tabellen zur Bestimmung von Kristallstrukturen; Gebrüder Borntraeger, Berlin 1935.
International Tables for X-Ray Crystallography; herausgegeben von N. F. M. Henry und K. Lonsdale; The Kynoch Press, Birmingham. Band I–III, 1952, 1959, 1962.

[V] Strukturbericht, Band I–VII; Akademische Verlagsgesellschaft, Leipzig 1913 bis 1939; Structure Reports, Band VIIIff; N. V. A. Oesthoek's Uitgevers Mij, Utrecht 1940ff.

[VI] Solid State Physics, Advances in Research and Applications; herausgegeben von F. Seitz und D. Turnbull; Academic Press Inc., New York.

[VII] Progress in Metal Physics; herausgegeben von B. Chalmers und R. King bis 1960, Progress in Materials Science 1961ff.; Pergamon Press Ltd., London.

[VIII] Reports on Progress in Physics; herausgegeben von The Physical Society (1934 bis 1960); The Institute of Physics and the Physical Society (1961ff.).

[IX] Ergebnisse der exakten Naturwissenschaften; herausgegeben von S. Flügge und F. Trendelenburg. Fortsetzung: Springer Tracts in Modern Physics; Springer-Verlag, Berlin/Heidelberg/New York.

[X] Hansen, M., Anderko, K.; Constitution of Binary Alloys, 2. Auflage; McGraw-Hill Book Company Inc., New York/Toronto/London 1958.

[XI] Proceedings of the Conference on Magnetism and Magnetic Materials. Journal of Applied Physics **29** pp., No. 3 (1958pp).

[XII] Vortragsreihe von Metalltagungen, durchgeführt von der Deutschen Akademie der Wissenschaften zu Berlin: a) Ordnungsvorgänge in Legierungen, 1962, b) Ausscheidungsvorgänge in Legierungen, 1964, c) Grundlagen des Festigkeitsverhaltens von Metallen, 1965, Akademie-Verlag, Berlin; d) Rekristallisation metallischer Werkstoffe, 1966, e) Magnetismus, 1967, f) Kristallisation, 1969, g) Diffusion in metallischen Werkstoffen, 1970, h) Elektronenstruktur von Metallen, 1971, VEB Deutscher Verlag für Grundstoffindustrie, Leipzig.

[XIII] Physical Chemistry; H. Eyring et alii ed., Band X, Solid State, herausgegeben von W. Jost; Academic Press Inc., New York 1970.

[1] Александров, Л. Н., Теория металлов; Саранск 1965.

[2] Alper, A. M., Phase Diagrams; Academic Press Inc., New York 1970.

[3] Altmann, S. L., Band Theory of Metals. The Elements; Pergamon Press, Oxford 1970.

[4] Amelinckx, E., The Direct Observation of Dislocations, in [VI], Supplement 6.
[5] Bacon, G. E., Neutron Diffraction, 2. Auflage; Clarendon Press, Oxford 1962.
[6] Barrett, C. S., Massalski, T. B., Structure of Metals; McGraw-Hill Book Company, Inc., New York/St. Louis/San Francisco/Toronto/London/Sydney,third ed. 1966.
[7] Electronic Structure and Alloy Chemistry of the Transition Elements, herausgegeben von P. A. Beck; Interscience Publishers, a Division of John Wiley and Sons, New York/London, 1963.
[8] Becker, R., Döring, W., Ferromagnetismus; Springer-Verlag, Berlin 1939.
[9] Белов, К. П., Магнитные превращения; Москва 1956.
[10] Белов, Н. В., Структура ионных кристаллов и металлических фаз., Издательство АН СССР, Москва 1947.
[11] Berkowitz, A., Kneller, E., Magnetism and Metallurgy, Band 1 und 2; Academic Press Inc., New York 1969.
[12] Blackman, M., The Specific Heat of Solids; in [I], Band VII, Teil 1, 1955.
[13] Боголюбов, Н., Толмачев, В., Широков, Д., Новый метод в теории сверхпроводимости; Москва 1958.
[14] Бокий, Г. Б., Кристаллохимия; Изд. Москв. Унив. 1960.
[15] Born, M., Göppert-Mayer, M., Dynamische Gittertheorie der Kristalle; in [II], Band XXIV, 2. Teil, 1933.
[16] Born, M., Kun Huang, Dynamical Theory of Crystal Lattices; Clarendon Press, Oxford 1954.
[17] Bowles, J. S., Barrett, C. S., Crystallography of Transformations; in [VII], Band 3, 1952, S. 1–41.
[18] Bozorth, R. M., Ferromagnetism, 6. Auflage; Van Nostrand Comp., Inc., New York 1961.
[19] Brauer, W., Einführung in die Elektronentheorie der Metalle; Akademische Verlagsgesellschaft Geest & Portig K.-G., Leipzig 1966.
[20] Buckel, W., Supraleitung, Akademie-Verlag, Berlin 1973.
[21] Buerger, M. J., Elementary Crystallography; John Wiley and Sons, Inc., New York; Chapman and Hall, Ltd., London 1956.
[22] Bunge, H. J., Mathematische Methoden der Texturanalyse; Akademie-Verlag, Berlin 1969.
[23] Burckhardt, J., Die Bewegungsgruppen in der Kristallographie; 2. Auflage, Basel 1966.
[24] Burke, J. E., Turnbull, D., Recrystallization and Grain Growth; in [VII], Band 3, 1952, S. 220–292.
[25] Physical Metallurgy, herausgegeben von R. W. Cahn; North-Holland Publishing Company, Amsterdam 1965.
[26] Chikazumi, S., Physics of Magnetism; John Wiley and Sons, Inc., New York 1964.
[27] Christian, J. W., The Theory of Transformations in Metals and Alloys; Pergamon Press, Oxford 1965.
[28] Clark, E., Craig, G. B., Twinning; in [VII], Band 3, 1952, S. 115–139.
[29] Cottrell, A. H., Dislocations and Plastic Flow in Crystals; Clarendon Press, Oxford 1953.
[30] Cottrell, A. H., An Introduction to Physical Metallurgy; Ed. Arnold Ltd., London 1967.
[31] Coulson, C. A., Valence; Clarendon Press, Oxford 1953.
[32] Cracknell, A. P., The Fermi Surfaces of Metals; Taylor and Francis Ltd., London 1971.
[33] Darken, L. S., Gurry, R. W., Physical Chemistry of Metals; McGraw-Hill Book Company, Inc., New York/Toronto/London 1953.
[34] Dehlinger, U., Umwandlungen und Ausscheidungen im kristallinen Zustand; in [I], Band VII, Teil 2, 1958.

[35] Dehlinger, U., Theoretische Metallkunde, 2. Auflage; Springer-Verlag, Berlin/Heidelberg/New York 1968.
[36] Dekker, A. J., Solid State Physics; Macmillan & Co., Ltd., London 1960.
[37] Динамика дислокации: ФТИНТ Харков 1968.
[38] Donovan, B., Angress, J. F., Lattice Vibrations; Chapman and Hall, London 1971.
[39] Eisenkolb, F., Einführung in die Werkstoffkunde (5 Bde.), VEB Verlag Technik, Berlin.
[40] Fabian, D. J., Soft X-Ray Band Spectra; Academic Press, London 1968.
[41] Федоров, Ф. И., Теория упругих волн в кристаллах; Изд. Наук, Москва 1965.
[42] Френкель, Я. И., Введение в теорию металлов: ГИФМЛ, Москва 1958.
[43] Friedel, J., Dislocations; Pergamon Press, Oxford 1964.
[44] Fröhlich, H., The Theory of the Superconductive State; in [VIII], Vol. XXIV, 1961.
[45] Gerold, V., Röntgenographische Untersuchungen von Gitterstörungen in Mischkristallen; in [IX], 33. Band, 1961.
[46] Герцрикен, С. Д., Дехтяр, И. Я., Диффузия в металлах и сплавах в твердой фазе; Москва 1960.
[47] Горелик, С. С.; Рекристаллизация металлов; Москва 1962.
[48] Atomic and Electronic Structure of Metals, herausgegeben von J. J. Gilman und W. A. Tiller; Am. Soc. Metals, Ohio 1967.
[49] Губанов, А. И., Квантово-электронная теория аморфных проводников; Москва 1963.
[50] Guttmann, L., Order-Disorder Phenomena in Metals; in [VI], Vol. 3, 1956.
[51] Haasen, P., Mechanical Properties of Solid Solutions and Intermetallic Compounds; in [25].
[52] Hardy, H. K., Heal, T. J., Report on Precipitation; in [VII], Band 5, 1954, S. 143 bis 278.
[53] Harrison, W. A., Webb, M. B., The Fermi Surface; John Wiley and Sons, Inc., New York 1960.
[54] Harrison, W. A., Pseudopotentials in the Theory of Metals; Benjamin, New York 1966.
[55] Haug, A., Theoretische Festkörperphysik, Band 1: Grundbegriffe und Gliederung. Die Elektronen im Kristall. Das Kristallgitter. Band 2: Die Elektronen-Gitter-Wechselwirkung. Der reale Kristall mit Gitterstörungen; Franz Deuticke, Wien 1964, 1970.
[56] Hellwege, K. H., Einführung in die Festkörperphysik Band I und II (Heidelberger Taschenbücher, Band 33 und 34), Springer-Verlag, Berlin/Heidelberg/New York 1968, 1970.
[57] Heumann, Th., Transportvorgänge in Metallen, Diffusion; in „Metallphysik", herausgegeben vom Verein Deutscher Eisenhüttenleute; Verlag Stahl und Eisen G.m.b.H. Düsseldorf 1967, S. 272–302.
[58] Hirth, J. P., Lothe, J., Theory of Dislocations; McGraw-Hill Book Company, Inc., New York/St. Louis/San Francisco/Toronto/London/Sydney 1968.
[59] Hirth, J. P., Weertman, J., Work Hardening; Gordon and Breach, New York, 1968.
[60] Hume-Rothery, W., Raynor, G. V., The Structure of Metals and Alloys, 3. Auflage; The Institute of Metals, London 1954.
[61] Jagodzinski, H., Kristallographie; in [I], Band VII, Teil 1, 1955.
[62] Jan, J.-P., Galvanomagnetic and Thermomagnetic Effects in Metals; in [VI], Vol. 5, 1957.
[63] Johnson, R. H., Superplasticity; Metall. Review, Band 15, S. 115–134, 1970.
[64] Jones, H., Theory of Electrical and Thermal Conductivity in Metals; in [I], Band XIX, 1956.
[65] Jones, H., The Theory of Brillouin Zones and Electronic States in Crystals; North-Holland Publishing Company, Amsterdam 1960.

[66] Jost, W., Diffusion; Steinkopf, Darmstadt 1957.
[67] Kästner, S., Vektoren, Tensoren, Spinoren; Akademie-Verlag, Berlin 1960.
[68] Kelly, A., Strong Solids; Clarendon Press, Oxford 1966.
[69] Kittel, C., Introduction to Solid State Physics, 2. Auflage; John Wiley and Sons, Inc., New York 1956.
[70] Kittel, C., Quantum Theory of Solids; John Wiley and Sons, Inc., New York 1963.
[71] Kittel, C., Einführung in die Festkörperphysik. 2. Auflage (Übersetzung der 3. amerikanischen Auflage von 1966); R. Oldenbourg, München 1970.
[72] Классен-Неклюдова, М. В., Механическое двойникование кристаллов: Изд. АН СССР, Москва 1960.
[73] Kleber, W., Einführung in die Kristallographie; VEB Verlag Technik, Berlin 1961.
[74] Kleber, W., Meyer, K., Schoenborn, W., Einführung in die Kristallphysik, Akademie-Verlag, Berlin 1968.
[75] Kneller, E., Ferromagnetismus; Springer-Verlag, Berlin/Göttingen/Heidelberg 1962.
[76] Козлова, О. Г., Рост кристаллов; Изд. Моск. Унив. 1967.
[77] Конобеевский, С. Т., Действие облучения на материалы; Москва 1963.
[78] Kronmüller, H., Theorie der plastischen Verformung; in [103], S. 126–191.
[79] Kronmüller, H.; in [XII], Bd. XI, Grundlagen des Festigkeitsverhaltens von Metallen; Akademie-Verlag, Berlin 1965.
[80] Kubaschewski, O., Evans, E. M., Metallurgische Thermochemie; VEB Verlag Technik, Berlin 1959.
[81] Lazarus, D., Diffusion in Metals, in [VI], Vol. 10, 1960.
[82] Le Claire, A. D., Correlation Effects in Diffusion in Solids; in [XIII], S. 261–331.
[83] Leibfried, G., Gittertheorie der mechanischen und thermischen Eigenschaften der Kristalle; in [I], Band VII, Teil 1, 1955.
[84] Лифщиц, Б. Г., Физические свойства металлов и сплавов; Машгиз, Москва 1956.
[85] Лифшиц, И. М., Азбель, М. Я., Каганов, М. И., Электронная теория металлов; Москва 1971.
[86] Lipson, H., Order-Disorder Changes in Alloys; in [VII], Band 2, 1950, S. 1.
[87] Любов, Б. Я.; Кинетическая теория фазовых превращений; Москва 1969.
[88] MacDonald, D. K. C., Electrical Conductivity of Metals and Alloys at Low Temperatures; in [I], Band XIV, 1956.
[89] Magnetic Properties of Metals and Alloys; Am. Soc. Metals, Cleveland 1959.
[90] Миркин, Л. И., Физические основы прочности и пластичности; Изд. МГУ 1968.
[91] Mott, N. F., Jones, H., Theory of the Properties of Metals and Alloys; Clarendon Press, Oxford 1936.
[92] Mott, N. F., Zinamon, Z., The Metal-Nonmetal Transition; in [VIII], XXXIII/III.
[93] Muto, T., Takagi, Y., The Theory of Order-Disorder Transitions in Alloys; in [VI], Vol. 1, 1955.
[94] Nye, J. F., Physical Properties of Crystals. Their Representation by Tensors and Matrices; Clarendon Press, Oxford 1957.
[95] Ordnungsvorgänge in Legierungen; in [XII], Band III, 1962.
[96] Палатник, Л. С., Папиров, И. И., Ориентированная Кристаллизация: Изд. „Металлургия", Москва 1964.
[97] Pauling, L., Die Natur der chemischen Bindung; Verlag Chemie, Weinheim 1962.
[98] Pearson, W. B., A Handbook of Lattice Spacings and Structures of Metals and Alloys, Band 1 und 2; Pergamon Press, Oxford 1958, 1967.
[99] Пинес, Б. Я., Очерки по металлофизике, Изд. Харк. ГУ, 1961.
[100] Phase Stability in Metals and Alloys, herausgegeben von P. S. Rudman; McGraw-Hill Book Company, Inc., New York/San Francisco/Toronto/London/Sydney 1967.

[101] SATO, H., Order-Disorder Transformations; in [XIII], S. 579–718.
[102] Савицкий, Е. М. и др.; Металловедение сверхпроводящих сплавов; Москва 1969.
[103] SCHUBERT, K., Kristallstrukturen zweikomponentiger Phasen; Springer-Verlag, Berlin/Göttingen/Heidelberg/New York 1964.
[104] SCHULZE, G. E. R., Geometrische Prinzipien beim Gitteraufbau intermetallischer Verbindungen; Abhandlungen Sächs. Akad. Wiss., Math.-Naturwiss. Klasse, Band 48, Heft 4, Akademie-Verlag, Berlin 1963.
[105] SCHULZE, G. E. R., Über Homogenitätsbereiche in intermetallischen Verbindungen und ihre Bedeutung für die physikalischen Eigenschaften. Reinststoffe in Wiss. und Technik IV; Akademie-Verlag, Berlin 1972, 641.
[106] SCHULZE, G. E. R., PAUFLER, P., Die plastische Verformung „spröder" intermetallischer Verbindungen und ihre Elementarprozesse; Abhandlungen Sächs. Akad. Wiss., Math.-Naturwiss. Klasse, Band 51; Akademie-Verlag, Berlin 1972.
[107] SCHUMANN, H., Metallographie; VEB Deutscher Verlag für Grundstoffindustrie, Leipzig 1967.
[108] SEEGER, A., Theorie der Gitterfehlstellen; in [I], Band VII, Teil 1, 1955.
[109] SEEGER, A., Kristallplastizität; in [I], Band VII, Teil 2, 1958.
[110] SEEGER, A., Moderne Probleme der Metallphysik, Band I: Fehlstellen, Plastizität, Strahlenschädigung und Elektronentheorie; Springer-Verlag, Berlin/Heidelberg/New York 1965, Band II: Chemische Bindung in Kristallen und Ferromagnetismus; Springer-Verlag, Berlin/Heidelberg/New York 1966.
[111] SEITH, W., Diffusion in Metallen, 2. erw. Auflage; Springer-Verlag, Berlin/Göttingen/Heidelberg 1955.
[112] Северденко, В. П., Точицкий, Э. И., Структура тонких металлических пленок; Минск 1968.
[113] Жданов, Г. С., Физика Твердого Тела, Изд. Московского Университета 1962.
[114] SLATER, J. C., Quantum Theory of Matter; McGraw-Hill Book Company, Inc., New York/St. Louis/San Francisco/Toronto/London/Sydney, second ed. 1968.
[115] SLATER, J. C., The Electronic Structure of Solids; in [I], Band XIX, 1956.
[116] SLATER, J. C., Quantum Theory of Molecules and Solids; McGraw-Hill Book Company New York/St. Louis/San Francisco/Toronto/London/Sydney 1963.
[117] Смирнов, А. А., Теория электросопротивления сплавов; Киев 1966.
[118] Соколов, А. В., Оптические Свойства Металлов; Москва 1961.
[119] SOMMERFELD, A., BETHE, H., Elektronentheorie der Metalle; in [II], Band XXIV, 2. Teil, 1933 und Nachdruck: Heidelberger Taschenbücher Band 19, Springer-Verlag, Berlin/Heidelberg/New York 1967.
[120] STERN, F., Elementary Theory of the Optical Properties of Solids; in [VI], Vol. 15, 1963.
[121] STREITWOLF, H. W., Gruppentheorie in der Festkörperphysik; Akademische Verlagsgesellschaft Geest & Portig, Leipzig 1967.
[122] Theory of Alloy Phases; Am. Soc. for Metals; Cleveland 1956.
[123] Уманский, Я. С. и др., Физическое металловедение; Москва 1955.
[124] VOGT, E., Physikalische Eigenschaften der Metalle; Akademische Verlagsgesellschaft, Geest & Portig, Leipzig 1958.
[125] VOIGT, W., Lehrbuch der Kristallphysik; B. G. Teubner Verlagsgesellschaft, Stuttgart 1966.
[126] WAGNER, C., Thermodynamics of Alloys; Addison-Wesley Press, Cambridge, Mass. 1951.
[127] WEGENER, H., MÖSSBAUER-Effekt; Mannheim 1965.
[128] WEISS, R. J., Solid State Physics for Metallurgists; Pergamon Press, Oxford/London/New York/Paris 1963.
[129] Intermetallic Compounds, herausgegeben von J. H. WESTBROOK; John Wiley and Sons, Inc., New York 1967.

[130] Wever, H., Elektro- und Thermotransport, Joh. Ambr. Barth, Leipzig 1973.
[130a] Wilke, K.-Th., Methoden der Kristallzüchtung, VEB Deutscher Verlag der Wissenschaften, Berlin 1963.
[131] Wilson, A. H., The Theory of Metals, 2. Auflage; University Press, Cambridge 1954.
[132] Вол, А. Е., Строение и свойства двойных металлических систем; Гос. Изд. Физ.-мат. Лит. 1959.
[133] Вонсовский, С. В., Магнетизм и электропроводность металлов; Успехи физических наук **76** (1962) 467—497.
[134] Вонсовский, С. В., Изюмов, Ю. А., Электронная теория переходных металлов: Успехи физических наук **77** (1963) 377—448.
[135] Вонсовский, С. В., Магнетизм; Москва 1971.
[136] Zener, C., Elasticity and Anelasticity of Metals; The University of Chicago Press, Chicago 1952.
[137] Ziman, J. M., Electrons and Phonons; Clarendon Press, Oxford 1960.
[138] Ziman, J. M., Electrons in Metals; Taylor and Francis, Ltd., London 1962.
[139] Ziman, J. M., Principles of the Theory of Solids; University Press, Cambridge, second ed. 1972.
[140] The Physics of Metals. Band I: Electrons, herausgegeben von J. M. Ziman; University Press, Cambridge 1969.

Zusammenfassende Darstellungen und Spezialliteratur zu Teil **A**:
II, VI, VII, VIII, IX, 1, 6, 25, 35, 36, 55, 56, 65, 69, 70, 71, 84, 91, 107, 110, 113, 114, 123, 128, 131, 137, 139.

Spezialliteratur zu

B:
III, IV, V, 6, 7, 10, 21, 23, 60, 61, 67, 73, 74, 94, 97, 98, 103, 104, 122, 125.

C:
III, IV, V, X, XIII, 6, 7, 10, 14, 20, 22, 60, 61, 67, 73, 94, 97, 98, 103, 104, 105, 122, 129.

D:
X, 2, 17, 24, 28, 33, 42, 80, 99, 100, 108, 110, 126, 132.

E:
XII, 4, 17, 24, 27, 28, 30, 33, 42, 58, 76, 80, 87, 96, 99, 108, 110, 112, 126, 130a.

F:
15, 16, 41, 83, 136.

G:
12, 15, 16, 38, 56, 83, 124.

H:
XII, 24, 33, 34, 45, 46, 50, 52, 57, 66, 81, 82, 86, 93, 95, 111, 130.

I:
XII, XIII, 24, 27, 33, 34, 45, 50, 52, 66, 81, 86, 93, 95, 101, 111.

K:
XII, 28, 29, 37, 43, 47, 51, 58, 59, 63, 68, 72, 78, 79, 106, 109, 110.

L:
XII, 3, 19, 31, 32, 35, 40, 48, 49, 53, 54, 55, 65, 70, 85, 91, 97, 110, 114, 115, 119, 124, 131, 134, 138, 139, 140.

M:
13, 20, 44, 53, 62, 64, 85, 88, 102, 117, 118, 120, 133, 139.

N:
XI, XII, 5, 8, 9, 11, 18, 26, 56, 70, 75, 89, 92, 110, 116, 121, 124, 127, 133, 135.

S QUELLENVERZEICHNIS

Folgende Abbildungen wurden mit freundlicher Genehmigung aus den Werken anderer Verlage übernommen:

Abb. A 5, D 2, D 5, D 6, D 8, D 10, D 13 entnahmen wir

Hansen, M., Anderko, K., Constitution of Binary Alloys, 2nd ed.; McGraw-Hill Book Company, New York/Toronto/London 1958.
(Fig. 504, S. 912
Fig. 11, S. 18
Fig. 3, S. 6
Fig. 118, S. 199
Fig. 128, S. 220
Fig. 508, S. 919
Fig. 367, S. 650)

Abb. A 7, M 10, N 20 entnahmen wir

Kittel, Ch., Introduction to Solid State Physics, 2nd ed.; John Wiley & Sons, Inc., London 1956.
(Fig. 6.6, S. 136, Original von Corak et al.;
Fig. 16.1, S. 451, Original von Kamerlingh-Onnes;
Fig. 15.13, S. 420, Original von Honda und Kaya)

Abb. B 9 entnahmen wir

Buerger, M. J., Elementary Crystallography; John Wiley & Sons, Inc., New York 1956.
(Fig. 13, S. 43)

Abb. C 4, C 5 entnahmen wir

Averbach, B. L., Theory of Alloy Phases; Verlag: American Society for Metals, Cleveland 1956.
(Fig. 3, S. 305
Fig. 1, S. 303)

Abb. C 5 siehe unter C 4

Abb. C 19 entnahmen wir

Dehlinger, U., Theoretische Metallkunde, 2. Aufl.; aus: Reine und angewandte Metallkunde in Einzeldarstellungen, herausgeg. von W. Köster; Springer-Verlag, Berlin/Heidelberg/New York 1968.
(Fig. 18, S. 30, Original von Kubaschewski)

Abb. D 2 siehe unter A 5

Abb. D 5 siehe unter A 5

Abb. D 6 siehe unter A 5

Abb. D 8 siehe unter A 5

Abb. D 10 siehe unter A 5

Abb. D 13 siehe unter A 5

Abb. E 2 entnahmen wir

Cottrell, A. H., An Introduction to Metallurgy; Edward Arnold Ltd., London 1967.
(Fig. 13.4, S. 164, Original von Hendus, Z. Naturforschung, 2A (1947) S. 505)

Abb. E 9 entnahmen wir

Cahn, R. W., Acta Metallurgica 1 (1953) 49–70.
(Fig. 36a, S. 65)

Abb. E 10 entnahmen wir

Wert, C. A., Thomson, R. M., Physics of Solids; McGraw-Hill Book Company, New York/Toronto/London 1964.
(Fig. 1–3, S. 8, Original von Müller)

Abb. E 12, M 1 entnahmen wir

Rexer, E., Experimentelle Technik der Physik **11** (1963) 381–394.
(Fig. 1, S. 381, Original von Smoluchowski;
Fig. 7, S. 387, Original von Berthel)

Abb. E 13 entnahmen wir

Menter, J. W., Proc. Roy. Soc. (London) **A 236** (1956) 119–135.
(Fig. 7, Plate 6)

Abb. E 16 entnahmen wir

Vogel, F. L. jr., Acta Metallurgica **3** (1955) 245–248.
(Fig. 3, S. 246)

Abb. F 8 entnahmen wir

Schmid, E., Boas, W., Kristallplastizität mit besonderer Berücksichtigung der Metalle; Springer-Verlag, Berlin 1935.
(Fig. 154b, linkes Teilbild, S. 201)

Abb. F 11 entnahmen wir

Zener, C., Elasticity and Anelasticity of Metals; University of Chicago Press, Chicago 1952.
(Fig. ohne Nr. und S.)

Abb. G 1, G 7, G 13 entnahmen wir

Walker, C. B., Physical Review **103** (1956) 547–557.
(Fig. 8, S. 555
Fig. 9, S. 555
Fig. 5 und 6, S. 552/553)

Abb. G 2 entnahmen wir

Eucken, A., Wicke, E., Grundriß der physikalischen Chemie, 8. Aufl., Akademische Verlagsgesellschaft Geest & Portig KG., Leipzig 1956.
(Fig. 18, S. 70)

Abb. G 5, H 7, M 21 entnahmen wir

Weiss, C. J., Solid State Physics for Metallurgists; aus: International Series of Monographs on Metal Physics and Physical Metallurgy, Vol. 6; Pergamon Press Ltd., Oxford 1963.
(Fig. 29, S. 79, nur teilweise entnommen und ergänzt;
Fig. 132, S. 363,
Fig. 83, S. 225, teilweise verändert)

Abb. G 7 siehe unter G 1

Abb. G 12 entnahmen wir

Schmuck, Ph., A Pseudopotential Calculation of the Phonon Spectrum of Aluminium; Z. Physik **248** (1971) 111–120; Springer-Verlag, Berlin/Heidelberg/New York.
(Fig. 2, S. 117)

Abb. G 13 siehe unter G 1

Abb. H 3, H 5, H 8 entnahmen wir

Seith, W., Diffusion in Metallen; aus: Reine und angewandte Metallkunde in Einzeldarstellungen, herausgeg. von W. Köster; Springer-Verlag, Berlin/Göttingen/Heidelberg 1955.
(Fig. 48, S. 98, Original von Grube und Jedele
Fig. 93, S. 139, Original von Bückle und Blin;
Fig. 145, S. 188)

Abb. H 7 siehe unter G 5

Abb. H 8 siehe unter H 3

Abb. J 2 entnahmen wir

Eisenkolb, F., Einführung in die Werkstoffkunde, Bd. III, 4. Aufl.; VEB Verlag Technik, Berlin (ohne Jahreszahl).
(Fig. 38, S. 74, nach Rostmann aus: Das Zustandsschaubild Eisen-Kohlenstoff; Verlag Stahleisen, Düsseldorf 1961)

Abb. J 6, J 7 entnahmen wir

Kelly, A., Nicholson, R. B., Precipitation Hardening; aus Progr. Mat. Science Vol. 10; Pergamon Press Ltd., Oxford 1963.
(Fig. 87, S. 282, Original von Gerold und Schweizer;
Fig. 39, S. 207)

Abb. J 8 entnahmen wir

Gerold, V., Erg. exakt. Naturwiss., herausgeg. von S. Flügge, F. Trendelenburg, Bd. 33 (1961) 105 bis 174; Springer-Verlag, Berlin/Göttingen/Heidelberg 1961.
(Fig. 36, S. 167)

Abb. J 14b entnahmen wir

Fisher, R. M., Marcinkowski, M. J., Philosophical Magazine 6 (1961) 1385–1405.
(Fig. 2, Plate 158)

Abb. K 2 entnahmen wir

Mader, S., Seeger, A., Leitz, Ch., J. appl. Physics, 34 (1963) 3368–3386.
(Fig. 2, 3370)

Abb. K 6, K 34 entnahmen wir

McLean, D., Mechanical Properties of Metals; John Wiley and Sons, Inc., New York/London 1962.
(Fig. 5.6, S. 123, teilweise übernommen
Fig. 10.11 und 10.12, S. 351, Original von Wood)

Abb. K 14, K 27, K 29, K 30, M 7 entnahmen wir

Seeger, A., Moderne Probleme der Metallphysik, Bd. I; Springer-Verlag, Berlin/Heidelberg/New York 1965.
(Fig. 8b, S. 203, von Mader;
Fig. 45, S. 87, von Mader;
Fig. 20, S. 216, von Mader;
Fig. 48, S. 89;
Fig. 19, S. 424, von Bross)

Abb. K 15 entnahmen wir

Amelinckx, S., The Direct Observation of Dislocations; aus: Solid State Physics, herausgeg. von Seitz, F. und Turnbull, D.; Suppl. 6; Academic Press, New York/London 1964.
(Fig. 169, S. 311, Original von Fourdeux und Berghezan)

Abb. K 22b und K 38 entnahmen wir

Metallphysik (Sammelband), herausgeg. vom Verein Deutscher Eisenhüttenleute; Verlag Stahleisen, Düsseldorf 1967.
(Fig. 8, S. 170, Original von Livingston;
Fig. 33, S. 217, Original von Frois und Dimitrov)

Abb. K 26 entnahmen wir

Dingley, D. J., McLean, D., Acta Metallurgica 15 (1967) 885–901.
(Fig. 1, S. 887, teilweise entnommen)

Abb. K 27 siehe unter K 14

Abb. K 28 entnahmen wir

Seeger, A. ,Kristallplastizität; aus: Handbuch der Physik, Bd. VII/2, herausgeg. von S. Flügge; Springer-Verlag, Berlin/Göttingen/Heidelberg 1958.
(Fig. 99b, S. 89, Original von Mader)

Abb. K 29 siehe unter K 14

Abb. K 30 siehe unter K 14

Abb. K 32 entnahmen wir

Feltner, C. E., Laird, C., Acta Metallurgica 15 (1967) 1621–1632.
(Fig. 3, S. 1624, teilweise übernommen)

Abb. K 33, K 35 entnahmen wir

Smallman, R. E., Modern Physical Metallurgy, 2nd ed.; Butterworths, London 1963.
(Fig. 150, S. 361
Fig. 154, S. 367, Original von Chalmers)

Abb. K 34 siehe unter K 6

Abb. K 35 siehe unter K 33

Abb. K 37, M 4, M 5 entnahmen wir

Masing, G., Lehrbuch der allgem. Metallkunde; Springer-Verlag, Berlin/Göttingen/Heidelberg 1950
(Fig. 383a, S. 457, Original von Dahl und Pawlek;
Fig. 206, S. 269
(Fig. 210c, S. 271)

Abb. K 38 siehe unter K 22b

Abb. K 45 entnahmen wir

Bowles, J. S., Acta Crystallographica, 4 (1951) 162–171.
(Fig. 10, Plate 3)

Abb. K 47 entnahmen wir

Kelly, A., Strong Solids; Clarendon-Press, Oxford 1966.
(Fig. 5.5, S. 132)

Abb. K 48 entnahmen wir

Gleiter, H., Acta Metallurgica, 16 (1968) 455–464.
(Fig. 4, S. 460)

Abb. L 4, L 5, L 17

Altmann, S. L., Band Theory of Metals; Pergamon Press Ltd., Oxford/New York/Toronto/Sydney/Braunschweig 1970
(Fig. 72, S. 164
Fig. 76, S. 171)

Abb. L 5 siehe unter L 4

Abb. L 13, L 14 entnahmen wir

Atomic and Electronic Structure of Metals (Sammelband), herausgeg. von: American Society for Metals; Verlag: American Society for Metals, Metals Park, Ohio 1967.
(Fig. 1, S. 4, von Harrison;
Fig. 3, S. 24, von Rayne)

Abb. L 16, M 11, M 20, M 23, N 18, N 19 N 27 entnahmen wir

Kittel, Ch., Einführung in die Festkörperphysik, 2. Aufl.; Verlag Oldenbourg, München/Wien 1969.
(Fig. 34, S. 354, Original von Templeton;
Fig. 6c, S. 405, Original von Livingston, teilweise entnommen;
Fig. 1, S. 279
Fig. 7a, S. 286, Original von Powell und Swan;
Fig. 16, S. 546, Original von Sinclair und Brockhouse;
Fig. 5, S. 533, Original von Argyle, Charap und Pugh;
Fig. 36a, S. 566, Original von de Blois und Graham);

Abb. L 19, L 21, L 22 entnahmen wir

Bross, H., Dehlinger, U., Z. Metallkunde **56** (1965) 607–612; Riederer-Verlag, Stuttgart.
(Fig. 1a–c, S. 608
Fig. 4, S. 610
Fig. 2, S. 608)

Abb. L 20, L 30, L 31, L 32 entnahmen wir

Ziman, J. M., The Physics of Metals; University Press, Cambridge 1969
(Fig. 1.11, S. 27, Original von Heine;
Fig. 1.18, S. 47, Original von Heine und Weaire;
Fig. 1.19, S. 48, Original von Heine und Weaire;
Fig. 1.21, S. 52, Original von Heine)

Abb. L 21 siehe unter L 19

Abb. L 22 siehe unter L 19

Abb. L 24, L 25 entnahmen wir

Fabian, D. J., Soft X-Ray Band Spectra; Academic Press, London/New York 1968.
(Fig. 2, S. 49, Original von Watson, Dimond und Fabian;
Fig. 7, S. 55, Original von Falicov bzw. Ketterson und Stark)

Abb. L 26a entnahmen wir

Brooks, H., Transactions of the Metallurg. Soc. of AIME, **227** (1963) 546–560.
(Fig. 2, S. 549, Original von Segall)

Abb. L 27 entnahmen wir

Becker, R., Sauter, F., Theorie der Elektrizität Bd. III; BG Teubner, Stuttgart 1969.
(Fig. C 11, S. 238, Original von Slater)

Abb. L 30 siehe unter L 20

Abb. L 31 siehe unter L 20

Abb. L 32 siehe unter L 20

Abb. M 1 siehe unter E 12

Abb. M 3 entnahmen wir

Bergmann, L., Schaefer, Cl., Lehrbuch der Experimentalphysik, Bd. II, 2. Aufl.; Walter de Gruyter & Co., Berlin 1956.
(Fig. 638, S. 482)

Abb. M 4 siehe unter K 37

Abb. M 5 siehe unter K 37

Abb. M 6 entnahmen wir

Johansson, C. H., Linde, J. O., Ann. d. Physik 5. Folge, **25** (1936) H. 1, 1–48.
(Fig. 10)

Abb. M 7 siehe unter K 14

Abb. M 10 siehe unter A 7

Abb. M 11 siehe unter L 16

Abb. M 14 entnahmen wir

Ullmaier, H., Harte Supraleiter; Z. angew. Phys. **26** (1969) 261–276; Springer-Verlag, Berlin/Heidelberg/New York.
(Fig. 3b, S. 263, Original von Essmann und Träuble)

Abb. M 20 siehe unter L 16

Abb. M 21 siehe unter G 5

Abb. M 22 entnahmen wir

Ziman, J. M., Electrons and Phonons; Clarendon Press, Oxford 1962.
(Fig. 155, S. 482, Original von Pippard)

Abb. M 23 siehe unter L 16

Abb. M 25 entnahmen wir

Pohl, R. W., Optik und Atomphysik, 11. Aufl.; Springer-Verlag, Berlin/Göttingen/Heidelberg 1963.
(Fig. 323 und 325, S. 142)

Abb. N 4 entnahmen wir

Moeller, A., Witte, H., Z. phys. Chemie **18** (1958) 130–132.
(Fig. 1, S. 131)

Abb. N 6, N 31, N 32 entnahmen wir

Reinboth, H., Technologie und Anwendung magnetischer Werkstoffe; VEB Verlag Technik, Berlin 1958.
(Fig. 2.9, S. 39
Fig. 2.10, S. 39, Original von Kittel;
Fig. 3.12, S. 53, Original von Zaimovsky und Selissky)

Abb. N 11 entnahmen wir

Wilkinson, M. K., Koehler, W. C., Wollan, E. O., Cable, J. W., J. Applied, Phys. **32** (1961) Suppl. 48–50.
(Fig. 1, S. 48 S)

Abb. N 18 siehe unter L 16

Abb. N 19 siehe unter L 16

Abb. N 20 siehe unter A 7

Abb. N 21, N 30 entnahmen wir

Becker, R., Döring, W., Ferromagnetismus; Springer-Verlag, Berlin 1939.
(Fig. 62 und 63, S. 103, Original von Becker und Kersten; Fig. 108, S. 177, Original von Forrer und Martak)

Abb. N 24 entnahmen wir

Kneller, E., Ferromagretismus; Springer-Verlag, Berlin/Göttingen/Heidelberg 1962.
(Fig. 216, S. 308, Original von Bozorth)

Abb. N 27 siehe unter L 16

Abb. N 30 siehe unter N 21

Abb. N 31 siehe unter N 6

Abb. N 32 siehe unter N 6

Abb. N 33 entnahmen wir

Hofer, F., Dauermagnetwerkstoffe aus Legierungen des Kobalts mit S.E.-Metallen; Z. angew. Phys. **30** (1970) 26–32. Springer-Verlag, Berlin/Heidelberg/New York.
(Fig. 3, S. 28)

T SACHVERZEICHNIS

Die halbfett gesetzten Seitenzahlen bezeichnen wichtige Textstellen. In einigen Fällen ist eine zweite, oft gebrauchte fremdsprachliche Entsprechung des Stichwortes durch vorgestelltes *a* markiert.

Tabelle VI

Einige physikalische Eigenschaften der Metalle *)

Element	O. Z.	spezif. el. Widst. 10^{-8} Ωm	Temp.-Koeff. d. Widst. 10^{-5} K^{-1}	Dichte 10^3 kg/m^3	Schmelz-temp. °C	Siede-temp. °C	Schmelz-wärme kJ/mol	Verd.-wärme kJ/mol	Aus-dehnungs-koeffizient 10^{-6} K^{-1}	Wärmeleit-fähigkeit W/m K
Ac	89		423 (0 °C)	10,1	1100 ± 50	2477	10,5	295		
Ag	47	1,49	430	10,492	960,5	2210	11,3	252	18,7	422
Al	13	2,5	460	2,70	660,1	2480	11,3	251	23,8	226
Am	95			13,67	995 ± 4	2460	10	239		
As	33	$\parallel$ c 35,6 $\perp$ c 25,5	$\parallel$ c 450 $\perp$ c 400	5,73	814 (36 at)	616 (subl.)	27,8	148	$\parallel$ c 47,2 $\perp$ c ≈0	
Au	79	2,06	402	19,3	1064, 43	2600	12,8	344	14,2	298
B	5	0,9 – 2,1 $\times 10^{12}$		2,36	2100 – 2200	2550 (subl.)	22,2	590	8,3	
Ba	56	36	649	3,5	710	1140	7,66	175	18,1 – 21,0	
Be	4	$\parallel$ c 3,58 $\perp$ c 3,12	900	1,85	1284	2970	11,7	309	$\parallel$ c 7,7 $\perp$ c 10,6	184
Bi	83	$\parallel$ c 130 $\perp$ c 102	$\parallel$ c 420 $\perp$ c 480	9,78	271,3	1560	10,9	172	$\parallel$ c 17,4 $\perp$ c 11,7	7,96
C (Graph.)	6	500	60 – 120	2,25	>3550	4200	138	715	0,6 – 4,3	15,5
Ca	20	4,0	417	1,55	850	1482	8,66	172	25,2	126
Cd	48	$\parallel$ c 8,36 $\perp$ c 6,87	$\parallel$ c 410 $\perp$ c 405	8,65	320,9	765	6,40	100	$\parallel$ c 52,6 $\perp$ c 21,4	$\parallel$ c 83,7 $\perp$ c 105
Ce	58	75,3	87	6,79	797	3470	5,19	389	8,5	10,9
Cm	96			13,5	1340					
Co	27	5,57	604	8,71	1495	2900	16,2	425	$\parallel$ c 16,1 $\perp$ c 12,8	142 (– 110 °C)
Cr	24	14,1	301	7,14	1903	2430	19	361	5,7 – 8,3	92
Cs	55	18,1	503	1,873	28,65	685	2,1	66,5	97	18,4
Cu	29	1,55	433	8,93	1083	2600	13,0	307	16,8	402
Dy	66	56	119	8,35	1407	2330	16	286	8,6	10,1
Er	68	107	201	9,01	1497	2390	17,2	271	9,2	9,6
Eu	63	81,3	480	5,30	826	1430	8,37	173	32,0	
Fe	26	8,6	651	7,86	1534	3000	14,4	341	12,1	73,3
Fr	87				(30)	(680)	2,1	72,9		
Ga	31	$\parallel$ c 50,5 $\parallel$ a 16,1 $\parallel$ b 7,5	$\parallel$ c 380 $\parallel$ a 430 $\parallel$ b 430	5,93	29,8	1983	5,59	257	18,3	29 – 38
Gd	64	140,5	176	7,80	1312	2800	8,79	324	6,4	8,8
Ge	32	$46 \cdot 10^6$	<0	5,32	937	2700	32	328	6,0	58,6
Hf	72	30	440	13,3	2220 ± 30	(5400)	21,8	650	6	22,6
Hg	80	94,1	99	13,546	–38,87	357	2,3	59,2	61	9,2
Ho	67	87	171	8,65	1461	2490	17,2	281	9,5	7 (100 K)
In	49	8,19	490	7,28	156,4	2000	3,27	232	$\parallel$ c –7,5 $\perp$ c 50	71
Ir	77	4,93	411	22,42	2450	(5300)	26,4	629	6,6	147
K	19	6,1	673	0,851	63,6	775	2,39	79,1	85	92
La	57	56,8	218	6,18	920	3470	6,7	393	4,9	13,8
Li	3	8,55	489	0,534	180	1370	2,93	149	56	71,2
Lu	71	79	140	9,79	1652	3000	18,8	282	12,5	
Mg	12	$\parallel$ c 3,48 $\perp$ c 4,18	$\parallel$ c 408 $\perp$ c 390	1,74	649	1103	8,8	128	$\parallel$ c 27,1 $\perp$ c 24,3	138
Mn	25	278	50	7,3	1243	2097	13,4	225	22,8	5,86 (– 173 °C)
Mo	42	5,03	473	9,01	2620	4800	27,6	506	3,7 – 5,3	138
Na	11	4,28	546	0,97	97,8	883	2,64	99,2	70	126

*) Alle Angaben beziehen sich, wenn nicht anders angegeben, auf Zimmertemperatur und Normaldruck

Tabelle VI (Fortsetzung)

Element	O. Z.	spezif. el. Widst.	Temp.-Koeff. d. Widst.	Dichte	Schmelz-temp.	Siede-temp.	Schmelz-wärme	Verd.-wärme	Aus-dehnungs-koeffizient	Wärmeleit-fähigkeit
		10^{-8} Ωm	10^{-5} K^{-1}	10^3 kg/m³	°C	°C	kJ/mol	kJ/mol	10^{-6} K^{-1}	W/m K
Nb	41	15,24	307	8,58	2468 ± 10	5127	26,8	696	7,2	46,1
Nd	60	64,3	164	6,96	1024	3210	7,16	296	6,7	13,0
Ni	28	6,14	692	8,96	1453	2900	16,9	374	13,1	58,6
Np	93			20,5	637 ± 2	3902	9,6	395		
Os	76	9,5	420	22,5	3027	(5500)	29,3	678	∥c 5,6	
									⊥c 4,0	
Pa	91			15,37	1575	(4000)	16,8	481	9,9	
Pb	82	19,2	428	11,34	327,4	1740	4,81	178	29,2	34,8
Pd	46	9,77	377	12,2	1552	2200	16,8	394	12,4	71,1
Po	84	≈42	460	9,32	246	960	10	103	20	
Pr	59	68,0	171	6,71	935	3017	6,91	333	4,8	11,7
Pt	78	9,81	396	21,4	1769	4300	21,8	469	8,94	73
Pu	94	145	−21	19,8	639,5		648	337	50	4,2
Ra	88			5	700	1140	9,63	147		
Rb	37	11,29	637	1,53	38,8	680	2,22	75,8	66	29,3
Re	75	18,9	455	20,53	3160	5642	33,1	783	∥c 12,45	71,1
									⊥c 4,67	
Rh	45	4,35	462	12,44	1966	4500	21,8	556	8,4	151
Ru	44	7,16	458	12,1	2280	4900	25,6	620	6,8	
Sb	51	∥c 31,8	∥c 595	6,62	630,5	1635	20,8	154	∥c 15,6	16,6
		⊥c 38,6	⊥c 510						⊥c 8,0	
Sc	21	66,3	81,5	2,90	1530	2730	17,6	329	11,4	
Se	34	25 ·10^{12}		4,82	217	685	37,7	90,0	∥c −17,9	
									⊥c 74,1	2,5
Si	14	2,3 · 10^{11}	−80··· −180	2,33	1412	2477	50,6	304	2,64	126
Sm	62	88	148	7,50	1072	1670	8,61	204		10,1
Sn	50	∥c 11,0	∥c 451	7,29	231,9	2270	7,08	271	∥c 32,24	64,9
		⊥c 9,27	⊥c 467						⊥c 16,77	
Sr	38	30,3	383	2,60	770	1360	8,8	141	19	
Ta	73	13,2	342	16,6	3000 ± 50	6030	24,7	754	6,6	62,8
Tb	65	135,5	91	8,19	1364	2480	9,21	290	7,0	14
Tc	43	69		11,49	2200 ± 50	4900	20,3	502		50,2
Te	52	∥c 5,6·10^4		6,25	450	1390	35,0	108	∥ c −1,6	5,86
		∥a 1,5·10^4							⊥c 27,2	
Th	90	≈13	275	11,7	1751	3000–	3,9	544–	11,3	29,3
						4200		741		
Ti	22	42	546	4,6	1668	3270	18,9	472	8,9	21,0
Tl	81	16,2	517	11,86	303	1460	4,31	166	∥c 36,3	39,4
									⊥c 26,1	
Tm	69	79	195	9,20	1545	1720	18,0	240	11,6	
U	92	29	282	19,0	1133	3818	12,6	453	∥a 23	25,2
									∥b −3,5	
									∥c 17	
V	23	18,2	390	6,1	1905	3000	17,6	514	7,8	33,5
W	74	4,89	510	19,3	3380	5900	35,2	766	4,4	168
Y	39	64,9		4,50	1502	2630	10,1	335	∥c 19,2	14,7
									⊥c 4,5	
Yb	70	27,0	130	7,02	824	1320	7,54	166	25,0	
Zn	30	∥c 5,58	∥c 414	7,13	419,58	907	7,29	115	∥c 53	111
		⊥c 5,38	⊥c 406						⊥c 15	
Zr	40	41	440	6,44	1852	3600	19,3	536	∥c 6,5	29,4
									⊥c 5,6